江苏省高等学校重点教材

中国石油和化学工业
优秀出版物奖
（教材奖）

药物制剂技术

第三版

于广华　毛小明　主编

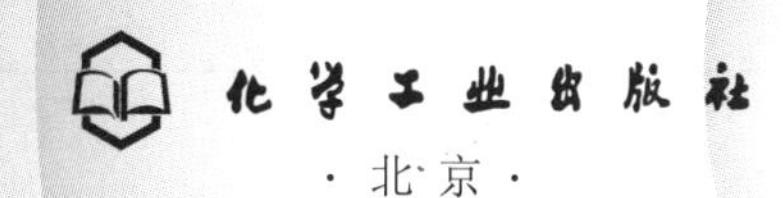

·北京·

内容简介

《药物制剂技术》获中国石油和化学工业优秀教材一等奖，“十二五”江苏省高等学校重点教材。教材以药物制剂工作过程为导向、以典型制剂为载体组织内容，力求体现药物制剂工作岗位的知识、能力、素质要求。具体内容包括：药物制剂工作的认知、液体制剂、无菌制剂、固体制剂、其他制剂、制剂新技术与新剂型和制剂有效性评价七个模块，不仅与药物领域的发展相适应，而且兼顾学生职业拓展和继续学习。本版紧跟《中国药典》（2020年版）和药物制剂的最新发展进行内容更新，尤其加强思政教育和职业素质培养。本书配有电子课件，可从www.cipedu.com.cn下载参考；配有丰富的数字化资源，可扫描二维码观看学习。

本书既适合作为高职高专药学、制药、中药等专业师生的教材，也可作为药品生产企业技术人员的岗位培训教材和工具书。

图书在版编目（CIP）数据

药物制剂技术/于广华，毛小明主编. —3版. —北京：化学工业出版社，2021.4（2023.7重印）

ISBN 978-7-122-38590-1

Ⅰ.①药… Ⅱ.①于… ②毛… Ⅲ.①药物-制剂-技术 Ⅳ.①TQ460.6

中国版本图书馆CIP数据核字（2021）第031916号

责任编辑：迟　蕾　梁静丽　李植峰　　文字编辑：温月仙　陈小滔
责任校对：刘　颖　　装帧设计：王晓宇

出版发行：化学工业出版社（北京市东城区青年湖南街13号　邮政编码100011）
印　　装：大厂聚鑫印刷有限责任公司
787mm×1092mm　1/16　印张23　字数630千字　2023年7月北京第3版第4次印刷

购书咨询：010-64518888　　售后服务：010-64518899
网　　址：http://www.cip.com.cn
凡购买本书，如有缺损质量问题，本社销售中心负责调换。

定　　价：59.80元

版权所有　违者必究

《药物制剂技术》（第三版）编写人员

主　编　于广华　毛小明

副主编　程　锦　韩永红　张云坤

编　者（以姓氏笔画为序）

于广华（江苏医药职业学院）

王　咏（江苏医药职业学院）

王永军（南京海辰药业股份有限公司）

王亚男（江苏医药职业学院）

毛小明（安庆医药高等专科学校）

孙　琍（南京莫愁中等专业学校）

李　赛（天津医学高等专科学校）

李思阳（江苏食品药品职业技术学院）

张云坤（湖南食品药品职业学院）

周咏梅（江苏卫生健康职业学院）

孟　丽（江苏医药职业学院）

袁海建（泰州职业技术学院）

蒋志勇（岳阳职业技术学院）

韩永红（江苏护理职业学院）

惠　捷（江苏省连云港中医药高等职业技术学校）

程　锦（江苏医药职业学院）

前言

PREFACE

本教材根据药物制剂岗位的职业能力要求和培养要求，充分考虑学生的学习策略和药物制剂的工作方法，按照药物制剂的工作要求和剂型类别，将内容进行归类与整合，设置了“药物制剂工作的认知”“液体制剂”“无菌制剂”“固体制剂”“其他制剂”“制剂新技术与新剂型”“制剂有效性评价”七个模块，设计成“以问题为引导”的学习性专题，使药物制剂的系统知识与生产技术相结合。教材采用栏目化的方式建构内容体系，将典型药物制剂、制剂理论和岗位操作三者有机结合。

【典型制剂】以典型制剂为载体，引导有关知识和技能的学习，开启学生思维，激发探究的欲望。

【问题研讨】提出问题，学生学会用药物制剂的工作方法来分析实际问题。

【知识拓展】在掌握必备的知识和技能之余，进一步开拓学生的视野，领略药物制剂的魅力。

【资料卡】提供丰富的学习素材，进一步培养学生自主学习的能力和知识迁移能力。

【思政教育】培养学生“质量第一，规范制药”的职业意识，以及药品安全、环境保护、节约资源、合理用药等重要的职业素质。

【问题解决】运用所学的知识和技能，分析解决典型制剂中的有关问题，培养学生分析问题、解决问题的实际工作能力和创新能力。

【剂型使用】帮助了解常用剂型的正确使用，指导合理用药。

【实践】将制剂基本技术与岗位操作相结合。实践前，可让学生根据实践内容做好预习，明确实践目的，设计实践方案（如药品、试剂和仪器设备、处方、工艺、制法、质量检查等），经检查符合要求后，再进行训练；在实践过程中，应要求学生记录有关现象、数据和结果；最后，学生完成实践报告。

【学习测试】帮助学生进一步巩固所学的知识，体现“学、做、练”的一致性。

【整理归纳】帮助学生将核心知识整合形成结构体系，便于理解，把握重点知识、技能和学习方法。

不同功能的栏目，体现了教材的体系层次，更好地融合了学生的认知特征和制剂的工作过程。教材中一系列的实际问题和探究活动，突出对分析和解决问题能力的培养，使学生掌握药物制剂技术的基本知识与技能。教材附录提供了主要制剂的生产工艺及基本要点、生产工艺规程和生产记录，以便教学中将学习内容与制剂生产对接。

本次教材的修订是在保持前版特色的基础上，根据《中国药典》(2020年版)、药物制剂的最新发展以及高职教育教材的新要求，对有关内容进行更新，使教材的内容和质量进一步完善提高，新版教材尤其加强思政教育和职业素质培养。此外，教材配有丰富的数字化资源，可扫描二维码学习观看；电子课件可从 www.cipedu.com.cn 下载参考。

本教材的编写得到了南京海辰药业股份有限公司、扬子江药业、江苏正大丰海药业、江苏神龙药业等单位的大力支持。我国药学家中国药科大学朱家壁教授、复旦大学药学院蔡卫民教授给予了悉心指导，谨在此表示衷心的感谢！

由于编者水平所限以及时间仓促，疏漏与不足之处在所难免，敬请广大读者提出宝贵意见，以使我们进一步提高，让我们用智慧和努力登上教材建设的新台阶。

编者

2021 年 3 月

目录
CONTENTS

模块三
无菌制剂　/088

模块四
固体制剂　/137

模块五 其他制剂

模块六
制剂新技术与新剂型 /266

模块七
制剂有效性评价 /299

模块一
药物制剂工作的认知

专题一　药物剂型、制剂与生产

学习目标

- 掌握剂型、制剂、物料、辅料、药物传递系统的含义。
- 了解剂型的重要性和剂型的分类方法；了解药品生产的质量管理、卫生管理和生产安全；了解药品生产洁净区的划分。
- 学会进入洁净室（区）的更衣标准操作。

一、药物剂型和制剂

“神农尝百草，始有医药”，“伊尹，选用神农本草以为汤”。随着药学科学的发展，涌现出了众多用于治病救人、维护健康的药物，这些药物对延长患者生命周期（life cycle）、提高患者的生命质量（quality of life，QOL）起到了重要作用。药物系能影响机体生理、生化和病理过程，用以预防、诊断、治疗疾病和计划生育的物质，包括天然药物、化学药物和生物技术药物。因为药物在使用时，一般不能直接使用其原料，而且绝大多数的药物往往具有毒副作用。如一些抗癌药毒性很大，在杀灭癌细胞的同时能够杀灭正常细胞，因不当使用，导致患者更早地离开人世的例子并不少见。所以，人类在发现和使用药物的过程中，需要将药物制成适宜的形式，以达到便于使用与保存，充分地发挥药效、降低药物毒副作用等目的。

药物剂型（dosage form）是指适合于疾病诊断、治疗或预防需要而制备的不同给药形式，简称剂型，如散剂、颗粒剂、片剂、胶囊剂、注射剂、溶液剂、乳剂、混悬剂、软膏剂、栓剂、气雾剂等。药物根据其使用的目的和性质不同，可制成与人体给药途径相适应的不同剂型，如茶碱可制成片剂、胶囊剂，供口服给药；制成栓剂，用于直肠给药；制成注射剂，可用于注射给药，从而发挥相应的作用。

根据药典、药品标准或其他适当处方，将具体原料药物按某种剂型制成具有一定规格的药剂称为药物制剂（pharmaceutical preparations），简称制剂，如阿司匹林片、胰岛素注射剂等。有时把制剂的研制过程也称制剂（pharmaceutical manufacturing）；有时也用于总称，如医院制剂、浸出制剂等。成药则是按疗效确切、应用广泛的处方，将原料药物加工制成一定剂型和规格的药剂，并在其包装标签上及其说明书中详细注明，包括：药品监督管理部门批准文号、品名、规格、成分、含量（保密品种除外）、应用范围、适应证、用法、用量、禁忌证、注意事项等，以便于医疗单位和患者购用。

1. 药物剂型的重要性

（1）不同剂型可改变药物的作用性质　多数药物改变剂型后作用的性质不变，但有些药物能改变作用性质，如硫酸镁口服剂型用作泻下药，但5%硫酸镁注射液静脉滴注，能抑制大脑中枢神经，可作为抗惊厥药使用。

（2）不同剂型可改变药物的作用速度　例如，注射剂、吸入气雾剂等，起效快，常用于急救；缓释制剂、控释制剂、植入剂等作用缓慢，属长效制剂。

（3）不同剂型可改变药物的毒副作用　氨茶碱治疗哮喘病效果很好，但有引起心跳加快的毒副作用，若制成栓剂则可消除这种毒副作用；缓释、控释制剂能保持血药浓度平稳，避免血药浓度的峰谷现象，从而降低药物的毒副作用。

（4）有些剂型可产生靶向作用　含微粒结构的静脉注射剂，如脂质体、微球、微囊等进入血液循环系统后，被网状内皮系统的巨噬细胞所吞噬，从而使药物浓集于肝、脾等器官，起到肝、脾的被动靶向作用。

（5）剂型可影响药物的疗效　固体剂型，如片剂、颗粒剂、丸剂的制备工艺不同，会对药效产生显著影响，特别是药物的晶型、粒子的大小发生变化时，直接影响药物的释放，从而影响药物的治疗效果。

2. 药物剂型的分类

常用的剂型种类有40余种，按给药途径、分散系统、制法、形态等多种分类方法，各有其优缺点。

（1）按给药途径分类　这种分类方法与临床使用密切相关。

① 经胃肠道给药剂型　是指药物制剂经口服后进入胃肠道，起胃肠局部作用或经吸收而发挥全身作用的剂型，如常用的散剂、片剂、颗粒剂、胶囊剂、溶液剂、乳剂、混悬剂等。容易受胃肠道中的酸或酶破坏的药物一般不能采用这类剂型。口腔黏膜吸收的剂型不属于胃肠道给药剂型。

② 非经胃肠道给药剂型　是指除口服给药途径以外的所有其他剂型，这些剂型可在给药部位起局部作用或被吸收后发挥全身作用。

注射给药剂型，如注射剂，包括静脉注射、肌内注射、皮下注射、皮内注射及腔内注射等多种注射途径。

呼吸道给药剂型，如喷雾剂、气雾剂、粉雾剂等。

皮肤给药剂型，如外用溶液剂、洗剂、搽剂、软膏剂、硬膏剂、贴剂等。

黏膜给药剂型，如滴眼剂、滴鼻剂、眼用软膏剂、含漱剂、舌下片剂、黏附片及贴膜剂等。

腔道给药剂型，如栓剂、气雾剂、泡腾片、滴鼻剂及滴耳剂等，用于直肠、阴道、尿道、鼻腔、耳道等。

（2）按分散系统分类　这种分类方法便于应用物理化学的原理来阐明各类制剂特征，但不能反映用药部位与用药方法对剂型的要求，甚至一种剂型可以分到几个分散体系中。

① 溶液型　药物以分子或离子状态（质点的直径小于1nm）分散于分散介质中所形成的均匀分散体系，也称为低分子溶液，如芳香水剂、溶液剂、糖浆剂、甘油剂、酊剂、注射剂等。

② 胶体溶液型　高分子化合物以分子状态（质点的直径在1～100nm）分散在分散介质中所形成的均相分散体系，也称高分子溶液，如胶浆剂、火棉胶剂、涂膜剂等。

③ 乳剂型　油类药物或药物油溶液以液滴状态分散在分散介质中所形成的非均相分散体系，如口服乳剂、静脉注射乳剂等。

④ 混悬型　固体药物以微粒状态分散在分散介质中所形成的非均相分散体系，如炉甘石洗剂等。

⑤ 气体分散型　液体或固体药物以微粒状态分散在气体分散介质中所形成的分散体系，如气雾剂。

⑥ 微粒分散型　药物或与适宜载体（一般为生物可降解材料），经过一定的分散包埋技术制得具有一定粒径（微米级或纳米级）的微粒组成的固态、液态或气态药物制剂，称为微粒制剂或微粒给药系统（microparticle drug delivery system，MDDS），如脂质体、微球制剂、微囊制剂、纳米囊制剂等。

⑦ 固体分散型　固体药物以聚集体状态存在的分散体系，如片剂、散剂、颗粒剂、胶囊剂、丸剂等。

（3）按形态分类　将药物剂型按物质形态分类，即：

① 液体剂型　如芳香水剂、溶液剂、注射剂、合剂、洗剂、搽剂等。

② 气体剂型　如气雾剂、喷雾剂等。

③ 固体剂型　如散剂、丸剂、片剂、膜剂等。

④ 半固体剂型　如软膏剂、栓剂、凝胶剂、糊剂等。

形态相同的剂型，其制备工艺比较相近。例如，制备液体剂型时多采用溶解、分散等方法；制备固体剂型多采用粉碎、混合等方法；半固体剂型多采用熔化、研和等方法。另外，按制备方法将制剂分成浸出制剂（用浸出方法制成的剂型，如流浸膏剂、酊剂）、无菌制剂（用灭菌或无菌技术制成的剂型，如注射剂）等类型。通常根据医疗、生产实践、教学等方面的长期习惯，采用综合分类的方法。

3. 药物传递系统

药物制剂的宗旨是制备安全、有效、稳定、使用方便的药品。剂型的发展初期只是为了适应给药途径而设计的形态，而新剂型与新技术的发展使制剂具有功能或制剂技术的含义，如缓释制剂、控释制剂、靶向制剂、透皮吸收制剂、固体分散技术制剂、包合技术制剂、脂质体技术制剂、生物技术制剂、微囊化技术制剂等。在 20 世纪 70 年代初，出现了药物传递系统（drug delivery system，DDS）的概念，新型药用辅料的出现为其发展提供了坚实的物质基础。缓释制剂、控释制剂、透皮药物的传递系统、黏膜给药系统、脉冲给药系统、择时给药系统以及以脂质体、微囊、微球、微乳、纳米囊、纳米球等作为药物载体的靶向制剂，不仅有效地提高了药物的治疗效果，而且可以减少药物本身的毒副作用，提高患者的顺应性。

药物制剂技术的发展能使制剂的制备过程更加顺利和方便。但理想制剂（ideal preparations）最好是将药物作用在需要的部位，按需要的时间、给予需要的药量起效（定位、定时、定量），这不仅使得药物高效、速效、长效，最大限度地发挥药效，而且可最大程度地减少了药物的毒副作用。

现代药物制剂的发展分为四个时代，基本反映了制剂发展的阶段和层次。

第一代：传统的片剂、胶囊、注射剂等，约在 1960 年前建立。

第二代：缓释制剂、肠溶制剂等，以控制释放速度为目的的第一代 DDS。

第三代：控释制剂以及利用单克隆抗体、脂质体、微球等药物载体制备的靶向给药制剂，为第二代 DDS。

第四代：由体内反馈情报靶向于细胞水平的给药系统，为第三代 DDS。

资料卡　剂型和制剂的命名

剂型的命名　按形状命名，如片剂、溶液剂等；按给药途径命名，如滴眼剂、漱口剂等；按给药方式命名，如注射剂、栓剂等；按形状与给药途径命名，如注射用无菌粉末、眼膏剂等；按制备方法命名，如浸出制剂、滴丸剂等；按形状与功能命名，如缓释胶囊、肠溶片等。

制剂的命名　常规命名是原料药名在前、剂型名在后。如洛伐他汀片、盐酸肾上腺素注射液等。如有关于用途或特点的词汇，一般表示用途和特点的词在前，药名和制剂名在后。如重组人胰岛素注射液、浓氯化钠注射液等。复方制剂命名常需根据处方组成的不同情况来命名，例如：

（1）两组分制剂 原则上两个药物名称并列，如阿昔洛韦葡萄糖注射液、妥布霉素地塞米松滴眼液等；若两个组分的词干相同，如齐多夫定和拉米夫定片剂可称为齐多拉米双夫定片等；名称前加复方二字，后加主药和剂型名，如复方卡托普利片（卡托普利、氢氯噻嗪）。

（2）三组分制剂 如使用词干构成的通用名称太长，将每个组分选取一或两个字构成名称。如阿司匹林、咖啡因、乙酰氨基酚片剂称为阿咖酚片；若组分相同而处方量不同，使用罗马数字Ⅰ、Ⅱ、Ⅲ等加以区别。

（3）四组分制剂 每个组分选取一个字构成通用名称。如乙酰氨基酚、非那西丁、咖啡因、氯苯那敏颗粒剂称为氨非咖敏颗粒。

（4）四组以上组分制剂 前加复方二字，从2～3个药名中各取2个字并列组成，后加剂型名。如复方氨酚烷胺片（对乙酰氨基酚、金刚烷胺、人工牛黄、咖啡因、氯苯那敏）。

4. 药物制剂的基本要求

（1）安全性 安全性是药品的首要要求。由于药物制剂在设计、生产和应用中的不当，常引起种种药害事故。一般来讲，吸收迅速的药物在体内的药理作用强，同时毒副作用也大，对机体具有较强的刺激性，可通过调整制剂处方和设计合适的剂型降低刺激性。药物制剂的设计、生产和使用应能提高药物治疗的安全性。

（2）有效性 有效性是药品发挥作用的前提，尽管原料药物被认为是药品中发挥疗效的最主要因素，但其作用往往受到剂型因素的限制。药物制成制剂应增强药物治疗的有效性，至少不能减弱药物的效果。增强药物的治疗作用可从药物本身特点或治疗目的出发，采用制剂的手段克服其弱点，充分发挥其作用。

（3）可控性和均一性 药品的质量是决定其有效性与安全性的重要保证，因此制剂设计必须做到质量可控，这是审批药物制剂的基本要求之一。按已建立的工艺技术制备的合格制剂，应完全符合质量标准的要求。均一性指的是质量的稳定性，即不同批次生产的制剂均应达到质量标准的要求，不应有大的变异。

（4）稳定性 稳定性也是有效性和安全性的保证。药物的不稳定可能导致药物含量降低，产生有毒副作用的物质。如液体制剂产生沉淀、分层，固体制剂发生形变、破裂等现象，有时还会发生霉变、染菌等问题。

（5）顺应性 顺应性指患者或医护人员对所用药物的接受程度，包括制剂的使用方法、外观、大小、形状、色泽、嗅味等多个方面。难以为患者所接受的给药方式或剂型，不利于治疗。

此外，制剂设计、生产时还应考虑降低成本，简化制备工艺。

剂型使用 药物剂型与合理用药

药物剂型和种类组成不同，可对临床用药结果产生重要影响。例如注射剂药效迅速，作用可靠；液体剂型药物分散度大，吸收快，但不方便携带；片剂、胶囊剂等性状稳定，携带应用方便。同一种药物因剂型不同，可呈现不同疗效。如硝苯地平片、硝苯地平缓释片、硝苯地平控释片，口服后药峰浓度、达峰时间、维持有效时间等有很大差异。

所以，不同剂型的药物会有不同的给药要求，应根据各剂型的特点正确合理用药。临床上有将包衣片掰开、将胶囊里药物倒出服用，但这样会使药物失去特定的保护、遮味作用，可能会使疗效降低，增加毒副作用。对于临床上有些剂型的特殊用法，如氯化钾注射剂口服用于补钾，止泻药蒙脱石散涂于口腔治疗口腔溃疡等，可权衡利弊作出适用性选择。

5. 药物制剂的包装

药品在生产、运输、贮存与使用过程中常经历较长时间，由于包装不当，可能使药品的物理性质或化学性质发生改变，使药品减效、失效、产生不良反应。药品的包装是指待包装产品变成成品所需的所有操作步骤，包括分装、贴签等。无菌生产工艺中产品的无菌灌装，以及最终灭菌产品的灌装通常均不视为包装。包装能保证容器内药物不穿透、不泄漏，也能阻隔外界的空气、光、水分、热、异物与微生物等与药物接触，可保证药品在运输、储存过程中，免受各种外力的震动、冲击和挤压。自药品生产出厂、贮存、运输，到药品使用完毕，药品包装在药品有效期内发挥着保护药品质量、方便医疗使用的功能，帮助医师和患者科学而安全地用药，还可以发挥商品宣传作用。在正常贮运条件下，包装必须保证合格的药品在有效期内不变质。无包装标准的药品不得出厂或经营（军队特需药品除外）。

药品的包装分内包装与外包装。内包装系指直接与药品接触的包装（如安瓿、注射剂瓶、片剂或胶囊剂泡罩包装铝箔等）。药品内包装的材料、容器（药包材）的更改，应根据所选用药包材的材质做稳定性试验，考察药包材与药品的相容性。外包装系指内包装以外的包装，按由里向外分为中包装和大包装。外包装应根据药品的特性选用不易破损、防潮、防冻、防虫鼠的包装，以保证药品在运输、贮藏过程中的质量。

包装材料指直接接触药品的包装材料和外包装材料以及标签和使用说明书等。但在药品生产过程中，药品的包装材料不包括发运用的外包装材料。药品生产所用的原辅料、与药品直接接触的包装材料应符合该药品注册的质量标准，并且不得对药品质量有不利影响，另外，还应建立明确的物料和产品处理和管理规程。为确保物料和产品的正确接收、储存、发放、使用和发运，应采取措施防止污染、交叉污染、混淆和差错。

药品包装的基本要求如下。

（1）药品包装必须符合国家标准、专业标准的规定，必须适合药品质量的要求，方便贮存、运输和医疗使用。凡选用直接接触药品的包装材料、容器（包括盖、塞、内衬物、油墨、黏合剂、衬垫、填充物等）必须无毒，与药品不发生化学作用，不发生组分脱落或迁移到药品当中，必须保证和方便患者安全用药。除抗生素原料药用的周转包装容器外，直接接触药品的包装材料容器均不准重复使用。在包装上必须注明药品的名称、产地、出厂日期，并附有质量合格证。

（2）药品的最小销售单元系指直接上市的最小包装。每个最小销售单元的包装、标签必须印有标签和附有说明书。标签和说明书上必须注明药品的通用名称、成分、规格、生产企业、批准文号、产品批号、生产日期、有效期、主治功能、用法用量、禁忌、不良反应和注意事项。

（3）药品包装、标签必须按照国家药品监督管理局（National Medical Products Administration，NMPA）的规定要求印刷，其文字和图案不得加入任何未经审批同意的内容。药品包装、标签内容不得超出 NMPA 批准的药品说明书所限定的内容。

（4）麻醉药品、精神药品、医疗用毒性药品、放射性药品等特殊管理的药品，外用药品、非处方药品在其大包装、中包装、最小销售单元和标签上必须印有符合规定的标志，贮存有特殊要求的药品，必须在包装、标签的醒目位置明显标注。

（5）包装厂房应适合所包药品的包装操作要求，其流程布置必须防止药品的混杂和污染。凡有药品直接暴露在空气中的包装区域，必须达到《药品生产质量管理规范》（good manufacture practice, GMP）所规定的洁净度要求，并定期进行检测。

（6）药品生产企业在申请新药鉴定和新产品报批前，必须向所在省、自治区、市医药管理部门报送所采用的包装材料容器装药的稳定性、渗漏性、透气性、迁移性以及与包装材料、容器之间的配合试验数据和测试方法的报告，并附包装质量标准，经批准后才能申报鉴定。

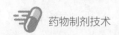

知识拓展　药品包装材料、容器对药品质量的影响

直接接触药品的包装材料和容器是药品不可分割的一部分，它伴随药品生产、流通及使用的全过程，尤其是一些剂型本身就是依附包装而存在的（如胶囊剂、气雾剂、安瓿剂等）。由于药品包装材料、容器组成配方、所选择原辅料及生产工艺不同，有的组分可能被所接触的药物溶出、或与药物互相作用、或被药物长期腐蚀脱片而直接影响药品质量。而且，有些对药品质量及人体的影响，药品质量的常规检验不能及时发现。例如安瓿、输液瓶（袋）会有组分被溶出及玻璃脱片现象，细微的玻璃脱片有堵塞血管形成血栓或肺肉芽肿的隐患。

药用玻璃材料和容器可用于直接接触各类药物制剂的包装，需根据药物的物理化学性质以及相容性试验结果进行选择。其按化学成分分为高硼硅玻璃、中硼硅玻璃、低硼硅玻璃和钠钙玻璃四类；按成型工艺分为模制瓶（如输液瓶）和管制瓶（如安瓿）。药用玻璃材料和容器的成分设计应满足产品性能的要求，保证玻璃成分的稳定，控制有毒有害物质的引入，不得影响药品的安全性。药用玻璃容器应清洁透明，以利于检查药液的可见异物、杂质以及变质情况，一般药物应选用无色玻璃，当药物有避光要求时，可选择棕色透明玻璃。

综上所述，药物制剂技术（pharmaceutical technology）是指运用药剂学的理论，指导药物制剂的处方与工艺设计、制备与生产和质量控制等的综合性应用技术。药物制剂的基本任务是将药物制成适于临床应用的剂型，并能批量生产安全、有效、稳定的制剂。剂型是药物应用的具体形式，除了药物本身的性质和药理作用外，具体剂型也直接影响着该药的临床效果，关乎人的生命健康。药物制剂技术的学习，需要扎实的理论基础、熟练的技能与严格的工作作风，除了学习药物制剂的基本理论之外，还要关注新剂型、新技术、新辅料等方面的知识与技能。

（1）药物制剂的基本理论　主要包括制剂的组方、工艺设计、质量控制、合理应用等药物制剂方面的基本理论，如药物制剂的稳定性，微粒分散理论在液体制剂中的应用，表面活性剂在制剂中的重要作用，固体物料的粉体性质，乳剂、混悬剂、软膏剂的流变性，生物药剂学和药物动力学对制剂的质量评价等。它对开发新剂型、新技术、新产品，提高产品的质量有着重要的指导意义。

（2）新剂型的基本知识　口腔速溶片剂可以不用水服药，给患者带来了方便；缓释、控释制剂和靶向制剂等新剂型可以有效地提高疗效，满足长效、低毒等要求；长时间缓释注射剂，不仅克服了每天注射的皮肉之苦，而且血药浓度平稳，降低了毒副作用。

（3）新技术的运用　新剂型的开发离不开新技术的应用。近年来蓬勃发展的微囊化技术、固体分散技术、包合技术、脂质体技术、球晶制粒技术、包衣新技术、纳米技术等，为新剂型的开发和制剂质量的提高奠定了技术基础。

（4）新辅料的使用　辅料与剂型紧密相连。近年来开发的聚乳酸、聚乳酸 - 聚乙醇酸共聚物等体内可降解辅料，促进了长时间缓释微球注射剂的发展；微晶纤维素、可压性淀粉等辅料，使粉末直接压片技术实现了工业化。为了适应现代药物剂型和制剂的发展，辅料将继续向着安全性、功能性、适应性、高效性的方向发展，这对新剂型与新技术的发展起着关键作用。

（5）中药新剂型的开发　中医药是中华民族的宝贵遗产，在继承和发扬中医中药的同时，运用现代科学技术丰富和发展中药的新剂型和新品种，使中药制剂从传统剂型（膏、丸、丹、散等）迈进现代剂型的行列，对提高药效具有重要的意义，是走向世界所必需的努力方向。

（6）制剂新机械和新设备的开发　GMP 论证的深入，给制剂机械和设备的发展提供了机遇。为了获得药品质量的更大保障和安全用药，制剂生产向封闭、高效、多功能、连续化和自动化的方向发展，减少了药品与人接触的机会，尽量避免操作人员对生产过程的污染，使药品的质量和产量大大提高。

制剂技术、药用辅料、制剂设备是制备优质制剂不可缺少的三大支柱，必须用心学习和掌握。另外，基因、核糖核酸、酶、蛋白质、多肽、多糖等生物技术药物普遍具有活性强、剂量小、治疗各种疑难病症的优点，但同时具有分子量大、稳定性差、吸收性差以及生物半衰期短等问题。制备适合于这类药物的长效、安全、稳定、使用方便的剂型，是药物制剂工作者的重要任务。

知识拓展　药剂学的发展及其分支学科

我国夏商周时期的《五十二病方》《甲乙经》《山海经》中，已有汤剂、丸剂、散剂、膏剂及药酒等的记载。唐代《新修本草》是世界上最早的国家药典，后来编制的《太平惠民和剂局方》是我国最早的国家制剂规范。在西方药剂学鼻祖格林（Galen，公元131—201年）的著作中，记述有散剂、丸剂、浸膏剂、溶液剂、酒剂等剂型，至今仍有“格林制剂”名称的应用。随着科学技术的发展，药剂学成为一门独立学科，并形成了多个分支学科。工业药剂学主要研究剂型及制剂生产的基本理论、工艺技术、生产设备和质量管理。物理药剂学是运用化学动力学、界面化学、流变学、粉体学等物理化学原理和方法，研究剂型和制剂的处方设计、制备工艺和质量控制。药用高分子材料学主要介绍剂型设计和制剂处方中常用高分子材料的结构、理化特性及其功能与应用。生物药剂学和药物动力学是研究药物的体内过程与药效的关系，为指导制剂设计以及安全合理用药等提供指导。随着药物化学、分子与细胞生物学、高分子材料学的发展，产生了新型的分子药剂学（molecular pharmaceutics），即从分子水平和剂型水平研究剂型因素对药物疗效的影响。

二、药品生产的质量管理

药品生产是将药物原料加工制备成能供医疗应用的剂型的过程。一般制剂生产的过程如下。

接受生产指令→确定制剂生产的工作任务→制定生产方案（处方、工艺、制法）→实施生产→质量检查→包装、储存

药品是指用于预防、治疗、诊断人的疾病，有目的地调节人的生理机能，并规定有适应证或者功能主治、用法用量的物质。药品是关系人民生命安危的特殊商品，具有一般商品所没有的特性，即质量的极其重要性。药品生产应建立药品质量管理体系，确保药品质量符合预定用途。药品生产岗位必须对所生产的药品质量负责，从质量保证角度对生产的各个方面全面监控并贯彻始终，防止事故的发生，防止污染、交叉污染、差错与混淆的发生，尽一切可能将药品缺陷及差错消灭在制造完成之前，从而确保合格药品的长期稳定生产。

1. 药典与药品标准

药品标准是国家对药品的质量、规格和检验方法所作的技术规定。药品的国家标准是指《中华人民共和国药典》（简称《中国药典》）和国家药品监督管理局（NMPA）颁布的药品标准，其内容包括质量指标、检验方法以及生产工艺等技术要求。

药典（pharmacopoeia）是国家为保证药品质量可控、确保人民用药安全有效而依法制定的药品法典，是药品研制、生产、经营、使用和管理都必须严格遵守的法定依据，是国家药品标准体系的核心。药典由国家药典委员会组织编纂、出版，并由政府颁布、执行，具有法律约束力。药典收载的品种是那些疗效确切、副作用小、质量稳定的常用药品及其制剂，并明确规定了这些品

种的质量标准。

《中国药典》(2020年版)是新中国成立以来组织编制的第十一版药典，基本覆盖国家基本药物目录品种和国家医疗保险目录品种。《中国药典》由一部、二部、三部、四部及其增补本组成。一部收载中药，二部收载化学药品，三部收载生物制品及相关通用技术要求，四部收载通用技术要求（包括制剂通则、其他通则、通用检测方法等）和药用辅料，持续完善了以凡例为基本要求、通则为总体规定、指导原则为技术引导、品种正文为具体要求的药典架构。药典还出版相配套的《临床用药须知》《中国药典注释》及各类标准图谱集等工具书与系列丛书。品种正文所设各项规定是针对符合《药品生产质量管理规范》(GMP)的产品而言。任何违反GMP或有未经批准添加物质所生产的药品，即使符合《中国药典》或按照《中国药典》未检出其添加物质或相关杂质，亦不能认为其符合规定。

资料卡　《中国药典》的凡例、品种正文、制剂通则、通用检测方法及指导原则

凡例是为正确使用《中国药典》，对品种正文、通用技术要求以及药品质量检验和检定中有关共性问题的统一规定和基本要求。品种正文系根据药物自身的理化与生物学特性，按照批准的来源、处方、制法和贮藏、运输等条件所制定的、用以检测药品质量是否达到用药要求并衡量其质量是否稳定均一的技术规定。制剂通则系为按照药物剂型分类，针对剂型特点所规定的基本技术要求。通用检测方法系为各品种进行相同项目检验时所应采用的统一规定的设备、程序、方法及限度等。指导原则系为规范药典执行，指导药品标准制定和修订，提高药品质量控制水平所规定的非强制性、推荐性技术要求。

全世界大约有40个国家具有本国药典。在国际上有一定影响力的药典主要有《美国药典》(United States Pharmacopeia，USP)、《英国药典》(British Pharmacopoeia，BP)、《日本药局方》(Japanese Pharmacopoeia，JP)、《欧洲药典》(European Pharmacopoeia，EP)和《国际药典》(International Pharmacopoeia，Int.Ph)等。《欧洲药典》属于区域性药典，《国际药典》对各国无法律约束力，仅供各国编纂药典时作参考标准。

2. 药品生产的质量管理

药品生产是一项系统工程，涉及从原料进厂到成品制造、出厂等许多环节。保证药品质量，必须在药品生产全过程进行控制和管理。生产过程管理包括生产标准文件管理、生产过程技术管理和批号管理。《药品生产质量管理规范》作为质量管理体系的一部分，是药品生产管理和质量控制的基本要求，以确保持续稳定地生产出适用于预定用途、符合注册批准或规定要求和质量标准的药品。

所有药品的生产和包装均应按照批准的工艺规程和操作规程进行操作，并有相关记录，以确保药品达到规定的质量标准，符合药品生产许可和药品注册批准的要求。

资料卡　药品生产管理和质量控制活动的基本要素

可持续稳定地生产出符合标准产品的生产工艺；恰当资质并经培训合格的人员；适用的设备和维修保障，操作人员经过培训，能按工艺规程和操作规程正确操作；正确的原辅料、包装材料和标签；适当的储运条件；能够追溯每批产品历史的完整生产记录；药品召回系统，可召回任何一批已发运销售的产品；审查药品的投诉，调查导致质量缺陷的原因，并采取措施，防止再次发生类似的质量缺陷。

（1）生产标准文件管理

① 工艺规程（processing instruction） 为生产特定数量的成品而制定的一个或一套文件，包括生产处方、生产操作要求和包装操作要求，规定原辅料和包装材料的数量、工艺参数和条件、加工说明（包括中间控制）、注意事项等内容。制剂的工艺规程内容应包括：生产处方、生产操作要求和包装操作要求。制定生产工艺规程是为了给药品生产各部门提供必须共同遵守的技术准则，确保每批药品尽可能与原设计一致，且在有效期内保持规定的质量。

② 岗位操作法（post-operation act） 系对各具体生产操作岗位的生产操作、技术、质量等方面所作的进一步详细要求，是生产工艺规程的具体体现。包括：生产操作法、重点操作复核复查、半成品质量标准及控制规定、安全防火和劳动保护、异常情况处理和报告、设备使用维修情况、技术经济指标的计算以及工艺卫生等。

③ 操作规程（standard operating procedure，SOP） 系经批准用来指导药品生产活动的通用性文件，如设备操作、维护与清洁、验证、环境控制、取样和检验等，也称标准操作规程。操作规程的内容应包括：题目、编号、版本号、颁发部门、生效日期、分发部门以及制订人、审核人、批准人的签名并注明日期，标题、正文及变更历史。

SOP 的格式示意如下：

部门：	题目：		共　页 第　页
文件编码：	新订：	替代：	起草：
审查部门：	QA 审阅：	批准：	执行日期：
变更记载 修订号：　批准日期：　执行日期：		变更内容及目的：	

以下分别为目的，范围，责任，程序等。

SOP 续页开始同 SOP 首页一样，应有一表格式文头，即每页均需有关人员签名认可，这样做的好处在于除了第一页以外的改动均有可能查证，不必改动全部页数，就是说，一份多页的 SOP 可能有不同的生效日期，不同的起草人，不同人的签名（人员变动），以免一本操作规程“牵一发而动全身”，使修订文件更为有效、及时、节约。

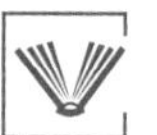

资料卡　制剂岗位职责（以压片岗位为例）

1. 执行《压片岗位操作法》《压片设备标准操作规程》《压片设备的清洁保养操作规程》《场地清洁操作规程》等。

2. 负责压片所用设备的安全使用及日常保养。

3. 按生产指令生产，核对压片所有物料的名称、数量、规格、形状等，确保不发生混药、错药等。

4. 认真检查压片机是否清洁干净，清场状态是否符合规定。

5. 压片过程中不得擅自离岗，发现异常及时进行排除并上报。

6. 认真如实填好各生产记录，字迹清晰、内容真实、数据完整，不得任意涂改和撕毁。

7. 工作结束或更换品种时，应及时做好清场工作，认真填写相应记录。

8. 做到生产岗位各种标识准确、清晰明了，及时准备填写各生产记录。

（2）药品生产过程的技术管理　药品生产过程的技术管理主要包括：生产准备阶段的生产指令的下达、领料、存放及记录，生产阶段的操作前生产场地、仪器、设备的准备和物料准备以及生产操作和生产结束的技术管理，中间站管理、待包装中间产品管理、包装后产品与不合格产品管理、物料平衡、生产记录管理等。**物料平衡**（reconciliation）是指产品或物料实际产量或实际用量及收集到的损耗之和与理论产量或理论用量之间的比较，并考虑可允许的偏差范围。

生产操作前，应采取措施，保证工作区和设备已处于清洁状态，没有任何与本批生产无关的原辅料、遗留产品、标签和文件。应核对物料或中间产品的名称、代码、批号和标识，确保生产所用物料或中间产品正确且符合要求。应进行中间控制和必要的环境监测，并予以记录。每批药品的每一生产阶段完成后，必须由生产操作人员清场，填写清场记录，防止生产过程中的污染和交叉污染。

为了保证工序处于受控状态，在一定的时间和一定的条件下，在产品制造过程中需重点控制的质量特性、关键部位或薄弱环节，称为**质量控制点**（quality control point）。将某一生产工序生产的不符合质量标准的一批中间产品或待包装产品、成品的一部分或全部返回到之前的工序，采用相同的生产工艺进行再加工，以符合预定的质量标准的过程，则称为**返工**（rework）。

（3）批和批号的管理

① **批**（batch/lot）是经一个或若干个加工过程生产的具有预期均一质量和特性的一定数量的原辅料、包装材料或成品。在连续生产的情况下，批必须与生产中的具有预期均一特性的确定数量的产品相对应，批量可以是固定数量或固定时间段内生产的产品。

② **批号**（batch/lot number）是用于识别一个特定批次的具有唯一性的数字和（或）字母的组合。正确划分批是确保产品均一性的重要条件，每批药品均应编制唯一的生产批号。除另有法定规定外，生产日期不得迟于产品成型或灌装（封）前经最后混合的操作日期，不得以产品包装日期作为生产日期。

生产管理是确保产品各项技术指标及管理标准在生产过程中具体实施的措施，是药品生产制造质量保证的关键环节。通过各种措施的实施，确保生产过程中使用物料经严格检验，达到国家规定制药标准，并由经过培训符合上岗标准的人员，严格按企业生产部门下达的生产指令和标准操作规程进行药品生产操作，仔细如实记录操作过程及数据，确保所生产药品质量安全有效，药品的生产工作符合质量标准。为了防止混淆和差错事故，各生产工序在生产结束，转换品种、规格或更换批号前，应彻底清场及检查作业场所。同时在生产过程中，还要坚持保护环境的基本国策，依法履行环境保护的职责，采取有效措施防治污染。

车间常用状态标志：生产——蓝色；清场合格证——蓝色；继续清场——红色；被控制——黄色（物料）；合格——蓝色（物料）；不合格——红色（物料）；取样证——白色；销毁——红色。

3. 药品生产的卫生管理

（1）药品生产的卫生　药品的卫生状况对于患者用药安全来说十分重要，尤其是注射用药品。如果药品中存在未杀灭的细菌毒素等，随药物进入患者体内，则可能导致病情复杂或者引起新的感染和毒害作用，甚至导致死亡。在药品生产史上，由于卫生管理问题而发生药品污染的事故不胜枚举。在生产的全过程必须采取各种措施，防止药品受微生物及其他杂质的污染。《药品管理法》第四十二条规定：药品生产要“有与药品生产相适应的厂房、设施和卫生环境”。

思政教育　“欣弗事件”

2006年7月27日，青海部分患者在使用某药业公司生产的克林霉素磷酸酯葡萄糖注射液（欣弗）后，出现了胸闷、寒战、腹痛、过敏性休克、肝肾功能损害等临床症状。随后，广西、浙江、黑龙江、山东等地也有报告。8月15日，国家食品药品监督管理总局通报了调查结果：该公司在生产过程中生产记录不完整，未按批准的工艺参数灭菌，增加灭菌柜装载量，影响了灭菌效果。“欣弗事件”导致11人死亡，上百人病危。药品质量关系着人的生命和健康，确保药品质量安全是药品生产最基本的职业底线，同时也是药企的安身立命之本。

“卫生”在GMP中是指生产过程中使用的物料、产品和过程保持洁净。生产卫生监督应包括微生物检测，以及可能影响生产工艺的各种因素的监测。GMP认为，“当一个药品中存在有不需要的物质或当这些物质的含量超过规定限度时，这个药品受到了污染”。根据污染来源不同，可分为尘埃污染、微生物污染、遗留物污染。尘埃污染是指产品因混入其他尘粒变得不纯净，包括尘埃、污物、棉绒、纤维及人体身上脱落的皮屑、头发等。微生物污染是指由微生物及其代谢物所引起的污染。药品生产的卫生管理主要包括：环境卫生、工艺卫生和人员卫生。

环境卫生：与药品生产相关的空气、水源、地面、生产车间、设备、空气处理系统、生产介质和人等方面的卫生，包括厂区环境卫生、厂房环境卫生和仓储区环境卫生等。

工艺卫生：包括物料卫生、生产过程卫生和设备卫生。用于药品生产的物料应按卫生标准和程序进行检验，检验合格后才能使用。物料进入洁净室（区）必须经过一定的净化程序，包括脱包、传递和传输。

人员卫生：在药品生产过程中，生产人员总是直接或间接地与生产物料相接触，对药品质量产生影响。这种影响主要来自两方面，一方面由于操作人员的健康状况产生；另一方面由于操作人员个人卫生习惯造成。因此，加强人员的卫生管理和监督是保证药品质量的重要方面。企业所有人员都应有健康档案，接受卫生要求的培训，并建立人员卫生操作规程，任何进入生产区的人员均应按规定洗手、更衣；工作服的选材、式样及穿戴方式应与所从事的工作和空气洁净度等级要求相适应；进入洁净生产区的人员不得化妆和佩戴饰物。生产区、仓储区应禁止吸烟和饮食，禁止存放食品、饮料、香烟和个人药品等非生产用物品；操作人员应避免裸手直接接触药品及与药品直接接触的包装材料和设备的表面。

（2）药品的微生物限度检查 《中国药典》的制剂通则及品种项下，要求无菌的制剂及标示无菌的制剂以及用于手术、烧伤或严重创伤的局部给药制剂，应符合无菌检查法规定。微生物限度检查是用于判断非规定灭菌制剂及原料、辅料是否符合药典的规定，也可用于指导制剂、原料、辅料的微生物质量标准的制定，及指导生产过程中间产品的微生物监控。因为非无菌药品中污染的某些微生物可能导致药物活性降低，甚至使药品丧失疗效，从而对患者健康造成潜在危害。因此，应在药品生产、储藏和流通各环节中，严格遵循有关规范，降低产品受微生物污染程度。

非无菌药品的微生物限度标准，是基于药品的给药途径和对患者健康潜在的危害以及药品的特殊性而制订的，主要有微生物计数法和控制菌检查法，检查项目包括需氧菌总数、霉菌和酵母菌总数及控制菌检查。除另有规定外，微生物限度均以中国药典的标准为依据。如《中国药典》（2020年版）规定，口服固体制剂中需氧菌总数、霉菌和酵母菌总数不超过1000CFU/g，不得检出大肠埃希菌，含脏器提取物的制剂及化学药品制剂和生物制品制剂若含有未经提取的动植物来源的成分及矿物质不得检出沙门菌。对于原料、辅料及某些特定的制剂，根据原辅料及其制剂的特性和用途以及制剂的生产工艺等因素，可能还需检查其他具有潜在危害的微生物。

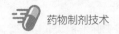

知识拓展　GLP和GCP

GLP是good laboratory practice的简称，即药物非临床研究质量管理规范。药物的非临床研究是指非人体研究，亦称为临床前研究。系在实验室条件下，用实验系统进行的各种毒性试验，包括单次给药的毒性试验、反复给药的毒性试验、生殖毒性试验、遗传毒性试验、致癌试验、局部毒性试验、免疫原性试验、依赖性试验、毒代动力学试验及与评价药物安全性有关的其他试验。GCP是good clinical practice的简称，即药物临床试验质量管理规范。药品临床试验是指任何在人体（患者或健康志愿者）进行药物的系统性研究，以证实或揭示试验药物的作用，不良反应及/或试验药物的吸收、分布、代谢和排泄，以确定试验药物的疗效与安全性。制定GLP、GCP的目的在于保证试验过程的规范，结果科学可靠，保证受试者的权益并保障其安全。

三、药品生产的安全

安全生产是指企事业单位在劳动生产过程中的人身安全、设备和产品安全以及交通运输安全等。安全生产的原则是：坚决贯彻“隐患险于明火，防范胜于救灾，责任重于泰山”的观点和“安全第一，预防为主”的安全生产方针，严格执行国家劳动安全卫生规程和制度，对劳动者进行劳动安全卫生教育。各级人员必须履行各自岗位的安全职责，坚决执行“管生产必须管安全，谁主管谁负责”的原则，坚决执行“安全生产，人人有责”的安全生产责任制，实行“企业负责、行业管理、国家监察、群众监督、劳动者遵章守纪”的管理体制。

思政教育　制粒车间乙醇爆炸事故

某制粒车间在用乙醇制粒后，放入烘房烘干，因烘房内乙醇味很重，于是一工人去断电，电火花引爆乙醇，致使断电工人严重烧伤，医治无效死亡。虽然该工人在乙醇味很浓的情况下，开关电闸是违规操作，但事后调查发现，该车间废气排放不畅，未安装易燃易爆气体报警器，烘箱电路开关不符合防爆要求。

每一个安全事故的教训都是惨痛的，每一个安全事故的发生都有其必然性和偶然性，每一个安全事故轻则造成经济损失，重则危及生命。身边的一些小事或小疏忽，也可能引起巨大的事故和损失。

安全生产管理的基本要求是：①各部门要根据本部门的情况，完善和修订各级安全生产责任制和岗位安全操作法，严格按标准SOP进行操作；②根据生产程序的可能性，列出每一个程序可能发生的事故，以及发生事故的先兆，培养员工对事故先兆的敏感性；③认识到安全生产的重要性，以及安全事故带来的巨大危害性；④在任何程序上一旦发现生产安全事故的隐患，要及时地报告、及时地排除。即使有一些小事故发生，可能是避免不了或者经常发生，也应引起足够的重视，要及时排除。当事人即使不能排除，也应该向安全负责人报告，以便找出这些小事故的隐患，及时排除，避免安全事故的发生。

思政教育 “海恩法则”与“墨菲定律”

德国人帕布斯·海恩认为，任何严重事故都是有征兆的，再好的技术、再完美的规章，在实际操作层面也无法取代人自身的素质和责任心。美国人墨菲认为，“只要存在发生事故的原因，事故就一定会发生”，而且“不管其可能性多么小，但总会发生，并造成最大可能的损失”，这就是“墨菲定律”。现实中，人们往往忙于处理事故的“事后”工作。亡羊补牢，加强防范，这无疑是必要的。但安全工作最好的办法还是在找事故的源头上下功夫，及时发现事故征兆，立即消除事故隐患，从根本上防止严重事故的发生。

四、药品生产环境与条件

现代药品生产中，生产出优质药品必须具备四个要素：①合理的剂型选择、处方设计和工艺流程；②合格的原辅料与包装材料；③优越的生产环境与条件；④严格的生产和质量管理。为了确保优质药品的生产，需要优良的生产环境与条件（包括厂房、车间和设备）。

1. 药品生产厂址选择和工艺布局

药品生产厂房的选址、设计、布局、建造、改造和维护必须符合药品生产要求，应能最大限度避免污染、交叉污染、混淆和差错，便于清洁、操作和维护。厂房应选择在大气含尘、含菌浓度低，无有害气体，对药品质量无有害因素，卫生条件较好的区域。药品生产厂的总平面布置除应遵循国家有关工业企业总体设计原则外，还应按照不对药品生产产生污染，营造整洁的生产环境的原则确定。厂区的地面、路面及运输等不应对药品的生产造成污染，生产、行政、生活和辅助区的总体布局应合理，不得互相妨碍；厂区和厂房内的人物、物流走向应合理。

生产厂房应按生产工艺流程及相应洁净级别要求合理布局，根据药品品种、生产操作要求及外部环境状况配置空调净化系统，保证药品的生产环境。制药工艺布局应按生产流程要求做到布置合理、紧凑，有利于生产操作，并保证对生产过程进行有效管理，防止人流、物流之间的混杂和交叉污染；在药品洁净生产区域内应设置与生产规模相适应的备料室以及原辅材料、中间体、半成品、成品存放区域。另外，应选择便于操作、清洁、维护，以及必要时能进行消毒或灭菌的设备。设备的维护和维修不得影响药品质量，应尽可能避免发生污染、交叉污染、混淆和差错。

2. 药品生产区域的洁净要求

为保证药品生产质量、防止生产环境对药品的污染，生产区域必须具备 GMP 规定的和与其生产工艺相适应的环境。药品生产的洁净区可分为以下 4 个级别：

A 级：高风险操作区，如灌装区、放置胶塞桶、敞口安瓿、敞口西林瓶的区域及无菌装配或连接操作的区域。通常用层流操作台（罩）来维持该区的环境状态。

B 级：指无菌配制和灌装等高风险操作 A 级区所处的背景区域。

C 级和 D 级：指生产无菌药品过程中重要程度较低的洁净操作区。

药品生产区域应以空气洁净度（尘粒数和微生物数）为主要控制对象，同时还应对其温度、湿度、新鲜空气量、压差、照度、噪声等参数作出必要的规定，其中至少应对温度、湿度、压差、悬浮粒子、微生物进行验证。环境空气中不应有不愉快气味以及有碍药品质量和人体健康的气味。药品生产洁净室（区）空气洁净度等级见表 1-1。

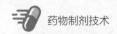

表1-1 洁净室（区）空气洁净度级别

洁净度级别	每立方米悬浮粒子最大允许数				浮游菌/（CFU/m^3）	沉降菌（90mm）/（CFU/4h）	表面微生物	
	静态		动态				接触碟（55mm）/（CFU/碟）	5指手套/（CFU/手套）
	≥0.5μm	≥5μm	≥0.5μm	≥5μm				
A级	3520	20	3520	20	<1	<1	<1	<1
B级	3520	29	352000	2900	10	5	5	5
C级	352000	2900	3520000	29000	100	50	25	—
D级	3520000	29000	不作规定	不作规定	200	100	50	—

生产区域环境参数应由管理生产工艺的技术人员，根据生产工艺的要求、在保证产品质量的前提下提出。洁净区与非洁净区之间、不同等级洁净区之间的压差应不低于10Pa，相同洁净度等级、不同功能的操作间之间应保持适当的压差梯度，以防止污染和交叉污染。

口服液体和固体、腔道用药（含直肠用药）、表皮外用药品生产的暴露工序区域及其直接接触药品的包装材料最终处理的暴露工序区域，应参照无菌药品D级洁净区的要求设置，企业可根据产品的标准要求和特性需要采取适宜的微生物监控措施。无菌药品的生产操作，应在符合规定的相应级别的洁净区内进行，未列出的操作可参照适当级别的洁净区内进行，参见表1-2。

表1-2 无菌药品生产操作的洁净度级别

洁净度级别	无菌药品的生产操作
	最终灭菌产品生产操作示例
C级背景下的局部A级	高污染风险①的产品灌装（或灌封）
C级	产品灌装（或灌封）；高污染风险②产品的配制和过滤；眼用制剂、无菌软膏剂、无菌混悬剂等的配制、灌装（或灌封）；直接接触药品的包装材料和器具最终清洗后的处理
D级	轧盖；灌装前物料的准备；产品配制和过滤（指浓配或采用密闭系统的稀配）；直接接触药品的包装材料和器具的最终清洗
	非最终灭菌产品的无菌生产示例
B级背景下的A级	处于未完全密封③状态下产品的操作和转运，如产品灌装（或灌封）、分装、压塞、轧盖④等；灌装前无法除菌过滤的药液或产品的配制；直接接触药品的包装材料、器具灭菌后的装配以及处于未完全密封状态下的转运和存放；无菌原料药的粉碎、过筛、混合、分装
B级	处于未完全密封③状态下的产品置于完全密封容器内的转运；直接接触药品的包装材料、器具灭菌后处于完全密封容器内的转运和存放
C级	灌装前可除菌过滤的药液或产品的配制；产品的过滤
D级	直接接触药品的包装材料、器具的最终清洗、装配或包装、灭菌

① 此处的高污染风险是指产品容易长菌、灌装速度慢、灌装用容器为广口瓶、容器须暴露数秒后方可密封等状况。

② 此处的高污染风险是指产品容易长菌、配制后需等待较长时间方可灭菌或不在密闭容器中配制等状况。

③ 轧盖前产品视为处于未完全密封状态。

④ 轧盖也可在C级背景下的A级送风环境中操作。A级送风环境应至少符合A级区的静态要求。

3. 制药用水

制药用水用于药品生产过程和药物制剂的制备，是用量最大的原料。因其使用的范围不同而分为饮用水、纯化水、注射用水和灭菌注射用水。一般应根据各生产工序或使用目的与要求选用适宜的制药用水。药品生产应确保制药用水的质量符合预期用途的要求。

饮用水：天然水经净化处理所得的水，其质量必须符合国家现行《生活饮用水卫生标准》。饮用水可作为药材净制时的漂洗、制药用具的粗洗用水。除另有规定外，也可作为饮片的提取溶剂。

纯化水：饮用水经蒸馏法、离子交换法、反渗透法或其他适宜的方法制备的制药用水。纯化水不含任何附加剂，应严格监测各生产环节，防止微生物污染，其质量应符合药典纯化水项下的规定。纯化水可作为配制普通药物制剂用的溶剂或试验用水；可作为中药注射剂、滴眼剂等灭菌制剂所用饮片的提取溶剂；口服、外用制剂配制用溶剂或稀释剂；非灭菌制剂用器具的精洗用水，也用作非灭菌制剂所用饮片的提取溶剂。纯化水不得用于注射剂的配制与稀释。

注射用水：纯化水经蒸馏所得的水，应符合细菌内毒素试验要求。注射用水必须在防止细菌内毒素产生的设计条件下生产、贮藏及分装，应监控制备的各生产环节，并防止微生物的污染，质量应符合药典注射用水项下的规定。注射用水的贮存方式和静态贮存期限应经过验证确保水质符合质量要求，例如可以在 80℃以上保温或 70℃以上保温循环或 4℃以下的状态下存放。注射用水可作为配制注射剂、滴眼剂等的溶剂或稀释剂及容器的精洗。

灭菌注射用水：按照注射剂生产工艺制备所得，不含任何添加剂。主要用于注射用灭菌粉末的溶剂或注射剂的稀释剂，其质量应符合灭菌注射用水项下的规定。

4. 药品生产辅助设施

药品生产的辅助设施包括人员净化用室和生活用室，设备清洗及其维护、运行的维修设施，以及离线检测的质检设施等。休息室的设置不应对生产区、仓储区和质量控制区造成不良影响。更衣室和盥洗室应方便人员出入，并与使用人数相适应。盥洗室不得与生产区和仓储区直接相通。维修车间应尽可能远离生产区。存放在洁净区内的维修用备件和工具，应放置在专门的房间或工具柜中。人员净化用室应包括雨具存放室、换鞋室、存外衣室、盥洗室、换洁净工作服室、气闸室或空气吹淋室等。厕所、淋浴室、休息室等生活用室，可根据需要设置，其设置不得对洁净室（区）产生不良影响（图 1-1）。根据不同的洁净度和工作人员数量，人员净化用室和生活用室的建筑面积应合理确定。人员净化用室和生活用室的布置应避免往复交叉，如图 1-2 所示。

工作服及其质量应与生产操作的要求及操作区的洁净度级别相适应，式样和穿着方式应能满足保护产品和人员的要求。

GMP 规定的各洁净区着装要求如下。

D 级区：应将头发、胡须等相关部位遮盖。应穿合适的工作服和鞋子或鞋套。应采取适当措施，以避免带入洁净区外的污染物。

C 级区：应将头发、胡须等相关部位遮盖，应戴口罩。应穿手腕处可收紧的连体服或衣裤分开的工作服，并穿适当的鞋或鞋套。工作服应不脱落纤维或微粒。

A/B 级区：应用头罩将所有头发以及胡须等相关部位全部遮盖，头罩应塞进衣领内，应戴口罩以防散发飞沫，必要时戴防护目镜。应戴经灭菌且无颗粒物（如滑石粉）散发的橡胶或塑料手套，穿经灭菌或消毒的脚套，裤腿应塞进脚套内，袖口应塞进手套内。工作服应为灭菌的连体工作服，不脱落纤维或微粒，并能滞留身体散发的微粒。

个人外衣不得带入通向 B、C 级区的更衣室。每位员工每次进入 A/B 级区，都应更换无菌工作服；或至少每班更换一次，但须用监测结果证明这种方法的可行性。操作期间应经常消毒手套，并在必要时更换口罩和手套。

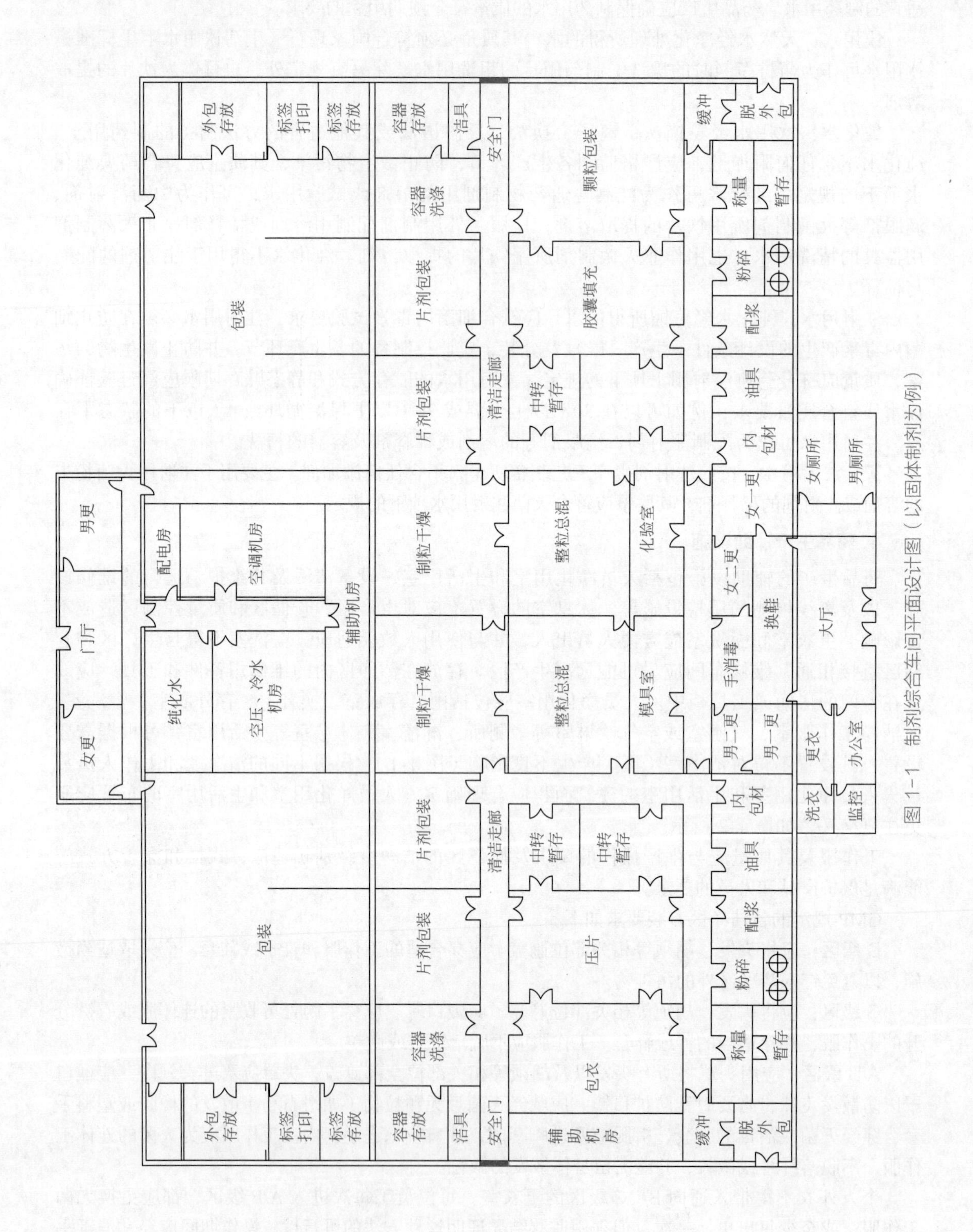

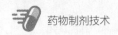

图1-1 制剂综合车间平面设计图（以固体制剂为例）

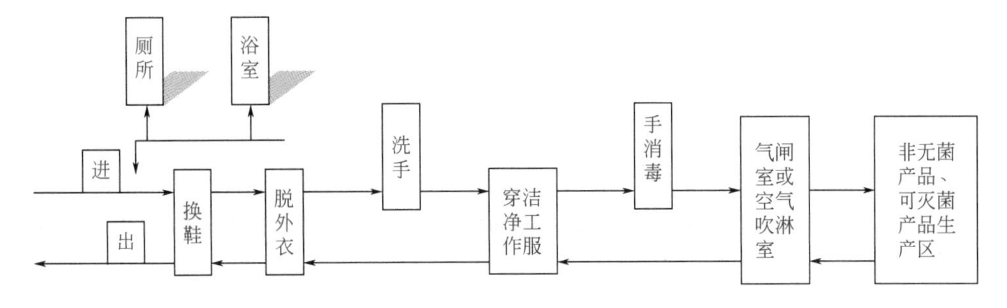

(a) 非无菌产品、可灭菌产品生产区人员净化程序

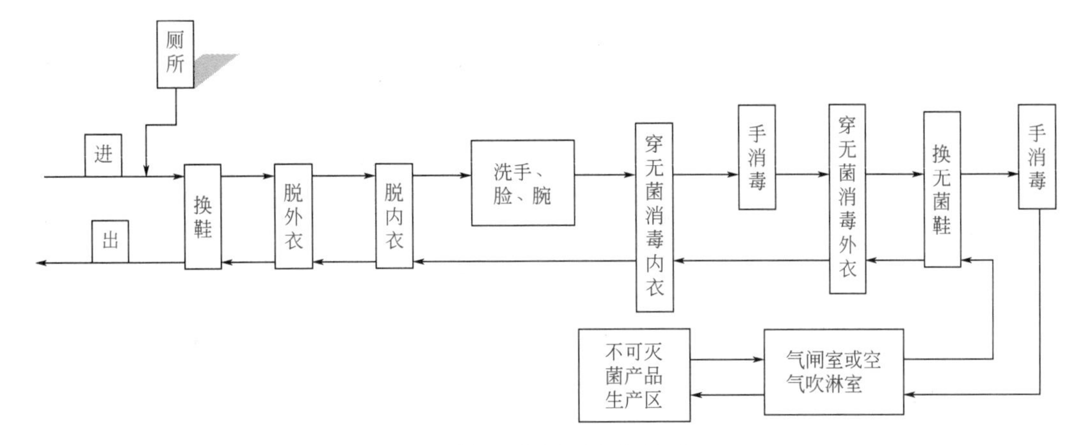

(b) 不可灭菌产品生产区人员净化程序

图 1-2　生产区人员净化程序

［阴影内的设施可根据需要设置；多层厂房或同一平面生产区中空气洁净等级不同时，到达各区域前的人员净化程序可参照（a）、（b）要求，并结合具体情况进行组合］

实践　进入洁净室（区）的更衣标准操作

【目的和要求】

学习进入洁净室（区）的更衣标准操作程序，练习进入洁净区人员的统一操作并正确更衣，保障洁净室不受人员的污染。凡进入洁净室的人员，包括生产操作人员、维修人员及管理人员，均应对执行此操作程序负责，班组长及班组质管员负责监督检查，车间及质量管理部质管员负责抽查执行情况。

【更衣操作程序】

1. 放下自己的物品

（1）进入生产车间门口，在雨伞架上放下雨伞，把提包之类个人物品放入自己的更衣柜内，脱去大衣等。

（2）在拖鞋架上取出自己的拖鞋，脱去家居鞋，穿上拖鞋，家居鞋放入鞋架规定位置上。

2. 至更衣室，用手推开更衣室门，进入更衣室。

3. 换工作鞋

（1）坐在横凳上，面对门外，脱去拖鞋，弯腰，用手把拖鞋放入横凳下规定的鞋架内。

（2）坐着转身 180° ，背对外门，弯腰在横凳下的鞋架内取出自己的工作鞋，在此操作期间注意不要让双脚着地；穿上工作鞋，趿上鞋跟。

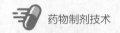

4. 脱外衣

（1）走到自己的更衣柜前，用手打开更衣柜门。

（2）脱去外衣，挂入更衣柜，随手关上柜门。

5. 洗手

（1）走到洗手池旁。

（2）用手肘弯推开水开关，伸双手掌入水池上方开关下方的位置，让水冲洗双手掌至腕上5cm。双手触摸清洁剂，相互摩擦，使手心、手背及手腕上5cm的皮肤均匀充满泡沫，摩擦约10s（图1-3）。

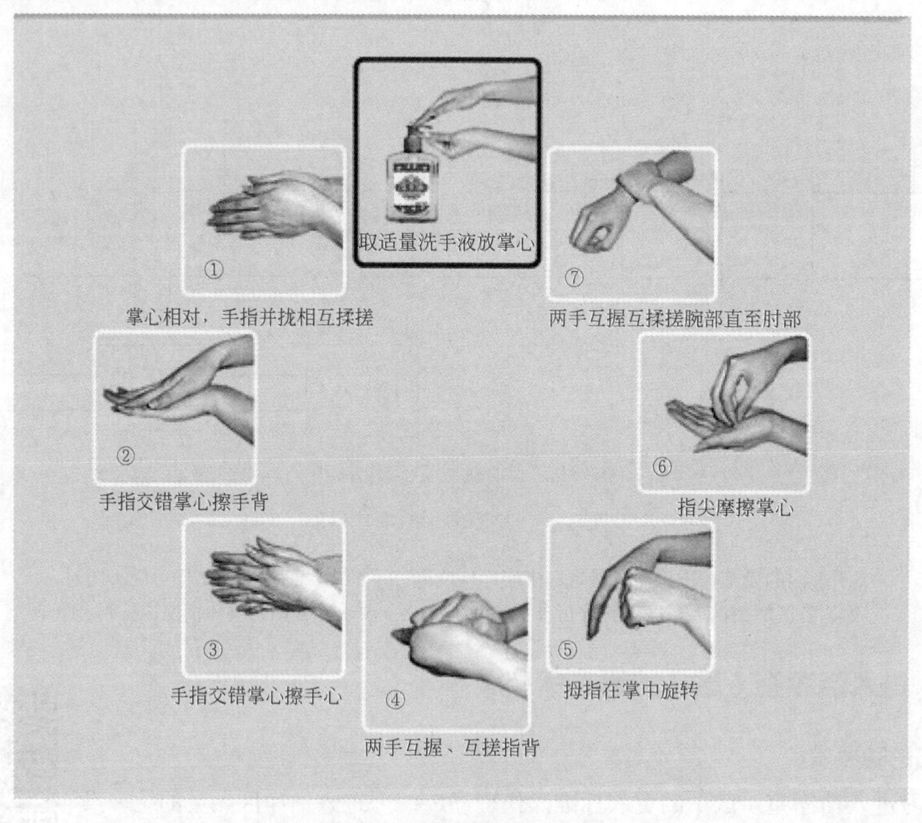

图1-3　七步洗手法示意图

图中每步骤至少揉搓5次，双手交替进行

（3）伸双手入水池，让水冲洗双手，同时双手上下翻动、相互摩擦，使清水冲至所有带泡沫的皮肤上，直至双手掌摩擦不感到滑腻为止。

（4）翻动双手掌，用眼检查双手是否已清洗干净。

（5）用肘弯推关水开关。

（6）走到电热烘手机前，伸手掌至烘手机下8～10cm地方，电热烘手机自动开启，上下翻动双手掌，直到双手掌烘干为止。

6. 穿洁净工作服

（1）用肘弯推开房门，走到洁净工衣柜前，取出自己号码的洁净工作服袋。

（2）取出洁净工作衣，穿上，拉上拉链。

（3）取出洁净工作裤，穿上，拉正。

（4）走到镜子前，取出洁净工作帽，对着镜子戴帽，注意把头发全部塞入帽内。

（5）取出一次性口罩带上，注意口罩要罩住口、鼻；在头顶位置上结口罩带。

（6）对着镜子检查衣领是否已翻好、拉链是否已拉至喉部、帽和口罩是否已戴正。

7. 手消毒

（1）走到自动酒精喷雾器前，伸双手掌至喷雾器下 10cm 左右处。

（2）喷雾器自动开启，翻动双手掌，使酒精均匀喷在双手掌上各处。

（3）缩回双手，酒精喷雾器停止工作。

（4）挥动双手，让酒精挥干。

8. 进入洁净室

用肘弯推开洁净室门，进入洁净室。

实践　参观制药企业

参观制药行业，听取负责人的生产介绍，了解药品生产过程和生产管理概况。写一份参观报告，谈谈自己对药物制剂生产及其质量管理的认识。

学习测试

一、选择题

（一）单项选择题

1.《中华人民共和国药典》是由（　　）。

A.国家颁布的药品集　　B.国家药典委员会制定的药物手册

C.NMPA制定的药品标准　　D.NMPA制定的药品法典

E.国家药典委员会组织编纂的记载药品规格标准的法典

2. 将药物制成适用于临床应用的形式是指（　　）。

A.剂型　B.制剂　C.药品　D.成药　E.药物传递系统

3. 药物制剂剂型的基本要求为（　　）。

A.安全、有效、稳定　B.速效、长效、稳定　C.高效、速效、控释

D.缓释、控释、稳定　E.定时、定量、定位

4. 下列剂型中属于均匀分散系统的是（　　）。

A.乳剂　B.混悬剂　C.疏水性胶体溶液　D.溶液剂　E.片剂

5. 下列关于药品包装的基本要求叙述错误的是（　　）。

A.药品包装必须符合国家标准、专业标准的规定

B.包装材料容器可重复使用

C.药品的最小销售单元系指直接上市的最小包装

D.药品包装、标签的文字和图案不得加入任何未经审批同意的内容

E.包装厂房应适合所包药品的包装操作要求

6. 高污染风险的无菌药品灌装（或灌封）要求的区域是（　　）。

A. A级　B. B级　C. C级　D. D级　E. C级背景下的局部A级

7. A级洁净度标准中浮游菌要求为小于（　　）。

A. 20CFU/m^3　B. 10CFU/m^3　C. 5CFU/m^3　D. 3CFU/m^3　E. 1CFU/m^3

8. 洁净区与非洁净区之间、不同等级洁净区之间的压差应不低于（　　）Pa。

A. 10　B. 8　C. 5　D. 4　E. 2

9. 对洁净室管理错误的是（　　）。

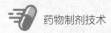

A.洁净室与非洁净室之间必须设置缓冲设施　B.人流、物流走向合理

C. A级洁净室内必须是不锈钢地漏　D.洁净室的净化空气可循环使用

E.操作人员不应裸手操作

（二）多项选择题

1. 药品质量特征表现为（　　）。

A.有效性　B.安全性　C.稳定性　D.均一性　E.依从性

2. 纯化水在制药中的主要用途是（　　）。

A.配制普通药物制剂用的溶剂　B.非灭菌制剂用器具的精洗用水

C.制药用具的粗洗　D.口服、外用制剂配制用溶剂或稀释剂

E.注射剂、无菌冲洗剂配料

3. 厂房的设计有哪些要求（　　）。

A.配置空调净化系统，保证药品的生产环境

B.防止人流、物流之间的混杂和交叉污染

C.生产、行政、生活和辅助区的总体布局应合理，不得互相妨碍

D.厂区和厂房内的人流、物流走向应合理

E.厂区的地面、路面及运输等不应对药品的生产造成污染

4. 要求药品生产操作人员（　　）。

A.有健康档案

B.禁止在生产区、仓储区吸烟和饮食

C.任何进入生产区的人员均应按规定洗手、更衣

D.在洁净室内操作时不得化妆和佩戴饰物，不得裸手直接接触药品

E.工作服的选材、式样及穿戴方式应与所从事的工作和洁净区等级要求相适应

5. 药品生产的辅助设施包括（　　）。

A.人员净化用室　B.生活用室　C.设备清洗及其维护设施

D.离线检测的质检设施　E.仓储区

6.各洁净区的着装要求GMP规定有（　　）。

A. D级区：应将头发、胡须等相关部位遮盖

B. C级区：应将头发、胡须等相关部位遮盖，应戴口罩

C. C级区：工作服应不脱落纤维或微粒

D. A/B级区：应用头罩将所有头发以及胡须等相关部位全部遮盖，头罩应塞进衣领内，应戴口罩以防散发飞沫，必要时戴防护目镜

E. A/B级区：工作服应为灭菌的连体工作服

二、思考题

1. 简述药物剂型的重要作用和药物制剂的基本要求。

2. 药品生产车间的常用状态标志有哪些？

3. 药品生产的卫生管理主要包括哪些方面？药品生产洁净区如何划分？

4.案例讨论：2018年7月发生的长生生物疫苗事件。查阅资料，了解该事件的发生原因以及国家对此事的处理，谈谈你对药品安全的认识。思考现代药品生产中，生产出优质药品必须具备哪些要素？

5. 分析研讨图1-1和图1-2，理解制剂车间的工艺布局。

6. 查阅资料，了解药品生产企业的基本条件，撰写有关的调研报告。

专题二　药物制剂的处方工作

学习目标

- 掌握制剂处方的含义；掌握溶解性、粉性性质、引湿性、流变性和黏性、配伍变化在制剂中的意义。
- 知道药用辅料的分类和要求、影响药物溶解的因素、影响药物制剂降解的因素以及表面活性剂的种类和性质。
- 学会增加药物溶解度的方法、表面活性剂的应用；学会制剂配伍变化的试验方法、制剂稳定性试验及稳定化的方法。
- 了解药物制剂设计的主要内容和新药制剂的申报程序。

【典型制剂】

例　复方异烟肼盐酸氯丙嗪控释片

片芯处方：	异烟肼	60g	盐酸氯丙嗪	20g
	聚乙烯醇	25g	淀粉	4.8g
	10% 淀粉浆	适量（Q.S）	十二烷基硫酸钠	0.4g
	滑石粉	5.6g		
包衣处方：	醋酸纤维素	17.0g	PEG 1500	3.0g
	聚山梨酯 -80	0.2g	丙酮	400mL

【问题研讨】药物制剂的处方应有哪些部分组成？如何制定制剂的处方？

一、药物制剂的处方

处方（prescription）系指医疗和生产部门调制药物制剂的一项重要书面文件。制剂处方系指药典、国家药品标准以及各种制剂规范（或手册）中所收载的处方，主要供药品生产企业和医院制剂室生产药物制剂时使用。国家药品标准收载的处方为法定处方，它具有法律的约束力。药物制剂的处方需根据药物的临床用途、给药途径确定适宜的剂型而制定。同一药物制剂因处方不同、生产工艺不同，其产品质量和疗效会有显著差异，所以合理的处方设计是非常重要的。

同一药物制剂的处方中，各种组分在治疗和构成剂型上所起作用是不同的，由活性成分的原料（主药、佐药）和辅料所组成，主药系起主要的作用，佐药为辅助或加强主药的作用。在药品生产中，除包装材料之外使用的任何物料称为原辅料，包括原料药和辅料，外购的中间产品和待包装产品同视为原辅料。原料是指药品生产过程中除辅料外所使用的所有投入物，但不包括包装材料。药品制剂的原料是指原料药；生物制品的原料是指原材料；中药制剂的原料是指中药材、中药饮片和外购中药提取物。辅料指生产药品和调配处方时所用的赋形剂和附加剂，是除活性成分或前体以外，在安全性方面已进行了合理的评估，并且包含在药物制剂中的物质。赋形剂系赋予药物以适当形态或体积的介质，以便于取用。附加剂系指提高制剂的有效性、安全性、稳定性而添加的物质。

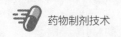

知识拓展　医师处方、协定处方等处方

除药物制剂处方外，处方的种类还有：医师处方（系医师针对个别患者制定的用药书面文件，具有法律上、技术上和经济上的意义）、协定处方（系某地区或医院根据日常医疗用药的需求，与医师共同协商制定的处方，主要针对地方性疾病的预防和治疗）、验方（系民间流传的经验方）、单方（系民间流传的简单验方，具有挖掘价值）、秘方（系指秘而不宣的处方，具有较大的用药风险）。

1. 药用辅料

药用辅料包括那些具有控制药物释放、传递功能的物质和可能在制剂工艺过程中加入但标明要求去除的物质，是除活性成分或前体以外，在安全性方面已进行了合理的评估，并且包含在药物制剂中的物质。药用辅料对于药品的安全性、有效性、稳定性、可控性和依从性具有一定的影响。为保证药用辅料在制剂中发挥其赋形作用和保证质量的作用，药典在药用辅料的正文中设置了适宜的性能指标。性能指标的设置是针对特定用途的，同一辅料按性能指标不同可以分为不同的规格，使用者可根据用途选择适宜性能的药用辅料。

同一药用辅料可用于不同给药途径、不同剂型，且有不同的用途。在一定的情况下，某些药用辅料可以成为活性成分，此时应符合药物要求。在作为非活性物质时，药用辅料除了赋形、充当载体、提高稳定性外，还具有增溶、助溶、缓控释等重要功能，是可能会影响到制剂的质量、安全性和有效性的重要成分。因此，应关注药用辅料本身的安全性以及药物 - 辅料的相互作用及其安全性。

（1）制剂中使用辅料的目的

① 有利于制剂形态的形成　如液体制剂中加入溶剂；片剂中加入稀释剂、黏合剂；软膏剂、栓剂中加入基质等使制剂具有形态特征。

② 使制备过程顺利进行　液体制剂中加入助溶剂、助悬剂、乳化剂等；固体制剂中加入助流剂、润滑剂可改善物料的粉体性质，使固体制剂的生产顺利进行。

③ 提高药物的稳定性　如化学稳定剂、物理稳定剂（助悬剂、乳化剂等）、生物稳定剂（防腐剂）等。

④ 调节有效成分的作用或改善生理要求　如使制剂具有速释性、缓释性、肠溶性、靶向性、热敏性、生物黏附性、体内可降解的各种辅料；还有生理需求的缓冲剂、等渗剂、矫味剂、止痛剂、色素等。

（2）药用辅料的分类　药用辅料可从来源、化学结构、剂型、用途、给药途径方面进行分类。

① 按来源分类　可分为天然物、半合成物和全合成物。

② 按化学结构分类　可分为无机化合物和有机化合物。无机化合物又可分为无机酸、无机盐、无机碱；有机化合物又可分为酸、碱、盐、醇、酚、酯、醚、纤维素及糖类等。

③ 按剂型分类　可用于制备溶液剂、合剂、乳剂、滴眼剂、滴鼻剂、片剂、胶囊剂、栓剂、颗粒剂、丸剂、膜剂、注射剂、气雾剂等。

④ 按用途分类　可分为溶剂、抛射剂、增溶剂、助溶剂、乳化剂、着色剂、黏合剂、崩解剂、填充剂、润滑剂、润湿剂、渗透压调节剂、稳定剂、助流剂、助压剂、矫味剂、防腐剂、助悬剂、包衣剂、芳香剂、抗黏着剂、抗氧剂、抗氧增效剂、螯合剂、皮肤渗透促进剂、空气取代剂、pH 调节剂、吸附剂、增塑剂、表面活性剂、发泡剂、消泡剂、增稠剂、包合剂、保护剂、保湿剂、柔软剂、吸收剂、稀释剂、絮凝剂、助滤剂、油墨、压敏胶、冻干填充剂、冻干保护剂、空心胶囊、胶体稳定剂、疫苗佐剂、中药炮制用辅料等。

⑤ 按给药途径分类　可分为口服、黏膜、经皮或局部给药以及注射、经鼻或吸入给药和眼部给药等。

（3）药用辅料的要求　药品生产所用的辅料必须符合药用要求，只有经质量管理部门批准放行并在有效期或复验期内的原辅料方可使用。药用辅料在生产、储存和应用中的要求如下。

① 生产药品所用的辅料必须符合药用要求，即经论证确认生产用原料符合要求、符合药用辅料生产质量规范和供应链安全。

② 药用辅料应在使用途径和使用量下经合理评估后，对人体无毒害作用；化学性质稳定，不易受温度、pH 值、保存时间等的影响；与主药无配伍禁忌，不影响主药的剂量、疗效和制剂的检验，尤其不影响安全性；且应选择功能性符合要求的辅料，经筛选尽可能用较小的用量发挥较大的作用。

③ 药用辅料的国家标准应建立在经国家药品监督管理部门确认的生产条件、生产工艺以及原材料的来源等基础上，按照药用辅料生产质量管理规范进行生产，上述影响因素任何之一发生变化，均应重新确认药用辅料标准的适用性。

④ 同一药用辅料用于给药途径不同的制剂时，需根据临床用药要求制定相应的质量控制项目。质量标准的项目设置需重点考察安全性指标。药用辅料的质量标准可设置“标示”项，用于标示其规格，如注射用辅料等。

⑤ 药用辅料用于不同的给药途径或用于不同的用途对质量的要求不同。在制定辅料标准时既要考虑辅料自身的安全性，也要考虑影响制剂生产、质量、安全性和有效性的性质。药用辅料的试验内容主要包括：与生产工艺及安全性有关的常规试验，如鉴别、性状、检查、含量等项目；影响制剂性能的功能性指标，如黏度、粒度等。

⑥ 药用辅料的残留溶剂、微生物限度、热原、细菌内毒素等应符合要求。注射剂、滴眼剂等无菌制剂用辅料应为注射用辅料或符合眼用制剂的要求，注射用辅料的细菌内毒素应符合要求，用于可耐受最终灭菌工艺制剂的注射用辅料应符合微生物限度和控制菌要求，用于无菌生产工艺、无除菌工艺制剂的注射用辅料应符合无菌要求。

⑦ 药用辅料的包装上应注明为“药用辅料”，且辅料的适用范围（给药途径）、包装规格及储藏要求应在包装上予以明确；药品中使用到的辅料应写入药品说明书中。

辅料的应用不仅仅是制剂成型以及工艺过程顺利进行的需要，而且是多功能化发展的需要，新型药用辅料对于制剂性能的改良、生物利用度的提高及药物的缓、控释等都有非常显著的作用。因此，为了适应现代剂型和制剂的发展，药用辅料将向安全性、功能性、适应性、高效性等方向发展，并在实践中不断得以推广，从而使药物制剂的新剂型与新技术也得到进一步的开发与应用。

2. 药物制剂的处方设计

一个成功的制剂应能保证药物的安全、有效、稳定、质量可控及良好的顺应性，且成本低，适于大批量生产。药物制剂的处方设计取决于药物的种类、临床用药的需要、理化性质和制备的剂型，从而确定给药途径和剂型，选择合适的辅料、制备工艺，筛选最佳处方、工艺条件和包装。

药物制剂处方工作的基本程序是：通过实验研究或从文献资料中得到所需的情报资料，测定和评价药物与有关辅料的物理性状、熔点、沸点、溶解度、溶出速度、多晶型、pK_a、分配系数、物理化学稳定性、药物与有关辅料的相互作用和配伍变化，以选择合适剂型、工艺和质量控制标准，从而制备有效、安全和稳定的药物制剂。所有这些体内、体外试验都必须以科学的态度、严谨的作风、实事求是的精神认真对待，才能获得满意的结果。

思政教育　磺胺酏剂事件

1937年，美国田纳西州的S.E.麦森吉尔公司使用二甘醇作溶剂配制了一种磺胺酏剂，没有进行任何试验就投入市场，结果导致108人死亡，其中大多数是儿童。由于没有相应的法律，美国FDA只能以滥用标签为由进行查处，即"酏剂"（Elixir）应定义为可溶于酒精的药物，麦森吉尔公司只支付了一万六千美元的罚款。由于这次事故，美国对药品和食品安全立法。1938年6月25日，罗斯福总统签署通过《联邦食品、药品和化妆品法案》，要求所有新药上市前必须通过安全性审查。

二、药物制剂的基本特性

药物及其制剂特性是制剂设计中的基本要素，主要有药物的溶解性、pK_a、分配系数、多晶型、粉体性质、流变性、引湿性、药物及其制剂的稳定性等。

1. 溶解性

【典型制剂】

例　聚维酮碘凝胶（povidone iodine gel）

本品为水溶性红棕色的稠厚液体。含聚维酮碘按有效碘（I）计算，应为标示量的8.5%～11.5%。为消毒防腐药，可用于小面积皮肤、黏膜创口的消毒。

聚维酮碘（povidone-iodine，PVP-I）亦称碘伏，为黄棕色至红棕色无定形粉末，系聚乙烯吡咯烷酮（povidone，PVP）与碘的复合物，可溶解分散9%～12%的碘（I_2）。碘为灰黑色或蓝黑色、有金属光泽的片状结晶或块状物，在常温中能挥发，在乙醇中易溶，在氯仿中溶解，在四氯化碳中略溶，在水中几乎不溶，在碘化钾或碘化钠的水溶液中溶解。医用碘伏通常浓度为1%或以下，呈浅棕色，具有广谱杀菌作用，可用于皮肤、黏膜的杀菌消毒以及器械浸泡消毒等。

【问题研讨】上述碘的溶解性描述中，"易溶、溶解、略溶、几乎不溶"是何含义？为何碘在PVP、碘化钾或碘化钠的水溶液中能溶解？

溶解是一种或一种以上物质以分子或离子状态分散在另一种物质中形成均匀分散体系的过程。溶解是制剂制备中的重要工艺过程，药物的溶解性直接影响药物在体内的吸收与药物生物利用度，是制备制剂时首先掌握的必要信息，对制剂的研究和质量的提高具有重要的意义。

（1）溶解度和溶解速度　溶解度（solubility）系指在一定温度下（气体在一定压力下），一定量溶剂中能溶解溶质的最大量。常用一定温度下100g溶剂中（或100g溶液或100mL溶液）溶解溶质的最大质量（g）来表示。《中国药典》采用极易溶解、易溶、溶解、略溶、微溶、极微溶解、几乎不溶和不溶来表示药物大致的溶解性能，至于准确的溶解度，一般以一份溶质（1g或1mL）溶于若干体积（mL）溶剂来表示。药典分别将它们记载于各药物项下。可表示如下：

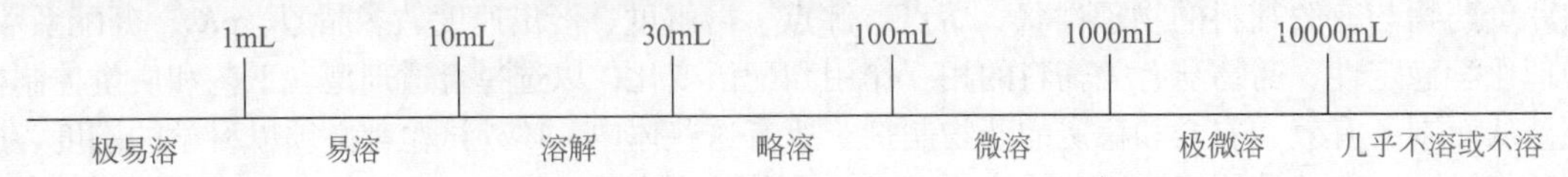

例如溶解系指溶质1g（mL）能在溶剂10～不到30mL中溶解。

《中国药典》(2020 年版)的溶解度测定方法：除另有规定外，称取研成细粉的供试品或量取液体供试品，置于 25℃ ±2℃一定容量的溶剂中，每隔 5min 强力振摇 30s，观察 30min 内的溶解情况，如看不见溶质颗粒或液滴时，即视为完全溶解。

弱酸弱碱类药物的溶解受 pH 的影响，调节 pH 可使其溶解度增加，制剂中常选用合适的盐。解离常数对药物的溶解特性和吸收特性很重要，因为大多数药物是有机的弱酸和弱碱，其在不同 pH 介质中的溶解度不同，药物溶解后存在的形式也不同，即主要以解离型或非解离型存在，对药物的吸收可能会有很大影响。一般地，解离型药物不能很好地通过生物膜被吸收，而非解离型的药物往往可有效地通过类脂性的生物膜。分配系数(partition coefficient，*P*)代表药物分配在油相与水相中的比例，药物的活性与其油 / 水分配系数密切相关。

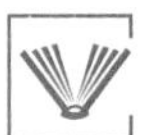

知识拓展　溶解度与吸收

Kaplan 于 1972 年提出，pH 1 ～ 7 范围内(37℃)，药物在水中的溶解度大于 1%(10mg/mL)时，吸收不会受限；在 1 ～ 10mg/mL 时，可能出现吸收问题；当小于 1mg/mL 时，需采用可溶性盐的形式。

溶解速度(dissolution rate)是指单位时间内溶解药物的量。可用单位时间内溶液浓度增加量表示。固体溶解是一个溶解扩散过程，符合 Noycs-Whitney 方程。

$$\frac{\mathrm{d}c}{\mathrm{d}t}=\frac{DA}{Vh}(C_{\mathrm{s}}-C) \tag{1-1}$$

式中，D 为扩散系数；A 为药物粒子的表面积；C_{s} 为扩散层内药物浓度；C 为溶出介质中药物浓度；V 为溶出介质体积；h 为扩散层厚度。

由上式可知，在单位时间内药物浓度的变化，即药物的溶解速度，与扩散系数、药物的扩散面积以及浓度差成正比，而与溶出介质的体积、扩散层厚度成反比。温度升高会加快药物分子扩散速度；粒度即颗粒越小，与溶剂接触的药物总表面积增大；适当搅拌可加速药物分子饱和层的扩散，这些均可使药物溶解速度加快。另外，片剂、胶囊剂等剂型的药物溶出，还受处方中加入的辅料等因素的影响。

(2)影响溶解性的主要因素

① 药物的理化性质　药物极性、晶格引力大小、粒子大小、晶型等均可影响药物的溶解度和溶解速度。

药物极性、晶格引力：药物的分子结构决定其极性的大小，极性与溶剂的极性遵循相似相溶的规律。药物晶格引力的大小对溶解度也有影响，如顺式丁烯二酸(马来酸)熔点为 130℃、溶解度为 1∶5，反式丁烯二酸(富马酸)熔点为 200℃、溶解度为 1∶150。

粒子大小：一般情况下溶解度与粒子大小无关，但当药物粒径为微粉状态时，粒子大小对溶解度、溶解速度有一定的影响。由开尔文公式(式 1-2)可知，粒径越小溶解度越大。

$$\ln\frac{C_{\mathrm{r}}}{C}=\frac{2\sigma M}{\mathrm{R}T\gamma\rho} \tag{1-2}$$

式中，C_{r}、C 分别为微小晶体及普通晶体的溶解度；σ 为液体的表面张力；M 为晶体的摩尔质量；R 为热力学常数，8.314J/(mol·K)；T 为开氏温度；γ 为微小晶体的半径；ρ 为晶体的密度。

药物晶型(crystalline forms，polymorphs)：药物有结晶型和无定形之分。药物常有一种以上的晶型，称为多晶型(polymorphism)。多晶型中最稳定的一种称为稳定型(stable form)，其他的称为亚稳定型(metastable form)。多晶型药物的成分相同，但晶格结构不同，其溶解度、溶出速度、熔点、密度等物理性质也不同。一般情况下，药物的亚稳定型结晶比稳定型结晶有较大的溶解度、溶出速度以及较低的熔点、稳定性，而结晶型相同的药物溶解度差异不大。如氯霉素棕榈酸酯有 A 型、B 型和无定形，无定形和 B 型为有效型，其溶解度大于 A 型。

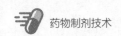

知识拓展　药物的多晶型现象

固体物质是由分子堆积而成。由于分子堆积方式不同，在固体物质中包含有晶态物质状态（又称晶体）和非晶态物质状态（又称无定型态、玻璃体）。当存在有两种或两种以上的不同固体物质状态时，称为多晶型现象或称同质异晶现象。通常，难溶性药物易存在多晶型现象。化合物晶型物质状态会随着环境条件变化（如温度、湿度、光照、压力等）而从某种晶型物质状态转变为另外一种晶型物质状态，称为转晶现象。由于制剂中的辅料成分或制剂工艺可能使原料药晶型发生转变，从而影响到药品的有效性、安全性与质量可控性，故需要对固体、半固体、悬浮剂制剂中原料药晶型进行质量控制。使用优势晶型物质状态的药物原料及其制剂晶型，可以保证晶型药物产品质量和临床作用的一致性。

② 溶剂　溶剂是影响药物溶解度的重要因素。“相似者相溶”是指溶质与溶剂极性程度相似的可以相溶。物质按极性程度不同可以分为极性和非极性，处于两者之间的为半极性。

极性溶剂：常用的有水、甘油、二甲基亚砜等。最常用的溶剂是水，可溶解电解质和极性化合物，如无机盐、醛酮类化合物、多羟基化合物、胺类化合物等。

非极性溶剂：常用的有液状石蜡、植物油、乙醚等，可溶解非极性物质。

半极性溶剂：常用的有乙醇、丙二醇、聚乙二醇、丙酮等。半极性溶剂可与某些极性或非极性溶剂混合使用，作为中间溶剂使本不相溶的极性溶剂和非极性溶剂混溶，也可以用于极性溶剂中以提高一些非极性溶质的溶解度。例如，乙醇可以用作蓖麻油和水的中间溶剂，能够增大氢化可的松在水中的溶解度；丙二醇可以增大薄荷油在水中的溶解度。

复合溶剂：药物制剂中常用水与乙醇、丙二醇、甘油、聚乙二醇等一些极性、半极性溶剂组成的复合溶剂，以提高难溶性药物的溶解度或溶解速度。当复合溶剂中各溶剂的量处于某一比例时，药物在复合溶剂中的溶解度与其在各单纯溶剂中的溶解度相比，出现极大值，这种现象称为潜溶（cosolvency），这种溶剂称为潜溶剂（cosolvent）。如咖啡因在水中的溶解度为 21.5mg/mL，在乙醇中的溶解度为 6.4mg/mL，在两者组成的复合溶剂中的溶解度为 69mg/mL。

③ 温度　温度对溶解度的影响很大，大多数药物的溶解度随温度升高而增大；也有少数药物的溶解度随温度升高而减小，如醋酸钙。

④ 第三种物质　多数药物为有机弱酸、弱碱及其盐类，这些药物在水中的溶解度受 pH 影响很大。加入助溶剂、增溶剂、环糊精等附加剂可增加药物溶解度，如碘在水中的溶解度为 1∶2950，加入 1% 的碘化钾，则碘在水中的浓度可达 1∶20。同离子效应会降低药物溶解度，如加入氯化钠可致盐酸黄连素溶液析出结晶。制成固体分散物，也是提高难溶性药物溶出速度的重要技术。

在药物中加入第三种物质可因形成配位化合物、复盐等而增加溶解度，这种现象叫助溶（hydrotropy），加入的第三种物质叫助溶剂（hydrotropy atent）。如咖啡因与助溶剂苯甲酸钠形成苯甲酸钠咖啡因，溶解度由 1∶50 增大到 1∶1.2；茶碱与助溶剂乙二胺形成氨茶碱，溶解度由 1∶120 增大到 1∶5。常见难溶性药物与其助溶剂见表 1-3。

表1-3　常见难溶性药物与其助溶剂

药　　物	助　溶　剂
碘	碘化钾，聚乙烯吡咯烷酮
咖啡因	苯甲酸钠，水杨酸钠，对氨基苯甲酸钠，枸橼酸钠，烟酰胺
可可豆碱	水杨酸钠，苯甲酸钠，烟酰胺
茶碱	二乙胺，其他脂肪族胺，烟酰胺，苯甲酸钠
盐酸奎宁	乌拉坦，尿素
核黄素	苯甲酸钠，水杨酸钠，烟酰胺，尿素，乙酰胺，乌拉坦
卡巴克络	水杨酸钠，烟酰胺，乙酰胺
氢化可的松	苯甲酸钠，邻羟苯甲酸钠、对羟苯甲酸钠、间羟苯甲酸钠，二乙胺，烟酰胺

表面活性剂增加药物溶解度的现象称为增溶（solubilization），加入的表面活性剂称为增溶剂（solubilizing agent）。生物碱、脂溶性维生素、挥发油、甾体激素等均可用此法增溶。

另外，将药物制成可溶性盐、引入亲水基团等的药物化学方法也可以改善药物的溶解性。应注意药物成盐后其疗效、稳定性、刺激性、毒性等也可能发生改变；将亲水基团引入难溶性药物分子中可以增加在水中的溶解度。例如，维生素 K_3 不溶于水，引入—SO_3HNa 形成的维生素 K_3 亚硫酸氢钠则可制成注射剂；在维生素 B_2 中引入—PO_3HNa 形成的维生素 B_2 磷酸酯钠溶解度可增大 300 倍。

【问题讨论】 左炔诺孕酮在水中不溶，查阅有关资料了解增加其在水中溶解度的制剂技术。

2. 粉体性质

药物原料以及辅料粉体的粒子形状、大小、粒度分布、粉体密度、附着性、流动性、润湿性和引湿性等，对制剂的处方设计、制剂工艺和制剂特性产生极大的影响，如流动性、含量、均匀度、稳定性、颜色、味道、溶出速度和吸收速度等。如用于固体制剂中的填充剂、崩解剂、润滑剂等，需要测知它们的粒度及其大小分布，因为辅料与药物之间的配伍可能与它们的表面接触程度有关。

（1）粉体粒子的大小与分布

① 粉体粒子的大小　粉体粒子的大小可以影响药物的溶出度和生物利用度。粉体中粒子一般在 0.1 ～ 100μm，有些可达 1000μm，小者可至 0.001μm。通常小于 100μm 的粒子叫“粉”，大于 100μm 的粒子叫“粒”。粒子大小（粒子径）也称粒度，含有粒子大小和粒子分布双重含义，是粉体的基础性质。

筛分法是用筛孔的孔径来表示粒子径的方法。该法应用广泛，但由于受振动强度、使用筛的时间长短、过筛时载重等的影响而致误差较大。《中国药典》粒度测定法中的筛分法又分为单筛分法和双筛分法。

光学显微镜法可用于混悬剂、乳剂、混悬软膏剂、散剂等制剂中的粒子径测定。此外，还有库尔特计数法、沉降法、比表面积法（粉体粒子径越小比表面积越大，可用吸附法、透过法、折射法测定）、X 射线法等粒子径测定方法。

② 粒度分布　粒度分布是指某一粒径范围内的粒子占有的百分率，反映粒子的均匀性，常用粒子分布图表示，也称频度分布图（图 1-4）。它是以粒径范围为横坐标，以一定粒径范围内粒子数目的百分数或粒子重量的百分数为纵坐标作图。

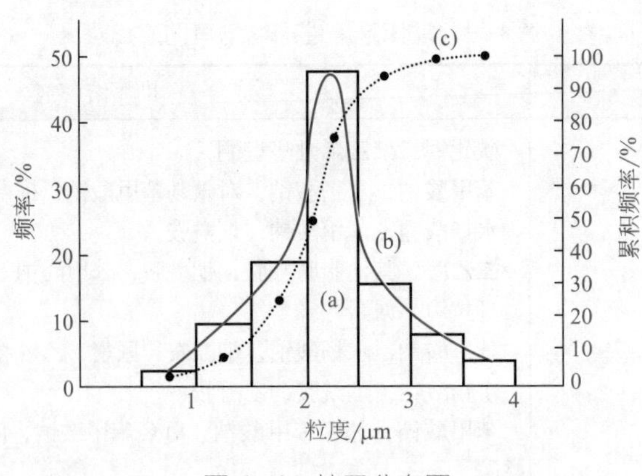

图 1-4 粒子分布图

（a）粒度分布方块图；（b）粒度分布曲线图；（c）粒子累计分布曲线图

（2）粉体的密度及孔隙率 粉体的体积包括粉体自身的体积、粉体粒子之间的空隙和粒子内的孔隙。粉体的密度和孔隙率的表示方法，因粉体体积表示方法的不同而异。

（3）粉体流动性 高速压片机所用物料、高速胶囊剂填充机所用填充粉末等对粉体的流动性均有要求，流动性对散剂和颗粒剂等的分剂量也有重要影响。粉体的流动性常用休止角、流出速度、内摩擦系数（力）表示（见图 1-5）。

休止角（angle of repose，θ）是静止状态的粉体堆集体自由表面与水平面之间的夹角，θ越小，流动性越好。流出速度是用全部物料流出所需的时间来描述。

改善流动性的主要方法有：①适当增加粒子径。因粉体粒子越小，分散度越大，表面自由能就越大，附着性和凝聚性也越大。②控制含湿量。可减少粉体的附着性、凝聚性，同时防止粉体过干时引起的粉尘飞扬、分层等。③添加细粉和润滑剂。一般在粒径较大的粉体中添加 1% ～ 2% 的细粉有助于改善其流动性。加入润滑剂可减少粒子表面的粗糙性，降低粒子间的凝聚力，增大流动性。

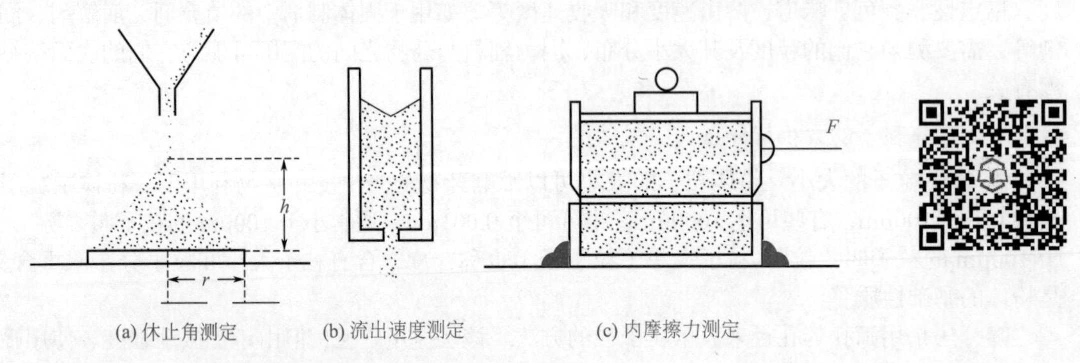

图 1-5 粉体流动性的测定示意图

（4）粉体的润湿 润湿（wetting）是液体在固体表面上的黏附现象。当液滴在固体表面时，因润湿性不同可出现不同形状，如图 1-6 所示。液滴在固液接触边缘的切线与固体平面间的夹角称接触角（contact angle），通过接触角的大小可以预测固体的润湿情况，接触角越小润湿性越好。

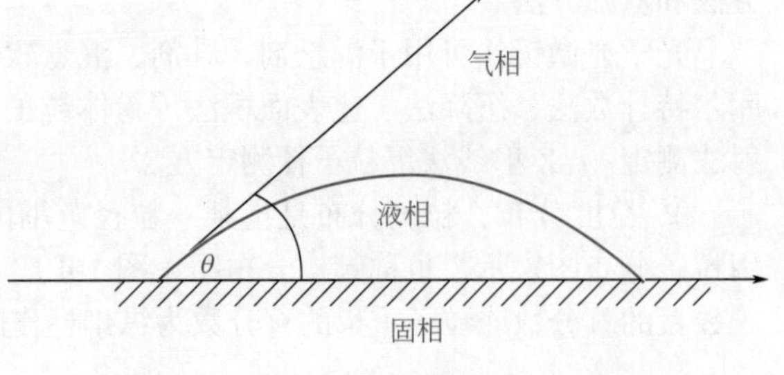

图 1-6 液滴在固体表面润湿的接触角

粉体的润湿性对片剂、颗粒剂等固体制剂

的崩解性、溶解性等具有重要意义。一般亲水性药物的 $\theta < 90°$，故容易被水润湿，疏水性药物的 $\theta > 90°$，且疏水性越强 θ 角越大，其不能被水润湿。加入表面活性剂可降低固液的界面张力，改善疏水性药物的润湿性。

此外，粉体的黏附性、凝聚性、压缩性和成形性，在片剂、胶囊剂的填充过程中均具有重要意义。

黏附性（adhesion）是指不同分子间产生的引力，如粉体粒子与器壁间的黏附。凝聚性（cohesion，黏着性）是指同分子间产生的引力，如粉体粒子之间发生黏附而形成聚集体（random flock）。一般情况下，粒度越小的粉体越易发生黏附与凝聚，因而影响流动性、充填性。以造粒方法增大粒径或加入助流剂等手段是防止黏附、凝聚的有效措施。

粉体的压缩性（compressibility）是粉体在压力下体积减小的能力。粉体的成型性是物料紧密结合成一定形状的能力。粉体的压缩过程中伴随着体积的缩小，固体颗粒被压缩成紧密的结合体。

3. 引湿性

引（吸）湿（moisture absorption）是指固体表面吸附水分的现象。药物粉末置于湿度较大的空气中时，容易发生不同程度的引湿，以致粉末的流动性下降、固结、润湿、液化等，甚至导致发生化学反应而降低药物的稳定性。因此，防湿是药物制剂中的重要话题。

药物的引湿性是指在一定温度及湿度条件下，该物质吸收水分能力或程度的特性。对某一药物的盐，其水溶性和相对引湿性有关。水不溶性药物的引湿性随着相对湿度变化而缓慢发生变化，没有临界点。水溶性药物在相对湿度较低的环境下，几乎不引湿，而当相对湿度增大到一定值时，引湿量急剧增加，一般把这个引湿量开始急剧增加的相对湿度称为临界相对湿度（critical relative humidity，CRH），CRH 是水溶性药物固定的特征参数。物料的 CRH 越小，则越易引湿；反之则不易引湿。如巴比妥、苯巴比妥和苯妥英的溶解度很小，引湿性也很小或不引湿，但它们的钠盐溶解度都比母体药物增大很多，引湿性也增大很多。药物的引湿性与水溶性有关，但不完全一致。

引湿程度一般取决于周围环境中相对湿度（RH）的大小。随着天气和温度的不同，周围环境中的 RH 可有很大变化，从而可能导致露置于空气中的药物和辅料的含水量发生变化。对于胶囊剂，湿度大时，囊壳易变软，而空气干燥时，囊壳会变脆。所以，如内容物引湿性大，则容易吸收囊壳中的水分而增加药物的水解不稳定性，同时使囊壳变脆，反之则囊壳吸收内容物的水分而变软等。泡腾制剂对水分特别敏感，应在 RH 低于 40% 的条件下制备和储存。对于制剂产品，如片剂、胶囊剂，既要求其具有亲水性，以有利于润湿、崩解和溶解，又要保证制剂的稳定性。此外，采用合适的包装也可在一定程度上防止水分的影响。

《中国药典》(2020 年版）关于药物引湿性的特征描述与引湿性增重的界定为：潮解系指吸收足量水分形成液体。极具引湿性系指引湿增重不小于 15%。有引湿性指引湿增重小于 15% 但不小于 2%。略有引湿性系指引湿增重小于 2% 但不小于 0.2%。无或几乎无引湿性系指引湿增重小于 0.2%。

4. 流变性和黏性

流变性（rheology）系物体在外力作用下表现出来的变形性和流动性。给固体施加外力时，固体就变形，外力解除时，固体就恢复到原有的形状，这种可逆的形状变化称为弹性变形。弹性率大，弹性界限就小，表现为硬度大，有脆性，容易破坏；弹性率小，表现柔软有韧性，不易破坏。

黏性（viscosity）是液体内部所在的阻碍液体流动的摩擦力，称内摩擦。液体受应力作用变形，即黏性流动。高分子物质或分散体系具有黏性（viscosity）和弹性（elasticity）双重特性，称之为黏弹性（viscoelasticity）。对物质附加一定的重量时，表现为一定的伸展性或形变，而且随时

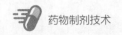

间变化，此现象称为蠕变性（creep）。

研究原料药和辅料的流变性质，可更好地优化药物制剂生产工艺，有利于剂型使用、提高疗效等。如容器中液体的流出和流入；液体制剂的混合、管道输送，混悬剂、乳剂分散系粒子的分散；软膏剂在皮肤表面的铺展性和黏附性，从瓶或管状容器中的挤出；栓剂基质中药物的释放等。

三、药物制剂的配伍

 思政教育　梅花K事件

2001 年 8 月，湖南省株洲市第一中心医院接收了 60 多位患者，这些患者有着相似的症状，出现恶心、呕吐等消化道反应，严重者呼吸抑制和呼吸停止，他们在病发前都服用了一种名为梅花 K 黄柏胶囊的药物。梅花 K 黄柏胶囊是一种治疗湿热、带下的中药，主要成分是中药黄柏。生产商为了增加疗效，有利于药品的销售，未经药品管理部门批准，擅自添加了四环素，结果没想到会产生那么大的危害，使梅花 K 黄柏胶囊变成了毒药。

【问题研讨】 药物制剂的配伍中可能会产生哪些变化?

新药、新剂型不断涌现，复方药物制剂日益增多，随之带来了药物配伍问题。在制剂的生产和使用中，经常会遇到由于成分配伍不当，而造成制品质量和治疗上的问题。药物配伍的目的是为了提高药物疗效，减少副作用和便于使用、储存等。药物与多种辅料或多种药物配合在一起，由于它们的物理化学性质和药理性质的相互影响，可能会发生物理的、化学的或疗效学的变化，统称配伍变化。如液体制剂中的缓冲剂、助溶剂、抗氧剂等附加剂，它们之间或与药物之间就可能会发生配伍上的变化。

药物制剂配伍（compatibility of drugs）是指药物在剂型中的相容性。有些配伍产生的变化是配伍的需要或原目的，这些变化是有利于生产、使用和治疗的，称为合理配伍；有些配伍产生的变化可能引起不符合制剂要求的问题，或使药物作用减弱、消失，甚至引起毒副作用的增强，因而不利于生产和使用，称为配伍禁忌。

药物的配伍变化主要分为两类：一类是药物被吸收前在体外产生的物理化学的配伍变化，如物理状态、溶解性能、物理化学稳定性的变化，可分为物理配伍变化和化学配伍变化；另一类是药物被吸收后在体内产生的疗效学的配伍变化，通常称为药物相互作用，主要有体内药物间物理化学反应方面的相互作用，影响药物吸收、分布、代谢和排泄的药动学方面的相互作用，以及使药效增强（协同作用）或减弱（拮抗作用）的药效学方面的相互作用。

物理配伍变化是指药物配伍时发生物理性质的改变，如沉淀、潮解、液化、结块等变化。例如含树脂的醇性制剂在水性制剂中析出树脂；含结晶水多的盐与其他药物发生反应，而释放出结晶水；一些醇类、酚类、酮类、酯类的药物如薄荷脑、樟脑、麝香草酚、苯酚等形成低共熔混合物，产生润湿或液化。

化学配伍变化是指药物之间发生化学反应，使药物产生了不同程度的质的变化，表现为产生沉淀、变色、润湿、液化、产气等现象。如固体的酸类与碱类物质间反应能形成水；酚化合物与铁盐作用使混合物颜色变化；碳酸盐、碳酸氢盐与酸类药物混合时产生气体等。亦有许多药物的分解、取代、聚合、加成等化学变化难以从外观看出来。有些制剂在配伍时发生的异常现象，并不是由于主成分本身，而是原辅料中的杂质引起的。例如氯化钠原料中含有微量的钙盐，与 2.5% 的枸橼酸钠溶液配合，可产生枸橼酸钙的悬浮微粒而浑浊。

药物与辅料相互作用的配伍试验也有助于处方设计时选择合适的辅料。对药物溶液和混悬

液，应了解其在酸性、碱性、高氧、高氮环境以及加入螯合剂和稳定剂时，药物和辅料对氧化、曝光和接触重金属时的稳定性。如口服液体制剂，常研究药物与乙醇、甘油、糖浆、防腐剂和缓冲液的配伍。

判断药物配伍变化，首先根据药物的理化性质、药理性质、处方、工艺等各种因素和规律作出判断。外观上的变化、稳定性和有无新物质生成等方面的实验方法较多，如将两种药液混合，在一定时间内肉眼观察有无浑浊、沉淀、结晶、变色、产气等现象；利用紫外光谱、薄层色谱、气相色谱、HPLC 等鉴定配伍产生的沉淀物成分；用化学动力学方法可以研究药物的降解反应规律，了解各种影响因素（pH、温度、离子强度等）之间的关系；药效和药动学性质的变化，则需用药效学、药动学实验，才能弄清产生变化的原因及影响因素。

【问题解决】 分析下列配伍变化的原因：

① 安定注射液中含 40% 丙二醇、10% 乙醇，当与 5% 葡萄糖注射液配伍时，易析出沉淀。

② 注射用盐酸四环素与磺胺嘧啶钠配伍时易发生变化。

③ 水杨酸钠与酸性药物配伍时出现沉淀。

④ 硫酸锌在弱碱溶液中产生沉淀。

⑤ 芳香水剂中加入一定量的盐可以使挥发油分离出来。

实际上，许多药物的配伍变化是复杂的，在一定的条件下既可能是有益的，也可能是有害的，有时候还难以定论，因而常常引起争议，称为有争议的配伍。应当指出，不应把有意进行的配伍变化都看成是配伍禁忌。有些配伍变化是制剂配制的需要，如泡腾片利用碳酸盐与酸反应产生 CO_2，使片剂迅速崩解。许多药物配伍制成某些剂型后，在储存及应用过程中可发生物理的或化学的变化。不过由于条件不同（如 pH、温度等），有时分解快些，有时分解慢些，在一定时间内变化量达到一定程度后，才不能用于临床。所以在分析药物配伍变化是否会影响制剂质量及治疗效果时，需要对具体问题具体分析。根据药物和制剂成分的理化性质及药理作用，探讨产生配伍变化的原因，设计合理的处方、工艺、生产、储存和应用方法，避免不良的药物配伍，保证药品的安全、稳定和有效。

实践　药物制剂的配伍变化实验

进行药物制剂配伍变化的实验，学会分析一般药物配伍变化的产生原因，学会注射液 pH 变化点的测定。

【实验用品】

药品与试剂：纯化水、樟脑、薄荷、鱼肝油乳、20% 葡萄糖注射液、10% 水杨酸钠、0.1mol/L 盐酸、0.1mol/L 氢氧化钠、1% 双氧水、1% 和 20% 亚硫酸钠、维生素 C 注射液（5mL：0.5g）、磺胺嘧啶钠注射液（5mL：1g）、氨茶碱注射液（2mL：0.25g）、青霉素钠注射液（160 万单位溶于 10mL 注射用水）等。

器材：架盘天平、pH 计、试管、乳钵、试剂瓶、烧杯、滤纸、玻璃棒、量杯、量筒、酸式滴定管、碱式滴定管、铁架台等。

【实验内容】

1. 物理配伍变化

（1）溶剂的改变

① 取 10% 樟脑醑 1mL，加 1mL 纯化水，出现______现象。

② 取 10% 樟脑醑 1mL，逐渐滴入纯化水，至浑浊，共用纯化水______滴。

③ 取 10% 樟脑醑 1mL，滴入 50mL 纯化水中，边加边搅拌，出现______现象。

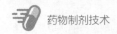

（2）产生低共熔物　取薄荷 0.3g，加樟脑 0.6g，研磨，混合，则出现______现象。

（3）盐析作用

① 取鱼肝油乳 1mL，加 20% 葡萄糖注射液（GS）10mL，呈______现象。

② 取鱼肝油乳 1mL，加 20% 亚硫酸钠 10mL，呈______现象。

③ 取鱼肝油乳 1mL，加水 10mL，呈______现象。

2. 化学配伍变化

（1）pH 改变　10% 水杨酸钠 5mL，测定 pH 值为________。加 0.1mol/L 盐酸 2mL，出现______现象，此时，pH 值为______。

（2）氧化反应　取 5 支试管，各加 5% 水杨酸 5mL，观察下列现象：

试　验	现　象
① 加纯化水 4mL，加热至沸 ② 加 1% 双氧水 4mL ③ 加 1% 亚硫酸钠 4mL，加热至沸 ④ 加 1% 双氧水 2mL，加 1% 亚硫酸钠 2mL	

3. 注射液可见变化点 pH 的测定

分别取维生素 C 注射液、磺胺嘧啶钠注射液、氨茶碱注射液、青霉素钠注射液各 10mL，测定 pH 值。用 0.1mol/L HCl（pH1.0）或 0.1mol/L NaOH（pH13.0）缓缓滴于注射液中，仔细观察其间的变化（如浑浊、沉淀、变色等）。如发生显著变化时，停止滴定，并测定 pH，此时 pH 值即为变化点 pH 值，变化点 pH 值与原 pH 值的差值为 pH 值移动范围，记录所用酸或碱的量和 pH 值移动范围。如酸或碱的量达到 10mL 以上也未出现变化，则认为酸或碱对该药液不引起变化。本测定应在室温下进行，将测定结果记录于表 1-4 中。

表1-4　变化点pH值的测定结果

注射液	成品 pH 值	变化点 pH 值	pH 值移动数	0.1mol/L NaOH 消耗量	0.1mol/L HCl 消耗量	变化情况
维生素 C 磺胺嘧啶钠 氨茶碱 青霉素钠						

注：药物的配伍变化发生与否，受配合量、配合次序、温度、时间和 pH 等因素的影响，注意观察配伍试验中发生的现象。

【问题解决】

1. 分析试验中各个配伍变化产生的原因。

2. 根据以上试验，判断下列注射液配伍时产生的可能结果：维生素 C 注射液 + 磺胺嘧啶钠注射液；维生素 C 注射液 + 氨茶碱注射液；氯化钠注射液 + 青霉素钠注射液。

四、表面活性剂及其应用

【典型制剂】

例　甲酚皂溶液（又称来苏儿、煤酚皂溶液）

处方：甲酚　　10mL　　　植物油　　3.5g

氢氧化钠　0.54g　　纯化水　　加至 20mL

制法：取氢氧化钠加纯化水 2mL，溶解后冷至室温，搅拌下加入植物油，使其均匀分散，放置 30min 后，水浴加热，待皂体颜色变深、呈透明状时搅拌，取液体一滴，加纯化水 2 滴，无油滴析出，即为完全皂化；趁热加甲酚搅拌至皂块全溶，搅匀，再加纯化水使成 20mL，即得。

本品用于手及皮肤消毒；器械、用具、排泄物消毒。

资料卡

甲酚别名煤酚、煤馏油酚、甲苯酚、甲基酚，为几乎无色、淡紫红色或淡棕黄色的澄清液体；有类似苯酚的臭气，并微带焦臭；与乙醇、乙醚、甘油、脂肪油或挥发油能任意混合，在水中略溶而生成带浑浊的溶液；在氢氧化钠溶液中溶解；久储或在日光下，色渐变深；其饱和水溶液显中性或弱酸性。

【问题研讨】 甲酚皂溶液中各成分有何作用？研讨表面活性剂的应用。

表面活性剂在药物制剂中的使用非常广泛，因其能显著降低分散系统的表面张力和表面自由能，常用作增溶剂、乳化剂、助悬剂和润湿剂、起泡剂和消泡剂、去污剂、消毒剂和杀菌剂等，乳剂、混悬剂、气雾剂、膜剂、固体分散物的制备，以及皮肤用药的透皮吸收、难溶性药物的胃肠道释放和吸收等，均与表面活性剂的使用有着密切的关系。有些表面活性剂还是栓剂、乳膏剂的基质。

知识拓展　表面活性剂与高分子表面活性剂

表面活性剂是指那些具有很强表面活性、能使液体的表面张力显著下降的物质，而一般的表面活性物质则无此性质。表面活性剂分子一般由非极性烃链和一个以上的极性基团组成，烃链长度一般在 8 个碳原子以上，烃链的长度往往与降低表面张力的效率有关。一些表现出较强的表面活性同时具有一定的起泡、乳化、增溶等应用性能的水溶性高分子，称为高分子表面活性剂，如海藻酸钠、羧甲基纤维素钠、聚乙烯醇等，与低分子表面活性剂相比，其降低表面张力的能力较小，常用作保护胶体。

1. 表面活性剂的特性

（1）表面活性剂的表面吸附与胶束的形成　当表面活性剂溶于水的浓度很低时，表面活性剂分子在水 - 空气界面产生定向排列，亲水基团朝向水而亲油基团朝向空气，表面活性剂分子几乎完全集中在表面形成单分子层，并将溶液的表面张力降低到纯水表面张力以下。从而使溶液的表面性质发生改变，表现出较低的表面张力，随之产生润湿性、乳化性、起泡性等。同理，表面活性剂与固体接触时，其分子可能在固体表面发生吸附，表面活性剂分子的疏水链伸向空气，形成单分子层，使固体表面性质发生改变。

当表面活性剂的正吸附到达饱和后，继续加入表面活性剂，溶液表面不能再吸附，其分子则转入溶液中，导致表面活性剂分子自身相互聚集，形成亲油基团向内、亲水基团向外、在水中稳定分散、大小在胶体粒子范围的胶束（micelles）。随着表面活性剂浓度的增大，胶束结构历经从球状到棒状，再到六角束状，及至板状或层状的变化，亲油基团也由分布紊乱转变为排列规整。

（2）亲水亲油平衡值　亲水亲油平衡值（hydrophile-lipophile balance）是用来表示表面活性

剂亲水或亲油能力大小的，又称HLB值。根据一般经验，把表面活性剂的HLB值限定在0～40，将非离子型表面活性剂的HLB值范围定为0～20，完全由饱和烷烃基组成的石蜡HLB值定为0，亲水性的聚氧乙烯基HLB值定为20。可见，HLB值越高，表面活性剂亲水性越大；HLB值越低，表面活性剂亲油性越大，如亲水或亲油能力过大则易溶于水或油，因而HLB值与表面活性剂的应用关系密切。一般地，表面活性剂应用与HLB值有如表1-5所示的对应关系。常用表面活性剂的HLB值见表1-6。

表1-5　表面活性剂应用与HLB值的对应关系

HLB值	应用	HLB值	应用
3～8	W/O型乳化剂	13～18	增溶剂
7～9	作润湿剂与铺展剂	1～3	消泡剂
8～16	O/W型乳化剂	13～16	去污剂

表1-6　常用表面活性剂的HLB值

表面活性剂	HLB值	表面活性剂	HLB值
阿拉伯胶	8.0	卵磷脂	3.0
西黄蓍胶	13.0	蔗糖酯	5～13
明胶	9.8	西土马哥	16.4
单硬脂酸甘油酯	3.8	吐温-20	16.7
十二烷基硫酸钠	40.0	吐温-40	15.6
油酸三乙醇胺	12.0	吐温-60	14.9
油酸钠	18.0	吐温-80	15.0
司盘-20	8.6	卖泽-45	11.1
司盘-40	6.7	苄泽-30	9.5
司盘-80	4.3	泊洛沙姆188	16.0

在实际工作中，两种或两种以上非离子型表面活性剂混合使用时，可利用其HLB值的加和性来计算混合后的HLB值。公式为：

$$HLB_{AB}=\frac{HLB_A \times W_A + HLB_B \times W_B}{W_A + W_B} \tag{1-3}$$

式中，HLB_{AB}为混合后的HLB值；W_A和W_B分别表示表面活性剂A和B的量；HLB_A和HLB_B分别表示表面活性剂A和B的HLB值。

但式（1-3）不能用于离子型表面活性剂混合HLB值的计算。

【问题解决】 用等量的吐温-20（HLB值为16.7）和司盘-80（HLB值为4.3）组成的混合表面活性剂HLB值为多少？用吐温-60（HLB值为14.9）和司盘-60（HLB值为4.7）制备HLB值为10.31的混合乳化剂100g，则应取吐温-60和司盘-60各多少？（参考答案10.5；55g、45g）

知识拓展　表面活性剂的生物学性质

1. 表面活性剂的毒性、刺激性

一般而言，阳离子型表面活性剂的毒性最大，其次是阴离子型表面活性剂，非离子型表面活性剂毒性最小。两性离子型表面活性剂的毒性小于阳离子型表面活性剂。吐温类中以吐温-80为最小，目前可用于某些肌内注射液中。

2. 表面活性剂对药物吸收的影响

表面活性剂的增溶作用能够提高药物的溶解度和溶出度，一般可改善药物的吸收，但也可能降低药物的吸收。如使用 1.25% 吐温 -80 时，水杨酰胺的吸收速度为 1.3mL/min，而当浓度增加到 10% 时，吸收速度仅为 0.5mL/min。

3. 表面活性剂对抑菌剂活性的影响

抑菌剂、抗菌药物常因被增溶而致活性降低。如对羟基苯甲酸酯类抑菌剂。

4. 表面活性剂与蛋白质的相互作用

蛋白质分子结构中氨基酸的氨基和羧基在酸碱性条件下发生解离，而带负电荷或正电荷，可与阳离子型表面活性剂或阴离子型表面活性剂发生电性结合。此外，表面活性剂如能破坏蛋白质二维结构中的盐键、氢键和疏水键，可使蛋白质各残基之间的交联作用减弱，甚至使蛋白质发生变性。

2. 表面活性剂的应用

（1）**增溶剂**　一些水不溶性或微溶性物质在表面活性剂胶束溶液中的溶解度可显著增加，形成透明胶体溶液，这种作用称为增溶（solubilization）（图 1-7）。起增溶作用的表面活性剂称增溶剂，被增溶的物质称增溶质。例如甲酚在水中的溶解度仅为 2% 左右，在肥皂溶液中却能增加到 50%。0.025% 吐温可使非洛地平的溶解度增加 10 倍。一些挥发油、脂溶性维生素、甾体激素等难溶性药物常可借此增溶，形成澄明溶液及提高浓度。

增溶的影响因素除增溶剂的性质（如 HLB 值）及用量、药物的性质以外，还有温度、pH、有机物添加剂、电解质、加入顺序等。

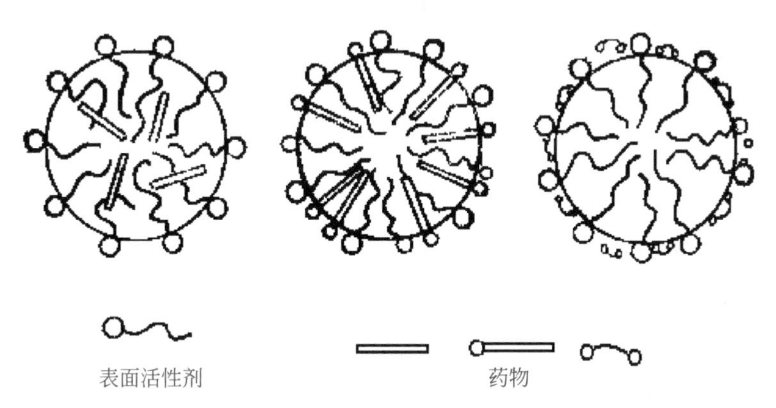

图 1-7　表面活性剂增溶作用示意图

知识拓展　克拉夫温度和昙点

离子型表面活性剂随温度的升高，其溶解度和增溶质在胶束中的溶解度增大。当温度升高到一定值时，表面活性剂的溶解度会急剧升高，该温度点即称克拉夫温度（Krafft 点），这是离子型表面活性剂的特征值，也是表面活性剂应用温度的下限。如十二烷基硫酸钠和十二烷基磺酸钠的 Krafft 点分别为 8℃和 70℃，显然，后者在室温的表面活性不够理想。

当达到某一温度时，聚氧乙烯类非离子型表面活性剂溶解度急剧下降而析出，溶液出现浑浊，这种现象称起昙或起浊，这时的温度称昙点（cloud point）或浊点，但当温度回降到昙点以下时，溶液能恢复澄明。昙点大部分在 70 ～ 100℃，如聚山梨酯 -80 是 93℃，但泊洛沙姆 188、泊洛沙姆 108 等聚氧乙烯类非离子型表面活性剂在常压时看不到昙点。

（2）乳化剂　使油、水混合液乳化的表面活性剂叫作乳化剂（emulsifier）。表面活性剂的HLB值，可决定乳浊液的类型，通常选用HLB值为3～8的表面活性剂作为水/油型乳化剂；选用HLB值8～16的表面活性剂作为油/水型乳化剂。每种被乳化的油，均有最适宜的HLB值，欲制成最稳定的乳浊液，应选择该油相所需的HLB值所对应的表面活性剂作为乳化剂。

（3）润湿剂　表面活性剂可降低疏水性固体药物和润湿液体之间的界面张力，使液体能黏附在固体表面，改善其润湿作用。HLB值7～9，并有适宜溶解度的表面活性剂，可作润湿剂（wetting agent）使用。

（4）起泡剂和消泡剂

① 起泡剂（foaming agent）是指可产生泡沫作用的表面活性剂，其一般具有较强的亲水性和较高的HLB值，能降低液体的表面张力使泡沫趋于稳定。泡沫的形成易使药物在用药部位分散均匀且不易流失。起泡剂一般用于皮肤、腔道黏膜给药的剂型中。

② 消泡剂（antifoaming agent）是指用来破坏消除泡沫的表面活性剂，通常具有较强的亲油性，HLB值为1～3。某些中药材浸出液或高分子化合物溶液本身含有表面活性剂或表面活性物质，在剧烈搅拌或蒸发浓缩时，会产生大量而稳定的泡沫，阻碍操作的进行，可加入消泡剂克服。

（5）去污剂　是指可以除去污垢的表面活性剂，又称洗涤剂（detergent），HLB值为13～16，常用的有脂肪酸钠皂和钾皂、十二烷基硫酸钠、十二烷基磺酸钠等。去污过程一般包括润湿、增溶、乳化、分散、起泡等作用。

（6）消毒剂和杀菌剂　表面活性剂可与细菌生物膜蛋白质发生强烈作用而使之变性或被破坏。甲酚皂、苯扎溴铵、甲酚磺酸钠等可作消毒剂使用，按使用浓度，一般可用于伤口、皮肤、黏膜、器械、环境等消毒。

制剂中常用表面活性剂的种类与主要用途见表1-7。

【问题解决】分析甲酚皂溶液中各成分的作用。

提示：本品为黄棕色至红棕色的黏稠液体，具甲酚臭，与皮肤接触润滑如肥皂样。处方中植物油与氢氧化钠起皂化反应生成钠肥皂作增溶剂，增加甲酚的溶解度。

表1-7　制剂中常用表面活性剂的种类与主要用途

类型	品种	主要性质	主要用途
离子型表面活性剂	1. 阴离子型表面活性剂		
	（1）肥皂类，系高级脂肪酸盐。如碱金属皂（一价皂）、碱土金属皂（二价皂）、有机胺皂（如三乙醇胺皂）等	有良好的乳化能力，易被酸和钙、镁盐破坏，可盐析	有刺激性，一般供外用
	（2）硫酸化物，如十二烷基硫酸钠（又称月桂醇硫酸钠，SLS）	乳化能力较强，较耐酸和钙、镁盐，与某些高分子阳离子药物产生沉淀	外用软膏乳化剂，有时作为片剂等的润湿剂
	（3）磺酸化物，系脂肪族磺酸化物、烷基芳基磺酸化物等，如十二烷基苯磺酸钠	渗透力强，易起泡和消泡，去污力好	洗涤剂
	2. 阳离子型表面活性剂		
	又称阳性皂，系季铵化物，如苯扎溴铵（新洁尔灭）	水溶性好，在酸性和碱性溶液中较稳定，杀菌作用强	皮肤、黏膜、器械消毒，某些品种可作抑菌剂

续表

类型	品种	主要性质	主要用途
离子型表面活性剂	3. 两性离子型表面活性剂		
	（1）磷脂类，如卵磷脂、豆磷脂	分子结构中具有正负两种电荷基团，随介质 pH 变化而呈现不同的表面活性	注射用乳化剂和脂质体原料
	（2）氨基酸型和甜菜碱型表面活性剂，如十二烷基双（氨乙基）- 甘氨酸盐酸盐为氨基酸型	杀菌作用强且毒性比阳离子型表面活性剂小	消毒杀菌剂
非离子型表面活性剂	1. 脂肪酸甘油酯，主要是脂肪酸单甘油酯和脂肪酸二甘油酯	油状、脂状、蜡状，不溶于水，表面活性弱	W/O 型辅助乳化剂
	2. 蔗糖脂肪酸酯，简称蔗糖酯	白色至黄色蜡状、膏状、油状或粉末	O/W 型乳化剂和分散剂
	3. 脂肪酸山梨坦，系脱水山梨醇脂肪酸酯，商品名司盘（Span），用标号表示不同种类，如司盘 -80（油酸山梨坦）	黏稠状、白色至黄色的油状液体或蜡状固体	W/O 型乳化剂，O/W 型乳剂中与吐温配合使用
	4. 聚山梨酯，系聚氧乙烯脱水山梨醇脂肪酸酯，商品名吐温（Tween），以吐温 -80（聚山梨酯 -80）为常用	黏稠的黄色液体，在水中易溶，不溶于油	增溶剂、乳化剂、分散剂和润湿剂，可外用、口服、肌内注射
	5. 聚氧乙烯脂肪酸酯，商品卖泽（Myrij）是其中一类	水溶性和乳化能力强	O/W 型乳化剂、增溶剂
	6. 聚氧乙烯脂肪醇醚，商品苄泽（Brij）是其中的一类	水溶性和乳化能力强	O/W 型乳化剂、增溶剂
	7. 聚氧乙烯 - 聚氧丙烯共聚物，又称泊洛沙姆（poloxamer），商品名普郎尼克（Pluronic）	无过敏性，毒性小，具有乳化、润湿、分散、起泡和消泡等性能	Poloxamer 188，静脉乳剂乳化剂

实践　乳化油相所需HLB值的测定

通过乳化油相所需 HLB 值测定的实验，学会 HLB 值的计算，明确 HLB 值在乳化剂应用中的意义，并初步了解乳剂的评价。

【实验用品】

药品和试剂：纯化水、液状石蜡、吐温 -80、司盘 -80 等。

器具：烧杯、玻璃棒、量杯、量筒、显微镜、滴管、试管架等。

【实验内容】

处方：液状石蜡　　5mL
　　　吐温 -80、司盘 -80　　共占 5%
　　　纯化水　　加至 10mL

制法：取吐温 -80 溶于水、司盘 -80 溶于液状石蜡，分别配成 10% 的溶液。计算按不同比例配成 HLB 值为 5.5、7.5、10.5、12、14 的乳化剂所需 10% 吐温 -80、10% 司盘 -80 的用量，填入

表 1-8，按计算值制备乳液。观察乳液稳定性，记录分层时间、分层高度，填入表 1-9，确定乳化的最佳 HLB 值。

表1-8　乳化油相所需HLB值的测定（一）

处　方	1	2	3	4	5
液状石蜡 /mL 10% 吐温 -80/mL 10% 司盘 -80/mL	1.04 0.6 4.4				
纯化水	加至 10mL				
HLB 值	5.5	7.5	10.5	12	14

表1-9　乳化油相所需HLB值的测定（二）

处　方	分 散 度	均 匀 度	乳 析 时 间	1h 分层高度	2h 分层高度	结论
1 2 3 4 5						

提示：根据混合乳化剂 HLB 值计算公式，计算各处方中吐温 -80（HLB 值为 15）、司盘 -80（HLB 值为 4.3）和其他成分的用量。取样稀释后，镜下观察油相分散度、均匀度，根据乳液分层高度、乳析情况等，判断最佳乳化 HLB 值。以处方 1 为例，混合乳化剂 10% 吐温 -80（10%W_T）和 10% 司盘 -80（10%W_S）的用量计算方法如下（用量以体积计）。

$$\begin{cases} W_T+W_S=0.5 \\ (15W_T+4.3W_S)/(W_T+W_S)=5.5 \end{cases} \qquad \begin{cases} W_T=0.06(\text{mL}) \\ W_S=0.44(\text{mL}) \end{cases}$$

所以，10% 吐温 -80 用量为 0.06 × 10=0.6（mL），10% 司盘 -80 用量为 0.44 × 10=4.4（mL）。

10% 司盘 -80 中含 90% 的液状石蜡，即处方中已加入了液状石蜡 4.4 × 90%=3.96（mL），还需加入液状石蜡 5-3.96=1.04（mL）。

【问题解决】

1. 乳化 HLB 值在乳剂制备中的意义是什么？
2. 本处方中乳液的类型是什么？

五、药物制剂的稳定性

药物制剂的基本要求应是安全、有效、稳定。GMP 要求针对市售包装药品、待包装产品进行适当的持续稳定性考察，以发现与生产相关的任何稳定性问题（如杂质含量或溶出度特性的变化），目的是在有效期内监控药品质量，并确定药品可以或预期可以在标示的储存条件下，符合质量标准的各项要求。**药物制剂的稳定性**系指药物在体外的稳定性，一般包括化学、物理和生物学三个方面。**化学稳定性**是指药物由于水解、氧化、聚合、异构化、脱羧等化学反应，使药物含量（或效价）、色泽产生变化。**物理稳定性**主要指制剂的物理性能发生变化，如混悬剂中药物颗粒结块、乳剂的分层、胶体制剂的老化，片剂硬度的改变等。**生物学稳定性**一般指药物制剂由于受微生物的污染，而使产品变质、腐败。药品若变质，不仅使药效降低，变质的物质甚至会增大毒副作用，而且在经济上也会造成重大损失。故药物制剂稳定性对保证制剂的安全有效是非常重要的。

1. 影响药物制剂稳定性的处方因素及解决方法

处方的组成可直接影响药物制剂的稳定性，pH、广义的酸碱催化、溶剂、表面活性剂、赋形剂或附加剂、离子强度等都应加以考虑。

（1）pH　许多药物的降解受 H^+ 或 OH^- 催化，这种催化称为**专属酸碱催化**或**特殊酸碱催化**，其降解速度很大程度上受 pH 的影响。如盐酸普鲁卡因不稳定性主要因其水解作用，当 pH 值为 3.5 左右时最稳定。药物的氧化反应也受溶液的 pH 影响，通常 pH 较低的溶液较稳定，pH 增大有利于氧化反应进行。如维生素 B_1 于 120℃热压灭菌 30min，在 pH 3.5 时几乎无变化，在 pH 5.3 时分解 20%，在 pH 6.3 时分解 50%。

调节 pH 应注意综合考虑稳定性、溶解度和药效三个方面的因素。如大部分生物碱在偏酸性溶液中比较稳定，故注射剂常调节在偏酸范围。但将它们制成滴眼剂时，就应调节在偏中性范围，以减少刺激性，提高疗效。pH 调节剂一般是盐酸和氢氧化钠，也常用与药物本身相同的酸或碱，如硫酸卡那霉素用硫酸，氨茶碱用乙二胺等。如需维持药物溶液的 pH，则可用磷酸、乙酸、枸橼酸及其盐类组成的缓冲系统来调节。

（2）**溶剂**　溶剂对稳定性的影响比较复杂。根据溶剂和药物的性质，溶剂可能由于溶剂化、解离、改变反应活化能等对药物制剂的稳定性产生显著影响。对于易水解的药物，有时可用乙醇、丙二醇、甘油等非水溶剂提高其稳定性，如非水溶剂苯巴比妥注射液就避免了苯巴比妥水溶液受 OH^- 催化水解。

（3）**表面活性剂**　表面活性剂可增加某些易水解药物制剂的稳定性，如苯佐卡因易受 OH^- 催化水解，在 5% 的十二烷基硫酸钠溶液中，30℃时的 $t_{1/2}$ 增加到 1150min，不加十二烷基硫酸钠时则为 64min。表面活性剂也会加快某些药物的分解，降低药物制剂的稳定性，如吐温 -80 可降低维生素 D 的稳定性。

（4）**辅料**　如聚乙二醇用作阿司匹林栓剂基质则可致阿司匹林分解，用作氢化可的松软膏基质则可促进氢化可的松分解。片剂中，如使用硬脂酸钙或硬脂酸镁为润滑剂，则可致阿司匹林分解加速。维生素 U 片采用糖粉和淀粉为赋形剂，则产品变色。

（5）**广义的酸碱催化**　磷酸盐、枸橼酸盐、醋酸盐、硼酸盐等常用的缓冲液都是广义的酸碱，它们对药物的催化作用称为**广义酸碱催化**或**一般酸碱催化**（general acid-base catalysis）。如 HPO_4^{2-} 对青霉素 G 钾盐有催化作用。

（6）**离子强度**　离子强度（ionic strength）的影响主要来源于抗氧剂、pH 调节剂、等渗调节剂等附加剂以及盐的加入。

2. 影响药物制剂稳定性的非处方因素及解决方法

（1）**温度**　一般来说，温度升高，反应速度加快。药物制剂的制备过程中，常有干燥、加热溶解、灭菌等操作，应制订合理的工艺条件，减少温度对药物制剂稳定性的影响。

（2）**光线**　紫外线易激发化学反应。某些药物分子因受辐射而活化并发生分解，这种反应叫**光化降解**（photo degradation）。光敏感药物有硝普钠、氯丙嗪、叶酸、维生素 A、核黄素、强的松、硝苯吡啶、辅酶 Q_{10} 等。光敏感的药物制剂在制备及储存中应避光，如加入抗氧剂（antioxidants）、在包衣材料中加入遮光剂、在包装上使用棕色玻璃瓶或容器内衬垫黑纸避光等，以提高稳定性。

（3）**空气（氧）**　空气中的氧是药物制剂发生氧化降解的重要因素。对于易氧化的品种，除去氧气是防止氧化的重要措施。生产上，一般在溶液中和容器中通入 CO_2 或 N_2 等惰性气体，以置换其中的氧。有时同一批号注射液，其色泽深浅不同，可能是通入气体时多时少的缘故。固体药物制剂可采用真空包装。加入抗氧剂也是经常使用的方法。常用抗氧剂见表1-10。

表1-10　常用的抗氧剂及浓度

抗氧剂	常用浓度 /%	抗氧剂	常用浓度 /%
亚硫酸钠	0.1 ～ 0.2	蛋氨酸	0.05 ～ 0.1
亚硫酸氢钠	0.1 ～ 0.2	硫代乙酸	0.05
焦亚硫酸钠	0.1 ～ 0.2	硫代甘油	0.05
硫代硫酸钠	0.1	叔丁基对羟基茴香醚 *（BHA）	0.005 ～ 0.02
硫脲	0.05 ～ 0.1	二丁甲苯酚 *（BHT）	0.005 ～ 0.02
维生素 C	0.2	培酸丙酯 *（PG）	0.05 ～ 0.1
半胱氨酸	0.00015 ～ 0.05	维生素 E*	0.05 ～ 0.5

注：有 * 的为油溶性抗氧剂，其他的为水溶性抗氧剂。

（4）**金属离子**　微量的铜、铁、钴、镍、锌、铅等金属离子，对自动氧化反应产生显著的催化作用。如 0.0002mol/L 的铜可使维生素 C 的氧化速度增大 10 000 倍。药物制剂中微量金属离子一般来源于原辅料、溶剂、容器、工具等，故可采取选用较高纯度的原辅料、制备过程中不使用金属器具等方法，同时还可以加入依地酸盐等金属螯合剂或酒石酸、枸橼酸、磷酸、二巯乙基甘氨酸等附加剂以提高药物制剂的稳定性，有时螯合剂与亚硫酸盐类抗氧剂联合应用，效果更佳。依地酸二钠常用量为 0.005% ～ 0.05%。

（5）**湿度和水分**　空气中的湿度与物料中的含水量是影响固体药物制剂稳定性的重要因素。固体药物吸附水分后，其表面形成液膜，降解反应就在膜中发生，微量的水即能加快乙酰水杨酸、青霉素 G 钠盐、氨苄青霉素钠、对氨基水杨酸钠、硫酸亚铁等的水解反应或氧化反应的进行。药物吸湿容易与否，由其临界相对湿度 CRH（%）的大小决定。应特别注意这些原料药物的水分含量，一般应控制在 1% 左右。

（6）**包装材料**　药物制剂在室温下储存，主要受光、热、水汽和空气等因素的影响。包装设计的重要目的就是既要防止这些因素的影响，又要避免包装材料与药物制剂间的相互作用。常用的包装材料有玻璃、塑料、橡胶和某些金属。包装材料与药物制剂稳定性关系较大，因此，在产品试制过程中要进行“装样试验”，认真选择。

（7）**药物制剂稳定化的其他方法**　水中不稳定的药物可制成片剂、注射用无菌粉末、膜剂等固体制剂；一些药物可制成微囊或环糊精包合物，如维生素 C 和硫酸亚铁制成微囊可防止氧化，陈皮挥发油制成包合物可防止挥发；某些对湿热不稳定的药物可直接压片或干法制粒，包衣也常用于提高片剂的稳定性。

知识拓展　产品留样观察

药品质量管理部门应有专人负责产品的留样观察，并定期观察和复检，做好观察和复检记录，对产品的稳定性提供资料和数据。课外学习《产品留样观察制度》，并查阅《中国药典》，了解药物制剂稳定性试验的目的、基本要求和稳定性重点考察项目，了解遮光、密闭、密封、熔封、阴凉处、凉暗处、冷处等术语的含义。

3. 药物制剂的稳定性试验

（1）**稳定性试验的目的**　稳定性试验的目的是考察原料药或药物制剂在温度、湿度、光线的影响下随时间变化的规律，为药品的生产、包装、储存、运输条件提供科学依据，同时通过试验建立药品的有效期。要求按照《中国药典》的稳定性考察项目进行考察，如原料药的性状、熔点、含量、有关物质、吸湿性等，片剂的性状、含量、有关物质、崩解时限或溶出度或释放度，注射剂的性状、含量、pH 值、可见异物、有关物质等。药物制剂稳定性研究，首先应查阅原料药稳定性有关资料，特别了解温度、湿度、光线对原料药稳定性的影响，并在处方筛选与工艺设计过程中，根据主药与辅料性质，参考原料药的试验方法，进行影响因素试验、加速试验与长期试验。

（2）稳定性试验的基本要求

① 稳定性试验包括影响因素试验、加速试验与长期试验。影响因素试验用 1 批原料药物或 1 批制剂进行；如果试验结果不明确，则应加试 2 个批次样品。生物制品应直接使用 3 个批次。加速试验与长期试验要求用 3 批供试品进行。

② 原料药物供试品应是一定规模生产的。供试品量相当于制剂稳定性试验所要求的批量，原料药物合成工艺路线、方法、步骤应与大生产一致。药物制剂供试品应是放大试验的产品，其处方与工艺应与大生产一致。药物制剂如片剂、胶囊剂，每批放大试验的规模，片剂通常为 100 000 片，胶囊剂至少应为 100 000 粒。大体积包装的制剂如静脉输液等，每批放大规模的数量至少应为各项试验所需总量的 10 倍。特殊品种、特殊剂型所需数量，根据情况另定。

③ 加速试验与长期试验所用供试品的包装应与上市产品一致。

④ 研究药物稳定性，要采用专属性强、准确、精密、灵敏的药物分析方法与有关物质（含降解产物及其他变化所生成的产物）的检查方法，并对方法进行验证，以保证药物稳定性试验结果的可靠性。在稳定性试验中，应重视降解产物的检查。

⑤ 由于放大试验比规模生产的数量要小，故申报者应承诺在获得批准后，从放大试验转入规模生产时，对最初通过生产验证的 3 批规模生产的产品仍需进行加速试验与长期稳定性试验。

⑥ 对包装在有通透性容器内的药物制剂应当考虑药物的湿敏感性或可能的溶剂损失。

⑦ 制剂质量的“显著变化”通常定义为：a. 含量与初始值相差 5%；或采用生物或免疫法测定时效价不符合规定。b. 降解产物超过标准限度要求。c. 外观、物理常数、功能试验（如颜色、相分离、再分散性黏结、硬度、每揿剂量）等不符合标准要求。d. pH 值不符合规定。e.12 个制剂单位的溶出度不符合标准的规定。

（3）稳定性试验的方法

① 影响因素试验　目的是考察制剂处方的合理性与生产工艺及包装条件。供试品用一批进行，将供试品如片剂、胶囊剂、注射剂（注射用无菌粉末如为西林瓶装，不能打开瓶盖，以保持严封的完整性），除去外包装，置适宜的开口容器中，进行高温试验、高湿度试验与强光照射试验，试验条件、方法、取样时间与原料药相同。对于需冷冻保存的中间产物或药物制剂，应验证其在多次反复冻融条件产品质量的变化情况。

② 加速试验　在加速条件下进行，目的是通过加速药物制剂的化学或物理变化，探讨药物制剂的稳定性，为处方设计、工艺改进、质量研究、包装改进、运输、储存提供必要的资料。供试品要求三批，按市售包装，在温度 40℃ ±2℃、相对湿度 75%±5% 的条件下放置 6 个月。所用设备应能控制温度 ±2℃、相对湿度 ±5%，并能对真实温度与湿度进行监测。在试验期间第 1 个月、2 个月、3 个月、6 个月末分别取样一次，按稳定性重点考察项目检测。在上述条件下，如 6 个月内供试品经检测不符合制订的质量标准，则应在中间条件下即在温度 30℃ ±2℃、相对湿度 65%±5% 的情况下进行加速试验（可用 Na_2CrO_4 饱和溶液，30℃，相对湿度 64.8%），时间仍至少为 12 个月，应包括所有的考察项目，检测至少包含初始和末次的 4 个时间点（如第 0、6、9、12 个月）。溶液剂、混悬剂、乳剂、注射液等含有水性介质的制剂可不要求相对湿度进行加速试验，时间仍为 6 个月。

对温度特别敏感、预计只能在冰箱（4～8℃）内保存使用的药物制剂，可在温度25℃ ±2℃、相对湿度60%±10%的条件下进行，时间为6个月。

对拟冷冻贮藏的制剂，应对一批样品在温度如5℃ ±3℃或25℃ ±2℃下放置适当的时间进行试验，以了解短期偏离标签贮藏条件（如运输或搬运时）对制剂的影响。

乳剂、混悬剂、软膏剂、乳膏剂、糊剂、凝胶剂、眼膏剂、栓剂、气雾剂、泡腾片及泡腾颗粒宜采用温度30℃ ±2℃、相对湿度65%±5%的条件进行试验。

对于包装在半透性容器中的药物制剂，例如低密度聚乙烯制备的输液袋、塑料安瓿、眼用制剂容器等，则应在温度40℃ ±2℃、相对湿度25%±2%的条件下（可用$CH_3COOK \cdot 1.5H_2O$饱和溶液）进行试验。

③ 长期试验　在接近药品的实际储存条件下进行，目的是为制订药品的有效期提供依据。供试品三批，市售包装，在温度25℃ ±2℃、相对湿度60%±10%的条件下放置12个月，或在温度30℃ ±2℃、相对湿度65%±5%的条件下放置12个月，这是从我国南方与北方气候的差异考虑的，至于上述两种条件的选择由试验者自定。每3个月取样一次，分别于第0个月、3个月、6个月、9个月、12个月取样，按稳定性重点考察项目进行检测。12个月以后，仍需继续考察，分别于第18个月、24个月、36个月取样进行检测。将结果与0月比较以确定药品的有效期。由于实测数据的分散性，一般应按95%可信限进行统计分析，得出合理的有效期。如三批统计分析结果差别较小，则取其平均值为有效期限。若差别较大，则取其最短的为有效期。数据表明很稳定的药品，不作统计分析。

对温度特别敏感的药品，长期试验可在温度6℃ ±2℃的条件下放置12个月，按上述时间要求进行检测，12个月以后，仍需按规定继续考察，制订在低温贮存条件下的有效期。

对拟冷冻贮藏的制剂，长期试验可在温度-20℃ ±5℃的条件下至少放置12个月，货架期应根据长期试验放置条件下实际时间的数据而定。

对于包装在半透性容器中的药物制剂，则应在温度25℃ ±2℃、相对湿度40%±5%，或温度30℃ ±2℃、相对湿度35%±5%的条件进行试验，至于上述两种条件选择哪一种由试验者自己确定。

对于生物制品，应充分考虑运输路线、交通工具、距离、时间、条件（温度、湿度等）、产品包装（外包装、内包装等）、产品放置和温度监控情况（监控器的数量、位置等）等对产品质量的影响。

此外，有些药物制剂还应考察临用时配制和使用过程中的稳定性。例如，应对配制或稀释后使用、在特殊环境（如高原低压、海洋高盐雾等环境）使用的制剂开展相应的稳定性研究，同时还应对药物的配伍稳定性进行研究，为说明书/标签上的配制、贮藏条件和配制或稀释后的使用期限提供依据。

知识拓展　原料药的稳定性试验

1. 影响因素试验

目的是探讨药物的固有稳定性，了解影响其稳定性的因素及可能的降解途径与降解产物，为制剂生产工艺、包装、贮存条件和建立降解产物分析方法提供科学依据。供试品可用一批原料药进行，将供试品置于适宜的开口容器中（如称量瓶或培养皿），摊成≤5mm厚的薄层，疏松原料药摊成≤10mm厚薄层，进行以下试验。当试验结果发现降解产物有明显的变化时，应考虑其潜在的危害性，必要时对降解产物进行定性或定量分析。

（1）高温试验　供试品开口置于适宜的洁净容器中，60℃温度下放置10天，于第5天和第10天取样，按稳定性重点考察项目进行检测。若供试品含量低于规定限度，则在40℃条件下同法进行试验。若60℃无明显变化，不再进行40℃试验。

（2）高湿度试验　供试品开口置于恒湿密闭容器中，在25℃、相对湿度90%±5%条件下放置10天，于第5天和第10天取样，按稳定性重点考察项目要求检测，同时准确称量试验前后供试品的重量，考察供试品的吸湿潮解性能。若吸湿增重5%以上，则在相对湿度75%±5%条件下，同法进行试验；若吸湿增重5%以下，其他考察项目符合要求，则不再进行此项试验。恒湿条件可在密闭容器如干燥器下放置饱和盐溶液，根据不同相对湿度的要求，可选择NaCl饱和溶液（相对湿度75%±1%，15.5～60℃）、KNO_3饱和溶液（相对湿度92.5%，25℃）。

（3）强光照射试验　供试品开口放在装有日光灯的光照箱或其他适宜的光照装置内，于照度为4500lx±500lx的条件下放置10天，第5天和第10天取样，按稳定性重点考察项目进行检测，特别要注意供试品的外观变化。此外，根据药物的性质必要时可设计试验，探讨pH与氧及其他条件对药物稳定性的影响。创新药物应对分解产物的性质进行必要的分析。

2. 加速试验

此项试验的目的是通过加速药物的化学或物理变化，探讨药物的稳定性，为制剂设计、包装、运输、贮存提供必要的资料。供试品要求3批，按市售包装，在温度40℃±2℃、相对湿度75%±5%的条件下放置6个月。所用设备应能控制温度±2℃、相对湿度±5%，并能对真实温度与湿度进行监测。在试验期间第1个月、2个月、3个月、6个月末分别取样一次，按稳定性重点考察项目检测。

3. 长期试验

在接近药物的实际贮存条件下进行，目的是为制定药物的有效期提供依据。供试品3批，市售包装，在温度25℃±2℃，相对湿度60%±10%的条件下放置12个月，或在温度30℃±2℃、相对湿度65%±5%的条件下放置12个月。每3个月取样一次，分别于第0个月、3个月、6个月、9个月、12个月取样，按稳定性重点考察项目进行检测。12个月以后，仍需继续考察，分别于第18个月、24个月、36个月取样进行检测。将结果与第0个月比较，以确定药物的有效期。

原料药进行加速试验与长期试验所用包装应采用模拟小桶，但所用材料与封装条件应与大桶一致。

4. 稳定性重点考察项目

原料药物及主要剂型的重点考察项目如表1-11，表中未列入的考察项目及剂型，可根据剂型及品种的特点制订。对于缓控释制剂、肠溶制剂等应考察释放度等，微粒制剂应考察粒径或包封率、泄漏率等。

表1-11　原料药及药物制剂稳定性重点考察项目

剂型	稳定性重点考察项目
原料药	性状、熔点、含量、有关物质、吸湿性以及根据品种性质选定的考察项目
口服混悬剂	性状、含量、沉降体积比、有关物质、再分散性
片剂	性状、含量、有关物质、崩解时限或溶出度或释放度
散剂	性状、含量、粒度、有关物质、外观均匀度
胶囊剂	性状、含量、有关物质、崩解时限或溶出度或释放度、水分，软胶囊要检查内容物有无沉淀
气雾剂	泄漏率、每瓶主药含量、有关物质、每罐总揿次、每揿主药含量、雾滴分布
注射剂	性状、含量、pH值、可见异物、有关物质，应考察无菌
粉雾剂	排空率、每瓶总吸次、每吸主药含量、有关物质、雾粒分布
栓剂	性状、含量、融变时限、有关物质

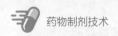

续表

剂型	稳定性重点考察项目
喷雾剂	每瓶总吸次、每吸喷量、每吸主药含量、有关物质、雾滴分布
软膏剂	性状、均匀性、含量、粒度、有关物质
颗粒剂	性状、含量、粒度、有关物质、溶化性或溶出度或释放度
乳膏剂	性状、均匀性、含量、粒度、有关物质、分层现象
贴剂（透皮贴剂）	性状、含量、有关物质、释放度、黏附力
糊剂	性状、均匀性、含量、粒度、有关物质
冲洗剂、洗剂、灌肠剂	性状、含量、有关物质、分层现象（乳状型）、分散性（混悬型），冲洗剂应考察无菌
凝胶剂	性状、均匀性、含量、有关物质、粒度，乳胶剂应检查分层现象
搽剂、涂剂、涂膜剂	性状、含量、有关物质、分层现象（乳状型）、分散性（混悬型），涂膜剂还应考察成膜性
眼用制剂	如为溶液，应考察性状、澄明度、含量、pH 值、有关物质；如为混悬液，还应考察粒度、再分散性；洗眼剂还应考察无菌度；眼丸剂应考察粒度与无菌度
耳用制剂	性状、含量、有关物质，耳用散剂、喷雾剂与半固体制剂分别按相关剂型要求检查
丸剂	性状、含量、有关物质、溶散时限
鼻用制剂	性状、pH 值、含量、有关物质，鼻用散剂、喷雾剂与半固体制剂分别按相关剂型要求检查
糖浆剂	性状、含量、澄清度、相对密度、有关物质、pH 值
口服溶液剂	性状、含量、澄清度、有关物质
口服乳剂	性状、含量、分层现象、有关物质

注：有关物质（含降解产物及其他变化所生成的产物）应说明其生成产物的数目及量的变化，如有可能应说明有关物质中何者为原料中的中间体，何者为降解产物，稳定性试验重点考察降解产物。

④ 经典恒温法　在实际研究工作中，也采用经典恒温法预测药物制剂的有效期（$t_{0.9}$，通常为室温下药物降解 10% 的时间），其理论依据是化学动力学原理。大部分药物及其制剂的降解反应都可以按照零级反应、（伪）一级反应处理，有关反应速度方程积分式及相应的降解半衰期（$t_{1/2}$）、有效期等计算公式见表 1-12。

表1-12　化学动力学有关公式

反应类型	零级反应	（伪）一级反应
积分式	$C=-Kt+C_0$	$\lg C=-\frac{Kt}{2.303}+\lg C_0$
$t_{1/2}$	$t_{1/2}=\frac{C_0}{2K}$	$t_{1/2}=\frac{0.693}{K}$
$t_{0.9}$	$t_{0.9}=\frac{0.1C_0}{K}$	$t_{0.9}=\frac{0.1054}{K}$

表中公式中，C_0 是时间 t=0 时的反应物浓度；C 是 t 时间反应物的浓度；K 是速度常数。

而温度对反应速度常数（K）的影响，则可用 Arrhenius 指数定律描述：

$$K=Ae^{-\frac{E}{RT}} \tag{1-4}$$

其对数形式为：
$$\lg K=-\frac{E}{2.303RT}+\lg A \quad (1\text{-}5)$$

式中，A 为频率因子；E 为活化能；R 为气体常数；T 为绝对温度。

试验设计时，首先确定含量测定方法，并进行预试，以便对该药的稳定性有基本的了解，然后设计试验温度与取样时间，温度点通常不能少于 4 个。将样品放入不同温度的恒温水浴中，定时取样测定其浓度（或含量），求出各温度下不同时间药物的浓度变化。以药物浓度或浓度的其他函数对时间作图，以判断反应级数，再由直线斜率求出各温度的速度常数。若以 $\lg C$ 对 T 作图得一直线，则为一级反应。将 $\lg K$ 对 $\frac{1}{T}$ 作图为一直线，其斜率为 $-\frac{E}{2.303R}$，据此求出活化能 E，进而求出室温时的速度常数 $K_{25℃}$，最后计算出药物制剂的有效期（$t_{0.9}$）。试验的温度点应尽量接近 25℃，以减少误差。

除经典恒温法外，还有线性变温法、Q_{10} 法、活化能估计法等。

【问题解决】 某 800 单位 /mL 抗生素溶液，25℃放置一个月其含量变为 600 单位 /mL。若此抗生素的降解服从一级反应，问：①降解半衰期为多少？②第 40 天的含量变为多少？③求此溶液的有效期。

⑤ 固体药物制剂稳定性实验的特殊要求　前述加速实验方法，一般适用于固体制剂，但根据固体药物稳定性的特点，还要有一些特殊要求须引起注意：a. 如水分对固体药物稳定性影响较大，则每个样品必须测定水分，加速实验过程中也要测定；b. 样品必须装入密封容器，但为了考察材料的影响，可以用开口容器与密封容器同时进行，以便比较；c. 测定含量和水分的样品，都要分别单次包装；d. 固体剂型要使样品含量尽量均匀，以避免测定结果的分散性；e. 药物颗粒的大小对结果也有影响，故样品要用一定规格筛号的筛过筛，并测定其粒度，固体的表面是微粉的重要性质；f. 实验温度不宜过高，以 60℃以下为宜。

此外，还需注意赋形剂对药物稳定性的影响。制剂生产中，可用成品进行加速试验。药物与赋形剂间的相互作用可用热分析法、漫反射光谱法、薄层色谱法等进行试验。

六、药物制剂的设计和新药制剂的申报

思政教育　鱼腥草注射液事件

2003 年 8 月，根据国家药品不良反应监测中心的监测，发现鱼腥草注射液可能引起过敏性休克、全身过敏反应和呼吸困难等严重不良反应，甚至可引起死亡。从收到的病例报告和文献资料分析表明，过敏性休克的病例报告来源和涉及企业、批号无明显集中现象，说明过敏反应可能是该类品种的共性问题。2006 年 6 月 1 日，国家药监局作出决定，暂停受理和审批鱼腥草注射液等 7 个注射剂的各类注册申请。

药物制剂的质量直接关系到药物在人体内疗效的发挥，良好的制剂设计应提高或不影响药物的药理活性，减少药物的刺激性、毒副作用或其他不良反应。进行药物制剂设计的目的是根据临床用药的需要及药物的理化性质，确定合适的给药途径和药物剂型，选择合适的辅料、制备工艺，筛选制剂的最佳处方和工艺条件，确定包装，保证药物的安全、有效、稳定、质量可控及良好的顺应性，且成本适宜，最终形成适于生产和临床应用的制剂产品。

1. 药物制剂设计的主要内容

临床疾病种类繁多，有的要求全身用药，而有的要求局部用药避免全身吸收；有的要求快速

吸收，而有的要求缓慢吸收。因此要求有不同的给药途径和相应的剂型和制剂，这对发挥药效、减少毒副作用、方便应用具有重要意义。

药物制剂设计的主要内容包括：①处方前工作，包括对药物的理化性质、药理学、药动学有一个较全面的认识，在获得足够的数据后，再进行处方设计。药物理化性质对选择适宜的剂型、辅料、制剂技术或工艺具有非常重要的作用，其中最重要的是溶解度和稳定性。②根据药物的理化性质和治疗需要，结合各项临床前研究工作，确定给药的最佳途径，并综合各方面因素选择合适的剂型。③根据所确定的剂型特点，选择适合的辅料或添加剂，考察制剂的各项指标，对处方和制备工艺进行优选。一般，先通过适当的预试验方法选择一定的辅料和制备工艺，然后采用优化技术对处方和工艺进行优化设计。具体如图 1-8 所示。

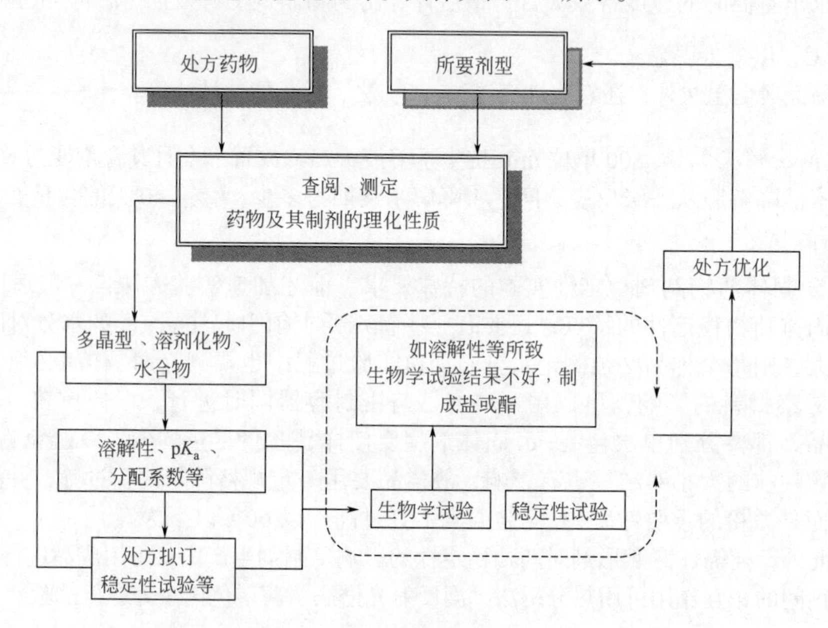

图 1-8 药物制剂处方设计的流程

制剂工艺对保证药品质量有重要作用，包括工艺设计、工艺研究和工艺放大三部分。

① 工艺设计　是根据剂型特点，结合药物的理化性质和生物学性质，充分考虑与工业化生产的可衔接性及可行性，设计合理的制备工艺。如对遇湿、热不稳定的原料药，应尽量避免水分、温度的影响，注意生产环境温度和湿度的控制。

② 工艺研究　是确定影响制剂生产的关键环节和因素，建立生产过程的工艺条件、工艺参数，以保证工艺的重现性和生产过程中药品质量的稳定性。主要包括原辅料（如供货来源、规格、质量标准等）、生产环节操作步骤及工艺参数、生产过程的重要控制指标及范围、生产设备的种类和型号、生产规模、成品检验报告等。

③ 工艺放大　是药品工业化生产的重要基础，是制备工艺进一步完善和优化的过程。由于实验室研制设备、操作条件等与工业化生产可能无法一致，实验室的制备工艺在工业化生产中常常会遇到问题。如普通胶囊剂，实验室确定的处方颗粒的流动性可能不完全适应工业化生产的需要，引起装量差异变大。

2. 药物制剂的评价

为确保药物制剂应用于临床后尽可能地发挥疗效，降低毒性，必须对制剂的安全性、有效性进行评价。

（1）毒理学评价　新制剂应进行毒理学研究，包括急、慢毒性，有时还要进行致畸、致突变等实验。单纯改变剂型的新制剂，如果可检索到原料药的毒理学资料，可免做部分实验，但局部用药的制剂必须进行刺激性试验。全身用药的大输液，除进行刺激性试验外，还要进行过敏试验、溶血试验及热原检查。

（2）**药效学评价** 根据新制剂的适应证进行相应的药理学评价，以证明该制剂有效。临床前研究要求在动物体内进行，已上市的原料药可用资料替代。

（3）**药物动力学与生物利用度评价** 药物动力学与生物利用度研究是药物制剂评价的一个重要方面。一般单纯改变剂型的制剂不要求进行临床实验，但要求进行新制剂与参比制剂之间的生物等效性试验。

3. 新药制剂的申报

国家药品监督管理局（NMPA）主管全国药品注册管理工作。省、自治区、直辖市药品监督管理局受 NMPA 委托，对药品注册申报资料的完整性、规范性和真实性进行审核，规范药品注册行为。申请药品注册，申请人应当向所在地省、自治区、直辖市药品监督管理局提出，并报送有关资料和药物实样。

新制剂申报主要有：处方、制备工艺、辅料，稳定性试验，溶出度或释放度试验和生物利用度四个方面的内容。原料、辅料是构成制剂的基本物质，原料的纯度、晶型、粒度、溶出度都与制剂质量密切相关；辅料的来源、纯度、高分子辅料的分子量、溶解度、水溶液的黏度等也与制剂的质量密切相关。稳定性试验则是保证制剂体外的稳定。溶出度是体外试验，但与生物利用度紧密相关，其目的是保证制剂的有效性。所有这些体内、体外试验都为优良的处方、工艺设计提供了基础。所以，制剂的申报要求是严格的、内容是丰富的，必须以科学的态度、严谨的作风、实事求是的精神认真对待。

学习测试

一、选择题

（一）单项选择题

1. 一份溶质（1g或1mL）溶于35mL溶剂中，表示（　　）。
   A.易溶　B.溶解　C.略溶　D.微溶　E.极易溶解
2. 不能增加药物溶解度的是（　　）。
   A.制成盐　B.选择适宜的助溶剂　C.采用潜溶剂　D.加入吐温-80　E.加入HPC
3. 可反映粉体流动性的指标是（　　）。
   A.粉体的密度　B.孔隙率　C.粒度　D.接触角　E.休止角
4. 下列现象肯定是物理配伍变化的是（　　）。
   A.潮解　B.产气　C.沉淀　D.变色　E.霉变
5. 亲水亲油平衡值为（　　）。
   A.杀菌与消毒　B.Krafft　C.昙点　D.CMC　E.HLB值
6. 药物的有效期常指药物含量降低（　　）。
   A.10%所需时间　B.20%所需时间　C.5%所需时间
   D.50%所需时间　E.63.2%所需时间
7. 药物按照一级反应分解，室温下反应速度常数K为0.0035（d^{-1}），该药有效期约为（　　）。
   A.15d　B.20d　C.30d　D.50d　E.100d
8. 下列措施中不能增加药物稳定性的是（　　）。
   A.环糊精包合　B.包衣　C.液体制剂制成固体制剂

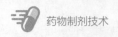

D.制成可溶性盐　　　E.制成难溶性化合物

（二）多项选择题

1. 制剂中使用辅料的目的有（　　）。

A.利于制剂形态的形成　　B.使制备过程顺利进行

C.提高药物的稳定性　　D.调节有效成分的作用　　E.改善生理要求

2. 药用辅料质量标准的内容主要包括（　　）。

A.性状　　B.鉴别　　C.检查　　D.含量测定　　E.功能性试验

3.《中国药典》表示药物溶解性能的术语有（　　）。

A.极易溶解、易溶　　B.溶解　　C.略溶、微溶　　D.极微溶解　　E.几乎不溶和不溶

4.《中国药典》关于药物引湿性的特征描述与引湿性增重的界定有（　　）。

A.潮解　　B.极具引湿性　　C.有引湿性　　D.略有引湿性　　E.无或几乎无引湿性

5. 随粉体的大小改变而发生显著变化的有（　　）。

A.溶解度　　B.吸附性　　C.粉体真密度　　D.孔隙率　　E.流动性

6. 长期试验取样检测时间为（　　）。

A. 第0个月　　B. 第3个月　　C. 第6个月　　D. 第9个月　　E. 第12个月

7. 注射剂稳定性重点考察项目有（　　）。

A.含量　　B.pH值　　C.可见异物　　D.外观色泽　　E.有关物质

8. 影响药物溶解度的因素是（　　）。

A.溶剂量　　B.溶剂的极性　　C.药物的分子量　　D.药物的晶型　　E.温度

二、思考题

1. 简述制剂中使用辅料的目的和药用辅料的要求。

2. 简述药物制剂处方工作的基本程序。

3. 如何表示药物的溶解性？简述影响药物溶解的主要因素与增加药物溶解度的方法。

4. 什么是药物制剂的配伍？药物的配伍变化主要有哪些？

5. 试述表面活性剂的应用与HLB值的关系。现将司盘-80（HLB值为4.3）60g和吐温-80（HLB值为15.0）40g混合，问混合物的HLB值是多少？

6. 简述影响制剂稳定性的因素及稳定化措施。

整理归纳

模块一介绍了药物制剂工作的基本知识，主要有剂型、制剂、原辅料、包装、药典、GMP、制药用水等常用术语、药物制成适宜剂型的重要性、剂型分类、制剂基本要求；介绍了药品生产中的质量管理（工艺规程、岗位操作法、操作规程、物料平衡、质量控制点）、卫生管理（环境卫生、工艺卫生、人员卫生、微生物限度检查）和药品生产环境与条件（厂址选择、工艺布局、洁净区级别、生产辅助设施）。

药物制剂的处方工作中，介绍了制剂中使用辅料的目的、种类和要求，介绍了药物溶解、粉体粒子、流变性、引湿性、药物制剂的配伍、表面活性剂的应用、药物制剂稳定性等基本知识，介绍了影响药物制剂降解的处方因素（pH、溶剂、表面活性剂、辅料、广义酸碱催化、离子强度等）和非处方因素（温度、光线、空气、湿度与水分、金属离子、包装材料等），以及稳定化方法和稳定性试验方法（影响因素实验、加速试验和长期试验、经典恒温试验法）等。

模块二
液体制剂

专题一　液体制剂概述

学习目标

- 掌握液体制剂的含义、分类和用途。
- 知道液体制剂中常用的溶剂、附加剂的种类、性质和应用。
- 学会液体制剂的防腐、矫味和着色；学会液体制剂的包装与储藏。

液体制剂（liquid preparations）系指药物分散在适宜的分散介质中制成的液体形态的药剂，可供内服或外用。液体制剂便于分取剂量，给药途径广泛，既可用于内服，亦可外用于皮肤、黏膜或深入人体腔道，是临床上广泛应用的一类剂型。与相应的固体制剂相比，药物以分子或微粒状态分散在介质中，分散度大，接触面积大，故吸收快，奏效迅速；某些固体药物如溴化物、碘化物等，口服后局部药物浓度高，对胃肠道有刺激性，制成液体制剂后易于控制浓度而减少刺激性。

一、液体制剂的分类

液体制剂常按分散系统、给药途径与应用方法两种方法分类。

1. 按分散系统分类

液体制剂按分散系统分类，则有均相液体制剂和非均相液体制剂。均相液体制剂为溶液型液体制剂，其中的固体或液体药物以分子或离子形式分散于液体分散介质中，根据分散相分子或离子大小不同，又分为低分子溶液型液体制剂和高分子溶液型液体制剂（常称高分子溶液剂）。非均相液体制剂，根据其分散相粒子的不同，可分为溶胶剂、混悬剂和乳剂。具体见表 2-1。

表2-1　液体制剂按分散系统的分类

液体类型	粒子大小	特征
低分子溶液型液体制剂	＜ 1nm， 分子分散系	以小分子或离子分散，无界面，均相澄明溶液
高分子溶液型液体制剂	1 ～ 100nm， 胶体分散系	高分子化合物以分子分散，无界面，均相溶液
溶胶剂	1 ～ 100nm， 胶体分散系	以胶粒分散形成多相体系，有界面，可聚结而具有不稳定性
混悬剂	＞ 500nm， 粗分散系	以固体粒子分散形成多相体系，有界面，由于聚结和重力而具有不稳定性

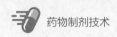

续表

液体类型	粒子大小	特征
乳剂	＞100nm， 粗分散系	以液滴分散形成多相体系，有界面，由于聚结和重力而具不稳定性

2. 按给药途径与应用方法分类

液体制剂具有多种给药途径与应用方法，据此可将液体制剂分为以下几种。

（1）内服液体制剂　如合剂、糖浆剂、口服混悬剂、口服乳剂、滴剂等。口服液体制剂适用于吞咽固体制剂困难的患者，可改善患者的用药依从性，应用广泛。

（2）外用液体制剂

① 皮肤用液体制剂，如洗剂、搽剂。

② 五官科用液体制剂，如洗耳剂与滴耳剂、洗鼻剂与滴鼻剂。

③ 口腔科用液体制剂，如含漱剂、涂剂、滴牙剂。

④ 直肠、阴道、尿道用液体制剂，如灌肠剂、灌洗剂等。

液体制剂的药物分散度大，同时受分散介质的影响，化学稳定性较差，易引起药物的分解失效，水性药剂易霉败。非均相液体制剂因具有较大的表面积与表面能，存在不稳定的倾向；非水性溶剂多有一定不良的药理作用，药物之间较易发生配伍变化；而且携带、运输、储存不方便。

二、液体制剂的处方组成

液体制剂的处方一般由药物、溶剂（分散介质）和附加剂组成。液体制剂的附加剂种类繁多，如增溶剂、助溶剂、乳化剂、着色剂、润湿剂、渗透压调节剂、矫味剂、防腐剂、助悬剂、芳香剂、抗氧剂、渗透促进剂、pH调节剂、增稠剂、絮凝剂与反絮凝剂、助滤剂等。这里介绍液体制剂常用的溶剂、防腐剂、矫味剂和着色剂。

1. 溶剂（分散介质）

液体制剂的溶剂对于溶液型液体制剂和高分子溶液剂而言可称为溶剂，对于溶胶剂、混悬剂、乳剂而言则称为分散介质或分散媒。优良的溶剂（分散介质）应：对药物具有良好的溶解性和分散性；无毒性、无刺激性，无不适嗅味；化学性质稳定，不与药物或附加剂反应；不影响药物的疗效和含量测定；具有防腐性且成本低。但完全符合这些条件的溶剂很少，应视药物的性质及用途选择适宜的溶剂，尤其是混合溶剂。通常按溶剂极性大小，分为极性溶剂、半极性溶剂和非极性溶剂。

（1）极性溶剂

① 纯化水（水，water）　水是最常用的溶剂，本身无药理作用，能与乙醇、丙二醇、甘油等以任意比例混溶，能溶解大多数的无机盐、生物碱盐、苷类、糖类、树胶、鞣质、黏液质、蛋白质、酸类及色素等。但许多药物在水中不稳定，尤其是易水解的药物，水性药剂易霉变，不宜久储。

② 甘油（glycerin）　甘油能与水、乙醇、丙二醇等以任意比例混溶，对苯酚、鞣酸、硼酸的溶解比水大。甘油既可内服，又可外用。在内服药剂中含12%以上的甘油，可使药剂带有甜味且能防止鞣酸析出。含甘油30%以上有防腐作用。甘油对皮肤有保湿、滋润作用，且黏度大，可使药物在局部的滞留时间长而延长药效。在外用液体制剂中，甘油常用作黏膜用药剂的溶剂，对药物的刺激性具有缓和作用，如碘甘油。无水甘油对皮肤有脱水和刺激作用，含水10%的甘

油对皮肤、黏膜无刺激性。

③ 二甲基亚砜（dimethyl sulfoxide，DMSO） 二甲基亚砜为具有大蒜味的无色澄明液体，吸湿性较强，能与水、乙醇、丙二醇、甘油等溶剂以任意比例混溶。本品溶解范围广，有“万能”溶剂之称，能促进药物在皮肤上的渗透作用，但对皮肤有轻度刺激性。孕妇禁用含 DMSO 的产品。

（2）半极性溶剂

① 乙醇（alcohol） 乙醇可与水、甘油、丙二醇等溶剂以任意比例混溶，能溶解生物碱及其盐类、苷类、挥发油、树脂、鞣质、有机酸和色素等。含乙醇 20% 以上具有防腐作用。但乙醇有一定药理作用，且易挥发、易燃烧。乙醇与水混合时，由于水合作用而产生热效应及体积效应，使体积缩小，故在稀释乙醇时应凉至室温（20℃）后再调至需要浓度。

② 丙二醇（propylene glycol） 药用丙二醇一般为 1，2- 丙二醇，性质与甘油相似，黏度较甘油小，可作为内服及肌内注射用药的溶剂。其毒性小，无刺激性，可与水、乙醇、甘油等溶剂以任意比例混溶，能溶解磺胺药、局麻药、维生素 A、维生素 D 及性激素等药物，丙二醇与水的混合溶剂能延缓药物的水解。丙二醇的水溶液对药物在皮肤和黏膜上有促渗透作用。但有辛辣味，口服应用受到限制。

③ 聚乙二醇（polyethylene glycol，PEG） 液体制剂中常用的聚乙二醇分子量为 300 ～ 600，为无色透明液体，理化性质稳定，能与水、乙醇、丙二醇、甘油等溶剂混溶。聚乙二醇对易水解的药物有一定的稳定作用，在外用液体制剂中能增加皮肤的柔润性。

（3）非极性溶剂

① 脂肪油（fatty oils） 常用麻油、豆油、花生油、橄榄油等植物油，能溶解油溶性药物如激素、挥发油、游离生物碱和许多芳香族药物。脂肪油易酸败，也易受碱性药物的影响而发生皂化反应。脂肪油多作外用药剂的溶剂，如洗剂、搽剂、滴鼻剂等。脂肪油也用作内服药剂的溶剂，如维生素 A 和维生素 D 溶液剂。

② 液状石蜡（liquid paraffin） 本品为饱和烃类化合物，是无色、透明的液体，有轻质和重质两种，轻质密度为 0.828 ～ 0.860g/mL、重质密度为 0.860 ～ 0.890g/mL，40℃时黏度为 $36mm^2/s$ 以上，化学性质稳定，能与非极性溶剂混合，能溶解生物碱、挥发油及一些非极性药物等。液状石蜡在肠道中不分解也不吸收，有润肠通便作用，可作口服药剂和搽剂的溶剂。

③ 乙酸乙酯（ethyl acetate） 本品为无色或淡黄色微臭流动性油状液体，密度（20℃）为 0.897 ～ 0.906g/mL，具有挥发性和可燃性，在空气中易氧化，需加入抗氧剂。可溶解甾体药物、挥发油等油溶性药物，作外用液体制剂的溶剂。

④ 肉豆蔻酸异丙酯（isopropyl myristate） 本品为无色澄明、几乎无臭的流动性油状液体，密度为 0.846 ～ 0.855g/mL，化学性质稳定，不易氧化和水解，不易酸败，不溶于水、甘油、丙二醇，但溶于乙醇、丙酮、乙酸乙酯和矿物油，能溶解甾体药物和挥发油。本品无刺激性、过敏性，可透过皮肤吸收，并能促进药物经皮吸收。常用作外用药剂的溶剂。

2. 防腐剂

液体制剂容易被微生物污染而变质，尤其是以水为溶剂的液体制剂，特别是含有营养成分如糖类、蛋白质等的液体制剂。即使是含有抗菌类药物的液体制剂，由于这些药物对它们的抗菌谱以外的微生物不起抑菌作用，有关微生物也能生长和繁殖。被微生物污染的液体制剂，会导致理化性质发生变化而严重影响药剂的质量。防止微生物污染是防腐的首要措施，其次是添加防腐剂。防止微生物污染，包括加强生产环境的管理，清除周围环境的污染源，保持优良生产环境；加强操作室的环境管理，保持操作室空气净化的效果，使洁净度符合要求；用具和设备必须按规定要求进行卫生管理和清洁处理；加强生产过程的规范化管理，尽量缩短生产周期；加强操作人员的卫生管理和教育，因为操作人员是直接接触药剂的操作者，是微生物污染的重要来源；定期检查操作人员的健康和个人卫生状况，严格执行操作室的规章制度等。

能破坏和杀灭微生物的物质称杀菌剂（fungicide），能抑制微生物生长发育的物质称防腐剂（preservative）。杀菌剂能迅速杀灭微生物。防腐剂对微生物繁殖体有杀灭作用，但对芽孢则是使其不能发育为繁殖体而逐渐死亡。优良防腐剂应在抑菌浓度范围内对人体无害，无刺激性，用于内服者无恶劣的臭味；在水中可达到有效浓度，不影响药物的理化性质和药效的发挥，不受药物及附加剂的影响，对广泛的微生物有抑制作用。防腐剂本身性质稳定，不易受热和 pH 变化而影响其防腐效果，长期储存不分解失效。

防腐剂品种较多，可分为四类：①酸碱及其盐类　苯酚、麝香草酚、羟苯酯类、苯甲酸及其盐、山梨酸及其盐、硼酸及其盐等；②中性化合物　苯甲醇、三氯叔丁醇等；③汞化合物类　硫柳汞、醋酸苯汞、硝酸苯汞等；④季铵化合物类　氯化苯甲烃铵、度米芬等。以下主要介绍制剂中常用的防腐剂。

（1）羟苯酯类（parabens）　也称尼泊金类，无毒、无味、无臭，化学性质稳定，在 pH 3 ～ 8 范围内能耐 100℃ 2h 灭菌。在酸性溶液中作用较强，对大肠埃希菌作用最强。药液 pH 超过 7 时作用减弱，这是由酚羟基解离所致。羟苯酯类的抑菌作用随烷基碳数增加而增强，但溶解度则随烷基碳数增加而减少，如丁酯抗菌力强，溶解度却小。本类防腐剂配伍使用有协同作用，常是乙酯和丙酯（1∶1）或乙酯和丁酯（4∶1）合用，浓度均为 0.01% ～ 0.25%。表面活性剂对本类防腐剂有增溶作用，能增大其在水中的溶解度，但不增加抑菌效能。遇铁能变色，遇强酸或弱碱易水解，可被塑料包装材料吸附。

（2）苯甲酸与苯甲酸钠（benzoic acid and sodium benzoate）　苯甲酸在水中溶解度为 0.29%、乙醇中为 43%（20℃），多配成 20% 醇溶液备用。用量一般为 0.03% ～ 0.1%。苯甲酸未解离的分子抑菌作用强，故在酸性溶液中抑菌效果较好。苯甲酸防霉作用较尼泊金类弱，防发酵能力则较尼泊金类强。苯甲酸 0.25% 和尼泊金 0.05% ～ 0.1% 合用可防止发霉和发酵，尤其用于中药液体制剂。苯甲酸钠易溶于水（1∶2），微溶于乙醇（1∶80），常用量为 0.1% ～ 0.2%。

（3）山梨酸（sorbic acid）　本品为白色至黄白色结晶性粉末，特臭。山梨酸的防腐作用是未解离的分子，在 pH 值为 4 的水溶液中抑菌效果较好，对真菌（如酵母菌）最低抑菌浓度为 0.8% ～ 1.2%。山梨酸与其他抗菌剂合用产生协同作用。本品在空气中易被氧化，在水溶液中尤其敏感，遇光时更甚，可加入适宜稳定剂，可被塑料吸附使抑菌活性降低。

（4）苯扎溴铵（benzalkonium bromide）　又称新洁尔灭，系阳离子型表面活性剂，为淡黄色澄明的黏稠液体，味极苦，有特臭，无刺激性，溶于水和乙醇。本品在酸性、碱性溶液中稳定，耐热压，对金属、橡胶、塑料无腐蚀作用。作防腐剂使用，浓度为 0.02% ～ 0.2%。

（5）其他防腐剂　醋酸氯己定（chlorhexidine acetate）又称醋酸洗必泰（hibitane），为广谱杀菌剂，用量为 0.02% ～ 0.05%。邻苯基苯酚（*o*-phenylphenol）微溶于水，具杀菌和杀霉菌作用，用量为 0.005% ～ 0.2%。桉叶油（eucalyptus oil）使用浓度为 0.01% ～ 0.05%，桂皮油为 0.01%，薄荷油为 0.05%。

3. 矫味剂

许多药物具有不良的嗅味，如 KBr、KI 有咸味，生物碱有苦味，鱼肝油有腥味。为掩盖和矫正药物的不良嗅味而加入药剂中的物质称为矫味剂，以将此类药物制成患者乐于接受的液体制剂。味觉器官是舌上的味蕾，嗅觉器官是鼻腔中的嗅觉细胞，矫味、矫臭与人的味觉和嗅觉有密切关系。

（1）甜味剂（sweating agents）　甜味剂能掩盖药物的咸、涩和苦味，包括天然和合成两大类。天然甜味剂中以蔗糖、单糖浆及芳香糖浆应用广泛。芳香糖浆不但矫味，也有矫臭作用。

天然甜味剂甜菊苷（stevioside），为微黄白色粉末，无臭，具有清凉甜味，甜度约为蔗糖的300倍，甜味持久且不被吸收，但稍带苦味，水中溶解度（25℃）为1∶10，常与蔗糖或糖精钠合用，常用量为0.025%～0.05%。

糖精钠（saccharin sodium）为合成甜味剂，甜度为蔗糖的200～700倍，易溶于水，常用量为0.03%，常与其他甜味剂合用。

阿司帕坦（aspartame）亦称蛋白糖，为天门冬酰苯丙氨酸甲酯，甜度比蔗糖大150～200倍，可用于糖尿病、肥胖患者。

甘油、山梨醇、甘露醇亦可作甜味剂。

（2）芳香剂（spices flavors） 添加适量香料和香精能改善药剂的气味，这些香料与香精称为芳香剂。香料由于来源不同，分天然香料和人造香料两类。天然香料包括植物性香料和动物性香料，植物性香料有柠檬、茴香、薄荷油等芳香挥发性物质，及其制成的芳香水剂、酊剂、醑剂等。香精亦称调和香料，是在人工香料中添加适量溶剂调配而成，常用的有苹果香精、橘子香精、香蕉香精等。

（3）胶浆剂 胶浆剂具有黏稠、缓和的性质，可通过干扰味蕾的味觉而达到矫味效果。多用的有海藻酸钠、阿拉伯胶、甲基纤维素、羧甲基纤维素钠等的胶浆。常在胶浆中加入甜味剂，增加其矫味效果。

（4）泡腾剂 泡腾剂系用有机酸（如枸橼酸、酒石酸）、碳酸氢钠与适量香精、甜味剂等辅料制成，遇水后产生大量二氧化碳。由于二氧化碳溶于水呈酸性，能麻痹味蕾而矫味，对盐类的苦味、涩味、咸味有所改善，患者乐于服用。

4. 着色剂

着色剂又称色素和染料，可分为天然色素和人工合成色素两大类。应用着色剂可以改变制剂的外观颜色，用以识别药剂的浓度或区分应用方法，同时可改善药剂的外观，以减少患者对服药的厌恶感。特别是选用的颜色与所加的矫味剂配合协调，更容易被患者所接受，如薄荷味用绿色、橙皮味用橙黄色。可供食用的色素称为食用色素，只有食用色素才可用作内服药剂的着色剂。

（1）天然色素 天然色素有植物性的与矿物性的。传统天然植物性色素有焦糖、叶绿素、胡萝卜素和甜菜红等；矿物性的有氧化铁（外用使药剂呈肤色）等。

（2）人工合成色素 人工合成色素的特点是色泽鲜艳，价格低廉，但大多有一定毒性，用量不宜过多。目前准予使用的人工合成的食用色素主要有：苋菜红、柠檬黄、胭脂红、胭脂蓝、日落黄、亮蓝等，常配成1%储备液使用，其用量不得超过万分之一。外用色素主要有伊红（适用于中性或弱碱性溶液）、品红（适用于中性或弱酸性溶液）、美蓝（适用于中性溶液）等。

使用着色剂时应注意：药剂所用的溶剂、pH均对色调产生影响；大多数色素往往由于曝光、氧化剂、还原剂的作用而褪色；不同色素相互配色可产生多样化的着色剂。

三、液体制剂的包装与贮藏

1. 液体制剂的包装

液体制剂体积大，稳定性较其他制剂差。如包装不当，在运输和储藏过程中会发生变质。因此，包装容器种类、形状以及封闭的严密性等的选择都极为重要。液体制剂的包装材料应符合药用要求，对人体安全、无害、无毒；不与药物发生作用，不改变药物的理化性质和疗效；能防止外界不利因素的影响；坚固耐用、体轻、形状适宜、美观，便于运输、携带和使用；不吸收、不沾留药物。

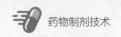

液体制剂的包装材料包括：容器（玻璃瓶、塑料瓶等）、瓶塞（橡胶塞、塑料塞、软木塞等）、瓶盖（塑料盖、金属盖等）、标签、说明书、塑料盒、纸盒、纸箱、木箱等。

液体制剂包装瓶上必须按照规定印有或者贴有标签并附说明书。标签或者说明书上必须注明药品的通用名称、成分、规格、生产企业、批准文号、生产批号、生产日期、有效期、适应证或者功能主治、用法、用量、禁忌、不良反应和注意事项。特殊管理的药品、外用药品和非处方药的标签，必须印有规定的标志。

2. 液体制剂的贮藏

液体制剂特别是以水为分散介质者，在贮藏期间极易因水解和微生物污染而产生沉淀、变质或霉败，故应临时调配。一般应密闭，贮藏于阴凉、干燥处。医院自制液体制剂应尽量小批量生产，缩短存放时间，保证液体制剂的质量。

实践　纯化水的制备

通过纯化水的制备，掌握水纯化的原理、方法、操作规范及其储存与保管；学会纯化水制备的质量控制，熟悉制水的生产环境；认识本工作中使用到的仪器设备，并能规范使用。

【纯化水制备工艺流程】

以二级反渗透纯水装置为例，如图 2-1 所示。

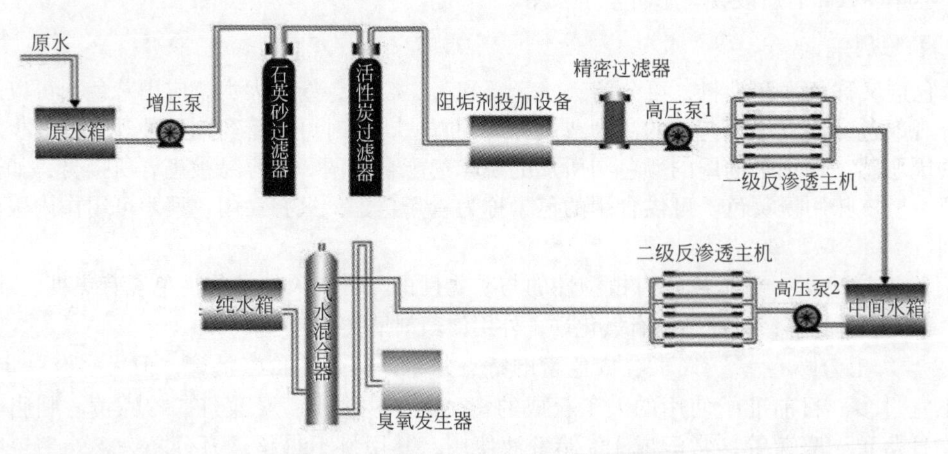

图 2-1　纯化水制备工艺流程示意图

【岗位操作】

1. 生产前的准备工作

（1）检查上班清场结果，检查生产现场是否有上一班次的遗留物及与生产无关的杂物。若不符合规定先进行清场。

（2）检查各种流量计、压力表、电导仪等仪器仪表是否清洁，计量范围是否与量程相符；有无合格证，是否在有效期内。

（3）检查各种设备、阀门、管道是否完好；阀门是否在规定状态。

（4）检查原水供应、电气、下水情况是否完好。

（5）检查上班设备运行记录和交接班等记录，看是否符合要求，不符合的立即报告给技术人员处理。

（6）将生产状态标志牌更换到“正在运行”。

2. 开机操作

（1）检查预处理各单元设备及管路阀门是否处于正常状态，确认无误后即可接通电源。

（2）一级反渗透主机调试及运行。

（3）二级反渗透主机调试及运行。

（4）深处理系统调试及运行。

（5）每 2 小时观察各单元设备的工作情况，并作好生产记录。

3. 停机操作

（1）关闭纯水输送泵、紫外线和总送水阀。

（2）慢速、均匀打开二级浓水流量调节阀、二级浓水排放阀，让二级压力表压力缓慢递减，二级高压泵运行 5 ～ 10min（反渗透膜的冲洗），关闭二级高压泵和二级浓水流量调节阀。再慢速、均匀打开一级高压泵回流阀、一级浓水流量计调节阀，让一级压力表压力缓慢递减，一级高压泵运行 5 ～ 10min（反渗透膜的冲洗），关闭一级高压泵、原水泵和饮用水总进水阀、原水进水阀、一级浓水流量计调节阀。

（3）检查其他各阀门是否处于应在正确状态（按照正常制水时各阀门所在状态检查）。

（4）关闭电源，检查各单元设备是否处于应在正确状态。

（5）做好设备的清洁保养工作。

（6）断开总电源。

4. 药剂的加入

（1）絮凝剂 絮凝剂必须在多介质过滤器前加入。投入量应根据原水水质确定。

（2）阻垢剂 阻垢剂在保安过滤器前加入。投入量应根据原水水质确定。

（3）pH 调整剂 pH 调整剂在一、二级反渗透间，二级反渗透进水前加入。使二级进水的 pH 值调到 7.0 左右。

5. 质量控制点

（1）电导率（在线检测），应小于 1.0μs/cm。

（2）酸碱度、氯化物、硫酸盐、钙盐，每 2 小时检验一次，应符合规定。

知识拓展

参观药厂制水车间。按厂方有关规定进入厂区、车间，观看制水工艺、主要制水设备，学习制药用水生产的质量管理。

学习测试

一、选择题

（一）单项选择题

1.液体制剂的特点正确的是（　　）。

A.水性药剂不易霉败　　B.流动性大，不适用于腔道使用

C.刺激性大，难服用　　D.药物之间较易发生配伍变化

E.携带、运输、储存方便

2.关于羟苯酯类防腐剂的叙述中，正确的是（　　）。

A.pH 7～11内能耐受100℃ 2h灭菌　　B.酸性条件下作用较弱

C.抑菌作用随烷基碳数增加而减弱　D.与表面活性剂合用，能增强抑菌效能
E.可被塑料包装材料吸附

3.关于苯甲酸防腐的叙述，错误的是（　　）。
A.苯甲酸未解离的分子抑菌作用强　B.用量一般为0.03%～0.1%
C.防发酵能力较羟苯酯类差　D.可与羟苯酯类联合应用
E.通常配成20%醇溶液备用

4.液体制剂常用的抗氧剂是（　　）。
A.亚硫酸钠　B.吐温-80　C.乙醇　D.二甲基亚砜　E.甘油

5.液体制剂常用的防腐剂是（　　）。
A.甘油　B.吐温-80　C.尼泊金类　D.二甲基亚砜　E.硫酸钠

（二）多项选择题

1. 液体制剂的溶剂（分散介质）包括（　　）。
A.纯化水　B.乙醇　C.脂肪油　D.聚乙二醇6000　E.甘油

2. 哪些是按给药途径分类的液体制剂（　　）。
A.口服液　B.胶体溶液　C.洗剂　D.滴鼻剂　E.乳剂

3. 液体制剂常用的增溶剂是（　　）。
A.碘化钠　B.吐温-80　C.苯扎氯铵　D.尼泊金　E.肥皂

二、思考题

举例说明液体制剂常用的附加剂有哪些种类?

专题二　溶液型液体制剂

学习目标

- 掌握溶液剂、芳香水剂、糖浆剂、甘油剂、醑剂、高分子溶液剂等的处方组成、制法和质量要求。
- 学会按生产指令进行配液、过滤、灌装、包装等的操作。
- 学会判断溶液型液体制剂生产中出现的问题，并提出解决方法。
- 学会典型溶液型液体制剂的处方及工艺分析。

溶液型液体制剂系指原料药物以分子或离子形式分散于液体分散介质中供内服或外用的液体制剂，分为低分子溶液型液体制剂和高分子溶液型液体制剂（常称为高分子溶液剂）。低分子溶液型液体制剂也称为真溶液型液体制剂，主要有溶液剂、芳香水剂、糖浆剂、甘油剂和醑剂等。溶液型液体制剂为澄明液体，药物的分散度大，吸收较快。

一、溶液剂

【典型制剂】

例1　复方碘口服溶液（compound iodine oral solution）

处方：碘　50g

碘化钾　　　　100g

纯化水　　　　加至 1000mL

制法：取碘化钾加纯化水溶解后，加入碘搅拌溶解，再加适量纯化水使成 1000mL，搅匀，即得。

本品具有调节甲状腺功能，主要用于甲状腺功能亢进的辅助治疗。外用作黏膜消毒药。口服：一次 0.1 ～ 0.5mL，一日 0.3 ～ 0.8mL。极量 1mL/ 次；3mL/d。本品具有刺激性，口服时宜用冷开水稀释后服用。

例 2　苯扎溴铵溶液（benzalkonium bromide solution）

处方：苯扎溴铵　　　　1g

纯化水　　　　加至 1000mL

制法：取苯扎溴铵溶于 800mL 热纯化水中，滤过后加纯化水使成 1000mL，即得。

本品为阳离子型表面活性剂，具有防腐消毒作用。常用于皮肤及手术器械消毒，用于创面消毒浓度一般为 0.01%；皮肤与器械消毒为 0.1%。器械消毒时应加入 0.5% 亚硝酸钠作防锈剂。本品应遮光密闭贮藏，且不宜久储。

【问题研讨】碘在水中溶解度很小，仅为1∶2950，处方中碘化钾起到什么作用？什么是溶液型液体制剂？什么是溶液剂？如何制备？上述典型制剂的制备中需注意哪些问题？

1. 溶液剂的处方

溶液剂（solutions）系指原料药物溶解于适宜溶剂中所制成的澄明液体制剂，其溶质一般为不挥发性低分子化学药物，溶剂多为水，也可用乙醇或油为溶剂，供内服或外用。根据需要，溶液剂中可加入矫味剂、着色剂等以增加患者的顺应性；同时，常加入助溶剂、抗氧剂、防腐剂等提高产品稳定性。药物制成溶液剂后，以量取替代了称取，使剂量更为准确，服用方便，特别是对小剂量药物或毒性较大的药物更适宜。某些药物只能以溶液形式发出，如过氧化氢溶液、氨溶液等。性质稳定的常用药物，为了便于调配处方，可制成高浓度的贮备液（又称倍液），供临时调配用。

2. 溶液剂的制备

溶液剂的制备分为制药用水生产、包装材料的清洗、备料、配液、过滤、分装、包装、检验、入库等工序。口服液体制剂的生产洁净区域划分及工艺流程参见附录一（一）。这里就其关键岗位进行介绍。

（1）配液　配液是指应用溶解等制剂技术，将原料、附加剂、溶剂等按操作规程制成体积、浓度、均匀度等符合生产指令及质量标准要求的溶液剂的过程。溶液剂配制岗位“实施配液操作”指的是溶解与清场操作。

配液的操作步骤为：审核生产物料→称取（或量取）所需物料→配液前检查与清洗→实施配液操作→中间体检验→完成配液操作，进入下道工序。

① 溶解　通常在配液罐内完成操作，根据原料质量分为浓配法与稀配法。配液结束后，车间检验员对中间体进行质量检验，合格的进入下一道工序，不合格的则按要求返工。

稀配法是将物料溶解于足量溶剂中，搅拌使之溶解，一步制成所需浓度的操作方法。适用于原料质量好、杂质少、药物溶解度较小的物料。

浓配法是指将物料溶解于少量溶剂中，溶解后过滤，在滤液中加入足量的溶剂稀释到所需浓度。浓配法适用于原料质量较差、杂质多，而药物溶解相对较慢的物料，常采用升高温度、搅拌、降低物料粒径等措施加快溶解速度。

配液过程中，需注意：

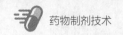

a. 溶解顺序　当处方中存在多个固体药物成分时，投料应遵循“难溶的先溶、附加剂先溶”的原则，将物料依次溶解。

b. 增溶剂的使用　若处方中有增溶剂，则投料时必须先将增溶质与增溶剂的溶液混合均匀，再加水稀释。

c. 投料量的确定　为了保证中间体含量合格，制剂操作人员必须按生产指令进行投料。但由于生产指令中提供的是处方中各种组分的比例及理论上的配液总量，所以实际投料量还需要进行适当的换算：

$$W=\frac{C_1\times m\times(V_1+V_2)\times(1+n\%)}{N} \quad (2\text{-}1)$$

式中，C_1 为制剂浓度；m 为标示量的百分数；V_1 为制剂的配制量；V_2 为按规定增加的灌装量；n 为灌装损耗量；N 为原料的实际含量。

d. 准确称量　只有准确称量，才能保证投料的准确。因此，生产操作人员必须严格执行称量岗位标准操作规程，认真校对称量器具，执行双核对制度。

e. 搅拌　搅拌操作可以保证液体制剂含量的均一性。因此，生产操作人员应该严格执行生产指令与标准操作规程，控制好搅拌的转速与时间。

② 清场　配液结束后，操作人员清理台面，将所用器具擦拭干净后放回原位。用抹布擦拭操作台面、计量器及配制室墙面、门窗，再用洁净抹布擦拭，使其清洁干燥。切断电源，用洁净抹布擦拭干净各种照明器械及配电盒。配液用的所有玻璃器具使用后用洗涤剂刷洗，除去污渍后用纯化水刷洗干净，干燥后用洗液荡洗，放置 24h。使用前用自来水冲洗至无洗液，再用纯化水冲洗 2 ～ 3 次，最后用滤过的纯化水冲洗 2 ～ 3 次后即可使用。

清场完毕后，检查室内有无未清理的物料留存，是否还有清洁死角，所用器具是否归还原位并放置整洁。最后切断配制室所有动力电源和照明电源，关好门窗再行离开。

（2）**过滤**　滤过岗位的主要工作任务是滤器的安装、过滤、清场。

① 滤器的安装　滤器临用前用纯化水冲洗 2 ～ 3 次，待用；管道用自来水冲洗内外壁至无醇味，再用纯化水冲洗 2 ～ 3 次，待用。安装时取出滤器和管道，将管道依次与配液罐出液口，药液加压泵入、出液口，滤器入、出液口及滤液贮罐连接牢固待用。

② 滤过　药液需经含量、pH 值检查合格才能进行过滤。操作时，依次打开配液罐出液口、药液加压泵电源，使配制好的药液经管道通过滤器流入滤液贮液桶内，取样检查澄清度，合格后可进入分装工序。如果澄清度检查不合格，需重新对滤器和管道进行清洗处理后，再进行过滤，直至滤液澄清。

滤过过程中，还需注意：

a. 滤器及其检查　新砂滤棒滤器需检查合格后方能使用。可将砂滤棒浸没于纯化水中 24h，一端连空压机，压入适量空气，观察砂滤棒中冒出气泡是否均匀，有无裂缝、漏气等。也可以按砂滤棒孔径测定法测定微孔孔径。

b. 滤过温度　温度高时滤液的黏性较小，有助于加快过滤速度。但温度过高不利于药物的稳定，易导致药物变质，因此过滤时应按工艺规程的要求控制温度。

c. 滤过压力　滤过压力直接影响到滤过的速度。压力过低，滤速太慢；压力过高，则滤饼变形易造成滤孔堵塞，导致过滤困难；压力的波动还会造成滤饼松动从而引起微粒泄漏。

③ 清场　滤过结束后，按操作规程进行清场。拆卸所用连接的管道、滤器、加压泵、配液罐及滤液贮罐等器具，用自来水、毛刷刷洗、冲洗滤器、加压泵及管道，再用纯化水冲洗 2 ～ 3 次，最后用洁净抹布擦拭，使其清洁干燥，放于原位。滤器、管道放于指定的消毒液中浸泡，备用。清场完毕后，再检查有无清洁死角，所用器具是否归原位。

（3）分装　分装岗位工作任务有灌装与封口，又称灌封，操作过程包括灌装前准备、灌封、灯检、清场。

① 灌装前准备　灌装前需保证生产区域洁净度、灌装机状态、包装用容器、滤液均处于合格状态。药液滤过后需立即灌装，且灌装与封口同时进行，防止药液污染。

② 灌封　核对灌注药液的名称、批号、规格，按生产指令的要求打印标签。调整好装量后进行试灌封。按分装机标准操作规程进行灌装，按轧盖机标准操作规程进行轧盖，打码贴标。灌装中应注意选瓶、装量检查、漏气检查。随时检查输送带上的包装容器，及时挑出破瓶、歪瓶、污瓶；对装量进行监控，保证装量均匀，防止药液泄漏；随时检查封口严实情况，一般以“三指”法旋拧瓶盖不松动为宜，不符合要求者应重新轧盖。注意核对标签信息以防打印内容有误，并随时检查标签粘贴质量，以防出现标签粘贴不端正、不牢固等问题。

③ 灯检　溶液型液体制剂灌装后需检查澄清度。

④ 清场　灌装结束后，按操作规程进行清场。拆卸所有连接管道，用纯化水反复冲洗管道内外壁，倒出管道内余留的纯化水，将管道归于原位并用指定的消毒液浸泡，备用。灌装好的中间体移交至中间体站，或转交下一道工序进行灭菌或包装。生产区域、墙壁、门窗、灯架及所有生产用器具均按清洁操作规程进行清洗、消毒、干燥，并全部归原位摆放整齐。剩余的包装材料按规定清理出生产现场。

（4）包装　溶液剂的包装主要指外包装，由于产品内包装完成后，药液已经与外界隔离，不会造成药液的污染，所以包装对环境洁净度要求不高，只要在一般生产区进行。包装岗位的工作任务是按包装生产指令的要求将产品装盒、装箱、捆扎，并运送到指定存放点。

① 生产区域检查　为防止混药事故发生，同一生产区域内不得同时包装不同产品。包装前应检查工作区域，将与待包装产品无关的物料全部清理出现场。

② 核对生产物料及文件　药品标识物有包装、标签、说明书。包装前必须严格核对生产指令、待包装药品名称及规格、标签、说明书及检验合格证书等材料及文件，各项内容必须一致，以保证药品相关的所有信息完全一致。包装生产指令是药品生产指令的一部分，但在生产中可以独立下达，重点关注品名、规格、批号、生产日期等信息。

③ 打包　a. 根据中包装指令规定的包装量，将已经内包合格的制剂装入已打码并检查合格的包装盒内，同时装入合格证、说明书，贴好封口签；b. 按外包装要求将装盒合格的制剂装入已打码并检查合格的包装箱内，用不干胶封口；c. 用打包机将包装箱捆扎。包装操作中应随时检查包装质量，如标签粘贴是否端正、打印位置是否正确、包材有无破损、标识物是否齐全等。

当一个批号的产品不足一箱时，将两个连续批号的产品装入一个包装箱内成为拼箱。拼箱操作仅发生于药品外包，拼箱包装外必须标明组成合箱产品的批号，并做好合箱记录。

④ 清场　包装结束后，清理现场，按入库操作规程将产品移交到成品库。

3. 溶液剂的质量检查

溶液剂应澄清，不得有沉淀、浑浊、异物等，由于溶液剂疗效显著，其浓度与剂量均应严格规定，以保证用药安全。因此需要检查澄清度、装量等。

（1）澄清度检查　澄清度是药品溶液的浑浊程度，即浊度。药品溶液中如存在细微颗粒，当直射光通过溶液时，可发生光散射和光吸收现象，致使溶液微显浑浊。澄清度检查法系将药品溶液与规定的浊度标准液相比较，用以检查溶液的澄清程度。

《中国药典》品种项下规定的“澄清”，系指供试品溶液的澄清度相同于所用溶剂，或未超过 0.5 号浊度标准液。“几乎澄清”则指供试品溶液的浊度介于 0.5 号至 1 号浊度标准液的浊度之间。如浅于或等于该品种项下规定级号的浊度标准液，判为符合规定；如浓于规定级号的浊度标准液，则判为不符合规定。除另有规定外，供试品溶解后应立即检视。第一法（目视法）无法准确判定二者的澄清度差异时，改用第二法（浊度仪法）进行测定并以其测定结果进行判定。

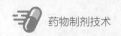

第一法（目视法）：除另有规定外，按各品种项下规定的浓度要求，在室温条件下将用水稀释至一定浓度的供试品溶液与等量的浊度标准液分别置于配对的比浊用玻璃管（内径15～16mm，平底，具塞，以无色、透明、中性硬质玻璃制成）中，在浊度标准液制备5min后，在暗室内垂直同置于伞棚灯下，照度为1000lx，从水平方向观察、比较。

第二法（浊度仪法）：供试品溶液的浊度可采用浊度仪法测定，通常有透射光式、散射光式和透射光-散射光比较测量模式（比率浊度模式）。《中国药典》采用散射光式浊度仪，适用于低、中浊度无色供试品溶液的浊度测定（浊度值为100NTU以下的供试品）。因为高浊度的供试品会造成多次散射现象，使散射光强度迅速下降，导致散射光强度不能正确反映供试品的浊度值。溶液剂直接取样测定；原料药或其他剂型按照个论项下的标准规定制备供试品溶液，应临用时制备。分别取供试品溶液和相应浊度标准液进行测定，测定前应摇匀，读取浊度值。供试品溶液浊度值不得大于相应浊度标准液的浊度值。

（2）装量检查　除另有规定外，单剂量包装的口服溶液剂，取供试品10袋（支），将内容物分别倒入经标化的量入式量筒内，尽量倾尽，在室温下检视，每支装量与标示装量相比较，均不得少于其标示量。

多剂量包装的口服溶液剂需检查最低装量，应符合规定。

（3）微生物限度检查　除另有规定外，照药典的微生物限度检查法检查。

二、其他溶液型液体制剂

其他溶液型制剂主要有芳香水剂、糖浆剂、甘油剂、醑剂和酊剂等。酊剂等在“模块五　专题六　浸出制剂与中药制剂”中介绍。

1. 芳香水剂

芳香水剂（aromatic waters）系指芳香挥发性药物的饱和或近饱和的水溶液。用乙醇和水混合溶剂制成的含大量挥发油的溶液，称为浓芳香水剂。芳香挥发性药物多数为挥发油。芳香水剂应澄明，必须具有与原有药物相同的气味，不得有异臭、沉淀和杂质。芳香水剂浓度一般都很低，可作矫味、矫臭剂和分散剂使用。

以挥发油和化学药物作原料的芳香水剂多用溶解法和稀释法制备，以药材作原料时多用水蒸气蒸馏法提取挥发油。芳香水剂多数易分解、变质甚至霉变，所以不宜大量配制和久贮。

（1）溶解法　采用溶解法制备芳香水剂时，应使挥发性药物与水的接触面积增大，以促进其溶解。一般可用以下两种方法。

① 振摇溶解法　取挥发性药物2mL（或2g）置于容器中，加入纯化水1000mL，强力振摇一定时间使溶解成饱和溶液；用纯化水润湿的滤纸滤过，初滤液如浑浊，应重滤至澄清。自滤器上添加纯化水至足量即得。

② 加分散剂溶解法　取挥发性药物2mL（或2g）置于乳钵中，加入精制滑石粉15g（或适量的滤纸浆），混研均匀，移至容器中加入纯化水1000mL，振摇一定时间，用润湿滤纸滤至澄清，自滤器上添加纯化水至足量，即得。

加入滑石粉（或滤纸浆）作为分散剂，目的是使挥发性药物被分散剂吸附，增加挥发性药物的表面积，促进其分散与溶解；此外，滤过时分散剂在滤过介质上形成滤床吸附剩余的溶质和杂质，起助滤作用，利于溶液的澄清。所用的滑石粉不应过细，以免通过滤材使溶液浑浊。

（2）稀释法　系取浓芳香水剂1份、纯化水39份稀释而成。浓芳香水剂制法：取挥发油

20mL，加乙醇 600mL 溶解后分次加入纯化水使成 1000mL，剧烈振摇后，再加入滑石粉振摇，放置数小时滤过，即得。

（3）水蒸气蒸馏法　取规定量含挥发性成分的植物药材拣洗处理，适当粉碎后，置蒸馏器中，加适量纯化水通入蒸汽蒸馏，至馏液达到规定量。一般为药材重的 6 ～ 10 倍，除去过量未溶解的挥发油，必要时滤过，使成澄明溶液，即得。

举例　薄荷水

处方：薄荷油　2mL　　　纯化水　适量（Q.S）

共制：1000mL

制法：取薄荷油加精制滑石粉 15g，在乳钵中研匀。加少量纯化水移至有盖的容器中，加纯化水 1000mL，振摇 10min 后用润湿的滤纸滤过，初滤液如浑浊，应重滤至滤液澄清，再自滤器上加适量纯化水使成 1000mL，即得。

提示：本品为无色澄明或几乎澄明的液体，有薄荷味，为芳香调味药与祛风药。薄荷油中含薄荷脑及薄荷酮等成分，水中溶解度为 0.05%（体积分数），乙醇中溶解度为 20%（体积分数），久贮易氧化变质，色泽加深，产生异臭则不能供药用。本品可加适量聚山梨酯 -80 作增溶剂。

2. 糖浆剂

糖浆剂（syrups）系指含药物的浓蔗糖水溶液。纯蔗糖的近饱和水溶液称为单糖浆或糖浆，浓度为 85%（质量与体积比，g/mL），64.7%（质量分数）。糖浆剂中的药物可以是化学药物，也可以是药材的提取物。

蔗糖和芳香剂能掩盖某些药物的苦味、咸味及其他不适臭味，容易服用，尤其受儿童欢迎。糖浆剂易被真菌（如酵母菌）和其他微生物污染，使糖浆剂浑浊或变质。糖浆剂中含蔗糖浓度高时，渗透压大，微生物的生长繁殖受到抑制。低浓度的糖浆剂应添加防腐剂。

糖浆剂的质量要求：糖浆剂含糖量应不低于 45%（g/mL）；糖浆剂应澄清，在贮存期间不得有发霉、酸败、异臭、产生气体或其他变质现象，允许有少量摇之即散的沉淀。糖浆剂中必要时可添加适量的乙醇、甘油和其他多元醇作稳定剂；如需加入防腐剂，羟苯甲酯的用量不得超过 0.05%，山梨酸、苯甲酸的用量不得超过 0.3%；必要时可加入色素。

单糖浆不含任何药物，除供制备含药糖浆外，一般可作矫味糖浆，如橙皮糖浆、姜糖浆等，有时也用作助悬剂，如磷酸可待因糖浆等。

（1）糖浆剂的制备方法

① 溶解法

a. 热溶法　热溶法是将蔗糖溶于沸纯化水中，继续加热使其全溶，降温后加入其他药物，搅拌溶解、过滤，再通过滤器加纯化水至全量，分装，即得。热溶法有很多优点，如蔗糖在水中的溶解度随温度升高而增加，在加热条件下蔗糖溶解速度快，趁热容易过滤，可以杀死微生物。但加热过久或超过 100℃时，转化糖的含量增加，糖浆剂颜色容易变深。热溶法适合于对热稳定的药物和有色糖浆的制备。

b. 冷溶法　将蔗糖溶于冷纯化水或含药的溶液中制备糖浆剂的方法。本法适用于对热不稳定或具挥发性的药物，制备的糖浆剂颜色较浅。但制备所需时间较长并容易被微生物污染。

② 混合法　系将含药溶液与单糖浆均匀混合制备糖浆剂的方法。这种方法适合于制备含药糖浆剂。本法的优点是方法简便、灵活，可大量配制，也可小量配制。一般含药糖浆的含糖量较低，要注意防腐。

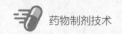

（2）制备糖浆剂时应注意的问题

第一，糖浆剂应在避菌环境中制备，各种用具、容器应进行洁净或灭菌处理，并及时灌装；应选择药用白砂糖；生产中宜用蒸汽夹层锅加热，温度和时间应严格控制。糖浆剂应在30℃以下密闭贮存。

第二，要根据药物的溶解性，采用适宜的配制方法。水溶性固体药物，可先用少量纯化水使其溶解，再与单糖浆混合；水中溶解度小的药物可酌加少量其他适宜的溶剂使药物溶解，然后加入单糖浆中，搅匀；可溶性液体药物或液体制剂，可直接加入单糖浆中，必要时过滤；含乙醇的液体制剂，与单糖浆混合发生浑浊时，可加入适量甘油；水性浸出制剂因含多种杂质，需精制后再加到单糖浆中。

举例　枸橼酸哌嗪糖浆（piperazine citrate syrup）

处方：				
	枸橼酸哌嗪	16kg	蔗糖	65kg
	尼泊金乙酯	0.05kg	矫味剂	适量
	纯化水	加至100L		

制法：取纯化水50L，煮沸，加入蔗糖与尼泊金乙酯，搅拌溶解后，滤过，滤液中加入枸橼酸哌嗪，搅拌溶解，放冷，加矫味剂与适量纯化水，使全量为100L，搅匀，即得。

【剂型使用】糖浆剂用药指导

糖浆剂以其味甜易服而受患者尤其是儿童的喜爱，但服用不当，也会引起不良后果。因此，应注意：①不宜饭前、睡前服用。因糖分可抑制消化液分泌，饭前服用影响食欲；睡前服用，糖分影响口腔卫生。②不宜口对瓶直接服用，因不宜掌握服用剂量，且易使药液污染。③止咳糖浆剂服用后不宜立即饮水，以免冲淡药物浓度，降低药效。

3. 甘油剂

甘油剂（glycerol）系指原料药物溶于甘油中制成的专供外用的溶液剂。甘油具有黏稠性、吸湿性和防腐性，对皮肤、黏膜有滋润和保护作用，黏附于皮肤、黏膜能使药物滞留患处而延长药物局部疗效。因而甘油剂常用于口腔、耳鼻、喉科疾患。对刺激性药物有一定的缓和作用，制成的甘油剂也较稳定。甘油吸湿性大，应密闭保存。常用的有硼酸甘油、苯酚甘油、碘甘油等。甘油剂的制备方法有化学反应法和溶解法。化学反应法系药物与甘油发生化学反应而制成甘油剂，如硼酸甘油的制备。溶解法系药物溶解于甘油而制成甘油剂，如苯酚甘油的制备。

举例　硼酸甘油

处方：				
	硼酸	31g	甘油	Q.S
	共制	100g		

制法：取甘油46g置称定重量的蒸发皿中，在沙浴中加热至140～150℃后，分次加入硼酸粉，随加随搅拌，溶解后继续用同温加热，并时时搅拌，破开液面上结成的薄膜，待重量减至52g时，再缓缓加入适量甘油，随加随搅拌，使全量成100g，即时倾入适宜的干燥瓶中，密闭，即得。

提示：本品为硼酸甘油的甘油溶液，是无刺激性的缓和消毒药，常用于黏膜如耳、鼻、喉等部位。硼酸与处方中的部分甘油反应生成硼酸甘油，加热搅拌有利于反应进行，并能除去生成的水分。加热温度不宜超过150℃，否则甘油分解成丙烯醛，可使制品呈黄色或棕色，并增加刺激性。本品吸潮或加入水后能析出硼酸，故应用干燥容器趁热灌装，密闭保存。

4. 酯剂

酯剂（spirits）系指挥发性药物的浓乙醇溶液。可供内服或外用。凡用于制备芳香水剂的药物一般都可制成酯剂。酯剂中的药物浓度一般为 5% ～ 10%，乙醇浓度一般为 60% ～ 90%。酯剂中的挥发油容易氧化、挥发，长期贮存会变色等。酯剂应贮存于密闭容器中，但不宜长期贮存。酯剂可用溶解法和蒸馏法制备。

举例　樟脑酯

处方：樟脑　100g　乙醇　Q.S
　　共制　1000mL

制法：取樟脑加乙醇约 800mL 溶解后滤过，再在自滤器上添加乙醇使成 1000mL，即得。

提示：本品为局部刺激药。适用于神经痛、关节痛、肌肉痛及未破冻疮等。外用局部涂搽。本品含醇量应为 80% ～ 87%，在常温下易挥发，故需密封，并在阴凉处保存。本品遇水易析出结晶，所用器材及包装材料均应干燥。

5. 高分子溶液剂

高分子溶液剂（polymer solution agents）系指高分子化合物溶解于溶剂中形成的均匀分散的液体制剂。因溶质的分子直径达胶粒大小，故其兼有溶液和胶体的性质。以水为溶剂时，称为亲水性高分子溶液，又称为亲水胶体溶液或称胶浆剂（mortar aggent）。以非水溶剂制成的称为非水性高分子溶液剂。亲水性分子溶液在制剂中应用较多，如混悬剂中的助悬剂、乳剂中的乳化剂、片剂的包衣材料、血浆代用品、微囊、缓释制剂等都涉及高分子溶液，所以这里主要介绍亲水性高分子溶液剂。

高分子溶液剂的制备与溶液剂相似，但由于其溶质为高分子化合物，在制备中需注意以下问题：

① 高分子化合物的种类甚多，有的溶于水，而有的则溶于有机溶剂，且其溶解的速度快慢不同。高分子化合物的胶溶，均经过有限溶胀与无限溶胀过程。无限溶胀常需加以搅拌或加热等步骤才能完成。如明胶、琼脂、树胶类、纤维素及其衍生物、胃蛋白酶、代血浆等在水中溶解均属于这一过程。

② 亲水胶体的颗粒溶解速度较慢，主要原因是胶体颗粒遇水后，表面可形成黏稠的水化层，阻止水分的渗透而形成团块状。为防止此现象的发生，制备亲水胶体溶液时，可先在配液罐内加水，再将胶体物料粉碎成细粉后均匀撒入水中，使其自然吸收水分完全膨胀后再进行搅拌或加热溶解。

举例　羧甲基纤维素钠胶浆

处方：羧甲基纤维素钠　25g　甘油　300mL
　　羟苯乙酯溶液（5%）　20mL　香精　Q.S
　　纯化水　Q.S
　　共制　1000mL

制法：取羧甲基纤维素钠分次加入 500mL 热纯化水中，轻加搅拌使其溶解，然后加入甘油、羟苯乙酯溶液（5%）、香精，添加纯化水至 1000mL，搅匀，即得。

本品为润滑剂。用于腔道、器械检查或查肛时起润滑作用。

提示：羧甲基纤维素钠为白色纤维状粉末或颗粒，无臭，在冷、热水中均能溶解，但在冷水中溶解缓慢，不溶于一般有机溶剂；遇阳离子型药物及碱土金属、重金属盐能发生沉淀，故不能采用季铵类和汞类防腐剂。在 pH5 ～ 7 时黏度最高，当 pH 值低于 5 或高于 10 时黏度迅速下降，一般调节 pH 值为 6 ～ 8 为宜。甘油可起保湿、增稠和润滑作用。

知识拓展 高分子溶液的性质

1. 荷电

高分子化合物在溶液中可因某些基团的电离而带电，可带正电的高分子有琼脂、碱性染料（亚甲蓝、甲基紫）等，带负电的有阿拉伯胶、西黄蓍胶、酸性染料（伊红、靛蓝）、海藻酸钠等。带相反电荷的两种高分子溶液混合时，由于相反电荷中和而产生凝结。胃蛋白酶在等电点以下带正电荷，用润湿的带负电荷的滤纸滤过时，由于电性中和而使胃蛋白酶沉淀于滤纸上。

2. 水化膜

高分子化合物结构中的亲水基团能与水形成牢固的水化膜，阻止高分子化合物分子之间的相互凝聚。高分子溶液的稳定性主要取决于高分子化合物的水化作用和荷电。当加入大量电解质时，可将水化膜破坏，使高分子化合物凝结而沉淀，此过程称为盐析。另外，加入大量脱水剂（如乙醇、丙酮）也会使高分子化合物分离沉淀。高分子溶液久置也会自发地凝结而沉淀，称为陈化现象。在光、热、pH、射线、絮凝剂等因素的影响下，高分子化合物可凝结沉淀，称为絮凝现象。

3. 其他性质

亲水性高分子溶液具有渗透压，大小与其浓度有关。一些亲水性高分子溶液如明胶水溶液、琼脂水溶液，在温热条件下为黏稠性流动液体，当温度降低至一定时，形成不流动的半固体凝胶，此过程称为胶凝。如软胶囊的囊壳即为凝胶，如凝胶继续失去水分子，可形成固体的干胶，如片剂薄膜衣、硬胶囊壳等。

【问题解决】 查阅资料，了解影响胃蛋白酶活性的因素，探讨胃蛋白酶合剂处方中各成分的作用和制备要点。

处方：				
	胃蛋白酶	20g	稀盐酸	20mL
	橙皮酊	50mL	单糖浆	100mL
	纯化水	加至 1000mL		

制法：取稀盐酸、单糖浆加于纯化水 800mL 中混匀，将胃蛋白酶分次缓撒于液面上，待全溶后，徐徐加入橙皮酊、纯化水至 1000mL，轻轻摇匀，即得。

本品为助消化药，用于缺乏胃蛋白酶或病后消化机能减退引起的消化不良。饭前口服，一次 10mL，一日 3 次。本品中的含糖胃蛋白酶消化力为 1∶1200，如用其他规格的原料药，应加以折算。本品易霉败，久置易减效，故宜新鲜配制。

实践 溶液型液体制剂的制备

通过典型溶液型液体制剂的配制实验，掌握溶液型液体制剂的制备原理、配制方法、操作规范及其贮存、保管；学会溶解、过滤、加量等基本操作和性状质量检查；认识本工作中使用到的仪器设备，并能规范使用。学会液体制剂生产的岗位操作，熟悉液体制剂的生产环境。

【实践项目】

1. 配制 0.1% 薄荷水 50mL

提示：薄荷油与乙醇能任意混合，在水中溶解度很小，约为 0.05%。为使本品能成为薄荷油的饱和或近饱和水溶液，薄荷油可过量，剩余的薄荷油应予滤除。用吐温 -80、乙醇可增加薄荷油的溶解度，制成浓薄荷水。

量取黏性液体药物，须以充分时间使其流尽，以保证容量的准确性。量取 1mL 以下的液体，可以滴作单位，即以标准滴管测定所量药液每 1mL 的滴数，再以此折算所需滴数。

2. 配制 5% 复方碘溶液 10mL

提示： 碘有毒性和腐蚀性，易升华，取用时应尽量在通风橱中操作，不宜久置于空气中。

3. 配制 1% 樟脑醑 20mL

提示： 樟脑易升华，有特殊香气，刺鼻。樟脑醑遇水易析出结晶，故所用器材及包装材料均应清洁干燥，包装应密封，并置冷处贮藏。

4. 配制单糖浆 20mL

提示： 单糖浆为含 85% 蔗糖的近饱和水溶液，应密封于 30℃以下避光保存。配制单糖浆时，加热温度不宜过高、过久，以防蔗糖的焦化而影响制剂质量。

5. 冰硼甘油的制备

处方：冰片　0.6g　　硼酸　2g　　甘油　10g

制法：称取甘油 4.6g，沙浴 140 ～ 150℃，分次加过筛的硼酸，边加边搅拌，熔融后，待减重至 5.2g 时缓慢加入适量甘油，边加边搅拌，使成 9.4g，移去沙浴，温度降至 40 ～ 50℃，加冰片研匀，即得。

6. 配制 2% 胃蛋白酶合剂 10mL

提示： 胃蛋白酶为白色或淡黄色粉末，有肉类特殊气味，干酶较稳定；有引湿性，极易吸潮，不宜长时间露置空气中，称取应迅速。溶解时，将其撒于含适量稀盐酸的纯化水液面上，静置待其自然溶胀，不得用热水或加热溶解，也不能强力搅拌以及用脱脂棉、滤纸滤过，这对其活性和稳定性均有影响。酸性过强可破坏其活性，消化力以含 0.2% ～ 0.4% 盐酸（pH1.6 ～ 1.8）时为最强。配制时先将稀盐酸用适量水稀释，含盐酸量不应超过 0.15%。本品为淡黄色胶体溶液，有橙皮芳香气，味酸甜，久置易减效，故不宜大量调配。

胃蛋白酶活性试验：取胃蛋白酶合剂 10mL，用酸性水溶液稀释至 100mL，加 6g 脱脂奶粉，置 30 ～ 37℃水浴，每 15min 搅拌一次，2h 内观察溶液性状变化。

7. 配制 0.5% 羧甲基纤维素钠胶浆 20mL

提示： 羧甲基纤维素钠为强碱弱酸盐，溶液 pH 值小于 2 时，可析出其游离酸（沉淀）；pH 值大于 10 时，黏度迅速下降。

【岗位操作】

岗位一　配液

1. 生产前准备

（1）检查是否有清场合格证，并确定有效期；检查设备、容器、场地清洁是否符合要求，若不符合要求，需重新清场或清洁，并请 QA（质量保证）人员填写清场合格证或检查后，才能进入下一步生产。

（2）检查电、水、气是否正常。

（3）检查设备是否有“完好”标牌、“已清洁”标牌。

（4）检查设备状况是否正常，如检查气封圈是否完好；打开电源，检查各指示灯指示是否正常；开机观察空机运行过程中，是否有异常声音。

（5）按生产指令领取物料，并确保物料的品名、批号、规格、数量、质量符合要求。

（6）装好过滤器的滤纸、滤布，并按设备与用具的消毒规程对设备与用具进行消毒。挂本次“运行”状态标志，进入生产操作。

2. 生产操作（以糖浆剂的生产为例）

（1）按生产工艺要求计算出纯化水的用量。并在化糖罐内加入纯化水，打开化糖罐加热蒸汽阀门。

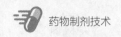

（2）将生产指令中规定的蔗糖量加入化糖罐内，打开搅拌器搅拌，开启罐底阀门，将沉底未溶解的蔗糖随纯化水放入不锈钢桶内，重新抽入化糖罐，重复操作2次。

（3）待蔗糖融化后停止搅拌，煮沸，调节蒸汽阀门，制成所需糖浆。

（4）打开煮药罐输药液的进料阀，保持微沸30min，关闭蒸汽阀、关闭出料口，打开液体制冷贮藏罐输药管路出料口。启动离心泵，打入合格的药液稀释液后关闭离心泵，关闭煮药罐的进料口，打开搅拌器和蒸汽阀，注意蒸汽压力，药液沸腾后，关闭搅拌器，调节蒸汽阀门，使药液微沸30min，关闭蒸汽阀门。

（5）开搅拌器和降温水阀，使药液降温至40℃左右，加入处方量的药物，混匀后停止搅拌。

（6）打开液体制冷贮藏罐输药管路和煮药罐输药管路的出料阀门，用离心泵将药液打入液体制冷贮藏罐内，关闭液体制冷贮藏罐的进料口阀门，药液温度降至0～5℃，冷藏至规定的时间。

（7）开真空阀，将冷藏好的药液过滤至液体制冷贮藏罐中，将化好的糖浆稍冷，趁热将糖溶液过滤至盛药液的液体制冷贮藏罐中，开启搅拌器搅拌均匀。

3. 清场

（1）按清场程序和设备清洁规程清理工作场所、工具、容器具、设备，并请QA人员检查，合格后发给清场合格证。清场合格证正本归入本批生产记录，副本留在操作间。

（2）撤掉"运行"状态标志，挂"已清洁"标志。

（3）连续生产同一品种中的暂停要将设备清理干净。

（4）换品种或停产两天以上时，要按清洁程序清理现场。

4. 结束并记录

及时填写批生产记录、设备运行记录、交接班记录等。关好水、电及门，按进入程序的相反程序退出。

5. 质量控制要点

①pH值；②相对密度；③澄清度。

岗位二　洗瓶

1. 生产前准备

（1）检查操作间是否有清场合格标志，并在有效期内。否则按清场标准操作规程清场并经QA人员检查合格后，填写清场合格证，才能进行下一步操作。

（2）检查设备是否有"完好""已清洁"标牌，并对设备进行检查，确认设备正常，方可使用。

（3）检查饮用水、纯化水、蒸汽是否在可供状态，压力表、过滤器、电磁阀、阀门是否正常。

（4）检查每个润滑点的润滑情况。

（5）查主机、理瓶机、输送带电源是否正常。

（6）开饮用水阀门，将超声波水槽里加水至水位超过超声波换能器（以浮子开关为准），并检查瓶托与喷射管中心线是否在一条线上。

（7）开电源开关，电源指示灯亮后开启加热旋钮，打开蒸汽阀门至操作面板上温度显示器显示40～50℃为止，并保持40～50℃。

（8）根据生产指令填写领料单，并领取玻璃瓶。

（9）挂"运行"状态标志，进入操作。

2. 生产操作

（1）开纯化水进水阀门、内外冲洗管道阀门，打开预冲洗管道阀门，然后先后打开粗洗开关、精洗开关、超声波发生器开关，最后打开变频调速开关。

（2）按变频调速器的"+"或"-"键（加速时按"+"，减速时按"-"），待频率显示相应值与产量相符时停止调速。

（3）据每分钟产量调整输送带速度。

（4）停机

①按开机相反的顺序停机；②放尽各水槽里的水，清洗设备（提示：操作面板不能用水冲洗）；③定期对设备进行润滑保养。

3. 清场

按《岗位清洁 SOP》进行清场。清场完毕后，填写清场记录并上报 QA 人员，经 QA 人员检查发放清场合格证后本岗位挂“已清洁”状态标志。

4. 结束并记录

及时填写批生产记录、设备运行记录、交接班记录等。关好水、电及门。

5. 质量控制要点

①清洁度；②残留水量。

岗位三　灌封

1. 生产前操作

（1）检查主机、输送带电源是否正常。

（2）检查各润滑点的润滑状况。

（3）检查药液管道阀门开启是否灵敏、可靠，各连接处有无泄漏情况。

2. 生产操作

（1）打开电源开关，待电源指示灯亮后开输送轨道、主机、变频调速器，最后开启药液管道阀门。

（2）按变频调速器的“+”或“-”键（加速时按“+”，减速时按“-”），待频率显示相应值与产量相符时停止调速。

（3）根据每分钟产量调整输送带速度；调节进药液阀门，调整灌装量，达到标准装量。停机时先关进药液阀门，后关变频调速器、主机、输送带。

（4）加塞

①检查拨瓶机构平稳（手动），检查气动夹瓶位置准确（手动），检查压缩空气正常，检查电源正常；②打开总电源；③启动真空泵、检查真空值为 -0.5 ～ -0.1MPa；④打开振荡开关，调节圆周及纵向振荡幅度，使胶塞布满轨道；⑤按下真空开关，接通压缩空气，开启输液瓶传送带，启动主机正常运行；⑥停机后关闭压缩空气及电源；⑦取尽胶塞振荡器及胶塞轨道上的全部胶塞，放入专用容器；⑧清洁并保养设备。

（5）轧盖

①检查电源应正常，检查设备润滑部分润滑正常；②打开电源开关；③在振动盘内加入铝盖，约到振动盘的 1/4 高处；④调节振荡幅度；检查轧盖情况，调节轧头力度及轧刀位置；⑤停车可用紧急停车键，可单独停车。

（6）生产结束后，将振荡盘内所有铝盖取出，并关闭好水、电、气开关。

3. 清场

按《岗位清洁 SOP》进行清场。清场完毕后，填写清场记录并上报 QA 人员，经 QA 人员检查发放清场合格证后本岗位挂“已清洁”状态标志。

4. 结束并记录

及时填写批生产记录、设备运行记录、交接班记录等。关好水、电及门。

5. 质量控制要点

①装量；②异物。

岗位四　灭菌

1. 生产前准备

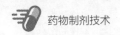

（1）检查生产岗位、设备、容器、工具的清洁状况，检查清场合格证，核对有效期，使用清洁合格的设备、容器及工具。

（2）检查核对所灭菌产品的品名、数量与生产指令、质量报告是否相符合。

（3）按生产指令填写工作状态，挂好各种生产状态标识。

（4）检查灭菌柜上的各种仪表、阀门是否正常。

2. 生产操作

（1）选择灭菌程序，设置灭菌参数。

（2）将待灭菌产品由上而下放入灭菌柜的消毒车上。

（3）打开灭菌柜密封门，将消毒车推入灭菌柜内，关闭密封门。

（4）打开蒸汽阀门，启动灭菌程序，达到灭菌所需温度时，每 10min 检查一次温度及蒸汽压力，及时记录。

（5）灭菌完毕后，由灭菌柜自动操作，检漏、清洗已灭菌的药品。

（6）待灭菌柜内气压为“零”，并稍待片刻，打开柜门，将消毒车拉出灭菌柜稍冷。

（7）将灭菌后的药品在指定位置摆放整齐。

3. 清场

按《岗位清洁 SOP》进行清场。清场完毕后，填写清场记录并上报 QA 人员，经 QA 人员检查发放清场合格证后本岗位挂“已清洁”状态标志。

4. 结束并记录

及时填写批生产记录、设备运行记录、交接班记录等。关好水、电及门。

岗位五　贴签包装

1. 生产前准备

（1）检查操作间是否有清场合格标志，并在有效期内。否则按清场标准操作规程清场并经 QA 人员检查合格后，填写清场合格证，才能进行下一步操作。

（2）检查设备是否有“完好”“已清洁”标牌，并对设备进行检查，确认设备正常，方可使用。

（3）检查上一工序蜡封交来半成品的品名、规格、批号与生产通知单安排的产品是否相符。

2. 生产操作

（1）贴瓶签要求端正，适中一致，牢固、洁净，糨糊要用得均匀，不歪斜、不翘角。

（2）对品名、规格、批号进行核对，确认无误，才能敲打上批号，要求字迹清晰、端正，位置一致，不漏敲。

（3）装盒时要注意瓶签，不能弄斜或脱落，纸盒折叠成形端正，不得少支，按工艺规定放进说明书及服用吸管，不得缺少。

（4）装箱前要核对纸箱、纸盒与装箱单上的品名、规格、批号是否相符，确认无误，才能敲打批号，进行装箱，要求数量正确、封箱严密，打包牢固。

（5）开出请验单，通知质检科检验。

（6）换批号、换产品，要按规定进行认真清场，经检查取得合格证后，才能调换。

（7）每批包装结束后，要准确统计各种包装的耗用数及剩余数，按标签管理办法，处理破损标签及剩余标签。

（8）搬运成品纸箱要轻拿轻放，按品名、规格、批号清点登记，堆放整齐，每批完成后及时把准确数量报告组长、管理员，并填写入库单。

（9）必须穿戴本岗位规定的工作服装才能进入生产区，不得穿戴外出。

3. 清场

按《岗位清洁SOP》进行清场。清场完毕后，填写清场记录并上报QA人员，经QA人员检查发放清场合格证后本岗位挂“已清洁”状态标志。

4. 结束并记录

及时填写批生产记录、设备运行记录、交接班记录等。关好水、电及门。

学习测试

一、选择题

（一）单项选择题

1. 以下对溶液剂的质量要求，正确的是（　　）。

A.无菌　B.澄清　C.浓度高　D.分散均匀　E.口味好

2. 含糖量要求达到45%的液体制剂是（　　）。

A.口服液　B.芳香水剂　C.糖浆剂　D.溶液剂　E.酯剂

3. 关于溶液剂的叙述，错误的是（　　）。

A.一般为非挥发性药物的澄清溶液　B.溶剂均为水

C.溶液剂浓度与剂量均应严格规定　D.性质稳定药物可配成倍液

E.可供内服或外用

4. 关于芳香水剂的叙述中，错误的是（　　）。

A.为挥发性药物的饱和或近饱和澄明水溶液　B.芳香水剂多用作矫味剂

C.因含有芳香性成分，故不易霉败　D.药物的浓度均较低

E.应具有与原药物相同的气味

5. 关于糖浆剂的叙述中，错误的是（　　）。

A.可掩盖药物不良臭味而便于服用　B.低浓度的糖浆剂应添加防腐剂

C.单糖浆浓度高、渗透压大，可抑制微生物生长繁殖

D.不宜加入乙醇、甘油或多元醇等附加剂

E.中药糖浆剂允许有少量轻摇即可分散的沉淀

6. 制备糖浆剂时应注意（　　）。

A.必须在洁净度为B级环境中制备　B.可选用食用糖制备

C.应在酸性条件下配制　D.严格控制加热的温度和时间

E.糖浆剂应在10℃以下密闭贮存

7. 高分子溶液剂加入大量电解质可导致（　　）。

A.高分子化合物分解　B.产生凝胶　C.盐析

D.胶体带电，稳定性增加　E.使胶体具有触变性

（二）多项选择题

1. 溶解法制备单糖浆，要控制加热温度和时间的原因是（　　）。

A.防止转化糖增加　B.防止水分挥发　C.防止颜色加深

D.防止甜味降低　E.防止蔗糖焦化

2. 生产中控制液体制剂质量的关键环节包括（　　）。

A.配液　B.过滤　C.分装　D.封口　E.包装

3. 配液生产前一定需做的准备工作有（　　）。

A.检查是否有清场合格证、设备是否有“完好”标牌与“已清洁”标牌

B.检查物料质量是否符合要求

C.检查容器、工具、工作台是否符合生产要求

D.生产前需请QA人员检查

E.用75%乙醇消毒设备表面等

4. 配液过程中的质量控制点有（　　）。

A.清洁度　B.澄清度　C.pH值　D.相对密度　E.残留水量

5. 清场工作做法正确的有（　　）。

A.用水冲洗配液罐　B.用水洗滤器和管道　C.用水冲洗墙壁、地面

D.滤器洁净后，用煤油浸泡　E.清料

二、思考题

1. 芳香水剂中滑石粉和乙醇的作用是什么？试比较芳香水剂、溶液剂和酊剂的不同点。
2. 复方碘溶液中碘化钾的作用是什么？称取时要注意哪些问题？
3. 称取甘油20g，如以量取法取用，应量取多少毫升？（甘油密度为1.25g/mL）
4. 分析冰硼甘油中甘油的作用，制备中减重1.4g所去是何物？简述硼酸甘油制备原理。
5. 你如何认识清场工作的重要性。

专题三　混悬剂

学习目标

- 掌握混悬剂的含义、特点；知道混悬剂的制备工艺、质量评价及稳定剂的使用。
- 学会按生产指令进行混悬剂的配液、灌装、包装等操作。
- 学会判断混悬剂生产过程中出现的问题，并找出原因，提出解决方法。
- 学会典型混悬剂的处方及工艺分析。

【典型制剂】

例1　炉甘石洗剂

处方：				
	炉甘石	150g	氧化锌	50g
	甘油	50mL	羧甲基纤维素钠	2.5g
	纯化水	Q.S		
	共制	1000mL		

制法：取炉甘石、氧化锌研细过筛后，加甘油及适量纯化水研磨成糊状，另取羧甲基纤维素钠加纯化水溶解，分次加入上述糊状液中，随加随研磨，加纯化水使成1000mL，搅匀，即得。

本品具有保护皮肤、收敛、消炎作用。可用于皮肤炎症，如丘疹、亚急性皮炎、湿疹、荨麻疹等。应用前摇匀，涂抹于皮肤患处。

例2　复方硫洗剂

处方：				
	硫酸锌	30g	沉降硫	30g
	樟脑醑	250mL	甘油	100mL
	羧甲基纤维素钠	5g	纯化水	Q.S
	共制	1000mL		

制法：取羧甲基纤维素钠，加适量纯化水，迅速搅拌，使成胶浆状；另取沉降硫分次加甘油研至细腻，与前者混合。另取硫酸锌溶于200mL纯化水中，滤过，将滤液缓缓加入上述混合液中，然后缓缓加入樟脑醑，随加随研磨，加纯化水至1000mL，搅匀，即得。

本品具有保护皮肤、抑制皮脂分泌以及轻度杀菌与收敛的作用。用于干性皮肤溢出症、痤疮等。用前摇匀，涂抹于患处。

【问题研讨】哪些药物适合制成混悬剂？如何评价混悬剂的质量？上述典型制剂的制备中需注意哪些问题？

混悬剂（suspensions）系指难溶性固体药物以微粒状态分散于分散介质中形成的非均相的液体制剂。通常需制成混悬剂的药物有：药物需制成液体制剂，但剂量超过了溶解度而不能制成溶液剂；溶液混合后药物的溶解度降低，而析出固体药物或产生难溶性化合物；为了使药物缓释而产生长效作用等。但为了保证用药的安全性，毒性药物或剂量小的药物，一般不宜制成混悬剂应用。口服混悬剂的混悬物应分散均匀，放置后若有沉淀物，经振摇应易再分散，在标签上应注明“用前摇匀”。

一、混悬剂的处方

混悬剂的分散介质多为水，也有植物油。混悬剂的分散相微粒大小一般在 0.5 ～ 10μm 之间，小的微粒可为 0.1μm，大的微粒可达 50μm 或更大。混悬剂中的药物微粒与分散介质之间存在着固液界面，微粒的分散度较大，使混悬微粒具有较高的表面自由能，故处于不稳定状态，属于热力学不稳定的分散体系，尤其是疏水性药物的混悬剂。

1. 混悬剂的稳定性

（1）混悬微粒的沉降　混悬剂中的微粒由于受重力作用，静置后会自然沉降，沉降速度服从 Stokes 定律：

$$V=\frac{2r^2(\rho_1-\rho_2)g}{9\eta} \tag{2-2}$$

式中，V 为沉降速度，cm/s；r 为微粒半径，cm；ρ_1 和 ρ_2 分别为微粒和介质的密度，g/mL；g 为重力加速度，cm/s^2；η 为分散介质的黏度，Pa • s。

混悬剂中的微粒浓度在 2% 以下时，符合 Stokes 定律。实际上常用的混悬剂浓度均在 2% 以上。由 Stokes 定律可见，混悬微粒沉降速度与微粒半径的平方、微粒与分散介质的密度差成正比，与分散介质的黏度成反比。为了使微粒沉降速度减小，最有效的方法是尽可能减小微粒半径，将药物粉碎得愈细愈好。另一方面，加入高分子化合物，既增加分散介质的黏度，又减少微粒与分散介质之间的密度差，同时被吸附于微粒的表面形成保护膜，增加微粒的亲水性。这些措施可使混悬微粒沉降速度大为降低，增加混悬剂的稳定性。细小的微粒由于布朗运动，可长时间悬浮在介质中而保持混悬状态。

（2）混悬微粒的荷电与水化膜　混悬微粒可因某些基团的解离或吸附分散介质中的离子而荷电，形成双电层结构，产生 ζ - 电位。又因微粒表面荷电，水分子在微粒周围定向排列形成水化膜。由于微粒带相同电荷的排斥和水化膜的作用，而阻碍微粒合并。加入少量电解质，可改变双电层的结构和厚度，使混悬剂聚结而产生絮凝。亲水性药物混悬剂微粒除带电外，本身具有水化作用，故受电解质的影响较小，而疏水性药物混悬微粒的水化作用很弱，对电解质敏感。

（3）混悬微粒的润湿　固体药物的亲水性强弱、能否被水所润湿，与混悬剂制备的难易、质量及稳定性关系很大。亲水性药物易被水润湿、易于分散，制成的混悬剂较稳定。疏水性药物不易被水润湿，较难分散，可加入润湿剂改善其润湿性，以易于制备并增加稳定性。

（4）絮凝与反絮凝　固体药物分散为细小的混悬微粒时，由于分散度大而具有很大的表面积，处于高自由能状态，具有聚集而降低界面自由能的趋势。但混悬微粒表面电荷的排斥作用可阻碍微粒间的聚集。

加入适量的电解质，可使 ζ-电位降低至一定值（一般为 20 ～ 25mV），混悬微粒在介质中形成疏松的絮状聚集体，这种混悬微粒形成絮状聚集体的过程称为絮凝，它有利于混悬剂的稳定。所加入的电解质称为絮凝剂，其中阴离子比阳离子絮凝作用强。絮凝状态下的混悬剂沉降虽快，但沉降体积大，沉降物不结块，经振摇又能迅速恢复均匀的混悬状态。如向絮凝状态的混悬剂中加入电解质，使絮凝状态变为非絮凝状态的过程称为反絮凝。为此而加入的电解质称为反絮凝剂，反絮凝剂可增加混悬剂流动性，使之易于倾倒，方便应用。

（5）结晶增大与转型　混悬剂中存在溶质不断溶解与结晶的动态过程。混悬剂中药物微粒大小不可能完全一致，小微粒由于表面积大，在溶液中的溶解速度快而不断溶解，大微粒则不断结晶而增大，导致小微粒不断减少、大微粒不断增大，使混悬微粒沉降速度加快。加入高分子化合物作抑制剂，可阻止结晶的溶解与增大，以保持混悬剂的稳定性。具有同质多晶性质的药物，在制备和贮存过程中亚稳定型可转化为稳定型，可能改变药物微粒沉降速度或结块。

（6）分散相的浓度和温度　增大分散相浓度，可降低混悬剂的稳定性。温度变化可改变药物的溶解度和化学稳定性，还能改变微粒的沉降、絮凝、沉降容积，从而影响混悬剂的稳定性。冷冻能破坏混悬剂的网状结构，使稳定性降低。

2. 混悬剂的附加剂

为了增加混悬剂的稳定性，可加入适当的稳定剂，常用的稳定剂有：助悬剂、润湿剂、絮凝剂与反絮凝剂等。

（1）助悬剂　助悬剂（suspending agents）是能增加分散介质的黏度或增加微粒亲水性的附加剂，以降低微粒的沉降速度。助悬剂能被吸附在微粒表面，形成保护膜，阻碍微粒合并和絮凝，并防止结晶转型，使混悬剂稳定。在药物制剂中，助悬剂和/或增稠剂用于稳定分散系统（如混悬剂或乳剂），其机制为减少溶质或颗粒运动的速率，或降低液体制剂的流动性。助悬剂和增稠剂的性能指标为黏度等。助悬剂的种类有：

① 低分子助悬剂　常用的低分子助悬剂有甘油、糖浆等。甘油多用于外用混悬剂。糖浆主要用于内服的混悬剂，除具有助悬作用外，还有矫味作用。

② 高分子助悬剂　包括天然高分子助悬剂、合成或半合成高分子助悬剂。

a. 天然高分子助悬剂　主要有阿拉伯胶、西黄蓍胶、桃胶、海藻酸钠、琼脂、脱乙酰甲壳素等。阿拉伯胶可用其粉末或胶浆，用量为 5% ～ 15%；西黄蓍胶用其粉末或胶浆，用量为 0.5% ～ 1%。

b. 合成或半合成高分子助悬剂主要有甲基纤维素、羧甲基纤维素钠、羟丙基纤维素、羟丙甲纤维素、卡波普、聚维酮、葡聚糖、丙烯酸钠等。

③ 触变胶　某些胶体溶液在一定温度下静置时，逐渐变为凝胶，当搅拌或振摇时，又复变为溶液，胶体溶液的这种可逆变化性质称为触变性，具有触变性的胶体称为触变胶。单硬脂酸铝溶解于植物油中可形成典型的触变胶。硅藻土、皂土（斑脱土）、硅酸镁铝、二氧化硅等矿物质可在水中膨胀，形成高黏度并具有触变性的凝胶。利用触变胶作助悬剂，使静置时形成凝胶，防止微粒沉降，搅拌或振摇时，又变为溶液，便于分装。

（2）润湿剂　常用的润湿剂是 HLB 值在 7 ～ 9 之间的表面活性剂，如聚山梨酯类、聚氧乙烯脂肪醇醚类、泊洛沙姆等。此外，乙醇、甘油也有一定的润湿作用。

（3）絮凝剂与反絮凝剂　絮凝剂与反絮凝剂可以是不同的电解质，也可以是同一电解质由于用量不同而起絮凝或反絮凝作用。常用的絮凝剂和反絮凝剂有：枸橼酸盐（酸式盐或正盐）、酒石酸盐（酸式盐或正盐）、磷酸盐及一些氯化物等。

二、混悬剂的制备

混悬剂的配制应使固体药物有适当的分散度，微粒分散均匀，并加入适当的稳定剂，使混悬剂处于稳定状态。混悬剂的配制有分散法和凝聚法。

1. 分散法

分散法是借助乳匀机、胶体磨等机械将固体药物粉碎成符合混悬剂要求的微粒，再分散于分散介质中制成混悬剂。

分散法制备混悬剂与药物的亲水性有关。亲水性药物如氧化锌、炉甘石、碱式碳酸铋、碳酸钙、碳酸镁等，一般先将药物粉碎至一定细度，再采用加液研磨法，即 1 份药物加入 0.4 ～ 0.6 份的溶液，研磨至适宜的分散度，最后加入处方中的剩余液体使成全量。加液研磨可使用处方中的液体，如水、芳香水、糖浆、甘油等。此法可使药物更容易粉碎，得到的混悬微粒可达到 0.1 ～ 0.5μm。质重、硬度大的药物，可采用“水飞法”，使药物粉碎成极细的程度。

疏水性药物与水的接触角＞ 90° ，不易被水润湿，可加入润湿剂与药物共研，改善其润湿性，同时加入适宜的助悬剂，以制成稳定的混悬剂。

2. 凝聚法

凝聚法是借助物理方法或化学方法将离子或分子状态的药物在分散介质中聚集制成混悬剂。

（1）物理凝聚法　一般是选择适当溶剂将药物制成热饱和溶液，在急速搅拌下，加至另一种不同溶解性质的液体中，使药物快速结晶，可得到 10μm 以下（占 80% ～ 90%）的微粒，再将微粒分散于适宜介质中制成混悬剂。如醋酸可的松滴眼剂就是采用凝聚法制成的。

酊剂、流浸膏剂、醑剂等醇性制剂与水混合时，由于乙醇浓度降低，使原来醇溶性成分析出而形成混悬剂。配制时必须将醇性制剂缓缓注入或滴加至水中，边加边搅拌，不可将水加至醇性药液中。

（2）化学凝聚法　将两种药物的稀溶液，在低温下相互混合，使之发生化学反应生成不溶性药物微粒混悬于分散介质中制成混悬剂。用于胃肠道透视的 $BaSO_4$ 是用此法制成的。

三、混悬剂的质量评价

1. 微粒大小的测定

混悬剂中微粒大小与混悬剂的质量、稳定性、生物利用度和药效有关。因此，混悬剂微粒的大小、分布是混悬剂质量评定的重要指标。

（1）显微镜法　系用光学显微镜观测混悬剂中的微粒大小及其分布。

（2）库尔特计数法　本法可测定混悬剂微粒的大小及其分布，测定粒径范围大。

2. 沉降体积比的测定

沉降体积比是指沉降物的体积与沉降前混悬剂的体积之比，可比较混悬剂的稳定性，评价稳定剂的效果。沉降体积比检查法是：用具塞量筒盛供试品 50mL，密塞，用力振摇 1min，记下混悬物开始高度 H_0。静置 3h，记下混悬的最终高度 H，沉降体积比按下式计算。

$$F = \frac{H}{H_0} \tag{2-3}$$

F 值在 0 ～ 1 之间，F 值愈大混悬剂愈稳定。以 F 为纵坐标，沉降时间 t 为横坐标，可得沉降曲线，曲线的起点为最高点 1，然后缓慢降低并最终与横坐标平行。《中国药典》（2020 年版）规定：口服混悬剂沉降体积比应不低于 0.90。干混悬剂按各品种项下规定的比例加水振摇，应均匀分散，并照上法检查沉降体积比，应符合规定。

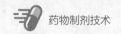

3. 絮凝度的测定

絮凝度是比较混悬剂絮凝程度的重要参数，用以评价絮凝剂的效果、预测混悬剂的稳定性。絮凝度用下式表示：

$$\beta=\frac{F}{F_{\infty}}=\frac{H/H_0}{H_{\infty}/H_0}=\frac{H}{H_{\infty}} \tag{2-4}$$

式中，F 为絮凝混悬剂的沉降体积比；F_{∞}为去絮凝混悬剂的沉降体积比；β 表示由絮凝作用所引起的沉降容积增加的倍数。β 值愈大，絮凝效果愈好，则混悬剂稳定性好。

4. 重新分散试验

优良的混悬剂在贮存后再经振摇，沉降微粒能很快重新分散，以保证使用时混悬剂的均匀性和药物剂量的准确性。重新分散试验方法是：将混悬剂置于带塞的 100mL 量筒中，密塞、放置沉降，然后以 20r/min 的转速倒置翻转一定时间后，量筒底部的沉降物应重新均匀分散，重新分散所需旋转次数愈少，表明混悬剂再分散性能愈加良好。

5. 流变学测定

采用旋转黏度计测定混悬液的流动曲线，根据流动曲线的形态确定混悬液的流动类型，用以评价混悬液的流变学性质。

剂型使用　混悬剂用药指导

混悬剂因为药物的难溶解性，在放置的过程中可能会出现一定的沉降，因此在使用前需要摇匀以保证药物剂量的准确性。口服混悬剂也包括干混悬剂或浓混悬液。干混悬剂为粉末状或颗粒状，使用时加水即迅速分散成混悬剂，通常对于水温及加水量都有一定的要求，使用时要按照说明书要求进行操作。

实践　混悬剂的制备

通过炉甘石洗剂、复方硫洗剂的制备，学会加液研磨、混合、过滤、加量等药物制剂的基本操作技术，学会进行混悬剂的质量评价。

1. 炉甘石洗剂的制备

炉甘石洗剂的处方及制法见表 2-2。

表2-2　炉甘石洗剂的处方及制法

处方	1	2	3	4
炉甘石（7 号粉）	4g	4g	4g	4g
氧化锌（7 号粉）	4g	4g	4g	4g
甘油	5mL	5mL	5mL	5mL
西黄蓍胶		0.5%		
三氯化铝			0.5%	
枸橼酸钠				0.5%
纯化水　加至	50mL	50mL	50mL	50mL
制法	炉甘石、氧化锌先加甘油研成细糊状，逐渐加纯化水至足量	同处方 1，西黄蓍胶需先用乙醇分散	同处方 1，再加入三氯化铝	同处方 1，再加入枸橼酸钠水溶液

提示：炉甘石为碳酸盐类矿物方解石族菱锌矿，主含碳酸锌。能部分吸收创面分泌液，作为中度的防腐、收敛、保护剂，治疗皮肤炎症或表面创伤。忌内服。《中国药典》(2020年版)规定，本品按干燥品计算，含氧化锌（ZnO）不得少于40.0%。

炉甘石与氧化锌应分别研细后再混匀，加甘油和适量水进行研磨，加水的量以成糊状为宜，太干或太稀影响粉碎效果。

2. 复方硫洗剂的制备

复方硫洗剂的处方及制法见表2-3。

表2-3 复方硫洗剂的处方及制法

处方	1	2	3
硫酸锌	1.5g	1.5g	1.5g
沉降硫	1.5g	1.5g	1.5g
樟脑醑	12.5mL	12.5mL	12.5mL
甘油	5mL	5mL	5mL
5% 苯扎溴铵溶液		2mL	
聚山梨酯-80			12.5mL
纯化水　加至	50mL	50mL	50mL
制法	取沉降硫置乳钵中加甘油研匀，缓缓加入硫酸锌水溶液（将硫酸锌溶于12.5mL水中滤过），研匀，然后缓缓加入樟脑醑，边加边研磨，最后加入纯化水使成全量，研匀即得	取沉降硫置乳钵中，加甘油和5%苯扎溴铵溶液研匀，缓缓加入硫酸锌溶液研磨，再缓缓加樟脑醑，边加边研磨，最后加入纯化水使成全量，研匀即得	同处方2法，仅将5%苯扎溴铵液改为聚山梨酯-80

提示：樟脑醑应以细流缓缓加入，并且边加边研磨，使樟脑不致析出较大颗粒。

3. 质量检查

（1）沉降体积比的测定　将炉甘石洗剂的四个处方、复方硫洗剂的三个处方制剂分别倒入有刻度的具塞量筒中，密塞，用力振摇1min，记录混悬液的开始高度 H_0 并放置，按表2-4、表2-5指定的时间测定沉降物的高度 H，按沉降容积比（$F=H/H_0$）公式计算各个放置时间的沉降容积比，记入表中。沉降体积比在0～1之间，其数值愈大，混悬剂愈稳定。

表2-4 炉甘石洗剂的沉降容积比（H/H_0）

时　间	处方1	处方2	处方3	处方4
5min				
15min				
30min				
1h				
2h				

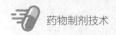

表2-5　复方硫洗剂的沉降容积比（H/H_0）

时　间	处方 1	处方 2	处方 3
5min			
15min			
30min			
1h			
2h			

（2）重新分散试验　将上述分别装有炉甘石洗剂、复方硫洗剂的具塞量筒放置一定时间（48h 或 1 周后，也可依条件而定），待其沉降，然后将具塞量筒倒置翻转，并将筒底沉降物重新分散所需翻转的次数记于表 2-6、表 2-7 中。所需翻转的次数愈少，则混悬剂重新分散性愈好。若始终未能分散，表示结块。

表2-6　炉甘石洗剂重新分散试验数据

试验方法	处方 1	处方 2	处方 3	处方 4
重新分散				
翻转分散				

表2-7　复方硫洗剂重新分散试验数据

试验方法	处方 1	处方 2	处方 3
重新分散			
翻转分散			

【问题解决】

1. 比较炉甘石洗剂四种处方的质量，并分析原因。

提示：优良的混悬剂应为药物颗粒细微、分散均匀、沉降缓慢；沉降后的微粒不结块，稍加振摇后能均匀分散；黏度适宜，易倾倒，不粘瓶壁。炉甘石洗剂配制不当，不易保持良好的悬浮状态，放置中颗粒下沉而形成致密的不易分散的结块，涂用时会有沙砾感。三氯化铝可降低颗粒间的 ζ-电位，使颗粒形成絮凝，从而防止沉降物结块而易于重新分散。枸橼酸钠则可增加颗粒的 ζ-电位而防止其聚集（反絮凝），增加混悬液的流动性使其易于倾倒。故炉甘石洗剂中的三氯化铝为絮凝剂、枸橼酸钠为反絮凝剂，可改善分散性。

2. 如何提高复方硫洗剂的稳定性？

提示：硫为强疏水性药物，颗粒表面易吸附空气而形成气膜，故易集聚浮于液面。表面活性剂作润湿剂能有效地降低药物微粒和分散介质间的界面张力，从而减少颗粒聚集的倾向，使制成的混悬微粒细微均匀。

学习测试

一、选择题

（一）单项选择题

1. 关于混悬剂的叙述，错误的是（　　）。

A.为粗分散体系　B.分散相微粒一般在0.5～10μm之间　C.多以水为分散介质
D.混悬剂为液体制剂　E.混悬剂微粒分散度大，吸收较快

2. 标签上应注明“用前摇匀”的是（　　）。
A.溶液剂　B.糖浆剂　C.溶胶剂　D.混悬剂　E.乳剂

3. 与混悬微粒沉降速度关系不大的因素是（　　）。
A.药物的化学性质　B.混悬微粒的半径　C.混悬剂的黏性
D.分散粒子与分散介质之间的密度差　E.混悬微粒的荷电

4. 减小混悬微粒沉降速度最有效的方法是（　　）。
A.减小分散介质黏度　B.加入絮凝剂　C.加入润湿剂
D.减小微粒半径　E.增大分散介质的密度

5. 混悬剂加入少量电解质可作为（　　）。
A.助悬剂　B.润湿剂　C.絮凝剂或反絮凝剂　D.抗氧剂　E.乳化剂

6. 在混悬剂中加入聚山梨酯类可作（　　）。
A.乳化剂　B.助悬剂　C.絮凝剂　D.反絮凝剂　E.润湿剂

7. 混悬液中添加适量胶浆剂的主要作用是（　　）。
A.润湿　B.助悬　C.絮凝　D.分散　E.助溶

（二）多项选择题

1. 增加混悬剂稳定性的方法是（　　）。
A.加入助悬剂　B.加入润湿剂　C.加入絮凝剂
D.增大混悬微粒半径　E.加入触变胶

2. 关于混悬液质量要求的叙述中，正确的是（　　）。
A.混悬微粒细微均匀　B.混悬微粒不沉降　C.黏稠度大
D.外用易于涂展、不易流散　E.干燥后能形成保护膜

3. 混悬剂质量评定方法有（　　）。
A.微粒大小测定　B.沉降体积比测定　C.絮凝度测定
D.重新分散试验　E.流变学测定

二、思考题

1. 根据Stokes定律，分析影响混悬剂稳定性的因素。
2. 混悬液中加入助悬剂有何作用?

专题四　乳　剂

学习目标

- 掌握乳剂类型及其处方组成、工艺过程、乳化剂的种类及选用。
- 学会乳剂的制备方法和质量评定，了解乳剂的形成和不稳定现象。
- 学会典型乳剂的处方及工艺分析。

【典型制剂】

例 1　鱼肝油乳剂

处方：鱼肝油　368mL　吐温 -80　12.5g　西黄蓍胶　9g

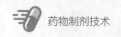

甘油	19g	苯甲酸	1.5g	糖精	0.3g
杏仁油香精	2.8g	香蕉油香精	0.9g	纯化水	适量
共制	1000mL				

制法：将水、甘油、糖精混合，投入粗乳机搅拌5min，用少量的鱼肝油润匀苯甲酸、西黄蓍胶投入粗乳机，搅拌5min，投入吐温-80，搅拌20min，缓慢均匀地投入鱼肝油，搅拌80～90min，将杏仁油香精、香蕉油香精投入搅拌10min后粗乳液即成。将粗乳液缓慢均匀地投入胶体磨中研磨，重复研磨2～3次，用二层纱布过滤，并静置脱泡，即得。

本品为维生素A、维生素D缺乏辅助用药的口服乳剂。

例2　石灰搽剂

处方：植物油　50mL

氢氧化钙水溶液　50mL

制法：取氢氧化钙溶液与花生油混合，用力振摇，使成乳浊液，即得。

本品为治疗烫伤的外用乳剂。

【问题研讨】乳剂应由哪些部分组成？如何制备稳定的乳剂？上述典型制剂的制备中需注意哪些问题？

油性药物如鱼肝油，来源于海鱼类肝脏炼制的油脂，常温下呈黄色透明液体状，有鱼腥味，黏性大，分剂量不易准确，不便于服用。制成乳剂并加入矫味剂能掩盖不良味觉，以便于服用，有利于剂量准确。同时乳剂的分散度大，吸收快，生物利用度高。外用乳剂能改善对皮肤、黏膜的渗透性，减少刺激性。

乳剂（emulsions）主要指两种互不相溶的液体，其中一种液体以小液滴状态分散在另一种液体中，形成的非均相分散体系，液滴大小一般在0.1～10μm之间。两种互不相溶的液体是指油相（油溶性液体，用O表示）和水相（水或水溶液，用W表示）。根据分散相不同，乳剂分为水包油型（O/W型）、油包水型（W/O型），见表2-8。此外，还有复合乳剂或称多重乳剂（W/O/W型或O/W/O型）。口服乳剂系或供口服稳定的水包油型乳液制剂，一般为乳白色不透明的液体。

知识拓展　微乳和亚微乳

液滴小于0.1μm的乳剂称微乳（或称胶束乳剂），为透明液体。微乳除含油、水两相和乳化剂外，还含有辅助成分，乳化剂和辅助成分应占乳剂的12%～25%。液滴在0.1～0.5μm的乳剂称为亚微乳。静脉注射用的乳剂应为亚微乳，液滴为0.25～0.4μm；静脉注射乳剂注射后分布快、药效高，有靶向性。

表2-8　乳剂的类型与鉴别

鉴别方法	O/W型	W/O型
外观	乳白色	与油颜色近似
稀释法	被水稀释	被油稀释
加入水性染料	外相染色	内相染色
加入油性染料	内相染色	外相染色
导电法	导电	几乎不导电
$CoCl_2$ 试纸	粉红色	不变色

注：O/W型即外相是水，可被水稀释，能导电；W/O型即外相是油，可被油稀释，不导电。水溶性染料如亚甲蓝可使O/W型的外相呈蓝色，W/O型的内相呈蓝色；用油溶性染料苏丹红染色，O/W型的内相红色，W/O型的外相红色。

知识拓展　乳剂的形成条件

1. 乳化能量

油水不相溶的液体被切分成小液滴，将增大表面积和界面自由能，故乳剂形成必须提供足够能量，振摇、搅拌、研磨等方法可使乳滴分散，乳滴愈细需要的能量愈多。

2. 乳化剂

表面活性剂可降低界面张力，降低界面自由能，同时在液滴周围定向排列，即乳化剂的亲水基团转向水、亲油基团转向油，形成单分子乳化膜。如果乳化剂亲油性较大，可降低油的界面张力，此时水呈球形，得 W/O 型乳剂；反之，得 O/W 型乳剂。亲水性高分子化合物乳化剂可增加分散介质的黏度，并被吸附在液滴表面，形成多分子乳化膜。固体微粒乳化剂被吸附在液滴表面，排列成固体微粒乳化膜。这三种乳化膜均能阻止液滴合并，从而增加乳剂的稳定性。

3. 相容积比

乳剂中油、水两相的容积比简称为相比。一般，相比 25%～50%的乳剂稳定性较好。

一、乳剂的处方

乳剂中除油相和水相外，还必须有能起稳定作用的物质，这种物质是乳化剂（emulsifier）。所以，一个稳定的乳剂应由水相、油相和乳化剂三部分组成。口服乳剂的分散介质常用纯化水，根据需要可加入适宜的附加剂，如防腐剂、分散剂、增稠剂、助溶剂、润湿剂、缓冲剂、乳化剂、稳定剂、矫味剂以及色素等，其品种与用量应符合国家标准的有关规定，不影响产品的稳定性，并避免对检验产生干扰。乳化剂对于乳剂的形成、稳定性及药效发挥等方面起着重大作用。

优良乳化剂的基本条件是：①乳化能力强，能显著降低油水两相之间的界面张力，并在液滴周围形成牢固的乳化膜；②乳化剂本身应稳定，对 pH、电解质、温度等的变化具有一定的耐受性；③对人体无害，不应对机体产生毒副作用，无刺激性；④来源广，价廉。

1. 乳化剂的种类

乳化剂的种类主要有天然乳化剂、表面活性剂、固体微粒乳化剂和辅助乳化剂。

（1）天然乳化剂　多为高分子化合物，具有较强亲水性，能形成 O/W 型乳剂，由于黏性较大，能增加乳剂的稳定性。但容易被微生物污染，故宜新鲜配制或加入适宜防腐剂。

① 阿拉伯胶　主要含阿拉伯胶酸的钾、钙、镁盐。适用于乳化植物油、挥发油，多用于内服乳剂。常用浓度为 10%～15%，pH4～10 稳定。因含氧化酶，使用前应在 80℃加热 30min 使之破坏。阿拉伯胶乳化能力较弱，常与西黄蓍胶、果胶、琼脂、海藻酸钠等合用。

② 西黄蓍胶　为 O/W 型乳化剂，水溶液黏度大，pH 值为 5 时黏度最大。但西黄蓍胶乳化能力较差，一般不单独作乳化剂，而与阿拉伯胶合并使用。

③ 明胶　作 O/W 型乳化剂，用量为油量的 1%～2%，常与阿拉伯胶合并使用。

④ 杏树胶　乳化能力和黏度都超过阿拉伯胶，用量为 2%～4%。

⑤ 磷脂　能显著降低油水界面张力，乳化能力强，为 O/W 型乳化剂。可供内服或外用，精制品可供静脉注射用。常用量为 1%～3%。

其他天然乳化剂还有：白及胶、桃胶、海藻酸钠、琼脂、胆酸钠等。

（2）表面活性剂　此类乳化剂具有较强的表面活性，容易在乳滴周围形成单分子乳化膜，乳化能力强。常用 HLB 值 3～8 者为 W/O 型乳化剂，HLB 值 8～16 者为 O/W 型乳化剂。

（3）固体微粒乳化剂　不溶性固体微粒可聚集于液 - 液界面形成固体微粒膜而起乳化作用。此类乳化剂形成的乳剂类型是由接触角 θ 决定的。当 $\theta < 90°$ 易被水润湿，形成 O/W 型乳剂，如氢氧化镁、氢氧化铝、二氧化硅等；当 $\theta > 90°$ 易被油润湿，则形成 W/O 型乳剂，如氢氧化钙、氢氧化锌、硬脂酸镁等。固体微粒乳化剂不受电解质影响，若与非离子表面活性剂合用则效果更好。

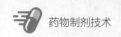

（4）辅助乳化剂　辅助乳化剂一般乳化能力很弱或无乳化能力，但能提高乳剂黏度，并能使乳化膜强度增大，防止乳剂合并，提高稳定性。

增加水相黏度的辅助乳化剂有甲基纤维素、羧甲基纤维素钠、羟丙基纤维素、海藻酸钠、琼脂、西黄蓍胶、阿拉伯胶、果胶等。增加油相黏度的辅助乳化剂有鲸蜡醇、蜂蜡、单硬脂酸甘油酯、硬脂酸等。

2. 乳化剂的选择

乳化剂的种类很多，应根据乳剂的使用目的、药物性质、处方组成、乳剂类型、乳化方法等综合考虑，适当选择。

（1）根据乳剂的类型选择　乳剂处方设计已确定了乳剂的类型，如为 O/W 型乳剂应选择 O/W 型乳化剂，W/O 型乳剂则选择 W/O 型乳化剂。HLB 值可为选择乳化剂提供依据。

（2）根据乳剂的给药途径选择　主要考虑乳化剂的毒性、刺激性，如口服乳剂应选择无毒性的天然乳化剂或某些非离子型乳化剂。外用乳剂应选择无刺激性乳化剂，并要求长期应用无毒性。注射用乳剂则应选择磷脂、泊洛沙姆等。

（3）根据乳化剂性能选择　各种乳化剂的性能不同，应选择乳化能力强、性质稳定、受外界各种因素影响小、无毒、无刺激性的乳化剂。

（4）混合乳化剂的选择　各种油的介电常数不同，形成稳定乳剂所需要的 HLB 值不同（表 2-9）。乳化剂混合使用时，必须符合油相对 HLB 值的要求。将乳化剂混合使用可改变 HLB 值，使乳化剂的适应性增大，形成更为牢固的乳化膜，并增加乳剂的黏度，从而增加乳剂的稳定性。

表2-9　常用油乳化所需的HLB值

油相	O/W 型	W/O 型	油相	O/W 型	W/O 型
蜂蜡	17（10～16）	5	凡士林	9	4
鲸蜡醇	13（15）		羊毛脂	10（15）	8
硬脂醇	15（14）		硬脂酸	17（15）	
液体石蜡	10.5	4	挥发油	9～16	

知识拓展　影响乳剂类型的因素

1. 乳化剂的种类

决定乳剂类型的主要因素是乳化剂的性质。乳剂形成时，乳化剂亲水基团伸向水相、亲油基团则伸向油相。如亲水基团大于亲油基团，乳化剂伸向水相的部分较大，而形成 O/W 型乳剂。反之，形成 W/O 型乳剂。

2. 适当的相比

相比在 25%～50% 时乳剂稳定性好。如分散相浓度超过 50%，乳滴易发生合并或引起转相。

3. 温度

温度与乳剂的形成、制备的易难有关，升高温度不仅会降低黏度，而且能降低界面张力，有利于乳剂的形成。但温度升高同时也增加液滴的动能，使液滴聚集甚至破裂。

4. 乳化时间

在乳化开始阶段，外加机械力可促使液滴形成，但液滴形成后继续长时间施加机械力，使液滴之间的碰撞机会增加，会导致液滴合并。另外，乳化时间与乳化剂的乳化能力以及乳化器械和乳剂的产量有关。

二、乳剂的制备

乳剂的制备主要有机械法、新生皂法、胶乳法，以及微乳、复合乳剂等特殊乳剂的制备方法。乳剂制备的工艺流程为：

处方→称量（水相、油相、乳化剂等）→乳化→质检→包装→贮存

1. 机械法

乳化机械主要有高速搅拌机、乳匀机（图2-2）、胶体磨、超声波乳化装置等。生产中常将油相、水相、乳化剂混合后，用乳化机械提供的能量制备乳剂，不考虑混合顺序。当乳化剂用量较多时采用两相交替加入法，即向乳化剂中每次少量交替地加入水或油，边加边搅拌或研磨，至形成乳剂。

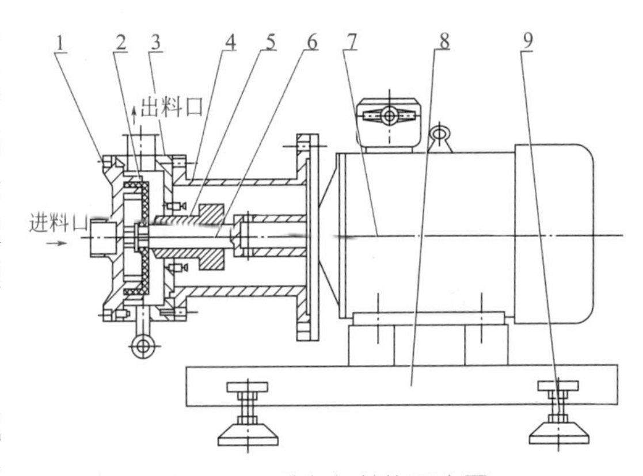

图2-2 乳匀机结构示意图

1—定子；2—转子；3—壳体；4—支架；5—机封；6—主轴；7—电机；8—底座；9—支脚

2. 新生皂法

本法是利用脂肪酸等有机酸，与加入的氢氧化钠、氢氧化钙、三乙醇胺等生成新生皂，作为乳化剂，经搅拌或振摇即制成乳剂。若生成钠皂、有机胺皂为O/W型乳化剂，生成钙皂则为W/O型乳化剂。常用于乳膏剂的制备。

3. 胶乳法

天然胶类乳化剂制备乳剂时常采用干胶法和湿胶法。本法是先制备初乳，在初乳中油、水、胶三者要有一定比例，如植物油的比例为4∶2∶1、挥发油的比例为2∶2∶1、液状石蜡的比例为3∶2∶1。

（1）干胶法　又称油中乳化剂法，所用胶粉通常为阿拉伯胶或阿拉伯胶与西黄蓍胶的混合胶。本法先取油与胶粉的全量，置于干燥乳钵中，研匀。然后加入一定比例的水迅速沿同一方向研磨，至稠厚的乳白色初乳形成，再逐渐加水稀释至全量，研匀，即得。

（2）湿胶法　又称水中乳化剂法，是将胶（乳化剂）先溶于水，制成胶浆作为水相，再将油相分次加于水相中，油、水、胶的比例与干胶法相同。边加边研磨，直到生成初乳，再加水至全量研匀。

4. 特殊乳剂的制备

（1）微乳的制备　微乳除含油、水两相和乳化剂外，还含有辅助成分，乳化剂和辅助成分占乳剂的12%～25%。乳化剂主要是界面活性剂，HLB值应在15～18，如聚山梨酯-60和聚山梨酯-80等。制备时取1份油加5份乳化剂混合均匀，加于水中制成澄明乳剂，如不能形成澄明乳剂，可适当增加乳化剂的用量。

（2）**复合乳剂的制备** 用二步乳化法。先将油、水、乳化剂制成一级乳，再以一级乳为分散相与含有乳化剂的分散介质（水或油）再乳化制成二级乳剂。

举例 丝裂霉素C复合乳剂

处方：

丝裂霉素C	50g	单硬脂酸铝	10g
精制麻油	80mL	司盘-80	10g
吐温-80	适量		

制法：将单硬脂酸铝加热溶于精制麻油中，加司盘-80混匀，然后加丝裂霉素C水溶液（丝裂霉素C溶于100mL纯化水制得），搅拌乳化，使成W/O型乳剂。另取2%吐温-80水溶液加入上述W/O型乳剂中，边加边搅拌，最后通过乳匀机匀化得W/O/W型复合乳剂。

【问题解决】分析丝裂霉素C复合乳剂中各成分的作用。

5. 乳剂中药物的加入

乳剂是药物的良好载体，加入药物可使其具有治疗作用，加入方法如下。

① 水溶性药物，先制成水溶液，可在初乳制成后加入。

② 油溶性药物，先溶于油，乳化时尚需适当补充乳化剂用量。

③ 在油、水两相中均不溶的药物，制成细粉后加入乳剂中。

④ 大量生产时，药物能溶于油的先溶于油、可溶于水的先溶于水，然后将乳化剂以及油水两相混合进行乳化。

知识拓展 乳剂不稳定的主要现象

乳剂属于热力学不稳定的非均相分散体系，影响乳剂稳定性的主要因素是乳化剂的性质，与液滴大小、分散介质黏度也有较大关系，乳剂不稳定的主要现象如下。

1. 分层

乳剂分层又称乳析，系乳剂放置过程中出现分散相液滴上浮或下沉的现象。分层使乳剂的外观粗糙，引起絮凝甚至破坏。分层现象是可逆的，振摇后仍能恢复成均匀的乳剂。分层乳剂的液滴上浮或下沉速度符合Stokes定律，所以减小液滴半径、减少分散相与分散介质之间的密度差、增加分散介质的黏度，均可延缓乳剂的分层。乳剂分层也与分散相的相比有关，相比低于25%的乳剂容易分层。

2. 絮凝

乳剂中分散相液滴发生可逆的聚集现象称为絮凝。与混悬液相似，分散相液滴电荷减少，ζ-电位降低，液滴产生聚集而絮凝。电解质、离子型乳化剂是乳剂絮凝的主要原因，也与乳剂黏度等因素有关。出现絮凝表明乳剂稳定性降低，通常是乳剂破坏的前奏。

3. 转相

由于某些条件的变化而引起乳剂类型的改变称为转相。向乳剂中添加反类型的乳化剂，可引起乳剂转相。如油酸钠制成的O/W型乳剂，遇氯化钙后变为W/O型乳剂。乳剂的转相还受相比的影响，分散相超过70%甚至超过60%时就可能发生转相。

4. 合并与破坏

乳滴周围的乳化膜破坏导致液滴变大称为合并。合并的液滴进一步分成油水两层称为乳剂破坏，此时液滴界面消失，振摇不能恢复原分散状态。乳剂的合并和破坏受温度、加入相反类型乳化剂、电解质、离心力、微生物增殖、油酸败等多种因素的影响。

三、乳剂的质量评定

不同给药途径乳剂的质量要求各不相同，很难制定统一的质量标准，但基本的质量评定方法有：乳剂粒径大小测定、分层现象观察、乳滴合并速度测定、稳定常数测定等。

1. 乳剂粒径大小测定

乳剂粒径大小是衡量乳剂质量的重要指标。不同用途的乳剂对粒径大小要求不同，如静脉注射乳剂的粒径应在 0.5μm 以下。用光学显微镜可测定 0.2 ～ 100μm 粒径范围的粒子，库尔特计数器可测定 0.6 ～ 150μm 的粒子和粒度分布。激光散射光谱法可测定约 0.01 ～ 2μm 范围的粒子，适于静脉乳剂的测定。透射电镜可观察粒子形态，测定 0.01 ～ 20μm 的粒子大小及分布。

2. 分层现象观察

乳剂产生分层的快慢是衡量乳剂稳定性的重要指标。离心加速法可在短时间内观察乳剂的分层，用于比较乳剂的分层情况，以估计其稳定性。如 4000r / min 离心 15min 不分层，可认为乳剂质量稳定。置 10cm 离心管中以 3750r/min 离心 5h，相当于放置 1 年的自然分层效果。

3. 乳滴合并速度测定

乳滴合并速度符合一级动力学规律：

$$\lg N=\lg N_0-K_t/2.303 \tag{2-5}$$

式中，N 、N_0 分别为 t 和 t_0 时间的乳滴数；K 为合并速度常数；t 为时间。测定随时间 t 变化的乳滴数 N，求出合并速度常数 K，估计乳滴合并速度，用以评价乳剂稳定性大小。

4. 稳定常数测定

乳剂离心前后光密度变化百分率称为稳定常数，用 K_e 表示，是研究乳剂稳定性的定量方法，K_e 值愈小乳剂愈稳定。K_e 表达式如下：

$$K_e=(A_0-A)/A\times100\% \tag{2-6}$$

式中，A_0 为未离心乳剂稀释液的吸光度；A 为离心后乳剂稀释液的吸光度。

测定方法：取乳剂适量于离心管中，以一定速度离心一定时间，从离心管底部取出少量乳剂，稀释一定倍数，以纯化水为对照，用比色法在可见光某波长下测定吸光度 A，同法测定原乳剂稀释液吸光度 A_0，计算 K_e。离心速度和波长的选择可通过试验加以确定。

资料卡　口服乳剂的质量要求与贮藏

除另有规定外，口服乳剂应符合《中国药典》（2020 年版）的有关规定：①不得有发霉、酸败、变色、异物、产生气体或其他变质现象。②应呈均匀的乳白色，以半径为 10cm 的离心机每分钟 4000 转的转速离心 15min，不应有分层现象。乳剂可能会出现相分离的现象，但经振摇应易再分散。③口服（乳）滴剂包装内一般应附有滴管和吸球或其他量具，含量均匀度等应符合规定。④单剂量口服乳剂，应取供试品 10 个（袋、支）检查，每个（袋、支）装量均不得少于其标示量。多剂量口服乳剂检查最低装量，应符合规定。⑤应密封，置阴凉处遮光贮存。

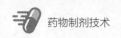

知识拓展　按给药途径分类的液体制剂

由于医疗上的要求，临床常按给药途径和应用方法将液体制剂进行分类，其中不少剂型收载于《中国药典》(2020年版)。

(1) **合剂** (mixtures) 系指饮片用水或其他溶剂，采用适宜的方法制成的口服液体制剂（单剂量灌装者也可称"口服液"）。临床上应用广泛，多以水为溶剂，常加入甜味剂、调色剂、香精等，如硫酸锌合剂、复方甘草合剂等。除另有规定外，含蔗糖量一般不高于20%（g/mL），必要时可加入适量的乙醇。合剂应澄清，在贮存期间不得有发霉、酸败、异物、变色、产生气体或其他变质现象，允许有少量摇之易散的沉淀。

(2) **洗剂** (lotions) 系指用于清洗无破损皮肤或腔道的液体制剂，包括溶液型、乳状液型和混悬型洗剂。原辅料的选择应考虑到洗剂的毒性和局部刺激性。洗剂分散介质多为水和乙醇，一般具有清洁、消毒、消炎、止痒、收敛与保护等局部作用，如炉甘石洗剂。溶液型、乳状液型和混悬型洗剂可采用溶解、乳化、分散等工艺制备。

(3) **搽剂** (liniments) 系指原料药物用乙醇、油或适宜的溶剂制成的液体制剂，供无破损皮肤揉擦用。常用的溶剂有水、乙醇、液状石蜡、甘油或植物油等。搽剂具有镇痛、收敛、保护、消炎、防腐、发红（或引赤）及抗刺激作用，一般不用于破损的皮肤，如石灰搽剂。为了避免溶剂蒸发，搽剂可采用非渗透的容器或包装，不适合用聚苯乙烯等制成的塑料容器。

(4) **滴耳剂** (ear drops) 系指专供滴入耳腔内的外用液体制剂。亦可以固态药物形式包装，另备溶剂临用前配成溶液、混悬液应用。滴耳剂有消毒、止痒、收敛、消炎、润滑等作用，一般以水、乙醇、甘油等为溶剂。用于耳部伤口，尤其耳膜穿孔或手术前的滴耳剂应灭菌，并不得添加抑菌剂，且密封于单剂量包装容器中。多剂量包装的滴耳剂，除另有规定外，应不超过10mL，如复方硼酸滴耳剂。使用滴耳剂之前，用手捂热以使其接近体温，头部微向一侧，患耳朝上，将耳垂轻轻拉向后上方使耳道变直，滴入规定量的药液，滴入后稍息5分钟，更换另耳。滴耳后用少许药棉塞住耳道。耳聋或耳道不通、耳膜穿孔者不宜使用滴耳剂。

(5) **滴鼻剂** (nasal drops) 系指专供滴入鼻腔内的液体制剂。多以水、丙二醇、液状石蜡为溶剂，一般制成溶液型，也有乳剂或混悬剂，或以固体药物形式包装，临用前配成溶液或混悬液。正常鼻腔液pH一般为5.5～6.5，炎症病变时呈碱性，易使细菌繁殖，所以滴鼻剂pH一般为5.5～7.5，如盐酸麻黄碱滴鼻剂。患者使用滴鼻剂之前，先擤出鼻涕，使用时头后仰，向鼻中滴入规定量的药液，滴瓶不要接触鼻黏膜，防止污染剩余药品。保持头部后仰5～10秒，同时轻轻用鼻吸气2～3次。如滴鼻液流入口腔，可将其吐出。

(6) **含漱剂** (gargarisms) 系指专用于咽喉、口腔清洗的液体制剂，多为药物的水溶液，可含少量甘油和乙醇。溶液中常加适量着色剂，以示外用漱口。含漱剂要求微碱性，以利于除去口腔的微酸性的分泌物与溶解黏液蛋白，如复方硼酸钠溶液。含漱剂中的成分多为消毒防腐药，含漱时不宜咽下或吞下，含漱后不宜马上饮水和进食，以保持口腔内药物浓度。对幼儿，恶心、呕吐者一般不宜含漱。

(7) **滴牙剂** (drop dentifrices) 系指专用于局部牙孔的液体制剂。药物浓度大，往往不用溶剂或仅用很少量溶剂稀释。因其刺激性和毒性大，应用时不能接触黏摸。滴牙剂一般不发给患者，由医护人员施于患者，如牙痛水。

(8) **涂剂** (paints) 系指含原料药物的水性或油性溶液、乳状液、混悬液，供临用前用消毒纱布或棉球等柔软物料蘸取涂于皮肤或口腔与喉部黏膜的液体制剂。也可为临用前用无菌溶剂制成溶液的无菌冻干制剂，供创伤面涂抹治疗用。涂剂大多为消毒或消炎药物的甘油溶液，也可用乙醇、植物油等作溶剂。除另有规定外，涂剂在启用后最多可使用4周。用于烧伤治疗如为非无菌制剂的涂剂，应在标签和产品说明书中注明"非无菌制剂"。

(9) **灌肠剂** (clysma) 系指以治疗、诊断或提供营养为目的的直肠灌注用液体制剂，包括水性或油性溶液、乳剂和混悬液。根据其应用目的分为泻下灌肠剂、含药灌肠剂和营养灌肠剂。灌肠剂应无毒、局部刺激性，原辅料的选择应考虑到灌肠剂毒性和局部刺激性。

（10）**灌洗剂**（irrigating solutions）主要系指灌洗阴道、尿道的液体制剂。药物或食物中毒初期，洗胃用的液体制剂亦属灌洗剂。灌洗剂多为具有防腐、收敛、清洁等作用药物的低浓度水溶液，主要是清洗或洗除黏膜部位某些病理异物。

【问题解决】

分析鱼肝油乳和石灰搽剂的处方和制法，分别是什么类型的乳剂？

提示：在鱼肝油乳剂中，鱼肝油为油相，纯化水及其他溶于水的成分为水相，吐温-80、西黄蓍胶是O/W型乳化剂。在石灰搽剂中，植物油为油相、氢氧化钙水溶液为水相，氢氧化钙水溶液与花生油形成钙皂，为W/O型乳化剂。

实践　乳剂的制备

通过液状石蜡乳、石灰搽剂的制备，学会研磨、胶体溶胀溶解、乳化、加量等药物制剂技术基本操作，掌握乳剂制备的操作规范，了解口服液体制剂的生产环境，学会乳剂的质量评定和贮存保管。

【实践项目】

1. 以阿拉伯胶为乳化剂，分别用干胶法和湿胶法制备含液状石蜡12mL的液状石蜡乳30mL。

2. 制备石灰搽剂（振摇法）4mL。

提示：液状石蜡乳系O/W型乳剂。制备初乳时所用油、水、胶的比例约为4∶2∶1。液状石蜡又称矿物油、石蜡油，具有低致敏性及封闭性，有阻隔皮肤水分蒸发的作用，常用于乳液或乳霜等护肤品。石灰搽剂系氢氧化钙与花生油中所含的少量游离脂肪酸经皂化反应形成钙皂后，乳化花生油而生成的W /O型乳剂。

3. 鉴别所制备乳剂的类型

染色法：将上述两种乳剂涂在载玻片上，加油溶性苏丹红染色，或用水溶性亚甲蓝染色，镜下观察，判断乳剂的类型。结果记录于表2-10中。

稀释法：取试管两支，分别加入液状石蜡乳剂和石灰搽剂各一滴，加水约5mL，振摇或翻转数次，观察是否能混匀，并根据实训结果判断乳剂类型。

表2-10　乳剂类型鉴别

<table>
<tr><th colspan="2" rowspan="2">项目</th><th colspan="2">液状石蜡乳</th><th colspan="2">石灰搽剂</th></tr>
<tr><th>内相</th><th>外相</th><th>内相</th><th>外相</th></tr>
<tr><td rowspan="2">染料</td><td>苏丹红</td><td></td><td></td><td></td><td></td></tr>
<tr><td>亚甲蓝</td><td></td><td></td><td></td><td></td></tr>
<tr><td colspan="2">乳剂类型</td><td colspan="2"></td><td colspan="2"></td></tr>
</table>

【岗位操作】

岗位　乳化

1. 生产前准备

（1）检查操作间、盛装物料的容器及盛料勺、设备等是否有清场合格标志，并核对是否在有效期内，否则按《岗位清洁SOP》进行清场并经QA人员检查发放清场合格证后，方可进行生产。

（2）检查胶体磨的清洁情况，设备要有“完好”“已清洁”状态标志。对设备状况、各部件的完整性进行检查，确认设备运行正常后方可使用。检查水、电供应是否正常。

2. 生产操作（以胶体磨为例）

（1）胶体磨安装　安装转齿于磨座槽内，并用紧固螺栓紧固于转动主轴上；将定齿及间隙调节套安装于转齿上；安装进料斗；安装出料管及出料口。

（2）研磨操作

①用随机扳手顺时针（俯视）缓慢旋转间隙调节套，听到定齿与转齿有轻微摩擦时，即设为“0”点，这时定齿与转齿的间隙为零。②用随机扳手逆时针（俯视）转动间隙调节套，确认转齿与定齿无接触。③按启动键，俯视观察转子的旋转方向应为顺时针。④用注射用水或0.9%氯化钠溶液冲洗1遍。以少量的待研磨的物料倒入装料斗内，调节间隙调节套，确定最佳研磨间隙。调好间隙后，拧紧扳手，锁紧间隙调节套。⑤将待研磨的物料缓慢地投入装料斗内，正式研磨，研磨后的物料装入洁净物料桶内。⑥研磨结束后，应用纯化水或清洁剂冲洗，待物料残余物及清洁剂排尽后，方可停机、切断电源。

（3）停机拆卸　拆卸进料斗，拆卸出料口及出料管。拧松随机扳手，逆时针旋转间隙调节套，将定齿及间隙调节套拆卸下来。松开转动主轴上的固定螺栓，将转齿由转动主轴上拆卸下来。

3. 清场

按《操作间清洁标准操作规程》《胶体磨清洁标准操作规程》，对场地、设备、用具、容器进行清洁消毒，经QA人员检查后发清场合格证。清场合格证正本归入本批批生产记录，副本留在操作间。在设备上挂“已清洁”标识。

4. 结束并记录

及时规范地填写生产记录、清场记录。关好水、电及门。

5. 质量控制要点

①性状；②分层。

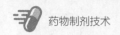

学习测试

一、选择题

（一）单项选择题

1. 关于乳剂的叙述，错误的是（　　）。

A.为非均相液体分散体系　　B.一般乳剂为乳白色不透明液体

C.液滴大小在0.1～10μm之间　　D.分为O/W型、W/O型，此外还有复合乳剂

E.属热力学稳定体系

2. 乳剂的特点叙述中，错误的是（　　）。

A.药物的生物利用度高　　B.油性药物制成乳剂后剂量准确

C.外用可改善透皮性　　D.静脉注射的乳剂具有靶向性

E.W/O型乳剂可掩盖药物不良臭味

3. 能增加油相黏度的辅助乳化剂是（　　）。

A.甲基纤维素　　B.羧甲基纤维素　　C.单硬脂酸甘油酯

D.琼脂　　E.西黄蓍胶

4. 乳剂贮存时发生变化但不影响使用的是（　　）。

A.乳析　　B.转相　　C.破裂　　D.酸败　　E.合并

5. 以液滴分散成多相体系的是（　　）。

A.溶液剂　　B.高分子溶液剂　　C.溶胶剂　　D.混悬剂　　E.乳剂

（二）多项选择题

1. 乳剂的组成有（　　）。

A.油　B.水　C.乳化剂　D.油相　E.水相

2. 引起乳剂破坏的原因是（　　）。

A.温度过高或过低　B.加入相反类型的乳化剂

C.添加油水两相均能溶解的溶剂　D.添加电解质

E.离心力的作用

3. 乳浊液转相的可能原因是（　　）。

A.分散相与分散介质的相对密度差较大　B.乳化剂HLB值发生变化

C.分散相浓度不当　D.温度过高或过低

E.添加防腐剂

4. 下列哪些制剂制备时不应滤过（　　）。

A.硼酸甘油　B.鱼肝油乳　C.胃蛋白酶合剂

D.复方硼酸钠溶液　E.炉甘石洗剂

二、思考题

1. 乳剂的类型主要取决于什么因素？如何检查口服乳剂是否容易分层？

2. 超声耦合剂是临床B型超声波检查时涂在检测部位的皮肤上，使之与空气隔绝，显示检查器官的清晰图像。该制剂为O/W型乳剂，色白细腻、肤感滑爽、无刺激性，易擦除，不损伤仪器。试分析其处方和制法。

处方：液状石蜡　250mL　西黄蓍胶　6g　苯甲酸钠　2.5g

吐温 -80　10mL　香精　10mL　纯化水　加至 500mL

制法：将吐温 -80 与西黄蓍胶在乳钵内充分混匀 10min，将苯甲酸钠溶于计算量纯化水中，溶后加入乳钵内充分混匀，研磨 10min 后将液状石蜡成细流状加入水相，边加边搅拌（定向），加香精再搅拌，即得。

整理归纳

模块二介绍了各类液体剂型的基本概念、特点、制备方法、质量要求与质量评定，常用分散介质、附加剂和稳定剂，以及高分子溶液的性质、混悬剂的稳定性、乳剂的形成和乳剂稳定性的有关剂型理论。试用如下简表的形式，将各类液体剂型加以总结。

剂型	溶液剂	高分子溶液剂	混悬剂	乳剂
概念				
特点				
微粒 /nm				
溶剂、附加剂				
工艺				
制法				
质量评价				
典型制剂				

模块三

无菌制剂

无菌（asepsis） 系指在任一指定物体、介质或环境中，不得存在任何活的微生物。根据人体对环境微生物的耐受程度，《中国药典》将不同给药途径的药物制剂大体分为：规定无菌制剂和非规定无菌制剂（即限菌制剂）。限菌制剂是指允许一定限量的微生物存在，但不得有规定控制菌存在的药物制剂，如口服制剂不得含大肠埃希菌、金黄色葡萄球菌等有害菌。

无菌药品是指法定药品标准中列有无菌检查项目的制剂和原料药，包括注射剂、眼用制剂、无菌软膏剂、无菌混悬剂等。无菌制剂包括：注射用制剂，如注射剂、输液、注射粉针等；眼用制剂，如滴眼剂、眼用膜剂、眼膏剂等；植入型制剂，如植入片等；创面用制剂，如溃疡、烧伤及外伤用溶液、软膏剂和气雾剂等；手术用制剂，如止血海绵剂和骨蜡等。广义上讲，不论无菌和非无菌制剂都规定有染菌的限度，前者要求不得检出活菌，后者限制染菌的种类与数量。由于无菌制剂直接作用于人体血液系统，在使用前必须保证处于无菌状态。因此，生产和贮存该类制剂时，对设备、人员及环境有特殊要求。无菌药品按生产工艺可分为两类，采用最终灭菌工艺的为最终灭菌产品，部分或全部工序采用无菌生产工艺的为非最终灭菌产品。

灭菌（sterilization）是指用物理或化学方法将所有致病和非致病微生物及细菌的芽孢全部杀灭。所用的方法称为灭菌法。灭菌是制剂生产中的重要操作，在无菌、灭菌制剂的生产过程中，灭菌是保证其使用安全的必要条件。灭菌的基本目的是：既要杀死或除去物品中的微生物，又要保证物品的理化性质稳定及使用不受影响。不同的剂型、制剂和生产环境对微生物限定的要求不同，因此在选择灭菌方法时，与微生物学上的要求不尽相同，应根据物品的性质及临床治疗要求，选择适当的灭菌方法。细菌的芽孢具有较强的抗热力，不易杀死，故灭菌效果应以杀死芽孢为主。

灭菌涉及操作环境、设备、容器、用具、工作服装、原辅材料、成品、包装材料、仪器等。无菌药品特别是注射液、供角膜创伤或手术用滴眼剂等无菌制剂，必须符合药典无菌检查的要求。灭菌方法通常分为物理灭菌法和化学灭菌法，物理灭菌法主要有干热灭菌法、湿热灭菌法、滤过除菌法、紫外线灭菌法、辐射灭菌法、火焰灭菌法等，化学灭菌法主要有气体灭菌法、化学杀菌剂灭菌法等。

无菌生产（aseptic processing）系在GMP规定的环境条件下，将无菌的物料分装于无菌的容器中并完成密封，以获得无菌药品的过程。为评估无菌生产的微生物状况，应对微生物进行动态监测，监测方法有沉降菌法、定量空气浮游菌采样法和表面取样法（如棉签擦拭法和接触碟法）等。

最终灭菌（terminal sterilization）系对完成最终密封的产品进行灭菌处理，以使产品中微生物的存活概率［即无菌保证水平（sterility assurance level，SAL）］不高于10^{-6}的生产方式。无菌药品应当尽可能采用加热方式进行最终灭菌，采用湿热灭菌方法进行最终灭菌的，通常标准灭菌时间F_0值应当大于8min。流通蒸汽处理不属于最终灭菌，因其无法达到规定的灭菌效果，只能作为无菌制剂辅助灭菌手段。对热不稳定的产品，可采用无菌生产操作或过滤除菌的替代方法。灭菌工艺的有效性须定期进行再验证（每年至少一次）。

无菌操作法（aseptic technique）系指在整个操作过程中利用或控制一定条件，使产品避免被微生物污染的一种操作方法或技术。适合一些不耐热药物的注射剂、眼用制剂、皮试液、海绵剂和创伤制剂的制备。按无菌操作法制备的产品，一般不再灭菌，但某些特殊（耐热）品种可进行再灭菌（如青霉素 G 等）。最终采用灭菌的产品，其生产过程一般采用避菌操作（尽量避免微生物污染），如大部分注射剂的制备等。

无菌操作室、层流洁净工作台和无菌操作柜是无菌操作的主要场所，无菌操作所用的一切物品、器具及环境，均需按前述灭菌法灭菌，如安瓿应在 150 ～ 180℃、2 ～ 3h 干热灭菌，橡皮塞应在 121℃、1h 热压灭菌等。操作人员进入无菌操作室前应洗澡，并更换已灭菌的工作服和清洁的鞋子，不得外露头发和内衣，以免污染。

无菌检查法系用于检查药典要求无菌的药品、生物制品、医疗器具、原料、辅料及其他品种是否无菌的一种方法。若供试品符合无菌检查法的规定，仅表明供试品在该检验条件下未发现微生物污染。无菌检查应在环境洁净度 B 级背景下的局部 A 级洁净度的单向流空气区域内或隔离系统中进行，其全过程应严格遵守无菌操作。无菌检查人员必须具备微生物专业知识，并经过无菌技术的培训。

无菌制剂必须经过无菌检查法检验，证实已无微生物生存后，才能使用。《中国药典》规定的无菌检查法有“直接接种法”和“薄膜过滤法”。

（1）直接接种法　将供试品溶液接种于培养基上，培养数日后观察培养基上是否出现浑浊或沉淀，与阳性和阴性对照品比较或直接用显微镜观察。

（2）薄膜过滤法　取规定量供试品经薄膜过滤器过滤后，取出滤膜在培养基上培养数日，观察结果，并进行阴性和阳性对照试验。该方法可过滤较大量的样品，检测灵敏度高，结果较“直接接种法”可靠，不易出现“假阴性”结果。但应严格控制过滤过程中的无菌条件，防止环境微生物污染而影响检测结果。

知识拓展　F值与F_0值

D值即微生物的耐热参数，系指在一定温度下，将被灭菌物品中微生物杀灭90%（即下降一个对数单位）所需的时间，以分钟表示。D值越大，说明该微生物的耐热性越强。不同的微生物在不同的环境下具有不同的D值。

Z值即灭菌温度系数，系指使某种微生物的D值下降一个对数单位（$\lg D$），灭菌温度应升高的值（℃），即灭菌时间减少至原来1/10所需要升高的温度。

F值为在一定温度下，给定Z值所产生的灭菌效果与在参比温度下给定Z值所产生的灭菌效果相同的灭菌时间，以分钟为单位。F值常用于干热灭菌。

F_0值系在湿热灭菌中，一定灭菌温度下Z值为10℃所产生的灭菌效率与121℃ Z值为10℃所产生的灭菌效率相同时所相当的时间，单位为分钟。即F_0是将各种灭菌温度的灭菌效果转换为121℃灭菌效果的等效值，应用于热压灭菌。常以嗜热脂肪芽孢杆菌作为微生物指示菌，该菌在121℃时，Z值为10℃。一般规定F_0值不低于8min，实际操作控制F_0为12min。对热极为敏感的产品，可允许F_0值低于8min，但要采取特别的措施确保灭菌效果。

专题一 注射剂

学习目标

- 掌握注射剂的组成、常用附加剂的分类和选用；掌握安瓿的种类和质量要求。
- 知道等张溶液与等渗溶液的概念，学会等渗调节的计算。
- 掌握注射剂的生产流程；学会安瓿的洗涤、投料、药液配制、过滤、灌封、灭菌与检漏，能发现安瓿剂生产中的问题，并找出解决办法。
- 学会注射剂中可见异物、热原的检查。
- 学会典型注射剂的处方及工艺分析。

【典型制剂】

例 1 维生素 C 注射液

处方：				
处方：	维生素 C	104g	EDTA-2Na	0.05g
	碳酸氢钠	49.0g	焦亚硫酸钠	3.0g
	注射用水	加至 1000mL		

制法：取注射用水 800mL，通二氧化碳饱和，加预先溶解的焦亚硫酸钠、EDTA-2Na 水溶液；加维生素 C 溶解，缓慢加入碳酸氢钠溶解，调 pH 值在 6.0 ～ 6.2 范围内，加二氧化碳饱和的注射用水至全量，滤过，通二氧化碳，并在通二氧化碳或氮气下灌封，灭菌。

本品属于维生素类药，为无色或微黄色的澄明液体。遮光密闭保存，制剂色泽变黄后不可应用。

例 2 盐酸普鲁卡因注射液

处方：	盐酸普鲁卡因	0.5g	氯化钠	8.0g
	盐酸（0.1mol/L）	Q.S		
	注射用水	加至 1000mL		

制法：取注射用水约 800mL，加入氯化钠，搅拌溶解，加盐酸普鲁卡因溶解，用 0.1mol/L 盐酸调 pH 值为 4.0 ～ 4.5，加注射用水至全量搅匀，滤过，安瓿灌封，流通蒸汽 100℃、30min 灭菌。大安瓿可适当延长灭菌时间（100℃、45min）。

本品为局部麻醉药。用于浸润麻醉、阻滞麻醉、腰椎麻醉、硬膜外麻醉及封闭疗法等。

【问题研讨】药物制成注射剂的目的是什么？与液体制剂相比，注射剂在处方、生产工艺和质量要求上有何异同？上述典型制剂在制备中需注意哪些问题？

注射剂是临床应用广泛的重要的一类剂型，在危急、重患者的抢救用药时尤为重要。注射剂（injection）是指原料药物或与适宜的辅料制成的供注入体内的无菌制剂，可分为注射液、注射用无菌粉末和注射用浓溶液等。

注射液系指原料药物或与适宜的辅料制成的供注入体内的无菌液体制剂。包括溶液型、乳状液型或混悬型等注射液。可用于皮下注射、皮内注射、肌内注射、静脉注射、静脉滴注等。其中，供静脉滴注用的大容量注射液（除另有规定外，一般不小于 100mL，生物制品一般不小于 50mL）也称输液。中药注射剂一般不宜制成混悬型注射液。

注射用无菌粉末系指原料药物或与适宜辅料制成的供临用前用无菌溶液配制成注射液的无菌粉末或无菌块状物。可用适宜的注射用溶剂配制后注射，也可用静脉输液配制后静脉滴注。

注射用浓溶液系指原料药物与适宜辅料制成的供临用前稀释后静脉滴注用的无菌浓溶液。生物制品一般不宜制成注射用浓溶液。

安瓿剂（ampoule injection）是将无菌药物或药物的无菌溶液灌封于特制的、单剂量装的玻璃小瓶（即安瓿）中的注射剂，分为液体安瓿剂（俗称水针剂）和固体安瓿剂（俗称粉针剂）。

资料卡　注射剂的类型

易溶于水且在水溶液中稳定的药物可制成水溶液型注射剂，如氯化钠注射液。油溶性药物可制成油溶液型注射剂，如黄体酮注射剂。水不溶性液体药物，可制成乳剂型注射剂，如胶丁钙注射液、静脉脂肪乳注射剂。乳状液型注射液不得有相分离现象，不得用于椎管注射；静脉用乳状液型注射液中90%的乳滴粒径应在1μm以下，不得有大于5μm的乳滴。除另有规定外，静脉输液应尽可能与血液等渗。水难溶性药物或注射后要求延长作用的药物，可制成水混悬液或油混悬液，如醋酸可的松注射液。除另有规定外，混悬型注射液中药物粒径应控制在15μm以下，含15～20μm（间有个别20～50μm）者，不应超过10%，若有可见沉淀，振摇时应容易分散均匀。注射用混悬液一般不得用于静脉注射与椎管注射。遇水不稳定的药物可制成注射用无菌粉末，如青霉素粉针剂。

根据医疗的需要，注射剂的给药途径主要有静脉注射、椎管注射、肌内注射、皮下注射和皮内注射等。静脉注射药效快，常作急救、补充体液及供营养之用，多为水溶液。油溶液和一般混悬型注射液不能作静脉注射。椎管腔注射药物必须为高质量，且只能是等张水溶液，pH中性，不得添加抑菌剂。皮内注射常用于过敏性试验或疾病诊断，如青霉素皮试。此外，还有穴位注射、关节腔内注射、动脉内注入等给药途径。

1. 药物制成注射剂的目的

药物制成注射剂的目的主要有以下几方面。

① 剂量准确，药效迅速、作用可靠。注射剂在临床应用时以液体状态直接注射入人体组织、血管或器官内，特别是静脉注射药液直接进入血液循环，适于抢救危重病症之用。

② 对于不宜口服给药的患者，如昏迷、抽搐、惊厥等状态或消化系统障碍的患者，注射是有效的给药途径。

③ 某些药物由于不易被胃肠道吸收，或具有刺激性，或易被消化液破坏，不宜口服，可制成注射剂。如酶等生物技术药物在胃肠道不稳定，常制成粉针剂。

④ 发挥局部定位作用。如牙科、麻醉科用的局麻药等。

但是注射给药不方便，且注射时会产生疼痛感。由于注射剂属于高风险的制剂，使用不当易发生危险，为了保证用药安全，注射剂的质量要求比其他剂型更为严格，制造过程复杂，生产成本较大，价格较高。

2. 注射剂的质量要求

注射剂的质量要求主要有以下几方面。

（1）无菌　注射剂成品中不得含有任何活的微生物。

（2）无热原　无热原是注射剂的重要质量指标，特别是供静脉及脊椎的注射剂。

（3）无可见异物　不得有肉眼可见的浑浊或异物。

（4）安全性　注射剂不能引起对组织的刺激性或发生毒性反应，特别是一些非水溶剂及一些附加剂，必须经过必要的安全性检查。注射剂安全性检查包括异常毒性、细菌内毒素（或热原）、降压物质（包括组胺类物质）、过敏反应、溶血与凝聚等项。

（5）渗透压　其渗透压要求与血浆的渗透压相等或接近。供静脉注射的大剂量注射剂还要求具有等张性。

（6）pH 值　要求与血液相等或接近（血液 pH 值约为 7.4），pH 值一般在 4 ～ 9。

（7）稳定性　注射剂多系水溶液，要求具有必要的稳定性，以确保产品在贮存期内安全有效。

一、注射剂的处方

注射剂由药物、注射用溶剂、附加剂及特制的容器所组成。加入附加剂是为确保注射剂的安全、有效和稳定，常用附加剂主要有 pH 调节剂、等渗调节剂、增溶剂、局麻剂、抑菌剂、抗氧剂等，主要作用是增加药物的理化稳定性；增加主药的溶解度；抑制微生物生长，尤其是多剂量注射剂；减轻疼痛或对组织的刺激性等。注射剂必须采用注射用原料，且必须符合药典或国家药品质量标准。注射剂的标签或说明书中应标明其中所用辅料的名称，如有抑菌剂还应标明浓度；注射用无菌粉末应标明配制溶液所用的溶剂种类，必要时还应标注溶剂量。

1. 注射用溶剂

（1）注射用水　注射用水为纯化水经蒸馏所得的水。为了保证注射用水的质量，必须在防止产生细菌内毒素的设计条件下生产、贮藏及分装，因而采用综合法制备。《中国药典》严格规定了注射用水的质量要求，除硝酸盐与亚硝酸盐、电导率、总有机碳、不挥发物照纯化水项下的方法检查应符合规定外，pH 值应为 5.0 ～ 7.0，氨含量不超过 0.00002%，电导率检查应符合规定，并应于制备后 12h 内使用。细菌内毒素应小于 0.25EU/mL，需氧菌总数不得过 10CFU/100mL。

纯化水可作为配制普通药剂的溶剂或试验用水，但不得用于注射剂的配制。只有注射用水才可配制注射剂。灭菌注射用水为经灭菌后的注射用水，不含任何添加剂，主要用于注射用灭菌粉末的溶剂或注射剂的稀释剂。

（2）注射用油

① 植物油　常用的注射用油主要为大豆油。《中国药典》规定大豆油（注射用）的质量要求为：淡黄色的澄清液体；碘值为 126 ～ 140；皂化值为 188 ～ 195；酸值不大于 0.1。

知识拓展

查阅碘值、皂化值、酸值的含义。

② 油酸乙酯（aethylis oleas）浅黄色油状液体，能与脂肪油混溶，性质与脂肪油相似而黏度较小。但贮藏会变色，故常加抗氧剂，可于 150℃、1h 灭菌。

③ 苯甲酸苄酯（ascabin）无色油状或结晶，能与乙醇、脂肪油混溶。

（3）其他注射用非水溶剂　除注射用水和注射用油外，注射剂常因药物特性的需要而选用其他溶剂或采用复合溶剂。如乙醇、甘油、聚乙二醇等用于增加主药的溶解度，防止水解和增加溶液的稳定性。油酸乙酯、二甲基乙酰胺等与注射用油合用，以降低油溶液的黏滞度，或使油不冻结，易被机体吸收。

① 乙醇　本品与水、甘油、挥发油等可任意混溶，可供静脉或肌内注射。

② 丙二醇（propylene glycol，PG）本品与水、乙醇、甘油可混溶，能溶解多种挥发油。用

作注射溶剂，供静注或肌注。如苯妥英钠注射液中含 40% 丙二醇。

③ 聚乙二醇（polyethylene glycol，PEG） 本品与水、乙醇相混合，化学性质稳定，PEG300、PEG400 均可用作注射用溶剂。如塞替派注射液以 PEG400 为注射溶剂。

④ 甘油（glycerin） 本品与水或乙醇可任意混合，但在挥发油和脂肪油中不溶。由于黏度和刺激性较大，常与乙醇、丙二醇、水等组成复合溶剂，如普鲁卡因注射液的溶剂为 95% 乙醇（20%）、甘油（20%）和注射用水（60%）。

⑤ 二甲基乙酰胺（dimethylacetamide，DMA） 本品与水、乙醇任意混合，对药物的溶解范围大，为澄明中性溶液，常用浓度为 0.01%。

2. 注射剂附加剂

为了提高注射剂的有效性、安全性与稳定性，注射剂中除主药外还可添加其他物质，这些物质统称为附加剂。注射剂的附加剂按作用分有以下种类（表 3-1）。

表3-1 注射剂常用的附加剂及用量

附加剂	浓度 /%	附加剂	浓度 /%
pH 调节剂		增溶剂，润湿剂，乳化剂	
醋酸，醋酸钠	0.22 ～ 0.8	聚山梨酯 -20	0.01
枸橼酸，枸橼酸钠	0.5 ～ 4.0	聚山梨酯 -80	0.04 ～ 4.0
磷酸氢二钠，磷酸二氢钠	0.71 ～ 1.7	卵磷脂	0.5 ～ 2.3
碳酸氢钠，碳酸钠	0.005 ～ 0.06	Pluronic F-68	0.21
抑菌剂		助悬剂	
苯甲醇	1 ～ 2	明胶	2
苯酚	0.5 ～ 1.0	甲基纤维素	0.05 ～ 0.74
三氯叔丁醇	0.25 ～ 0.5	果胶	0.2
等渗调节剂		填充剂	
氯化钠	0.5 ～ 0.9	乳糖	1 ～ 8
葡萄糖	4 ～ 5	甘氨酸	1 ～ 10
甘油	2.25	甘露醇	1 ～ 2
抗氧剂		稳定剂	
亚硫酸钠	0.1 ～ 0.2	肌酐	0.5 ～ 0.8
亚硫酸氢钠	0.1 ～ 0.2	甘氨酸	1.5 ～ 2.25
焦亚硫酸钠	0.1 ～ 0.2	烟酰胺	1.25 ～ 2.5
螯合剂		辛酸钠	0.4
EDTA-2Na	0.01 ～ 0.05	保护剂	
局部止痛剂		乳糖	2 ～ 5
盐酸普鲁卡因	1	蔗糖	2 ～ 5
苯甲醇	1.0 ～ 2.0	麦芽糖	2 ～ 5
三氯叔丁醇	0.3 ～ 0.5	人血白蛋白	0.2 ～ 2

（1）助溶剂 如苯甲酸钠咖啡因注射液（苯甲酸钠增加咖啡因的溶解度）；利尿素（水杨酸钠增加可可豆碱的溶解度）。

（2）增溶剂 如维生素 K_1 或维生素 K_2 注射液用中性植物油与吐温 -80 增溶。

（3）助悬剂 羧甲基纤维素钠、聚乙烯吡咯烷酮、甲基纤维素。

（4）乳化剂 普流罗尼、吐温 -80、司盘 -80、卵磷脂。

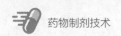

（5）抗氧剂　水溶性抗氧剂、油溶性抗氧剂、金属络合剂（EDTA-2Na）。

（6）惰性气体　N_2或CO_2，用于置换注射液及安瓿中的氧（空气）。

（7）抑菌剂　静脉或脊髓注射用注射液一律不得加抑菌剂。

（8）pH调节剂　小容量注射液，pH值调节在4～9；大容量注射液，pH应近中性，避免引起酸、碱中毒。酸碱调节剂或缓冲剂有：稀盐酸、氢氧化钠、磷酸氢二钠和磷酸二氢钠、枸橼酸和枸橼酸钠。

（9）减轻疼痛的附加剂　苯甲醇、盐酸普鲁卡因、三氯叔丁醇。止痛剂容易掩盖注射剂本身的组方、工艺等质量问题。

（10）渗透压调节剂　主要有氯化钠、氯化钾、葡萄糖等。

资料卡　等渗溶液与等张溶液

等渗溶液（isoosmotic solution）系指与血浆渗透压相等的溶液。注入机体内的液体一般要求等渗。在低渗溶液（渗透压低于0.45%氯化钠溶液）中，水分子穿过细胞膜进入红细胞，使得红细胞体积膨胀、破裂，造成溶血现象。注入高渗溶液时，红细胞内水分向外渗出而发生细胞萎缩。但只要注射速度足够慢，血液可自行调节。肌内注射可耐受0.45%～2.7%的氯化钠溶液。脊髓腔内注射，由于易受渗透压的影响，必须调节至等渗。红细胞膜对很多药物水溶液来说可视为半透膜，如葡萄糖、氯化钠。但有些药物如盐酸普鲁卡因、甘油等，即使是等渗溶液，也会发生溶血现象。因此，提出等张溶液（isotonic solution）的概念，即指渗透压与红细胞膜张力相等的溶液。如2.6%甘油与0.9%氯化钠具有相同渗透压，但它100%溶血。所以，等渗溶液不一定等张，等张溶液亦不一定等渗。在新产品的试制中，即使所配制的溶液为等渗溶液，为保证用药安全，亦应进行溶血试验。溶血试验法系将一定量供试品与2%的家兔红细胞混悬液混合，温育一定时间后，观察其对红细胞状态是否产生影响的一种方法。

3. 渗透压的调节

《中国药典》（2020年版）规定对静脉补液、营养液、电解质或渗透利尿药（如甘露醇注射液），应在标签上注明溶液的毫渗透压摩尔浓度，以提供临床参考。

毫渗透压摩尔浓度的单位以每升溶液中溶质的毫渗透压摩尔（简写为mOsmol/kg）来表示。正常人体血液的渗透压为285～310mOsmol/kg。

理想的毫渗透压摩尔浓度可按下列公式计算：

$$\text{毫渗透压摩尔浓度}=\frac{\text{溶质的质量(g/L)}}{\text{分子量(g)}}\times n\times 1000 \tag{3-1}$$

式中，n为溶质分子溶解时生成的离子数或化学物种数，在理想溶液中如葡萄糖n=1、氯化钠n=2、氯化钙n=3、枸橼酸钠n=4。

复杂混合物如水解蛋白注射液的理想渗透压摩尔浓度不容易计算，因此应采用实际测定值表示。在制剂中，渗透压调整的计算方法有：凝固点（冰点）降低数据法和氯化钠等渗当量法。2020年版《中国药典》规定毫渗透压摩尔浓度的测定采用冰点降低法。

（1）凝固点降低数据法　一般情况下，血浆凝固点值为-0.52℃。根据物理化学原理，任何溶液其凝固点降低到-0.52℃，即与血浆等渗。等渗调节剂的用量可用下式计算。

$$W=\frac{0.52-a}{b} \tag{3-2}$$

式中，W为配制等渗溶液需加入的等渗调节剂的百分含量；a为药物溶液的凝固点下降值，℃；b为1%（g/mL）等渗调节剂的溶液的凝固点下降值，℃。

例 1　1% 氯化钠的凝固点下降度为 0.58℃，血浆的凝固点下降度为 0.52℃，求等渗氯化钠溶液的浓度。

答：已知 $b = 0.58$，纯水 $a = 0$，按式计算得 $W = 0.9$。即配制 100mL 氯化钠溶液需用 0.9g 氯化钠，因此等渗氯化钠的浓度为 0.9%。

例 2　配制 2% 盐酸普鲁卡因溶液 100mL，用氯化钠调节等渗，求所需氯化钠的加入量。

答：查表 3-2 可知，2% 盐酸普鲁卡因溶液的凝固点下降度为 $0.12 \times 2 = 0.24$℃，1% 氯化钠溶液的凝固点下降度（b）为 0.58℃，因此

$$W = (0.52 - 0.24) / 0.58 = 0.48$$

即配制 2% 盐酸普鲁卡因溶液 100mL 需加入氯化钠 0.48g。

对于成分不明或查不到凝固点降低数据的注射液，可通过实验测定，再依上法计算。在测定药物的凝固点降低值时，为使测定结果更准确，测定浓度应与配制溶液浓度相近。

（2）氯化钠等渗当量法　氯化钠等渗当量（sodium chloride isotonic equivalent）系指能与该药物 1g 呈现等渗效应的氯化钠的量，一般用 E 表示。例如硼酸的氯化钠等渗当量为 0.47，即 1g 硼酸在溶液中能产生与 0.47g 氯化钠相等的质点，即同等渗透压效应。因此，查出药物的氯化钠等渗当量后，可计算出等渗调节剂的用量。计算公式如下：

$$X = 0.9\%V - EW \tag{3-3}$$

式中，X 为配成 V mL 等渗溶液需加入的氯化钠的质量，g；E 为药物的氯化钠等渗当量；W 为药物的质量，g；0.9% 系指等渗氯化钠溶液浓度。

例 3　配制 2% 盐酸麻黄碱溶液 200mL，欲使其等渗，需加入多少克氯化钠？

解：查表 3-2 可知，1g 盐酸麻黄碱的氯化钠等渗当量为 0.28，所以

$$X = 0.009 \times 200 - 0.28 \times 2\% \times 200 = 0.68\,(g)$$

一些药物 1% 溶液的凝固点降低值和氯化钠等渗当量见表 3-2，根据这些数据，可计算药物等渗溶液的浓度，或将某溶液调成等渗时所需等渗调节剂的量。

表3-2　一些药物水溶液的凝固点降低值与氯化钠等渗当量

药物	1%（g/mL）水溶液凝固点降低值 /℃	1g 药物的氯化钠等渗当量（E）	等渗溶液的溶血情况		
			浓度 /%	溶血 /%	pH
硼酸	0.28	0.47	1.9	100	4.6
盐酸麻黄碱	0.16	0.28	3.2	96	5.9
无水葡萄糖	0.10	0.18	5.05	0	6.0
葡萄糖（H_2O）	0.091	0.16	5.51	0	5.9
碳酸氢钠	0.381	0.65	1.39	0	8.3
氯化钠	0.578	0.9	0	6.7	—
盐酸普鲁卡因	0.122	0.18	5.05	91	5.6
维生素 C	0.105	0.18	5.05	100	2.2
枸橼酸钠	0.185	0.30	3.02	0	7.8
甘露醇	0.10	0.18	5.07	—	—
硫酸锌（$7H_2O$）	0.085	0.12	7.65	—	—

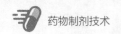

4. 注射剂的容器

常用的注射剂容器是由硬质中性玻璃制成的安瓿或其他式样的容器，如青霉素小瓶（圆口安瓿）、输液瓶等，有单剂量及多剂量两种。单剂量的容器大多为安瓿，其容积通常为 1mL、2mL、5mL、10mL、20mL 等规格。国家标准 GB/T 2637—2016 规定注射剂使用的安瓿一律为曲颈易折安瓿，其颈上有一圆环或点刻痕折断后，断面应平整，避免折断安瓿瓶颈时造成玻璃屑、微粒进入安瓿污染药液。

注射剂安瓿的质量要求如下。

① 安瓿玻璃应无色透明，以便于检查可见异物、杂质以及变质情况。

② 应具有低的膨胀系数这种优良的耐热性，以耐受洗涤和灭菌过程中所产生的热冲击，使其在生产过程中不易冷爆破裂。

③ 要有足够的物理强度以耐受当热压灭菌时所产生的较高压力差，并避免在生产、装运和保存过程中所造成的破损。

④ 应具有高度的化学稳定性，不改变溶液的 pH，不易被注射液所侵蚀。

⑤ 熔点较低，易于熔封。

⑥ 不得有气泡、麻点及沙粒。

安瓿必须通过物理和化学等检查后，方能使用。

物理检查：主要检查安瓿外观、尺寸、应力、清洁度、热稳定性等，具体要求及检查方法，可参照国家标准（安瓿）。

化学检查：玻璃容器的耐酸性、耐碱性检查和中性检查，可按有关规定的方法进行。

装药试验：必要时特别当安瓿材料变更时，尚需作装药试验，证明无影响方能应用。

知识拓展　注射用塑料安瓿

玻璃安瓿由于折断玻璃曲颈时易产生玻璃微粒，导致药液被不溶性微粒污染，对患者用药安全带来隐患；同时由于手折玻璃安瓿易造成护士意外伤害，且存在标识不清晰、不便于高危药品管理等缺陷。塑料安瓿由于材质的延展性高，故能克服玻璃安瓿产生碎屑的缺点。此外，塑料安瓿采用扭力旋转开瓶，操作方便，断口不锐利，不会划伤护理人员；采用彩色印刷标签，清晰易辨；材料耐碰撞，便于运输和携带，使临床使用更安全、更方便。

二、注射剂的制备

注射剂为无菌药品，不仅要按生产工艺流程生产，还要进行严格的生产环境控制和按 GMP 管理生产，以保证注射剂的质量和用药安全。以下介绍小容量液体安瓿注射剂的制备，其生产洁净区域划分及工艺流程参见附录一（二）。液体安瓿剂制备的工艺如下。

安瓿 → 洗涤 → 干燥、灭菌 ↓

注射用水 → 原辅料 → 配制 → 过滤 → 灌封 → 灭菌 → 质检 → 印字包装

1. 安瓿的洗涤

安瓿可先灌瓶蒸煮，进行热处理。一般使用纯化水，质量较差的安瓿须用 0.5% 的醋酸水溶液，灌满后，以 100℃ 30min 热处理。此项操作在灭菌器内或热处理连动机内进行。蒸瓶的目的是使瓶内灰尘和附着的沙粒等杂质经加热浸泡后落入水中，容易洗涤干净，同时也是一种化学处理，让玻璃表面的硅酸盐水解，微量的游离碱和金属离子溶解，使安瓿的化学稳定性提高。

安瓿的洗涤方法一般有甩水洗涤法、加压喷射气水洗涤法和超声波洗涤法。

① 甩水洗涤法　是将安瓿经灌水机灌满滤净的水，再用甩水机将水甩出，如此反复三次，以达到清洗的目的。此法洗涤的清洁度一般可达到要求，但洗涤质量不如加压喷射气水洗涤法好，一般适用于 5mL 以下的安瓿。

② 加压喷射气水洗涤法　是利用已滤过的纯化水与已滤过的压缩空气由针头喷入安瓿内交替喷射洗涤。压缩空气的压力一般为 294.2 ～ 392.3kPa（3 ～ 4kgf/cm^2），冲洗顺序为：气→水→气→水→气，一般 4 ～ 8 次。加压喷气水洗涤法特别适用于大安瓿的洗涤。此种方法洗涤水和空气的滤过是关键问题，特别是空气的滤过。因为压缩空气中有润滑油雾及尘埃，不易除去，滤得不净反而污染安瓿，以致出现所谓“油瓶”。因此，压缩空气需先经冷却，然后经贮气筒，使压力平衡，再经过焦炭（或木炭）、泡沫塑料、瓷圈、砂棒等滤过，净化后才能使用。洗涤水和空气也可用微孔滤膜滤过。无润滑油空气压缩机出来的空气含油雾较少，滤过系统可以简化。最后一次洗涤用水，应用通过微孔滤膜精滤的注射用水。

洗涤机还有采用加压喷射气水洗涤（图 3-1）与超声波洗涤（图 3-2）相结合的方法。

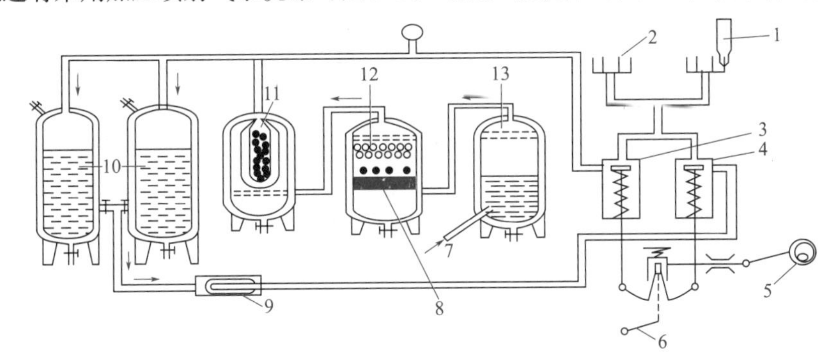

图 3-1　加压喷射气水安瓿洗涤机组结构示意图

1—安瓿；2—针头；3—喷气阀；4—喷水阀；5—偏心轮；6—脚踏板；7—压缩空气进口；8—木炭层；9，11—双层涤纶袋滤器；10—水罐；12—瓷环层；13—洗气罐

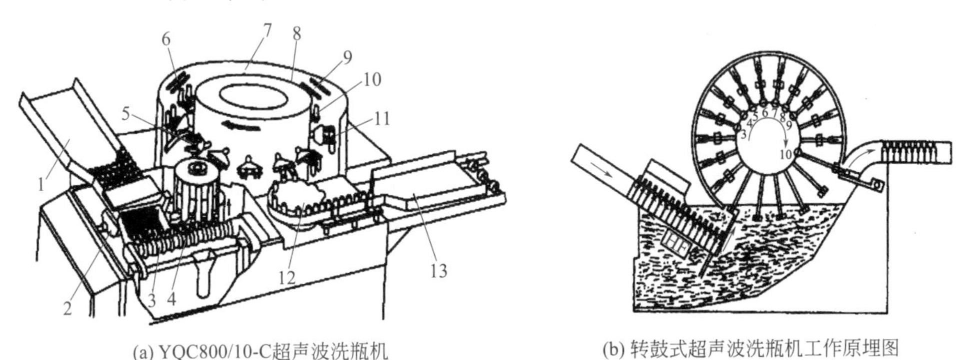

(a) YQC800/10-C超声波洗瓶机　　(b) 转鼓式超声波洗瓶机工作原理图

图 3-2　超声波洗涤机组结构示意图

1—料槽；2—超声波换能头；3—送瓶螺杆；4—提升轮；5—瓶子翻转工位；6，7，9—喷水工位；8，10，11—喷气工位；12—拨盘；13—滑道

2. 安瓿的干燥或灭菌

安瓿洗涤后，一般要在烘箱内用 120 ～ 140℃温度干燥。盛装无菌操作或低温灭菌的安瓿则须用 180℃干热灭菌一个半小时。大生产中，现多采用隧道式烘箱（图 3-3），采用适当的辐射元

件组成的远红外干燥装置，温度可达 250 ～ 350℃。一般经 350℃、5min，能达到安瓿灭菌的目的。灭菌好的空安瓿存放柜应有净化空气保护，存放时间不应超过 24h。

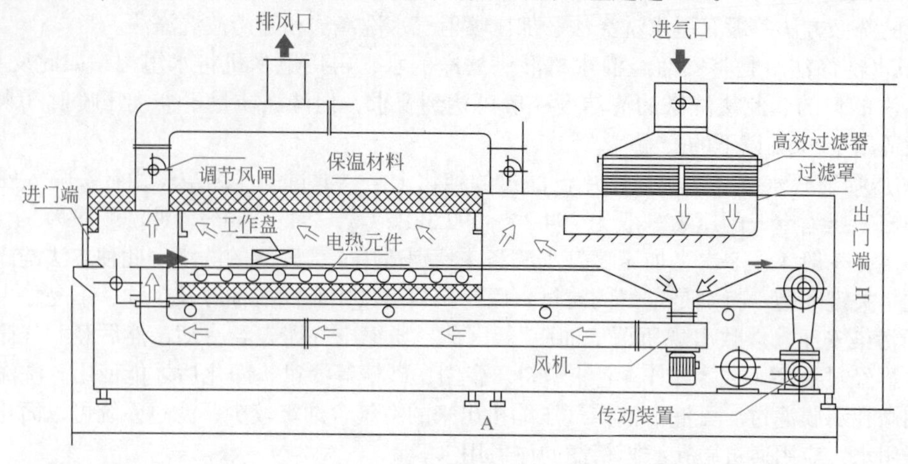

图 3-3　红外隧道烘箱结构示意图

3. 配液

供注射用的原料药，必须符合药典所规定的各项杂质检查与含量限度。活性炭要使用“注射用”规格针剂用炭。注射剂溶液的浓度，除另有规定外，一律采用百分浓度（g/mL）表示。配制的方法分为浓配法和稀配法两种。将全部药物加入部分溶剂中配成浓溶液，加热或冷藏后过滤，然后稀释至所需浓度，此谓浓配法，此法可滤除溶解度小的杂质。稀配法是将全部药物加入所需溶剂中，一次配成所需浓度，再行过滤，此法可用于优质原料。

（1）**配液器具**　配液常用装有搅拌器的夹层锅，以便加热或冷却。配制用具的材料有：玻璃、耐酸碱搪瓷、不锈钢、聚乙烯等。配制浓的盐溶液不宜选用不锈钢容器；需加热的药液不宜选用塑料容器。

（2）**投料**　配制注射剂前，先按处方规定算出原辅料的用量后，准确称取，经两人核对后投料。如注射剂灭菌后含量下降，应酌情增加投料量。若原料与处方规定的药物规格不同时，如含量、含结晶水等，应注意换算。一般投料的计算公式如下：

原料理论用量 = 实际配液数 × 标示量

原料实际用量 = 原料理论用量 × 相当标示量的百分数 / 原料实际含量

实际配液数 = 计划配液数 + 灌注时耗损量　　（3-4）

例 4　制备 2mL 装量 2% 盐酸普鲁卡因注射液 1000 支，灌注附加量为 0.15mL，原料实际含量为 99%，实际灌注时损耗量为 5%。试计算原料用量。

答：计划配液量 =（2 + 0.15）× 1000 = 2150（mL）

实际配液量 = 2150 + 2150 × 5% = 2257.5（mL）

原料理论用量 = 2257.5 × 2% = 45.15（g）

《中国药典》规定盐酸普鲁卡因注射液的含量应为标示量的 95% ～ 105%，故按平均值 100% 计，

原料实际用量 = 45.15 × 100%/99% = 45.61（g）

若在灭菌或贮藏过程中含量下降者，可适当提高“相当标示量的百分数”。药液配好后，半成品需经质量检查（澄明度、pH 值、含量等），合格后方可灌封。

有时配出的含量超出半成品控制的范围，此时则应补水或补料（表 3-3）。一般补水量超过 3% 时应相应补加其他辅料。

表3-3　注射剂的增加装量通例表

标示装量 /mL	增加量 /mL		标示装量 /mL	增加量 /mL	
	易流动液	黏稠液		易流动液	黏稠液
0.5	0.10	0.12	10.0	0.50	0.70
1.0	0.10	0.15	20.0	0.60	0.90
2.0	0.15	0.25	50.0	1.0	1.50
5.0	0.30	0.50			

药液实际含量高于标示量的百分含量时，补水量为：（实际标示量的百分数 – 拟补到标示量的百分数）× 配制药液体积。

例 5　配制 5% 维生素 B_1 50 万毫升，测得含量为标示量的 102%，拟补水到标示量的 100%，问需补水多少毫升？

答：补水量 =（102% – 100%）× 500000mL = 10000mL

需补水 10000mL。

药液实际含量低于标示量的百分含量时，补料量为：（拟补到标示量的百分数 – 实测标示量的百分数）× 配制药液体积 × 药液百分含量。

例 6　如配制 5% 维生素 C 50 万毫升，测得含量为标示量的 98%，拟补料到标示量的 102%，问需补料多少克？

答：补料量 =（102% – 98%）× 500000mL × 5%（g/mL）= 1000g

所以，需补料 1000g。

配制油性注射液，其器具必须充分干燥，注射用油可先用 150 ～ 160℃干热灭菌 1 ～ 2h，冷却后进行配制。

（3）配液的注意事项

① 配制注射液时应在洁净环境中进行，所用器具及原料尽可能无菌，以减少污染；器具用前要用清洁液洗净，并用新鲜注射用水荡洗或灭菌后备用。每次配液后，一定要立即刷洗干净，玻璃容器可加入少量硫酸清洁液或 75% 乙醇放置，以免长菌，用时再依法洗净。

② 配制剧毒药品注射液时，严格称量与校核，并谨防交叉污染。

③ 对不稳定的药物应注意调配顺序(先加稳定剂或通惰性气体等)，有时要控制温度与避光操作。

④ 对不易滤清的药液可加 0.1% ～ 0.3% 活性炭处理，小量注射液可用纸浆混炭处理。活性炭应选用针用炭，确保注射液质量。使用活性炭时还应注意其对药物（如生物碱盐等）的吸附作用。活性炭在酸性溶液中（pH 3 ～ 5）吸附作用较强，最高吸附能力可达 1 ∶ 0.3，在碱性溶液中有时出现“胶溶”或脱吸附，反而使溶液中杂质增加，故活性炭最好用酸碱处理并活化使用。

⑤ 配制油性注射液，常将注射用油先经 150℃干热灭菌 1 ～ 2h，冷却至适宜温度，趁热配制、过滤，温度不宜过低，否则黏度增大，不易过滤。应进行半成品质量检查（如 pH 值、含量等），合格后方可过滤。

⑥ 为了防止微生物与热原的污染及药物变质，应尽可能地缩短配制时间。

4. 注射液的滤过

滤过是注射剂制备的重要步骤，是保证药液澄明度的关键工序。滤过后的药液，必须经澄明度检查合格，方可灌装。滤器按截留能力可归类为粗滤（预滤）及精滤（末端滤过）。粗滤滤器包括砂滤棒、板框式压滤器、钛滤器，精滤滤器包括垂熔玻璃滤器、微孔膜滤器、超滤膜滤器等。另外，还有超滤装置、多孔聚乙烯烧结管过滤器等。

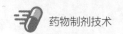

微孔滤膜是高分子薄膜过滤材料，主要用于注射剂的精滤和除菌过滤，使用前用70℃左右的注射用水浸泡12h以上备用，临用时再用注射用水冲洗后装入滤器。过滤机制主要是物理过筛作用，常用的有醋酸纤维滤膜、聚丙烯滤膜、聚四氟乙烯滤膜等，厚度为0.12～0.15μm，孔径为0.01～14μm。微孔滤膜的优点是孔隙率高、过滤速度快、吸附作用小、不滞留药液、不影响药物含量、设备简单等，但耐酸、耐碱性能差；对某些有机溶剂如丙二醇适应性差；截留的微粒易使滤膜阻塞，影响滤速，故用其他滤器预滤后，才可使用。

使用微孔滤膜生产的品种有葡萄糖注射液、右旋糖酐注射液、维生素（维生素C、B族维生素、维生素K等）、硫（盐）酸阿托品等。特别是一些不耐热制品，可用0.3μm或0.22μm的滤膜作无菌过滤，如胰岛素、辅酶等。此外还可用于无菌检查，灵敏度高。以微孔滤膜作过滤介质的过滤装置称为微孔滤膜过滤器，常用的有圆盘形和圆筒形两种。圆筒形内有微孔滤膜过滤器若干个，过滤面积大，适用于注射剂的大生产。

微孔滤膜使用前要进行起泡点、流速等测试，对用于除菌滤过的滤膜，还应测定其截留细菌的能力。

起泡点测试：将微孔滤膜湿润后装在过滤器中，在滤膜上覆盖一层水，从滤过器下端通入氮气，以每分钟压力升高34.3kPa的速度加压，水从微孔中逐渐被排出。当压力升高至一定值，滤膜上面水层中开始有连续气泡逸出时，此压力值即为该滤膜起泡点。每种滤膜都有特定的起泡点，使用前后均要进行起泡点试验。

流速的测定：在一定压力下，以一定面积的滤膜滤过一定体积的水求得。

不同孔径纤维素混合酯膜起泡点与流速见表3-4。

表3-4　不同孔径纤维素混合酯膜起泡点与流速

孔径大小/μm	起泡点/kPa（kgf/cm^2）	流速/[mL/（min·cm）]
0.8	103.9（1.06）	212
0.65	143.2（1.46）	150
0.45	225.5（2.3）	52
0.22	377.5（3.65）	21

注射剂生产中一般采用二级过滤，先将药液用常规滤器如砂滤棒、垂熔玻璃漏斗、板框压滤器或加预滤膜等办法进行预滤后，再使用滤膜过滤，可将膜滤器串联在常规滤器后作末端过滤。但还不能达到彻底除菌的目的，过滤后还需灭菌。过滤器使用前应进行完整性验证（图3-4）。

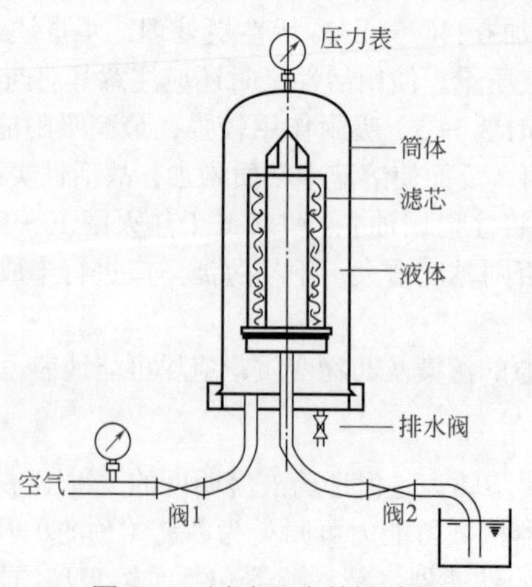

图3-4　过滤器完整性验证

知识拓展 滤过机制及其影响因素

注射液的滤过靠介质的拦截作用，过滤方式有表面过滤和深层过滤。表面过滤是过滤介质的孔道小于滤浆中颗粒的大小，过滤时固体颗粒被截留在介质表面。深层过滤是介质的孔道大于滤浆中颗粒的大小，但颗粒随液体流入介质孔道时，靠惯性碰撞、扩散沉积以及静电效应被沉积在孔道和孔壁上，使颗粒被截留在孔道内。

影响过滤速度的因素有：①操作压力越大，滤速越快；②孔隙越窄，阻力越大，滤速越慢；③过滤初期，过滤速度与滤器的表面积成正比；④黏度愈大，滤速愈慢；⑤滤速与毛细管长度成反比，因此沉积的滤饼量愈多，滤速愈慢。

所以，增加滤速的方法有：①加压或减压以提高压力差；②升高滤液温度以降低黏度；③先预滤，减少滤饼厚度；④使颗粒变粗以减少滤饼阻力等。

5. 注射剂的灌封

滤液经检查合格后进行灌装和封口，即灌封。灌封室是灭菌制剂制备的关键区室，应为局部单向流的洁净室。安瓿自动灌封机（图 3-5）因封口方式不同而异，但它们灌注药液均由下列动作协调进行：安瓿传送至轨道，灌注针头上升、药液灌装并充气，封口，再由轨道送出产品。灌液部分装有自动止灌装置，当灌注针头降下而无安瓿时，药液不再输出，以防污染机器与浪费。洗、灌、封联动机和割、洗、灌、封联动机（图 3-6），使生产效率有很大提高。

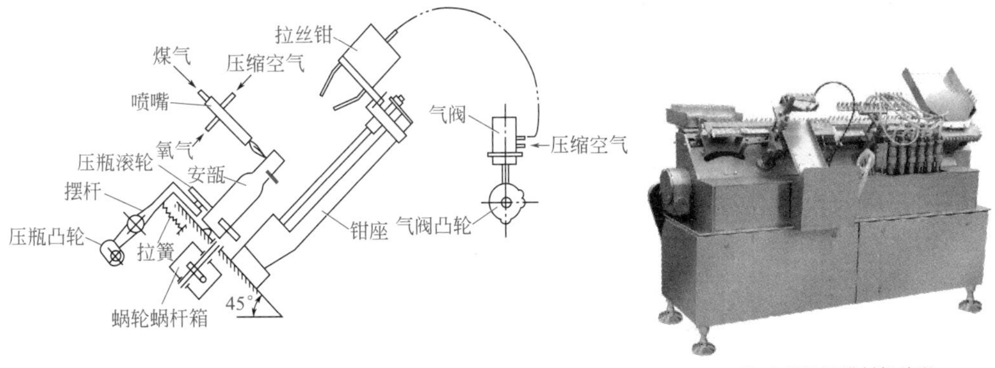

(a) 安瓿拉丝灌封机结构示意图　　(b) 安瓿拉丝灌封机外观

图 3-5　安瓿拉丝灌封机

图 3-6　XHGF1-20 安瓿洗烘灌封联动设备图

灌封的注意事项如下。

（1）剂量需准确　灌装时可按《中国药典》要求适当增加药液量，以保证注射用量不少于标示量。根据药液的黏稠程度不同，在灌装前，必须用精确的小量筒校正注射器的吸液量，试装若干支安瓿，经检查合格后再行灌装。

（2）药液不沾瓶　为防止灌注器针头“挂水”，活塞中心常有毛细孔，可使针头挂的水滴缩回并调节灌装速度，过快时药液易溅至瓶壁而沾瓶。

（3）通惰性气体　通惰性气体时既不使药液溅至瓶颈，又使安瓿空间空气除尽。一般采用空安瓿先充惰性气体，灌装药液后再充一次。

（4）灌封过程中的问题　在安瓿灌封过程中可能出现剂量不准，封口不严（毛细孔），大头、焦头、瘪头、爆头等问题。产生焦头的原因有：安瓿颈部沾有药液，熔封时炭化；灌药时给药太急，溅起药液在安瓿瓶壁上；针头往安瓿里灌药时不能立即回缩或针头安装不正；压药与打药行程不配合等。充 CO_2 气体时容易发生瘪头、爆头。

6. 注射剂灭菌与检漏

灌封后一般在 12h 内灭菌。除采用无菌操作生产的注射剂外，一般注射液在灌封后必须尽快灭菌，以保证用药安全。注射液的灭菌要求是杀灭微生物，并避免药物的降解，以免影响药效。灭菌与保持药物稳定性是矛盾的两个方面，灭菌温度高、时间长，容易把微生物杀灭，但却不利于药液的稳定，因此选择适宜的灭菌法对保证产品质量甚为重要，按灭菌效果 F_0 大于 8 的要求进行验证。在避菌条件较好的情况下，可采用流通蒸汽灭菌，1 ～ 5mL 安瓿多采用流通蒸汽 100℃、30min；10 ～ 20mL 安瓿常用 100℃、45min 灭菌。

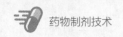

灭菌后的安瓿应立即进行漏气检查。若安瓿未严密熔合，有毛细孔或微小裂缝存在，则药液易被微生物与污物污染，或药物泄漏，污损包装，应检查剔除。检漏一般采用灭菌和检漏两用的灭菌器，将灭菌、检漏结合进行。

检漏方法如下：灭菌后稍开锅门，同时放进冷水淋洗安瓿使温度降低，然后关紧锅门并抽气，漏气安瓿内气体亦被抽出，当真空度为 640 ～ 680mmHg（85326 ～ 90659Pa）时，停止抽气，开色水阀，至颜色溶液（0.05% 曙红或亚甲蓝）盖没安瓿时止，开放气阀，再将色液抽回贮器中，开启锅门、用热水淋洗安瓿，剔除带色的漏气安瓿。或在灭菌后，趁热放颜色水于灭菌锅内，安瓿遇冷内部压力收缩，颜色水即从漏气的毛细孔进入而被检出。深色注射液的检漏，可将安瓿倒置进行热压灭菌，灭菌时安瓿内气体膨胀，将药液从漏气的细孔挤出，使药液减少或成空安瓿而剔除。还可用仪器检查安瓿隙裂。

三、注射剂的质量检查

1. 可见异物检查

可见异物系指存在于注射剂、眼用液体制剂和无菌原料药中，在规定条件下目视可以观测到的不溶性物质，其粒径或长度通常大于 50μm。注射剂、眼用液体制剂在出厂前应采用适宜的方法逐一检查并同时剔除不合格产品。临用前，需在自然光下目视检查（避免阳光直射），如有可见异物，不得使用。用于本试验的供试品，必须按规定随机抽样。

可见异物检查法有灯检法和光散射法。灯检法不适用的品种，如用深色透明容器包装或液体色泽较深（一般深于各标准比色液 7 号）的品种可选用光散射法；混悬型、乳状液型注射液和滴眼液不能使用光散射法。

（1）第一法（灯检法）　灯检法应在暗室中进行。检查人员的远距离和近距离视力测验，均应为 4.9 及以上（矫正后视力应为 5.0 及以上）；应无色盲。检查装置如图 3-7 所示。

检查法：按各类供试品的要求，取规定量供试品，除去容器标签，擦净容器外壁，必要时将药液转移至洁净透明的适宜容器内，将供试品置遮光板边缘处，在明视距离（指供试品至人眼的清晰观测距离，通常为25cm），手持容器颈部，轻轻旋转和翻转容器（但应避免产生气泡），使药液中可能存在的可见异物悬浮，分别在黑色和白色背景下目视检查，重复观察，总检查时限为20s。供试品装量每支（瓶）在10mL及10mL以下的，每次检查可手持2支（瓶）。50mL或50mL以上大容量注射液按直、横、倒三步法旋转检视。供试品溶液中有大量气泡产生影响观察时，需静置足够时间至气泡消失后检查。

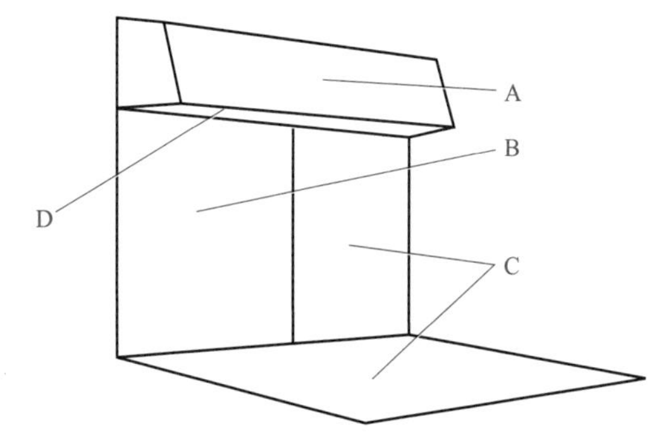

图3-7 灯检法检查装置示意图

A—带有遮光板的日光灯光源，光照度可在1000～4000lx范围内调节；B—不反光的黑色背景；C—不反光的白色背景和底部（供检查有色异物）；D—反光的白色背景（指遮光板内侧）

用无色透明容器包装的无色供试品溶液，检查时被观察供试品所在处的光照度应为1000～1500lx；用透明塑料容器包装、棕色透明容器包装的供试品或有色供试品溶液，光照度应为2000～3000lx；混悬型供试品或乳状液，光照度应增加至约4000lx。

结果判定：供试品中不得检出金属屑、玻璃屑、长度超过2mm的纤维、最大粒径超过2mm的块状物以及静置一定时间后轻轻旋转时有肉眼可见的烟雾状微粒沉积物、无法计数的微粒群或摇不散的沉淀，以及在规定时间内较难计数的蛋白质絮状物等明显可见异物。

供试品中如检出点状物、2mm以下的短纤维和块状物、半透明的小于约1mm的细小蛋白质絮状物或蛋白质颗粒等微细可见异物，除另有规定外，应分别符合表3-5和表3-6中的规定。

表3-5 生物制品注射液、滴眼剂结果判定

<table>
<tr><th rowspan="2">类别</th><th colspan="2">微细可见异物限度</th></tr>
<tr><th>初试20支（瓶）</th><th>初、复试40支（瓶）</th></tr>
<tr><td>注射液</td><td rowspan="2">装量50mL及以下，每支（瓶）中微细可见异物不得超过3个
装量50mL以上，每支（瓶）中微细可见异物不得超过5个
如仅有1支（瓶）超出，符合规定
如检出2支（瓶），复试
如检出3支（瓶）及以上，不符合规定</td><td>2支（瓶）以上超出不符合规定</td></tr>
<tr><td>滴眼剂</td><td>3支（瓶）以上超出不符合规定</td></tr>
</table>

表3-6 非生物制品注射液、滴眼剂结果判定

<table>
<tr><th colspan="2" rowspan="2">类别</th><th colspan="2">微细可见异物限度</th></tr>
<tr><th>初试20支（瓶）</th><th>初、复试40支（瓶）</th></tr>
<tr><td rowspan="2">注射液</td><td>静脉用</td><td>如1支（瓶）检出，复试
如2支（瓶）或以上检出，不符合规定</td><td>超过1支（瓶）检出不符合规定</td></tr>
<tr><td>非静脉用</td><td>如1～2支（瓶）检出，复试
如2支（瓶）以上检出，不符合规定</td><td>超过2支（瓶）检出不符合规定</td></tr>
<tr><td colspan="2">滴眼剂</td><td>如1支（瓶）检出，符合规定
如2～3支（瓶）检出，复试
如3支（瓶）以上检出，不符合规定</td><td>超过3支（瓶）检出不符合规定</td></tr>
</table>

既可静脉用也可非静脉用的注射液应执行静脉用注射液的标准，混悬液与乳状液仅对明显可见异物进行检查。

注射用无菌制剂5支（瓶）检查的供试品中如检出微细可见异物，每支（瓶）中检出微细可

见异物的数量应符合表3-7的规定；如有1支（瓶）超出限度规定，另取10支（瓶）同法复试，均应符合规定。

表3-7 注射用无菌制剂结果判定

类别		每支（瓶）中微细可见异物限度
生物制品	复溶体积50mL及以下	≤3个
	复溶体积50mL以上	≤5个
非生物制品	冻干	≤3个
	非冻干	≤5个

（2）第二法（光散射法） 本方法通过对溶液中不溶性物质引起的光散射能量的测量，并与规定的阈值比较，以检查可见异物。仪器由旋瓶装置、激光光源、图像采集器、数据处理系统和终端显示系统组成，并配有自动上瓶和下瓶装置。结果判定同灯检法。

溶液型供试品：除另有规定外，取供试品20支（瓶），除去不透明标签，擦净容器外壁，置仪器上瓶装置上，从仪器提供的菜单中选择与供试品规格相应的测定参数，并根据供试品瓶体大小对参数进行适当调整后，启动仪器，将供试品检测3次并记录检测结果。凡仪器判定有1次不合格者，用灯检法确认。用深色透明容器包装或液体色泽较深等灯检法检查困难的品种不用灯检法确认。

注射用无菌粉末：除另有规定外，取供试品5支（瓶），用适宜的溶剂及适当的方法使药物全部溶解后，按上述方法检查。

2. 热原检查

热原（pyrogen）系注射后能引起人体特殊致热反应的物质，是微生物的一种内毒素。内毒素是由磷脂、脂多糖和蛋白质所组成的复合物，其中脂多糖具有特别强的致热活性。大多数细菌都能产生热原，霉菌、病毒也能产生热原，致热能力较强的是革兰阴性杆菌。含有热原的注射液注入体内后，大约半小时就能产生发冷、寒战、体温升高、恶心呕吐等反应，严重者出现昏迷、虚脱，甚至生命危险。

（1）热原的污染途径 注射剂生产和使用过程中，热原的污染途径主要有：

① 注射用水 热原污染的主要来源，所以注射用水应新鲜使用，环境应洁净；

② 原辅料 特别是用生物方法制造的药物和辅料，易滋生微生物，如右旋糖酐、水解蛋白、葡萄糖等；

③ 容器、用具、管道与设备等 如未按GMP要求认真清洗处理，易导致热原污染；

④ 制备过程与生产环境 车间内卫生差、操作时间过长、产品灭菌不及时或不合格等，增加细菌污染的机会，从而可能产生热原；

⑤ 输液器具 由于输液器具（输液瓶、乳胶管、针头与针筒等）污染而引起热原反应。

资料卡 热原的主要性质

（1）耐热性 热原在100℃加热不降解，250℃ 30～45min、200℃ 60min或180℃ 3～4h方可使热原彻底破坏。故在通常的热压灭菌中热原不易被破坏。

（2）过滤性 热原大小为1～5nm，一般的滤器均可通过，即使微孔滤膜也不能截留，但可被活性炭吸附。

（3）水溶性和不挥发性 热原能溶于水，不挥发。

另外，强酸、强碱、强氧化剂（如高锰酸钾或过氧化氢等）、超声波等能使热原失活。

（2）热原的除去方法　注射剂生产过程中，除去热原的方法主要有：①高温法　250℃加热30min 以上；②酸碱法　玻璃容器、用具可用硫酸清洁液或稀氢氧化钠处理；③吸附法　活性炭对热原有较强的吸附作用，同时可吸附杂质、助滤、脱色，在注射剂生产中广泛使用，常用量为0.1% ～ 0.5%；④离子交换法　如用 301 型弱碱性阴离子交换树脂与 122 型弱酸性阳离子交换树脂除去丙种胎盘球蛋白注射液中的热原；⑤凝胶滤过法　如用二乙氨基乙基葡聚糖凝胶（分子筛）制备无热原去离子水；⑥其他方法　如三醋酸纤维膜反渗透法、超滤法等。

（3）热原检查法　为家兔法，系将一定剂量的供试品，静脉注入家兔体内，在规定时间内，观察家兔体温升高的情况，以判定供试品中所含热原的限度是否符合规定。家兔法为各国药典法定的热原检查方法，因为家兔对热原的反应和人基本相似。检查要得到一致结果的关键是动物状况、试验室条件和操作。

供试用家兔：供试用的家兔应健康合格，体重 1.7kg 以上（用于生物制品检查用的家兔体重为 1.7 ～ 3.0kg），雌兔应无孕。预测体温前 7 日即应用同一饲料饲养，在此期间内，体重应不减轻，精神、食欲、排泄等不得有异常现象。未曾用于热原检查的家兔；或供试品判定为符合规定，但组内升温达 0.6℃的家兔；或 3 周内未曾使用的家兔，均应在检查供试品前 7 日内预测体温，按药典要求进行挑选。

测量家兔体温应使用精密度为 ±0.1℃的测温装置。测温探头或肛温计插入肛门的深度和时间各兔应相同，深度一般约为 6cm，时间不得少于 1.5min，每隔 30min 测量体温 1 次，一般测量 2 次，两次体温之差不得超过 0.2℃，以此两次体温的平均值作为该兔的正常体温。当日使用的家兔，正常体温应在 38.0 ～ 39.6℃的范围内，且同组各兔间正常体温之差不得超过 1.0℃。

检查法：取适用的家兔 3 只，测定其正常体温后 15min 以内，自耳静脉缓缓注入规定剂量并温热至约 38℃的供试品溶液，然后每隔 30min 按前法测量其体温 1 次，共测 6 次，以 6 次体温中最高的一次减去正常体温，即为该兔体温的升高温度（℃）。如 3 只家兔中有 1 只体温升高 0.6℃或高于 0.6℃，或 3 只家兔体温升高的总和达 1.3℃或高于 1.3℃，应另取 5 只家兔复试，检查方法同上。

结果判断：在初试的 3 只家兔中，体温升高均低于 0.6℃，并且 3 只家兔体温升高总和低于 1.3℃；或在复试的 5 只家兔中，体温升高 0.6℃或高于 0.6℃的家兔不超过 1 只，并且初试、复试合并 8 只家兔的体温升高总和为 3.5℃或低于 3.5℃，均判定供试品的热原检查符合规定。

在初试的 3 只家兔中，体温升高 0.6℃或高于 0.6℃的家兔超过 1 只；或在复试的 5 只家兔中，体温升高 0.6℃或高于 0.6℃的家兔超过 1 只；或在初试、复试合并 8 只家兔的体温升高总和超过 3.5℃，均判定供试品的热原检查不符合规定。

当家兔升温为负值时，均以 0℃计。

（4）细菌内毒素检查法（鲎试验法）　细菌内毒素检查法系利用鲎试剂来检测或量化由革兰阴性菌产生的细菌内毒素，以判断供试品中细菌内毒素的限量是否符合规定的一种方法。细菌内毒素的量用内毒素单位（EU）表示，1EU 与 1 个内毒素国际单位（IU）相当。细菌内毒素检查包括两种方法，即凝胶法和光度测定法。供试品检测时，可使用其中任何一种方法进行试验。当测定结果有争议时，除另有规定外，以凝胶限度试验结果为准。

凝胶法系通过鲎试剂与内毒素产生凝集反应的原理来检测内毒素限度（凝胶限度试验）或半定量内毒素的方法。凝胶半定量试验系通过确定反应终点浓度来量化供试品中内毒素的含量。

光度测定法分为浊度法和显色基质法。浊度法系利用检测鲎试剂与内毒素反应过程中的浊度变化而测定内毒素含量的方法。显色基质法系利用检测鲎试剂与内毒素反应过程中产生的凝固酶使特定底物释放出呈色团的多少而测定内毒素含量的方法。光度测定试验需在特定的仪器中进行，温度一般为 37℃ ±1℃。为保证浊度和显色试验的有效性，应预先进行标准曲线的可靠性试验以及供试品的干扰试验。当鲎试剂、供试品的来源、处方、生产工艺改变或试验环境中发生了任何有可能影响试验结果的变化时，须重新进行干扰试验。

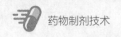

鲎试验法能检出0.0001μg/mL的内毒素，比家兔法灵敏十倍，特别适用于放射性药剂、肿瘤抑制剂等品种。因为这些制剂具有细胞毒性，具有一定的生物效应，不适宜用家兔法检测。鲎试验法实验操作简单，实验费用少，结果迅速可靠，适用于注射剂生产过程中的热原控制。但对革兰阴性菌以外的内毒素不够灵敏，尚不能代替家兔热原检查法。

3. 无菌检查

注射剂灭菌后，均应抽取一定数量的样品进行无菌检查。通过无菌操作制备的成品更应检查其无菌状况。

4. 其他检查

此外，注射剂需进行装量、装量差异、pH等检查，有些品种需进行降压物质检查、异常毒性检查、刺激性试验、过敏试验及抽针试验等。

【问题解决】

1. 分析维生素C注射液的处方和制法，如何提高其稳定性？

提示：维生素C显强酸性，碳酸氢钠使其部分中和成钠盐，既可调节至维生素C较稳定的pH值6.0左右，又可避免酸性太强，在注射时产生疼痛。加入碳酸氢钠时应缓慢，防止溶液溢出，并充分搅拌以免局部碱性过强。维生素C易氧化变色，尤其当金属离子（特别是铜离子）存在时。故加入$NaHSO_3$作抗氧剂，EDTA作金属离子络合剂，应尽量避免维生素C与金属工具接触。为避免维生素C被安瓿中残留的氧气氧化，在药液内和灌封时分别通入惰性气体CO_2、N_2。灭菌条件应控制在100℃、15min。

2. 分析盐酸普鲁卡因注射液的处方和制法，如何提高其稳定性？

提示：盐酸普鲁卡因为酯类药物，极易水解。水解产物无明显麻醉作用，并继续脱羧、氧化成有色物质。本品稳定性的关键是调节pH值，pH值应控制在3.5～5.0。灭菌温度不宜过高，时间不宜过长。氯化钠用于调节等渗，并有增加溶液稳定性的作用。未加氯化钠的处方，一个月分解1.23%，加0.85%氯化钠的仅分解0.4%。

3. 查阅资料，分析复方甲地孕酮注射液的处方和制法，了解混悬型注射剂的基本要求。

提示：复方甲地孕酮注射液的处方为醋酸甲地孕酮25.0g、雌二醇3.5g、CMC-Na 5.0g、氯化钠9.0g、聚山梨酯-80 4.0g、硫柳汞0.01g、注射用水适量，共制1000mL。本品为混悬型注射液，女性用注射避孕药。

4. 查阅资料，分析维生素D_2果糖酸钙注射液的处方和制法，了解乳剂型注射剂的基本要求。

提示：维生素D_2果糖酸钙注射液的处方为维生素D_2 0.125g、果糖酸钙3.85g、吐温-80 8.8mL、司盘-85 2.2mL、硝酸苯汞10mg、注射用油适量，共制1000mL。本品为乳剂型注射液，用于预防和治疗钙缺乏症。

实践　维生素C注射液的制备

通过维生素C注射液的制备，掌握注射剂的工艺流程、清洗、配液、灌封、灭菌和质量检查等操作，认识本工作中使用到的仪器、设备，能规范使用，并注意安全操作。

【实践项目】

维生素C注射液的配制（处方、制法自拟）。

1. 配液容器的处理

将配液容器用洗涤剂或硫酸清洁液处理，用前用纯化水、新鲜注射用水洗净或干热灭菌。

2. 安瓿处理

用新鲜注射用水洗涤3次，甩干或干燥灭菌后备用。安瓿封口采用拉丝封口方法。

3. 垂熔滤器的处理

在1%～2%硝酸钠硫酸液中浸泡12～24h，再用热纯化水、新鲜注射用水抽洗至中性且澄明。

4. 微孔滤膜的处理

用70℃左右的注射用水浸泡12h以上。

5. 灌装器的处理

用硫酸清洁液或2%氢氧化钠溶液冲洗，再用热纯化水、新鲜注射用水抽洗至中性且澄明。

6. 质量检查

漏气检查：注射液灭菌后，趁热浸入色水中，将有色的注射液检出。

可见异物检查：抽取检品，手持安瓿颈部使药液轻轻旋转，于伞棚安瓿检查灯边缘处，药品至人眼距离为20～25cm，用目检视。

提示：调配器具使用前用洗涤剂或硫酸清洁液处理洗净，临用前用新鲜注射用水荡洗或灭菌处理，不得引入杂质及热原。安瓿须先经外观检查，在洗涤前先灌入纯化水（或0.1%盐酸），经100℃蒸煮30min热处理后，再趁热甩水，以滤净的注射用水灌洗数次。洗净的安瓿应立即烘干备用。灌注药液时尽量不使药液碰到安瓿颈口，以免封口时产生炭化和白点等。灌装后随即封口。并及时灭菌，趁热放入亚甲蓝溶液中检漏。

【岗位操作】

岗位一　安瓿的洗涤

1. 生产前准备

（1）检查操作间是否有清场合格标志，是否在有效期内。否则按清场标准操作规程清场，并经QA人员检查合格后，填写清场合格证，才能进行下一步操作。

（2）检查设备是否有“完好”“已清洁”标牌，并对设备进行检查，确认设备正常，方可使用。

（3）检查烘箱隧道内、进瓶台板弹片弧内、出口过渡段上、垂直输送带后面是否有碎瓶、倒瓶，如发现应及时清理。

（4）环境检查。检查洗烘瓶间温度是否为18～30℃、相对湿度是否为30%～75%。

（5）根据生产指令填写领料单，并领取安瓿。

（6）挂“运行”状态标志，进入操作。

2. 生产操作（以QXC 12/1-20安瓿超声波清洗机为例）

（1）接通电源，启动设备空转运行，观察是否能正常运作。

（2）进行洗瓶操作，同时往输送带送入待清洗的安瓿。

（3）将灭菌完毕的安瓿收集，挂标示牌，送往灌封工序（如采用安瓿洗、灌、封联动生产线，安瓿通过传送带直接送到灌封工序）。

（4）生产结束后将剩余安瓿收集，标明状态，交中间站。

3. 清场

按《洗瓶设备清洁操作规程》《洗瓶间清场操作规程》对设备、房间进行清洁消毒。清场后，经QA人员检查合格，发清场合格证。清场合格证正本归入本批批生产记录，副本留在操作间。在设备上挂“已清洁”标识。

4. 结束并记录

及时规范地填写各生产记录、清场记录。关好水、电及门。

5. 质量控制要点

①性状；②洁净度。

岗位二　安瓿的干燥灭菌

1. 生产前准备

（1）检查是否有清场合格证，并确定有效期；检查设备、容器、场地清洁是否符合要求（若有不符合要求的，需重新清场或清洁，并请 QA 人员填写清场合格证或检查后，进入下一步生产）。

（2）检查电、水、气是否正常。

（3）检查设备是否有“完好”标牌、“已清洁”标牌。

（4）检查设备状况是否正常。

（5）按生产指令领取物料，并确保物料的品名、批号、规格、数量、质量符合要求。

（6）按设备与用具的消毒规程对设备、用具进行消毒。

（7）挂本次“运行”状态标志，进入生产操作。

2. 生产操作（以 SGZ 420/20 型远红外加热杀菌干燥机为例）

（1）打开电源开关，“电源指示”信号灯亮，电源开关柜风扇运转正常。

（2）轻触“温度设定”按键，进入温度设定画面，设定烘干灭菌温度（注：灭菌干燥机内各层流风机在温度低于设定温度以下时能自动停机，调好后可固定，不必经常调整）。

（3）轻触“操作画面”按键，进入操作画面，启动“日间工作”按钮，各层流风机开始运转，加热管开始加热。

（4）检查电热管加热情况，转动“电源开关”，观察“电流指示”表电流情况（注：顺时针转动电流开关，前三挡为每一相的电流测试，观察三挡电流是否相等，如果不相等，说明电热管有的已经损坏，需重新更换）。

（5）将走带控制选择“自动”方式（注：可与清洗机动作匹配，由清洗机清洗干净的空安瓿进入干燥机，每进入一排安瓿，可推动限位弹片动作一次，从而使接近开关接通，启动减速电机运转，输送网带载着安瓿移动）。

（6）轻触“日间启动”按键后，整个干燥机处于自动状态，温度自我调节到设定温度值，误差为 ±5℃。电机过载，风压过高，风门没打开，立刻会弹出报警画面，并停止加热。

（7）按下“夜间启动”按键后，输送带电机停止，加热停止，“前层流电机”“热风电机”“后层流电机”“补风电机”“排风电机”信号指示灯都亮，表示都在运行。当烘箱温度低于 100℃，“热风电机”“排风电机”停止，其他风机继续运行，保持烘干隧道内部处于层流屏蔽状态，以免外部空气进入隧道内（注：一般紧急停机时间不宜超过半小时，以免高温高效过滤器因烘箱内热量不能及时排出，使得温度过高，损坏过滤器）。

（8）空车运行，检查所有电机是否运转，有无异常响声。

（9）测量风速和风压，中间烘箱风速 0.6 ～ 0.8m/s，进出口层流风机风速 0.45 ～ 0.65m/s（不同的区域应保证有一定的正压差，要求：无菌区＞冷却段＞灭菌段＞预热段＞清洗间）。

（10）安瓿进入干燥机时，将链条放置在清洗机的出料嘴的轨道上，挡住清洗机的出料嘴，以便安瓿洗完后在前面扶住瓶身进入输送网带上。安瓿排列聚集到一定程度后形成一定的压力，使限位弹片作用，从而接通接近开关，驱动减速电机开动，输送网带同时前移（输送网带的移动是随清洗机的间断输送安瓿，从而也间断行进）。

（11）清洗机停机后，在电源柜控制面板上轻触“手动走带”后，可以不断推动安瓿补充给下道工序的安瓿灌封机。

3. 清场

按《灭菌设备清洁操作规程》《灭菌间清场操作规程》对设备、房间进行清洁消毒，经 QA 人员检查合格，发放清场合格证。

4. 结束并记录

及时填写批生产记录、设备运行记录、交接班记录等。关好水、电及门。

5. 质量控制要点

①性状；②可见异物；③无菌检查。

岗位三　配液与滤过

1. 生产前准备

（1）检查是否有清场合格证，并确定有效期。检查设备、容器、场地清洁是否符合要求（若不符合要求，需重新清场或清洁，并请 QA 人员填写清场合格证或检查后，才能进入下一步生产）。

（2）检查电、水、气是否正常。

（3）检查设备是否有“完好”标牌、“已清洁”标牌。

（4）检查设备状况是否正常，如检查气封圈是否完好；打开电源，检查各指示灯指示是否正常；开机观察空机运行过程中，是否有异常声音。

（5）按生产指令领取物料，并确保物料的品名、批号、规格、数量、质量符合要求。

（6）检查配液间的温度是否为 18 ～ 26℃、相对湿度是否为 45% ～ 65%，检查浓配间（配液前处理间）、稀配间与走廊相对负压（≥ 5Pa），在批生产记录上记录操作间的温湿度和压差。

（7）按设备与用具的消毒规程对设备与用具进行消毒。

2. 生产操作

（1）原辅料的准备　配制前，应准确计算原料的用量，称量时应两人核对。若在制备过程中（如灭菌后）药物含量易下降，应酌情增加投料量。计算投料量。含结晶水药物应注意其换算。

（2）注射液的浓配　按《浓配罐标准操作规程》进行配制，配制后的药液按《钛滤器标准操作规程》进行粗滤。

（3）注射液的稀配　将浓配后的药液泵进稀配罐，按《稀配罐标准操作规程》进行稀配，根据《微孔滤膜滤器标准操作规程》精滤药液，保证过滤后的溶液澄明度符合要求。

（4）配液罐的清洁保养　用尼龙刷蘸取 1% ～ 2% 洗涤剂，从里往外刷洗。用经粗滤的饮用水将内外壁冲洗干净。生产同种产品，用纯化水和注射用水依次冲洗干净即可。生产不同品种产品，需用 1%NaOH 溶液煮沸半小时，进行设备内部清洗，再用纯化水和注射用水依次冲洗干净。定期向减速箱内加入适量齿轮油。

（5）微孔滤膜滤器操作

微孔滤膜使用前处理：①检查微孔滤膜有无气泡、针孔、破损情况，测定起泡点；②将滤膜浸泡在纯化水中 12 ～ 24h，使滤孔充分胀开；③以微火煮沸 30min（或以纯蒸汽灭菌 30min）。

微孔滤膜滤器的安装及操作：①检查已清洗的不锈钢泵是否达到要求，组装时各结合部位要密封，达到不漏油、不漏液，安全运转；②将微孔滤膜与滤器组装好（要注意滤膜的正反面，以免滤膜对药液造成污染），将过滤器与稀配罐、灌封管道安装连接；③开启过滤装置，用注射用水试验并冲洗管道，观察加压泵运转是否正常。如过滤后的注射用水符合质量要求，即可用于过滤药液。

开始过滤时，管道内存在少量积水会降低先滤出药液的浓度，应密闭回流 10min，才通往灌封工序。生产结束后，应拆卸过滤装置并用注射用水将过滤装置及灌装管道冲洗干净。

（6）将过滤后的药液置贮罐贮存，填写请验单，待化验合格后进行灌封。

3. 清场

（1）将生产剩余物料收集，标明状态，交中间站，填写退料单。

（2）按《设备清洁标准操作规程》《过滤器清洁标准操作规程》《生产工具清洁标准操作规程》对设备、工具、容器进行清洁消毒，按《生产间清场标准操作规程》进行清场，经 QA 人员检查合格后，发放清场合格证。清场合格证正本归入本批批生产记录，副本留在操作间。在设备上挂“已清洁”标识。

4. 结束并记录

及时规范地填写各生产记录、清场记录、交接班记录等。关好水、电及门。

5. 质量控制要点

①色泽；②含量；③ pH 值；④可见异物。

岗位四　灌封

1. 生产前准备

（1）检查操作间是否有清场合格标志，并在有效期内，否则按清场标准操作规程进行清场并经 QA 人员检查合格后，填写清场合格证，才能进行下一步操作。

（2）检查设备是否有“完好”标牌及“已清洁”标牌，且在有效期内。

（3）领取校正后的注射器。

（4）按灌封机标准操作规程检查设备是否正常，并安装活塞和灌注器。

（5）按《灌封设备消毒规程》对设备、所用容器进行消毒。

（6）检查模具是否符合要求。

（7）检查燃气、氧气是否符合要求，打开阀门。

（8）检查惰性保护气体是否符合要求，打开阀门。

（9）检查药液及药液管路、灌装泵是否符合要求。

（10）检查灌封间温度是否为 18 ～ 26℃、相对湿度是否为 45% ～ 65%，检查确认灌封间与洗瓶间之间压差，应≥ 10Pa，在批生产记录上记录灌封间的温湿度、压差。

（11）挂“运行”状态标志，进入灌封操作。

2. 生产操作（以 AGF10A/1-20 安瓿灌封机为例）

（1）按动手轮使机器运行 1 ～ 3 个循环，检查是否有卡滞现象。

（2）将电源置于“ON”。

（3）启动层流电机，检查层流系统是否符合要求。

（4）在操作画面按主机启动按钮，再旋转调速旋钮，开动主机。由慢速逐渐调向高速，检查是否正常，然后关闭主机。

（5）检查已烘干瓶是否已在机器网带部分排好，并将倒瓶扶正或用镊子夹走。

（6）手动操作将灌装管路充满药液，排空管内空气。

（7）开动主机运行在设定速度试灌装，检测装量，调节装量，使装量在标准范围之内，然后停机。

（8）在操作画面按抽风启动按钮。

（9）在操作画面按氧气、燃气启动按钮。

（10）点燃各火嘴，根据经验调节流量计开关，使火焰达到设定状态。

（11）按下转瓶电机按钮。

（12）开动主机至设定速度并进行灌装，看拉丝效果，调节火焰至最佳。

（13）拉丝完后用推板把瓶赶入接瓶盘中，同时用镊子夹走明显不合格产品。

（14）中途停机时，先按绞龙制动按钮，待瓶走完后方可停机，以免浪费药液及包材。

（15）总停机时先按氧气停止按钮，后按抽风停止按钮、转瓶停止按钮，之后按层流停止按钮，最后关断总电源。

（16）如总停机间隔时间不长，可让层流风机一直处于开启状态，以保护未灌装完的瓶。

（17）灌封结束。关闭燃气、氧气、保护惰性气体总阀门。拆卸灌装泵及管路，移往指定清洁位置清洁、消毒，注意泵体与活塞应配对做好标志以免混装。对储液罐进行清洗、消毒。对机器进行清洗，并擦拭干净。清洗时电器箱操作面板不能沾水，以免损坏电器箱或发生漏电事故。

3. 清场

（1）按《灌封设备清洁操作规程》清洗消毒设备，按《灌封间清场标准操作规程》进行清场，经 QA 人员检查合格，发清场合格证。清场合格证正本归入本批批生产记录，副本留在操作间。

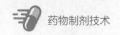

在设备上挂“已清洁”标识。

（2）收集中间产品上标签，标明状态，交中间站，做好交接工作。

4. 结束并记录

及时填写批生产记录、设备运行记录、交接班记录等。关好水、电及门。

5. 质量控制要点

①封口；②灌装量；③异物。有色注射剂还应包括“色泽”。

岗位五　灭菌与检漏

1. 生产前准备

（1）操作间是否有清场合格标志，并在有效期内，否则按清场标准操作规程进行清场并经QA人员检查合格后，填写清场合格证，才能进行下一步操作。

（2）设备是否有“完好”标牌、“已清洁”标牌，且在有效期内。

（3）所有的计量器具、压缩空气过滤器、灭菌器是否处于正常工作状态，关闭手动安全阀。

（4）检查灭菌前气锁间温度是否为18～30℃、相对湿度是否为30%～75%。

（5）查蒸汽源、水源、电源开关是否正常，并排放管道中的冷凝水。

（6）所有的仪表、阀门是否灵敏可靠。

（7）管道系统中各手动阀是否关闭。

（8）挂“运行”状态标志，进入灭菌操作。

2. 生产操作

（1）打开电源开关。

（2）打开进蒸汽阀、供水阀。

（3）放入待灭菌产品，按药品生产工艺要求设定工作参数后关门（关门前，应检查门胶有无损伤及污物，检查柜体与密封面有无损伤及污物）。

（4）按“启动”键，设备运行。

（5）在温度上升的同时开启排放截止阀，使室内冷空气及冷凝水排放出来，加快室内温度均匀，约排放2～3min后，关闭截止阀。

（6）关闭进蒸汽阀、供水阀。

（7）将灭菌的安瓿用冷水喷淋使温度降低，然后抽真空，再喷入有色液体，进行检漏。

（8）切断电源。

（9）打开排泄管上的手动球阀，接通排泄管路，排泄内室蒸汽和水，待灭菌室内温度低于60℃、压力降至零，打开柜门，戴上手套拉出内车，取出灭菌产品（行程信号灯处于“准备”或“结束”状态才可开门。灭菌后必须先观察仪表，确认灭菌室内温度低于60℃、压力表显示为0MPa，门自锁解除后，方可开门）。

注意：灭菌后必须等灭菌器内压力降到零时，才可缓慢打开柜门，谨防蒸汽喷出伤人。

3. 清场

（1）生产结束，用饮用水将灭菌室清洗干净。

（2）清除蒸汽管道内的冷凝水和垢渍。

（3）设备表面用饮用水擦净。

（4）按本岗位标准清洁规程进行清洁消毒。

（5）清场后，经QA人员检查合格，发清场合格证。清场合格证正本归入本批批生产记录，副本留在操作间。在设备上挂“已清洁”标识。

4. 结束并记录

及时填写批生产记录、设备运行记录、交接班记录等。关好水、电及门。

学习测试

一、选择题

（一）单项选择题

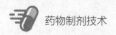

1. 下列有关注射剂的叙述哪一项是错误的（　　）。
   A.注射剂均为澄明液体，必须热压灭菌　B.适用于不宜口服的药物
   C.适用于不能口服药物的患者　D.疗效确切可靠，起效迅速
   E.产生局部定位及靶向给药作用
2. 下列滤器中能用于终端滤过的是（　　）。
   A.砂滤棒　B. 3号垂熔玻璃滤器　C.钛滤器
   D.微孔滤膜器　E.板框滤器
3. 注射用水是由纯化水采取（　　）法制备。
   A.离子交换　B.蒸馏　C.反渗透
   D.电渗析　E.精滤
4. 热原致热的主要成分是（　　）。
   A.蛋白质　B.胆固醇　C.脂多糖
   D.磷脂　E.生物激素
5. 下列表示细菌内毒素单位的是（　　）。
   A. UE　B. EA　C. EU　D. QE　E. ER
6. 滤过是制备注射剂的关键步骤之一，为精滤作用的滤器是（　　）。
   A.多孔素瓷滤棒　B.板框过滤器　C.砂滤棒
   D.微孔滤膜器　E.钛滤膜
7. 盛装无菌操作或低温灭菌的注射液安瓿洗涤后，干热灭菌的温度与时间为（　　）。
   A.180℃、1.5h　B.120℃、2.5h　C.140℃、2h
   D.200℃、1h　E.100℃、3h
8. 维生素C注射液中可应用的抗氧剂是（　　）。
   A.焦亚硫酸钠或亚硫酸钠　B.焦亚硫酸钠或亚硫酸氢钠　C.亚硫酸氢钠或硫代硫酸钠
   D.硫代硫酸钠或维生素E　E.维生素E或亚硫酸钠
9. 下列不可作为注射用非水溶剂的是（　　）。
   A.甘油　B.聚乙二醇　C.甲醇
   D.二甲基乙酰胺　E.油酸乙酯
10. 配制最终灭菌注射剂的环境区域划分正确的是（　　）。
    A.高污染风险产品的配置与过滤洁净度级别为B级
    B.直接接触药物的包装材料最终清洗后的处理洁净度级别为C级
    C.一般产品的灌封洁净度级别为B级
    D.灌装前物料准备洁净度级别为C级
    E.高污染风险产品的灌封洁净度级别为C级背景下的局部A级
11. 下列有关除去热原方法的叙述，错误的为（　　）。
    A.250℃、30min以上干热灭菌能破坏热原活性
    B.重铬酸钾-硫酸清洁液浸泡能破坏热原活性
    C.在浓配液中加入0.1%～0.5%（g/mL）的活性炭除去热原
    D.热原是大分子复合物，0.22μm微孔滤膜可除去热原
    E.离子交换树脂可除去热原

12. 灭菌后的安瓿存放柜应有净化空气保护，安瓿存放时间不应超过（　　）。
A.6h　　B.10h　　C.12h
D.24h　　E.48h
13. 活性炭吸附力最强时，所需pH值为（　　）。
A.4～6　　B.3～5　　C.5～5.5
D.5～6　　E.5.5～6.5
14. 注射剂灭菌后应立即检查（　　）。
A.热原　　B.漏气　　C.澄明度
D.含量　　E.pH值
15. 以下给药途径需要严格等张溶液的是（　　）。
A.静脉给药　　B.椎管腔给药　　C.肌内给药
D.皮内给药　　E.皮下给药
16. 一般注射剂的pH值应为（　　）。
A.3～8　　B.3～10　　C.4～9　　D.5～10　　E.5～9
（二）多项选择题
1. 热原污染途径有（　　）。
A.从溶剂中带入　　B.从原料中带入
C.从容器、用具、管道和装置等带入　　D.制备过程中的污染　　E.从输液器具带入
2. 注射剂中污染微粒的主要途径是（　　）。
A.原辅料　　B.容器及生产用具　　C.工艺条件
D.环境空气　　E.使用过程
3. 下面关于制备注射剂的叙述，哪些是错误的（　　）。
A.配制注射液用的水是灭菌蒸馏水
B.“化学纯”或“分析纯”的化学试剂如含量达到药典规定，可作配制注射液原料
C.对不易滤清或带微量杂质的药液，可加0.1%～0.3%的针剂用活性炭处理
D.药液过滤采用粗滤与精滤结合，即药液→板框压滤机→垂熔玻璃滤球→微孔滤膜
E.微孔滤膜安放前应在70℃注射用水中浸渍12h以上
4. 生产注射剂时常加入适量的活性炭，其作用是（　　）。
A.吸附热原　　B.脱色　　C.助滤
D.增加主药的稳定性　　E.提高澄明度
5. 关于注射剂的质量要求正确的是（　　）。
A.注射剂成品不应含有任何活的微生物　　B.静脉滴注用的注射剂需进行热原检查
C.不得有肉眼可见的浑浊或异物　　D.一般应具有与血液相等或相近的pH值
E.注射剂必须等渗
6. 注射剂的玻璃容器的质量要求（　　）。
A.无色、透明、洁净，不得有气泡、麻点及沙粒等
B.优良的耐热性　　C.足够的物理强度
D.高度的化学稳定性　　E.熔点较低，易于熔封
7. 关于注射用油的叙述正确的是（　　）。
A.注射用油应为植物油，常用大豆油　　B.注射用油必须精制，25℃时应保持澄明
C.应无异臭、无酸败味　　D.色泽不得深于黄色7号标准比色液
E.碘值为126～140，皂化值为188～195，酸值不大于0.1
8. 关于溶液的等渗与等张的叙述正确的是（　　）。

A.等渗溶液是指渗透压与血浆相等的溶液，是物理化学概念
B.等张溶液是指与红细胞膜张力相等的溶液，是生物学概念
C.等渗不一定等张，但多数药物等渗时也等张
D.等渗不等张的药液调节至等张时，该液一定是低渗的
E.0.9%氯化钠溶液为等渗溶液，但并不是等张溶液

9.盐酸普鲁卡因注射液处方中加入氯化钠的目的是（　　）。
A.抑菌　B.调整等渗　C.防止氧化　D.增加稳定性　E.延长药效

10. 关于注射剂配制的正确叙述是（　　）。
A.灭菌后含量下降时，要增加投料量　B.生产前小试，可不用注射用原辅料
C.一般采用百分浓度（g/mL）表示　D.可采用浓配法和稀配法
E.采用活性炭除热原

二、思考题

1. 安瓿封口有哪些不合格现象？试分析注射剂澄明度不合格的原因。
2. 安瓿剂制备要点是什么？
3. 分析注射剂生产和使用过程中热原污染的主要途径，如何将其除去？

专题二　输液

学习目标

- 掌握输液的种类、质量要求；掌握输液的生产工艺流程。
- 学会输液容器的处理；学会输液的配制、滤过、灌封、灭菌检漏与包装；能找出产品不合格的原因。学会输液中可见异物与微粒检查。
- 知道输液生产、使用过程中容易出现的问题及解决方法。
- 学会典型输液的处方及工艺分析。

【典型制剂】

例 1　5% 葡萄糖注射液（glucose injection）

处方：注射用葡萄糖　50g　1% 盐酸　适量
注射用水　加至 1000mL

制法：将葡萄糖加到煮沸的注射用水中，使成 50% ～ 60% 的浓溶液，加盐酸调 pH 值至 3.8 ～ 4.0，同时加浓溶液量的 0.1%（g/mL）的活性炭，混匀，加热煮沸约 15min，趁热滤过脱炭。滤液加注射用水稀释至全量，测定 pH 值及含量合格后，反复滤过至澄明即可灌装封口，115℃、30min 热压灭菌。

本品具有补充体液、营养、强心、利尿、解毒作用；25%、50% 的溶液渗透压高，能将组织内体液引出循环系统并由肾脏排出，用于急性中毒、虚脱、肾脏性或心脏性浮肿以及降低颅内压。高浓度葡萄糖还可与氨基酸输液混合输注，用作高能营养。

例 2　右旋糖酐注射液（dextran injection）

处方：右旋糖酐（中分子）　60g　氯化钠　9g
注射用水　加至 1000mL

制法：将注射用水适量加热至沸，加入右旋糖酐，浓度为 12% ～ 15%，搅拌使溶解，加

入 1.5% 活性炭，微沸 1 ～ 2h，加压滤过脱炭，浓溶液加注射用水稀释成 6% 的溶液，加入氯化钠搅拌使溶解，冷却至室温，取样，测定含量和 pH 值，pH 值宜控制在 4.4 ～ 4.9；加活性炭 0.5%，搅拌，加热至 70 ～ 80℃，滤过，至药液澄明后灌装，112℃、30min 灭菌。

右旋糖酐是蔗糖经发酵后产生的葡萄糖聚合物。本品用于治疗低血容量性休克，如外伤性出血性休克。

【问题研讨】输液的主要类型有哪些？输液系高污染高风险的产品，如何保证其质量安全？上述典型制剂的制备中需注意哪些问题？

一、输液概述

输液（infusion solution）是由静脉滴注输入体内的大容量（除另有规定外，一般不小于 100mL，生物制品一般不小于 50mL）注射液。通常包装在玻璃或塑料的输液瓶或袋中，不含防腐剂或抑菌剂。使用时通过输液器调整滴速，持续而稳定地进入静脉，以补充体液、电解质或提供营养物质。因其用量大而且是直接进入血液，所以对其质量要求高，生产工艺等亦与安瓿注射剂有一定的差异。输液的主要类型有：

1. 电解质输液

补充体内水分、电解质，纠正体内酸碱平衡等，如氯化钠注射液、复方氯化钠注射液、乳酸钠注射液等。

2. 营养输液

营养输液有糖类输液、氨基酸输液、脂肪乳输液等，适用于不易口服吸收营养的患者。糖类输液中最常用的为葡萄糖注射液，此外还有果糖、木醇糖等糖类输液。果糖、木醇糖不引起血糖升高，故适用于糖尿病患者。

3. 血浆代用输液

主要是胶体输液，用于调节体内渗透压，有多糖类、明胶类、高分子聚合物类等，如右旋糖酐、淀粉衍生物、明胶、聚维酮（PVP）等。

4. 含药输液

含有治疗药物的输液，如替硝唑、苦参碱等输液。

输液的质量要求与注射剂基本上是一致的，但由于这类产品注射量较大，除含量、色泽、pH 值应符合要求外，应特别注意无菌、无热原及无可见异物这三项指标，它们是输液生产、使用中存在的主要质量问题。pH 值应在保证疗效和制品稳定的基础上，力求接近人体血液的 pH 值，过高或过低都会引起酸碱中毒。渗透压不能引起血象的任何异常变化，可为等渗或偏高渗。此外，有些输液要求不能有引起过敏反应的异性蛋白及降压物质，不损害肝、肾等。输液中不得添加任何抑菌剂，并在贮存过程中保持质量稳定。

二、输液的制备

输液与注射剂虽有容量的差别，但生产工艺流程大致类似，输液生产洁净区域划分及工艺流程参见附录一（三）。瓶装输液制备的工艺流程如下：

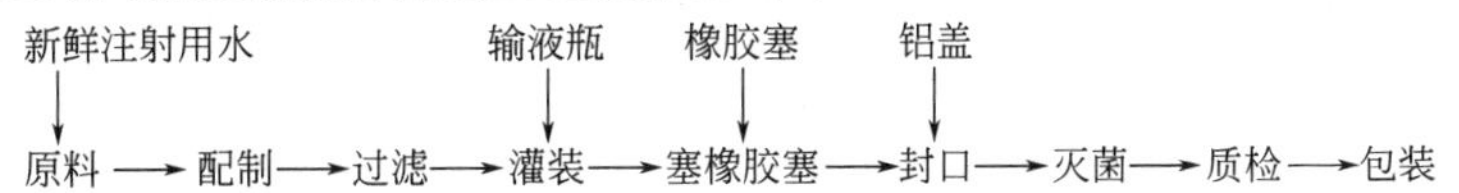

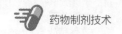

1. 输液容器的处理

（1）**玻璃输液瓶** 输液瓶内径必须符合要求，光滑圆整，大小合适，否则将影响密封程度，在贮存期间易污染长菌。输液瓶应用硬质中性玻璃制成，物理化学性质稳定，质量应符合国家标准。

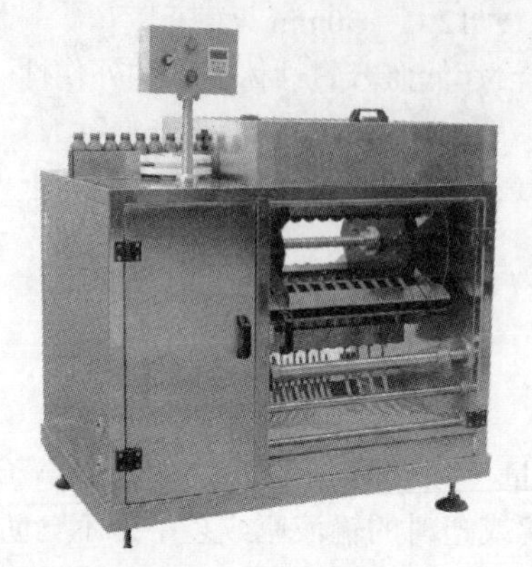
图 3-8 滚动式洗瓶机

输液容器洗涤洁净与否，对澄明度影响较大，洗涤工艺的设计与容器原来的洁净程度有关。一般有直接水洗、酸洗、碱洗等方法，如制瓶车间的洁净度较高，瓶子出炉后立即密封的，只需用过滤注射用水冲洗。碱洗法是用2%氢氧化钠溶液（50～60℃）或1%～3%碳酸钠溶液，但碱对玻璃有腐蚀作用，故碱液与玻璃接触时间不宜过长（数秒内）。碱洗法操作方便，也能消除细菌与热原，但作用比酸洗法弱，仅用于新瓶及洁净度较好的输液瓶。不论哪种方法，最后用微孔滤膜过滤的注射用水洗净。采用滚动式洗瓶机（图3-8、图3-9）可大大提高洗涤效率。

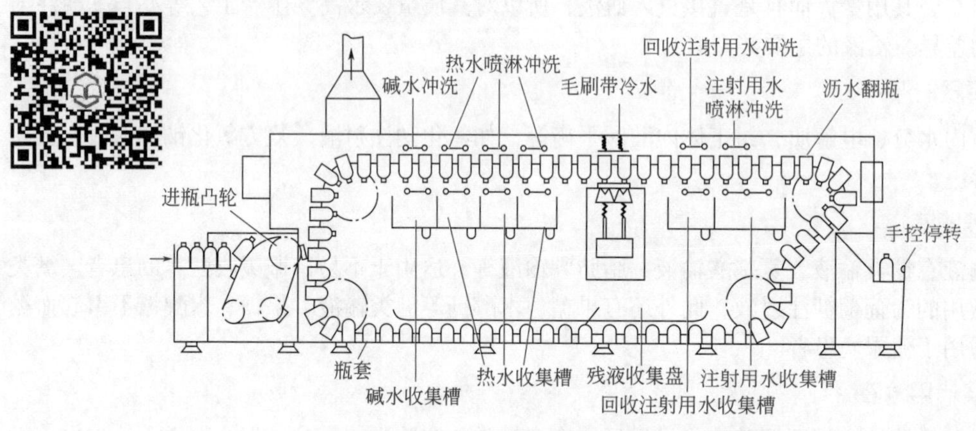

图 3-9 输液包装容器处理设备结构示意图

（2）**塑料输液瓶（袋）** 塑料输液瓶（袋）系采用聚乙烯、聚氯乙烯、聚丙烯等无毒塑料制成，具有耐热性好、耐水耐腐蚀、机械强度高、化学稳定性强、重量轻、运输方便等优点，可以热压灭菌；用预制洁净膜在一部机器内便可完成灌封操作过程，实现机械化大生产；使用时不需加通气管，减少了污染。塑料输液瓶（袋）应符合“大容量注射剂用塑料容器有关规定”，经热原检查、毒性试验、抗原试验、变形试验及透气试验合格后才能使用。但在临床使用过程中还存在一些问题，如透明性和耐热性较差，强烈振荡可产生轻度乳光，湿气和空气可透过塑料袋影响贮存期的质量等。

塑料输液袋应由三层塑料膜组成，内层为聚乙烯，中层为聚酰胺，外层为聚丙烯。洗涤方法为：先用水将袋面洗净，然后灌入纯化水荡洗2～3次，再灌入约150mL纯化水，用玻璃塞塞紧袋口，热压灭菌（$0.5kgf/cm^2$）30min，临用前将袋内水倒掉，用滤过的注射用水荡洗2～3次，甩干后备用。直接采用无菌材料压制的塑料袋可不洗涤。

（3）**橡胶塞** 输液用橡胶塞应无毒性、无溶血作用，富于弹性及柔软性，针头刺入和拔出后立即闭合，能耐受多次穿刺而无碎屑脱落；具耐溶性、高度的化学稳定性，可耐受高温灭菌、药物或附加剂的作用，不致增加药液中的杂质。为便于成型并赋予一定的理化性质，橡胶塞中加入了填充剂（如氧化锌、碳酸钙）、硫化剂（如硫黄）、防老剂（如*N*-苯基-*β*-萘胺）、润滑剂（如石蜡、矿物油）、着色剂（如立德粉）等附加剂。注射液与胶塞接触后，其中一些物质能进入药液，使药液出现浑浊或产生异物，有些药物可与胶塞发生化学反应或被吸附，因此天然橡胶塞已停止使用。目前使用的橡胶塞有丁基橡胶塞、涂膜（聚四氟乙烯）胶塞等。

新橡胶塞先用 0.5% ～ 1% 氢氧化钠或 3% ～ 5% 碳酸钠煮沸 30min，以除去表面的硬脂酸及硫化物，水洗掉碱后，加 1% 盐酸煮沸 30min，以除去表面的氧化锌、碳酸钙等，水洗掉酸后，用纯化水煮沸 30min，最后用注射用水洗净。

2. 输液的配制

输液的配液必须用新鲜注射用水，注意控制注射用水的质量，特别是热原、pH 与铵盐，原料应选用优质注射用原料。输液配制，通常加入 0.01% ～ 0.5% 的针用活性炭，具体用量视品种而异，活性炭有吸附热原、杂质和色素的作用，并可作助滤剂。根据经验，活性炭分次吸附较一次吸附效果好。配制用具与安瓿剂基本相同，用具处理要注意避免污染热原，特别是管道、阀门等部位，不得遗留死角。药液的配制方法多用浓配法，即先配成较高浓度的溶液，经滤过处理后再行稀释，有利于除去杂质。原料质量好的也可采用稀配法。配制称量时，必须严格核对原辅料的名称、规格、数量等。配制完成后，要检查半成品质量。

3. 输液的滤过

输液滤过方法、滤过装置与安瓿剂基本相同，多采用加压滤过法。滤过材料一般用陶瓷滤棒、玻璃滤棒或板框式压滤机进行预滤，也可用微孔钛滤棒或滤片。还可用预滤膜，此膜系用超细玻璃纤维或超细聚丙烯纤维在特殊工艺条件下加工制成。在预滤时，滤棒上应先吸附一层活性炭，并反复进行回滤到滤液澄明合格为止。滤过过程不要随便中断，以免冲动滤层，影响滤过质量。精滤多采用微孔滤膜，常用滤膜孔径为 0.65μm 或 0.8μm；或用加压三级（砂棒 -G3 滤球 - 微孔滤膜）过滤装置，也可用双层微孔滤膜过滤，上层为 3μm 微孔膜、下层为 0.8μm 微孔膜，以提高产品质量。

4. 输液的灌封

输液灌封由药液灌注、塞橡胶塞和轧铝盖三步组成。灌封是制备输液的重要环节，必须按照操作规程连续完成，同时严格控制室内的洁净度，防止细菌粉尘的污染。药液温度维持在 50℃。使用旋转式自动灌封机、自动翻塞机、自动落盖轧口机完成整个灌封过程，实现联动化、机械化生产（图 3-10），提高工作效率和产品质量。灌封完成后，应进行检查，对于轧口不紧松动的输液，应剔出处理，以免灭菌时冒塞或贮存时变质。

图 3-10　输液洗灌封生产线

5. 输液的灭菌

为了减少微生物污染繁殖的机会，输液从配制到灭菌，以不超过 4h 为宜。大容量灭菌规定要求 F_0 值大于 8min，生产常用 12min。灭菌器配有 F_0 显示屏。根据输液质量要求及输液容器大且壁厚的特点，开始应逐渐升温，一般预热 20 ～ 30min，骤然升温能引起输液瓶爆炸。待达到温度 115℃、气压 8.64kPa（$0.7kgf/cm^2$）时维持 30min，然后停止升温，待锅内压力下降到零，放出锅内蒸汽，使锅内压力与大气相等后，再缓慢（约 15min）打开灭菌锅门。绝对不能带压操作，防止发生严重的安全事故。为了减少爆破和漏气，也有在灭菌温度、时间达到后，用不同温度的无盐热水喷淋逐渐降温，以降低输液瓶内外压力差，保证产品密封完整。塑料输液袋的灭菌，有采用 109℃、45min 灭菌，由于灭菌温度较低，生产过程中要注意防止污染。为了防止灭菌时输

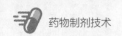

液袋膨胀破裂，采用外加布袋，或在灭菌时间达到后通压缩空气驱逐锅内蒸汽，待冷却后，再打开灭菌器。

灭菌自动控制系统中，用自动记录调节监视仪，调节和记录灭菌过程的温度与时间。水封式连续蒸汽灭菌塔将产品由传送系统运载，在塔内经过预热、灭菌、降温，然后输出，为输液生产连续化提供了有利条件。

资料卡　影响湿热灭菌效果的因素

（1）微生物的种类与密度　各种微生物对热的抵抗力相差很大，细菌芽孢的耐热性最强。菌体密度大，耐热个数出现的概率增大，故灭菌效果降低，且即使杀死了细菌，注射液中细菌尸体过多，易引起热原反应，所以生产过程中应竭力避免污染机会。

（2）液体的性质　液体中的营养性物质如糖类、蛋白质等，能增强微生物抗热性。一般微生物在中性溶液中耐热性最大，在碱性溶液中次之，酸性溶液最不利于微生物的发育生长。

（3）物品的稳定性　温度增高、时间愈长，物品被破坏的程度也愈大。因此在能达到灭菌的前提下，可适当降低温度和缩短灭菌时间。

（4）蒸汽的性质　饱和蒸汽中热含量高，热穿透力较大，灭菌效力高。湿饱和蒸汽中含有雾沫和水滴，含热量较低，穿透力较差，灭菌效果较低。过热蒸汽与空气的干热状态相似，穿透力差，灭菌效力不及饱和水蒸气。

6. 输液的包装

输液经质量检验合格后，应立即贴上标签，标签上应印有品名、规格、批号、生产日期、使用事项、制造单位等项目，以免发生差错，并供使用者随时备查。贴好标签后装箱，封妥，送入仓库。包装箱上亦应印上品名、规格、生产厂家等项目。装箱时应注意装严装紧，便于运输。

三、输液的质量检查

1. 可见异物检查

注射液中常出现白点、白块、纤维、碎屑等异物或微粒，主要来源于原料与附加剂、输液容器与附件、生产操作、医院输液操作以及静脉滴注装置等。如白点多为原料药或安瓿产生，纤维多半因环境污染所致。

可见异物的检查方法：参见注射剂质量检查部分。可见异物检查不但保证了用药安全，而且可以发现生产中的问题，如发现崩盖、歪盖、松盖、漏气的成品，亦应挑出。

目测检视存在工作量大、影响视力、检查标准不一等问题，且只能检出50μm以上的粒子。所以，《中国药典》（2020年版）规定了注射液中不溶性微粒检查法，要求在可见异物符合规定后，检查静脉用注射剂及供静脉注射用无菌原料药。

2. 不溶性微粒检查

不溶性微粒检查法系用以检查静脉用注射剂（溶液型注射液、注射用无菌粉末、注射用浓溶液）及供静脉注射用无菌原料药中不溶性微粒的大小及数量。主要包括光阻法和显微计数法。

（1）第一法（光阻法）　测量粒径范围为2～100μm，检测微粒浓度为0～10000个/mL。

① 标示装量为100mL或100mL以上的静脉用注射液　除另有规定外，每1mL中含10μm及10μm以上的微粒数不得过25粒，含25μm及25μm以上的微粒数不得过3粒。

② 标示装量为100mL以下的静脉用注射液、静脉注射用无菌粉末、注射用浓溶液及供注射用无菌原料药除　另有规定外，每个供试品容器（份）中含10μm及10μm以上的微粒数不得过6000粒，含25μm及25μm以上的微粒数不得过600粒。

（2）第二法（显微计数法）　显微计数法系将药物溶液用微孔滤膜（孔径0.45μm）滤过，在显微镜（双筒大视野显微镜）下测定微粒大小及数目。这种方法需将注射液瓶打开，故只能用于抽检。

① 标示装量为100mL或100mL以上的静脉用注射液　除另有规定外，每1mL中含10μm及10μm以上的微粒数不得过12粒，含25μm及25μm以上的微粒数不得过2粒。

② 标示装量为100mL以下的静脉用注射液、静脉注射用无菌粉末、注射用浓溶液及供注射用无菌原料药　除另有规定外，每个供试品容器（份）中含10μm及10μm以上的微粒数不得过3000粒，含25μm及25μm以上的微粒数不得过300粒。

光阻法不适用于黏度过高和易析出结晶的制剂，也不适用于进入传感器时容易产生气泡的注射剂。当光阻法测定结果不符合规定或供试品不适于用光阻法测定时，应采用显微计数法进行测定，并以显微计数法的测定结果作为判定依据。对于黏度过高，两种方法都无法直接测定的注射液，可用适宜的溶剂稀释后测定。

资料卡　输液中微粒的危害

注射液特别是输液中异物与微粒可引起过敏反应、热原样反应，较大的微粒可造成血管栓塞、组织缺氧而产生水肿和静脉炎，异物侵入组织引起肉芽肿。这些肉眼看不见的微粒、异物，其危害是潜在的、长期的。曾发现在用过40L输液的患者尸检肺标本中有5000个肉芽肿形成。因此，为保证产品质量，《中国药典》对微粒大小及允许限度做了规定。

3. 热原与无菌检查

参见安瓿剂部分。

4. 酸碱度、含量测定及渗透压摩尔浓度检查

按药典的有关规定进行。

四、输液中容易出现的问题及解决方法

输液的生产、使用过程中，容易存在可见异物与微粒、染菌和热原这三方面突出的问题。

1. 可见异物与微粒问题

注射液中常出现的微粒有炭黑、碳酸钙、氧化锌、纤维素、纸屑、黏土、玻璃屑、细菌和结晶等，主要来源是：

（1）原料与附加剂　注射用葡萄糖有时可能含有少量蛋白质、水解不完全的糊精、钙盐等杂质；氯化钠、碳酸氢钠中常含有钙盐、镁盐和硫酸盐；氯化钙中含有碱性物质。这些杂质会使输液产生乳光、小白点、浑浊等现象。活性炭的石墨晶格内的少量杂质，能使活性炭带电。杂质含量较多时，不仅影响输液的澄明度，而且影响药液的稳定性。因此应严格控制原辅料的质量，国内已制定了输液用的原辅料质量标准。

（2）输液容器与附件　输液中发现的小白点主要是钙、镁、铁、硅酸盐等物质，这些物质主要来自橡胶塞和玻璃输液容器。有人对聚氯乙烯袋与玻璃瓶盛装输液后不断振摇2h，发现前者产生的微粒比后者多5倍，微粒为增塑剂二乙基邻苯二甲酸酯，这种物质对人体有害。

（3）**生产工艺及操作** 车间洁净度差、容器及附件洗涤不净、滤器的选择不恰当、过滤与灌封操作不合要求、工序安排不合理等都会增加澄明度的不合格率。

（4）**医院输液操作以及静脉滴注装置的问题** 无菌操作不严、静脉滴注装置不净或不恰当的输液配伍等都可引起输液的污染。安置终端过滤器（0.8μm 孔径薄膜）是防止微粒污染的重要措施。

2. 染菌

输液染菌后出现霉团、云雾状、浑浊、产气等现象，也有外观并无变化的。如果使用这些输液，将会造成脓毒症、败血症、内毒素中毒，甚至死亡。染菌主要原因是生产过程污染严重、灭菌不彻底、瓶塞松动不严等。有些芽孢需 120℃灭菌 30 ～ 40min，有些放射线菌 140℃灭菌 15 ～ 20min 才能杀死。若输液为营养物质时，细菌易生长繁殖，即使经过灭菌，大量细菌尸体的存在，也会引起致热反应。根本的办法就是尽量减少制备生产过程中的污染，严格灭菌条件与严密包装。

3. 热原

使用过程中的热原污染占 84% 左右，使用全套一次性的输液器，有利于避免使用过程中的热原污染。

【问题解决】

1. 查阅资料，分析 5% 葡萄糖注射液在生产中易发生的问题。

提示：（1）5% 葡萄糖注射液投料按无水葡萄糖计算，而 10% 葡萄糖则按含水葡萄糖计算。

（2）葡萄糖注射液产生云雾状沉淀。主要原因是原料不纯，葡萄糖由淀粉水解制备，可能带入蛋白质及水解不完全的糊精。解决办法是浓配、加酸、加热、加活性炭。适量盐酸可中和蛋白质上的电荷使其凝聚，同时使糊精水解；加热煮沸可加速蛋白质凝固及糊精水解；加入活性炭使凝固的蛋白质被吸附滤过。

（3）葡萄糖注射液变黄和 pH 下降。葡萄糖在酸性溶液中，先脱水形成 5- 羟甲基呋喃甲醛，再分解为乙酰丙酸和甲酸，同时形成一种有色物质。5- 羟甲基呋喃甲醛本身无色，有色物质一般认为是 5- 羟甲基呋喃甲醛的聚合物。由于酸性物质的生成，所以灭菌后 pH 值下降。影响稳定性的因素，主要是灭菌温度和溶液 pH 值。因此为避免溶液变色，一方面要严格控制灭菌温度与时间，同时调节溶液的 pH 值在 3.8 ～ 4.0 较为稳定。

2. 查阅资料，分析右旋糖酐注射液在生产中易发生的问题。

提示：右旋糖酐系经生物合成制备，易有热原，故活性炭用量较大。因本品黏度高，需在较高温度下滤过。本品灭菌一次，其分子量下降 3000 ～ 5000，受热时间不能过长，以免产品变黄。本品在贮存过程中易析出片状结晶，主要与贮存温度和分子量的大小有关。

剂型使用　输液用药指导

输液作为一种持续的静脉注射，和口服药、肌肉注射等相比，有作用强、见效快的优点，但滥用输液，会给人体造成水、电解质平衡紊乱等不良后果，甚至危及生命。在选择用药时，要遵循“掌握适应证，能口服不注射，能注射不输液”的原则，不滥用输液。一般，当患者出现吞咽困难、严重呕吐、严重腹泻、病情危重等情形时采用输液治疗。患者在输液时，可准备些衣物或毛毯，注意保暖；长期注射的患者应多更换注射部位；输液速度不宜过快，尤其是老人、儿童和心脏病患者。

实践　0.9%氯化钠注射液的制备

本品为氯化钠的灭菌水溶液。含氯化钠（NaCl）应为标示量的95%～105%。通过0.9%氯化钠注射液的制备，掌握输液的工艺流程、清洗、配液、灌封、灭菌和质量检查等操作，认识本工作中使用到的仪器、设备，并能规范使用，注意安全操作。

【实践项目】

1. 0.9%氯化钠注射液的配制（处方自拟）

制法：取处方量的氯化钠，加注射用水适量配成20%～30%浓溶液，用10% HCl调整药液pH＝3～5，投入经干燥活化的活性炭，维持45～50℃，搅拌30min，冷至30℃，反复回滤至药液澄明，加注射用水至足量，用10% NaOH调整pH＝5.5～6.5，搅拌均匀，精滤，半成品合格后灌装。115.5℃、30min灭菌。

2. 配液容器的处理

将配液容器用洗涤剂或硫酸清洁液处理，用前用纯化水、新鲜注射用水洗净或干热灭菌。

3. 输液瓶处理

用新鲜注射用水洗涤3次，甩干或干燥灭菌后备用。

4. 垂熔滤器的处理

在1%～2%硝酸钠硫酸液中浸泡12～24h，再用热纯化水、新鲜注射用水抽洗至中性且澄明。

5. 微孔滤膜的处理

用70℃左右的注射用水浸泡12h以上。

6. 灌装器的处理

用硫酸清洁液或2%氢氧化钠溶液冲洗，再用热纯化水、新鲜注射用水抽洗至中性且澄明。

7. 质量检查

①漏气检查；②可见异物检查，用目检视。

【岗位操作】（以袋装0.9%氯化钠注射液为例）

岗位一　配液过滤

参见安瓿剂。

岗位二　制袋灌封

1. 生产前准备

（1）检查是否有清场合格证，并确定有效期；检查设备、容器、场地清洁是否符合要求（若不符合要求，需重新清场或清洁，并请QA人员填写清场合格证或检查后，才能进入下一步生产）。

（2）区域内无任何与本批生产无关材料。

（3）质监员检查合格后，签发生产许可证，生产许可证粘贴于本记录背面。

（4）根据生产、包装指令挂上生产标志牌。

（5）检查灌封间温度、湿度及压差并记录。

（6）检查设备各运转部件是否正常。

（7）检查水、电、气是否到位，并记录压缩空气的压力（≥0.5MPa）。

（8）检查膜、色带、接口、塑胶盖是否到位。

2. 生产操作

（1）制袋灌封（非PVC膜全自动制袋灌封机）

① 交接非PVC多层共挤膜，交接清洗后的组合盖、接口，并在相应加料斗中加适量组合盖、接口，将印字模具安装在安装版上，并正确安装非PVC多层共挤膜及印字膜，执行《制袋灌封岗位标准操作规程》，启动制袋灌封机，设定制袋、灌装、封口参数，调节灌装装量至重量规定

范围，开始制袋、灌封、封口。

定时检查中间体澄明度、装量、印字、制袋、封口质量等。

② 核对印字版的品名、规格是否与生产、包装指令一致，并安装正确。

③ 检查印字是否清晰，核对印字的批号、生产日期、有效期是否正确。

④ 检查灌封产品装量，发现问题及时调整，每隔 60min 记录一次装量数据（不少于标示量）。

⑤ 检查灌封产品澄明度、印字、制袋、颈热合、盖熔封等质量、外观及热合情况，发现问题及时调整，每隔 60min 记录一次，不符合的需注明原因。

⑥ 检查设备的运行情况，每 60min 记录一次运行参数：印字工位温度（℃）、制袋成型温度（℃）、袋口预热温度（℃）、颈热合温度（℃）、盖熔封电压（V）。

⑦ 记录实际灌装量 Z（mL）、管道残留量 C（mL）、灌封药液量 N（mL）。

（2）计算物料平衡

灌封药液的物料平衡：$[(Z+C)/N]\times 100\%$；

内包装材料数量：非 PVC 膜（m）、塑胶盖（个）、接口（个）和非 PVC 袋（个）；

内包装材料平衡：上批结存量 + 领用量 = 使用量 + 报废量 + 剩余量；

袋子物料平衡：（袋用量 + 报废量）× 袋宽度 ÷ 非 PVC 膜用量（mm）× 100%。

提示：灌封工艺管理要点为①灌封时要经常抽查装量、澄明度、印字、制袋、颈热合、盖熔封等质量、外观及热合情况；②收集灌封后非 PVC 袋的容器应有标签，标签上应标明品名、规格、批号、生产日期、灌封人、灌封序号，防止发生混药、混批。

3. 清场

（1）清空生产标志牌所有内容，并注明“清场”。

（2）将工序产生的不合格袋、无盖废品及不合格产品集中销毁并记录。

（3）清空室内所有与下批生产无关的材料。

（4）清场结束，经质监员检查，合格后，发给清场合格证。

（5）将清场合格证粘贴于本记录背面。清场合格证正本归入本批批生产记录，副本留在操作间。在设备上挂“已清洁”标识。

（6）以下为每日生产结束需进行的清场工作：清理废弃物并撤离生产区；清洗设备管线、台面及地面；清洁地漏并灌注消毒剂消毒。

4. 结束并记录

及时规范地填写各生产记录、清场记录、交接班记录等。关好水、电及门，按进入程序的相反程序退出。

5. 质量控制要点

①封口，应焊接严密；②装量；③异物。

岗位三　灭菌检漏

1. 生产前准备

（1）检查是否有清场合格证，并确定有效期；检查设备、容器、场地清洁是否符合要求（若不符合要求，需重新清场或清洁，并请 QA 人员填写清场合格证或检查后，才能进入下一步生产）。

（2）传送带、工作区内已无上批产品。

（3）装袋区域内已无与本批生产无关的物品。

（4）灭菌框架、层板上无与本批无关的物品。

（5）质监员检查合格后，签发生产许可证，生产许可证粘贴于本记录背面。

（6）根据生产、包装指令换上生产标志牌。

（7）检查生产用介质（蒸汽、压缩空气、纯化水压）正常，各手动阀、自动阀处于正常工作状态。

2. 生产操作

（1）装袋　输液袋平整放在灭菌车托盘上，记录各车装袋时间及数量；在每车产品框架第二块层板上，挂未灭标示牌，注明品名、规格、批号、数量、柜号、车号；将产品送入待灭菌区，摆放整齐待灭菌。记录灭菌装车数（M）/ 袋。

（2）灭菌　打开电脑程序，设定所需温度、压力、恒温时间（115℃、30min）等参数，将待灭菌产品推入灭菌柜内；启动自动操作程序；记录本批灭菌情况（灭菌柜号、车号、升温起止时间、灭菌起止时间、灭菌温度、冷却时间、出柜温度）；结束后，将灭菌车拉出，进入已灭菌区，注明批号，附于生产记录后，取得放行凭证；生产结束，进行清场和操作间及容器具的清洁。

（3）烘干　将待烘品推入烘干箱内，烘干后冷却。生产结束时，进行清场和操作间及容器具的清洁。

（4）检漏　将已灭菌的产品进行检漏；将检漏合格的产品送至灯检，不合格的产品剔出并计数。

（5）检查并计算物料平衡

灭菌装车数（M）= 灭菌检漏合格数（L）+ 破损数（P）+ 取样数（Q_1）

提示：灭菌工艺管理要点①灭菌器清洁要彻底，不得发生混药、混批；②经常检查计量器具、阀门等是否正常，如发现问题应及时维修或更换；③灌封后的注射剂要立即进行灭菌，不得停留；④灭菌时间必须由全部药液温度达到所要求的温度时算起；⑤灭菌后必须等灭菌柜内压力降到零时，才可缓慢打开柜门，谨防蒸汽喷出伤人。

3. 清场

（1）生产结束，按本岗位标准清洁规程清洁消毒，用饮用水将灭菌室清洗干净，清除蒸汽管道内的冷凝水和垢渍，设备表面用饮用水擦净，清空生产标志牌内容并注明“清场”。

（2）将灭菌破损的产品及检漏不合格的产品集中销毁（剪碎），并记录破损数（P）/ 袋。

（3）将本批的灭菌自动记录纸贴在本记录背面。

（4）清场结束，经质监员检查，合格后，发给清场合格证。

（5）清场合格证粘贴于本记录背面。清场合格证正本归入本批批生产记录，副本留在操作间。在设备上挂“已清洁”标识。

4. 结束并记录

及时规范地填写各生产记录、清场记录、交接班记录等。关好水、电及门，按进入程序的相反程序退出。

5. 质量控制要点

无菌检查。

岗位四　灯检

1. 生产前准备

（1）检查是否有清场合格证，并确定有效期；检查设备、容器、场地清洁是否符合要求（若不符合要求，需重新清场或清洁，并请 QA 人员填写清场合格证或检查后，才能进入下一步生产）。

（2）输送带、灯检台上无任何产品。

（3）废弃物筐内无任何产品。

（4）地面、生产线下已清洁。

（5）区域内已无与待生产批号无关的材料。

（6）质监员检查合格后，签发生产许可证，生产许可证粘贴于本记录背面。

（7）根据生产、包装指令换上生产标志牌。

2. 生产操作

（1）按《灯检岗位标准操作规程》逐袋进行灯检，合格品做好灯检标记，送入包装间。

（2）记录废品数（F）/ 袋，并记录原因：白点、白块、色点、纤维、胶粒、虚焊、印字、外观。

（3）计算灯检合格率：灯检合格率 =（$L-F$）/$L\times100\%$（L 表示灯检量）。

（4）检查物料平衡：灯检合格品量（D）= 灯检量（L）- 灯检不合格品量（F）。

3. 清场

（1）清空生产标志牌内容并注明“清场”。

（2）清理灯检台上、废品箱内、输送带上的所有产品。

（3）将灯检不合格品移至“不合格品暂存间”集中销毁。

（4）清洁地面、生产线下及垃圾筐。

（5）清场结束，经质监员检查，合格后，发给清场合格证。

（6）清场合格证粘贴于本记录背面。清场合格证正本归入本批批生产记录，副本留在操作间。在设备上挂“已清洁”标识。

4. 结束并记录

及时规范地填写各生产记录、清场记录、交接班记录等。关好水、电及门，按进入程序的相反程序退出。

5. 质量控制要点

可见异物。

知识拓展

参观药厂注射剂车间。按厂方的规定要求进入厂区、车间，了解注射剂车间布局、生产工艺流程、主要生产设备和注射剂生产的质量管理等。

学习测试

一、选择题

（一）单项选择题

1. 以下关于输液的叙述错误的是（　　）。

A.输液从配制到灭菌以不超过12h为宜

B.输液灭菌时一般应预热20～30min

C.输液澄明度合格后检查不溶性微粒

D.输液灭菌时间应在达到灭菌温度后计算

E.输液灭菌完毕，待压力降至“0”后稍停片刻再缓缓地打开灭菌器门放出蒸汽

2. 下列属于血浆代用品的是（　　）。

A.右旋糖酐注射液　　B.乳酸钠注射液　　C.复方氨基酸注射液

D.苦参碱注射液　　E.静脉脂肪乳注射液

3. 最终灭菌的一般输液的灌封要求的洁净级别为（　　）。

A.没有要求　　B.A级　　C.B级

D.C级　　E.D级

4. 彻底破坏热原的温度是（　　）。

A.120℃ 30min　　B.250℃ 30min　　C.150℃ 1h

D.100℃ 1h　　E.180℃ 45min

5. 一般输液的pH值应在（　　）。

A.3～9　　B.4～9　　C.5～9

D.6～7.4　　E.力求接近人体血液的pH值

6.《中国药典》（2020年版）规定光阻法检查100mL以上输液的不溶性微粒，除另有规定外，每1mL中含10μm及10μm以上的微粒数、含25μm及25μm以上的微粒数不得超过（　　）。

A.25，3　　B.20，3　　C.25，2

D.15，2　　E.20，2

7. 与葡萄糖注射液变黄无关的原因是（　　）。

A.pH偏高　　B.温度过高　　C.加热时间过长

D.活性炭用量少　　E.pH偏低

8. 输液的制备过程从配液到灭菌的时间应尽量缩短，一般不应超过（　　）。

A.4h　　B.6h　　C.8h

D.12h　　E.24h

（二）多项选择题

1. 我国2010年《药品生产质量管理规范》把无菌药品生产所需的洁净区分为（　　）。

A.A级　　B.B级　　C.C级

D.D级　　E.E级

2. 葡萄糖注射液易出现澄明度不合格的情况，解决的措施是（　　）。

A.严格控制原辅料的质量

B.先配成50%～60%的浓溶液

C.加适量盐酸

D.加0.1%针用活性炭

E.加热煮沸15min，趁热过滤脱炭

3. 输液用橡胶塞可有（　　）。

A.丁基橡胶塞

B.天然橡胶塞

C.涂膜（聚四氟乙烯）胶塞

D.聚乙烯塑料塞

E.聚丙烯塑料塞

4. 下面关于活性炭用法的叙述正确的是（　　）。

A.活性炭的用量应根据原辅料的质量而定

B.一般为药液总量的0.1%～0.5%

C.一般为原料总量的0.1%～0.5%

D.应选用优质针用活性炭

E.使用活性炭的注射剂其pH应控制在偏酸性

5. 下列关于血浆代用液叙述正确的是（　　）。

A.血浆代用液主要是胶体输液

B.血浆代用液在机体内有代替血液的作用

C.代血浆应不影响血型试验，不妨碍红细胞的携氧功能

D.代血浆易被机体吸收

E.代血浆不得在脏器组织中蓄积

6. 下面关于静脉注射脂肪乳剂叙述正确的是（　　）。

A.静脉注射脂肪乳剂是O / W型

B.静脉注射脂肪乳剂不能用于椎管腔注射

C.卵磷脂为乳化剂

D.为避免乳剂分层，本品应采用无菌操作，不可灭菌

E.应在4～10℃下贮存

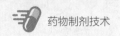

7. 下面关于右旋糖酐的叙述错误的是（　　）。

A.右旋糖酐经生物合成，需高温长时间灭菌

B.本品黏度高，需在较高温度下滤过

C.只有中分子量的为血浆代用液

D.右旋糖酐是蔗糖发酵的葡萄糖聚合物

E.贮存时易结晶主要与温度有关

二、思考题

1.讨论大输液生产过程中微粒污染产生的因素及防止措施。

2.葡萄糖注射液有时产生云雾状沉淀的原因是什么？如何解决？

专题三　注射用无菌粉末

学习目标

- 掌握注射用无菌粉末的种类、质量要求。
- 知道注射用无菌粉末的生产流程和车间的洁净度要求。
- 知道注射用无菌粉末产品不合格的原因。

【典型制剂】

例 1　注射用辅酶 A（coenzyme A）

处方：辅酶 A　56.1 单位　水解明胶（填充剂）　5mg

甘露醇（填充剂）　10mg　葡萄糖酸钙（填充剂）　1mg

半胱氨酸（稳定剂）　0.5mg

制备：将上述各成分用适量注射用水溶解后，无菌过滤，分装于安瓿中，每支 0.5mL，冷冻干燥后封口，漏气检查即得。

本品为体内乙酰化反应的辅酶，有利于糖、脂肪以及蛋白质的代谢。用于白细胞减少症、原发性血小板减少性紫癜及功能性低热。辅酶 A 为白色或微黄色粉末，有吸湿性，易溶于水，不溶于乙醇，易被空气氧化成无活性二硫化物，故在制剂中加入半胱氨酸等，用甘露醇、水解明胶等作为赋形剂。辅酶 A 在冻干工艺中易丢失效价，故投料量应酌情增加。

例 2　注射用阿糖胞苷　（cytarabine hydrochloride for injection）

处方：盐酸阿糖胞苷　500g　5% 氢氧化钠溶液　适量

注射用水加至　1000mL

制法：在无菌操作室内称取阿糖胞苷 500g，置于适当无菌容器中，加无菌注射用水至约 95mL，搅拌使溶，加 50% 氢氧化钠溶液调节 pH 值至 6.3 ～ 6.7 范围内，补加灭菌用水至足量，然后加配制量的 0.02% 活性炭，搅拌 5 ～ 10min，用无菌抽滤漏斗铺两层灭菌滤纸过滤，再用经灭菌的 G_6 垂熔玻璃漏斗精滤，滤液检查合格后，分装于 2mL 安瓿中，低温冷冻干燥约 26h 后无菌熔封即得。

本品适用于急性白血病的诱导缓解期及维持巩固期。

【问题研讨】什么是粉针剂？生产上有什么要求？

注射用无菌粉末（powders for injection）俗称粉针剂，系临用前用灭菌注射用水或 0.9% 氯化钠注射液配成溶液或混悬液后注入体内，适用于在水中不稳定的药物，特别是对湿热敏感的抗生素及生物制品。依据生产工艺不同，可分为**注射用冷冻干燥制品和注射用无菌分装制品**。前者是将药物配制成无菌水溶液，经冷冻干燥法制得的粉末密封后得到的产品，常见于生物制品，如辅酶类；后者是将已经用灭菌溶剂法或喷雾干燥法精制而得的无菌药物粉末在避菌条件下分装而得，常见于抗生素药品，如青霉素。

粉针剂的制造一般没有灭菌过程，因而对无菌操作有严格的要求，特别在灌封等关键工序。粉针（冻干）剂的生产洁净区域划分及工艺流程参见附录一（四）。注射用无菌粉末除应符合《中国药典》对注射用原料药物的各项规定外，还应符合下列要求：①粉末无异物，配成溶液或混悬液后可见异物检查合格；②粉末细度或结晶度应适宜，便于分装；③无菌、无热原。

一、注射用无菌分装制品

1. 无菌分装制品工艺流程

无菌分装制品制备的工艺流程如下：

原辅料 → 分装 → 密封 → 质量检查 → 贴签 → 产品

（分装 ↑ 安瓿或小瓶；密封 ↑ 胶塞及铝盖）

（1）原材料准备　安瓿或小瓶及胶塞均需按规范要求清洗处理，并灭菌。西林小瓶，先用自来水刷洗瓶子的外壁和内壁，然后用纯化水及注射用水冲洗干净，最后于 180℃、1.5h 干热灭菌。胶塞先用酸碱处理，用水冲洗干净，然后加硅油进行硅化，最后于 125℃、2.5h 灭菌。铝盖先用清洁液洗涤，然后用纯化水洗，最后于 180℃、1h 灭菌。灭菌好的空瓶等的存放柜应有净化空气保护，存放时间不超过 24h。无菌原料可用灭菌结晶法、喷雾干燥法等制备，必要时需进行粉碎、过筛等操作。

（2）分装　必须在高度洁净的无菌室中按照无菌操作法进行。分装机械有插管分装机、螺旋自动分装机、真空吸粉分装机等。分装好后，小瓶立即加塞并用铝塑组合盖密封，安瓿用火焰熔封。分装机宜有局部层流装置。如图 3-11 所示。

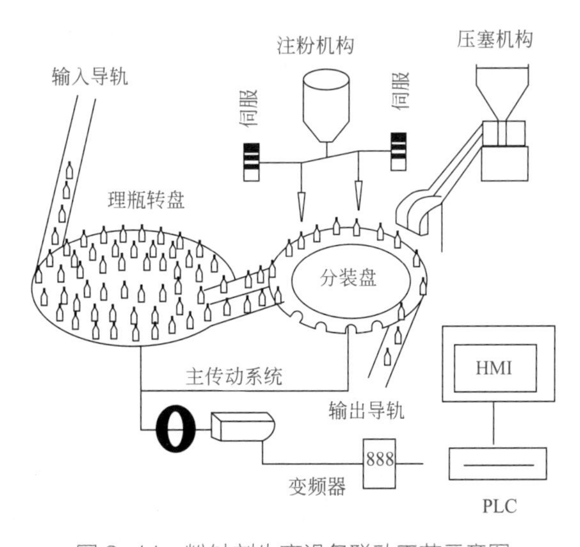

图 3-11　粉针剂生产设备联动工艺示意图

（3）**灭菌和异物检查** 对于干燥状态下耐热的品种，一般可按前述条件进行补充灭菌，以确保安全。如结晶青霉素在150℃ 1.5h或170℃ 1h下，效价均无损失，说明本品在干燥状态是稳定的，故生产上采用密封后120℃、1h灭菌。对于不耐热的品种，不能采用热灭菌，必须严格无菌操作。异物检查一般在传送带上，用目检视。

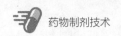

（4）**印字包装** 生产上已实现机械化。此外，青霉素类分装车间应与其他车间严格分隔并专用，防止交叉污染。

2. 无菌分装中存在的问题及解决方法

（1）**装量差异** 药粉因吸潮而黏性增加，导致流动性下降。因此，应预先测定无菌粉末的临界相对湿度，并使分装室的相对湿度保持在分装灭菌粉末的临界相对湿度以下。此外，药粉的物理性质如晶形、粒度、堆密度等因素也能影响装量差异，如无菌溶剂结晶法制得的片状及针状结晶，流动性较差，而喷雾干燥法制得的多为球形，流动性好，较少产生装量差异。对于造成装量差异的结晶应适当处理。如青霉素钾盐系针状结晶，生产上将湿晶体通过螺旋挤压机使针状结晶断裂后，再通过颗粒机制得粉末状结晶，然后真空干燥，可增加其流动性，使分装容易，并降低装量差异。

（2）**可见异物** 无菌分装工艺由于未经配液及滤过等一系列处理，往往使粉末溶解后出现毛毛、小点等，以致产品不合要求。因此，应从原料的处理开始，严格环境控制，防止污染。

（3）**无菌问题** 成品无菌检查合格，只能说明抽查那部分产品是无菌的，不能代表全部产品完全无菌。由于产品系无菌操作法制备，稍有不慎就有可能使产品受到污染，而微生物在固体粉末中繁殖较慢，不易为肉眼所见，危险性更大。为了保证用药安全，解决无菌分装过程中的污染问题，采用层流净化装置可为高度无菌提供保证。

（4）**贮存过程中的吸潮变质** 瓶装无菌粉末这种情况时有发生，原因之一是天然橡胶塞的透气性。因此，一方面对所有橡胶塞要进行密封防潮性能测定，选择性能好的橡胶塞。同时铝盖压紧后瓶口要烫蜡密封，防止水汽透入。

二、注射用冷冻干燥制品

冷冻干燥粉针剂简称冻干粉针剂，系将药物制成无菌水溶液，进行无菌过滤、无菌分装后冷冻成固体，在高真空、低温条件下，使水分由冻结状态直接升华除去，在无菌条件下密封制成无菌冻干粉针剂的办法，临用时加无菌注射用水溶解后使用。对热敏感、水溶液不稳定的药物以及酶制剂、蛋白质等生物制品常制成冷冻干燥粉针剂，如注射用细胞色素c（细胞呼吸抑制剂）、注射用尿激酶等。

1. 冷冻干燥工艺流程

冷冻干燥生产流程如下：

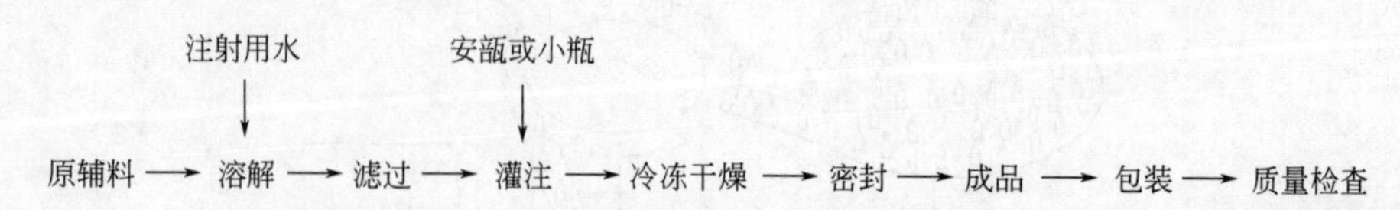

产品在冻干之前的配液、滤过、灌注等操作与水溶液注射剂基本相同，但分装时溶液厚度要薄，分装后的冷冻干燥工艺一般包括：

（1）**冻结** 冻结又称预冻。制品必须进行预冻后才能升华干燥。通常预冻温度应低于产品共熔点，预冻方法有速冻法和慢冻法。预冻过程首先将药物配置成含固体物质4%～15%的稀溶液，然后采用缓慢冻结法或快速冻结法冻结，冻结温度通常应低于产品低共熔点10～20℃。在此过程中，药液中的水即被冻结成结晶，药物分散在晶体结构中。缓慢冻结法形成结晶数量少、晶体粗，但冻干效率高；快速冻结法是将冻干箱先降温至 -45℃以下，再将制品放入，因急速冷冻而析出细晶，形成结晶数量多、晶粒细，制得产品疏松易溶，引起蛋白质变性的概率小，对酶类、活菌、活病毒的保存有利。实际工作中，根据具体品种选用。

预冻时间一般为 2 ～ 3h，有些品种需要更长时间。新产品冻干时，应先测出其低共熔点（eutectic point）。低共熔点是在水溶液冷却过程中，冰和药物同时析出结晶混合物（低共熔混合物）时的温度，测定方法有热分析法和电阻法。

（2）升华干燥　升华干燥可采用一次升华法或反复冷冻升华法。

① 一次升华法　先将处理好的产品溶液在干燥箱内预冻至低共熔点以下 10 ～ 20℃，冷凝器温度降至 -45℃以下，启动真空泵，当干燥箱内真空度达 13.33Pa（0.1mmHg）以下关闭冷冻机，通过搁置板下的加热系统缓缓加温，提供升华过程所需热量，温度逐渐升高至约 -20℃，药液中水分升华。该法适用于低共熔点 -20 ～ -10℃的产品，且溶液浓度、黏度不大，装量厚度在 10 ～ 15mm 的情况。

② 反复冷冻升华法　如产品的低共熔点为 -25℃，可将温度降至 -45℃，然后升温到低共熔点附近（-27℃），维持 30 ～ 40min，再降温至 -40℃。如此反复，使产品结构改变，外壳由致密变为疏松，有利于水分升华。此方法适用于某些低共熔点较低，或结构比较复杂、黏稠等难于冻干的产品，如蜂王浆等。

（3）二次干燥　当升华干燥阶段完成后，为尽可能除去残余的水，需要进一步再干燥。再干燥的温度根据产品性质确定，如 0℃、25℃等。制品在保温干燥一段时间后，整个冻干过程即告结束。

（4）密封　冷冻干燥后应立即密封，安瓿熔封，小瓶则加胶塞及压铝盖。

2. 冷冻干燥制品存在的问题及解决办法

（1）含水量偏高　装入容器液层过厚超过 10 ～ 15mm、干燥过程中热量供给不足使蒸发量减少、真空度不够、冷凝器温度偏高等，均可造成含水量偏高，应根据具体情况，采取相应的办法解决。

（2）喷瓶　原因可能有预冻温度过高产品冻结不实，或升华时供热过快使局部过热，部分产品熔化为液体。这些少量液体在高真空条件下，从已干燥的固体界面下喷出形成喷瓶，为了防止喷瓶，必须控制预冻温度在低共熔点以下 -20 ～ -10℃，同时加热升华的温度不要超过低共熔点。

（3）产品外形不饱满或萎缩成团粒　形成此种现象的原因，可能是冻干时，开始形成的已干外壳结构致密，升华的水蒸气穿过阻力很大，水蒸气在已干层停滞时间较长，使部分药品逐渐潮解，以致体积收缩，外形不饱满或成团粒。黏度较大的样品更易出现这类现象。解决办法主要从配制处方和冻干工艺两方面考虑，可以加入适量甘露醇、氯化钠等填充剂，或采用反复预冷升华法，改善结晶状态和制品的通气性，使水蒸气顺利逸出，产品外观就可得到改善。

此外，还有异物的问题，应加强工艺管理，控制环境污染。

知识拓展　冷冻干燥的原理

冷冻干燥是将需要干燥的药物溶液预先冻结成固体，然后在低温低压下，从冻结状态不经液态而直接升华除去水分的一种干燥方法。冷冻干燥的原理可用水的三相平衡加以说明，当压力低于 610.38Pa 时，水以固态或 / 和气态存在，此时固相（冰）受热时不经过液相直接变为气相。冷冻干燥可避免药品因高热而分解变质，干燥在真空中进行，故不易氧化，产品中的微粒污染机会相对减少；产品质地疏松，加水后迅速溶解恢复药液原有的特性；含水量低，一般在 1% ～ 3% 范围内，有利于产品长期储存。

学习测试

一、选择题

（一）单项选择题

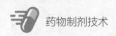

1. 将青霉素钾制为粉针剂的目的是（　　）。
   A.免除微生物污染　B.防止水解　C.防止氧化分解
   D.携带方便　E.易于保存
2. 下列关于无菌操作法的叙述错误的是（　　）。
   A.无菌操作法是在无菌条件下进行的操作方法
   B.无菌操作法所制备的注射剂大多需加入抑菌剂
   C.无菌操作法适用于热不稳定药物的注射剂配制
   D.无菌操作法为一种杀灭或除去微生物的操作方法
   E.无菌操作法系指使制品无菌的操作方法
3. 注射用青霉素粉针剂临用前应加入（　　）。
   A.灭菌注射用水　B.注射用水　C.蒸馏水
   D.纯化水　E.饮用水
4. 抗生素粉针剂分装室要求洁净度为（　　）。
   A.C级背景下的A级　B.B级背景下的A级　C.B级
   D.C级　E.D级
5. 冷冻干燥的工艺流程正确的是（　　）。
   A.预冻→升华→二次干燥→测共熔点
   B.预冻→测共熔点→二次干燥→升华
   C.预冻→测共熔点→升华→二次干燥
   D.测共熔点→预冻→升华→二次干燥
   E.测共熔点→预冻→二次干燥→升华

（二）多项选择题

1. 将药物制成注射用无菌粉末的目的是（　　）。
   A.防止药物风化　B.防止药物的挥发　C.防止药物的水解
   D.防止药物的变性　E.防止药物的潮解
2. 下面关于注射用无菌粉末的叙述正确的是（　　）。
   A.水溶液中不稳定或热敏感的药物可制成粉针剂
   B.粉针剂一般为非最终灭菌药品
   C.粉针剂可分为冷冻干燥制品和无菌分装制品
   D.粉针剂的原料必须无菌
   E.粉针剂主要采用冷冻干燥法制备
3. 注射用冷冻干燥制品的特点是（　　）。
   A.含水量低　B.产品剂量不易准确、外观不佳
   C.可避免药物因高热而分解变质　D.所得产品疏松，加水后迅速溶解恢复药液原有特性
   E.冷冻干燥是利用冰的升华性能

二、思考题

1. 写出冷冻干燥的工艺流程。
2. 粉针剂无菌分装工艺中存在哪些问题？

专题四　眼用液体制剂

学习目标

- 掌握滴眼剂的种类和质量要求；掌握滴眼剂常用附加剂的种类及选用。
- 学会滴眼剂的容器及附件的处理、药液配制、灌装、质量检查。
- 学会典型滴眼剂的处方及工艺分析。

【典型制剂】

例 1　诺氟沙星滴眼液（norfloxacin eye drops）

处方：			
诺氟沙星	24g	氯化钠	64g
36% 醋酸	14.4mL		
注射用水	加至 8000mL		

制法：取 70℃热注射用水约 4000mL，加入诺氟沙星，滴加醋酸溶液，随加随搅拌，待溶解完全后，加氯化钠并搅拌使溶解，滤过，自滤器上加注射用水至全量，搅匀，100℃灭菌 30 分钟后，分装于 8mL 滴眼瓶中即得。

本品用于敏感菌所致的外眼感染，如结膜炎、角膜炎、角膜溃疡等。

例 2　醋酸可的松滴眼液（混悬液）（cortisone acetate eye drops）

处方：			
醋酸可的松（微晶）	5.0g	吐温 -80	0.8g
硝酸苯汞	0.02g	硼酸	20.0g
羧甲基纤维素钠	2.0g	注射用水	加至 1000mL

制法：取硝酸苯汞溶于处方量 50% 的注射用水，加热至 40 ～ 50℃，加入硼酸、吐温 -80 使溶解，3 号垂熔漏斗过滤待用；另将羧甲基纤维素钠溶于处方量 30% 的注射用水，用垫有 200 目尼龙布的布氏漏斗过滤，加热至 80 ～ 90℃，加醋酸可的松微晶搅匀，保温 30min，冷至 40 ～ 50℃，与硝酸苯汞等溶液合并，加注射用水至足量，200 目尼龙筛过滤两次，分装，封口，100℃流通蒸汽灭菌 30min。

本品用于治疗急性和亚急性虹膜炎、交感性眼炎、小泡性角膜炎、角膜炎等。

【问题研讨】什么是滴眼剂？其生产工艺、质量要求与注射剂有何异同？上述典型制剂的制备中需注意哪些问题？

眼用制剂（ophthalmic preparation）系指直接用于眼部发挥治疗作用的无菌制剂。眼用制剂可分为眼用液体制剂（滴眼剂、洗眼剂、眼内注射溶液）、眼用半固体制剂（眼膏剂、眼用乳膏剂、眼用凝胶剂）、眼用固体制剂（眼膜剂、眼丸剂、眼内插入剂）。眼用液体制剂也可以固态形式包装，另备溶剂，在临用前配成溶液或混悬液。它们多数为真溶液或胶体溶液，少数为混悬液或油溶液。眼部给药后，在眼球内外部发挥局部治疗作用。眼用制剂在启用后最多可使用 4 周。近年来，一些眼用新剂型，如眼胶以及接触眼镜等已逐步应用于临床。

滴眼剂（eye drops）系指由原料药物与适宜辅料制成的供滴入眼内的无菌液体制剂。可分为水性或油性溶液、混悬液或乳状液。常用作杀菌、消炎、收敛、缩瞳、麻醉或诊断之用，有的还可作滑润或代替泪液之用。滴眼液虽然是外用剂型，但它的质量要求类似注射剂。除另有规定外，每个容器的装量应不超过 10mL。

洗眼剂（collyriums）系指由原料药物制成的无菌澄明水溶液，供冲洗眼部异物或分泌液、中和外来化学物质的眼用液体制剂。其质量要求与注射液同，如生理盐水、2% 硼酸溶液等。洗眼剂属用量较大的眼用制剂，应尽可能与泪液等渗并具有相近的 pH 值。多剂量的洗眼剂一般应加适当抑菌剂。除另有规定外，每个容器的装量应不超过 200mL。

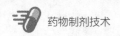

一般眼用液体制剂的质量要求如下。

（1）pH　正常眼可耐受的 pH 范围为 5.0 ～ 9.0。pH6 ～ 8 时无不适感觉，pH 小于 5.0 或大于 11.4 有明显的刺激性。由于 pH 不当而引起刺激性，可增加泪液的分泌，导致药物迅速流失，甚至损伤角膜。眼用液体制剂的 pH 调节应兼顾药物的溶解度、稳定性、刺激性的要求，同时亦考虑对药物吸收及药效的影响。

（2）渗透压　眼球能适应的渗透压范围相当于 0.6% ～ 1.5% 的氯化钠溶液，超过 2% 就有明显的不适。低渗溶液应用调节剂调成等渗，如氯化钠、硼酸等。

（3）无菌　用于眼外伤或术后的眼用制剂要求绝对无菌，多采用单剂量包装并不得加入抑菌剂。多剂量剂型滴眼剂，在多次使用时容易染菌，所以要加抑菌剂。

（4）可见异物　一般玻璃容器的滴眼剂按注射剂的可见异物检查方法检查，有色玻璃或塑料容器的滴眼剂应在照度 3000 ～ 5000lx 下用眼检视，不得有玻璃屑。混悬剂滴眼剂应进行药物颗粒细度检查，一般含 15μm 以下的颗粒不得少于 90%、50μm 的颗粒不得超过 10%。不应有玻璃屑，颗粒应易摇匀，不得结块。

（5）黏度　将滴眼剂的黏度适当增大可使药物在眼内停留时间延长，从而增强药物的作用。合适的黏度在 4.0 ～ 5.0mPa · s 之间。

（6）稳定性　眼用溶液类似注射液，应注意稳定性问题。

知识拓展　眼用药物的吸收途径及影响因素

一般认为，滴入眼中的药物主要经过角膜和结膜吸收。药物首先通过角膜至前房再进入虹膜；药物经结膜吸收时，通过巩膜可达眼球后部。注射入结膜下或眼角后的眼球囊（特农囊）的药物，可通过巩膜进入眼内，对睫状体、脉络膜和视网膜发挥作用。若注射于球后，则药物进入眼后段，对球后神经及其他结构发挥作用。因此，眼用药物多以局部作用为主，透入结膜的药物如进入血液，有可能引起全身性作用。通过眼以外的部位给药，药物要透过血管与眼球间血 - 水屏障，往往需达到中毒浓度才能发挥治疗作用。

影响眼用药物吸收的因素主要有：①通常约 70% 的药液从眼部溢出，加之泪液的稀释，因而以增加滴药次数提高药物的作用。②眼用制剂的刺激性较大时，使结膜的血管和淋巴管扩张，不仅增加药物从外周血管的消除，而且使泪腺分泌增多，并溢出眼睛，从而影响药物的吸收利用。③角膜外皮层有丰富的类脂物，内皮层为水性基质，解离药物难以透过完整的角膜，pH 影响药物的解离，从而影响眼用药物的吸收。④增加黏度可使药物与角膜接触时间延长，有利于药物的吸收。⑤滴眼剂表面张力小，有利于泪液与滴眼剂的混合和药物与角膜上皮的接触，使药物容易渗入。因而表面活性剂有促进吸收的作用。

一、眼用液体制剂的处方

眼用液体制剂中的附加剂主要有 pH 调节剂、等渗调节剂、抑菌剂、增稠剂、稳定剂、增溶剂与助溶剂等。

1. pH 调节剂

pH 不当可引起刺激性，增加泪液分泌，导致药物流失，甚至损伤角膜。因此选用适当的缓冲液作眼用溶剂，可使眼用液体制剂的 pH 值稳定在一定范围内，既保证对眼无害，又能抵抗包装玻璃的碱性。

（1）磷酸盐缓冲液　磷酸盐缓冲液以无水磷酸二氢钠 8g 配成 1000mL 溶液，无水磷酸氢二钠 9.47g 配成 1000mL 溶液，按不同比例配合得 pH 值 5.9 ～ 8.0 的缓冲液，适用的药物有阿托品、麻黄碱、毛果芸香碱、东莨菪碱等。

（2）硼酸盐缓冲液　硼酸盐缓冲液先配成 1.24% 的硼酸溶液及 1% 的硼砂溶液，再按不同量配合可得 pH 值 6.7 ～ 9.1 的缓冲液。此外，还可用硼酸液，以 1.9g 硼酸溶于 100mL 注射用水中制成，pH 值为 5。其适用的药物为盐酸可卡因、盐酸普鲁卡因、水杨酸毒扁豆碱、硫酸锌等。

2. 等渗调节剂

眼球能适应的渗透压范围相当于浓度为 0.6% ～ 1.5% 的氯化钠溶液，超过 2% 就有明显的不适。低渗溶液应加调节剂调成等渗，如氯化钠、硼酸等，计算方法参照注射剂。

3. 抑菌剂

正常人的泪液中含溶菌酶，故有杀菌作用，同时泪液不断地冲洗眼部，以保持清洁无菌；角膜、巩膜等也能阻止细菌侵入眼球内。因此，一般滴眼剂（即用于无眼外伤的滴眼剂）应不得有铜绿假单胞菌和金黄色葡萄球菌等致病菌。滴眼剂是一种多剂量制剂，在多次使用时很易染菌，所以要加抑菌剂，使它在被污染后，于下次再用之前恢复无菌。滴眼剂抑菌剂的要求为：①抑菌有效且作用迅速，在两次用药的间隔时间（1 ～ 2h）内达到抑菌；②有合适的 pH 范围，无配伍禁忌；③对眼无刺激。滴眼剂常用抑菌剂有下列几类。

（1）有机汞类　有机汞类如硝酸苯汞，有效浓度为 0.002% ～ 0.005%，在 pH 值 6 ～ 7.5 时作用最强，与氯化钠、碘化物、溴化物等有配伍禁忌。另外硫柳汞稳定性较差，日久变质。

（2）季铵盐类　季铵盐类有苯扎溴铵、氯己定等阳离子界面活性剂，抑菌力很强。但这类化合物的配伍禁忌多，在 pH 值小于 5 时作用减弱，与阴离子界面活性剂或阴离子胶体化合物反应失效。常用的苯扎氯铵有效浓度为 0.01% ～ 0.02%，对硝酸根离子、碳酸根离子、水杨酸盐、荧光素钠等有配伍禁忌。

（3）醇类　常用三氯叔丁醇，适于弱酸溶液，与碱有配伍禁忌，常用浓度为 0.35% ～ 0.5%。苯乙醇的配伍禁忌少，与其他类抑菌剂有协同作用，常用浓度为 0.5%。苯氧乙醇对铜绿假单胞菌有特殊的抑菌力，常用浓度为 0.3% ～ 0.6%。

（4）酯类　如羟苯酯类（亦称尼泊金类），常用的有羟苯甲酯、乙酯与丙酯，适于弱酸溶液。乙酯单独使用有效浓度为 0.03% ～ 0.06%；甲酯与丙酯混合用，浓度分别为 0.16% 及 0.02%。但某些患者感觉有刺激性。

（5）酸类　如山梨酸，微溶于水，浓度为 0.15% ～ 0.2%，对真菌有较好的抑菌力。适用于含聚山梨酯的眼用溶液。

采用复合的抑菌剂可发挥协同作用，例如少量的依地酸钠能使其他抑菌剂对铜绿假单胞菌的作用增强，而依地酸钠本身是没有抑菌作用的。如苯扎氯铵加依地酸钠、苯扎氯铵加三氯叔丁醇再加依地酸钠或羟苯酯类。

4. 增稠剂

滴眼剂适宜的黏度（4.0 ～ 5.0mPa•s）可使药物在眼内停留时间延长，从而增强药物的作用，黏度增加后可减少刺激作用。常用的增稠剂有甲基纤维素、聚乙烯醇、聚维酮等。甲基纤维素与某些抑菌剂有配伍禁忌，如羟苯酯类等，但与酚类、有机汞类、苯扎溴铵无禁忌。

5. 稳定剂、增溶剂与助溶剂

不稳定的眼用药物，如毒扁豆碱、乙基吗啡等，需加抗氧剂和金属螯合剂。溶解度小的药物需加增溶剂或助溶剂。

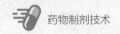

二、眼用液体制剂的制备

眼用液体制剂的制备应遵循注射剂的生产要求。对于不耐热的药物，需采用无菌操作法。用于眼部手术或眼外伤的制剂，应制成单剂量包装如安瓿剂，并按安瓿生产工艺进行，保证无菌。洗眼液用输液瓶包装的，按输液生产工艺处理。

1. 容器及附件的处理

中性玻璃滴眼瓶的玻璃质量要求与输液瓶同，遇光不稳定者可选用棕色瓶。塑料瓶包装价廉，不碎，轻便，但应注意与药液之间存在物质交换，因此塑料瓶应通过试验后方能确定是否选用。容器的洗涤方法与注射剂容器相同，玻璃瓶可用干热灭菌，塑料瓶可用气体灭菌。

橡胶塞直接与药液接触，亦有吸附药物与抑菌的问题，常采用饱和吸附的办法解决。处理方法如下：先用 0.5% ～ 1.0% 碳酸钠煮沸 15min，放冷，刷搓，常水洗净，用 0.3% 盐酸煮沸 15min，放冷，刷搓，洗净重复两次，最后用过滤过的注射用水洗净，煮沸灭菌后备用。

2. 配滤

药物、附加剂用适量溶剂溶解，必要时加活性炭（0.05% ～ 0.3%）处理，经滤棒、垂熔滤球或微孔滤膜过滤至澄明，加溶剂至足量，灭菌后做半成品检查。眼用混悬剂的配制，先将微粉化药物灭菌，另取表面活性剂、助悬剂加少量灭菌注射用水配成黏稠液，再与主药用乳匀机搅匀，添加注射用水至全量。

3. 无菌灌装

生产上采用减压灌装。

4. 质量检查

检查可见异物、主药含量、装量、装量差异、金属性异物、无菌等；水溶液型滴眼剂、洗眼剂和眼内注射溶液应测定渗透压摩尔浓度；含饮片原粉的眼用制剂和混悬型眼用制剂应进行粒度检查；混悬型滴眼剂（含饮片细粉的滴眼剂除外）检查沉降体积比。

5. 印字包装

参见注射剂。

【问题解决】

1. 诺氟沙星滴眼液处方及工艺分析。

提示：诺氟沙星是主药，氯化钠是等渗调节剂，36% 醋酸是 pH 调节剂，注射用水是溶剂。

2. 醋酸可的松滴眼液（混悬液）处方及工艺分析。

提示：①醋酸可的松微晶的粒径应在 5 ～ 20μm 之间，过粗易产生刺激性，甚至会损伤角膜；②羧甲基纤维素钠为助悬剂，配液前需精制；③为防止结块，灭菌过程中应振摇，或采用旋转灭菌设备，灭菌前后均应检查有无结块；④硼酸为 pH 与等渗调节剂，且能减轻药液对眼黏膜的刺激性，本品 pH 值为 4.5 ～ 7.0。

知识拓展　其他灭菌与无菌制剂

其他灭菌与无菌制剂，如体内植入制剂、手术用制剂，以及溃疡、烧伤及外伤用溶液剂、软膏剂、气雾剂、粉雾剂、海绵剂等，必须在无菌条件下制备，防止微生物污染，成品中应不得检出金黄色葡萄球菌和铜绿假单胞菌，符合《中国药典》无菌检查的规定。

海绵剂（spongia，spongc）系亲水性胶体溶液，是经冷冻或其他方法处理后制得的质轻、疏松、坚韧而又具有极强的吸湿性能的海绵状固体灭菌制剂，主要用于外伤止血。海绵剂的原料有糖类和蛋白质，如淀粉、明胶、蛋白质等。如止血海绵的处方及制备工艺如下：

处方：新鲜血浆　100mL　38% 枸橼酸钠　1mL
22.2% 氯化钙　1mL

制法：新鲜血液加枸橼酸钠作抗凝剂，经分离得血浆。取血浆 100mL，37℃以下保温，加入 22.2% 氯化钙溶液 1mL，急速搅拌 1～2min 至泡沫状，静置约 1h，血浆泡沫即行凝固，取出块状物，37℃烘干，得淡黄色血浆海绵。切成适宜块状，130℃干燥灭菌 2h，取出，浸泡于 85% 乙醇中备用。

本品临用前挤去乙醇，于灭菌温热生理盐水中洗净，用灭菌纱布吸干。应用时先用灭菌纱布将出血面吸干，立即用海绵覆盖，另用纱布在海绵上均匀轻压，不使移动，即可止血。

剂型使用　滴眼剂用药指导

首先应仔细查看滴眼剂，必须清亮，无变色、变浑、絮状物或其他污浊物，否则立即丢弃。滴药前，先清洁双手。如果眼内分泌物较多，应先用清洁生理盐水冲洗。戴隐形眼镜者应先将隐形眼镜取下，用药至少 15 分钟后再戴。滴眼药时，头向后仰或平卧，轻轻地将下眼睑下拉，形成小囊，将滴口接近眼睑，不触及眼睑或睫毛。滴入规定的滴数，勿直接滴到角膜上，轻轻闭合眼睑 2～3 分钟，同时轻轻按住位于鼻根内眼角的泪囊处，避免眼药水经鼻泪管流失。滴眼剂瓶盖、滴口不要碰到任何物品，不要用水冲洗或擦拭，避免污染药品，用后拧紧瓶盖保存。混悬型滴眼剂用前需摇匀；个别药品需用前将药片溶于所附溶剂；不要与别人共用一瓶眼药水；若同时使用两种或以上的眼药，则至少应间隔 5 分钟。

实践　诺氟沙星滴眼液的制备

通过诺氟沙星滴眼液的制备，掌握滴眼剂的工艺流程、清洗、配液、灌封、灭菌和质量检查等操作，认识本工作中使用到的仪器、设备，能规范使用，并注意安全操作。

【实践项目】

配制诺氟沙星滴眼液 10 支，每支装量 8mL。

1. 塑料滴眼瓶的处理

将容器灌满注射用水，然后甩出，再灌新鲜注射用水，甩出；干燥备用。

2. 配液

处方与制法自拟。

3. 质量检查

①装量检查；②可见异物检查。

【岗位操作】

一般滴眼剂的制备工艺亦与注射剂相似，容器处理、药液配制、滤过、灌封、灭菌、可见异物检查等参见注射剂。

学习测试

一、选择题

（一）单项选择题

1. 硫酸锌滴眼液处方：硫酸锌2.5g　硼酸Q.S　注射用水加至1000mL。调节等渗需加入硼酸（1%

硫酸锌、1%硼酸凝固点下降度分别为0.085℃、0.283℃）（　　）。

A.10.9g　B.1.1g　C.17.6g　D.1.8g　E.13.5g

2. 滴眼剂中增稠剂的作用说法错误的是（　　）。

A.使药物在眼内停留时间延长　B.增强药效　C.减少刺激性
D.减少药液流失　E.增加药物稳定性

3. 滴眼剂中抑菌剂对铜绿假单胞菌有特殊抑菌力的是（　　）。

A.羟苯酯类　B.山梨酸　C.苯氧乙醇　D.硝酸苯汞　E.苯扎溴铵

4. 以下不可作为滴眼剂抑菌剂的是（　　）。

A.硝基苯汞　B.苯甲酸酯类　C.吐温-80　D.三氯叔丁醇　E.羟苯酯类

（二）多项选择题

1. 对滴眼剂叙述正确的是（　　）

A.可制成水性或油性溶液、混悬液及乳剂　B.可制成固体形态的供临用前溶解的制剂
C.滴眼剂装量应在10mL　D.与泪液等渗
E.pH值为4～9

2. 对滴眼剂叙述错误的是（　　）。

A.手术与创伤用滴眼剂为无菌制剂　B.混悬微粒不得大于60μm
C.手术与创伤用滴眼剂需加适宜的抑菌剂　D.手术与创伤用滴眼剂应单剂量包装
E.眼内注射液可加抗氧剂增加稳定性

3. 一般滴眼剂质量要求的项目有（　　）。

A.pH值　B.渗透压　C.可见异物　D.黏度　E.热原

二、思考题

试比较滴眼剂与安瓿剂的质量要求以及生产工艺的异同。

整理归纳

模块三介绍了注射剂、输液、眼用液体制剂的概念、生产工艺、制备和质量要求与检查；介绍了热原的含义、组成、性质、检查方法及其污染途径与除去方法；介绍了等渗溶液与等张溶液的含义及等渗的调节方法。试用如下简表的形式，将各类无菌制剂进行总结比较。

剂型	注射剂	输液	粉针剂	滴眼剂
概念				
特点				
类型				
溶剂、附加剂				
工艺				
制法				
质量评价				
典型制剂				

模块四

固体制剂

固体制剂约占制剂品种的70%，主要有散剂、颗粒剂、片剂、胶囊剂等剂型，与液体制剂相比，固体制剂理化稳定性好，生产成本较低，服用与携带方便。在固体制剂的制备过程中，需将物料进行粉碎、过筛与混合，所以前处理的单元操作相同。后续处理中，如与其他组分均匀混合后直接分装，可获得散剂；将混合均匀的物料进行制粒、干燥后分装，即可得到颗粒剂；将颗粒压片可制成片剂；将混合均匀的粉末或颗粒填入空胶囊，可制备成胶囊剂等。对固体制剂来说，物料的混合度、流动性、充填性非常重要，粉碎、过筛与混合是保证药物含量均匀性的主要单元操作，制粒或润滑剂的加入是改善流动性、充填性的主要措施。固体制剂的制备工艺流程可表示如下：

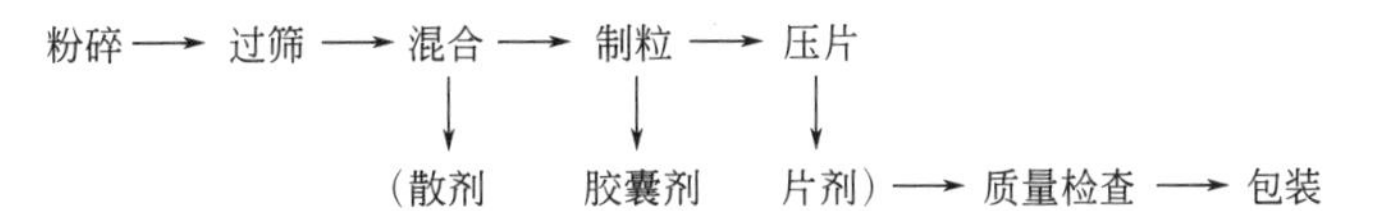

固体制剂如果在药物作用需要的时间内未能溶出需要量的药物，该制剂将无法发挥其应有的疗效。如片剂口服后，需经过崩解（在胃肠液中裂碎成小颗粒）→溶出（药物从小颗粒中溶出进入胃肠液）→吸收（溶解的药物通过胃肠黏膜进入血液循环）等几个过程，再分布于各组织器官，发挥治疗作用，其中任何一个环节发生问题都将影响药物的实际疗效。未崩解的片剂，其表面积十分有限，溶出量小，溶出速度慢；崩解后，形成了众多的小颗粒，总表面积急剧增加，药物的溶出量和溶出速度常会显著加快。关于药物的理化性质、制剂工艺等对溶出度的影响，参见“模块七　制剂有效性评价”中的阐述。

知识拓展　Noyes-Whitney方程与固体制剂的药物溶出

对片剂、散剂、胶囊剂等多数固体制剂来说，Noyes-Whitney 方程：$dC/dt=kSC_s$，可说明制剂中药物溶出的规律。该式表明，制剂中药物的溶出速度 dC/dt 与溶出速度常数 k、药物粒子的表面积 S、药物的溶解度 C_s 成正比。所以，采用以下方法可加快固体制剂中药物的溶出速度：①微粉化，增大表面积。②混合物研磨。疏水性药物单独粉碎时，粒子易发生重新聚集，如将其与水溶性辅料共同研磨，在细小的药物粒子周围会吸附大量水溶性辅料，可防止细小药物粒子的相互聚集。当水溶性辅料溶解后，细小的药物粒子便直接暴露于溶出介质中，溶出速度会大大加快。③将难溶性药物制成固体分散物。如吲哚美辛与 PEG 6000（1 ∶ 9）制成固体分散物后压片，溶出度得到很大改善。④吸附于“载体”后压片。将难溶性药物溶于能与水混溶的溶剂（如 PEG 400）中，用硅胶类多孔性的载体使药物以分子的状态吸附，在接触到溶出介质时很容易溶解。

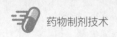

剂型使用　口服制剂用药的一般原则

1. 服药姿势。一般建议患者取坐位或站位服药，服药后站立或静坐 5 ～ 10 分钟，不推荐躺着服药，以避免药物黏附于食管壁上，影响疗效和刺激食管。

2. 服药时间。通常“每日服药几次”中的“每日”是指一天 24 小时。所以每日 3 次，则应每隔 8 小时一次。有些药不能和其他药同时服用。如活菌制剂不能与抗生素同服。因为抗生素会降低活菌活性，通常间隔 2 ～ 4 小时以上。

3. 送服液体。服药的液体一般是温开水。水能润湿食管，又有利于药物溶解吸收。用其他液体服药宜慎重，特别是酒类饮料，除非是药品说明书中有特殊要求。

4. 给药剂量。服用片剂不足一片时，需注意分量准确。如需服半片时，有半片压痕的，可从压痕处分开；无压痕或不足半片的，应将全片压碎为粉末后，按所需量分用。但应注意缓释、控释制剂一般不能压碎服用。

专题一　散剂

学习目标

- 掌握散剂的主要特点、类型及其处方组成；掌握散剂稀释剂的种类及选用。
- 掌握散剂生产的工艺流程，学会散剂的粉碎、筛分、混合、分剂量、包装贮存和质量检查，能找出散剂质量不合格时的原因。
- 学会典型散剂的处方及工艺分析。

【典型制剂】

例 1　口服补液盐 I

处方：				
	氯化钠	1750g	氯化钾	750g
	碳酸氢钠	1250g	葡萄糖	11000g

制法：取葡萄糖、氯化钠粉碎成细粉，混匀，分装于大袋中；另将氯化钾、碳酸氢钠粉碎成细粉，混匀，分装于小袋中；将大小袋同装一包，共制 1000 包。

本品可补充体内电解质和水分。用于腹泻、呕吐等引起的轻度和中度脱水。临用前大、小袋药物同溶于 500mL 凉开水中口服。本品易吸潮，应密封保存于干燥处。

例 2　冰硼散

处方：				
	冰片	50g	硼砂（炒）	500g
	朱砂	60g	玄明粉	500g

制法：以上四味，朱砂水飞或粉碎成极细粉，硼砂粉碎成细粉，将冰片研细，与上述粉末及玄明粉配研，过筛，混合，即得。

本品为吹散，每次少量，一日数次。具清热解毒、消肿止痛功能，用于咽喉疼痛、牙龈肿痛、口舌生疮。

【问题研讨】什么是散剂？分析其处方组成、生产工艺和质量要求。上述典型制剂的制备中需注意哪些问题？

散剂（powders）系指原料药物或与适宜的辅料经粉碎、均匀混合制成的干燥粉末状制剂。散剂在化学药品（西药）制剂中的应用不多，但在中药制剂中有一定的应用，仍是临床上不可缺少的剂型。散剂除了作为药物剂型直接应用于患者外，制备散剂的粉碎、过筛、混合等单元操作也是其他剂型如片剂、胶囊剂、混悬剂及丸剂等制备的基本技术，因此散剂的制备在制剂上具有普遍意义。散剂按药物组成可分为单散剂与复方散剂；按剂量情况可分为分剂量散与不分剂量散；按用途可分为溶液散、煮散、吹散、内服散、外用散等。例如痱子粉是一种外用散剂，而小儿清肺散则是内服散。口服散剂一般溶于或分散于水、稀释液或者其他液体中服用，也可直接用水送服。外用散剂可供皮肤、口腔、咽喉、腔道等处应用；专供治疗、预防和润滑皮肤的散剂也可称为撒布剂或撒粉。

散剂的主要特点有：①粉碎程度大，比表面积大、易于分散、起效快；②外用覆盖面积大，可以同时发挥保护和收敛等作用；③贮存、运输、携带比较方便；④制备工艺简单，剂量便于调整。由于散剂不含液体，故较液体制剂稳定。但由于药物粉碎后比表面积增大，其嗅味、刺激性及化学活性也相应增加，且某些挥发性成分易散失。所以，一些腐蚀性较强，遇光、湿、热容易变质的药物一般不宜制成散剂。一些剂量较大的散剂，不如丸剂、片剂或胶囊剂等剂型容易服用。

一、散剂的处方

散剂中可含或不含辅料。口服散剂需要时亦可加矫味剂、芳香剂、着色剂等附加剂。毒剧药物或药理作用很强的药物，其剂量小，常需加入一定比例量的稀释剂制成稀释散或倍散，以利临时配方。常用的有五倍散、十倍散，亦有百倍散、千倍散。稀释剂（也称填充剂）应为惰性物质，常用的有乳糖、淀粉、糊精、蔗糖、葡萄糖以及一些无机物，如沉降磷酸钙等。为防止胃酸对生物制品散剂中活性成分的破坏，稀释剂中可调配中和胃酸的成分，如沉降碳酸钙、碳酸镁等。处方中若含有少量的液体成分，如挥发油、酊剂、流浸膏等，可利用处方中其他成分吸收。如含量较多时，可另加适量的吸收剂至不显潮湿为度，常用的吸收剂有磷酸钙、蔗糖、葡萄糖等。

二、散剂的制备

散剂的生产洁净区域划分及工艺流程参见附录一（五）。一般散剂制备的工艺流程如下：

粉碎 ⟶ 筛分 ⟶ 混合 ⟶ 分剂量 ⟶ 质量检查 ⟶ 包装

一般情况下，将固体物料进行粉碎前对物料进行前处理，即将物料加工成符合粉碎所要求的粒度和干燥程度等。个别散剂因成分或数量的不同，可将其中的几步操作结合进行。生产散剂时，分装室的相对湿度应控制在药物混合物的 CRH 值以下，以免吸湿而降低药物粉末的流动性，影响分剂量与产品质量。

1. 粉碎

借助机械力将大块固体物料破碎成小块或粉末的过程称为粉碎。通常把粉碎前的粒度与粉碎后的粒度之比称为粉碎度或粉碎比。制备散剂用的物料，除细度已达到药典要求外，均需进行粉碎，目的是调节药物粉末的流动性，改善不同药物粉末混合的均匀性，降低药物粉末对胃肠道创面的机械刺激性。且减小药物的粒径，可增加药物的比表面积，提高生物利用度。所以散剂中的药物都应有适宜的粉碎度，这不仅关系到它的外观、均匀性、流动性等性质，并可直接影响它的疗效。

资料卡　散剂中药物的粉碎细度

散剂中，易溶于水的药物可不必粉碎得太细，如水杨酸钠等。对于难溶性药物如布洛芬，为了加速其溶解和吸收，应粉碎得细些。不溶性药物如次碳酸镁、氢氧化铝等用于治疗胃溃疡时，必须制成最细粉，以利于发挥其保护作用。对于有不良嗅味、刺激性、易分解的药物制成散剂时，不宜粉碎太细，以免增加比表面积而加剧其嗅味、刺激性及分解，如呋喃妥因等。红霉素在胃中不稳定，增加细度则加速其在胃液中的降解，降低其疗效，故不宜过细。除另有规定外，口服散剂应为细粉，儿科和外用散剂应为最细粉。

（1）常用的粉碎设备

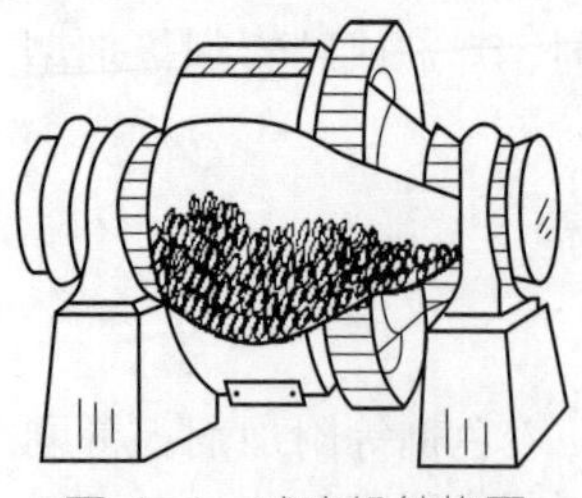

图 4-1　球磨机结构图

研钵：有瓷、玻璃、玛瑙、铁或铜制品。玻璃研钵不易吸附药物，易清洗，宜用于粉碎小剂量（毒、剧、贵重）药物；铁及铜制品应注意与药物可能发生作用。

球磨机：球磨机结构简单（图 4-1），密闭操作，常用于毒、剧或贵重药物以及吸湿性或刺激性强的药物。对结晶性药物、硬而脆的药物进行细粉碎的效果较好。易氧化药物，可在惰性气体条件下密闭粉碎。

流能磨（fluid energy mills）（图 4-2）：流能磨系利用高压气流（空气、蒸汽或惰性气体）使药物的颗粒之间以及颗粒与室壁之间强烈的碰撞，而产生粉碎作用。在粉碎过程中，被压缩的气流在粉碎室中膨胀产生的冷却效应与研磨产生的热相互抵消，故被粉碎药物温度不升高，适用于抗生素、酶、低熔点或热敏感药物的粉碎。该设备能得到 5μm 以下的微粉，并且在粉碎的同时可进行粉末的分等级。

冲击式粉碎机（impact crusher）（图 4-3）：适用于脆性、韧性物料以及中碎、细碎、超细碎等，有“万能粉碎机”之称，其结构有锤击式和冲击柱式（也叫转盘式粉碎机）。

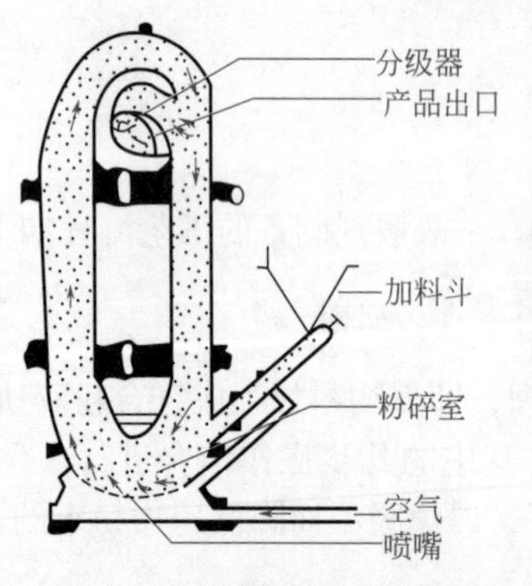

图 4-2　流能磨结构图

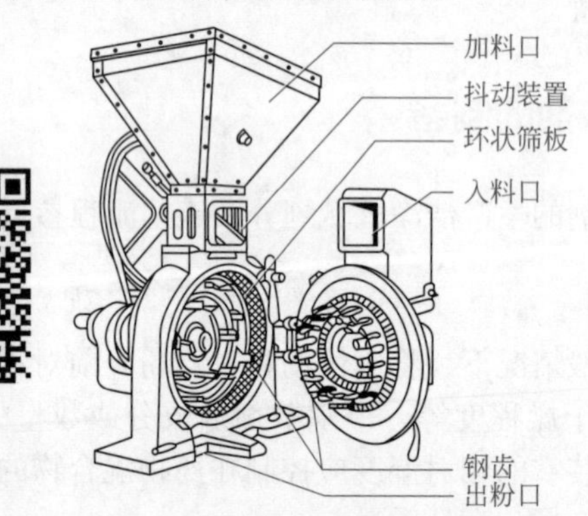

图 4-3　冲击式粉碎机结构图

几种常用的粉碎设备的比较见表 4-1。

表4-1　几种常用粉碎设备的比较

粉碎机类型	粉碎作用力	粉碎后粒度 /μm	适应物料
球磨机	磨碎、冲击	20 ～ 200	可研磨性物料
滚压机	压缩、剪切	20 ～ 200	软性粉体
冲击式粉碎机	冲击	4 ～ 325	大部分医药品
胶体磨	磨碎	20 ～ 200	软性纤维状
气流粉碎机	撞击、研磨	1 ～ 30	中硬度物质

（2）粉碎的注意事项

① 选择适宜的粉碎器械。根据物料的性质、物料被粉碎的程度、粉碎量的多少等来选择。粉碎过程常用的机械力有冲击力、压缩力、剪切力、弯曲力、研磨力等，常根据需处理物料的性质、粉碎程度的不同来选择。

② 选用适宜的粉碎方法。干法粉碎对平衡水分含量较高的物料易引起黏附作用，影响粉碎的进行，故粉碎前应进行干燥。在空气中干法粉碎时有可能引起氧化或爆炸的药品，应在惰性气体或真空状态中进行粉碎。干法粉碎时，当物料粉碎至一定粒度以下，某些粉碎机的粉碎效能会降低，如球磨机内壁及球的表面会黏附一层细粉，起缓冲作用，减少粉碎的冲击力。

湿法粉碎是在药物中加入适量的水或其他液体再研磨粉碎的方法（即加液研磨法），可防止在粉碎过程中粒子产生凝聚作用，对于药物要求特别细度，或者有刺激性、毒性者，宜用湿法粉碎。对某些难溶于水的药物可采用“水飞法”，即将药物与水一起研磨，使细粉末漂浮于液面或混悬于水中，然后将混悬液倾出，余下的粗粒加水反复操作，至全部药物研磨完毕。所得混悬液合并，沉降，倾去上层清液，将湿粉干燥，可得极细粉末。

将药物与辅料混合在一起粉碎的方法称为混合粉碎法，此法能使药物粉末的表面饱和辅料细粉而阻止其聚结，以利于粉碎并可得到更细的粉末。此外，多种物质的混合彼此也有稀释作用，从而减少热的影响，可缩短混合时间。欲获得 10μm 以下的微粉，可采用流能磨粉碎或选用微晶结晶法，即将药物的过饱和溶液在急速搅拌下骤然降低温度快速结晶，制得微粉。

③ 及时筛去细粉。药物粉碎至所需的粉碎度时，粉碎前和粉碎中应及时筛分，以免药物过度粉碎，同时节省功率的消耗和减少粉碎过程中药物的损失。

④ 中草药的药用部位必须全部粉碎应用。一般较难粉碎的叶脉和纤维等不应随意丢弃，以免损失有效部分或使药粉的含量相应增高。

⑤ 粉碎毒性药或刺激性较强的药物时，应注意劳动防护，并避免交叉污染。

2. 筛分

筛分是借助筛网孔径大小将物料进行分离的方法，目的是为了获得较均匀的粒子群。即或筛除粗粉取细粉，或筛除细粉取粗粉，或筛除粗、细粉取中粉等，是医药工业中应用广泛的分级操作。这在混合、制粒、压片等单元操作中，对混合度、粒子流动性、充填性、片重差异、片剂硬度、裂片等具有显著的影响，对药品质量以及制剂生产的顺利进行有重要的意义。

（1）筛分的设备　筛分用的药筛分为冲制筛和编织筛两种。

冲制筛系在金属板上冲出圆形的筛孔而成，其筛孔坚固，不易变形，多用于高速旋转粉碎机的筛板及药丸等粗颗粒的筛分。

编织筛是由具有一定机械强度的金属丝（如不锈钢、铜丝、铁丝等），或其他非金属丝（如尼龙丝、绢丝等）编织而成，优点是单位面积上的筛孔多、筛分效率高，可用于细粉的筛选。用非金属制成的筛网具有一定弹性。尼龙丝对一般药物较稳定，在制剂生产中应用较多。但编织筛线易于位移，致使筛孔变形，分离效率下降。

药筛的孔径大小用筛号表示。筛的孔径规格我国有药典标准和工业标准（表4-2）。《中国药典》把固体粉末分为最粗粉、粗粉、中粉、细粉、最细粉和极细粉六级（表 4-3）。

表4-2　《中国药典》标准筛规格与工业筛目对照表

筛号	一号筛	二号筛	三号筛	四号筛	五号筛	六号筛	七号筛	八号筛	九号筛
药典标准筛孔平均内径 /μm	2000 ±70	850 ±29	355 ±13	250 ±9.9	180 ±7.6	150 ±6.6	125 ±5.8	90 ±4.6	75 ±4.1
工业筛 / 目	10	24	50	65	80	100	120	150	200

表4-3　粉末的分等标准

等级	分等标准
最粗粉	指能全部通过一号筛，但混有能通过三号筛不超过 20% 的粉末
粗粉	指能全部通过二号筛，但混有能通过四号筛不超过 40% 的粉末
中粉	指能全部通过四号筛，但混有能通过五号筛不超过 60% 的粉末
细粉	指能全部通过五号筛，并含能通过六号筛不少于 95% 的粉末
最细粉	指能全部通过六号筛，并含能通过七号筛不少于 95% 的粉末
极细粉	指能全部通过八号筛，并含能通过九号筛不少于 95% 的粉末

工业用标准筛常用“目”数表示筛号，即以每一英寸（25.4mm）长度上的筛孔数目表示，孔径大小常用微米（μm）表示。筛分设备有振动筛、滚筒筛、多用振动筛等。振动筛是常用的筛，根据运动方式分为摇动筛和振荡筛（图 4-4）。

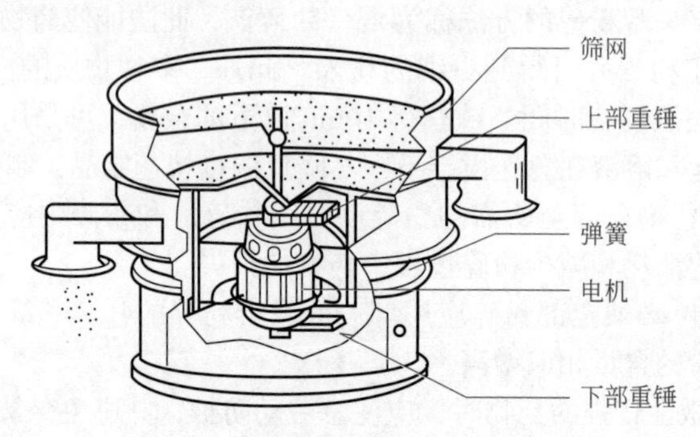

图 4-4　圆形振动筛粉机结构示意图

摇动筛：根据药典规定的筛序，按孔径大小从上到下排列，最上为筛盖，最下为接受器。把物料放入最上部的筛上，盖上盖，进行摇动和振荡，即可完成对物料的分级。常用于测定粒度分布或少量剧毒药、刺激性药物的筛分。

振荡筛：筛网的振荡方向有三维性，物料加在筛网中心部位，筛网上的粗料由上部排出口排出，筛分的细料由下部的排出口排出。振荡筛具有分离效率高，单位筛面处理能力大，维修费用低，占地面积小，重量轻等优点。

（2）筛分的注意事项

① 药粉的运动方式与运动速度　在静止情况下，由于药粉相互摩擦和表面能的影响，往往形成粉堆不易通过筛孔。粉末在振动情况下产生滑动和跳动，滑动可增加粉末与筛孔接触的机会，跳动可增加粉末的间距，且粉末的运动方式与筛孔成直角，使筛孔暴露易于通过筛孔，小于筛孔的粉末可通过筛孔。但运动速度不宜过快，否则粉末来不及与筛孔接触而混在不可过筛的粉末之中，运动速度过慢，则降低过筛的生产效率。

② 药粉厚度　药筛内的药粉不宜堆积过厚，否则上层小粒径的物料来不及与筛孔接触混在不可过筛的粉末之中，药粉堆积过薄，影响过筛效率。

③ 粉末干燥程度　药粉的湿度及油脂量太大，较细粉末易黏结成团。当药粉中水分含量较高时，应充分干燥后再筛分；富含油脂的药粉，应先行脱脂，或掺入其他药粉一起过筛。

3. 混合

（1）混合方法　混合是制剂工艺中的基本操作。混合均匀与否，对散剂的外观和疗效有着直接的影响，特别是含剧毒药物的散剂。小量散剂常用搅拌和研磨混合；大量生产常用搅拌和过筛混合；特殊品种亦采用研磨和过筛相结合的方法。常见混合机的结构如图 4-5 和图 4-6 所示。

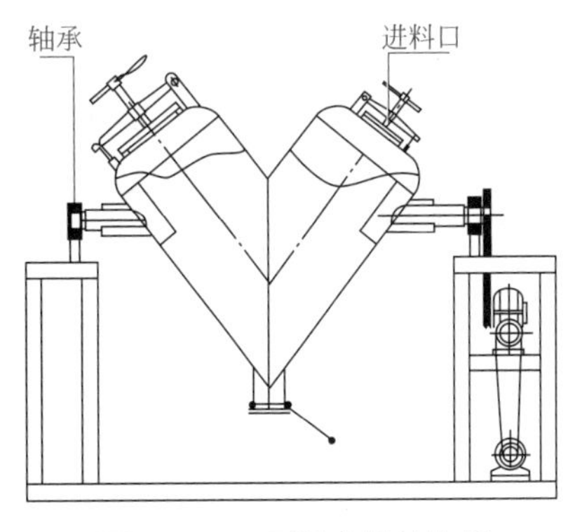

图 4-5　V 形混合机结构图

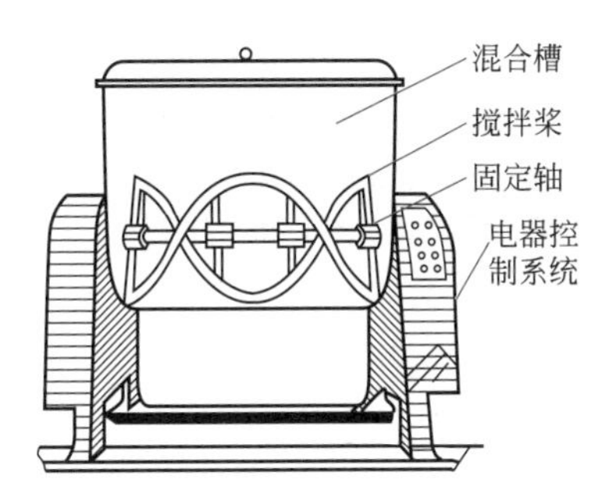

图 4-6　槽形混合机结构图

（2）混合的注意事项

① 组分的比例量　两种粉末粗细等物理状态相似的等量药物混合时，一般容易混合均匀。若组分比例量相差悬殊时，则不易混合均匀。此时应采用“等量递加法”的方法。即将量大的药物先研细，然后取出一部分与量小的药物等量混合研匀，如此倍增至量大的药物全部混匀。此法又称逐级稀释法，习称“配研法”。贵重药物也应按此法混合，以利于混合均匀。生产中多采用搅拌或容器旋转方式，使物料产生整体或局部的移动而达到均匀混合的目的。

② 组分的堆密度　组分密度相差悬殊时，一般先加入堆密度小的药物，后加入堆密度大的药物。避免堆密度小的药物浮于上部或飞扬，而堆密度大的药物则沉于底部，不易混匀，如轻度碳酸镁、轻质氧化镁等与其他药物混合时，将前者先放入容器中。

③ 混合器械的吸附性　如将量小的药物先置混合器械内，会被器壁吸附造成损失，故应先取部分量大的组分于器械内研磨，以饱和器壁的表面。

④ 混合时间　一般来说，混合的时间越长越均匀。但实际所需的混合时间应由混合药物的量以及混合器械的性能所决定。一般小量混合时，混合时间不少于 5min。

⑤ 混合粉末的带电性　药物粉末的表面一般不带电，但在混合摩擦时往往产生表面电荷而阻碍粉末的混匀。

⑥ 含液体或结晶水的药物　含有挥发油、酊剂、流浸膏等少量液体成分的散剂，可利用处方中其他成分吸收后再混合。如含量较多时，可另加适量的吸收剂至不显潮湿为度。含有结晶水的药物（如十水硫酸钠、七水硫酸镁结晶等），研磨后可释出水分，可用等物质的量的无水物代替。吸湿性强的药物（如氯化镁等）应在干燥环境下迅速操作，并且密封包装防潮。有的药物本身虽不吸潮，但相互混合后易于吸潮（如对氨基苯甲酸钠与苯甲酸钠、氯化钠与氯化钾），应分别包装。

⑦ 共熔成分的混合　可低共熔的药物混合后，如熔点降至室温附近，易出现润湿或液化，混合物润湿或液化的程度主要取决于混合物的组成及温度。对于含低共熔成分的散剂，应根据共熔后对药理作用的影响、组分数量而采取相应的措施。

a. 共熔后药理作用较单独混合者增强，则宜采用共熔法。共熔后药理作用几无变化，且处方中固体组分较多时，可将共熔组分先共熔，再与其他组分混合，使分散均匀。

b. 含有挥发油或其他足以溶解共熔组分的液体时，可先将共熔组分溶解，然后借喷雾法或一般混合法与其他固体组分混匀。

c. 共熔后药理作用减弱者，应分别用其他组分（如辅料）稀释，避免出现低共熔现象。

4. 分剂量

分剂量是将混合均匀的散剂按需要的剂量分成等重份数，常用的方法有目测法（又称估分法）、容量法和重量法。

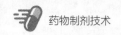

目测法（又称估分法）系称取总量的散剂，以目测分成若干等份的方法。此法操作简便，但准确性差。药房临时调配少量普通药物散剂时可用此方法。

容量法系用固定容量的容器进行分剂量的方法。常用的分剂量器械有药房大量配制普通散剂所用的分量器，以及药厂使用的自动分包机、分量机等（图 4-7）。此法效率较高，但准确性不如重量法。混合物的性质（如流动性、堆密度、吸湿性）以及分剂量的速度均能影响其准确性，分剂量时应注意及时检查并加以调整。

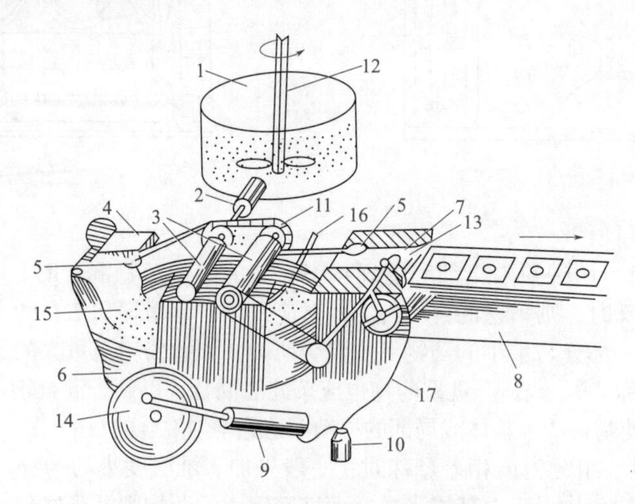

图 4-7　散剂定量分包机示意图

1—贮粉器；2—螺旋输粉器；3—轴承；4—刮板；5—抄粉匙；6—旋转盆；7—空气吸纸器；8—传送带；9—空气唧筒；10—安全瓶；11—链带；12—搅拌器；13—纸；14—偏心轮；15—搅拌铲；16—横杆；17—通气管

重量法系用衡器（主要是天平）逐份称重进行分剂量的方法。此法分剂量准确，但操作效率低，主要用于含剧毒药物、贵重药物散剂的分剂量。

5. 包装与贮存

散剂的比表面积一般较大，吸湿性或风化性较显著。散剂吸湿后可发生很多变化，如润湿、结块、失去流动性等物理变化，变色、分解或效价降低等化学变化及微生物污染等生物变化。所以防潮是保证散剂质量的重要措施，选用适宜的包装材料和贮存条件可延缓散剂的吸湿。

未规定用量的多剂量散剂，可用塑料袋、纸盒或玻璃瓶包装。玻璃瓶装时可加塑料内盖。用塑料袋包装应热封严密。有时在大包装中装入硅胶等干燥剂。复方散剂用瓶装时，瓶内药物应填满、压紧，防止在运输过程中由于成分密度的不同而分层，以致破坏散剂的均匀性。

散剂在贮存过程中，温度、湿度、微生物以及紫外线等对散剂质量均有一定的影响。贮存前须测定存放场所的相对湿度，以便考虑贮藏条件以及包装材料等。除另有规定外，散剂应密闭贮存，含挥发性药物或易吸潮药物的散剂应密封贮存，生物制品散剂应采用防潮材料包装，置 2 ～ 8℃密封贮存和运输。

三、散剂的质量检查

1. 性状和均匀度

取供试品适量，置光滑纸上，平铺约 $5cm^2$，将其表面压平，在亮处观察，应色泽均匀，无花纹与色斑。从散剂不同部位取样，测定含量与规定含量比较，可较准确地得知混合均匀的程度。

此法适用于已知成分的散剂。

2. 粒度

由于粉末粒度均具有不同的大小、形状，密度也可能不同，并具有多孔性。除另有规定外，化学药品局部用散剂和用于烧伤或严重创伤的中药局部用散剂及儿科用散剂，照《中国药典》粒度测定法（单筛分法）检查粒度。化学药品散剂通过七号筛（中药散剂通过六号筛）的粉末重量，不得少于 95%。

3. 干燥失重

化学药和生物制品散剂，除另有规定外，取供试品，照干燥失重测定法测定，在 105℃干燥至恒重，减失重量不得过 2.0%。中药散剂照水分测定法测定，除另有规定外，不得过 9.0%。

4. 装量差异限度检查

《中国药典》(2020 年版）规定，单剂量包装的散剂，应检查其装量差异，并不得超过规定。除另有规定外，取供试品 10 袋（瓶），分别精密称定每袋（瓶）内容物的重量，求出内容物的装量与平均装量。每包（瓶）装量与平均装量相比较，超出装量差异限度的散剂不得多于 2 袋（瓶），并不得有 1 袋（瓶）超出装量差异限度的 1 倍。凡有标示装量的散剂，每袋（瓶）装量应与标示装量相比较。具体见表 4-4。

表4-4　散剂装量差异限度的规定

平均装量或标示装量	装量差异限度 /%	
	中药、化学药	生物制品
0.1g 或 0.1g 以下	±15	±15
0.1g 以上至 0.5g	±10	±10
0.5g 以上至 1.5g	±8	±7.5
1.5g 以上至 6.0g	±7	±5
6.0g 以上	±5	±3

凡规定检查含量均匀度的化学药和生物制品散剂，一般不再进行装量差异的检查。

5. 装量

除另有规定外，多剂量包装的散剂，照最低装量检查法检查，应符合规定。

6. 无菌及微生物限度

除另有规定外，用于烧伤、严重创伤或临床必需无菌的局部用散剂，照无菌检查法检查，应符合规定。一般散剂照非无菌产品微生物限度检查。凡规定进行杂菌检查的生物制品散剂，可不进行微生物限度检查。

【问题解决】 分析冰硼散的处方和制法，如何使本品混合均匀?

提示：朱砂主含硫化汞，呈粒状或块状，色鲜红或暗红，具光泽，质重而脆，水飞法可获极细粉。朱砂有色，易于观察混合的均匀性。玄明粉系芒硝经风化干燥而得，含硫酸钠不少于 99%。

剂型使用　散剂用药指导

内服散剂一般用适量水润湿或制成稀糊状后用温水送服。如服用剂量较大，应少量多次送服，以免引起呛咳、吞咽困难。如因服用方法不当，引起患者呛咳、咽部不适时，可让患者取坐位，仰头含少量温开水，轻拍其背部，排出可能吸入的少量药粉。外用散剂一般撒布或调敷在患处即可。调敷法则需用黄酒、香油等液体将散剂调成糊状敷于患处。

实践　散剂的制备

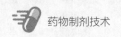

通过典型散剂的制备，掌握散剂的工艺流程、粉碎、过筛、混合、分剂量、包装和质量检查等操作，认识本操作中使用到的仪器、设备，并能规范使用。

【实践项目】

1. 西皮氏散1号

处方：碳酸氢钠　6g　氧化镁　6g

制法：称取碳酸氢钠、氧化镁，粉碎、过筛。将碳酸氢钠加至氧化镁中，研匀。分成10包。

2. 硫酸阿托品千倍散

处方：硫酸阿托品百倍散　0.5g　胭脂红乳糖　Q.S

乳糖　Q.S

制法：称取乳糖4.5g，研磨使研钵内壁饱和后倾出。将硫酸阿托品和胭脂红乳糖置研钵中研匀，再按等量递加法逐渐加入所需要的乳糖，充分研和，待全部色泽均匀即得。以重量法分剂量，包成10包。

提示：为防止研钵吸附主药，应选用玻璃研钵，并先研磨乳糖以使研钵壁饱和。主药硫酸阿托品系毒性药品，剂量要求严格，分剂量时应选用重量法。用过的研钵应清洗干净，以免污染其他药品。

3. 复方颠茄浸膏散

处方：颠茄浸膏　0.05g　碳酸氢钠　1.67g　碳酸钙　1.67g

氧化镁　1.1g　苯巴比妥　0.05g　薄荷油　2滴

制法：分别将碳酸氢钠、碳酸钙与氧化镁，苯巴比妥与颠茄浸膏研磨、混匀，再按等量递加法混合。加入薄荷油研匀，过筛。分成9包。

提示：取适宜大小的滤纸，称取颠茄浸膏后黏附于杵棒末端，在滤纸背面加适量乙醇浸透滤纸，使浸膏自滤纸上脱落而留在杵棒末端，将浸膏移至乳钵中加适量乙醇研和，再逐渐加入苯巴比妥混合均匀。再在与处方中其他药物混匀后，水浴加热干燥，研细，过筛，即得。本品用于胃及十二指肠溃疡，胃肠道、肾、胆绞痛等。

4. 散剂的质量检查

① 性状：置光亮处观察，应色泽均匀，无花纹、色斑。

② 粒度、均匀度和装量差异应符合药典规定。

【岗位操作】（以冰硼散的生产为例）

岗位一　粉碎

1. 生产前准备

（1）操作人员按一般生产区人员进入标准操作程序进行更衣，进入操作间。

（2）检查工作场所、设备、工具、容器是否有清场合格标志，并核对其有效期，否则按清场程序清场，并请QA人员检查合格后，将清场合格证附于本批生产记录内，进入下一步操作。

（3）检查粉碎设备是否具有“完好”和“已清洁”标志。检查设备是否正常，若一般故障自己排除，自己不能排除的则通知维修人员维修，正常后方可运行。

（4）检查粉碎设备筛网目数是否符合工艺要求。

（5）检查计量器具，要求完好，性能与称量要求相符，有检定“合格证”，并在检定有效期内。正常后进行下一步操作。

（6）检查粉碎间温度是否为18～26℃、相对湿度是否为45%～65%，粉碎间和粉碎前室之间应呈相对负压，应≥5Pa，并在批生产记录上记录各房间的温湿度和压差。

（7）根据生产指令填写领料单，领取需要粉碎的物料。核对粉碎物料的名称、批号、数量、质量，无误后进行下一步操作。

（8）按《粉碎机清洁、消毒标准操作规程》对设备及所需容器、工具进行消毒。

2. 生产操作（以 30B 万能粉碎机为例）

（1）取下“已清洁”状态标志牌，换“运行”状态标志牌。

（2）在接料口绑扎好接料袋。

（3）按粉碎机标准操作规程启动粉碎机进行粉碎。

（4）在粉碎机料斗内加入待粉碎物料，加入量不超过料斗容量的 2/3。

（5）粉碎过程中严格监控粉碎机电流，不得超过设备要求，粉碎机壳温度不得超过 60℃，如有超温现象应立即停机，待冷却后，再次启动粉碎机。

（6）完成粉碎任务后，按粉碎机标准操作规程关停粉碎机。

（7）打开接料口，将料装于清洁的塑料袋内，再装入洁净的盛装容器内，容器内、外贴上标签，注明物料的品名、规格、批号、数量、日期和操作者的姓名，称量后转交中间站管理员，存放于物料贮存间，填写请验单请验。

（8）将生产所剩的尾料收集，标明状态，交中间站，并填写好记录。

3. 清场

按《岗位清洁 SOP》进行清场。清场完毕后填写清场记录。经 QA 人员检查合格发放清场合格证后，挂“已清洁”状态标志。清场合格证正本归入本批批生产记录，副本留在操作间。

4. 结束并记录

及时填写批生产记录、设备运行记录、交接班记录等。关好水、电及门。

5. 质量控制要点

原辅料的洁净程度；粉碎机粉碎的速度；筛网孔径的大小；产品的性状、水分和细度。

岗位二　过筛

1. 生产前准备

（1）检查是否有清场合格证，并核对有效期；检查设备、容器、场地清洁是否符合要求。

（2）检查电、水、气是否正常。

（3）检查设备是否有“完好”和“已清洁”标牌。

（4）检查设备状况是否正常（如机器所有紧固螺栓是否全部拧紧；筛网规格是否符合要求、筛网有无破损；筛网是否锁紧，是否依次装好橡皮垫圈、钢套圈、筛网、筛盖；开机观察空机运行过程中，是否有异常声音、机器运转是否平稳等）。

（5）按生产指令领取物料，并确保物料的品名、批号、规格、数量、质量符合要求。

（6）按设备与用具的消毒规程对设备、用具进行消毒。

（7）挂本次“运行”状态标志，进入生产操作。

2. 生产操作

（1）根据物料性质及过筛要求选用适当过筛设备，按标准操作规程操作。

（2）根据产品工艺要求选用筛网，并仔细检查是否有破损。

（3）安装好设备后空机运行，检查设备是否正常。如有异响，则迅速停机检查；若不能排除，则请机修人员来检查。

（4）筛粉前仔细检查物料有无黑杂点，色泽是否有变，筛粉过程中也应随时检查，发现有玻璃屑、金属、黑杂质或变色应停机，向班组长或技术员汇报，妥善处理。

（5）操作完毕，将筛选好的物料装入清洁的盛装容器内，容器内外贴上标签，注明物料品名、规格、批号、数量、日期和操作者的姓名，交中间站或下一工序并填写请验单请验。

（6）将生产所剩的尾料收集，标明状态，交中间站，并填写记录。

3. 清场

按《岗位清洁 SOP》进行清场。清场完毕后填写清场记录。经 QA 人员检查合格发放清场合格证后，挂“已清洁”状态标志。清场合格证正本归入本批批生产记录，副本留在操作间。

4. 结束并记录

及时填写批生产记录、设备运行记录、交接班记录等。关好水、电及门。

5. 质量控制要点

①外观色泽；②粉体粒度。

岗位三　混合

1. 生产前准备

（1）检查操作间、器具及设备等是否有清场合格标志，并确定是否在有效期内。否则按《岗位清洁 SOP》进行清场并经 QA 人员检查发放清场合格证后，方可进行生产。

（2）根据要求选择适宜的混合设备，设备要有“完好”“已清洁”状态标志，并对设备状况进行检查，确认设备运行正常后方可使用。

（3）根据生产指令填写领料单，领取物料后核对品名、批号、规格、数量无误后，进行下一步操作。

（4）挂“运行”状态标志，进入生产操作。

2. 生产操作（以 SYH 三维混合机为例）

（1）检查工作室内设备、物料及辅助工器具是否已定位摆放。

（2）执行《混合岗位标准操作规程》，合上电源开关，使设备加料口处于合适的加料位置后，关闭电源。

（3）打开加料口盖，将配料倾入混合桶内，按料筒的 70% ～ 75% 的容积进行加料，合上桶盖。

（4）按要求设定混合时间，启动运转开关。

（5）混合时间达到后，关闭开机控制键，准备出料，如果料口位置不理想，可再次按操作程序开机，使其出料口调整到最佳位置。

（6）待混合筒停稳后，关上电源开关，打开混合桶盖，转动蝶阀自动出料。

提示：本机是三维空间的混合，故料筒的有效运转范围内应加装安全防护栏，以免发生事故。在装卸料时必须停机，以防电器失灵，造成事故。设备在运转过程中如出现异响，应停机检查，待排除事故隐患后方可开机。

3. 清场

按《岗位清洁 SOP》进行清场。清场完毕后填写清场记录，经 QA 人员检查合格发放清场合格证后，挂“已清洁”状态标志。清场合格证正本归入本批批生产记录，副本留在操作间。

4. 结束并记录

及时填写批生产记录、设备运行记录、交接班记录等。关好水、电及门。

5. 质量控制要点

混合均匀度。

岗位四　分剂量、包装

1. 生产前准备

（1）检查工房、设备的清洁状况，检查清场合格证，核对其有效期，取下标示牌，按生产部门标识管理规定管理。

（2）根据要求选择适宜的包装设备，设备要有“完好”“已清洁”状态标志，并对设备状况进行检查，确认设备运行正常后方可使用。

（3）配制班长按生产指令填写工作状态，挂生产标示牌于指定位置。

（4）用75%乙醇擦拭分装机加料斗、模圈、机台表面、输送带等及所用的器具，并擦干。

（5）调节好电子天平的零点，并检查其灵敏度。

（6）开动粉末分装机，检查其运行是否正常。

（7）自中间站按生产指令领取需分装的物料，核对品名、规格、批号、重量；领取分装用铝箔袋，检查其外观质量。

2. 生产操作

（1）严格按工艺规程和《LFG系列散剂分装机操作规程》进行操作。安装好分装用铝箔，开机调试，直至剪出合格的铝箔袋。

（2）在加料斗中加入分装粉末，根据应填装量范围，调节分装机的分装量。开机试包，不断调节装入量，直至分装量符合要求，才可正式进行分装生产。

（3）分装过程中，要按规定检查装量、装量差异、外观质量、气密性等，发现问题，及时处理。

（4）将分装完后的中间产品统计数量，交中间站按程序办理交接，做好交接记录。中间站管理员填写请验单，送质检科检验。

3. 清场

按《岗位清洁SOP》进行清场。清场完毕后填写清场记录。经QA人员检查合格发放清场合格证后，挂“已清洁”状态标志。清场合格证正本归入本批批生产记录，副本留在操作间。

4. 结束并记录

及时填写批生产记录、设备运行记录、交接班记录等。关好水、电及门。

5. 质量控制要点

①性状；②细度；③均匀度；④装量差异。

学习测试

一、选择题

（一）单项选择题

1. 固体物料粉碎前粒径与粉碎后粒径的比值是（　　）。

A.混合度　B.粉碎度　C.脆碎度　D.崩解度　E.粒度

2. 五号筛孔径相当于多少目（　　）。

A.50目　B.60目　C.80目　D.100目　E.120目

3. 关于粉碎方法的叙述，错误的是（　　）。

A.性质与硬度相近的药物可掺和在一起粉碎　B.氧化性药物与还原性药物须单独粉碎

C.含共熔成分时，不能混合粉碎　D.贵重药物应单独粉碎

E.粉碎时，药筛内的药粉不宜堆积过厚

4. 药筛的目数是指（　　）。

A.筛孔数目/寸　B.筛孔数目/英寸　C.筛孔数目/厘米

D.筛孔数目/平方厘米　E.筛孔数目/毫米

5.《中国药典》将药筛分为几种筛号（　　）。

A.六　B.七　C.八　D.九　E.十

6.《中国药典》将粉末分成几个等级（　　）。

A.六　B.七　C.八　D.九　E.十

7. 在倍散中加色素的目的是（　　）。

A.判断分散均匀性　B.美观　C.稀释剂

D.形成共熔物　　　　　　　　　　E.吸收剂

8. 百倍散是指1份重量毒性药物中，添加稀释剂的重量为（　　）。

A.1000份　　B.100份　　C.99份　　D.10份　　E.9份

9. 单剂量包装的散剂，包装量在1.5g以上至6g的，装量差异限度为（　　）。

A.±15%　　B.±10%　　C.±8%　　D.±7%　　E.±7.5%

10. 散剂的制备工艺是（　　）。

A.粉碎→混合→过筛→分剂量

B.粉碎→混合→过筛→分剂量→包装

C.混合→过筛→粉碎→分剂量→质量检查→包装

D.粉碎→过筛→混合→分剂量→质量检查→包装

E.混合→粉碎→过筛→分剂量→质量检查→包装

（二）多项选择题

1. 关于粉碎的叙述，下列正确的是（　　）。

A.粉碎可以减小粒径，增加物料的表面积

B.粉碎有助于药材中有效成分的浸出

C.粉碎操作室须有捕尘装置

D.粉碎室应呈正压

E.粉碎后的粒度应符合规定

2. 下列有关混合操作的叙述正确的是（　　）。

A.混合是指将两种或两种以上物料均匀混合的操作

B.混合操作室必须保持干燥

C.室内与相邻操作室呈负压

D.生产过程中所有物料均应有标识，防止发生混药、混批

E.混合后物料均匀度应符合规定

3. 下列关于过筛的叙述中，正确的是（　　）。

A.过筛是借助网孔将粗细物料进行分离的操作

B.过筛可对粉碎后的粉末进行分等级

C.应根据对粉末的细度要求，选用适宜筛号的药筛

D.过筛时，不可用力挤压筛网

E.操作结束应及时清场

4. 常用的混合技术有（　　）。

A.研磨混合　　B.湿法混合　　C.过筛混合

D.搅拌混合　　E.粉碎混合

5. 复方散剂混合不均匀的原因可能是（　　）。

A.药物的比例量悬殊　　B.粉末的粒径差别大　　C.混合的方法不当

D.药物的密度相近　　E.混合的时间不充分

二、思考题

1.含小剂量药物的散剂制备时应采用什么方法混合？

2.含共熔性成分的散剂配制时应采取哪些措施？

3.分析痱子粉处方和制法。

处方：	薄荷脑	6.0g	樟脑	6.0g	麝香草酚	6.0g
	薄荷油	6.0mL	水杨酸	11.4g	硼酸	85.0g

升华硫	40.0g	氧化锌	60.0g	淀粉	100.0g
滑石粉	加至1000.0g				

制法：取樟脑、薄荷脑、麝香草酚研磨至全部液化，并与薄荷油混合。另将升华硫、水杨酸、硼酸、氧化锌、淀粉、滑石粉研磨混合均匀，过七号筛。然后将共熔混合物与混合后的细粉研磨混匀或将共熔混合物喷入细粉中，过筛，即得。

本品有吸湿、止痒及收敛作用，用于痱子、汗疹等。洗净患处，撒布用。

专题二　颗粒剂

学习目标

- 掌握颗粒剂的特点、类型；掌握颗粒剂中填充剂、黏合剂与润湿剂的种类及选用。
- 掌握颗粒剂的生产工艺流程，学会湿法制粒的制软材、制粒、干燥、整粒、分剂量、包装和质量检查。
- 学会典型颗粒剂的处方及工艺分析。

【典型制剂】

例　复方维生素 B 颗粒剂（compound vitamin B granules）

处方：

盐酸硫胺	1.20g	苯甲酸钠	4.0g	核黄素	0.24g
枸橼酸	2.0g	盐酸吡哆辛	0.36g	橙皮酊	4.76g
烟酰胺	1.20g	蔗糖粉	986g	混旋泛酸钙	0.24g

制法：将核黄素加蔗糖混合粉碎 3 次，过 80 目筛；将盐酸吡哆辛、混旋泛酸钙、橙皮酊、枸橼酸溶于纯化水中作润湿剂；另将盐酸硫胺、烟酰胺等与上述稀释的核黄素混合均匀后制粒，60 ～ 65℃干燥，整粒，分级即得。

本品用于营养不良、厌食、脚气病及因缺乏维生素 B 类所致疾患的辅助治疗。

【问题研讨】什么是颗粒剂？分析其处方组成、生产工艺和质量要求。上述典型制剂的生产中需注意哪些问题？

颗粒剂（granules）系指原料药物与适宜的辅料制成具有一定粒度的干燥颗粒状制剂，供口服用，分为可溶颗粒（通称为颗粒）、混悬颗粒、泡腾颗粒、肠溶颗粒、缓释颗粒和控释颗粒等。其中，粒径范围在 105 ～ 500μm 的颗粒剂又称细（颗）粒剂。颗粒剂与散剂相比，飞散性、附着性、团聚性、吸湿性等均较小；服用方便，根据需要可制成色、香、味俱全的颗粒剂；必要时对颗粒进行包衣，根据包衣材料的性质可使颗粒具有防潮性、缓释性或肠溶性等，包衣时需注意颗粒大小的均匀性以及表面光洁度，以保证包衣的均匀性。但多种颗粒的混合物，如颗粒的大小或粒密度差异较大时易产生离析现象，会导致剂量不准确。另外，颗粒剂在贮存与运输过程中也容易吸湿，应注意防潮。

一、颗粒剂的处方

颗粒剂中的辅料主要有填充剂、黏合剂与润湿剂，根据需要可加入适宜的矫味剂、芳香剂、着色剂和防腐剂等添加剂。制粒辅料的选用应根据药物性质、制备工艺、辅料的价格等因素来确定。

填充剂（也称稀释剂）主要是用来增加制剂的重量或体积，有利于制剂成型，常用的有淀粉、糖粉、乳糖、微晶纤维素、无机盐类等。

润湿剂是指本身没有黏性，但能诱发待制粒物料黏性，以利于制粒的液体。常用润湿剂有纯化水和乙醇。

黏合剂是指本身具有黏性，能增加无黏性或黏性不足的物料黏性，从而有利于制粒的物质。常用作黏合剂的有：淀粉浆，常用浓度为5%～10%，主要有煮浆和冲浆两种制法；纤维素衍生物，如羧甲基纤维素钠（CMC-Na）、羟丙基纤维素（HPC）、羟丙基甲基纤维素（HPMC）、甲基纤维素（MC）；以及聚维酮K30（PVP）、聚乙二醇（PEG）、2%～10%明胶溶液、50%～70%蔗糖溶液等。

知识拓展　混悬颗粒、肠溶颗粒、泡腾颗粒、缓释颗粒和控释颗粒

混悬颗粒系指难溶性原料药物与适宜辅料混合制成的颗粒剂。临用前加水或其他适宜的液体振摇即可分散成混悬液。泡腾颗粒系指含有碳酸氢钠和有机酸，遇水可放出大量气体而呈泡腾状的颗粒剂。泡腾颗粒中的药物应是易溶性的，加水产生气泡后应能溶解。有机酸一般用枸橼酸、酒石酸等。肠溶颗粒系指采用肠溶材料包裹颗粒或其他适宜方法制成的颗粒剂。肠溶颗粒耐胃酸而在肠液中释放活性成分或控制药物在肠道内定位释放，可防止药物在胃内分解失效，避免对胃的刺激。缓释颗粒系指在规定的释放介质中缓慢地非恒速释放药物的颗粒剂。控释颗粒系指在规定的释放介质中缓慢地恒速释放药物的颗粒剂。

二、颗粒剂的制备

制粒是药物制剂生产的重要技术之一，分为湿法制粒和干法制粒两大类。湿法制粒是指物料加入润湿剂或液态黏合剂进行制粒的方法，目前应用广泛。干法制粒是将物料混合均匀，压缩成大片或板状后，粉碎成所需大小颗粒的方法，常用于热敏性、遇水易分解的药物以及易压缩成型的药物制粒。不同的制粒技术所制得颗粒的形状、大小等有所差异，应根据制粒目的、物料性质等来选择。这里主要介绍湿法制粒，常用挤压制粒、高速混合制粒、流化（沸腾）制粒、喷雾干燥制粒等方法。颗粒剂的生产中，药物与辅料应均匀混合；挥发性药物或遇热不稳定的药物应注意控制适宜的温度，遇光不稳定的药物应避光操作。

颗粒剂的生产洁净区域划分及工艺流程参见附录一（五）。一般湿法制粒的工艺流程如下：

原辅料 ⟶ 制软材 ⟶ 制粒 ⟶ 干燥 ⟶ 整粒 ⟶（包衣）⟶ 分剂量 ⟶ 包装 ⟶ 质量检查

1. 制软材

将药物与适当的稀释剂（如淀粉、蔗糖或乳糖等）、崩解剂（如淀粉、纤维素衍生物等）充分混匀，加入适量的水或其他黏合剂制软材，像这种大量固体粉末和少量液体的混合过程叫捏合。淀粉、纤维素衍生物兼具黏合和崩解两种作用，是常用的颗粒剂黏合剂。

制软材是传统湿法挤压制粒的关键技术。首先应根据物料的性质选择适当的黏合剂或润湿剂，以能制成适宜软材最小用量为原则。其次选择适当的揉混强度、混合时间、黏合剂温度。制软材时的揉混强度越大、混合时间越长，物料的黏性越大，制成的颗粒越硬；黏合剂的温度高时，黏合剂用量可酌情减少，反之可适量增加。软材的质量往往靠经验来控制，即“轻握成团，轻压即散”，可靠性与重现性较差。但这种制粒方法简单，使用历史悠久。

2. 制湿颗粒

（1）挤压制粒　挤压制粒是先将处方中原辅料混合均匀后加入黏合剂制软材，然后将软材用强制挤压的方式通过具有一定大小的筛孔而制粒的方法。常用的制粒设备有螺旋挤压式、旋转挤压式、摇摆挤压式等（图 4-8），颗粒大小由筛网的孔径大小调节，粒径范围在 0.3 ～ 30mm 左右，粒子形状多为圆柱状、角柱状，颗粒的松软程度可用不同黏合剂及其加入量调节；但制粒前必须经混合、制软材等工序，劳动强度大，制备小粒径颗粒时筛网的寿命短。

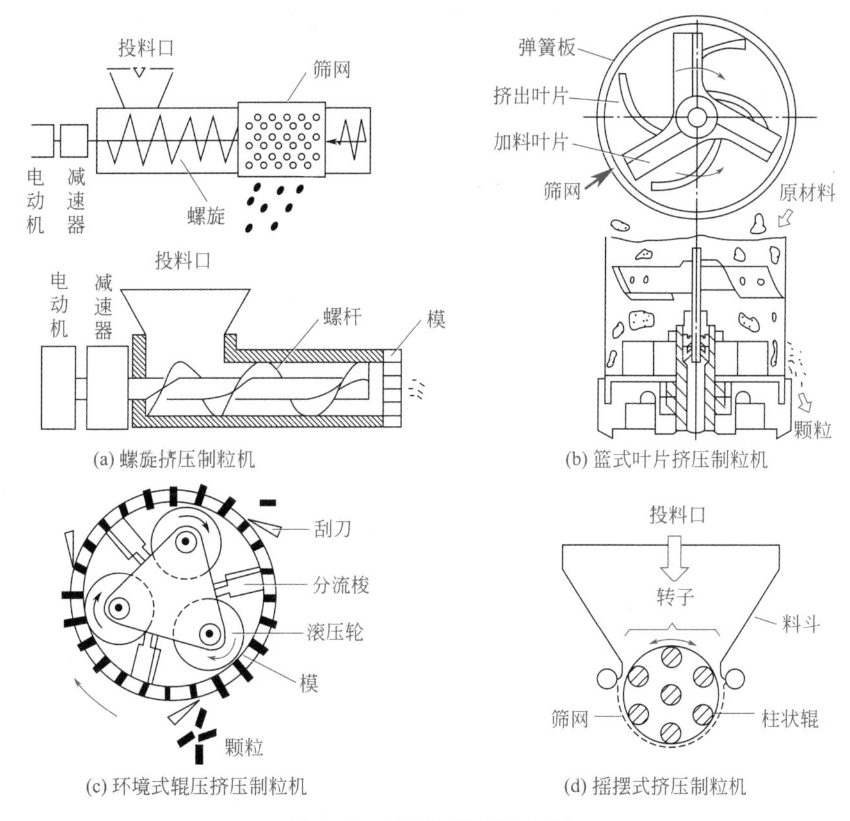

(a) 螺旋挤压制粒机　(b) 篮式叶片挤压制粒机
(c) 环境式辊压挤压制粒机　(d) 摇摆式挤压制粒机

图 4-8　挤压制粒机示意图

挤压制粒过程中，易出现的问题及原因有：①颗粒过粗、过细、粒度分布范围过大，主要原因为筛网选择不当等；②颗粒过硬，主要原因是黏合剂黏性过强或用量过多等；③色泽不均匀，主要原因是物料混合不匀或干燥时有色成分的迁移等；④颗粒流动性差，主要原因有黏合剂或润滑剂的选择不当、颗粒中细粉太多或颗粒含水量过高等；⑤筛网“疙瘩”现象，主要原因是黏合剂的黏性太强、用量过大等。

（2）转动制粒　在药物粉末中加入一定量的黏合剂，在转动、摇动、搅拌等作用下使粉末结聚成球形粒子的方法（图 4-9）。转动制粒过程经历母核形成、母核成长、压实三个阶段。

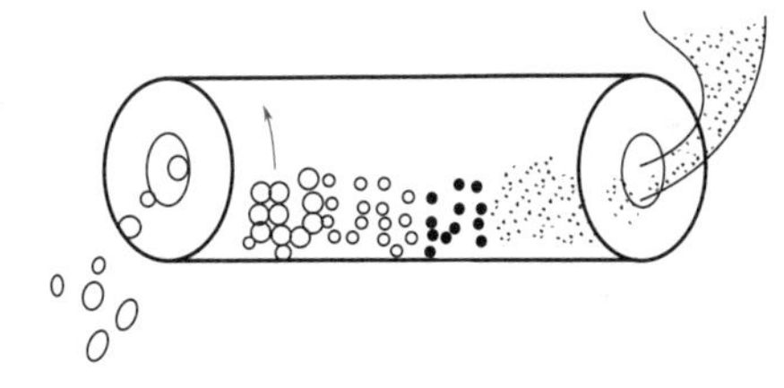

图 4-9　离心转动制粒示意图

① 母核形成阶段　在粉末中喷入少量液体使其润湿，在滚动和搓动作用下使粉末聚集在一起形成母核，在中药生产中叫起模；

② 母核成长阶段　在转动过程中向母核表面均匀喷洒一定量的水和药粉，使药粉层积于母核表面，如此反复，可得一定大小的药丸，在中药生产中称为泛制；

③ 压实阶段　停止加入液体和药粉，在继续转动过程中，颗粒被压实而具有一定的机械强度。

转动制粒机可用于制备 2 ～ 3mm 以上大小的药丸。

（3）**高速混合制粒** 高速混合制粒系将物料加入高速搅拌制粒机的容器内，搅拌混匀后加入黏合剂或润湿剂高速搅拌制粒的方法。它是在一个容器内进行混合、捏合、制粒过程；与挤压制粒相比，具有省工序、操作简单、快速等优点，可制备致密、高强度的适于胶囊剂的颗粒，也可制备松软的适合压片的颗粒，因此在制药工业中应用广泛。常用高速搅拌制粒机分为卧式和立式两种，虽然搅拌器的形状多种多样，但结构主要由容器、搅拌桨、切割刀所组成（图 4-10）。

影响粒径大小与致密性的主要因素有：①黏合剂的种类、加入量、加入方式；②原料粉末的粒度（粒度越小，越有利于制粒）；③搅拌速度；④搅拌器的形状与角度以及切割刀的位置等。

（4）**流化床制粒** 流化床制粒系利用气流作用，使容器内物料粉末保持悬浮状态时，润湿剂或液体黏合剂向流化床喷入使粉末聚结成颗粒的方法。可在一台机器内完成混合、制粒、干燥，甚至包衣等操作，简化工艺、节约时间、劳动强度低，因此称为“一步制粒法”。其制得的颗粒松散、密度小、强度小、粒度分布均匀、流动性与可压性好。常用的设备是流化床制粒机。

流化床制粒机的主要结构由容器、气体分布装置（如筛板等）、喷嘴、气固分离装置（袋滤器）、空气进口和出口、物料排出口等组成（图 4-11）。操作时，把药物粉末与各种辅料装入容器中，从床层下部通过筛板吹入适宜温度的气流，使物料在流化状态下混合均匀，然后开始均匀喷入液体黏合剂，粉末开始聚结成粒，经过反复的喷雾和干燥，当颗粒的大小符合要求时停止喷雾，形成的颗粒继续在床层内送热风干燥，出料送至下一步工序。

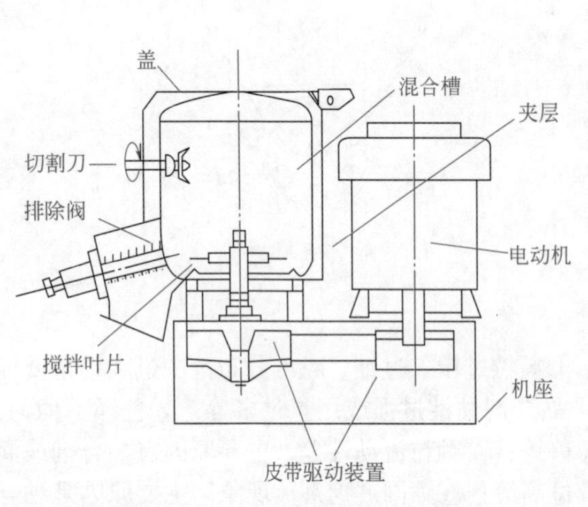

图 4-10 高速混合制粒机示意图

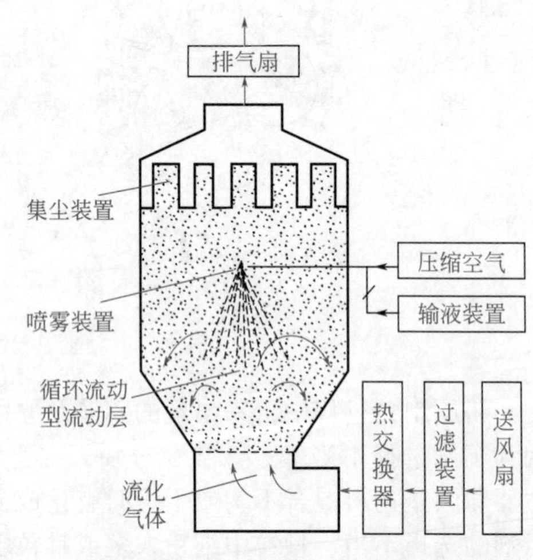

图 4-11 流化床制粒机结构示意图

控制干燥速度和喷雾速率是流化床制粒操作的关键。进风量与进风温度影响干燥速度，一般进风量大、进风温度高，干燥速度快，颗粒粒径小，易碎。但进风量太小，进风温度太低，物料过湿结块，使物料不能成流化状态。故应根据溶剂的种类（水或有机溶剂）和物料对热敏感的程度，选择适当的进风量与进风温度。喷雾速度太快，使物料不能成流化状态，物料不能及时干燥；喷雾速度过慢，颗粒粒径小，细粉多，而且雾滴粒径的大小也会影响颗粒的质量，故除选择适当喷雾速度外，还应使雾滴粒径大小适中。

（5）**喷雾干燥制粒** 喷雾干燥制粒是将物料溶液或混悬液喷雾于干燥室内，在热气流的作用下，使雾滴中的水分迅速蒸发，以直接获得球状干燥细颗粒的方法。喷雾制粒法的原料液含水量可达 70% ～ 80% 或以上，可由液体原料直接干燥得到粉状固体颗粒，干燥速度非常快（通常只需数秒至数十秒），物料的受热时间极短，适合于热敏性物料的处理。如以干燥为目的时称为喷雾干燥，以制粒为目的时称为喷雾制粒。喷雾干燥制粒能连续操作，所得颗粒多为中空球状粒子，具有良好的溶解性、分散性和流动性。但设备高大，汽化大量液体，设备费用高，能量消耗大，操作费用高；黏性较大料液易粘壁，需用特殊喷雾干燥设备（图 4-12）。

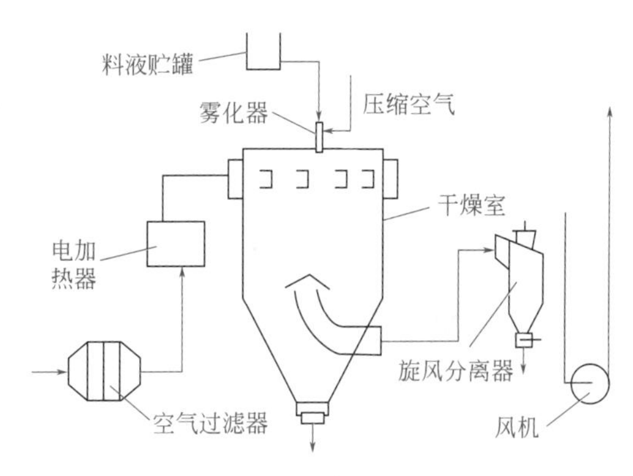

图 4-12　喷雾干燥制粒机示意图

喷雾制粒的原料液由贮槽进入雾化器喷成液滴分散于热气流中，空气经蒸汽加热器及电加热器加热后，沿切线方向进入干燥室与液滴接触，液滴中的水分迅速蒸发，液滴经干燥后形成固体颗粒落于器底，干品可连续或间歇出料，废气由干燥室下方的出口流入旋风分离器，进一步分离固体粉末，然后经风机和袋滤器后排放。

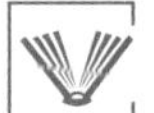
知识拓展　复合型制粒方法与设备

复合型制粒机是搅拌制粒、转动制粒、流化床制粒法等多种制粒技能结合在一起，使混合、捏合、制粒、干燥、包衣等多个单元操作在一个机器内进行的新型设备。复合型制粒方法以流化床为母体进行多种组合，即搅拌和流化床组合的搅拌流化床型，转盘和流化床组合的转动流化床型，搅拌、转动和流化床组合在一起的搅拌转动流化床型。这种方法综合了多种设备的机能特点，功能多，占地面积小，省功省力。搅拌转动流化制粒机包容了多种制粒功能，具有在制粒过程中不易出现结块、喷雾效率高、制粒速度快等优点，可用于颗粒的制备、包衣、修饰以及球形化颗粒的制备等。

3. 颗粒的干燥

除了流化（或喷雾）制粒法制得的颗粒已被干燥以外，其他方法制得的颗粒需再用适宜的方法加以干燥，以除去水分，防止结块或受压变形，干燥的温度和程度应根据药物的性质而定。一般应在 60 ～ 80℃范围内进行干燥，含淀粉量大时应于 60℃以下干燥。干燥的设备种类很多，生产中常用的有箱式（如烘房、烘箱）干燥器、沸腾干燥器、微波干燥或远红外干燥等加热干燥设备。干燥时温度应逐渐升高并经常翻动，防止颗粒表面干燥后结成一层硬壳，而影响内部水分的蒸发。颗粒中如有淀粉或糖粉，骤遇高温时能引起糊化或熔化，使颗粒变硬不易崩解。

资料卡　干燥的原理

干燥是利用热能使湿物料中的湿分汽化，并利用气流或真空将其带走，从而获得干燥的固体产品。物料中的湿分多数为水，带走湿分的气流一般为空气。干燥的基本原理是热能从空气传递到物料表面，湿分从物料表面向空气扩散，不断地汽化到空气中，直至物料干燥。能用于干燥的空气必须是不饱和空气，从而容纳水分。空气性质对物料的干燥影响很大，而且随着干燥的进行不断发生变化，为了达到有效的干燥必须选用适宜的空气和干燥方法。

4. 整粒与分级

在干燥过程中，某些颗粒可能发生粘连，甚至结块。因此，要对干燥后的颗粒给予适当的整理，以使结块、粘连的颗粒散开，获得具有一定粒度的均匀颗粒，这就是整粒的过程。一般采用过筛的办法整粒和分级。

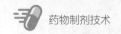

5. 分剂量

将制得的颗粒进行含量检查与粒度测定等，按剂量装入适宜袋中。颗粒剂的贮存基本与散剂相同，但应注意均匀性，防止多组分颗粒的分层，防止吸潮。

三、颗粒剂的质量检查

颗粒剂的质量检查，除含量外，《中国药典》（2020 年版）还规定了粒度、干燥失重、溶化性以及重量差异等检查项目。

1. 性状

颗粒应干燥、均匀、色泽一致，无吸潮、软化、结块、潮解等现象。

2. 粒度

除另有规定外，照《中国药典》（2020 年版）粒度和粒度分布测定法（第二法双筛分法）检查，不能通过一号筛与能通过五号筛的总和不得超过 15%。

3. 干燥失重

除另有规定外，化学药品和生物制品颗粒剂照药典干燥失重测定法测定，于 105℃干燥至恒重，含糖颗粒应在 80℃减压干燥，减失重量不得超过 2.0%。

4. 溶化性

除另有规定外，可溶颗粒和泡腾颗粒照下述方法检查，溶化性应符合规定。

可溶颗粒：取供试品 10g（中药单剂量包装取 1 袋），加热水 200mL，搅拌 5min，立即观察，可溶颗粒应全部溶化或轻微浑浊。

泡腾颗粒：取供试品 3 袋，将内容物分别转移至盛有 200mL 水的烧杯中，水温为 15 ～ 25℃，应迅速产生气体而呈泡腾状，5min 内颗粒均应完全分散或溶解在水中。

颗粒剂按上述方法检查，均不得有异物，中药颗粒还不得有焦屑。混悬颗粒以及已规定检查溶出度或释放度的颗粒剂可不进行溶化性检查。

5. 装量差异

单剂量包装的颗粒剂按下述方法检查，应符合规定。

取供试品 10 袋（瓶），除去包装，分别精密称定每袋（瓶）内容物的重量，求出每袋（瓶）内容物的装量与平均装量。每袋（瓶）装量与平均装量相比较［凡无含量测定或有标示装量的颗粒剂，每袋（瓶）装量应与标示装量比较］，超出装量差异限度的颗粒剂不得多于 2 袋（瓶），并不得有 1 袋（瓶）超出装量差异限度 1 倍。见表 4-5。

表4-5　颗粒剂装量差异限度要求

标示装量	装量差异限度 /%	标示装量	装量差异限度 /%
1.0g 或 1.0g 以下	±10.0	1.5g 以上至 6.0g	±7.0
1.0g 以上至 1.5g	±8.0	6.0g 以上	±5.0

凡规定检查含量均匀度的颗粒剂，一般不再进行装量差异检查。

6. 装量

多剂量包装的颗粒剂，照药典最低装量检查法检查，应符合规定。

另外，颗粒剂的溶出度、释放度、含量均匀度、微生物限度等应符合要求。必要时，包衣颗粒剂应检查残留溶剂。除另有规定外，颗粒剂应密封，置干燥处贮存，防止受潮。单剂量包装的颗粒剂在标签上要标明每个袋（瓶）中活性成分的名称及含量。多剂量包装的颗粒剂除应有确切的分剂量方法外，在标签上要标明颗粒中活性成分的名称和含量。

【问题解决】 分析复方维生素颗粒剂的处方和制法。

提示：盐酸吡哆辛、混旋泛酸钙、核黄素、盐酸硫胺、烟酰胺为主药；蔗糖为填充剂；枸橼酸作稳定剂，使颗粒呈弱酸性，以增加主药的稳定性；橙皮酊为矫味剂；苯甲酸钠为防腐剂。核黄素带有黄色，须与辅料充分混匀；核黄素对光敏感，操作时应尽量避免直射光线。

剂型使用 颗粒剂用药指导

不同类型的颗粒剂适宜不同的服用方法。颗粒剂通常用温水溶化，摇匀后服用，需要热水溶化的说明书中应明确指出。泡腾颗粒需要加水使其崩解后服用，在使用前充分摇匀使其完全崩解并且气泡扩散完全，不可以直接吞服。肠溶颗粒、缓释颗粒和控释颗粒应整粒用水送服，不得咀嚼，如颗粒破损则不宜使用。

实践 空白颗粒剂的制备

通过空白颗粒剂的制备，掌握制备颗粒剂的工艺流程、制粒、过筛、干燥、包装和质量检查等操作，认识本工作中使用到的仪器、设备，并能规范使用。

【实践项目】

1. 空白颗粒剂的制备

处方：蓝淀粉 10g 淀粉 50g

糖粉 25g 50% 乙醇 Q.S

制法：称取处方量蓝淀粉、淀粉、糖粉，混合均匀后，加入适量 50% 乙醇制软材，过 14 目筛制湿颗粒，60℃干燥、过 10 目筛，包装即得。

提示：蓝淀粉的用量小，应采取等量递加法将其与辅料混合均匀。

2. 质量检查

性状；粒度；溶化性。

【岗位操作】

岗位一 粉碎、岗位二 过筛、岗位三 混合的岗位操作参见散剂部分。

岗位四 制粒

1. 生产前准备

（1）检查是否有清场合格证，并确定有效期；检查设备、容器、场地清洁是否符合要求（若有不符合要求的，需重新清场或清洁，并请 QA 人员填写清场合格证或检查后，进入下一步生产）。

（2）检查电、水、气是否正常。

（3）检查设备是否有“完好”“已清洁”标牌。

（4）检查设备状况是否正常（如检查控制开关、出料开关按钮、出料塞的进退是否灵活；打开电源，检查各指示灯是否正常；安全连锁装置是否可靠；启动设备，检查搅拌桨、制粒刀运转有无刮器壁；开机观察空机运行过程中，是否有异常声音等）。

（5）检查制粒间温度是否为 18 ～ 26℃、相对湿度是否为 45% ～ 65%，湿法制粒间和洁净走廊之间应呈相对负压，应≥5Pa，并在批生产记录上记录各房间的温湿度、压差。

（6）按生产指令领取物料，并确保物料的品名、批号、规格、数量、质量符合要求。

（7）按设备与用具的消毒规程对设备和用具进行消毒。

（8）挂本次“运行”状态标志，进入生产操作。

2. 生产操作

（1）根据物料性质设定机器温度。

（2）若物料在搅拌时需冷却，则设定温度后，在启动制粒刀时把进水、出水阀打开。

（3）打开物料缸盖，将称好的物料投入缸内，然后关闭缸盖。

（4）把操作台下的三通旋钮旋至进气位置。

（5）启动搅拌桨，调至合适的转速，混合。

（6）以一定速度加入适量黏合剂后，启动制粒刀，调至合适的转速，制粒。

（7）制粒完成后，将料车放在出料口，按出料按钮出料（出料时黄灯亮）。

（8）出料时搅拌桨、制粒刀继续转动，待物料排尽后，再关闭制粒刀、搅拌桨；然后将制好的颗粒送入干燥岗位。

3. 清场

按《岗位清洁SOP》进行清场。清场完毕后填写清场记录，经QA人员检查合格发放清场合格证后，挂“已清洁”状态标志。清场合格证正本归入本批批生产记录，副本留在操作间。

4. 结束并记录

及时填写批生产记录、设备运行记录、交接班记录等。关好水、电及门。

5. 质量控制要点

颗粒的大小；粒度均匀性。

岗位五　干燥

1. 生产前准备

（1）检查是否有清场合格证，并确定有效期；检查设备、容器、场地清洁是否符合要求（若不符合要求，需重新清场或清洁，经QA人员填写清场合格证或检查后，才能进入下一步生产）。

（2）检查电、水、气是否正常。

（3）检查设备是否有“完好”“已清洁”标牌。

（4）检查设备状况是否正常（如检查气封圈是否完好；打开电源，检查各指示灯指示是否正常；开机观察空机运行过程中是否有异常声音）。

（5）检查干燥间温度是否为18～30℃、相对湿度是否为30%～75%，干燥间和洁净走廊之间应呈相对负压，应≥5Pa，并在批生产记录上记录各房间的温湿度、压差。

（6）按生产指令领取物料，并确保物料的品名、批号、规格、数量、质量符合要求。

（7）按设备与用具的消毒规程对设备与用具进行消毒。

2. 生产操作

（1）将捕集袋套在袋架上，放入清洁的上气室内，松开定位手柄后摇动手柄使吊杆放下，然后用环螺母将袋架固定在吊杆上，摇动手柄升高至尽头，将袋口边缘四周翻出密封槽外侧，勒紧绳索，打结。

（2）将物料放入沸腾器内。

（3）将沸腾器推入下气室，就位后沸腾器应与密封槽基本同心（注：推入前先检查密封圈内空气是否排空，排空后方可推入）。

（4）接通压缩空气、打开电源。

（5）设定进风温度和出风温度。

（6）选择“自动/手动”工作状态。

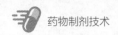

（7）合上“气封”开关。

（8）启动风机，然后启动电加热，加热约半分钟后，再开启动搅拌。

（9）可在取样口取样检查物料的干燥程度，以物料放在手上搓捏后能流动、不粘手为宜。

（10）干燥结束，先关电加热，然后关搅拌浆，当出风口温度与室温相近时，再关闭风机；关风机约1min后，再按“点动”按钮，使捕集袋内的物料掉入沸腾器内（按“点动”按钮前最好打开风门，这样捕集袋内的物料更容易掉出）；最后关“气封”，当密封圈完全复原后，拉出沸腾器卸料，将干燥好的颗粒送到整粒岗位。

3. 清场

按《岗位清洁SOP》进行清场。清场完毕后填写清场记录，并经QA人员检查合格发放清场合格证后，挂“已清洁”状态标志。清场合格证正本归入本批批生产记录，副本留在操作间。

4. 结束并记录

及时填写批生产记录、设备运行记录、交接班记录等。关好水、电及门。

5. 质量控制要点

性状；物料含水量。

岗位六 整粒

1. 生产前准备

（1）检查工房、设备及容器的清洁状态，检查清场合格证，核对其有效期，取下标示牌，按生产部门标识管理规定进行定置管理。

（2）按生产指令填写工作状态，挂生产标示牌于指定位置。

（3）检查设备状况是否正常（如气封圈是否完好；打开电源，检查各指示灯指示是否正常；开机观察空机运行过程中是否有异常声音）。

（4）检查整粒混合间温度是否为18～26℃、相对湿度是否为45%～65%，发料间、整粒混合间、颗粒暂存间和洁净走廊之间应呈相对负压，应≥5Pa，并在批生产记录上记录各房间的温湿度、压差。

（5）按生产指令领取物料，并确保物料的品名、批号、规格、数量、质量符合要求。

（6）将所需用到的设备、筛网和容器具用75%乙醇擦拭消毒。

2. 生产操作

（1）根据产品工艺规程要求选用规定目数的筛网并装好。

（2）将制粒岗位移交来的干粒经确认无误后，加入料斗中，按整粒粉碎机标准操作规程进行整粒粉碎。整好的颗粒放入已清洁过的衬袋桶内。

（3）整粒粉碎过程中，必须严格检查颗粒粒度分布情况，将颗粒粒度控制在合格范围之内。

（4）操作完毕，将物料称重、记录，桶内外各附在产物品标签一张，盖上桶盖，将颗粒移交中间站，按中间站产品交接程序办理交接。中间站管理员填写请验单，送质检科检验。

（5）生产完毕，取下生产状态标示牌。

3. 清场

按洁净区清场操作程序、整粒粉碎机清洁标准操作程序、生产用容器具清洁标准操作程序进行清场、清洁。清场完毕，经QA人员检查合格，发清场合格证，挂“已清洁”状态牌。清场合格证正本归入本批批生产记录，副本留在操作间。

4. 结束并记录

及时填写批生产记录、设备运行记录、交接班记录等。关好水、电及门。

5. 质量控制要点

①性状；②细度；③均匀度；④装量差异。

知识拓展　微丸

微丸是指直径小于2.5mm的各类丸剂，可根据需要制成速释或缓释微丸，可压制成片或制成控释胶囊剂。微丸在胃肠道分布面积大，生物利用度高，刺激性小；受消化道输送食物节律影响小（如幽门关闭等）；微丸的流动性好，大小均匀，易于包衣、分剂量；改善药物稳定性，掩盖不良味道；适合复方制剂的配伍。微丸的主要辅料有蔗糖、淀粉、脂肪酸等稀释剂和黏合剂，聚乙烯醇、聚维酮、聚丙烯酸树脂等薄膜衣材料，苯二甲酸二乙酯等增塑剂，甘油、氯化钠等致孔剂等。近年来，有用聚乳酸、聚氨基酸等生物可降解材料制备微丸。微丸的制备方法有流化沸腾制粒法（一步制粒法）、包衣锅法（滚转制粒法）、挤出滚圆法、喷雾干燥制粒法、离心造粒法、液中制粒法、熔融制粒法等。

例如速释硝苯地平微丸的制备，系先采用溶剂法制备硝苯地平分散体，将PVP与硝苯地平原料按一定比例混合后溶于无水乙醇，然后除去有机溶剂，干燥、粉碎后即得。取由糖粉-淀粉制成的圆形粒芯置于包衣造粒机中，在旋转中不断喷入PVP醇液以润湿芯粒，撒入硝苯地平固体分散体，使其均匀黏附在芯粒表面，直至制成含量为5%～6%的微丸，干燥过筛后取20～40目粒径的微丸，装入硬胶囊，每粒硝苯地平含量为10mg。

学习测试

一、选择题

（一）单项选择题

1. 下列有关泡腾颗粒剂制法正确的是（　　）。
   A.先将枸橼酸、碳酸钠分别制成湿颗粒后，再与药粉混合干燥
   B.先将枸橼酸、碳酸钠混匀后，再进行湿法制颗粒
   C.先将枸橼酸、碳酸钠分别制成软材后，再混合制颗粒
   D.先将枸橼酸、碳酸钠分别制成颗粒干燥后，再混合
   E.将枸橼酸、碳酸钠与药粉混合制成颗粒
2. 颗粒剂“软材”质量的经验判断标准是（　　）。
   A.含水量充足　B.含水量在12%以下　C.轻握成团，轻压即散
   D.黏度适宜，握之成型　E.柔软、有弹性
3. 向颗粒剂中加入挥发油的最佳方法是（　　）。
   A.与其他药粉混匀后，制颗粒　B.与黏合剂混匀后，制颗粒
   C.乙醇溶解后喷在药粉上，再与其余颗粒混匀　D.乙醇溶解后喷在干燥后的颗粒上
   E.用乙醇溶解与稀释剂混匀后，再制颗粒
4. 下列对颗粒剂的质量要求错误的是（　　）。
   A.溶化性应符合规定　B.不得检出大肠埃希菌
   C.在一号筛到五号筛之间的颗粒不得少于85%　D.含水量不得超过9.0%
   E.外观应色泽一致，无吸潮、软化、结块、潮解等现象
5. 泡腾颗粒剂遇水产生大量气泡，所放出的气体是（　　）。
   A.氯气　B.二氧化碳　C.氧气　D.氮气　E.水蒸气
6. 对可溶性颗粒剂溶化性的要求是（　　）。
   A.在常水中就全部溶化　B.在热水中可全部溶化　C.在温水中应全部溶化
   D.在热水中能产生二氧化碳气体　E.溶出度应符合要求

7. 不属于湿法制粒的技术是（　　）。
A.挤压制粒　B.滚压法制粒　C.流化床制粒
D.喷雾干燥制粒　E.高速混合制粒
8. 制出的颗粒多为中空、球状的制粒技术是（　　）。
A.挤压制粒　B.滚压法制粒　C.高速混合制粒
D.喷雾干燥制粒　E.流化床制粒
9. 制粒前，需将原辅料配成溶液或混悬液的制粒技术是（　　）。
A.挤压制粒　B.滚压法制粒　C.流化床制粒
D.喷雾干燥制粒　E.复合型制粒
10. 颗粒剂的粒度检查要求不能通过一号筛与能通过五号筛总和不得超过供试量的（　　）。
A.15%　B.10%　C.8%　D.7%　E.5%

（二）多项选择题

1. 下列有关湿颗粒的叙述，正确的是（　　）。
A.应在60～80℃范围内进行干燥　B.长时间保存易结块、变形
C.含淀粉量大时应于60℃以下干燥　D.表面不可干燥过快
E.干燥时升温速度过慢会出现“外干内湿”的现象
2. 干燥颗粒正确的操作方法是（　　）。
A.烘干法或沸腾干燥法　B.在80～100℃范围内进行干燥
C.应控制干颗粒的含水量在2%以下　D.开始干燥的温度应该逐步升高
E.颗粒中如有淀粉或糖粉，可迅速升高温度
3. 颗粒剂常用的制粒方法有（　　）。
A.湿法制粒　B.干法制粒　C.流化床制粒
D.喷雾干燥制粒　E.复合型制粒
4. 与散剂相比，颗粒剂特点有（　　）。
A.飞散性较小　B.吸湿性较小　C.团聚性较小　D.吸附性较小　E.可包衣
5. 颗粒剂常用的干燥方法有（　　）。
A.远红外线干燥　B.干燥剂吸湿干燥　C.喷雾干燥　D.烘干　E.沸腾干燥
6. 常用的颗粒剂辅料有（　　）。
A.枸橼酸　B.碳酸氢钠　C.蔗糖　D.糊精　E.淀粉
7.《中国药典》规定颗粒剂质量检查项目有（　　）。
A.性状　B.粒度　C.干燥失重　D.融变时限　E.溶化性
8. 下列关于高速混合制粒的说法，正确的是（　　）。
A.一个容器内进行混合、捏合、制粒过程
B.可制出不同松紧度的颗粒
C.可控制颗粒成长过程
D.影响粒径大小与致密性的主要因素有黏合剂的用量、搅拌速度、切割刀位置等
E.原料粉末的粒度越小，越有利于制粒

二、思考题

1.简述制备颗粒剂的工艺流程，绘制颗粒剂的生产工艺流程图。
2.简述颗粒剂中常用的辅料。
3.分析布洛芬泡腾颗粒剂的处方和制法。

处方：布洛芬　600g　交联羧甲基纤维素钠　30g

聚维酮	10g	糖精钠	25g
微晶纤维素	150g	蔗糖细粉	3500g
苹果酸	165g	碳酸氢钠	500g
无水碳酸钠	150g	橘型香料	140g
十二烷基硫酸钠	3g		

制法：将布洛芬、微晶纤维素、交联羧甲基纤维素钠、苹果酸和蔗糖粉过16目筛后，置混合器内与糖精钠混合。混合物用聚维酮异丙醇液制粒，干燥，过30目筛整粒后与处方中剩余成分混匀。混合前，碳酸氢钠过30目筛，无水碳酸钠、十二烷基硫酸钠和橘型香料过60目筛。制成的混合物装于不透水的袋中，每袋含布洛芬600mg。

本品有消炎、解热、镇痛作用。用于类风湿性关节炎、风湿性关节炎等的治疗。处方中微晶纤维素和交联羧甲基纤维素钠为不溶性亲水聚合物，可改善布洛芬的混悬性。十二烷基硫酸钠可加快药物的溶出。

专题三　胶囊剂

学习目标

- 掌握胶囊剂类型、内容物的形式、辅料的选择；知道药物制成胶囊剂的主要目的；知道空心胶囊的规格、质量要求和选用方法。
- 掌握胶囊剂生产工艺；学会硬胶囊剂、软胶囊剂的制备，装量差异、崩解时限等质量检查，能进行胶囊剂合格品的判断。
- 学会典型胶囊剂的处方及工艺分析。

【典型制剂】

1. 氨咖黄敏胶囊（曾用名：速效感冒胶囊）

处方：对乙酰氨基酚	300g	维生素 C	100g
人工牛黄	10g	咖啡因	3g
马来酸氯苯那敏	3g	10% 淀粉浆	适量
食用色素	适量	共制成硬胶囊剂	1000 粒

制法：①取处方中各药物，分别粉碎，过 80 目筛；②将 10% 淀粉浆分为 A、B、C 三份，A 加入少量食用胭脂红制成红糊，B 加入少量食用橘黄（最大用量为万分之一）制成黄糊，C 不加色素为白糊；③将对乙酰氨基酚分为三份，一份与马来酸氯苯那敏混匀后加入红糊，一份与人工牛黄、维生素 C 混匀后加入黄糊，一份与咖啡因混匀后加入白糊，分别制成软材，过 14 目尼龙筛制粒，于 70℃干燥至水分在 3% 以下；④将上述三种颜色的颗粒混匀后，填入空胶囊中，即得。

本品用于感冒引起的鼻塞、头痛、咽喉痛、发热等。

2. 维生素 AD 胶囊

处方：维生素 A	3000 单位	维生素 D	300 单位
明胶	100 份	甘油	55 ～ 66 份
纯化水	120 份	鱼肝油或精炼食用植物油	适量

制法：取维生素A与维生素D_2或维生素D_3，加鱼肝油或精炼食用植物油（0℃左右脱去固体脂肪）溶解，调整浓度至每丸含维生素A为标示量的90.0%～120.0%、含维生素D为标示量的85.0%以上，作为药液。另取甘油及水加热至70～80℃，加入明胶，搅拌溶化，保温1～2h，等泡沫上浮，除去、滤过，维持温度，用滴制法制备，以液状石蜡为冷却液，收集冷凝胶丸，用纱布拭去黏附的冷却液，室温下冷风吹4h后，于25～35℃下烘4h，再经石油醚洗两次（每次3～5min），除去胶丸外层液状石蜡，用95%乙醇洗一次，最后经30～35℃烘约2h，筛选，检查质量，包装，即得。

本品用于防治夜盲、角膜软化、眼干燥、表皮角化等以及佝偻病和软骨病。

【问题研讨】将药物制成胶囊剂的目的是什么？分析其处方组成、生产工艺和质量要求。上述典型制剂在生产中需注意哪些问题？

随着机械工业的发展和自动胶囊填充机的问世，胶囊剂得到了较大的发展，目前品种数仅次于片剂、注射剂而居第三位。胶囊剂（capsules）系指原料药物或与适宜辅料充填于空心胶囊或密封于软质囊材中的固体制剂，可分为硬胶囊剂、软胶囊（胶丸）剂、缓释胶囊、控释胶囊和肠溶胶囊，主要供口服用。

硬胶囊剂（hard capsules）系指采用适宜的制剂技术，将原料药物或加适宜辅料制成的均匀粉末、颗粒、小片、小丸、半固体或液体等，充填于空心胶囊中的胶囊剂。

软胶囊剂（soft capsules）也称胶丸，系将一定量的液体药物直接包封，或将固体药物溶解或分散在适宜的辅料中制备成溶液、混悬液、乳状液或半固体，密封于软质囊材中的胶囊剂。

缓释胶囊系在规定的释放介质中缓慢地非恒速释放药物的胶囊剂。

控释胶囊系在规定的释放介质中缓慢地恒速释放药物的胶囊剂。

肠溶胶囊系用适宜的肠溶材料制备而得的硬胶囊或软胶囊，或用经肠溶材料包衣的颗粒或小丸充填于胶囊而制成的胶囊剂。肠溶胶囊不溶于胃液，但能在肠液中崩解而释放活性成分。

药物制成胶囊剂的主要目的如下。

（1）使用顺应性和药物形态的可调适性　药物装于空胶囊内，掩盖药物不适宜的嗅味，携带、使用方便，并且外形整洁、美观，于胶囊壳上印字或使用不同颜色便于识别。药物可以粉末、颗粒、小丸或小片装于胶囊中，还可以以混合的形式装于胶囊中，以适应临床不同的要求。液态药物或含油量高的药物难以制成片剂、丸剂时可制成胶囊剂。剂量小、难溶于水、在消化道中不易吸收的药物，可将其溶于适当油中制成软胶囊剂，有利于吸收。

（2）提高药物的稳定性　对光敏感、遇湿热不稳定药物，装入空胶囊后，药物免受光线、空气中水分和氧的作用，提高药物的稳定性。

（3）药物生物利用度较高　胶囊壳溶解后，药物在胃肠道中分散、溶出，无崩解过程，故吸收速率仅低于散剂，相比于片剂有较高的生物利用度。

（4）延缓药物的释放　将药物制成颗粒或小丸后，用高分子材料包衣，按比例混合装入空胶囊内，可起到缓释、控释、肠溶等作用。

一、胶囊剂的处方

1. 硬胶囊剂的处方

（1）空胶囊　空心胶囊可装填固体、半固体和液体物料。空心胶囊通常包括两个圆柱状部分，其中稍长的称为胶囊体，另一个称为胶囊帽。胶囊帽和胶囊体紧密结合以闭合胶囊，分透明、半透明、不透明三种。软胶囊的胶囊壳有沿轴缝合或不缝合的两种。

① 空心胶囊的制备与质量

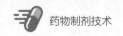

a. 空心胶囊的制备　空心胶囊根据原料不同分为明胶空心胶囊和其他胶囊。明胶空心胶囊由源于猪、牛或鱼的明胶制备；其他胶囊由非动物源的纤维素、多糖等制备。明胶为两性化合物，在等电点时，明胶的黏度、溶解度、透明度、膨胀度为最小，而胶冻的熔点最高。明胶的分子量约为 175000 ～ 450000，可因水解断键成低分子量的水解明胶，最终成为 α- 氨基酸。胶质的来源不同，明胶的物理性质各异，如以骨骼为原料制得的骨明胶质地坚硬、性脆而透明度差；以猪皮为原料制得的猪皮明胶，其可塑性和透明度好。

为改善空心胶囊性质，明胶液中往往加入增塑剂、遮光剂和防腐剂等附加剂。明胶易吸湿或易脱水，可加入羧甲基纤维素钠、山梨醇或甘油增加空心胶囊的可塑性和弹性，加入琼脂能增加胶液的胶冻力，加入十二烷基硫酸钠能增加空心胶囊的光泽。为防止空心胶囊在贮存中发生霉变，需加入适量的防腐剂。加入 2% ～ 3% 的二氧化钛可作遮光剂的空心胶囊，适于填充光敏性药物。必要时可加入芳香矫味剂、食用色素等。空心胶囊应尽量少用色素，其种类和用量应符合国家食用色素相关标准和要求。

空心胶囊的规格从大到小分为：000、00、0、1、2、3、4、5 号共 8 种，0 ～ 5 号为常用。

空心胶囊的生产过程大体分为溶胶、蘸胶、干燥、脱膜、截割及整理六个工序。通常采用胶囊模法，即将不锈钢制的胶囊模浸入胶液中而形成囊壁。可在胶液中加入食用色素，或在空心胶囊上印字加以区别。在食用油墨中加入 8% ～ 12% PEG 400，可以防止所印字迹被磨损。空心胶囊制备工艺条件要求较高，一般由专门的厂家生产，生产环境的温度应为 10 ～ 25℃、相对湿度为35% ～ 45%，空气净化度应达到B级。空心胶囊应置于密封容器，于阴凉、干燥、避光处保存。

b. 空心胶囊的质量要求　空心胶囊应与内容物相容，胶囊壳的性能指标包括：水分、透气性、崩解性、脆度、韧性、冻力强度、松紧度等。普通的空心胶囊应在 37℃生物液体如胃肠液里迅速溶化或崩解。可以用肠溶材料和控释的聚合物来控制胶囊内容物的释放。空心胶囊的质量应做以下检查：

性状：囊体应光洁，色泽均匀、切口平整、无变形、无异臭。

干燥失重：在 105℃干燥 6h，减失重量应为 12.5% ～ 17.5%。

脆碎度：取空心胶囊 50 颗，置 25℃ ±1℃恒温 24h，按现行版《中国药典》操作，破脆数不能超过 5 颗。

崩解时限：取本品 6 粒，装满滑石粉，照崩解时限检查法胶囊剂项下的方法，加挡板进行检查，各粒均应在 10 分钟内崩解。HPMC 胶囊在 30℃以下也能崩解。

炽灼残渣：透明空心胶囊残留残渣不得超过 2.0%，半透明空心胶囊应在 3.0% 以下，不透明空心胶囊应在 5.0% 以下。

铬含量：药用空心胶囊中铬含量不得超过百万分之二，以反应是否采用工业明胶生产药用空心胶囊。

c. 肠溶空心胶囊　肠溶空心胶囊由明胶加辅料和适宜的肠溶材料制成，分为普通的肠溶胶囊和结肠肠溶胶囊。肠溶空心胶囊在盐酸溶液（9 → 1000）中检查 2h 应不发生裂缝和崩解，在人工肠液中进行检查，1h 内应全部崩解。结肠肠溶胶囊，在盐酸溶液（9 → 1000）中检查 2h，每粒的囊壳均不得有裂缝或崩解现象；在磷酸盐缓冲液（pH 值 6.8）中检查 3h，不得有裂缝和崩解；在磷酸盐缓冲液（pH 值 7.8）中检查，1h 内应全部溶化和崩解。干燥失重要求在 105℃干燥 6h，减失重量应在 10.0% ～ 16.0 %。其脆碎度、性状、炽灼残渣、铬等要求均与空心胶囊相同。

(a) 普通型　(b) 单锁口型　(c) 双锁口型

图 4-13　空心胶囊类型示意图

② 空心胶囊的选用　市售的空心胶囊有普通型和锁口型两类，锁口型又分单锁口和双锁口两种（图 4-13）。锁口型的囊帽、囊体有闭合用槽圈，套合后不易松开，以保证硬胶囊剂在

生产、运输和贮存过程中不易漏粉。空心胶囊的颜色也各不相同，囊帽与囊体颜色也可各异，以区别不同的硬胶囊剂。

空心胶囊规格的选择一般通过试装或凭经验来确定，通常选用一个剂量使胶囊装满的最小规格。由于药物填充多用体积控制，而药物的密度、晶态、颗粒大小等不同，所占的体积也不同，故应按药物剂量所占体积来选用适宜大小的空心胶囊。0 ～ 5 号空心胶囊的容积和填充不同密度药物的重量见表 4-6。

表4-6　各种空心胶囊的容积（mL）和填充不同密度药物的重量（mg）

空心胶囊号	空心胶囊近似体积	药物粉末堆密度 /（g/mL）						
		0.3	0.5	0.7	0.9	1.1	1.3	1.5
0	0.75	225	375	525	675	825	975	1125
1	0.55	165	275	385	495	605	715	825
2	0.40	120	200	280	360	440	520	600
3	0.30	90	150	210	270	330	390	450
4	0.25	75	125	175	225	275	325	375
5	0.15	45	75	105	135	165	195	225

（2）硬胶囊剂的内容物　硬胶囊剂适宜的内容物，如粉末、颗粒、小片或是半固态，药物包合物、固体分散体、微囊、微球、小丸单独填充或混合后填充（图 4-14）。内容物不论其活性成分或辅料，均不应造成胶囊壳的变质。易溶性药物、易风化药物、吸湿性药物、溶液、混悬液、乳液等需采用特殊技术才能制成胶囊剂，如氯化物、溴化物、碘化物等小剂量的刺激性易溶性药物，在胃中溶解后能形成局部高浓度，对胃黏膜有刺激性；易风化药物风化后释出的水分，可使胶囊壁变软；吸湿性药物可夺取囊壁的水分使其干燥变脆，加入少量惰性油与吸湿性药物混合，可延缓或预防囊壁变脆；水或乙醇为分散介质的组分，水、乙醇能使明胶胶囊壁溶解。溶液、混悬液、乳液等需采用特制灌囊机填充于空心胶囊中，必要时密封。

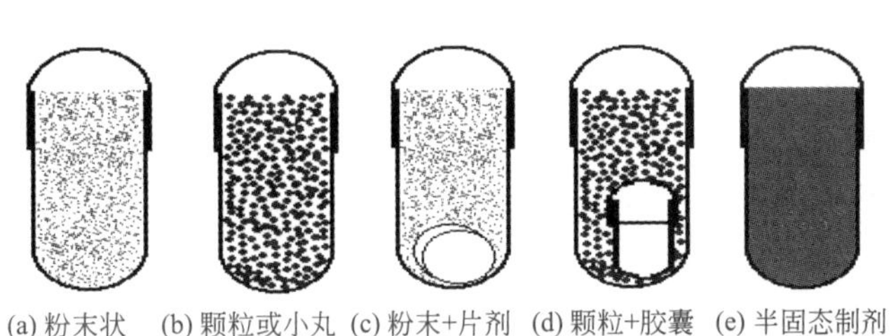

图 4-14　胶囊剂填充物形式图

粉末状药物的混合状态及流动性对填充效果影响较大，流动性不好的粉末应加入适量的润滑剂或将其制成颗粒剂，以改善其流动性。结晶状物及易吸湿药物填充较困难，可添加润滑剂。颗粒的流动性通常较好，易填充，但应注意控制颗粒的大小。小丸装入胶囊内不存在流动性问题，保证了含量的准确性。

硬胶囊剂的辅料有稀释剂（淀粉、微晶纤维素、乳糖、氧化镁）、润滑剂（硬脂酸镁、滑石粉）、助流剂（微粉硅胶）、崩解剂（淀粉）等，用量可通过装填试验确定。辅料选择的基本原则是：①不与主药发生物理、化学变化；②与主药混合后具有较好的流动性；③遇水后具有一定分散性，不会黏结成团而影响药物的溶出。通常，难溶性药物宜选用水溶性稀释剂，以利于药物的溶出和吸收。胶囊剂内容物含水量也是影响质量的因素之一，较多的水分易使内容物聚结成块，影响药物的溶出与吸收。液态药物可添加适宜的吸收剂制成固态或半固态后装入空心胶囊。要制得不同溶出速率，达到长效或定位释放的作用，可选用缓释或肠溶材料制备成缓释胶囊剂和肠溶胶囊剂等。

2. 软胶囊剂的处方

软胶囊是软质囊材包裹液态物料而成。囊壁具有可塑性与弹性是软胶囊剂的特点，它由明胶、增塑剂、水三者所构成。通常，胶液中明胶与增塑剂的用量为 1 ∶（0.4 ～ 0.6），明胶与水用量比为 1 ∶ 1。常用的增塑剂有甘油、山梨醇或二者的混合物。根据需要可添加适量的增塑剂、防腐剂、遮光剂、色素等组分。

软质囊材以明胶为主，因此对蛋白质性质无影响的药物和附加剂才能填充，而且多为油类液体药物、药物溶液、混悬液等液体，少数为固体物。但液体药物若含 5% 水或为水溶液、挥发性、小分子有机物，如乙醇、酮、酸、酯等，能使囊材软化或溶解；醛类可使明胶变性等，这些药物一般不宜制成软胶囊。液态药物 pH 值以 2.5 ～ 7.5 为宜，否则易使明胶水解或变性，可选用磷酸盐、乳酸盐等缓冲液调整。

二、胶囊剂的制备

1. 硬胶囊剂的制备

硬胶囊剂的制备是将药物和辅料制成的均匀粉末或颗粒等填充入空心胶囊中，硬胶囊剂的生产洁净区域划分及工艺流程参见附录一（五）。一般制备的工艺流程如下：

空心胶囊 ↓

药物、辅料 ⟶ 填充 ⟶ 套合 ⟶ 抛光 ⟶ 包装 ⟶ 成品

（1）药物的填充 试验室少量制备可采用胶囊填充板，生产中采用胶囊填充机。

自动胶囊填充机样式很多（图 4-15），一般有 a、b、c、d 四种类型。a 型由螺旋钻压进药物；b 型用栓塞上下往复压进药物；a、b 两型因有机械压力，可避免物料分层，适合于流动性较差的药粉填充；c 型为药粉自由流入，适合于流动性好的物料，为改善物料的流动性，可加入 2% 以下的润滑剂如乙二醇酯、聚硅酮、硬脂酸、滑石粉、羟乙基纤维素、甲基纤维素等；d 型由捣棒在填充管内先将药物压成一定量后再填充于胶囊中，适用于聚集性较强的针状结晶或吸湿性药物，可加入黏合剂如矿物油、食用油或微晶纤维素等在填充管内，将药物压成单位量后再填充于空心胶囊中，例如制成小丸再填充。

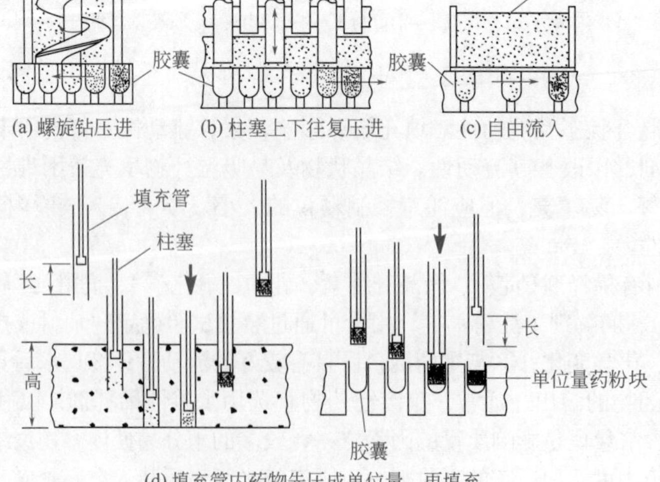

图 4-15 硬胶囊药物填充机示意图

（2）封口　为防止非锁口型胶囊中的药物泄漏，在完成填充、套合工序后，可进行封口，还可增强硬胶囊剂的强度。封口材料常用明胶液（如明胶 20%、水 40%、乙醇 40%）。保持胶液 50℃，将腰轮部分浸在胶液内，旋转时带上定量胶液，在囊帽与囊体套合处封上一条胶液，烘干后即得。

（3）整理与包装　填充后的硬胶囊剂表面会沾有药粉，可在打光机中用液状石蜡打光，使之清洁光亮，然后用铝塑包装机包装或装入适宜容器中。

知识拓展　特殊类型的胶囊剂

胶囊剂通常口服给药。根据临床不同用途和作用，还可制备特殊类型的胶囊剂，如肠溶胶囊、缓释胶囊、泡腾胶囊、吸入用胶囊和供腔道用胶囊等。肠溶胶囊剂是将药物直接填充到具有肠溶作用的空心胶囊内，或将内容物（颗粒、小丸等）包肠溶衣后装于空心胶囊中，使药物在肠液中释放。适于需在肠内释放的药物。缓释胶囊剂是指采用一定技术将药物制备成具有缓释作用的内容物，将其装入空心胶囊中的制剂。如将药物与缓释材料制成骨架型缓释内容物（如颗粒、小丸等）、微孔型包衣小丸等。泡腾胶囊剂是将药物与辅料混合后制成泡腾颗粒，用药时胶囊迅速溶解，具有快速吸收的特点。吸入用胶囊剂是将药物粉末装入胶囊后，放入特制的吸入装置内，使用前戳破胶壳供患者吸入囊内粉末。

2. 软胶囊剂的制备

软胶囊剂的制备常用滴制法和压制法。

（1）滴制法　滴制法由具双层滴头的滴丸机完成。以明胶为主的软质囊材（一般称为胶液）与药液，分别在双层滴头的外层与内层有序同步滴出，使定量的胶液将定量的药液包裹后，滴入与胶液不相混溶的冷却液中，由于表面张力作用使之形成球形，并逐渐冷却、凝固成软胶囊（图 4-16）。滴制中，胶液、药液的温度以及滴头的大小、滴制速度、冷却液的温度等因素均会影响软胶囊的质量。

滴制法的工艺流程如下：

药液、胶液（二液分别配制）⟶滴制成丸⟶吹干⟶洗净⟶干燥⟶拣选⟶包装

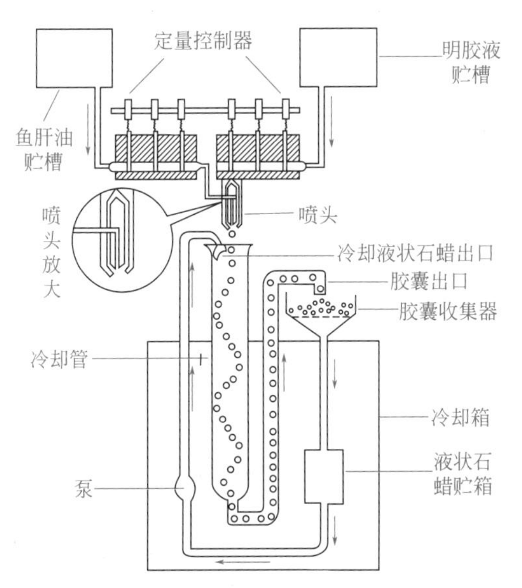

图 4-16　软胶囊（胶丸）滴制法生产过程示意图

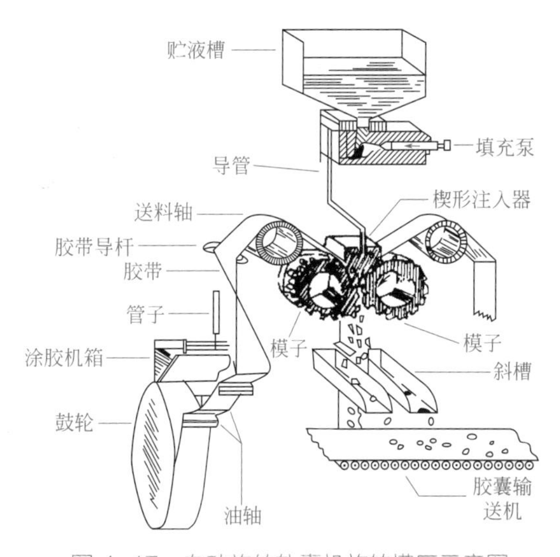

图 4-17　自动旋转轧囊机旋转模压示意图

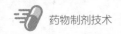

（2）压制法　压制法是将胶液制成厚薄均匀的胶片，再将药液置于两个胶片之间，用钢板模或旋转模压制成软胶囊的一种方法。生产上主要采用旋转模压法（图 4-17），模具的形状可为椭圆形、球形或其他形状。

压制法的工艺流程如下：

药液、胶液（二液分别配制）⟶压制成丸⟶洗净⟶干燥⟶拣选⟶上光⟶包装

三、胶囊剂的质量检查

胶囊剂应整洁，不得有黏结、变形、渗漏或囊壳破裂现象，并应无异臭。胶囊剂的溶出度、释放度、含量均匀度、微生物限度等应符合要求。必要时，内容物包衣的胶囊剂应检查残留溶剂。

1. 装量差异

除另有规定外，取供试品 20 粒，分别精密称定质量，倾出内容物（不得损失囊壳），硬胶囊囊壳用小刷或其他适宜的用具拭净；软胶囊或内容物为半固体或液体的硬胶囊囊壳用乙醚等易挥发性溶剂洗净，置通风处使溶剂挥尽，再分别精密称定囊壳重量，求出每粒内容物的装量与平均装量。每粒装量与平均装量相比较（有标示装量的胶囊剂，每粒装量应与标示装量比较），超出装量差异限度的不得多于 2 粒，并不得有 1 粒超出限度 1 倍。平均装量为 0.3g 以下的胶囊剂，装量差异限度为 ±10%；0.3g 或 0.3g 以上的应为 ±7.5%。凡规定检查含量均匀度的胶囊剂，一般不再进行装量差异的检查。

2. 崩解时限

（1）硬胶囊或软胶囊　除另有规定外，取供试品 6 粒，按片剂的装置与方法（化学药品：如胶囊漂浮于液面，可加挡板；中药加挡板）进行检查。硬胶囊应在 30min 内全部崩解；软胶囊应在 1h 内全部崩解，以明胶为基质的软胶囊可改在人工胃液中进行检查。如有 1 粒不能完全崩解，应另取 6 粒复试，均应符合规定。

（2）肠溶胶囊　除另有规定外，取供试品 6 粒进行检查，先在盐酸溶液（9 → 1000）中不加挡板检查 2h，每粒的囊壳均不得有裂缝或崩解现象；继续将吊篮取出，用少量水洗涤后，每管加入挡板，再按上述方法，改在人工肠液中进行检查，1h 内应全部崩解。如有 1 粒不能完全崩解，应另取 6 粒复试，均应符合规定。

（3）结肠肠溶胶囊　除另有规定外，取供试品 6 粒进行检查，先在盐酸溶液（9 → 1000）中不加挡板检查 2h，每粒的囊壳均不得有裂缝或崩解现象；将吊篮取出，用少量水洗涤后，再按上述方法，在磷酸盐缓冲液（pH6.8）中不加挡板检查 3h，每粒的囊壳均不得有裂缝或崩解现象；继续将吊篮取出，用少量水洗涤后，每管加入挡板，再按上述方法，改在磷酸盐缓冲液（pH7.8）中检查，1h 内应全部崩解。如有 1 粒不能完全崩解，应另取 6 粒复试，均应符合规定。

除另有规定外，凡规定检查溶出度或释放度的胶囊剂可不再进行崩解时限检查。

四、胶囊剂的包装与贮存

胶囊内容物含水量应予以控制，如大于 5% 或分装入液态物时，会软化胶囊而使胶囊变软，过分干燥的贮存环境可使胶囊的水分失去而脆裂。在高温、高湿条件下贮存的胶囊，其崩解时间会延长，药物的溶出和吸收受到影响。当温度为 22 ～ 24℃、相对湿度＞ 60% 时，胶囊可吸湿、软化、发黏和膨胀，并有利于微生物的生长。在温度大于 75℃、相对湿度大于 45% 时，变化更快，以致发生黏结、熔合或溶化。为此，必须选择适当的包装与贮存条件。通常胶囊剂采用玻璃瓶、塑料瓶或泡罩式或窄条形包装。除另有规定外，胶囊剂应密封贮存，其存放环境温度不高于

30℃，湿度应适宜，防止受潮、发霉、变质。

【问题解决】

1. 分析氨咖黄敏胶囊的处方和制法，如何使本品混合均匀？

提示：本品为复方制剂，所含成分的性质、数量各不相同，为防止混合不均匀和填充不均匀，采用适宜的制粒方法使制得颗粒的流动性良好，经混合均匀后再进行填充；另外，加入食用色素可使颗粒呈现不同的颜色，可直接观察混合的均匀程度，另外若选用透明胶囊壳，可使制剂美观。

2. 分析维生素 AD 胶囊的处方和制法。

提示：本品中维生素 A、维生素 D 的处方比例为药典所规定；在制备胶液“保温 1 ～ 2h”过程中，可采取适当的抽真空的方法以便尽快除去胶液中的气泡和泡沫。

剂型使用　胶囊剂用药指导

通常胶囊剂需整粒吞服，因为胶囊剥开后容易损失药粉，导致用药剂量不准。肠溶胶囊、缓释胶囊、控释胶囊必须完整吞服。服用时应用温开水或凉开水，水过热会使胶囊外壳快速溶化，药物易粘在喉咙或食管内。服药前先用水湿润口腔，再将胶囊放在舌的后部，用水送服。如果服用后咽喉部有异物感，药物可能粘在嗓子里还未咽下，应再用凉开水送服。

实践　空白胶囊剂的制备

通过空白胶囊剂的制备，掌握胶囊剂制备的工艺流程、粉碎、填充和质量检查等操作，认识本工作中使用到的仪器、设备，并能规范使用。

【实践项目】

1. 空胶囊填充

小批量胶囊制备可采用胶囊填充板。胶囊填充板由有机玻璃板加工而成的导向排列盘、帽板、中间板、体板、刮粉板组成。以 JNB 型手工胶囊填充板为例，使用方法介绍如下：

（1）体板平整放好，把排列盘放在体板上，排列盘和体板的孔对齐，取胶囊体放入框内，端起体板和排列盘摆动（注意挡住排列盘的缺口，以免胶囊从缺口掉出来），胶囊掉入体板胶囊孔中，然后从缺口倒出多余胶囊，拿掉排列盘。同法将胶囊帽排到帽板上。

（2）将药粉倒在体板上用刮粉板来回刮，待胶囊装满药粉后，刮去体板上多余药粉。

（3）将中间板两边有缺口的面朝上，放到帽板上对齐，两板一起翻转 180°，扣到体板上对齐，轻轻压下，再翻转整套胶囊板使体板向上、帽板朝下，在体板上用力向下压到底，拿掉体板，将中间板和帽板再一起翻过来，拿掉帽板，将锁好的胶囊从中间板上倒出。

（4）用液状石蜡上光，擦去胶囊外面黏附的药粉。

提示：如有个别胶囊壳开口朝下时，可用胶囊帽盖向下轻轻压套，即可套出；如果胶囊壳里的药粉有的多、有的少，可把体板在桌面上震动几下，再装药粉；如果胶囊套合好后倒不出来，用手轻轻往下压即可。

2. 胶囊剂质量检查

①性状；②装量差异。

【岗位操作】

岗位一　粉碎、岗位二　过筛、岗位三　混合、岗位四　制粒的岗位操作参见散剂、颗粒剂。

岗位五　胶囊填充

1. 生产前准备

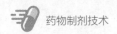

（1）检查操作间是否有清场合格证，并确定有效期；检查设备、容器清洁是否符合要求（若不符合要求需重新清场或清洁，经 QA 人员检查合格后才能进入下一步生产）。

（2）检查设备是否有“完好”和“已清洁”标牌，并对设备状况进行检查，确认设备正常，方可使用。

（3）调节电子天平，核对模具是否与生产指令相符，并仔细检查模具是否完好。

（4）检查操作间温度是否为 18 ～ 26℃、相对湿度是否为 45% ～ 65%，发料间、操作间和洁净走廊之间应呈相对负压，应≥ 5Pa，并在批生产记录上记录各房间的温湿度和压差。

（5）根据生产指令填写领料单，核对品名、批号、规格、数量，并向中间站领取所需囊号的空心胶囊和填充物料，核对无误后，进行下一步操作。

（6）按《胶囊填充设备消毒标准操作规程》对设备、模具及所需容器、工具进行消毒。

（7）挂本次操作状态标志，进入操作程序。

2. 生产操作

（1）按胶囊填充设备标准操作规程依次装好各个部件，接上电源，连接空压机，调试机器，确认机器处于正常状态。

（2）空机运行无异常后，将空心胶囊加入囊斗中，药物粉末或颗粒加入料斗，试填充。逐步调节填充量直至符合装量要求，检查外观、套合、锁口是否符合要求。

（3）试填充合格后，机器进入正常填充。填充过程经常检查胶囊的外观、锁口以及装量差异是否符合要求，随时进行调整。

（4）及时对填充装置进行调整，以保证填充出来的胶囊装量合格。

（5）生产完毕，关机。胶囊盛装于双层洁净物料袋，装入洁净周转桶，加盖封好后，交中间站，并称重、贴签，及时准确填写生产记录，并计算物料平衡。填写请验单，送化验室检验。

3. 清场

（1）挂清场牌，按清场标准操作程序、洁净区清洁操作程序、胶囊填充机清洁标准操作程序、生产用容器具清洁标准操作程序进行清场、清洁。

（2）清场完毕及时填写清场记录，经 QA 人员检查合格发放清场合格证后，挂“已清洁”状态标志。清场合格证正本归入本批批生产记录，副本留在操作间。

4. 结束并记录

及时填写批生产记录、设备运行记录、交接班记录等。关好水、电及门。

5. 质量控制要点

①性状；②装量差异；③水分；④含量；⑤均匀度。

岗位六　胶囊抛光

1. 生产前准备

（1）检查是否有清场合格证，并确定是否在有效期内；检查设备、容器、场地清洁是否符合要求（若有不符合要求的，需重新清场或清洁，并请 QA 人员填写清场合格证或检查后，才能进入下一步生产）。

（2）关紫外线灯（车间工艺员生产前一天下班时开紫外线灯）。

（3）检查设备是否有“完好”和“已清洁”标牌。

（4）按生产指令填写工作状态，挂生产标示牌于指定位置。

（5）用 75% 乙醇或 0.1% 新洁尔灭溶液擦拭胶囊磨光机内外表面、毛刷及所用抛光器具进行消毒，并擦干，毛刷应吹干。

（6）装配好胶囊抛光机，领取填充好的半成品胶囊。

2. 生产操作

（1）启动设备，将胶囊倒入抛光机加料斗内，进行抛光。胶囊出口接套有塑料袋的洁净盛器。

（2）专人挑拣抛光好的胶囊，认真检查胶囊外观质量，将平头、色点、裂纹、空囊等不合格品拣出，集中包装完好后交中间站按不合格品管理。

（3）将合格品送入打蜡间，用液体石蜡为胶囊打蜡，增加其光泽度。

（4）将打蜡好的合格品用带盖密闭容器包装好（必要时可放吸潮剂），按中间产品交接程序与中间站管理员办理交接手续。中间站管理员填写请验单，送质检科检验。

3. 清场

按《岗位清洁 SOP》进行清场。清场完毕后及时填写清场记录并经 QA 人员检查合格发放清场合格证后挂“已清洁”状态标志。清场合格证正本归入本批批生产记录，副本留在操作间。

4. 结束并记录

及时填写批生产记录、设备运行记录、交接班记录等。关好水、电及门。

学习测试

一、选择题

（一）单项选择题

1. 下列空心胶囊中，容积最小的胶囊号码是（　　）。

A.1号　　B.2号　　C.3号
D.4号　　E.0号

2. 空心胶囊在37℃时，溶解的时间不应超过（　　）。

A.10min　　B.15min　　C.20min
D.30min　　E.60min

3. 胶囊壳的主要原料是（　　）。

A.西黄芪胶　　B.琼脂　　C.着色剂
D.明胶　　E.PVP

4. 硬胶囊壳中不含（　　）。

A.增塑剂　　B.着色剂　　C.遮光剂
D.崩解剂　　E.表面活性剂

5. 含油量高的药物适宜制成的剂型是（　　）。

A.软胶囊剂　　B.溶液剂　　C.片剂
D.散剂　　E.硬胶囊剂

6. 在制备胶囊壳的明胶液中加入甘油的目的是（　　）。

A.增加可塑性　　B.遮光　　C.消除泡沫
D.增加空心胶囊光泽　　E.增加胶冻力

7. 下列有关胶囊剂特点的叙述，不正确的是（　　）。

A.与丸剂、片剂比，在胃内释药速度快
B.能制成不同释药速度的制剂
C.可掩盖药物的不良气味
D.可防止容易风化药物的风化
E.携带、使用方便

8. 对硬胶囊中药物处理不当的是（　　）。

A.挥发性成分包合后充填
B.流动性差的粉末制成颗粒后充填
C.量大的药材粉碎成细粉后充填
D.毒剧药应稀释后充填
E.极易吸湿的药物一般不宜填充胶囊

9. 可用压制法或滴制法制备的是（　　）。
A.肠溶胶囊　B.微型胶囊　C.软胶囊
D.硬胶囊　E.丸剂

（二）多项选择题

1. 硬胶囊内药物的填充形式有（　　）。
A.粉末　B.颗粒　C.溶液
D.微丸　E.混悬液

2. 下列有关胶囊剂的叙述，正确的是（　　）。
A.是一种靶向给药系统　B.油类或液态药物可以制成软胶囊
C.能掩盖药物的不良气味　D.可提高药物的稳定性
E.生物利用度较片剂高

3. 空心胶囊的常用附加剂有（　　）。
A.遮光剂　B.增塑剂　C.增稠剂
D.防腐剂　E.抗氧剂

4. 一般不宜制成胶囊剂的药物是（　　）。
A.药物乙醇溶液　B.药物水溶液　C.药物油溶液
D.易风化药物　E.微丸

5. 影响滴制软胶囊质量的因素有（　　）。
A.胶液组分比例　B.胶液的胶冻力及黏度
C.药液、胶液及冷却剂密度　D.胶液、药液及冷却剂温度
E.药液的滴制速度

6. 下列属于胶囊剂质量检查项目的是（　　）。
A.水分　B.崩解时限　C.脆碎度
D.装量差异　E.硬度

7. 挥发油充填胶囊时，正确的处理方法是（　　）。
A.用β-环糊精包合挥发油后，与其他药粉混合均匀
B.用处方中粉性较强的药粉吸收挥发油后充填
C.将挥发油制成微囊后再充填
D.用碳酸钙吸收挥发油后再充填
E.用乙醇溶解，与其他药粉混合均匀后充填

8. 胶囊填充过程中可能发生的质量问题有（　　）。
A.锁口过紧　B.叉口或凹顶　C.装量差异超限
D.胶囊破裂　E.含水量过高

二、思考题

1.胶囊剂的主要特点有哪些？
2.填充硬胶囊剂时应注意哪些问题？

专题四 片剂

学习目标

- 掌握片剂类型及其处方组成以及常用辅料的作用、种类和选用原则；知道压片的三大要素。
- 掌握片剂的生产工艺，学会片剂的制粒、片重计算、压片、质量检查、包装与贮存；知道压片过程中可能出现的问题与解决办法。
- 学会典型片剂的处方及工艺分析。

【典型制剂】

例 1 复方阿司匹林片

处方：				
	阿司匹林	268g	16% 淀粉浆	85g
	对乙酰氨基酚	136g	滑石粉	25g
	咖啡因	33.4g	轻质液状石蜡	2.5g
	淀粉	266g	酒石酸	2.7g
	共制成	1000 片		

制法：将酒石酸溶于适量的纯化水，加入淀粉浆备用。将对乙酰氨基酚、咖啡因分别研成细粉，与约 1/3 的淀粉混匀，加淀粉浆混匀制软材，过 14 目或 16 目尼龙筛制粒，70℃干燥，干颗粒过 12 目尼龙筛整粒，将此颗粒与阿司匹林混合均匀，加剩余淀粉（预先在 100 ～ 105℃干燥）及吸附有液状石蜡的滑石粉（将轻质液状石蜡喷于滑石粉中混匀），共同混匀后，再通过 12 目尼龙筛，颗粒经含量测定合格后，用 12mm 冲压片，即得。

本品为解热镇痛药。

例 2 硝酸甘油片

处方：						
	硝酸甘油	0.6g	17% 淀粉浆	适量	乳糖	88.8g
	硬脂酸镁	1.0g	糖粉	38.0g		
	共制成	1000 片（每片含硝酸甘油 0.5mg）				

本品属于急救药，是一种通过舌下吸收治疗心绞痛的小剂量药物的片剂。

制法：先用乳糖、糖粉、淀粉浆制备空白颗粒，将硝酸甘油制成 10% 的乙醇溶液（按 120% 投料）拌于空白颗粒的细粉中（30 目以下），过两次 14 目筛后，于 40℃以下干燥 50 ～ 60min，再与空白颗粒及硬脂酸镁混匀，压片，即得。

【问题研讨】分析片剂的处方组成、生产工艺和质量要求。上述典型制剂在生产中需注意哪些问题？

片剂创用于 19 世纪 40 年代，20 世纪 60 年代以来，其生产技术、设备有很大发展，成为应用最广泛的剂型。片剂（tablets）系指原料药物或与适宜的辅料制成的圆形或异形的片状固体制剂。片剂因密度较高、体积较小，具有质量稳定，剂量准确，携带、运输、贮存、应用方便等特点。可根据使用目的和制备方法，改变大小、形状、片重、硬度、厚度、崩解和溶出及其他特性。片剂生产机械化、自动化程度高，成本较低，可以制成很多种类型，如分散（速效）片、控释（长效）片、肠溶包衣片、咀嚼片、口崩片及口含片等，从而满足临床医疗或预防的不同需要。

但也存在婴、幼儿和昏迷患者服用困难的缺点，处方和工艺设计不妥时容易出现溶出和吸收等方面的问题。

片剂按制法的不同，可分为压制片（compressed tablets）和模印片（molded tablets）两类。现广泛应用的片剂大多是压制片剂。按用途和用法的不同，片剂可分为口服片剂、口腔用片剂和其他途径应用的片剂。口服的普通片、包衣片、多层片、咀嚼片、可溶片、泡腾片、分散片等是应用最广的片剂，如未特指，通常所讨论的均为口服压制片；口腔用片剂，如含片、舌下片、口腔贴片等；其他途径应用的片剂有阴道用片、植入片等。近年来还有口服速溶片或口融片（melt-in-mouth tablets），此类片剂吸收快，不用水送服亦易吞咽，适用于吞咽固体制剂困难、卧床患者和老、幼患者服用。

片剂质量的一般要求为：①含量准确，重量差异小；②硬度适宜，应符合脆碎度的要求；③外观光洁，色泽均匀；④在规定贮藏期内不得变质；⑤一般口服片剂的崩解时间和溶出度应符合要求；⑥符合微生物限度检查的要求。对于某些片剂另有各自的要求，如小剂量药物片剂应符合含量均匀度检查要求，植入片应无菌，口含片、舌下片、咀嚼片应有良好的口感等。

一、片剂的处方

片剂处方中由药物和辅料（excipients 或 adjuvants）组成。辅料系指片剂内除药物以外的一切附加物料的总称，亦称赋形剂，可提供填充作用、黏合作用、吸附作用、崩解作用和润滑作用等，根据需要可加入着色剂、矫味剂等。

1. 稀释剂（填充剂）

片剂直径一般大于 6mm，片重 100mg 以上。稀释剂（diluents）的主要作用是增加制剂的重量或体积，亦称填充剂（fillers）。稀释剂的加入不仅可保证一定的体积大小，而且可减少主药成分的剂量偏差，改善药物的压缩成型性。稀释剂类型和用量的选择通常取决于它的物理化学性质，特别是性能指标。稀释剂可以影响制剂的成型性和制剂性能（如粉末流动性、湿法颗粒或干法颗粒成型性、含量均一性、崩解性、溶出度、片剂外观、片剂硬度和脆碎度、物理和化学稳定性等）。稀释剂性能指标包括：粒径和粒径分布、粒子形态、松密度 / 振实密度 / 真密度、比表面积、结晶性、水分、流动性、溶解度、压缩性、吸湿性等。

常用的稀释剂有：

（1）淀粉（starch） 淀粉有玉米淀粉、马铃薯淀粉、小麦淀粉，常用的是玉米淀粉。淀粉的性质稳定，可与大多数药物配伍，吸湿性小，外观色泽好，价格便宜，但可压性差，因此常与可压性较好的糖粉、糊精、乳糖等混合使用。

（2）糖粉（sugar） 本品为结晶性蔗糖经低温干燥、粉碎而成的白色粉末。其黏合力强，可用来增加片剂的硬度，使片剂的表面光滑美观。但吸湿性较强，长期贮存，会使片剂的硬度过大，崩解或溶出困难。除口含片或可溶性片剂外，一般不单独使用，常与糊精、淀粉配合使用。

（3）糊精（dextrin） 本品是淀粉水解的中间产物，在冷水中溶解较慢，较易溶于热水，不溶于乙醇。具有较强的黏结性，使用不当会使片面出现麻点、水印及造成片剂崩解或溶出迟缓；如果在含量测定时粉碎与提取不充分，将会影响测定结果的准确性和重现性，所以常与糖粉、淀粉配合使用。

（4）乳糖（lactose） 本品为白色结晶性粉末，带甜味，易溶于水。常用的乳糖是含有一分子结晶水（α- 乳糖），无吸湿性，可压性好，制成的片剂光洁美观，性质稳定，可与大多数药物配伍。由喷雾干燥法制得的乳糖为非结晶性球形乳糖，流动性、可压性良好，可供粉末直接压片。

（5）可压性淀粉 亦称为预胶化淀粉（pregelatinized starch），又称 α- 淀粉。国产的可压性淀粉是部分预胶化淀粉。本品具有良好的流动性、可压性、自身润滑性和干黏合性，并有较好的崩解作用。作为多功能辅料，常用于粉末直接压片。

（6）微晶纤维素（microcrystalline cellulose，MCC） 本品是由纤维素部分水解而制得的结晶性粉末，具有较强的结合力与良好的可压性，亦有“干黏合剂”之称，可用作粉末直接压片。国外产品的商品名为 Avicel，根据粒径不同分为若干规格。

（7）无机盐类 一些无机钙盐，如硫酸钙、磷酸氢钙及碳酸钙等，其中二水硫酸钙较为常用，性质稳定，无嗅无味，微溶于水，制成的片剂外观光洁，硬度、崩解均好，对药物也无吸附作用。但钙盐对四环素类药物不宜使用。

（8）糖醇类 甘露醇、山梨醇呈颗粒或粉末状，具有一定的甜味，在口中溶解时吸热，有凉爽感，较适于咀嚼片，常与蔗糖配合使用。赤藓糖（erithritol）溶解速度快，口服后不产生热能，有较强的清凉感，在口腔内 pH 值不下降（有利于牙齿的保护）等，是制备口腔速溶片的辅料。

2. 润湿剂与黏合剂

润湿剂（moistening agent） 本身没有黏性，但能诱发待制粒物料的黏性，以利于制粒的液体。

黏合剂（adhesives） 系指处方中加入的、在与制粒液体（如水、乙醇或者其他溶剂）混合过程中产生黏性，促进粉末聚集成颗粒的物质。黏合剂在制粒溶液中溶解或分散，通过改变微粒内部的黏附力生成了湿颗粒（聚集物），在干燥过程中赋予干颗粒一定的机械强度。有些黏合剂是干粉，称为干黏合剂。黏合剂的性能指标包括表面张力、粒径、粒径分布、溶解度、黏度、堆密度和振实密度、比表面积等。

制粒常用的润湿剂、黏合剂如下。

（1）纯化水（purified water） 纯化水是制粒中最常用的润湿剂，但干燥温度高、干燥时间长，对于水敏感的药物不利。水溶性成分较多时可能出现发黏、结块、湿润不均匀、干燥后颗粒发硬等现象，可选择适当浓度的乙醇水溶液，以克服上述不足。

（2）乙醇（ethanol） 可用于遇水易分解的药物或遇水黏性太大的药物。中药浸膏的制粒常用乙醇水溶液作润湿剂，随着乙醇浓度的增大，润湿后所产生的黏性降低，常用浓度为 30% ～ 70%。

（3）淀粉浆 淀粉浆的常用浓度为 8% ～ 15%。若物料的可压性较差，其浓度可提高到 20%。淀粉浆的制法主要有冲浆法和煮浆法。

冲浆法是将淀粉混悬于少量（1 ～ 1.5 倍）水中，然后根据浓度要求冲入一定量的沸水，不断搅拌糊化而成。

煮浆法是将淀粉混悬于全部量的水中，在夹层容器中加热并不断搅拌，直至糊化。由于淀粉价廉易得，且黏合性良好，因此是制粒中首选的黏合剂。

（4）纤维素衍生物 将天然的纤维素经处理后制成的各种纤维素的衍生物。

① 甲基纤维素（methyl cellulose，MC） 具有良好的水溶性，可形成黏稠的胶体溶液，应用于水溶性及水不溶性物料的制粒中，颗粒的压缩成型性好，且不随时间变硬。

② 羟丙基纤维素（hydroxypropyl cellulose，HPC） 易溶于冷水，加热至 50℃发生胶化或溶胀现象。可溶于甲醇、乙醇、异丙醇和丙二醇。本品既可作湿法制粒的黏合剂，也可做粉末直接压片的干黏合剂。

③ 羟丙基甲基纤维素（hydroxypropyl methyl cellulose，HPMC） 易溶于冷水，不溶于热水，制备 HPMC 水溶液时，加入总体积 1/5 ～ 1/3 的热水（80 ～ 90℃），充分分散与水化，然后降温，不断搅拌使溶解，加冷水至总体积。

④ 羧甲基纤维素钠（carboxymethyl cellulose sodium，CMC-Na） 本品于水中先在粒子表面膨化，然后慢慢地浸透到内部，逐渐溶解而成为透明的溶液。如果在初步膨化和溶胀后加热至

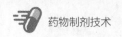

60～70℃，可加快其溶解过程。但制成片剂的崩解时间长，且随时间变硬，常用于可压性较差的药物。

⑤乙基纤维素（ethylcellulose，EC） 不溶于水，溶于乙醇等有机溶剂，可作对水敏感性药物的黏合剂。本品的黏性较强，且在胃肠液中不溶解，会对片剂的崩解及药物的释放产生阻滞作用。目前常用作缓释、控释制剂的包衣材料。

（5）聚维酮（polyvinylpyrrolidine，PVP） 根据分子量不同分为多种规格，其中最常用的型号是 K_{30}（分子量 60000）。聚维酮既溶于水，又溶于乙醇，因此可用于水溶性或水不溶性物料以及对水敏感性药物的制粒，还可用作直接压片的干黏合剂。常用于泡腾片及咀嚼片的制粒中，但吸湿性强。

（6）明胶（gelatin） 溶于水形成胶浆，黏性较大，制粒时明胶溶液应保持较高温度，以防止胶凝，缺点是制得的颗粒随放置时间延长而变硬。适用于松散不易制粒的药物，以及在水中不需崩解或延长作用时间的片剂（如口含片）的制粒。

（7）聚乙二醇（polyethylene glycol，PEG） 根据分子量不同有多种规格，其中 PEG4000、PEG6000 常用于黏合剂。PEG 溶于水和乙醇中，制得的颗粒压缩成型性好，片剂不变硬，适用于水溶性与水不溶性物料的制粒。

（8）其他黏合剂　50%～70% 的蔗糖溶液、海藻酸钠溶液等。

制粒时主要根据物料的性质以及实践经验选择适宜的黏合剂、浓度及其用量等，以确保颗粒与片剂的质量。

3. 崩解剂

崩解剂（disintegrants） 是加入处方中促使制剂迅速崩解成小单元并使药物更快溶解的成分。当崩解剂接触水分、胃液或肠液时，它们通过吸收液体膨胀溶解或形成凝胶，引起制剂结构的破坏和崩解，促进药物的溶出。崩解剂的性能取决于它的化学特性、粒子形态、粒径及粒径分布，此外还受片剂硬度、孔隙率等的影响。与崩解剂性能相关的性质包括：粒径及其分布、水吸收速率、膨胀率或膨胀指数、粉体流动性、水分、泡腾量等。

除了缓控释片、口含片、咀嚼片、舌下片、植入片等有特殊要求的片剂外，一般均需加入崩解剂。特别是难溶性药物的溶出便成为药物在体内吸收的限速阶段，其片剂的快速崩解更具意义。

崩解剂总量一般为片重的 5%～20%，加入方法有：①外加法　是将崩解剂加入于压片之前的干颗粒中，片剂的崩解将发生在颗粒之间；②内加法　是将崩解剂加入于制粒过程中，片剂的崩解将发生在颗粒内部；③内外加法　是内加一部分（通常为 50%～75%）、外加一部分（通常为 25%～50%），可使片剂的崩解既发生在颗粒内部又发生在颗粒之间，从而达到良好的崩解效果。

常用的崩解剂如下：

（1）干淀粉　淀粉在 100～105℃下干燥 1h 制得，含水量在 8% 以下。干淀粉的吸水性较强，吸水膨胀率为 186% 左右。干淀粉适用于水不溶性或微溶性药物的片剂，而对易溶性药物的崩解作用较差。

（2）羧甲基淀粉钠（carboxymethyl starch sodium，CMS-Na） 吸水膨胀作用非常显著，吸水后膨胀率为原体积的 300 倍，是一种性能优良的崩解剂。

（3）低取代羟丙基纤维素（L-HPC） 这是近年来应用较多的一种快速崩解剂。具有很大的表面积和孔隙率，有很好的吸水速度和吸水量，吸水膨胀率为 500%～700%。

（4）交联羧甲基纤维素钠（croscarmellose sodium，CCNa） 由于交联键的存在，交联羧甲基纤维素钠不溶于水，但能吸收数倍于本身重量的水而膨胀，所以具有较好的崩解作用；当与羧甲基淀粉钠合用时，崩解效果更好，但与干淀粉合用时崩解作用会降低。

（5）交联聚维酮（cross-linked polyvinyl pyrrolidone，亦称交联 PVPP） 是流动性良好的白色粉末；在水、有机溶剂及强酸强碱溶液中均不溶解，但在水中迅速溶胀，无黏性，崩解性能优越。

（6）泡腾崩解剂（effervescent disintegrants） 是用于泡腾片的特殊崩解剂，常由碳酸氢钠与枸橼酸组成。遇水时产生二氧化碳气体，使片剂在几分钟之内迅速崩解。含有这种崩解剂的片剂，应妥善包装，避免受潮造成崩解剂失效。

知识拓展　崩解剂的作用机理

崩解剂的主要作用是消除因黏合剂或高度压缩而产生的结合力，使片剂在水中瓦解。片剂的崩解经历润湿、虹吸、破碎等过程，崩解剂的作用机理有：（1）毛细管作用　崩解剂在片剂中形成易于润湿的毛细管通道，水能迅速地随毛细管进入片剂内部，使整个片剂润湿而瓦解。淀粉及其衍生物、纤维素衍生物属于此类崩解剂。（2）膨胀作用　自身具有很强的吸水膨胀性，从而瓦解片剂的结合力。（3）润湿热　有些药物在水中溶解时产生热，使片剂内部残存空气膨胀，促使片剂崩解。（4）产气作用　如泡腾片中加入的枸橼酸或酒石酸与碳酸钠或碳酸氢钠遇水产生二氧化碳气体，借助气体的膨胀而使片剂崩解。

4. 润滑剂

润滑剂（lubricants）的作用为减小颗粒间、颗粒与固体制剂制造设备的金属接触面（如片剂冲头和冲模）之间的摩擦力，以保证压片时应力分布均匀、防止裂片等。广义的润滑剂包括助流剂、抗黏剂。助流剂（glidants）降低颗粒之间的摩擦力，从而改善粉体流动性，减少重量差异；抗黏剂（antiadherent）减少粉末聚集结块，防止压片时物料黏着于冲头与冲模表面，以保证压片的顺利进行以及片剂表面光洁。助流剂和抗黏剂通常是无机物质细粉。润滑剂的主要性能指标包括：粒径及其分布、表面积、水分、多晶型、纯度（如硬脂酸盐：棕榈酸盐比率）、熔点或熔程等。实际应用时应明确各种润滑剂的不同功能，以解决实际存在的问题。

（1）硬脂酸镁　本品易与颗粒混匀，减少颗粒与冲模之间的摩擦力，压片后片面光洁美观。用量一般为 0.1% ～ 1%，用量过大时，由于其具疏水性，会使片剂的崩解（或溶出）迟缓。另外，镁离子影响某些药物的稳定性。

（2）微粉硅胶（aerosil） 为优良的助流剂，可用作粉末直接压片的助流剂。其性状为轻质白色无水粉末，无臭无味，比表面积大，常用量为 0.1% ～ 0.3%。

（3）滑石粉（talc） 为优良的助流剂，常用量为 0.1% ～ 3%，不超过 5%。

（4）氢化植物油　本品以喷雾干燥法制得。应用时，将其溶于轻质液体石蜡或己烷中，喷于干颗粒表面混合，以利于均匀分布。

（5）聚乙二醇类（PEG 4000、PEG 6000） 具有良好的润滑效果，不影响片剂的崩解与溶出。

（6）月桂醇硫酸钠（镁） 水溶性表面活性剂，具有良好的润滑效果，不仅能增强片剂的强度，而且可促进片剂的崩解和药物的溶出。

5. 色、香、味及其调节

片剂中还加入一些着色剂、矫味剂等辅料以改善口味和外观。口服制剂所用色素必须是药用级或食用级，色素的最大用量一般不超过 0.05%。注意色素与药物的反应以及干燥中颜色的迁移。香精常用加入方法是将香精溶解于乙醇中，均匀喷洒在已干燥的颗粒上。微囊化固体香精可直接混合于已干燥的颗粒中压片。

片剂五大辅料的作用及其常用物质概括于表 4-7。

表4-7　片剂的五大辅料

<table>
<tr><th colspan="2">辅料类型</th><th>作用</th><th>举例</th></tr>
<tr><td colspan="2">稀释剂（填充剂）</td><td>增加制剂的重量或体积，影响制剂的成型性和制剂性能</td><td>淀粉、糖粉、糊精、乳糖、可压性淀粉、微晶纤维素、无机盐类、糖醇类</td></tr>
<tr><td colspan="2">润湿剂</td><td>本身不具有黏性，但可通过诱发原、辅料组分的黏性而制备颗粒</td><td>水、乙醇</td></tr>
<tr><td colspan="2">黏合剂</td><td>本身具有黏性，促进粉末聚集成颗粒</td><td>淀粉浆、纤维素衍生物、PVP、PEG、明胶</td></tr>
<tr><td colspan="2">崩解剂</td><td>瓦解片剂因黏合剂或高度压缩而产生的结合力，使片剂遇水崩散为颗粒或粉末，可加速片剂的崩解</td><td>干淀粉、L-HPC、CMS-Na、交联PVPP、CCS、泡腾崩解剂</td></tr>
<tr><td rowspan="2">润滑剂</td><td>助流剂</td><td>增加颗粒或混合物的流动性，使压片物料填充均匀，减少片重差异</td><td>微粉硅胶</td></tr>
<tr><td>狭义润滑剂</td><td>降低片剂与冲模间的摩擦力，增加流动性，有利于片剂制备过程中压力的传递和顺利推片，防止裂片，使压片顺利进行</td><td>硬脂酸镁、硬脂酸、液体石蜡、硬脂、液油、十二烷基硫酸钠、聚乙二醇类</td></tr>
</table>

二、片剂的制备

压片的三大要素是流动性、压缩成型性和润滑性。

① 流动性好　使流动、充填等粉体操作顺利进行，可减小片重差异；

② 压缩成型性好　不出现裂片、松片等不良现象；

③ 润滑性好　片剂不黏冲，可得到完整、光洁的片剂。

片剂的制备方法有制粒压片法和直接压片法，其中制粒又分湿法制粒和干法制粒。片剂的生产洁净区域划分及工艺流程参见附录一。这里主要讨论湿法制粒压片。

1. 压片方法

（1）湿法制粒压片法　湿法制粒是将药物和辅料的粉末混合均匀后加入液体黏合剂制备颗粒的方法。湿法制粒通过改善颗粒一种或多种性质，如流动性、操作性、强度、抗分离性、含尘量、外观、溶解度、压缩性或者药物释放，使得颗粒的进一步加工更为容易，颗粒具有外形美观、流动性好、耐磨性较强、压缩成型性好等优点，但对热敏性、湿敏性、极易溶性等物料可采用其他方法制粒压片。湿法制粒压片的工艺流程如下：

原辅料→粉碎、过筛→混合 $\xrightarrow{\text{润湿剂或黏合剂、崩解剂}}$ 制软材→制湿颗粒→湿粒干燥→整粒 $\xrightarrow[\text{挥发性成分}]{\text{润湿剂、崩解剂}}$ 总混→压片→包衣→包装

① 原辅料的准备和处理　湿法制粒压片用的原料药及辅料，在使用前必须经过鉴定、含量测定、干燥、粉碎、过筛等处理。其细度以通过80～100目筛为适宜，对毒性药、贵重药和有色原辅料宜更细一些，便于混合均匀，含量准确，并可避免压片时出现裂片、黏冲和花斑等现象。有些原、辅料贮存时易受潮发生结块，必须经过干燥处理后再粉碎过筛。然后按照处方称取药物和辅料（要求复核），做好制粒前准备工作。

② 粉碎、过筛、混合、制软材　参见散剂、颗粒剂的有关部分。

③ 制颗粒　颗粒的制备常采用挤压制粒、转动制粒、高速混合制粒、流化（沸腾）制粒、喷雾干燥制粒等方法，参见颗粒剂的有关部分。

④ 颗粒的干燥　制成湿颗粒后应立即干燥，以免结块或受压变形。含结晶水的药物，干燥温度不宜高，时间不宜长，因为失去过多的结晶水可使颗粒松脆而影响压片及片剂的崩解。

压片干颗粒除必须具备流动性和可压性外，还要求达到：a. 主药含量符合要求。b. 含水量控制在 1% ～ 3%。c. 细粉量应控制在 20% ～ 40%，因细粉表面积大，流动性差，易产生松片、裂片、黏冲等，并加大片重差异及含量差异，但细粉能填补颗粒间的空隙，能使片面光滑平整。因此，根据生产实践认为片重在 0.3g 以上时，含细粉量可控制在 20% 左右，片重在 0.1 ～ 0.3g 时，细粉量在 30% 左右。d. 颗粒硬度适中，若颗粒过硬，可使压成的片剂表面产生斑点；若颗粒过松可产生顶裂现象。一般用手指捻搓时应立即粉碎，以无粗细感为宜。e. 疏散度应适宜。疏散度系指一定容积的干粒在致密时的重量与疏散时重量的差值，它与颗粒的大小、松紧程度和黏合剂用量多少有关。疏散度大则表示颗粒较松，振摇后部分变成细粉，压片时易出现松片、裂片和片重差异大等现象。

⑤ 整粒与混合　整粒的目的是使干燥过程中结块、粘连的颗粒分散开，以得到大小均匀的颗粒。一般采用过筛的方法进行整粒，所用筛孔要比制粒时的筛孔稍小一些，常用筛网目数为 12 ～ 20 目。整粒后，根据需要向颗粒中加入润滑剂和外加的崩解剂，进行“总混”。如果处方中有挥发油类物质或处方中主药的剂量很小或对湿、热很不稳定，则可将药物溶解于乙醇后喷洒在干燥颗粒中，密封贮放数小时后室温干燥。

（2）其他压片法

① 干法制粒压片法　干法制粒（图 4-18）是将药物和辅料的粉末混合均匀、压缩成大片状或板状后，再粉碎成所需大小颗粒的方法。该方法简单、省工省时，常用于热敏性物料、遇水易分解的药物，但应注意由于高压引起的晶型转变及活性降低等问题。干法制粒有重压法和滚压法。

重压法系利用重型压片机将物料粉末压制成直径约为 20 ～ 25mm 的胚片，然后破碎成一定大小颗粒的方法。

滚压法系利用转速相同的两个滚动圆筒之间的缝隙，将药物粉末滚压成板状物，然后破碎成一定大小颗粒的方法。

② 粉末直接压片法　粉末直接压片法是指药物粉末和辅料混合均匀，直接进行压片的方法。该法无制粒过程，因而具有省时节能、工艺简便、工序少、适用于湿热不稳定的药物等优点，但存在粉末的流动性差、片重差异大，粉末压片容易造成裂片等缺点。随着 GMP 的实施，简化工艺成了制剂生产关注的热点之一。近二十年来，随着可用于粉末直接压片的优良辅料与高效旋转压片机的研制成功，促进了粉末直接压片的发展。

粉末直接压片的辅料有：微晶纤维素、可压性淀粉、喷雾干燥乳糖、磷酸氢钙二水合物、微粉硅胶等，这些辅料的特点是流动性、压缩成型性好。

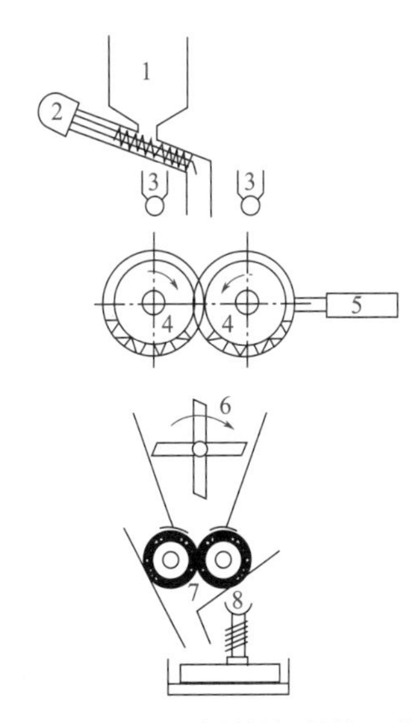

图 4-18　干法制粒机结构示意

1—料斗；2—加料器；3—润滑剂喷雾装置；4—滚压筒；5—滚压缸；6—粗碎机；7—滚碎机；8—整粒机

③ 半干式颗粒压片法　半干式颗粒压片法是将药物粉末和预先制好的辅料颗粒（空白颗粒）混合进行压片的方法。适合于对湿热敏感不宜制粒、压缩成型性差的药物，也用于含药较少物料，借助辅料的优良压缩特性制备片剂。

④ 结晶药物压片法　某些结晶性药物具有较好的流动性和可压性，只需适当粉碎、筛分等处理，再加入适量崩解剂、润滑剂混合均匀后即可直接压片，如呈方晶、球晶等晶

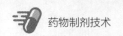

形的氯化钠、氯化钾、硫酸亚铁、阿司匹林可直接压片。

2. 压片

（1）片重计算

① 按主药含量计算片重　药物制成干颗粒时，因经过了一系列的操作过程，原料药必将有所损耗，所以应对颗粒中主药的实际含量进行测定，整粒后加入润滑剂和外加法所需加入的崩解剂与颗粒混匀，计算片重。

$$片重=\frac{每片含主药量（标示量）}{颗粒中主药的百分含量（实测值）} \tag{4-1}$$

例如，某片剂中含主药量为0.4g，测得颗粒中主药的百分含量为50%，则每片所需颗粒的重量应为：0.4/0.5 = 0.8g，即片重应为0.8g，若片重的重量差异限度为5%，本品的片重上下限为0.36 ～ 0.44g。

② 按干颗粒总重计算片重　在中药的片剂生产中成分复杂，没有准确的含量测定方法时，根据实际投料量与预定压片数量计算：

$$片重=\frac{干颗粒重+压片前加入的辅料量}{预定的应压片数} \tag{4-2}$$

此式适用于可忽略制粒过程中主药损耗量的情况。

常用的片重、筛目与冲模直径之间的关系如表4-8所示，根据药物密度不同，可进行适当调整。

表4-8　片剂的片重、筛目与冲模直径

片重 /mg	筛目数		冲模直径 /mm
	湿粒	干粒	
50	18	16 ～ 20	5 ～ 5.5
100	16	14 ～ 20	6 ～ 6.5
150	16	14 ～ 20	7 ～ 8
200	14	12 ～ 16	8 ～ 8.5
300	12	10 ～ 16	9 ～ 10.5
500	10	10 ～ 12	12

知识拓展　片剂成型的影响因素

物料的压缩成型性：多数药物和辅料的混合物在受到外加压力时产生塑性变形和弹性变形，塑性变形产生结合力，弹性变形不产生结合力，趋向于恢复到原来的形状，甚至发生裂片和松片等现象。

药物的熔点及结晶形态：药物的熔点低有利于“固体桥”的形成，但熔点过低，压片时容易黏冲。立方晶压缩时易于成型；鳞片状或针状结晶容易形成层状排列，压缩后的药片容易裂片；树枝状结晶易发生变形而且相互嵌接，可压性较好，但流动性极差。

黏合剂和润滑剂：黏合剂可增强颗粒间的结合力，易于压缩成型，但用量过多时易黏冲，影响片剂的崩解和药物的溶出。硬脂酸镁为疏水性润滑剂，用量过大会减弱颗粒间的结合力。

水分：适量的水分在压缩时被挤到颗粒的表面形成薄膜，使颗粒易于成型，但过量的水分易造成黏冲。另外，水分可使颗粒表面的可溶性成分溶解，当药片失水时发生重结晶而在相邻颗粒间架起“固体桥”，使片剂的硬度增大。

压力：一般压力愈大，颗粒间的距离愈近，结合力愈强，片剂硬度也愈大。但压力超过一定范围后，对片剂硬度的影响减小，甚至出现裂片。

（2）压片机　压片机按结构分为单冲压片机和旋转压片机；按压缩次数分为一次压制压片机和二次压制压片机；按片层分为双层压片机、有芯片压片机等。

① 单冲压片机　单冲压片机的主要组成如下：a. 加料器，包括加料斗、饲粉器。b. 压缩部件，由上、下冲（有圆形片冲和异形片冲）和模圈构成。c. 调节装置，包括压力调节器、片重调节器和推片调节器。压力调节器用以调节上冲下降的深度，下降越深，上、下冲间的距离越近，压力越大，反之则越小；片重调节器用以调节下冲下降的深度，从而调节模孔的容积而控制片重；推片调节器是调节下冲推片时抬起的高度，应使其恰与模圈的上缘相平，能顺利顶出压制的片剂并由饲粉器推开。如图 4-19 所示。

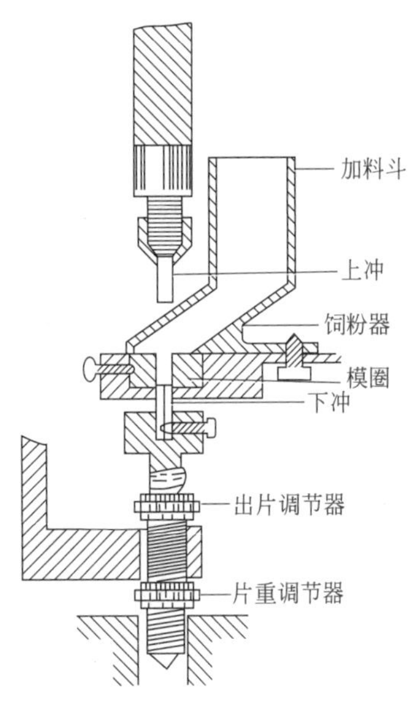

图 4-19　单冲压片机主要构造示意图

单冲压片机的产量大约在 80 ～ 100 片 / 分，最大压片直径为 12mm，最大填充深度 11mm，最大压片厚度 6mm，最大压力 15kN，多用于产品的试制。

② 旋转压片机　主要工作部分有：机台、压轮、片重调节器、压力调节器、加料斗、饲粉器、吸尘器、保护装置等（图 4-20）。机台分为三层，上层装有若干上冲，中层的对应位置上装有模圈，下层的对应位置装下冲。上冲与下冲各自随机台转动并沿着固定的轨道有规律地上、下运动，对模孔中的物料加压；机台中层的固定位置上装有刮粉器，片重调节器装于下冲轨道的刮粉器所对应的位置，用以调节下冲经过刮粉器时的高度，以调节模孔的容积；用上下压轮的上下移动位置调节压缩压力。

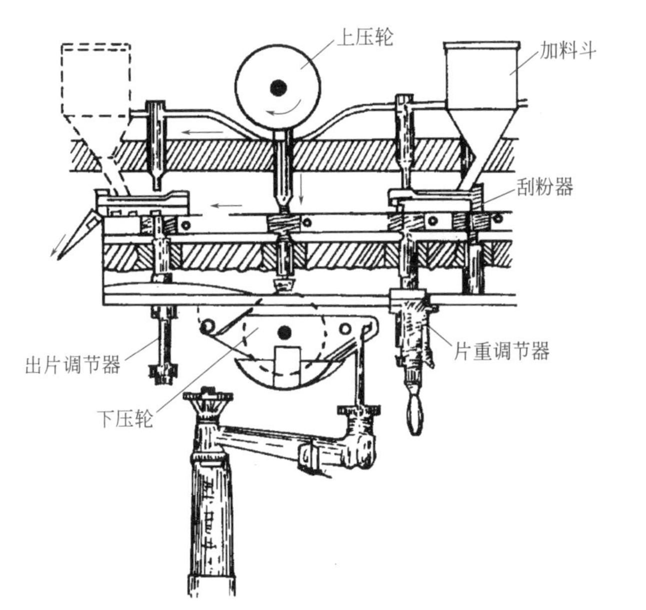

图 4-20　旋转压片机的结构示意图

旋转压片机的压片过程如下：a. 填充　当下冲转到饲粉器之下时，其位置最低，颗粒填入模孔中；当下冲行至片重调节器之上时略有上升，经刮粉器将多余的颗粒刮去；b. 压片　当上冲和下冲行至上、下压轮之间时，两个冲之间的距离最近，将颗粒压缩成片；c. 推片　上冲和下冲抬起，下冲将片剂抬到恰与模孔上缘相平，药片被刮粉器推开，如此反复进行。

旋转压片机有多种型号，按冲数分有 8 冲、19 冲、33 冲、35 冲、55 冲等，按流程分单流程和双流程两种。旋转压片机由上、下冲同时加压，压力分布均匀，生产效率高。如 55 冲的双流程压片机的生产能力达 50 万片 /h。全自动旋转压片机，除能将片重差异控制在一定范围外，对缺角、松裂片等不良片剂也能自动鉴别并剔除。

3. 片剂制备中可能发生的问题及原因

（1）裂片　片剂发生裂开的现象叫做裂片，如果裂开的位置发生在药片的上部或中部，习惯上分别称为顶裂或腰裂。物料的压缩成型性差、压片机使用不当等造成片剂内部压力分布不均匀，在应力集中处易于裂片。裂片的处方因素有：物料中细粉太多，压缩时空气不能及时排出，解除压力后，空气体积膨胀而导致裂片；易脆碎的物料和易弹性变形的物料塑性差，结合力弱，易于裂片等。工艺因素有：单冲压片机比旋转压片机易出现裂片；快速压片比慢速压片易裂片；凸面片剂比平面片剂易裂片；一次压缩比多次压缩（一般两次或三次）易出现裂片等。

解决裂片的主要措施是选用弹性小、塑性大的辅料，选用适宜制粒方法，选用适宜压片机和操作参数，整体上提高物料的压缩成型性，降低弹性复原率等。

（2）松片　片剂硬度不够，稍加触动即散碎的现象称为松片。主要原因有黏性力差，压缩压力不足等。

（3）黏冲　片剂的表面被冲头黏去一薄层或一小部分，造成片面粗糙不平或有凹痕的现象称为黏冲；若片剂的边缘粗糙或有缺痕，则可相应地称为黏壁。造成的主要原因有：颗粒不够干燥、物料较易吸湿、润滑剂选用不当或用量不足、冲头表面锈蚀、粗糙不光或刻字等。

（4）片重差异超限　片重差异超过规定范围，即为片重差异超限。产生的主要原因有：颗粒流动性不好；颗粒内的细粉太多或颗粒的大小相差悬殊；加料斗内的颗粒时多时少；冲头与模孔吻合性不好、下冲升降不灵活等。

（5）崩解迟缓　一般的口服片剂都应在胃肠道内迅速崩解。若片剂超过了规定的崩解时限，即称为崩解超限或崩解迟缓。

水分的透入是片剂崩解的首要条件，而水分透入的快慢与片剂内部的孔隙状态和物料的润湿性有关。因此影响片剂崩解的主要因素有：①压缩力，影响片剂内部的孔隙；②可溶性成分与润湿剂，影响片剂亲水性（润湿性）及水分的渗入；③物料的压缩成型性与黏合剂，影响片剂结合力的瓦解；④崩解剂，使体积膨胀的主要因素。

（6）溶出超限　片剂在规定的时间内未能溶解出规定量的药物，即为溶出超限或溶出度不合格。影响药物溶出度的主要原因有：片剂不崩解，颗粒过硬，药物的溶解性差等。

（7）药物含量不均匀　所有造成片重差异过大的因素，皆可造成片剂中药物含量的不均匀。对于小剂量的药物来说，除了混合不均匀以外，可溶性成分在颗粒之间的迁移是其含量均匀度不合格的一个重要原因。

在干燥过程中，物料内部的水分向物料的外表面扩散时，可溶性成分也被转移到颗粒的外表面，这就是可溶性成分的迁移；在干燥结束时，水溶性成分在颗粒的外表面沉积，导致颗粒外表面的可溶性成分的含量高于颗粒内部，即颗粒内外的可溶性成分的含量不均匀。颗粒间的可溶性成分迁移，影响片剂的含量均匀度，尤其是采用箱式干燥时，这种迁移现象明显。因此采用箱式干燥时，应经常翻动物料层，以减少可溶性成分在颗粒间的迁移。采用流化（床）干燥时，由于湿颗粒处于流化状态，一般不会发生颗粒间的可溶性成分迁移。

三、片剂的质量检查

片剂生产过程中，除了要对处方设计、原辅料选用、生产工艺制订、包装和贮存条件等采取适宜措施外，还必须按照药品标准的有关规定检查质量。

1. 性状

片剂应完整光洁，边缘整齐，片形一致，色泽均匀，字迹清晰。

2. 重量差异

片剂生产中，许多因素能影响片剂的重量，重量差异大，意味着每片的主药含量不一。《中国药典》（2020 年版）规定片剂重量差异限度见表 4-9。

表4-9　片剂重量差异限度

平均片重	重量差异限度	平均片重	重量差异限度
0.30g 以下	±7.5%	0.30g 及 0.30g 以上	±5%

检查法：取供试品 20 片，精密称定总重量，求得平均片重后，再分别精密称定每片的重量，每片重量与平均片重比较（凡无含量测定的片剂或有标示片重的中药片剂，每片重量应与标示片重比较），超出重量差异限度的不得多于 2 片，并不得有 1 片超出限度 1 倍。

糖衣片的片芯应检查重量差异符合规定，包衣后不再检查重量差异。薄膜衣片应在包薄膜衣后检查重量差异并符合规定。凡规定检查含量均匀度的片剂，一般不再进行重量差异检查。

3. 硬度与脆碎度

片剂应有适宜的硬度，避免在包装、运输等过程中破碎或磨损。硬度也与片剂的崩解和溶出有密切的关系。药典虽未作统一规定，但生产单位都有各自的内控标准。片剂硬度测定常用片剂硬度计。

片剂因磨损和震动往往引起碎片、顶裂或破裂等，《中国药典》（2020 年版）“片剂脆碎度检查法”，用于检查非包衣片的脆碎情况。脆碎度测定仪（图 4-21）的主要部分为一转鼓，用透明塑料制成，盘内有弯曲刮板。转轴与电动机相连，转速 25r/min。

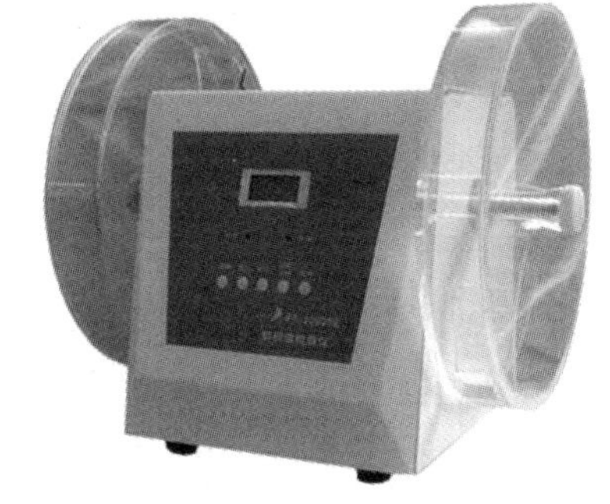

图 4-21　片剂脆碎度测定仪

检查法：片重为 0.65g 或以下者取若干片，使其总重约为 6.5g；片重大于 0.65g 者取 10 片。用吹风机吹去脱落的粉末，精密称重，置圆筒中，转动 100 次。取出，同法除去粉末，精密称重，减失重量不得过 1%，且不得检出断裂、龟裂及粉碎的片。本试验一般仅作 1 次。如减失重量超过 1%，可复检 2 次，三次的平均减失重量不得超过 1%，并不得检出断裂、龟裂及粉碎的片。

对泡腾片及口嚼片等易吸水的制剂，操作时应注意防止吸湿（通常控制相对湿度小于 40%）。

4. 崩解时限

崩解系指口服固体制剂在规定条件下全部崩解溶散或成碎粒，除不溶性包衣材料或破碎的胶囊壳外，应全部通过筛网。如有少量不能通过筛网，但已软化或轻质上漂且无硬心者，可作符合规定论。除另有规定外，凡规定检查溶出度、释放度或分散均匀性的制剂，不再进行崩解时限检查。《中国药典》（2020 年版）“崩解时限检查法”，规定了崩解仪的结构、试验方法、条件和标准。

仪器装置：采用升降式崩解仪，主要结构为一能升降的金属支架与下端镶有筛网的吊篮，并附有挡板。

检查法：将吊篮通过上端的不锈钢轴悬挂于金属支架上，浸入 1000mL 烧杯中，并调节吊篮位置使其下降至低点时筛网距烧杯底部 25mm，烧杯内盛有温度为 37℃ ±1℃的水，调节水位高度使吊篮上升至高点时筛网在水面下 15mm 处，吊篮顶部不可浸没于溶液中。

除另有规定外，取供试品 6 片，分别置于吊篮的玻璃管中，启动崩解仪进行检查，各片均应在 15min 内全部崩解。如有 1 片不能完全崩解，应另取 6 片复试，均应符合规定。含片不应在 10min 内全部崩解或溶化；舌下片的崩解时限为 5min。其他种类片剂的崩解时限见表 4-10。

表4-10　其他种类片剂的崩解时限

片剂种类	崩解时限	备注
药材原粉片浸膏（半浸膏）片	30min 1h	每管加挡板 1 块，如供试品黏附挡板，应另取 6 片，不加挡板依法检查
薄膜衣片	化药片 30min 中药片 1h	在盐酸溶液（9 → 1000）中进行检查，每管加挡板 1 块，如供试品黏附挡板，应另取 6 片，不加挡板依法检查
糖衣片	化药片 1h 中药片 1h	中药片每管加挡板 1 块，如供试品黏附挡板，应另取 6 片，不加挡板依法检查
可溶片	3min	水温为 20℃ ±5℃
口崩片	60s	仪器装置主要结构为一能升降的金属支架与下端镶有筛网的不锈钢管（崩解篮）。如有少量轻质上漂或黏附于不锈钢管内壁或筛网，但无硬心者，可符合规定。重复测定 6 片
肠溶片	在盐酸溶液（9 → 1000）中检查 2h，每片均不得有裂缝、崩解或软化现象；继将吊篮取出，用少量水洗涤后，每管加入挡板 1 块，再在磷酸盐缓冲液（pH6.8）中进行检查，1h 内应全部崩解	
结肠定位肠溶片	在盐酸溶液（9 → 1000）及 pH6.8 以下的磷酸盐缓冲液中均应不释放或不崩解，在 pH7.5 ～ 8.0 的磷酸盐缓冲液中 1h 内应全部释放或崩解	
泡腾片	取 1 片，置 250mL 烧杯中，烧杯内盛有 200mL 水，水温为 20℃ ±5℃，有许多气泡放出，当片剂或碎片周围的气体停止逸出时，片剂应溶解或分散在水中，无聚集的颗粒剩留。除另有规定外，同法检查 6 片，各片均应在 5min 内崩解	

5. 含量均匀度

含量均匀度系指小剂量的固体、半固体和非均相液体单剂量制剂的每一个单剂含量符合标示量的程度。除另有规定外，片剂或硬胶囊剂，每一个单剂标示量小于 25mg 或主药含量小于每一个单剂重量 25% 者；包衣片剂（薄膜包衣除外）、内充非均一溶液的软胶囊、单剂量包装的复方固体制剂（冻干制剂除外）均应检查含量均匀度。片剂和硬胶囊剂的复方制剂仅检查符合上述条件的组分。凡检查含量均匀度的制剂，包括复方制剂在内，一般不再检查重（装）量差异。除另有规定外，不检查多种维生素或微量元素的含量均匀度。

6. 溶出度与释放度测定

溶出度是指活性药物从片剂、胶囊剂或颗粒剂等普通制剂在规定条件下溶出的速率和程度，在缓释制剂、控释制剂、肠溶制剂及透皮贴剂等中也称释放度。实践证明，很多药物的片剂体外溶出与吸收有相关性，因此溶出度测定法作为反映或模拟体内吸收情况的试验方法，在评定片剂质量上有着重要意义。

进行溶出度测定的情况如下：①含有在消化液中难溶的药物；②与其他成分容易发生相互作用的药物；③久贮后溶解度降低的药物；④剂量小，药效强，副作用大的药物片剂。

《中国药典》（2020 年版）规定了第一法（转篮法）、第二法（桨法）、第三法（小杯法）、第四法（桨碟法）、第五法（转筒法）、第六法（流池法）和第七法（往复筒法）七种检测方法，照各药品项下规定的方法测定，算出每片（个）的溶出量。6 片（个）中每片（个）的溶出量，按标示量计算（参见模块七中的专题一　药物制剂的溶出度试验）。

普通制剂符合下述条件之一者，可判为符合规定。

（1）6片（粒、袋）中，每片（粒、袋）的溶出量按标示量计算，均不低于规定限度（Q）；

（2）6片（粒、袋）中，如有1～2片（粒、袋）低于Q，但不低于Q-10%，且其平均溶出量不低于Q；

（3）6片（粒、袋）中，有1～2片（粒、袋）低于Q，其中仅有1片（粒、袋）低于Q-10%，但不低于Q-20%，且其平均溶出量不低于Q时，应另取6片（粒、袋）复试；初、复试的12片（粒、袋）中有1～3片（粒、袋）低于Q，其中仅有1片（粒、袋）低于Q-10%，但不低于Q-20%，且其平均溶出量不低于Q。

以上结果判断中所示的10%、20%是指相对于标示量的百分率（%）。

缓释制剂、控释制剂、肠溶制剂的规定要求参见“模块七　制剂有效性评价”中的“专题一　药物制剂的溶出度试验”部分。

四、片剂的包装与贮存

1. 片剂的包装

片剂的包装既要注意外形美观，更应密封、防潮、避光以及使用方便等。

（1）多剂量包装　几片至几百片包装在一个容器中，常用的容器多为玻璃瓶或塑料瓶，也有用软性薄膜、纸塑复合膜、金属箔复合膜等制成的药袋。

（2）单剂量包装　将片剂每片隔开包装，每片均处于密封状态，提高了对片剂的保护作用，使用方便，外形美观。

① 泡罩式包装　是用底层材料（无毒铝箔）和热成型塑料薄膜（无毒聚氯乙烯硬片），在平板泡罩式或吸泡式包装机上经热压形成的泡罩式包装。铝箔成为背层材料，背面印有药名、用法用量、规格等，聚氯乙烯成为泡罩，透明、坚硬、美观。

② 窄条式包装　由两层膜片（铝塑复合膜、双纸塑料复合膜等）经黏合或热压形成的带状包装。比泡罩式包装简便，成本也稍低。

单剂量包装均为机械化操作，包装效率较高，但尚有许多问题有待改进。首先在包装材料上应从防潮、密封、轻巧及美观方面着手，不仅有利于片剂质量稳定，而且与产品的销售息息相关。其次是加快包装速度，减轻劳动强度，要从设备的自动化、联动化等方面入手。

2. 片剂的贮存

片剂应密封贮存，防止受潮、发霉、变质。除另有规定外，一般应将包装好的片剂放在阴凉（20℃以下）、通风、干燥处贮藏。对光敏感的片剂，应避光保存（宜采用棕色瓶包装）。受潮后易分解变质的片剂，应在包装容器内放干燥剂（如干燥硅胶）。

片剂是较稳定的剂型，只要包装和贮存适宜，一般可贮存数年不变质。因片剂所含药物性质不同，影响片剂的贮存质量。如含挥发性药物的片剂贮存时，易有含量的变化；糖衣片易有外观的变化等，必须注意每种片剂的有效期。

【问题解决】

1. 分析复方阿司匹林片的处方及生产中的问题。

提示：①本品中的三种主药混合制粒及干燥时，易产生低共熔现象，应分别制粒。②阿司匹林遇水易水解成水杨酸和醋酸，水杨酸对胃黏膜有较强的刺激性。加入酒石酸，可有效地减少阿司匹林水解；车间的湿度亦不宜过高。③阿司匹林的水解可受金属离子的催化，须采用尼龙筛网制粒，用滑石粉作润滑剂，不使用硬脂酸镁；液状石蜡可使滑石粉黏附在颗粒表面，在压片震动时不易脱落。④阿司匹林的可压性差，因此采用较高浓度的淀粉浆作黏合剂。⑤阿司匹林具有疏水性（接触角 $\theta=73°\sim75°$），可加入适宜的表面活性剂，如0.1%聚山梨酯-80，加快其崩解和溶出。⑥为防止阿司匹林与咖啡因等的颗粒混合不均，可将阿司匹林采用干法制成颗粒后，再与咖啡因等颗粒混合。总之，对理化性质不稳定的药物要从多方面综合考虑其处方组成和制备方法，从而保证用药的安全性、稳定性和有效性。

2. 分析硝酸甘油片的处方及制法。

提示：硝酸甘油为主药，17%淀粉浆为黏合剂，乳糖为填充剂，糖粉为黏合剂，硬脂酸镁为润滑剂。本品不宜加入不溶性的辅料（除微量的硬脂酸镁作为润滑剂以外）；为防止混合不均造成含量均匀度不合格，采用主药溶于乙醇再加入（也可喷入）空白颗粒中的方法。在制备中还应注意防止震动、受热和吸入人体，以免造成爆炸以及操作者的剧烈头痛。另外，本品属于急救药，片剂不宜过硬，以免影响其舌下的速溶性。

实践　空白片剂的制备

通过空白片剂的制备，掌握片剂制备的工艺流程、混合、压片、质量检查等操作，认识本工作中使用到的仪器、设备，并能规范使用。

【实践项目】

1. 空白片的制备

处方：	蓝淀粉	10g	糖粉	35g	糊精	12.5g
	淀粉	50g	50%乙醇	22mL	硬脂酸镁	1g

共制成1000片

制法：称取物料，物料要求能通过80目筛。将蓝淀粉与糖粉、糊精与淀粉分别采用等量递加混匀，然后将两者混合均匀，过60目药筛2～3次。在迅速搅拌状态下喷入适量50%乙醇制备软材，软材用14目筛挤压制粒，湿颗粒60℃干燥，颗粒含水量<3%。干颗粒10目筛挤压整粒，加入硬脂酸镁总混。颗粒称重，计算片重，压片。

提示：蓝淀粉与辅料一定要混合均匀，以免压出的片剂出现色斑、花斑等。乙醇用量可随季节变化，软材以“轻握成团、轻压即散”为度。湿颗粒在干燥过程中每小时将上下托盘互换位置，将颗粒翻动一次，以保证均匀干燥，含水量可用快速水分测定仪测定。

2. 质量检查

①性状；②重量差异；③崩解时限；④脆碎度。

【岗位操作】

岗位一　粉碎，岗位二　过筛，岗位三　混合参见散剂，岗位四　制粒参见颗粒剂。

岗位五　压片

1. 生产前准备

（1）检查是否有清场合格证，并确定是否在有效期内；检查设备、容器、场地清洁是否符合要求（若有不符合要求的，需重新清场或清洁，并请QA人员填写清场合格证或检查后，才能进入下一步生产）。

（2）检查电、水、气是否正常。

（3）检查设备是否有“完好”和“已清洁”标牌。

（4）检查冲模质量是否有缺边、裂缝、变形及卷边情况，检查模具是否清洁干燥。

（5）检查电子天平灵敏度是否符合生产指令要求。

（6）检查操作间温度是否为18～26℃、相对湿度是否为45%～65%，发料间、操作间和洁净走廊之间应呈相对负压，应≥ 5Pa，并在批生产记录上记录各房间的温湿度、压差。

（7）按生产指令领取物料，并确保物料的品名、批号、规格、数量、质量符合要求。

（8）按设备与用具的消毒规程对设备和用具进行消毒。

（9）挂本次“运行”状态标志，进入生产操作。

2. 生产操作（以 ZP35A 型旋转式压片机为例）

（1）冲模安装

① 中模的安装　将转台中模紧定螺钉逐个旋出转台外沿，使中模装入时与紧定螺丝的头部不相碰为宜。中模平稳放置转台上，将打棒穿入上冲孔，向下锤击中模将其轻轻打入，使中模平面不高出转台平面后，然后将紧定螺钉固紧。

② 上冲的安装　拆下上冲外罩、掀起上导轨盘缺口处嵌舌，将上冲杆插入模圈内，用左手大拇指和食指旋转冲杆，检查冲头进入中模后转动是否灵活，无卡阻现象，左手捻冲杆颈、右手转动手轮，至冲杆颈部接触平行轨后放开左手，按此法安装其余上冲杆，装完最后一个上冲后将嵌舌扳下。

③ 下冲的安装　打开机器侧面的不锈钢面罩，将下冲平行轨盖板移出，小心将下冲通过盖板孔送入下冲孔内，转动手轮将下冲送至平行轨上。按此法安装其余下冲，安装完最后一支下冲后将盖板盖好并锁紧确保与平行轨相平，转动手轮确保顺畅旋转 1 ～ 2 周，取下手轮，盖好不锈钢面罩。

提示：①冲头和冲模的安装顺序为中模→上冲→下冲，拆冲头和冲模的顺序为下冲→上冲→中模。确保在拆装过程中上、下冲头不接触。②安装异形冲头和冲模时，应将上冲套在中模孔中一起放入中模转盘，再固定中模。

（2）安装加料部件

① 安装月形栅式回流加料器　将月形栅式回流加料器置于中模转盘上用紧固螺钉锁紧。

② 安装加料斗　将加料斗从机器上部放入并用螺钉固定，关闭加料闸板。

（3）转动手轮使转台转动 1 ～ 2 圈，确认无异常后，取下手轮。关闭玻璃门，给机器送电，启动吸尘机和压片机，空机运行 2 ～ 3min 无异常后开始试压。

试压前将片厚调节至较大位置、填充量调节至较小位置，将适量颗粒加入料斗，手动试压。试压过程中调节充填量和片厚，符合工艺要求后开始正式压片。

（4）启动设备正式压片，选择合适的转速并保持料斗颗粒存量一半以上。压片过程每隔 15min 检测一次片重，确保片重差异在规定范围内，并随时观察片剂外观，并做好记录。

（5）机器运行过程中必须关闭所有玻璃门，注意机器是否运行正常，不得开机离岗。

（6）压片完毕，关闭主电机电源、总电源、真空泵开关。

（7）将制得的片剂装入洁净中转桶，加盖封好后，交中间站。并称量贴签，填写请验单，由检验室检测。

3. 清场

（1）将生产所剩物料收集，标明状态，交中间站，并填写好记录。

（2）清洁并保养设备

① 每批生产结束后，用吸尘器吸出机台内粉粒。

② 将上、下冲及中模拆下，用吸尘器吸净粉粒后擦净。

③ 依次用纯化水擦拭冲模、机台等部件。

④ 冲模擦净，待干燥后，浸泡在液体石蜡中或涂上机械油，置保管箱内保存。

⑤ 用 75% 乙醇擦拭加料斗和月形栅式回流加料器。

⑥ 每班对各润滑油杯和油嘴加润滑油和润滑脂，蜗轮箱加机械油，油量以浸入蜗杆一个齿为好，每半年更换一次机械油。

⑦ 每班检查冲杆、导轨润滑情况，每次加少量机械油润滑，以防污染。

⑧ 每周检查机件（蜗轮、蜗杆、轴承、压轮等）灵活性、上下导轨磨损情况，发现问题及时

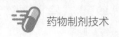

与维修人员联系，进行维修后，方可继续生产。

（3）对场地、容器具进行清洁消毒，经QA人员检查合格，发清场合格证。清场合格证正本归入本批批生产记录，副本留在操作间。

4. 结束并记录

及时填写批生产记录、设备运行记录、交接班记录等。关好水、电及门。

5. 质量控制要点

性状；片重差异；硬度和脆碎度；崩解时限。

学习测试

一、选择题

（一）单项选择题

1. 每片药物含量在多少毫克以下时，必须加入填充剂方能成型（　　）。
   A.30　　B.50　　C.80　　D.100　　E.150
2. 某片剂平均片重为0.325g，其重量差异限度为（　　）。
   A.±1%　　B.±3%　　C.±5%　　D.±7.5%　　E.±10%
3. 下列哪个不是片剂的优点（　　）。
   A.剂量准确　　B.成本低　　C.溶出度高　　D.服用方便　　E.产量高
4. 下列哪个不是润滑剂的作用（　　）。
   A.增加颗粒流动性　　B.阻止颗粒黏附于冲头或冲模上
   C.促进片剂在胃内润湿　　D.减少冲模的磨损　　E.抗黏冲
5. 旋转压片机调节片剂硬度的正确方法是通过（　　）。
   A.调节皮带轮旋转速度　　B.调节下冲轨道　　C.调节上压轮直径
   D.调节下压轮位置　　E.加大填充量
6. 压片的工作过程为（　　）。
   A.混合→饲料→压片→出片　　B.混合→压片→出片　　C.饲料→压片→出片
   D.压片→出片　　E.饲料→混合→压片→出片
7. 已检查含量均匀度的片剂，不必再检查（　　）。
   A.硬度　　B.脆碎度　　C.崩解时限
   D.片重差异　　E.溶出度
8. 压片用干颗粒的含水量宜控制在（　　）以内。
   A.1%　　B.2%　　C.3%　　D.5%　　E.7.5%
9. 片重差异检查时，所取片数为（　　）片。
   A.10　　B.20　　C.15　　D.30　　E.50
10. 压片时造成黏冲原因的表述中，错误的是（　　）。
   A.压力过大　　B.颗粒含水量过多　　C.冲头表面粗糙
   D.润滑剂用量不当　　E.黏合剂用量不当

（二）多项选择题

1. 影响片剂成型的因素有（　　）。
   A.原辅料性质　　B.颗粒色泽　　C.药物的熔点和结晶状态
   D.黏合剂与润滑剂　　E.颗粒含水量
2. 压片时可因以下哪些原因而造成片重差异超限（　　）。
   A.颗粒流动性差　　B.压力过大　　C.加料斗内的颗粒过多或过少

D.黏合剂用量过多　　E.润滑剂用量不当

3. 解决裂片问题时可从以下哪些方法入手（　　）。

A.换用弹性小、塑性大的辅料　　B.颗粒充分干燥

C.减少颗粒中细粉　　D.加入黏性较强的黏合剂

E.控制压片压力

4. 引起黏冲的原因有（　　）。

A.机器异常发热　　B.冲头表面粗糙　　C.颗粒含水量过多

D.上下冲头油污过多　　E.冲头长短不一

5. 造成片剂崩解不良的因素有（　　）。

A.片剂硬度过大　　B.干颗粒中含水量过多　　C.疏水性润滑剂过量

D.黏合剂过量　　E.压片颗粒的硬度过大

6. 制粒的主要目的是改善原辅料的（　　）。

A.流动性　　B.可压性　　C.膨胀性

D.崩解性　　E.润湿性

7. 片剂中的药物含量不均匀主要原因是（　　）。

A.混合不均匀　　B.干颗粒中含水量过多　　C.可溶性成分的迁移

D.含有较多的可溶性成分　　E.干颗粒中含水量太少

8. 剂量很小，且对湿热很不稳定的药物可采取（　　）。

A.挤压制粒压片　　B.空白颗粒压片　　C.喷雾干燥制粒压片

D.粉末直接压片　　E.高速制粒压片

9. 以下片剂不需测定崩解时限的是（　　）。

A.植入片　　B.多层片　　C.口含片　　D.咀嚼片　　E.缓释片

二、思考题

1. 制备阿司匹林片时，如何避免阿司匹林分解？应选择何种润滑剂？

2. 分析并讨论实训结果，总结影响片剂崩解的因素及解决办法。

3. 分析复方磺胺甲基异噁唑片（复方新诺明片）的处方。

处方：	磺胺甲基异噁唑	400g	三甲氧苄氨嘧啶	80g
	干淀粉	23g	淀粉（120目）	40g
	10%淀粉浆	24g	硬脂酸镁	3g
	共制成	1000片		

制法：将磺胺甲基异噁唑、三甲氧苄氨嘧啶过80目筛后与淀粉混合均匀，加淀粉浆制软材。以14目筛制粒后置70～80℃干燥，12目筛整粒。加入干淀粉及硬脂酸镁混匀后，压片。

本品是磺胺类的抗炎药，对多种细菌的感染均有效。

提示：磺胺甲基异噁唑为抗菌药，三甲氧苄氨嘧啶为抗菌增效剂。干淀粉为外加崩解剂，淀粉（120目）为内加崩解剂，10%淀粉浆为黏合剂，硬脂酸镁为润滑剂。

4.分析罗通定片的处方及制法。

处方：	罗通定	0.30kg	微晶纤维素	0.35kg	淀粉	0.23kg
	滑石粉	0.10kg	微粉硅胶	0.01kg	硬脂酸镁	0.01kg

制法：将罗通定研细过80目筛，与处方中各辅料混匀，过40目筛，直接压片，即成。

本品具有镇痛、镇静、安眠等作用。

提示：罗通定为主药，微晶纤维素为干黏合剂、崩解剂，淀粉为填充剂、崩解剂，滑石粉为润滑剂，微粉硅胶为助流剂，硬脂酸镁为润滑剂。本品制备采用粉末直接压片。

5.某片剂标示量为500mg，按《中国药典》一般片剂的溶出度检查规定，取6片测定溶出量，结果

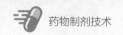

分别为：396mg、405mg、415mg、376mg、323mg和368mg。

试判断本品的溶出度是否合格，是否要复试?

专题五　片剂的包衣

学习目标

- 掌握片剂的包衣目的和质量要求；掌握片剂包衣的材料与工艺流程。
- 学会包衣的方法和包衣的质量评价，知道包衣过程中可能出现的问题与解决办法。
- 学会典型片剂的处方及工艺分析。

【典型制剂】

例1　红霉素肠溶片

片芯处方：

红霉素	12.5kg	玉米淀粉	3～3.8kg
木薯淀粉	0.5～1.0kg	羟丙甲纤维素	0.1～0.3kg
羟丙纤维素	0.5～1.0kg	羧甲淀粉钠	0.5～1.0kg
硬脂酸镁	0.1～0.3kg	压制10万片	

肠溶衣处方：

聚丙烯酸树脂Ⅱ	0.85～1.15kg	乙醇	12～15kg
邻苯二甲酸二乙酯	0.18～0.24kg	蓖麻油	0.3～0.5kg
聚山梨酯-80	0.18～0.24kg		

糖衣处方：

蔗糖	4.5～7.0kg	滑石粉	4.5～7.0kg
明胶	1×10^{-3}～5×10^{-3}kg	川蜡	20×10^{-3}～50×10^{-3}kg
二甲硅油	1×10^{-3}～5×10^{-3}kg		

制法：木薯淀粉用冷纯化水稀释成混悬液，羟丙甲纤维素用热纯化水制成溶液，两者混合制成混合浆，加入红霉素和玉米淀粉制湿颗粒，干燥，水分含量为4.5%～6.5%，整粒，加入羧甲淀粉钠、硬脂酸镁、羟丙纤维素混匀，压片得片芯，将片芯包肠溶衣和包糖衣，即得。

本品红霉素为抗生素类药物，在肠道吸收迅速，但与胃酸接触易被破坏，因此需包肠溶衣。

例2　左旋多巴肠溶泡腾片

处方：

左旋多巴	100g	酒石酸	500g
碳酸氢钠	560g	羧甲基纤维素	200g
微晶纤维素	300g	滑石粉	60g
硬脂酸镁	20g	共制	10000片

制法：按处方制成片重为0.264g的片芯。将羟丙甲纤维素酞酸酯溶于二氯甲烷-乙醇（1∶1）混合液中，制成10%的包衣液，对片芯进行包衣，使片重增到0.290g，即得。

本品为抗震颤麻痹药。

【问题研讨】分析包衣片剂的处方组成、生产工艺和质量要求。上述典型制剂在生产中需注意哪些问题?

包衣（coating）技术在制药工业中占有重要的地位。包衣与其说是技术不如说是一种艺术，包衣产品可谓是一种工艺品。制剂的包衣主要有以下几方面的目的：①避光、防潮，以提高药物的稳定性；②遮盖药物的不良气味，增加患者的顺应性；③隔离配伍禁忌成分；④采用不同颜色包衣，增加药物的识别能力，增加用药的安全性；⑤包衣后表面光洁，提高美观度，提高流动性；⑥改变药物释放的位置及速度，如胃溶、肠溶、缓控释等。片剂包衣后，衣层应均匀、牢固，与药片不起任何作用，并且崩解时限符合规定，经过长时间贮存仍能保持光洁、美观、色泽一致并无裂片现象，且不影响药物的溶解和吸收。

待包衣的片芯在外形上必须具有适宜的弧度，否则边缘部位难以覆盖衣层；其次片芯的硬度既能承受包衣过程的滚动、碰撞和摩擦，对包衣中所用溶剂的吸收量低，同时片芯的脆性要小，以免因碰撞而破裂。

一、包衣的材料与工艺

包衣材料包括天然、半合成和合成材料。它们可能是粉末或者胶体分散体系（胶乳或伪胶乳），通常制成溶液或者水相及非水相体系的分散液。蜡类和脂类在其熔化状态时可直接用于包衣，而不使用任何溶剂。包衣材料的性能研究应针对：溶解性，如肠溶包衣材料不溶于酸性介质而溶于中性介质；成膜性；黏度；取代基及取代度；抗拉强度；透气性；粒度等。

包衣的工艺主要有糖包衣、薄膜包衣和压制包衣。糖包衣存在包衣时间长、所需辅料量多、防吸潮性差、片面上不能刻字、受操作熟练程度的影响较大等缺点。包衣过程的影响因素较多，如操作人员之间的差异、批与批之间的差异经常发生。随着包衣装置的不断改善，包衣操作由人工控制发展到自动化控制，使包衣过程更可靠、重现性更好。

1. 糖包衣的材料与工艺

糖包衣是以蔗糖为主要包衣材料的包衣。糖衣有一定防潮、隔绝空气的作用；可掩盖药物的不良气味，改善外观并易于吞服。

（1）糖包衣的主要材料

① 胶浆　多用于包隔离层，具有黏性和可塑性，能增加衣层的固着和防潮能力。常用的有10%～15%（质量分数）明胶浆、30%～35%（质量分数）阿拉伯胶浆等，应现用现配。

② 糖浆　浓度为84%（g/mL），主要用作粉层的黏结与包糖衣层。包有色糖衣时，可加入0.3%的食用色素，为使有色衣的色调均匀无花斑，包有色衣时应由浅至深。为增加糖浆的黏性，可制成10%明胶糖浆。

③ 粉衣料　常用滑石粉，与10%～20%的碳酸钙、碳酸镁或淀粉等混合使用可作为油类吸收剂和糖衣层的崩解剂。

④ 打光剂　常用虫蜡，可增加片面的光洁度和抗湿性。用前需精制，即加热至80～100℃熔化后过100目筛，除去悬浮杂质并掺入2%硅油作增塑剂，混匀冷却后刨成80目细粉备用。其他如蜂蜡、巴西棕榈蜡等也可作为打光剂。

（2）糖包衣的生产工艺

① 隔离层　先在素片上包隔离层，以防止在以后的包衣过程中水分浸入片芯。主要材料有：15%～20%虫胶乙醇溶液、10%邻苯二甲酸醋酸纤维素（CAP）乙醇溶液以及10%～15%明胶浆。CAP为肠溶性高分子材料，需注意包衣厚度以防止在胃中不溶解。使用有机溶剂应注意防爆防火，采用低温干燥（40～50℃），每层干燥时间约30min，一般包3～5层。

② 粉衣层　为消除片剂的棱角，在隔离层的外面包上一层较厚的粉衣层，主要材料是糖浆和滑石粉。常用糖浆浓度为65%～75%（质量分数），滑石粉过100目筛。操作时洒一次浆、撒

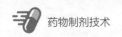

一次粉，热风干燥 20 ～ 30min（40 ～ 55℃），重复以上操作 15 ～ 18 次，直到片芯的棱角消失。为了增加糖浆的黏度，可在糖浆中加入 10% 的明胶或阿拉伯胶。

③ 糖衣层　粉衣层片的表面比较粗糙、疏松，因此再包糖衣层使片面光滑平整、细腻坚实。操作要点是加入稍稀的糖浆，逐次减少用量（湿润片面即可），40℃下缓缓吹风干燥，一般约包制 10 ～ 15 层。

④ 有色糖衣层　包有色糖衣层工艺与包糖衣层相同，只是糖浆中添加了食用色素，主要目的是为了便于识别与美观。一般约需包制 8 ～ 15 层。

⑤ 打光　目的是增加片剂的光泽和表面的疏水性。一般用四川产的川蜡；用前需精制，即加热至 80 ～ 100℃熔化后过 100 目筛，去除杂质，并掺入 2% 的硅油混匀，冷却，粉碎，取过 80 目筛的细粉待用。

2. 薄膜包衣的材料与工艺

薄膜包衣是指在片芯外包上一层比较稳定的高分子材料衣层，对药片起到防止水分、空气浸入，掩盖片芯药物特有气味外溢的作用。与包糖衣相比，具有生产周期短、效率高、片重增加小、包衣过程自动化、对崩解的影响小等特点。常采用有机溶剂包衣法和水分散体乳胶包衣法。采用有机溶剂包衣时，包衣材料的用量较少，表面光滑、均匀，但必须严格控制有机溶剂的残留量。

（1）薄膜衣的材料　薄膜包衣材料通常由高分子材料、增塑剂、释放速度调节剂、遮光剂、固体粉料、色料和溶剂等组成。

① 高分子包衣材料　按衣层的作用分为普通型、缓释型和肠溶型三大类。

普通型薄膜包衣材料主要用于改善吸潮和防止粉尘污染等，如羟丙基甲基纤维素、甲基纤维素、羟乙基纤维素、羟丙基纤维素等。

缓释型包衣材料常用中性的甲基丙烯酸酯共聚物和乙基纤维素。甲基丙烯酸酯共聚物具有溶胀性，对水及水溶性物质有通透性，可作为调节释放速度的包衣材料。乙基纤维素通常与 HPMC 或 PEG 混合使用，产生致孔作用，使药物溶液容易扩散。

肠溶型包衣材料应有耐酸性，而在肠液中溶解，常用醋酸纤维素酞酸酯（CAP）、聚乙烯醇酞酸酯（PVAP）、甲基丙烯酸共聚物、醋酸纤维素苯三酸酯（CAT）、羟丙甲纤维素酞酸酯（HPMCP）、丙烯酸树脂 EuS100 和 EuL100 等。

醋酸纤维素酞酸酯（CAP）：8% ～ 12% 乙醇丙酮混合液，用喷雾法进行包衣，成膜性能好，操作方便，包衣后片剂不溶于酸性溶液，溶于 pH5.8 ～ 6.0 的缓冲液。胰酶能促进其消化。本品有吸湿性，常与其他增塑剂或疏水性辅料苯二甲酸二乙酯等配合使用。

聚丙烯酸树脂：聚丙烯酸树脂Ⅰ、Ⅱ、Ⅲ号常用作肠溶型包衣材料。Ⅰ号为水分散体，包衣后片面光滑；Ⅱ、Ⅲ号不溶于水和酸，溶于极性有机溶剂如乙醇、异丙醇等，具有成膜性好、衣膜透湿性低等优点，实际生产中常用二者的混合液进行包衣。常用的 Eudragit L100 和 S100，是甲基丙烯酸与甲基丙烯酸甲酯的共聚物，作为肠溶衣层其具有渗透性较小，且在肠中溶解性能好的特点。

羟丙甲纤维素酞酸酯（HPMCP）：本品不溶于水，也不溶于酸性缓冲液，在 pH5 ～ 6 之间能溶解，是一种在十二指肠上端能开始溶解的肠溶衣材料。

② 增塑剂　增塑剂改变高分子薄膜的物理机械性质，使其更具柔顺性。如甘油、丙二醇、PEG 等，可作某些纤维素衣材的增塑剂；精制椰子油、蓖麻油、玉米油、液状石蜡、甘油单醋酸酯、甘油三醋酸酯、二丁基癸二酸酯和邻苯二甲酸二丁酯（二乙酯）等可用作脂肪族非极性聚合物的增塑剂。

③ 释放速度调节剂　又称释放速度促进剂或致孔剂。在薄膜衣材料中加有蔗糖、氯化钠、表面活性剂、PEG 等水溶性物质时，遇到水溶性材料迅速溶解，留下一个多孔膜作为扩散屏障。薄膜材料不同，调节剂的选择也不同，如吐温、司盘、HPMC 作为乙基纤维素薄膜衣的致孔剂；

黄原胶作为甲基丙烯酸酯薄膜衣的致孔剂。

④ 固体粉料、遮光剂及着色剂　在包衣过程中当聚合物的黏性过大时，可适当加入固体粉末以防止颗粒或片剂的粘连，如滑石粉、硬脂酸镁、微粉硅胶等。包衣材料中加入二氧化钛作遮光剂可提高片芯内药物对光的稳定性。着色剂的应用主要是为了便于鉴别和美观，也有遮光作用，但有时存在降低薄膜的拉伸强度、增加弹性模量和减弱薄膜柔性的作用。

（2）包薄膜衣的操作过程（锅包衣法）

① 在包衣锅内装入适当形状的挡板，以利于片芯的转动与翻动。

② 将片芯放入锅内，喷入一定量的薄膜衣料溶液，使片芯表面均匀湿润。

③ 吹入缓和的热风使溶剂蒸发（温度最好不超过 40℃，以免干燥过快，出现"皱皮"或"起泡"现象；也不能干燥过慢，否则会出现"粘连"或"剥落"现象）。如此重复操作若干次，直至达到一定的厚度为止。

④ 大多数的薄膜衣需要一个固化期，一般是在室温或略高于室温下自然放置 6 ～ 8h，使之固化完全。

⑤ 为使残余的有机溶剂完全除尽，一般要在 50℃下干燥 12 ～ 24h。

二、包衣的方法

常用的包衣方法有滚转包衣法、流化床包衣法及压制包衣法等。

1. 滚转包衣法

滚转包衣法为目前生产中最常用的方法，其主要设备为包衣锅，常用设备如下。

（1）普通包衣机和埋管包衣机　普通包衣机的主要部件包括倾斜的包衣锅、动力部分、加热及鼓风设备、吸尘装置等，为传统的包衣设备。包衣锅的轴与水平面的夹角为 30° ～ 50° ，在适宜转速下，使物料既能随锅的转动方向滚动，又能沿轴的方向运动，做均匀而有效的翻转，但存在干燥较慢、气路不能密闭、有机溶剂污染环境等问题。埋管包衣机（图 4-22）在普通包衣机上进行了改良，在物料层内插进了喷头和空气入口。包衣时，包衣液的喷雾在物料层内进行，热气通过物料层，不仅能防止喷液的飞扬，而且加快了物料的干燥速度。倾斜包衣锅和埋管包衣锅可用于糖包衣、薄膜包衣以及肠溶包衣等。

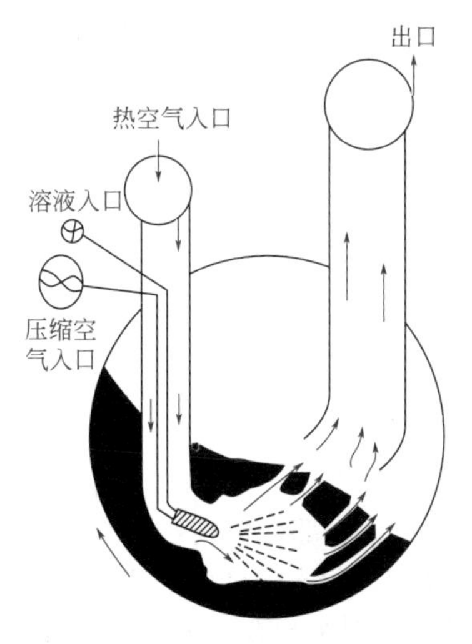

图 4-22　埋管包衣机示意图

（2）**高效包衣机** 加入锅内的片剂随转筒运动而做滚转运动，喷雾器安装于片层斜面上部，向片剂表面喷洒包衣溶液，清洁干燥的热空气从入口进入，透过片层从锅的夹层排出。高效包衣机（图 4-23）改善了传统包衣机干燥能力差的缺点，广泛运用于片剂的包糖衣和包薄膜衣。其特点是：①物料运动不依赖于空气流动，运动比较稳定；②干燥速度快，包衣效果好；③装置密闭，卫生、安全、可靠。

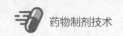

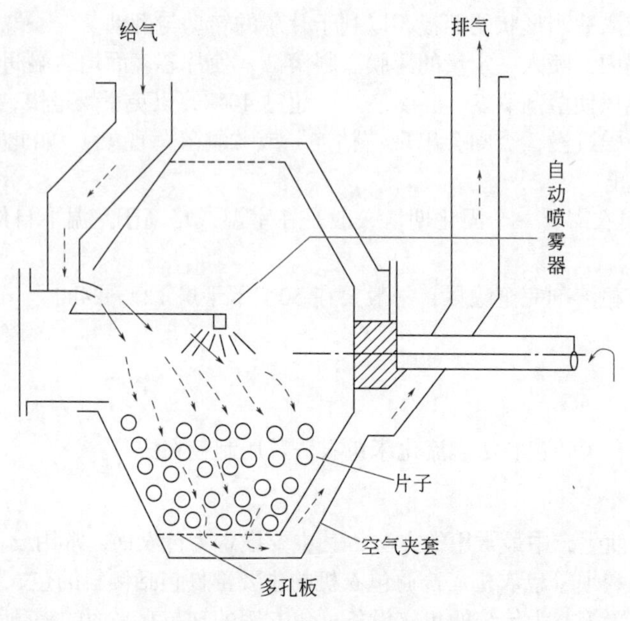

图 4-23 高效包衣机示意图

（3）**转动包衣法** 在转动造粒机的基础上发展起来的包衣装置。将物料加于旋转的圆盘上，圆盘旋转时物料受离心力与旋转力的作用，在圆盘上做圆周旋转运动，同时受圆盘外缘缝隙中上升气流的作用沿壁面垂直上升，颗粒层上部粒子靠重力作用往下滑动落入圆盘中心，落下的颗粒在圆盘中重新受到离心力和旋转力的作用向外侧转动，粒子层在旋转过程中形成麻绳样旋涡状环流。喷雾装置安装于颗粒层斜面上部，将包衣液或黏合剂向粒子层表面定量喷雾，并由自动粉末撒布器撒布主药粉末或辅料粉末，由于颗粒群的激烈运动实现液体的表面均匀润湿和粉末的表面均匀黏附，从而防止颗粒间的粘连，保证多层包衣。需要干燥时从圆盘外周缝隙送入热空气。

转动包衣的特点：①粒子的运动主要靠圆盘机械运动，不需用强气流，防止粉尘飞扬；②粒子的运动激烈，小粒子包衣时可减少颗粒间粘连；③操作过程中可开启装置的上盖，直接观察颗粒的运动与包衣情况。但由于粒子运动激烈，易磨损颗粒，不适合脆弱粒子的包衣；而且干燥能力相对较低，包衣时间较长。

2. 流化床包衣法

流化床包衣法的原理与流化床制粒类似，通过气流使包衣室内的物料处于流化状态，然后喷入雾化的包衣液进行包衣，通入的洁净热空气可对物料进行干燥。流化包衣机包衣室为密闭容器，卫生、安全、可靠。常用的流化包衣机（图 4-24）包括流化型、喷流型和流化转动型三种。流化型包衣设备因喷雾装置设在包衣室上部，包衣效果较差，小颗粒易粘连。喷流型包衣设备，因喷雾区域粒子浓度低，干燥速度快，包衣时间短，不易粘连，适合小粒子的包衣，可制成均匀、圆滑的包衣膜，但容积效率低。流化转动型包衣设备适合于小颗粒甚至粉末的包衣，但构造较复杂，价格高，粒子运动过于激烈易磨损脆弱粒子。

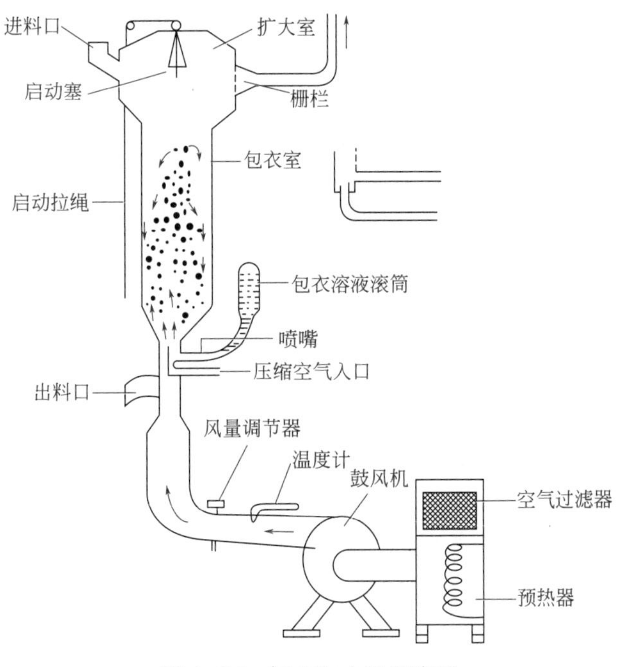

图 4-24　流化包衣机示意图

3. 压制包衣法

一般采用两台压片机以特制的传动器连接配套使用。一台压片机用于压制片芯，然后由传动器将压成的片芯输送至包衣转台的模孔中（此模孔内已填入包衣材料作为底层），在片芯上加入包衣材料填满模孔，通过加压使片芯压入包衣材料中制成包衣片剂。本方法可以避免水分、高温对药物的不良影响，生产流程短、自动化程度高，但对压片设备的精度要求较高。

三、片剂包衣可能出现的问题和解决办法

由于包衣片芯的质量（如形状、硬度、水分等）、包衣物料或配方组成或包衣工艺操作等原因，致使包衣片在生产过程中或贮存过程中也可能出现一些问题，应分析原因，采取适当措施加以解决。

1. 包糖衣可能出现的问题及解决办法

（1）糖浆不粘锅　若锅壁上蜡未除尽，可出现粉浆不粘锅，应洗净锅壁或再涂一层热糖浆，撒一层滑石粉。

（2）粘锅　可能由于加糖浆过多，黏性大，搅拌不匀。解决办法是将糖浆含量恒定，一次用量不宜过多，锅温不宜过低。

（3）片面不平　由于撒粉太多、温度过高、衣层未干又包第二层。应改进操作方法，做到低温干燥，勤加料，多搅拌。

（4）色泽不匀　导致糖衣片色泽不匀的原因有：片面粗糙、有色糖浆用量过少且未搅匀、温度过高、干燥太快、糖浆在片面上析出过快，衣层未干就加蜡打光等。解决办法应针对具体原因，如采用浅色糖浆，增加所包层数，“勤加少上”，控制温度，重新包衣等。

（5）龟裂与爆裂　可能由于糖浆与滑石粉用量不当、芯片太松、温度太高、干燥太快、析出粗糖晶体，使片面留有裂缝。包衣操作时应控制糖浆和滑石粉用量，注意干燥温度和速度，因片芯问题时应更换片芯。

（6）**露边与麻面** 由于衣料用量不当，温度过高或吹风过早造成。解决办法是注意糖浆和粉料的用量，糖浆以均匀润湿片芯为度，粉料以能在片面均匀黏附一层为宜，片面不见水分和产生光亮时再吹风。

（7）**膨胀磨片或剥落** 片芯层与糖衣层未充分干燥，崩解剂用量过多。包衣时要注意干燥，控制胶浆或糖浆的用量。

2. 包薄膜衣可能出现的问题及解决办法

（1）**起泡** 由于固化条件不当，干燥速度过快。应控制成膜条件，降低干燥温度和速度。

（2）**皱皮** 由于选择衣料不当或干燥条件不当。应更换衣料，改变成膜温度。

（3）**剥落** 因选择衣料不当或两次包衣间隔时间太短。应更换衣料，延长包衣间隔时间，调节干燥温度和适当降低包衣溶液的浓度。

（4）**花斑** 原因有增塑剂、色素等选择不当，干燥时溶剂将可溶性成分带到衣膜表面等。操作时应改变包衣处方，调节空气温度和流量，减慢干燥速度。

（5）**肠溶衣片不能安全通过胃部** 可能由于衣料选择不当，衣层太薄，衣层机械强度不够。应注意选择适宜衣料，重新调整包衣处方进行包衣。

（6）**肠溶衣片肠内不溶解（排片）** 如选择衣料不当，衣层太厚，贮存变质。应选择适宜衣料、减少衣层厚度、控制贮存条件防止变质。

四、片剂包衣的质量评价

1. 衣膜物理性质的评价

主要测定片剂直径、厚度、重量及硬度；残存溶剂检查、耐湿耐水性试验、性状检查。

2. 稳定性试验

将包衣片剂置于室温下长期保存或进行加热（40 ～ 60℃）、加湿（40%、80%RH），冷热（−5 ～ 45℃）及光照试验等，观察片剂内部、外部变化，测定主药含量及崩解、溶出度的改变，以供作包衣片的主药稳定性、预测包衣质量及包衣操作优劣的依据。

3. 药效评价

由于包衣片比一般片剂增加了一层衣膜，而且包衣片的片芯较坚硬，包衣片崩解时限指标较一般口服片剂延长。如果包衣不当会严重影响其吸收，甚至造成排片。因此必须重视崩解时限和溶出度的测定，此外还应考虑生物利用度问题，以确保包衣片剂药效。

【问题解决】

1. 分析红霉素肠溶片的处方及生产工艺。

提示：红霉素与胃酸接触易被破坏，在肠道吸收迅速，因此需包肠溶衣。聚丙烯酸树脂Ⅱ为肠溶衣料，邻苯二甲酸二乙酯、蓖麻油为增塑剂。片芯中，玉米淀粉为填充剂、崩解剂，羧甲淀粉钠、羟丙纤维素为崩解剂，木薯淀粉制成淀粉浆为黏合剂，硬脂酸镁为润滑剂。糖衣中，蔗糖用于糖衣层，滑石粉用于粉衣层，明胶用于包隔离层，川蜡、二甲硅油为打光剂。

2. 分析左旋多巴肠溶泡腾片的处方及生产工艺。

提示：酒石酸（或柠檬酸）与碳酸氢钠为泡腾剂，羧甲基纤维素为崩解剂。肠溶性薄膜衣材料亦可采用 CAP 和 PEG6000（含量分别为 8% 和 2%）的丙酮溶液包衣。本品的优点是：药物在胃内不被破坏，在肠内不发生脱羧反应降解，可提高在消化道内的吸收率。

剂型使用　片剂用药指导

片剂是最常用的剂型，类型众多。一般口服片需用温开水送服，切忌使用茶水、酒等液体。通常采取坐位或站位，服药后站立或静坐 5 ～ 10min。若躺着服药，药片易黏附于食管壁上。由于给药剂量等原因，如需对药片进行分割，应咨询药师或详细阅读说明书。但肠溶片、缓控释片、双层片等需整片吞服，一般不宜掰开、咀嚼或研碎而破坏其完整性。

特殊类型的片剂应注意其正确的使用方法。如口含片需置于口腔含服；咀嚼片需在口中嚼碎后咽下，不直接吞服；分散片可以咀嚼或含服，也可加入温水中均匀分散后服用；口服泡腾片需用温水崩解并且等气泡扩散完全后服用，严禁直接服用或口含；舌下片一般须放在舌下，不宜用舌头在嘴中移动舌下片以加速其溶解，不可咀嚼或吞咽药。

实践　空白片剂包衣

通过空白片剂的包衣，掌握片剂包衣的工艺流程、包衣方法，质量检查等操作，能按操作规程操作包衣机，能进行包衣机的清洁与维护。能对包衣过程中出现的不合格片进行判断，并能找出原因同时提出解决方法。

【实践项目】

1. 空白片剂包衣处方

胃溶型薄膜衣液处方：HPMC　30g　PEG 4000　10g　柠檬黄　1g
纯化水　加至 1000mL

空白片芯处方：淀粉　1000g　糊精　500g　10% 淀粉浆　适量
共制成 6000 片

2. 制法

包衣液的配制取 HPMC、PEG 4000 置于容器内，加入适量纯化水，密闭浸泡过夜，包衣前加入柠檬黄搅拌均匀，加纯化水至 1000mL。包衣机包衣。

使用高效包衣机进行包衣时，应选择适当的进风温度、出风温度、包衣锅转速、压缩空气的压力，以保证包衣片的质量；包衣过程中，应随时取样进行质量检查，控制包衣片的增重。

【岗位操作】

岗位一　粉碎、岗位二　过筛、岗位三　混合、岗位四　制粒、岗位五　压片等参见空白片剂的制备。

岗位六　包衣

1. 生产前准备

（1）检查是否有清场合格证，并确定是否在有效期内；检查设备、容器、场地清洁是否符合要求（若有不符合要求的，需重新清场或清洁，并请 QA 人员填写清场合格证或检查后，才能进入下一步生产）。

（2）检查设备有无“完好”和“已清洁”标牌。

（3）检查设备有无故障。检查各机器的各零部件是否齐全，检查各部件螺丝是否紧固，检查安全装置是否安全、灵敏。

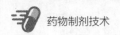

（4）检查磅秤、天平的零点及灵敏度。

（5）根据生产指令领取经检验合格的素片、包衣材料，核对素片、包衣材料的品名、批号、数量。

（6）待房间温度、湿度符合要求后戴好手套，在设备上挂本次“运行”状态标志，进入操作。

2. 生产操作（以 BGD-D 高效包衣机为例）

（1）包衣液配制　将包衣材料和溶剂加入配制桶内，通过搅拌、超声使其溶解并混匀。难溶的高分子材料应先用溶剂浸泡过夜，以便彻底溶解、混匀。操作完毕，按要求进行清洁、清场，并填写相关生产记录。

（2）安装蠕动泵管

① 先将白色旋钮松开，取出活动夹钳，把硅胶管塞入滚轮下，边旋转滚轮盘，边塞入胶管，使滚轮压缩管子，调至适当的松紧程度（松紧程度可通过移动泵座的前后位置来调整，调好后用扳手紧固六角螺母）。

② 将泵座两侧的活动夹钳放下，把硅胶管放在夹钳中，一只手将胶管稍处于拉伸状态，另一只手拧紧白色旋钮，防止其在工作过程中移动（注意硅胶管不能拉得过紧，否则泵工作时会把硅胶管拉断，并注意管子安装平整，不能扭曲）。

③ 将硅胶管的一端（短端）套在吸浆不锈钢管上，另一端（长端）穿入包衣主机旋转臂长孔内，与喷浆管连接。

（3）将筛净粉尘的片芯加入包衣滚筒内，开启匀浆，使滚筒低速转动。

（4）开启排风，然后开启加热预热片芯。

（5）安装调整喷嘴（包薄膜衣）

① 将喷浆管安装在旋转长臂上，调整喷嘴位置使其位于片芯流动时片床的上 1/3 处，喷雾方向尽量平行于进风风向，并垂直于流动片床，喷枪与片床距离大约为 20 ～ 25cm。

② 将旋转臂连同喷雾管移到滚筒外面进行试喷。

③ 打开喷雾空气管道上的球阀，压力调至 0.3 ～ 0.4MPa。开启喷浆、蠕动泵，调整蠕动泵转速及喷枪顶端的调整螺钉，使喷雾达到理想要求，然后关闭喷浆及蠕动泵。

（6）安装滴管（包糖衣）　将滴管安装在旋转长臂上，调整滴管位置使其位于片芯流动时片床的上 1/3 处（即片床流速最大处），使滴管嘴垂直于片床，滴管与片床距离大约为 20 ～ 30cm。

（7）“出风温度”升至工艺要求值时，降低“进风温度”，待“出风温度”稳定至规定值时才能开始包衣。

（8）包衣

① 将滚筒转速缓慢升至工艺要求值，按“喷浆”键，开启蠕动泵，开始包衣。

② 包薄膜衣过程中可根据需要调整蠕动泵的转速和出风温度。

③ 包糖衣过程中可根据需要调整糖浆、粉浆、滑石粉的加入量和进风温度以及加液、干燥等各阶段的时间。

④ 开机过程中应注意设备运行情况，出现故障及时解决。

（9）包衣结束

① 将输液管从包衣液容器中取出，关闭“喷浆”。

② 降低转速，待药片完全干燥后依次关闭热风、排风和匀浆。

③ 打开进料口门，将旋转臂转出。装上卸料斗，按“点动”键出料。

④ 将包衣片装入晾片筛，称重并贴标签，送晾片间干燥。填写请验单，由化验室检测。

3. 清场

① 将生产所剩物料收集，标明状态，交中间站，并填写好记录。

② 清洗硅胶管：将管中残液弃去，用合适溶剂清洗数遍至溶剂无色，再用适量的新鲜溶剂冲

洗硅胶管，将清洗干净的胶管浸入 75% 乙醇消毒后，取出晾干。

③ 清洗喷枪：将喷枪装上清洁的硅胶管后转入滚筒内，开启喷浆，用适宜的溶剂冲洗喷枪。此时可转动滚筒，对滚筒进行初步的润湿、冲洗。待“雾”无色后，关闭喷浆，喷枪清洗结束。泵入 75% 乙醇对喷枪消毒，然后接上压缩空气管，用压缩空气吹干喷枪。

④ 清洗滴管：可直接开机用热水冲洗至清澈透明，消毒，吹干。

⑤ 清洗滚筒：打开进料口，开机转动滚筒，用适宜的溶剂冲洗滚筒，用洁净毛巾擦洗滚筒和喷枪旋转臂，清洗干净后停止滚筒转动。

⑥ 滚筒内壁清洗干净后，打开主机两边侧门，拆下排风口，用适宜的溶剂清洗滚筒外壁。外壁清洗干净后，再次清洗内壁。拆下排风管清洗干净，待晾干后装回原位，然后装上侧门。

⑦ 擦洗进料口门内侧、卸料斗。

⑧ 用湿布擦拭干净设备外表面。

⑨ 每周清洗一次进风口。

⑩ 对场地、用具、容器进行清洁消毒，经 QA 人员检查合格后，发清场合格证，填写清场记录。

4. 结束并记录

及时填写批生产记录、设备运行记录、交接班记录等。关好水、电及门。

5. 质量控制要点

（1）外观　取 100 片药片，目测。药片表面应光亮，色泽均匀，颜色 ·致。表面不得有缺陷（碎片、粘连剥落、起皱、起泡等）。药片不得有严重畸形。如有一片轻微畸形，另取 1000 片，有轻微畸形的片数不得超过 0.3%。

（2）增重　取 20 片薄膜衣片，精密称定总重量，将平均片重与片芯平均片重比较，增重 3% ～ 4%。

（3）脆碎度　按《中国药典》方法检查，应符合规定。

（4）被覆强度检查　将包衣片 50 片置 250W 红外线灯下 15cm 处，加热片面应无变化。

（5）含水量检查　取包衣片 20 片，研细，取 1 片药片重量之细粉，置水分快速测定仪中，检测水分不得大于 3% ～ 5%。

（6）崩解时限　按《中国药典》方法检查，应符合规定。

岗位七　包装

1. 生产前准备

（1）检查是否有清场合格证，并确定在有效期内；检查设备、容器、场地清洁是否符合要求（若有不符合要求的，需重新清场或清洁，经 QA 人员检查合格后才能进入下一步生产）。

（2）检查电、水、气是否正常。

（3）检查设备是否有“完好”和“已清洁”标牌。

（4）按生产指令领取待包装物料、PVC 及铝箔。

（5）将设备运行至上下模具距离最大时停机，按要求安装本次生产用的模具（包括成型模具、热封模具、截切模具以及批号字码）。

（6）按要求安装领取的 PVC 和铝箔。开机观察 PVC 和铝箔的运行情况并进行调整。

（7）按设备与用具的消毒规程对设备和用具进行消毒。

（8）挂“运行”状态标志，进入生产操作。

2. 生产操作（以全自动泡罩包装机为例）

（1）打开机器总电源，各电热元件按要求通电升温。

（2）打开冷却水开关，开启进气阀。

（3）待加热元件达到预设的工艺要求温度后，按启动开关，进行空包装。

（4）检查水泡眼的完好性，铝塑成品网纹、批号是否清晰，铝塑压合是否平整，冲切是否完整，批号是否穿孔等，如有不合要求的应及时调整。

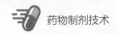

（5）检查符合要求后，将待包装物加入料斗，开启加料器电源，打开放料阀，开始进行生产操作。

（6）生产过程中必须经常检查铝塑成品外观质量以及机器运转情况，如有异常立即停机检查，正常后方可生产。

（7）生产结束后，待设备运行至上下模具分开时关机，主电机停。依次关闭加料器电源、总电源、进气阀和进水阀。

3. 清场

按《岗位清洁SOP》进行清场。清场完毕后填写清场记录，经QA人员检查合格，发放清场合格证后挂“已清洁”状态标志。

4. 结束并记录

填写批生产记录、设备运行记录、交接班记录等，关好水、电、气及门。

知识拓展

参观制药企业固体制剂车间。按要求进入厂区、生产车间；了解固体制剂车间的工艺布局及生产区域划分；熟悉固体制剂主要生产设备的原理和基本操作。

学习测试

一、选择题

（一）单项选择题

1. 关于肠溶衣片的叙述，错误的是（　　）。

A.胃内不稳定的药物可包肠溶衣

B.强烈刺激胃的药物可包肠溶衣

C.在胃中崩解，在肠中不崩解

D.胃中易失活的药物可包肠溶衣

E.肠溶衣片较素片难崩解

2. 以下属于胃溶型包衣材料的是（　　）。

A.丙烯酸树脂Ⅰ号　　B.丙烯酸树脂Ⅱ号　　C.甲基纤维素

D.醋酸纤维素酞酸酯　　E.乙基纤维素

3. 包衣片的片重差异检查，应在包衣（　　）。

A.前　　B.后　　C.前或后

D.前和后　　E.不检查

4. 关于片剂包衣叙述错误的是（　　）。

A.控制药物在胃肠道内的释放速率

B.促进药物在胃肠道内崩解

C.包隔离层是防止水分浸入片芯

D.肠溶衣可使药物免受胃酸或胃酶的破坏

E.避光、防潮，提高药物的稳定性

5. 用于包衣的片芯形状应为（　　）。

A.平顶形　　B.浅弧形　　C.深弧形
D.扁形　　E.无要求

6. 包糖衣若出现片面裂纹，造成的原因是（　　）。
A.干燥温度高，速度太快
B.片芯未干燥
C.包糖衣层最初几层没有层层干燥
D.胶液层水分进入到片芯
E.干燥温度偏低

（二）多项选择题

1. 片剂包衣的目的有（　　）。
A.避免药物的首过效应　　B.增加药物的稳定性　　C.控制药物的释放速度
D.掩盖药物的不良气味　　E.改善片剂外观

2. 关于肠溶衣片的叙述正确的是（　　）。
A.主要包衣材料有CAP、丙烯酸树脂等
B.可控制药物在肠道内定位释放
C.在pH值6.8的磷酸盐缓冲液中，1h内崩解
D.在稀盐酸（9→1000）中2h内不崩解
E.在稀盐酸（9→1000）中2h内崩解

3. 与滚转包衣法相比，流化床包衣法具有如下一些优点（　　）。
A.自动化程度高
B.包衣速度快、时间短
C.无粉尘，环境污染小
D.节约原辅料
E.不适合颗粒包衣，不能制成均匀、圆滑的衣膜

4. 包隔离层可供选用的包衣材料有（　　）。
A.滑石粉　　B.虫胶乙醇溶液　　C.虫蜡
D.明胶浆　　E.丙烯酸树脂

5. 包制薄膜衣的过程中，除薄膜衣材料以外，可以加入哪些辅料（　　）。
A.增塑剂　　B.遮光剂　　C.色素
D.溶剂　　E.粉衣料

二、思考题

1. 多酶片（每片重量）处方分析。

处方：			
胰酶	0.12g①	糖粉	0.02g②
25%虫胶乙醇液	0.04g③	硬脂酸镁	0.001g④
淀粉酶	0.12g⑤	胃蛋白酶	0.04g⑥
30%乙醇	0.03g⑦	硬脂酸镁	0.002g⑧

分析处方并指出芯片部分和外层部分的组成，为什么？

提示：本片为层压片。芯片包肠溶衣，外层片宜包糖衣。①、②、③、④为片芯部分，其中①为主药，②为干燥黏合剂，③为肠溶衣物料，④为润滑剂；⑤、⑥、⑦、⑧为外层片部分，其中⑤、⑥为主药，⑦为润湿剂，⑧为润滑剂。由于三种主药发挥最大作用的部位和条件各不相同，胰酶需在肠道中碱性条件下，才能发挥作用，且易被胃液中胃蛋白酶分解失效，因此宜制成肠溶芯片。而胃蛋白酶受湿热易破坏，同时和淀粉酶一起需在胃液中酸性条件下才起作用，故在

外层，由于有引湿性，需包糖衣层。

2. 简述包衣过程中可能出现的问题及解决办法。

整理归纳

模块四介绍了散剂、颗粒剂、胶囊剂和片剂的概念、特点、生产工艺、制备方法、常用设备、质量要求与检查，常用辅料的种类、特性和用法；介绍了常用包衣物料的种类、特点、用法和包衣方法，以及压片、包衣中可能出现的问题及解决办法。试用如下简表的形式，将常见固体制剂进行总结比较。

剂型	散剂	颗粒剂	胶囊剂		片剂		
			硬胶囊剂	软胶囊剂	普通片剂	糖衣片	薄膜衣片
概念							
特点							
辅料							
工艺							
制法及操作要点							
质量检查							
典型制剂							

模块五

其他制剂

剂型是药物的传递体，将药物输送到体内发挥疗效。一般来说，一种药物可以制成多种剂型，应根据药物的性质、治疗目的选择合理的制剂。除前述的液体制剂、无菌制剂和固体制剂（散剂、颗粒剂、胶囊剂、片剂）外，还有栓剂、软膏剂、乳膏剂、凝胶剂、糊剂、气雾剂、粉雾剂、喷雾剂、浸出制剂、膜剂、滴丸剂等类型的半固体制剂、气体制剂、液体制剂和固体制剂。其中，栓剂、软膏剂等为常用外用制剂。外用药生产区域划分及工艺流程参见附录一（六）。

专题一　栓剂

学习目标

- 掌握栓剂处方组成、类型；掌握栓剂基质的类型和常用品种；学会置换价测定。
- 知道全身作用栓剂给药后的吸收途径和作用特点。
- 掌握栓剂的生产工艺；学会栓剂的制备方法和质量检查。
- 学会典型栓剂的处方及工艺分析。

【典型制剂】

例 1　克霉唑栓

处方：克霉唑　150g　　PEG 400　1200g

PEG 4000　1200g

制法：称取克霉唑研细，过筛；另取 PEG 400、PEG 4000 熔化，加入克霉唑，搅拌至溶解，并迅速倾入栓模，冷却成型，脱模，即得。

本品用于念珠菌性外阴阴道炎。

例 2　复方呋喃西林栓

处方：呋喃西林粉　10g　　维生素 E　10g

维生素 A　20 万单位　　羟苯乙酯　0.5g

50% 乙醇　50mL　　聚山梨酯 -80　10mL

甘油明胶基质　加至 1000g

共制　240 枚

制法：取呋喃西林粉加乙醇煮沸溶解，加入羟苯乙酯搅拌溶解，再加适量甘油搅匀，缓缓加入甘油明胶基质中，保温待用。另取维生素 E 及维生素 A 混合，加入聚山梨酯 -80，搅拌均匀后，缓缓搅拌下加至上述保温基质中，充分搅拌，保温 55℃，灌模，冷却成型，脱模。每枚重 4g。

本品用于治疗宫颈炎，7 ～ 10d 为一疗程。

【问题研讨】什么是栓剂？对其处方、生产工艺、质量有何要求？上述典型制剂的制备中需注意哪些问题？

栓剂（suppositories）系原料药物与适宜基质制成供腔道给药的固体制剂，亦称“坐药”或“塞剂”。因使用腔道不同而有不同形状的肛门栓、阴道栓、尿道栓、喉道栓、耳用栓和鼻用栓等（图 5-1）。直肠栓为鱼雷形、圆锥形或圆柱形等，以鱼雷形较常用；阴道栓为鸭嘴形、球形或卵形等，其中鸭嘴形较适宜；尿道栓一般为棒状，一端稍尖。栓剂在常温下为固体，塞入人体腔道后，在体温下迅速软化，熔融或溶解于分泌液中，逐渐释放药物而产生局部或全身作用。

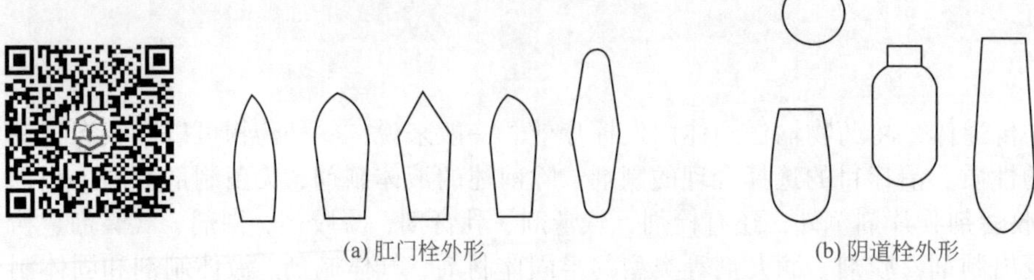

图 5-1　栓剂的形状

局部作用的栓剂只在腔道局部起润滑、收敛、抗菌、杀虫、麻醉等作用，应尽量减少药物的吸收，故选择融化或溶解、释药速度慢的栓剂基质。水溶性基质制成的栓剂因腔道中的液体量有限，使其溶解速度受限，释放药物缓慢，较脂肪性基质更有利于发挥局部药效。如甘油明胶基质常用于局部杀虫、抗菌的阴道栓基质。局部作用通常在半小时内开始，要持续约 4h。但液化时间不宜过长，否则易使患者感到不适，而且可能不会将药物全部释出，甚至大部分排出体外。

全身作用的栓剂一般要求迅速释放药物，特别是解热镇痛类药物宜迅速释放、吸收。应根据药物性质选择与药物溶解性相反的基质，有利于药物释放、吸收。如药物是脂溶性的，则应选择水溶性基质；如药物是水溶性的，则选择脂溶性基质，这样溶出速度快，体内峰值高，达峰时间短。为了提高药物在基质中的均匀性，可用适当的溶剂将药物溶解或者将药物粉碎成细粉后再与基质混合。

全身作用栓剂给药后的吸收途径有两条：①距肛门 6cm 处塞入，药物通过直肠上静脉进入肝，进行代谢后再由肝进入大循环；②距肛门 2cm 处塞入，药物通过直肠中、下静脉和肛门静脉，经髂内静脉绕过肝进入下腔大静脉，再进入大循环。为此栓剂在应用时塞入距肛门口约 2cm 处为宜，这样可有给药总量 50% ～ 75% 的药物不经过肝。

用栓剂作全身治疗时与口服制剂相比，药物不受胃肠 pH 值或酶的破坏而失去活性；对胃黏膜有刺激性的药物可用直肠给药，可免受刺激；对不能或者不愿吞服片、丸及胶囊的患者，尤其是伴有呕吐的患者、婴儿和儿童可用此法给药。药物直肠吸收，比口服药物的肝脏首过作用小、干扰因素少。但栓剂使用不如口服方便，生产成本比片剂、胶囊剂高，生产效率低。

知识拓展　新型栓剂

中空栓剂：栓中有一空心部分，可供填充不同类型的药物，包括固体和液体。其中添加适当赋形剂或制成固体分散体使药物快速或缓慢释放，从而具有速释或缓释作用。

双层栓剂：内外两层栓——内外两层含有不同药物，可先后释药而达到特定的治疗目的；上下两层栓——下半部的水溶性基质使用时可迅速释药，上半部用脂溶性基质能起到缓释作用；第三种是上下两层栓——上半部为空白基质，下半部是含药栓层，空白基质可阻止药物向上扩散，减少药物经上静脉吸收进入肝脏而发生的首过效应，提高药物的生物利用度。

渗透泵栓剂：最外层为一不溶解的微孔膜，药物分子可由微孔中慢慢渗出，因而可较长时间维持疗效。

缓释栓剂：该栓在直肠内不溶解、不崩解，通过吸收水分而逐渐膨胀，缓慢释药而发挥其疗效。

一、栓剂的处方

栓剂的处方设计首先要根据所选择主药的药理作用，考虑用药目的，即确定用于局部作用还是全身作用，以及用于何种疾病的治疗。而且要根据体内的作用特点设计适宜类型的栓剂，还须考虑药物的性质、基质与添加剂的性质以及对药物的释放、吸收的影响。一般情况下，对胃肠道有刺激性，在胃中不稳定或有明显的肝脏首过作用的药物，可以考虑制成直肠给药栓剂，但难溶性药物和在直肠黏膜中呈离子型的药物不宜直肠给药。栓剂给药后，必须经过基质熔化，药物才能从基质中释放，并分散于直肠黏膜中，最后被吸收，因此基质的种类和性质直接影响药物释放的速率。

1. 药物

栓剂中药物可溶于基质中，也可混悬于基质中。若为脂肪性基质，油溶性药物如水合氯醛、樟脑等，可直接混入基质中使之溶解，但如加入的量较大使基质的熔点降低或使栓剂软化时，须加入适量石蜡或蜂蜡调节；不溶于油脂而溶于水的药物如生物碱、浸膏等，可加入少量的水配成浓溶液，用适量的羊毛脂吸收后再与基质混合；不溶于油脂、水或甘油的药物，需先研磨成细粉并全部通过 6 号筛，再与基质混合均匀。若为水溶性和亲水性基质时，可溶性药物直接溶解于基质中，不溶性药物制成细粉加入。

2. 基质

栓剂的基质应具备下列要求：①室温时具有适宜的硬度，当塞入腔道时不变形，不破碎。在体温下易软化、融化，能与体液混合或溶于体液。②具有润湿或乳化能力，水值较高［水值是指常温下每 100g 基质所能吸收水的质量（g）］。③不因晶形的软化而影响栓剂的成型。④基质的熔点与凝固点的间距不宜过大，油脂性基质的酸价在 0.2 以下，皂化值应在 200 ～ 245 之间，碘价低于 7。栓剂基质最重要的物理性质是它的融程，一般栓剂基质的融程在 27 ～ 45℃。⑤用于冷压法及热熔法制备栓剂，且易于脱模。

基质不仅赋予药物成型，且影响药物的作用。局部作用要求释放缓慢而持久，全身作用要求引入腔道后迅速释药。基质主要分油脂性基质和水溶性基质两大类。高熔点脂肪栓剂基质在体温条件下应融化。水溶性基质应能够溶解或分散于水性介质中，药物释放机制是溶蚀和溶出机制。

（1）油脂性基质　油脂性基质的栓剂中，如药物为水溶性的，则药物能很快释放于体液中，作用较快。如药物为脂溶性的，则药物必须先从油相中转入水相体液中，才能发挥作用。药物的相转移与其油水分配系数有关。

① 可可豆脂（cocoa butter）　本品为白色或淡黄色、脆性蜡状固体，系梧桐科植物可可树种仁的固体脂肪，主要含硬脂酸、棕榈酸、油酸、亚油酸和月桂酸的甘油酯，含可可碱可达 2%。有 α、β、β′、γ 四种晶型，其中以 β 型最稳定，熔点为 34℃。通常应缓缓升温加热待熔化至 2/3 时，停止加热，让余热使其全部熔化，以避免 α、β′、γ 晶型的形成。每 100g 可可豆脂可吸收 20 ～ 30g 水，若加入 5% ～ 10% 吐温 -61 可增加吸水量，且有助于药物混悬在基质中。

② 半合成或全合成脂肪酸甘油酯　这类基质化学性质稳定，成形性能良好，具有保湿性和适宜的熔点，不易酸败，主要有半合成椰油酯、半合成山苍子油酯、半合成棕榈油酯、硬脂酸丙二醇酯等。

半合成椰油酯：本品为乳白色块状物，熔点为 33 ～ 41℃，凝固点为 31 ～ 36℃，有油脂臭，吸水能力大于 20%，刺激性小。

半合成山苍子油酯：本品理化性质与可可豆脂相似，为黄色或乳白色块状物。规格有 34 型（33 ～ 35℃）、36 型（35 ～ 37℃）、38 型（37 ～ 39℃）、40 型（39 ～ 41℃）等，栓剂制备中常用的为 38 型。

半合成棕榈油酯：本品为乳白色固体，抗热能力强，酸价和碘价低，对直肠和阴道黏膜均无不良影响。

硬脂酸丙二醇酯：本品为乳白色或微黄色蜡状固体，稍有脂肪臭，水中不溶，遇热水可膨胀，熔点 35 ～ 37℃，对腔道黏膜无明显的刺激性，安全、无毒。

（2）水溶性基质　通常是亲水性半固体材料的混合物，在室温条件下为固体，而当用于病人时，药物会通过基质的熔融、溶蚀和溶出机制而释放出来。

① 甘油明胶（gelatin glycerin）　本品系将明胶、甘油、水按一定的比例在水浴上加热融合，蒸去大部分水，放冷后经凝固而制得。具有弹性，不易折断，在体温下不融化，但能软化并缓慢溶于分泌液中缓慢释放药物。溶解速度与明胶、甘油及水三者的用量有关，甘油与水的含量越高则越易溶解，且甘油能防止栓剂干燥变硬。通常用量为明胶与甘油约等量，水分在 10% 以下。

本品多用作阴道栓剂基质，明胶是胶原的水解产物，凡与蛋白质能产生配伍变化的药物，如鞣酸、重金属盐等均不能用甘油明胶作基质。

② 聚乙二醇（PEG）　本品易溶于水，能缓缓溶于体液中而释放药物，多用熔融法制备。含 30% ～ 50% 液体 PEG 栓剂基质的硬度为 2.7 ～ 2kgf/cm²，接近或等于可可豆脂的硬度。本品吸湿性较强，对黏膜有一定刺激性，加入约 20% 的水，可减轻刺激性。为避免刺激，还可在纳入腔道前先用水湿润，或在栓剂表面涂一层蜡醇或硬脂醇薄膜。PEG 基质不宜与银盐、鞣酸、乙酰水杨酸、苯佐卡因、磺胺类配伍。

③ 聚氧乙烯（40）单硬脂酸酯类（polyoxyl 40 stearate）　本品呈白色或微黄色，无臭或稍有脂肪臭味的蜡状固体，熔点为 39 ～ 45℃。可溶于水、乙醇、丙酮等，不溶于液体石蜡。商品名 Myri52，商品代号为 S-40，与 PEG 混合使用，可制得崩解、释放性能较好的稳定的栓剂。

④ 泊洛沙姆（poloxamer）　本品随聚合度增大，物态从液体、半固体至蜡状固体，易溶于水，能与许多药物形成空隙固溶体，能促进药物的吸收并起到缓释与延效的作用。较常用的型号为 188 型，商品名为 Pluronic F68，熔点为 52℃。编号 188 的前两位数 18 表示聚氧丙烯链段分子量为 1800（实际为 1750），第三位 8 表示聚氧乙烯分子量占整个分子量的 80%，其他型号类推。

3. 添加剂

栓剂中的添加剂主要有硬化剂、增稠剂、乳化剂、吸收促进剂、着色剂、抗氧剂、防腐剂等，使用添加剂时应验证其溶解度、有效剂量、配伍禁忌以及直肠对它的耐受性。

（1）硬化剂　若制得的栓剂在贮藏或使用时过软，可加入适量的硬化剂，如白蜡、鲸蜡醇、硬脂酸、巴西棕榈蜡等。

（2）增稠剂　当药物与基质混合时，因机械搅拌情况不良或生理上需要时，栓剂中可酌加增稠剂，如氢化蓖麻油、单硬脂酸甘油酯、硬脂酸铝等。

（3）乳化剂　当栓剂处方中含有与基质不能相混合的液相，特别是在此相含量较高时（大于 5%）可加适量的乳化剂。

（4）吸收促进剂　起全身治疗作用的栓剂，为了增加全身吸收，可加入吸收促进剂以促进药物被直肠黏膜吸收，如表面活性剂、Azone、氨基酸乙胺衍生物、乙酰醋酸酯类、β- 二羧酸酯、芳香族酸性化合物、脂肪族酸性化合物等。

（5）着色剂　可选用脂溶性着色剂或水溶性着色剂，加入水溶性着色剂时，必须注意加水后对 pH 和乳化剂乳化效率的影响，还应注意控制脂肪的水解和栓剂中的色移现象。

（6）抗氧剂　对易氧化的药物应加入抗氧剂，如叔丁基羟基茴香醚（BHA）、叔丁基对甲酚（BHT）、没食子酸酯类等。

（7）防腐剂　当栓剂中含有植物浸膏或水性溶液时，可使用防腐剂及抗菌剂，如对羟基苯甲酸酯类。

4. 置换价

通常情况下栓模的容量是固定的，故会因基质或药物的密度不同可容纳不同的重量。而一般栓模容纳重量（如 1g 或 2g 重）是指以可可豆脂为代表的基质重量。加入药物会占有一定体积，特别是不溶于基质的药物。为保持栓剂原有体积，栓剂处方设计中引入了置换价（displacement value，DV）的概念，即药物的重量与同体积基质重量的比值称为该药物对基质的置换价，可用下述公式计算：

$$DV=\frac{W}{G-(M-W)} \tag{5-1}$$

式中，G 为纯基质栓的平均栓重；M 为含药栓的平均重量；W 为每个栓剂的平均含药重量。

置换价的测定方法：取基质作空白栓，称得平均重量为 G；另取基质与药物定量混合做成含药栓剂，称得平均重量为 M；每粒栓剂中药物的平均重量 W。将这些数据代入上式，即可求得某药物对某一基质的置换价。

用测定的置换价可以方便地计算出制备这种含药栓需要基质的重量 x：

$$x=\left(G-\frac{y}{DV}\right)\cdot n \tag{5-2}$$

式中，y 为处方中药物的剂量；n 为拟制备栓剂的枚数。

例 1　某含药量为 20% 栓剂 10 枚，重 20g，空白栓 5 枚重 9g，计算该药物对此基质的置换价。

答：DV=（20% × 20/10）/［9/5-(2-0.4)］=0.4/（1.8-1.6）=2，该药物对此基质的置换价为 2。

例 2　欲制备鞣酸栓 100 粒，每粒含鞣酸 0.2g，空白栓重量为 2.0g，鞣酸对可可豆脂的置换价为 1.5，所需可可豆脂基质的量为多少？

答：方法一　含药栓的平均栓重 $1.5=\frac{0.2}{2-(M-0.2)}$，$M$=2.067

所需可可豆脂基质的重量为：（2.067-0.2）× 100 =186.7(g)

方法二　所需可可豆脂基质的重量为：（2-0.2/1.5）× 100 =186.7(g)

常用药物的可可豆脂置换价见表 5-1。

表5-1　常用药物的可可豆脂置换价

药物	置换价	药物	置换价
硼酸	1.5	蓖麻油	1
没食子酸	2	盐酸可卡因	1.3
鞣酸	1.6	次碳酸铋	4.5
氨茶碱	1.1	盐酸吗啡	1.6
次没食子酸铋	2.7	薄荷油	0.7
樟脑	2	苯巴比妥	1.2

二、栓剂的制备

1. 药物与基质的混合

药物与基质的混合可按下法进行：若为脂肪性基质时，油溶性药物如水合氯醛、樟脑等，可直接混入基质中使之溶解。但如加入的量较大能降低基质的熔点或使栓剂软化时，需加入适量石蜡或蜂蜡调节；不溶于油脂而溶于水的药物如生物碱、浸膏等，可加入少量的水配成浓溶液，用适量的羊毛脂吸收后再与基质混合；不溶于油脂、水或甘油的药物，需要先研磨成细粉并全部通过 6 号筛，再与基质混合均匀；若为水溶性和亲水性基质时，可溶性药物直接溶解于基质中，不溶性药物制成细粉加入。

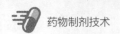

2. 栓剂的制法

栓剂可用挤压成型和模制成型法制备，有热熔法、冷压法和搓捏法，可按基质的不同类型而选择。如图 5-2 所示为不同形状的栓模。脂肪性基质三种方法均可采用，水溶性基质多用热熔法。

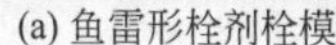
(a) 鱼雷形栓剂栓模

(b) 圆锥形及扁鸭嘴形栓剂栓模

图 5-2　不同形状的栓模

热熔法（fusion method）主要有加热、熔融、注模、冷却脱模等过程。热熔法应用较广泛，工艺流程如下：

基质 ⟶ 水浴 ⟶ 熔化 ⟶ 加药物 ⟶ 注模 ⟶ 冷却成型 ⟶ 刮平 ⟶ 脱模 ⟶ 包装

本法系将计算量的基质锉末用水浴或蒸气浴加热熔化，温度不宜过高，然后按药物性质以不同方法加入，混合均匀后，倾入涂有润滑剂的栓模中至稍为溢出模口为度。放冷，待完全凝固后，削去溢出部分，开模取出。

栓模孔内涂的润滑剂通常有两类：①脂肪性基质的栓剂，常用软肥皂、甘油各一份与 95% 乙醇五份混合所得的润滑剂；②水溶性或亲水性基质的栓剂，则用油性物质为润滑剂，如液状石蜡或植物油等。不粘模的基质可不用润滑剂，如可可豆脂或聚乙二醇类（聚乙二醇类可不用润滑剂，如选用则可用液状石蜡）。

脂肪性基质栓剂的制备也可用冷压法（cold compression method），冷压法工艺流程如下：

基质磨碎 + 主药 ⟶ 混合均匀 ⟶ 压栓机挤压成型

先将基质磨碎或锉末，再与主药混合均匀装入压栓机中，在配有栓剂模型的圆筒内，通过水压机或手动螺旋活塞挤压成一定形状的栓剂（图 5-3）。冷压法避免了加热对主药或基质稳定性的影响，不溶性药物也不会在基质中沉降，但生产效率不高，成品往往夹带空气，会对基质或主药起氧化作用。

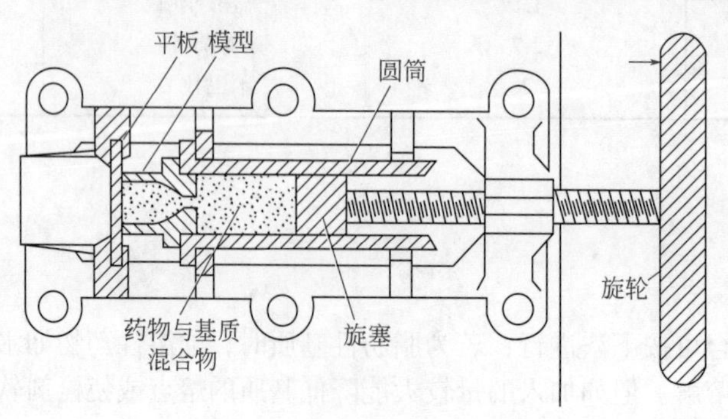

图 5-3　卧式制栓机构造图

另外，还有搓捏法，是将药物与基质的锉末置于冷却的容器内混合均匀，然后搓捏成形或装入制栓机模内压成一定形状的栓剂。

三、栓剂的质量检查

栓剂中的药物与基质应混合均匀，外形要求完整光滑，塞入腔道后应无刺激性，应能融化、软化或溶于体液中，并与分泌液混合，逐渐释放药物，产生局部或全身作用；并应有适宜的硬度，以免在包装或贮藏时变形。

1. 重量差异

按《中国药典》(2020 年版）的规定，取供试品 10 粒，精密称定总重量，求得平均粒重后，再分别精密称定各粒的重量。每粒重量与平均粒重相比较（有标示粒重的中药栓剂，每粒重量应与标示粒重比较），超出重量差异限度的不得多于 1 粒，并不得超出限度 1 倍。见表 5-2。凡检查含量均匀度的栓剂，一般不进行重量差异检查。

表5-2 栓剂的重量差异限度

平均重量	重量差异限度	平均重量	重量差异限度
1.0g 及 1.0g 以下 1.0g 以上至 3.0g	± 10% ± 7.5%	3.0g 以上	± 5%

2. 融变时限

融变时限是检查栓剂在规定条件下的融化、软化或溶散软化的情况，《中国药典》(2020 年版）规定的检查仪器装置是由透明的套筒与有金属圆板的金属架组成(图 5-4)。测定时，取供试品 3 粒，在室温放置 1h 后，分别放在 3 个金属架的下层圆板上，装入各自的套筒内，并用挂钩固定。除另有规定外，将上述装置分别垂直浸入盛有不少于 4L 的 37.0℃ ±0.5℃水的容器中，其上端位置应在水面下 90mm 处，容器装一转动器，每隔 10min 在溶液中翻转此装置一次。

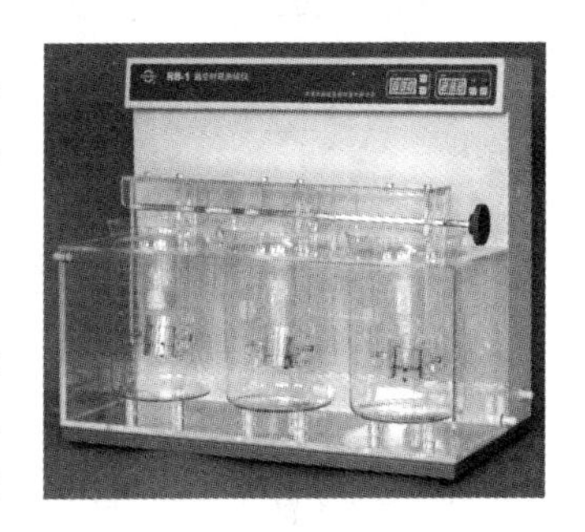

图 5-4 融变时限检查仪

除另有规定外，脂肪性基质的栓剂 3 粒在 30min 内全部溶化、软化或触压时无硬心；水溶性基质的栓剂 3 粒均应在 60min 内全部溶解，如有 1 粒不合格，应另取 3 粒复试，均应符合规定。

3. 药物的溶出速度和吸收试验

（1）溶出速度试验 将待测栓剂置于透析管的滤纸筒或适宜的微孔滤膜中，将栓剂浸入盛有介质并附有搅拌器的容器中，于 37℃每隔一定时间取样测定，求出介质中的药物量，作为在一定条件下基质中药物溶出速度的参考指标。

（2）体内吸收试验 可用家兔或狗等动物进行试验，计算药动学参数。

四、栓剂的包装及贮存

1. 栓剂的包装

栓剂通常是内外两层包装。原则上要求每个栓剂都要包裹，不外露，栓剂之间有间隔，不接触，防止在运输和贮存过程中因撞击而破碎，或因受热而黏着、熔化造成变形等。

使用较多的包装材料是无毒的塑料壳（类似胶囊上下两节），将栓剂装好并封入小塑料袋中即可。自动制栓包装的生产线使制栓与包装联动在一起。

2. 栓剂的贮存

一般栓剂应于30℃以下密闭贮存和运输，防止因受热、受潮而变形、发霉、变质。脂肪性基质的栓剂最好在冰箱中（-2 ～ 2℃）保存。甘油明胶类水溶性基质的栓剂，既要防止受潮软化、变形或发霉、变质，又要避免干燥失水、变硬或收缩，所以应密闭、低温贮存。

【问题解决】 复方呋喃西林栓剂处方中各成分的作用是什么？本品如何制备？

剂型使用　栓剂用药指导

栓剂一般在入睡前给药，栓剂在腔道的停留时间长，有利于药物吸收，并塞一点脱脂棉或纸巾，以防药栓溶化后外流而污染衣被。栓剂的硬度易受气候的影响，如在夏季栓剂变得松软，可将其带外包装置入冰水或冰箱中冷却变硬。

肛门栓使用时，患者取侧卧位，小腿伸直，大腿向前屈曲，贴着腹部。把栓的尖端向肛门插入，并缓缓推进至距肛门约2cm，并保持侧卧姿势15min，以防药栓被压出。用药前先排便，用药后1 ～ 2h内尽量不解大便（刺激性泻药除外）。

阴道栓使用时，患者仰卧，双膝屈起并分开，可用置入器或戴手套，将栓剂尖端部向阴道口塞入，以向下、向前的方向轻轻推入阴道深处。置入后应合拢双腿，保持仰卧姿势约20min。给药后1 ～ 2h内尽量不排尿，以免影响药效。月经期停用，有过敏史者慎用。

实践　栓剂的制备

通过栓剂的制备，学会热熔法制备栓剂的基本操作，熟悉栓剂的质量评定和贮存，掌握置换价的测定及其应用；认识本工作中使用到的设备，并能规范使用；了解栓剂的生产环境和操作规范。

【实践项目】

1. 吲哚美辛栓的制备

（1）吲哚美辛置换价的测定

① 纯基质栓的制备　取半合成脂肪酸酯约10g置于蒸发皿内，移置水浴上加热熔化后，注入涂过润滑剂的栓模中，冷却后削去溢出部分，脱模，得完整的纯基质栓数枚，用纸擦去栓剂外的润滑剂后称每枚栓剂重量，求得栓剂的平均重量（G）。

② 含药栓的制备　称取研细的吲哚美辛3g，另取半合成脂肪酸酯6g置于蒸发皿中，于水浴上加热，至基质2/3熔化时，立即取下蒸发皿，搅拌至全熔。将吲哚美辛加入已熔化的基质中搅拌均匀，然后注入涂有润滑剂的栓模中，用冰浴迅速冷却固化，削去溢出部分，脱模，得完整的含药栓数枚，擦去润滑剂后称重，计算每枚含药栓平均重量。

置换价的计算：将上述得到的数值代入计算公式，得到吲哚美辛的半合成脂肪酸酯置换价。记录吲哚美辛的半合成脂肪酸酯置换价。

（2）吲哚美辛栓的制备方法

① 基质用量的计算　将上述实训得到的吲哚美辛的半合成脂肪酸酯置换价，再代入公式计算出每枚栓剂所需基质量，并得出10枚栓剂需要的基质量。

② 栓剂的制备　称取研细的吲哚美辛0.5g，另取计算量的半合成脂肪酸酯置于蒸发皿中，于水浴上加热，以下按上述含药栓制备方法操作，即制得吲哚美辛栓剂。

提示：吲哚美辛易氧化变色，故混合时基质温度不宜过高。

2. 甘油栓的制备

处方：甘油　　8g　　无水碳酸钠　　0.2g

硬脂酸　　0.8g　　纯化水　　2.3mL

制法：取无水碳酸钠与纯化水共置于烧杯中，加甘油混合，置水浴中加热，缓缓加入锉细的硬脂酸，随加随搅拌，待泡沫消失、溶液澄明时，倒入栓模内（栓模事先涂好润滑剂），冷却，用刀片去除溢出的成分，打开栓模，取出，即得。

本品具有润肠通便的作用。

3. 克霉唑栓的制备

处方、制法参见【典型制剂】例 1。

4. 质量检查

①性状；②重量差异；③融变时限。

【岗位操作】

岗位　配制、灌装

1. 生产前准备

（1）检查是否有清场合格证，并确定是否在有效期内；检查设备、容器、场地清洁是否符合要求（若有不符合要求的，需重新清场或清洁，并请 QA 人员填写清场合格证或检查合格后，才能进入下一步生产）。

（2）检查电、水、气是否正常。

（3）检查设备是否有“完好”“已清洁”标牌。

（4）检查模具质量是否有缺边、裂缝、变形等情况，是否清洁干燥。

（5）检查电子天平灵敏度是否符合生产指令要求。

（6）按生产指令领取物料，并确保物料的品名、批号、规格、数量、质量符合要求。

（7）按设备与用具的消毒规程对设备、用具进行消毒。

（8）挂本次“运行”状态标志，进入生产操作。

2. 生产操作

（1）物料的领用

① 领用前按《物料称量管理规定》检查所用的台秤、天平是否进行了校正。

② 凭领料单，按《物料发放和剩余物料退库管理规定》及《包装材料领用和发放标准操作程序》领用所需物料。

③ 按《物料去皮标准操作程序》对物料进行去皮，然后按《车间中间站管理规程》存放至车间中间站，并填写好物料状态标志。

（2）配料

① 按《清场管理规程》进行生产前确认，确保工序清场合格，设备运转正常，水、电、气供应正常，容器及工用具齐备。

② 根据批生产指令单，操作人员称取批投料量药物和基质。

③ 按《栓剂配料罐标准操作规程》开启栓剂配料罐加热和搅拌，对照批生产指令单，核对无误后将基质缓慢加入至栓剂配料罐内 (块状物料要另行加热熔融)，控制一定温度；熔融后开启搅拌器，控制转速为 15 ～ 30r/min ；完全熔融后，继续搅拌 40min 以上，调整栓液至一定温度，恒温搅拌备用。

④ 将栓剂配料罐的搅拌器转速降低至 10 ～ 15r/min ；对照批生产指令单，核对无误后将药物依次缓缓加入基质液中；加完后再将转速提高持续搅拌，至目测色泽均匀一致、表示混匀后控制栓液温度，恒温搅拌备用。

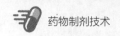

⑤ 以上各操作步骤的实际最高转速以不将药液溅出为宜。

⑥ 对栓剂配料罐按《生产区清洁消毒管理规程》选择一般清洗或彻底清洗，并根据各自的清洁规程进行清洁；容器及工用具按《生产用工具、器具清洁消毒程序》进行清洁消毒；对生产现场按《清场管理规程》清场至合格。

（3）制栓

① 按《清场管理规程》进行生产前确认，确保工序清场合格，设备运转正常，水、电、气供应正常，容器及工用具齐备。

② 操作人员根据批生产指令单从配料间领取配制好的栓液，并对栓液的品名、批号及质量情况进行核实；按《车间中间站管理规程》从内包材暂存间领取药用包装材料。

③ 先按《栓剂灌封机标准操作规程》对灌封机进行设置：要求设置好制带预热温度、制带焊接温度、制带吹泡温度、制带刻线温度、恒温罐温度、灌注温度、封口预热温度、封口温度、冷却温度。

④ 根据生产指令单并按《栓剂灌封机标准操作规程》设置好模具上的品名及批号。

⑤ 灌注前先按《栓剂灌封机标准操作规程》进行空运行，检查药用包装材料的热封情况，热封合格后方可进行下一步操作。

⑥ 根据设备能力，将栓液分次移入栓剂灌封机的恒温罐内，然后按《栓剂灌封机标准操作规程》进行制栓，在制栓起始，及时检查，控制栓重，待重差达到要求后，每隔 20min 对栓重检查一次，并随时观察栓板质量情况，做好相应记录。

⑦ 生产过程中，操作人员应在每次操作后及时填写生产记录，制完栓后应通知车间填写请验单。

3. 清场

按本岗位清场标准操作规程对设备、场地、用具、容器等清洁消毒。清场后，经 QA 人员检查合格，发清场合格证。清场合格证正本归入本批生产记录，副本留在操作间。

4. 结束并记录

及时填写批生产记录、设备运行记录、交接班记录等。关好水、电及门。

5. 质量控制要点

①性状；②栓重，每隔 20min 检查一次栓重。

学习测试

一、选择题

（一）单项选择题

1. 全身作用的栓剂在应用时塞入距肛门口约（　　）为宜。

A. 2cm　　B. 4cm　　C. 5cm
D. 6cm　　E. 8cm

2. 目前用于全身作用的栓剂主要是（　　）。

A.阴道栓　　B.肛门栓　　C.耳道栓
D.尿道栓　　E.鼻用栓

3. 下列关于全身作用栓剂的特点叙述错误的是（　　）。

A.可部分避免药物的首过效应，降低副作用
B.一般要求缓慢释放药物
C.可避免药物对胃肠黏膜的刺激
D.对不能吞服药物的患者可使用此类栓剂
E.生产成本较片剂高

4. 有关栓剂的叙述错误的是（　　）。
A.粪便的存在不利于药物的吸收
B.栓剂插入的深度越深，生物利用度越好
C.栓剂可起局部作用，也可发挥全身作用
D.局部用药宜选用释放慢的基质
E.全身作用栓剂给药后，药物可部分绕过肝门系统

5. 水溶性基质和油脂性基质栓剂均适用的制备方法是（　　）。
A.搓捏法　B.冷压法　C.热熔法
D.乳化法　E.研和法

6. 以聚乙二醇为基质的栓剂可选用的润滑剂是（　　）。
A.液状石蜡　B.甘油　C.水
D.肥皂　E.乙醇

7. 水溶性基质栓全部溶解的时间应为（　　）min。
A. 30　B. 40　C. 50
D. 60　E. 120

8. 油脂性基质栓全部融化、软化，或无硬心的时间应为（　　）min。
A. 20　B. 30　C. 40
D. 50　E. 60

（二）多项选择题

1. 关于肛门栓作用特点表述中，正确的是（　　）。
A.可在局部直接发挥作用
B.可通过吸收发挥全身作用
C.吸收主要靠直肠中、下静脉
D.通过直肠上静脉吸收可避免首过作用
E.使用较方便

2. 栓剂的一般质量要求为（　　）。
A.药物与基质应混合均匀，栓剂外形应完整光滑
B.栓剂应无菌
C.脂溶性栓剂的熔点最好是70℃
D.应有适宜硬度，以免在包装、贮藏时变形
E.因使用腔道的不同而制成不同的形状

3. 对栓剂基质的要求有（　　）。
A.在室温下易软化、熔化或溶解
B.与主药无配伍禁忌
C.对黏膜无刺激
D.在体温下易软化、熔化或溶解
E.应有适宜的硬度

4. 栓剂中的添加剂主要有（　　）。
A.硬化剂　B.吸收促进剂　C.增稠剂
D.乳化剂　E.防腐剂

5. 下列材料能作为栓剂基质的是（　　）。
A.羧甲基纤维素　B.石蜡　C.可可豆脂
D.聚乙二醇类　E.半合成脂肪酸甘油酯

6. 下列关于栓剂贮存的叙述中，正确的是（　　）。
   A.一般栓剂30℃以下贮藏
   B.油脂性基质栓剂最好放冰箱冷藏
   C.甘油明胶基质栓剂既要防止受潮，又要避免干燥失水
   D.栓剂贮存时间不宜过长
   E.聚乙二醇基质栓剂可室温贮存

二、思考题

1. 栓剂制备过程中，药物如何与基质混合？什么是栓剂的置换价？
2. 甘油栓的制备原理是什么？操作时有哪些注意点？
3. 分析醋酸洗必泰栓处方中各成分的作用，并简述其制备过程。

处方：

醋酸洗必泰	0.1g	吐温-80	0.4g	冰片	0.005g
乙醇	0.5g	甘油	12g	明胶	5.4g
纯化水	加至40g				

专题二　软膏剂、乳膏剂、凝胶剂、眼膏剂

学习目标

- 掌握软膏剂、乳膏剂、凝胶剂的概念、特点；掌握常用基质的特性和选用；掌握乳膏剂组成。
- 掌握软膏剂、乳膏剂和凝胶剂的生产工艺、制备方法、包装贮藏和质量检查。
- 知道眼膏剂的概念、特点、制备和质量检查。
- 学会典型软膏剂、乳膏剂、凝胶剂的处方及工艺分析。

【典型制剂】

例1　水杨酸乳膏

处方：

水杨酸	50g	硬脂酸甘油酯	70g
硬脂酸	100g	白凡士林	120g
液状石蜡	100g	甘油	120g
十二烷基硫酸钠	10g	羟苯乙酯	1g
纯化水	480mL		

制法：将水杨酸研细后过60目筛，备用。取硬脂酸甘油酯、硬脂酸、白凡士林及液状石蜡加热熔化为油相。另将甘油及纯化水加热至90℃，再加入十二烷基硫酸钠及羟苯乙酯溶解为水相。然后将水相缓缓加入油相中，边加边搅拌，直至冷凝，即得到乳膏基质，将处理好的水杨酸加入上述基质中，搅拌均匀即得。

本品用于治疗手足及体股癣，糜烂或继发性感染部位忌用。

例2　复方十一烯酸锌软膏

处方：

十一烯酸锌	200g	十一烯酸	50g
聚乙二醇4000	375g	聚乙二醇400	375g

制法：取十一烯酸锌细粉，加十一烯酸，混合均匀；将聚乙二醇4000和聚乙二醇400水浴加热熔合后，加入药物粉末，不断搅拌直至冷凝，即得。

本品为抗真菌药，用于治疗皮肤真菌病；也可用油脂性基质如凡士林制备。

【问题研讨】什么是软膏剂、乳膏剂？对其处方、生产工艺、质量有何要求？上述典型制剂的生产中需注意哪些问题？

软膏剂、乳膏剂、凝胶剂、糊剂和眼膏剂等主要为半固体制剂。

软膏剂（ointments）系指原料药物与油脂性或水溶性基质溶解或混合制成的均匀的半固体外用制剂。因药物在基质中分散状态不同，有溶液型软膏剂和混悬型软膏剂之分。溶液型软膏剂为药物溶解（或共熔）于基质或基质组分中制成的软膏剂；混悬型软膏剂为药物细粉均匀分散于基质中制成的软膏剂。

乳膏剂（creams）系指原料药物溶解或分散于乳状液型基质中形成的均匀半固体制剂。由于基质乳化类型不同，可分为水包油型乳膏剂和油包水型乳膏剂。

糊剂（cataplasms）系指大量的原料药物固体粉末（一般25%以上）均匀地分散在适宜的基质中所组成的半固体外用制剂。可分为单相含水凝胶性糊剂和脂肪性糊剂。

凝胶剂（gels）系指原料药物与能形成凝胶的辅料制成的具凝胶特性的稠厚液体或半固体制剂。除另有规定外，凝胶剂限局部用于皮肤及体腔如鼻腔、阴道和直肠。乳状液型凝胶剂又称为乳胶剂。由高分子基质如西黄蓍胶制成的凝胶剂也可称为胶浆剂。小分子无机药物（如氢氧化铝）凝胶剂是由分散的药物小粒子以网状结构存在于液体中，属两相分散系统，也称混悬型凝胶剂。混悬型凝胶剂可有触变性，静止时形成半固体，而搅拌或振摇时成为液体。

凝胶剂应均匀、细腻，在常温时保持胶状，不干涸或液化，一般应检查pH值。除另有规定外，凝胶剂应避光、密闭贮存，并应防冻。凝胶剂根据需要可加入保温剂、抑菌剂、抗氧剂、乳化剂、增稠剂和透皮促进剂等。

眼膏剂（eye ointments）系指由原料药物与适宜基质均匀混合，制成溶液型或混悬型膏状的无菌眼用半固体制剂。眼膏剂在用药部位保留时间长，疗效持久，能减轻眼睑对眼球的摩擦，有助于角膜损伤的愈合；眼膏剂所用基质刺激性小，不含水，更适合于遇水不稳定的药物。但使用后有油腻感，并在一定程度上造成视力模糊。

一般来说，软膏剂、乳膏剂、糊剂应无酸败、异臭、变色、变硬，乳膏剂不得有油水分离及胀气现象，用于创面（如大面积烧伤、严重损伤等）的应无菌；软膏剂、乳膏剂应均匀、细腻，具有适当的黏稠度；糊剂稠度一般较大，但均应涂布于皮肤或黏膜上不融化，对皮肤或黏膜应无刺激性，黏稠度随季节变化应很小。混悬型软膏剂中不溶性固体药物及糊剂的固体成分，均应预先用适宜的方法磨成细粉，确保粒度符合规定。

一、软膏剂、乳膏剂的处方

软膏剂、乳膏剂、糊剂由药物和基质（bases）两部分组成，基质不仅是软膏剂、乳膏剂、糊剂的赋形剂，而且直接影响其外观、流变性、药效等质量。黏度和熔点是软膏、乳膏基质的重要性能指标。所以根据需要可加入保湿剂、防腐剂、增稠剂、抗氧剂及透皮促进剂等附加剂。

1. 基质

软膏剂、乳膏剂基质的要求：①润滑无刺激，稠度适宜，易于涂布；②性质稳定，与主药不发生配伍变化；③具有吸水性，能吸收伤口分泌物；④不妨碍皮肤的正常功能，具有良好释药性能；⑤易洗除，不污染衣服。实际应用时，根据软膏剂的特点和要求，采用添加附加剂或混合使用等方法来保证制剂的质量，以适应治疗要求。常用的基质主要有：油脂性基质、乳膏基质及亲水或水溶性基质。

（1）**油脂性基质** 油脂性基质是指动植物油脂、类脂、烃类及硅酮类等疏水性物质。此类基质涂于皮肤能形成封闭性油膜，促进皮肤水合作用，对表皮增厚、角化、皲裂有软化保护作用，可用于遇水不稳定的药物制备软膏剂，为克服其疏水性常加入表面活性剂，或制备乳膏基质。

① 烃类 系指从石油中得到的各种烃的混合物，其中大部分属于饱和烃，烃类基质中以凡士林为常用。

凡士林（vaselin）又称软石蜡（soft paraffin），是由多种分子量烃类组成的半固体状物，熔程为 38 ～ 60℃，化学性质稳定，无刺激性，特别适用于遇水不稳定的药物，有黄、白两种，后者为漂白而成。凡士林仅能吸收约 5% 的水，故不适用于有多量渗出液的患处。凡士林中加入适量羊毛脂、胆固醇或某些高级醇类，可提高其吸水性能。水溶性药物与凡士林配合时，还可加适量表面活性剂如非离子型表面活性剂聚山梨酯类于基质中，以增加其吸水性。吸水性能可用水值来表示，水值是指常温下每 100g 基质所能吸收水的质量（g），可供估算药物水溶液以凡士林为基质配制软膏时吸收药物水溶液的量。

石蜡（paraffin）为固体饱和烃混合物，熔程为 50 ～ 65℃；液体石蜡（liquid paraffin）为液体饱和烃，与凡士林同类，宜用于调节凡士林基质的稠度，也可用于调节其他类型基质的油相。

二甲基硅油（dimethicone）或称硅油或硅酮（silicones），为一种无色或淡黄色的透明油状液体，无臭，无味，黏度随分子量的增加而增大，常见有 2 ～ 100mPa · s 多种，在应用温度范围内 (-40 ～ 150℃) 黏度变化极小。对大多数化合物稳定，但在强酸强碱中降解。在非极性溶剂中易溶，随黏度增大，溶解度逐渐下降。硅油具有优良的疏水性和较小的表面张力，有很好的润滑作用且易于涂布，能与羊毛脂、硬脂醇、鲸蜡醇、硬脂酸甘油酯、聚山梨酯类、山梨坦类等混合。对皮肤无刺激性，常用于乳膏中作润滑剂，最大用量可达 10% ～ 30%，也常与其他油脂性原料合用制成防护性软膏。

② 类脂类 常用的有羊毛脂、蜂蜡、鲸蜡等，系指高级脂肪酸与高级脂肪醇化合而成的酯及其混合物，化学性质较脂肪稳定，且具一定的表面活性作用而有一定的吸水性能，多与油脂类基质合用。

羊毛脂（lanolin）一般是指无水羊毛脂。为淡黄色黏稠微具特臭的半固体，主要成分是胆固醇类的棕榈酸酯及游离的胆固醇类，熔程 36 ～ 42℃，具有良好的吸水性。为取用方便常吸收 30% 的水分以改善黏稠度，称为含水羊毛脂。羊毛脂可吸收二倍的水而形成乳膏基质。由于本品黏性太大而很少单用作基质，常与凡士林合用，以改善凡士林的吸水性与渗透性。

蜂蜡（beeswax）的主要成分为棕榈酸蜂蜡醇酯，鲸蜡（spermaceti）的主要成分为棕榈酸鲸蜡醇酯，两者均含有少量游离高级脂肪醇而具有一定的表面活性作用，属较弱的 W/O 型乳化剂，在 O/W 型乳膏基质中起稳定作用。蜂蜡的熔程为 62 ～ 67℃，鲸蜡的熔程为 42 ～ 50℃。两者均不易酸败，常用于取代乳膏基质中部分脂肪性物质，以调节稠度或增加稳定性。

③ 高级脂肪酸及多元醇酯类 如硬脂酸、鲸蜡醇、硬脂酸甘油酯等。

硬脂酸是常用的脂肪酸，常用于乳膏基质中，一般用量为基质总量的 10% ～ 25%，但其中约 15% ～ 25% 与碱反应生成皂，大部分未皂化的硬脂酸作为油相被乳化，同时可调节基质的稠度。

十六醇，即鲸蜡醇（cetyl alcohol），熔程 45 ～ 50℃；十八醇即硬脂醇（stearyl alcohol），熔程 56 ～ 60℃，均不溶于水，但有一定的吸水能力，吸水后可形成 W/O 型乳膏基质的油相，可增加乳剂的稳定性和稠度。新生皂为乳化剂的乳膏基质，用十六醇和十八醇取代部分硬脂酸形成的基质较细腻、光亮。

硬脂酸甘油酯（glyceryl monostearate）为单硬脂酸甘油酯、双硬脂酸甘油酯的混合物，不溶于水，溶于热乙醇及乳膏基质的油相中。本品分子的甘油基上有羟基存在，有一定的亲水性，是一种较弱的 W/O 型乳化剂，与较强的 O/W 型乳化剂合用时，制得的乳膏基质稳定，且产品细腻润滑，用量为15%左右。

④ 油脂类　此类基质是来源于动、植物油脂，如花生油、麻油、豚脂等。因其分子结构中存在不饱和键，故稳定性不如烃类，易受温度、光线、空气中的氧等的影响而氧化和酸败，需加入抗氧剂和防腐剂。氢化植物油不易酸败，较植物油稳定。植物油与蜡类等基质熔合，可得到适宜稠度的基质，如花生油或棉籽油670g与蜂蜡330g加热熔合而成“单软膏”。

（2）**乳膏基质**　乳膏基质是将油相加热熔化后与水相混合，在乳化剂的作用下乳化，最后在室温下成为半固体的基质。基质的类型、组成及原理与液体制剂的乳剂相似。乳膏基质有水包油（O/W）型与油包水（W/O）型两类。O/W型含水量较高，无油腻性，易洗除，色白，俗称“雪花膏”；W/O型，较不含水的油脂性基质油腻性小，使用后水分从皮肤蒸发时有和缓的冷却作用，俗称“冷霜”。

乳膏基质不阻止皮肤表面分泌物的分泌和水分蒸发，对皮肤的正常功能影响较小。一般乳膏基质特别是O/W型基质软膏中药物的释放和透皮吸收较快。由于基质中水分的存在，使其增强了润滑性，易于涂布。但是，O/W型基质外相含多量水，在贮存过程中可霉变，常需加入防腐剂。同时水分也易蒸发失散而使软膏变硬，故常加入甘油、丙二醇、山梨醇等作保湿剂，一般用量为5%～20%。遇水不稳定的药物不宜用乳膏基质。还值得注意的是O/W型基质制成的乳膏，在用于分泌物较多的皮肤病，如湿疹时，其吸收的分泌物可重新透入皮肤(反向吸收)而使炎症恶化，故需正确选择适应证。

常用的油相多数为固体，主要有硬脂酸、石蜡、蜂蜡、高级醇(如十八醇)等，有时为调节稠度加入液状石蜡、凡士林或植物油等。

乳膏基质常用的乳化剂为表面活性剂，如皂类、脂肪醇硫酸(酯)钠类、脂肪酸山梨坦与聚山梨酯类等，皂类乳化剂常用新生皂法。

资料卡　乳膏基质常用的乳化剂

（1）肥皂类　多为一价金属离子钠、钾的氢氧化物或三乙醇胺等与脂肪酸（硬脂酸）作用生成的新生皂，多形成O/W型乳膏基质。本类基质应避免应用于酸、碱类药物，忌与含钙、镁离子类药物配伍，以免形成不溶性皂类而破坏其乳化作用。由二价、三价金属离子（钙、镁、锌、铝）氢氧化物与脂肪酸作用生成的多价皂，形成的是W/O型乳膏基质。

（2）脂肪醇硫酸（酯）钠类　常用十二烷基硫酸钠，用于O/W型乳膏基质，常用量0.5%～2%，对皮肤刺激性小，常加入十八醇、单硬脂酸甘油酯和脂肪酸山梨坦等作为辅助乳化剂。本品不宜与阳离子型表面活性剂配伍，以免形成沉淀而失效。

（3）脂肪酸山梨坦与聚山梨酯类　脂肪酸山梨坦类即司盘（Span）类，为W/O型乳化剂；聚山梨酯类即吐温（Tween）类，为O/W型乳化剂。二者可单独使用，也可按不同比例与其他乳化剂合用，以调节适宜的HLB值。

（4）聚氧乙烯醚衍生物类　如平平加O，HLB值为15.9，属非离子型O/W型乳化剂。本品单独使用不能制成乳膏基质，需加入辅助乳化剂。因其能与酚羟基、羧基缔合，故不宜与酚类药物配伍。乳化剂OP，HLB值为14.5，属于非离子型O/W型乳化剂，用量一般为油相总量的5%～10%，常与其他乳化剂合用。大量的金属离子如铁、锌、铝、铜等可使其表面活性作用降低，且不宜与含酚羟基的化合物配伍。

（3）**水溶性基质**　水溶性基质是由天然或合成的水溶性高分子物质胶溶在水中形成的半固体状的凝胶。常用的有甘油明胶、淀粉甘油、纤维素衍生物、聚乙二醇类等。水溶性基质释药速度快，无油腻性，易涂布，能与水溶液混合，能吸收组织渗出液，多用于湿润、糜烂创面，常作为防油保护性软膏的基质。但其润滑性差，易霉败，水分易蒸发，一般要加入防腐剂和保湿剂。

甘油明胶：由10%～30%的甘油、1%～3%的明胶与水加热制成。本品温热后易涂布，涂后形成一层保护膜，因具有弹性，故使用时较舒适，适合于含维生素类的营养性软膏。

纤维素衍生物：常用的有甲基纤维素（MC）和羧甲基纤维素钠（CMC-Na），前者溶于冷水，后者在冷、热水中均可溶，浓度较高时呈凝胶状。羧甲基纤维素钠是阴离子型化合物，遇强酸及汞、铁、锌等重金属离子可生成不溶物。

举例　CMC-Na类的水溶性基质

处方：CMC-Na　0.5g　甘油　1.5g

三氯叔丁醇　0.05g　纯化水　加至10g

制法：取甘油与CMC-Na研匀，加至热纯化水中，放置溶解，加三氯叔丁醇和纯化水至所需量。

聚乙二醇（PEG）：PEG700以下均是液体，PEG1000、1500是半固体，PEG2000至6000是固体。适当比例混合调节稠度，可得半固体的软膏基质。此类基质易溶于水，能与渗出液混合且易洗除，能耐高温不易霉败。但吸水性较强，久用可引起皮肤脱水干燥感，不宜用于遇水不稳定的药物，对季铵盐类、山梨醇及羟苯酯类等有配伍变化。

举例　聚乙二醇类的水溶性基质

处方：	①	②
聚乙二醇4000	400g	500g
聚乙二醇400	600g	500g

制法：称取两种成分，水浴加热至65℃，搅拌均匀至冷凝成软膏状。

2. 附加剂

在软膏剂、乳膏剂的贮藏过程中，微量的氧就会使某些活性成分氧化而变质，因此需加入抗氧剂。软膏剂、乳膏剂中常有水性、油性物质，甚至蛋白质，易受细菌和真菌的侵袭。为保证其中不含有铜绿假单胞菌、沙门菌、大肠埃希菌、金黄色葡萄球菌等致病菌，因而加入防腐剂，常用的防腐剂有苯甲酸、硼酸盐、对羟基苯甲酸酯、季铵盐、麝香草酚、洗必泰等。

知识拓展　乳膏基质举例

1. 以有机铵皂为乳化剂的乳膏基质

处方：					
硬脂酸	120g	羊毛脂	50g	甘油	50g
单硬脂酸甘油酯	35g	液状石蜡	60g	三乙醇胺	4g
凡士林	10g	羟苯乙酯	5g	纯化水	加至1000g

制法：取硬脂酸、单硬脂酸甘油酯、凡士林、羊毛脂、液状石蜡，水浴加热至80℃左右使其熔化、混匀；另取羟苯乙酯溶于甘油和水中，加入三乙醇胺混匀，加热至与油相同温度，将油相加到水相中，边加边搅拌，直至冷凝。

提示：三乙醇胺与部分硬脂酸形成的有机铵皂为O/W型乳化剂，单硬脂酸甘油酯能增加油相的吸水能力，同时作为辅助乳化剂，羊毛脂可增加油相的吸水性和药物的穿透性，液状石蜡和凡士林用以调节稠度、增加润滑性，甘油为保湿剂。本品忌与阳离子型药物配伍。

2. 以多价皂为乳化剂的乳膏基质

处方：硬脂酸　13.0g　单硬脂酸甘油酯　17.0g　蜂蜡　5.0g

石蜡	75.0g	液状石蜡	450.0g	白凡士林	70.0g
双硬脂酸铝	10.0g	氢氧化钙	1.0g	羟苯乙酯	1.5g
纯化水	加至 1000.0g				

制法：取硬脂酸、单硬脂酸甘油酯、蜂蜡、石蜡在水浴加热熔化，再加入液状石蜡、白凡士林、双硬脂酸铝，加热至 85℃；另将氢氧化钙、羟苯乙酯溶于纯化水中，加热至 85℃，逐渐加入油相中，边加边搅拌，直至冷凝。

提示：处方中氢氧化钙与部分硬脂酸反应生成钙皂以及铝皂均为 W/O 型乳化剂。

3. 以脂肪醇硫酸（酯）钠类为乳化剂的乳膏基质

处方：

硬脂醇	220g	十二烷基硫酸钠	15g	白凡士林	250g
羟苯甲酯	0.25g	羟苯丙酯	0.15g	丙二醇	120g
纯化水	加至 1000g				

制法：取硬脂醇与白凡士林，水浴加热熔化，加热至 75℃，其余成分溶于水中并加热至 75℃，将油相加入水相中，边加边搅拌，直至冷凝。

提示：处方中十二烷基硫酸钠为主要乳化剂，硬脂醇为辅助乳化剂，丙二醇为保湿剂，羟苯甲、丙酯为防腐剂。

4. 含硬脂酸甘油酯的乳膏基质

处方：

硬脂酸甘油酯	35g	硬脂酸	100g	液状石蜡	90g
白凡士林	10g	羊毛脂	50g	三乙醇胺	4g
羟苯乙酯	1g	纯化水	加至 1000g		

制法：处方中前五种成分为油相，其余为水相。将油相成分与水相成分分别混合并加热至 85℃后，把油相加入水相中，搅拌至冷凝，即得 O/W 型乳膏基质。

提示：本基质中的主要乳化剂是三乙醇胺与硬脂酸反应生成的有机铵皂，硬脂酸甘油酯是辅助乳化剂，以提高基质的稳定性。

5. 以脂肪酸山梨坦和聚山梨酯类为乳化剂的乳膏基质

处方：

硬脂酸	50g	聚山梨酯 -80	44g	油酸山梨坦	16g
硬脂醇	70g	液状石蜡	100g	白凡士林	60g
甘油	100g	山梨酸	2g		
纯化水	加至 1000g				

制法：将硬脂酸、油酸山梨坦、硬脂醇、液状石蜡及白凡士林等油相成分与聚山梨酯 -80、甘油、山梨酸及纯化水等水相成分分别加热至 85℃后，把油相加入水相中，边加边搅拌，直至冷凝。

提示：处方中聚山梨酯-80 为 O/W 型乳化剂，系主乳化剂，油酸山梨坦（Span80）为反型乳化剂（W/O 型），二者混合以调节 HLB 值而形成稳定的 O/W 型乳膏基质。硬脂酸为增稠剂，使制成的基质光亮细腻。

二、软膏剂、乳膏剂的制备

一般软膏剂、乳膏剂制备的工艺流程如下：

基质的处理 ⟶ 配制 ⟶ 灌装 ⟶ 质量检查 ⟶ 包装

1. 基质的处理

基质处理主要是针对油脂性的基质。若质地纯净可直接取用，若混有机械性异物，或工厂大量生产时，都要经加热滤过（抽滤或压滤）及灭菌处理。方法是将基质加热熔融，用细布或七号筛趁热过滤，继续加热至 150℃约 1h。忌用直火加热以防起火，多用蒸汽夹层锅加热。软膏管灌装前需检验消毒。

2. 配制与灌封

制备软膏、乳膏时，必须使药物在基质中分布均匀、细腻，以保证药物剂量与药效。按照软膏、乳膏的类型、产量及设备条件，采用适宜的制备方法。油脂性基质的软膏、溶液型或混悬型软膏常采用研和法或熔融法；乳膏剂常在形成乳膏基质过程中或形成乳膏基质后加入药物，称为乳化法。乳膏基质中加入的药物常为不溶性的微细粉末，实际上也是混悬型乳膏。

（1）研和法　油脂性的半固体基质，可采用研和法（水溶性基质和乳膏基质不宜用）。一般在常温下操作时，先取适量的基质与药物粉末研和成糊状，按等量递加的原则与其余基质混匀，至涂于手背上无颗粒感为止。此法适用于小量制备不耐热的药物，且药物为不溶于基质者。小量制备时采用软膏板、软膏刀研和法；当有液体组分、用上述方法不方便时，可采用乳钵研和法；大量生产时用机械研和法，多采用三滚筒研磨机（如图 5-5 所示）。

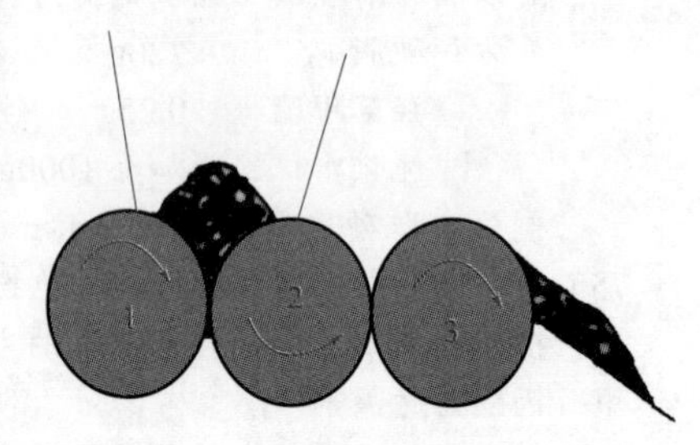

图 5-5　三滚筒旋转方向示意图

（2）熔融法　大量制备油脂性基质时，常用熔融法。特别是对含固体成分的基质，先加温熔化高熔点基质，再加入其他低熔点成分熔合成均匀基质。然后加入药物，搅拌均匀冷却即可。不溶于基质的药物，先研成细粉筛入熔化或软化的基质中，搅拌混合均匀，若不够细腻，需要通过研磨机进一步研匀，使无颗粒感，即让软膏受到滚碾与研磨，使软膏细腻均匀。

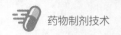

采用熔融法时还应注意：①冷却速度不可过快，以防止基质中高熔点组分呈块状析出；②冷凝为膏状后应停止搅拌，以免带入过多气泡；③挥发性成分应等冷至近室温时加入。

（3）乳化法　将油脂性和油溶性组分一起加热至 80℃左右成油溶液（油相），另将水溶性组分溶于水后一起加热至 80℃成水溶液（水相），温度可略高于油相温度，然后将水相逐渐加入油相中，边加边搅拌至冷凝，最后加入水、油均不溶解的组分，搅匀即得。大量生产时，因油相温度不易控制均匀冷却，或两相搅拌不均匀，常致成品不够细腻。如有需要，在乳膏冷至 30℃左右时可再用胶体磨或软膏研磨机研磨使其更均匀细腻。也可使用旋转型热交换器的连续式乳膏机。

乳化中应注意油、水两相的混合方法：①分散相逐渐加入连续相中，适用于含小体积分散相的乳剂。②连续相逐渐加到分散相中，适用于多数乳剂。此种混合方法在混合过程中乳剂会发生转型，从而使分散相粒子更细小。③两相同时掺和，适用于连续或大批量机械生产，需要输送泵、连续混合装置等设备。

3. 药物的加入

（1）药物不溶于基质或基质的任何组分中时，必须将药物粉碎至细粉（眼膏中药粉细度为 75μm 以下）。若用研磨法，配制时取药粉先与适量液体组分，如液状石蜡、植物油、甘油等研匀成糊状，再与其余基质混匀。

（2）药物可溶于基质某组分中时，一般油溶性药物溶于油相或少量有机溶剂，水溶性药物溶于水或水相，再吸收混合或乳化混合。

（3）药物可直接溶于基质中时，则油溶性药物溶于少量液体油中，再与油脂性基质混匀成为油脂性溶液型软膏。水溶性药物溶于少量水后，与水溶性基质成水溶性溶液型软膏。

（4）具有特殊性质的药物，如半固体黏稠性药物（如鱼石脂），可直接与基质混合，必要时先与少量羊毛脂或聚山梨酯类混合，再与凡士林等油性基质混合。若药物有共熔性组分（如樟脑、薄荷脑、麝香草酚）时，可先共熔再与基质混合。

（5）中药浸出物为液体（如煎剂、流浸膏）或为固体浸膏时，可先浓缩至稠膏状再加入基质中。固体浸膏可加少量水或稀醇等研成糊状，再与基质混合。

4. 软膏剂、乳膏剂的包装与贮藏

软膏剂、乳膏剂常用的包装材料有金属盒、塑料盒（管）。包装材料不能与药物或基质发生理化作用，包装的密封性要好。

软膏剂应保存于阴凉干燥处。除另有规定外，乳膏剂应避光密封，宜置25℃以下贮存，不得冷冻。贮存环境的温度过高或过低，可使基质、药物混合的均匀性受到影响，以及加速基质及药物的化学分解。

三、软膏剂、乳膏剂的质量检查

软膏剂、乳膏剂的质量检查主要包括药物含量、性状、刺激性、稳定性等的检测，以及其中药物释放度、吸收的评定。根据需要及制剂的具体情况，皮肤局部用制剂的质量检查，除了采用药典规定的检验项目外，还可采用其他方法。

1. 主药含量测定

采用适宜的溶剂将药物溶解提取，再进行含量测定，测定方法必须考虑和排除基质的干扰和影响。

2. 物理性质的检测

（1）熔程　一般软膏以接近凡士林的熔程为宜。按照药典方法测定或用显微熔点仪测定，由于熔点的测定不易观察清楚，需取数次平均值来评定。

（2）黏度和流变性测定　用于软膏剂、乳膏剂黏度和流变性测定的仪器有锥入度计、流变仪和黏度计，常用的有旋转黏度计（适用黏度范围 10^{2} ～ 10^{14}mPa・s）、落球黏度计（适用范围 10^{-2} ～ 10^{6}mPa・s）等。

3. 刺激性

软膏剂、乳膏剂涂于皮肤或黏膜时，不得引起疼痛、红肿或产生斑疹等不良反应，对药物和基质引起过敏反应者不宜采用。若因软膏、乳膏的酸碱度不适而引起刺激时，应在基质的精制过程中进行酸碱度处理，使其近中性。

4. 药物释放度及吸收的测定

（1）释放度检查法　有表玻片法、渗析池法、圆盘法等，这些方法作为药厂控制内部质量标准有一定的实用意义。

（2）体外试验法　有离体皮肤法、凝胶扩散法、半透膜扩散法和微生物法等，其中以离体皮肤法较接近应用的实际情况。

【问题解决】 分析水杨酸乳膏的处方及工艺。

提示：处方中采用十二烷基硫酸钠及单硬脂酸甘油酯作为混合乳化剂，制得稳定性较好的 O/W 型乳膏剂；加入水杨酸时，基质温度宜低，以免水杨酸挥发；另外，温度过高下加入，当冷凝后常会析出粗大的药物结晶；制备中应避免与金属器具接触以防水杨酸变色。

四、凝胶剂

凝胶剂基质属单相分散系统，有水性与油性之分。水性凝胶（hydrogel）基质一般由水、甘油或丙二醇与纤维素衍生物、卡波沫和海藻酸盐、西黄蓍胶、明胶、淀粉等构成；油性凝胶基质由液状石蜡与聚乙烯或脂肪油与胶体硅或铝皂、锌皂构成。

1. 水性凝胶基质

水性凝胶基质大多在水中溶胀成水性凝胶而不溶解。本类基质一般易涂展和洗除，无油腻感，能吸收组织渗出液不妨碍皮肤正常功能。还由于黏滞度较小而利于药物，特别是水溶性药物的释放。本类基质缺点是润滑作用较差，易失水和霉变，常需添加保湿剂和防腐剂，且量较其他基质大。

（1）卡波沫（carbomer） 系丙烯酸与丙烯基蔗糖交联的高分子聚合物，商品名为卡波普（carbopol），按黏度不同常分为934、940、941等规格。本品是一种引湿性很强的白色松散粉末，分子结构中存在大量的羧酸基团，可在水中迅速溶胀，水分散液呈酸性，1%水分散液的pH值约为3.11，黏性较低。当用碱中和时，黏度逐渐上升，在低浓度时形成澄明溶液，在浓度较大时形成半透明状的凝胶。在pH值6～11有最大的黏度和稠度。一般，中和1g卡波普约消耗1.35g三乙醇胺或400mg氢氧化钠。

本品制成的基质无油腻感，涂用润滑舒适，适宜于治疗脂溢性皮肤病的基质。与聚丙烯酸相似，盐类电解质可使卡波普凝胶的黏性下降，碱土金属离子以及阳离子聚合物等均可与之结合成不溶性盐，强酸也可使卡波普失去黏性，在配伍时应注意。

举例 卡波普凝胶基质

处方：					
卡波普940	10g	乙醇	50g	甘油	50g
聚山梨酯-80	20g	羟苯乙酯	1g	氢氧化钠	4g
纯化水	加至1000g				

制法：将卡波普与聚山梨酯-80及300mL纯化水混合，氢氧化钠溶于100mL水后加入上液搅匀，再将羟苯乙酯溶于乙醇后逐渐加入搅匀，加纯化水至全量，搅拌均匀，即得透明凝胶。

（2）纤维素衍生物 此类基质有一定的黏度，随着分子量、取代度和介质的不同而具不同的稠度。常用的品种有甲基纤维素（MC）和羧甲基纤维素钠（CMC-Na），常用浓度为2%～6%。前者缓缓溶于冷水，不溶于热水，但湿润、放置冷却后可溶解，后者在任何温度下均可溶解。1%的水溶液pH值均在6～8。MC在pH值2～12时均稳定，而CMC-Na在低于pH5或高于pH10时黏度显著降低。本类基质涂布于皮肤时有较强黏附性，较易失水，干燥而有不适感，常需加入10%～15%的甘油调节。制成的基质中均需加入防腐剂，常用0.2%～0.5%羟苯乙酯。CMC-Na基质中不宜加硝（醋）酸苯汞或其他重金属盐作防腐剂，也不宜与阳离子型药物配伍，否则会与CMC-Na形成不溶性沉淀物，从而影响防腐效果或药效，对基质稠度也有影响。

2. 水凝胶剂的制备

一般是药物溶于水者常先溶于部分水或甘油中，必要时加热，处方中的其余成分按基质配制方法制成水凝胶基质，与药物溶液混匀加水至足量，搅匀即得；药物不溶于水者，可先用少量水或甘油研细，分散，混于基质中搅匀即得。

举例 吲哚美辛凝胶剂

处方：			
吲哚美辛	10g	SDB-L-400	10g
聚乙二醇（PEG）4000	80g	甘油	100g
苯扎溴铵	8g	纯化水	加至1000g

制法：取PEG 4000和甘油置烧杯中微热至完全溶解，加入吲哚美辛混匀，SDB-L-400加入800mL水在乳钵中研匀后，将基质与PEG 4000、甘油、吲哚美辛混匀，加入苯扎溴铵，搅匀，加水至1000g，搅匀即得。

提示：本品可消炎止痛，用于风湿性关节炎、类风湿性关节炎、痛风等。处方中 SDB-L-400 为交联型聚丙烯酸钠，PEG 为透皮吸收促进剂，可使其经皮渗透作用提高 2.5 倍；甘油为保湿剂；苯扎溴铵为防腐剂。

五、眼膏剂

知识拓展　眼用乳膏剂和眼用凝胶剂

眼用乳膏剂系指由原料药物与适宜基质均匀混合，制成乳膏状的无菌眼用半固体制剂。眼用凝胶剂系指原料药物与适宜辅料制成的凝胶状无菌眼用半固体制剂。由原料药物与适宜辅料制成的无菌溶液，滴入眼部后快速形成凝胶的制剂称为眼用原位凝胶剂，也称眼用即型凝胶剂。

眼膏剂的制法与一般软膏剂的制法基本相同，但必须采用无菌操作法，以防止微生物的污染。当药物不溶于基质时，应将其粉碎成能通过九号筛的极细粉，以减轻对眼睛的刺激性。除另有规定外，每个容器的装量应不超过 5g。

1. 眼膏基质

眼膏剂的基质应纯净、细腻、对眼部无刺激性，基质应过滤并灭菌，不溶性药物应预先制成极细粉。常用基质由 8 份黄凡士林、1 份羊毛脂和 1 份液状石蜡混合而成，根据季节与气温不同，可调整液状石蜡的用量，以调节软硬度。基质应加热熔化后，用绢布等适当滤材保温滤过，并在 150℃干热灭菌 1 ～ 2h，放冷备用，也可将各组分分别灭菌后再混合。眼膏剂、眼用乳膏剂、眼用凝胶剂应均匀、细腻、无刺激性，不得有金属性异物，并易涂布于眼部，便于药物分散和吸收。

2. 配制用具与包装材料的灭菌

眼膏剂的配制用具及包装材料都要进行灭菌处理。对于配制用具，可用水洗净后于 150℃干热灭菌 1h，或用 75% 乙醇擦洗；对于包装材料如玻璃瓶、点眼棒、耐热塑料盖等，应洗净后干热灭菌，软膏管应洗净后用 75% 乙醇或 1% ～ 2% 苯酚溶液浸泡，临用前用纯化水冲洗干净，并在 60℃下烘干。

3. 眼膏剂的质量检查

眼膏剂的质量检查项目包括：金属性异物、粒度、装量、微生物限度及用于伤口和眼部手术的眼膏剂的无菌检查等。

（1）金属性异物　取供试品 10 支，分别将全部内容物置于直径为 6cm、底部光滑、没有可见异物的平底培养皿中，加盖，于 80 ～ 85℃保温 2h，使眼膏摊布，放冷至凝固，反转培养皿，置显微镜台上，用聚光灯以 45° 角的入光向皿底照明，检视大于 50μm 具有光泽的金属性异物数。10 支中单支内含金属性异物数超过 8 粒者不得多于 1 支，其总数不得过 50 粒；如有超过，应复试 20 支。初、复试结果合并，计算 30 支中单支内含金属性异物数超过 8 粒者不得多于 3 支，且总数不得超过 150 粒。

（2）粒度　取 3 个容器的半固体型供试品，将内容物全部挤于适宜的容器中，搅拌均匀，取适量（或相当于主药 10μg）置于载玻片上，涂成薄层，薄层面积相当于盖玻片面积，共涂 3 片；照粒度和粒度分布测定法测定，每个涂片中大于 50μm 的粒子不得过 2 个（含饮片原粉的除外），且不得检出大于 90μm 的粒子。

（3）无菌检查　除另有规定外，照无菌检查法检查，应符合规定。

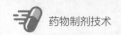

【问题解决】红霉素眼膏的处方和制法如下，制备中应注意哪些问题？

处方：红霉素　　50 万单位　　液状石蜡　　适量
　　　眼膏基质　适量　　　　共制　　　　100g

制法：取红霉素置灭菌乳钵中研细，加少量灭菌液状石蜡，研成细腻的糊状物，然后加少量灭菌眼膏基质研匀，再分次加入其余的基质，研匀即得。

本品具有消炎等作用。

提示：红霉素不溶于水，在干燥状态下较稳定，在水溶液中易失效，故加入液状石蜡研成细腻状后再混悬于眼膏基质中，所以液状石蜡是作溶剂。同时红霉素不耐热，温度达 60℃时就容易分解，故应待眼膏基质冷却后再加入。

剂型使用　软膏剂、乳膏剂、眼膏剂用药指导

软膏剂、乳膏剂一般不宜涂敷于口腔、眼结膜。涂敷药前应将患处皮肤清洗干净。皮肤有破损、溃烂、渗出物的部位不要涂敷，对急性无渗出性糜烂宜用粉剂或油脂性软膏，软膏涂敷并非越厚越好，要保持皮肤的正常呼吸；乳膏剂忌用于糜烂、溃疡、水疱和化脓性创面。涂敷后可轻轻按摩，有些药膏涂敷后可采用封包疗法，以促进药物吸收。涂敷部位有烧灼或瘙痒、发红、肿胀、出疹等反应时应立即停药，并将局部药物洗净。

眼膏剂使用时，患者应头向后仰或平躺，轻轻地将下眼睑拉起来，形成袋状小囊，挤出一定量眼膏成线状，放入小囊中，注意药膏管不要触及眼睛，闭上眼睛，眨眼数次使药膏分散均匀，眼休息 2min。用闭拧紧瓶盖保存。眼膏剂的使用可能发生短暂的视力模糊，为避免不便，一般建议患者白天用滴眼剂，晚上涂眼膏剂。多次开管和连续使用超过 1 个月的眼膏一般不要再用。

实践　软膏剂、乳膏剂和凝胶剂的制备

通过软膏剂、乳膏剂的制备，学会软膏剂、乳膏剂制备的基本操作、药物加入基质的方法，熟悉软膏剂、乳膏剂的质量评定和贮存；认识本工作中使用到的设备，并能规范使用。

【实践项目】

1. 氧化锌软膏的制备

处方：氧化锌　3g　　凡士林　Q.S

制法：称取氧化锌研细，过六号筛，加入熔化的凡士林，研匀，即得。

2. 乳膏基质的制备

处方：十六醇　2.0g　　单甘酯　2.0g　　硬脂酸　3.0g
　　　白凡士林　2.0g　　液体石蜡　6.0g　　SDS　0.2g
　　　三乙醇胺　0.2g　　甘油　3.0g　　尼泊金　0.1mL
　　　纯化水　加至 30mL

制法：取油相成分于小烧杯中，置于 75 ～ 80℃水浴中熔化；取水相成分于另一小烧杯中于 75 ～ 80℃水浴中溶解；将水相成分以细流状加入油相中，在水浴上继续搅拌几分钟，然后在室温条件下搅拌至冷凝，加香精和尼泊金混匀即可。

3. 凝胶基质的制备

处方和制法参见卡波普凝胶基质。

4. 质量检查

性状；涂展性。

【岗位操作】

岗位一　配制（以水杨酸乳膏为例）

1. 生产前准备

（1）检查操作间、工具、容器、设备等是否有清场合格标志，并核对是否在有效期内，否则按《岗位清洁 SOP》进行清场并经 QA 人员检查发放清场合格证后，方可进行生产。

（2）根据要求选择适宜软膏剂配制设备，设备要有“完好”“已清洁”状态标志。并对设备状况进行检查，确认设备运行正常后方可使用。

（3）检查水、电供应正常，开启纯化水阀放水 15min。

（4）检查配制容器、用具是否清洁干燥，必要时用 75% 乙醇溶液对乳化罐、油相罐、配制容器、用具进行消毒。

（5）根据生产指令填写领料单，从备料称量间领取原、辅料，并核对品名、批号、规格、数量无误后，进行下一步操作。

（6）操作前检查加热、搅拌、真空是否正常，关闭油相罐、乳化罐底部阀门，打开真空泵冷却水阀门。

（7）挂“运行”设备状态标志，进入灭菌操作。

2. 生产操作

（1）配制油相　加入油相基质，控制温度在 70℃，待油相开始熔化时，开动搅拌至完全熔化。

（2）配制水相　将水相基质投入处方量的纯化水中，加热搅拌，使溶解完全。

（3）乳化　保持上述油相、水相的温度，将油相、水相通过带过滤网的管路压入乳化锅中，启动搅拌器、真空泵、加热装置。乳化完全后，降温，停止搅拌，真空静置。

（4）根据药物的性质，在配制水相、油相时或乳化操作中加入药物。

（5）静置　将乳膏静置 24h 后，称重，送至灌封工序。

3. 清场

按《岗位清洁 SOP》进行清场。清场完毕后，填写清场记录并上报 QA 人员，经 QA 人员检查发放清场合格证后，本岗位挂“已清洁”状态标志。清场合格证正本归入本批生产记录，副本留在操作间。

4. 结束并记录

及时填写批生产记录、设备运行记录、交接班记录等。关好水、电及门。

5. 质量控制要点

①性状；②粒度。

岗位二　灌封

1. 生产前准备

（1）检查操作间、工具、容器、设备等是否有清场合格标志，并核对是否在有效期内，否则按《岗位清洁 SOP》进行清场并经 QA 人员检查发放清场合格证后，方可进入下一步操作。

（2）根据要求选择适宜软膏剂灌封设备，设备要有“完好”“已清洁”标志牌，并对设备状况进行检查，确证设备正常，方可使用。

（3）检查水、电、气供应正常。

（4）检查储油箱的液位不超过视镜的 2/3，润滑油涂抹阀杆和导轴。

（5）用 75% 乙醇溶液对储料罐、喷头、活塞、连接管等进行消毒后按从下到上的顺序安装，安装计量泵时方向要准确、扭紧，紧固螺母时用力要适宜。

（6）检查抛管机械手是否安装到位。

（7）手动调试 2 ～ 3 圈，保证安装、调试到位。

（8）检查铝管，表面应平滑光洁，内容清晰完整，光标位置正确，铝管内无异物，管帽与管嘴配合，检查合格后装机。

（9）装上批号板，点动灌封机，观察灌封机运转是否正常。检查密封性、光标位置和批号。

（10）按生产指令称取物料，复核各物料的品名、规格、数量。

（11）挂“运行”设备状态标志，进入灭菌操作。

2. 生产操作

（1）操作人员戴好口罩和一次性手套。

（2）加料　将料液加满储料罐，盖上盖子。生产中当储料罐内料液不足储料罐总容积的 1/3 时，必须进行加料。

（3）灌封操作　开启灌封机总电源开关，设定每小时产量、是否注药等参数，按“送管”开始进空管，通过点动设定装量，确认设备无异常后，正常开机。每隔 10min 检查一次密封口、批号、装量。

3. 清场

按《岗位清洁 SOP》进行清场。清场完毕后，填写清场记录并上报 QA 人员，经 QA 人员检查发放清场合格证后本岗位挂“已清洁”状态标志。清场合格证正本归入本批批生产记录，副本留在操作间。

4. 结束并记录

及时填写批生产记录、设备运行记录、交接班记录等。关好水、电及门。

5. 质量控制要点

①密封性；②软管外观：应光标位置准确，批号清晰正确，文字对称美观，尾部折叠严密、整齐，管无变形；③装量差异。

岗位三　包装

1. 生产前准备

（1）检查操作间、工具、容器、设备等是否有清场合格标志，并核对是否在有效期内，否则按《岗位清洁 SOP》进行清场并经 QA 人员检查发放清场合格证后，方可进入下一步操作。

（2）车间温度 18 ～ 26℃、相对湿度 45% ～ 65%，设备要有“完好”“已清洁”标志牌，并对设备状况进行检查，确证设备正常方可使用。

（3）从暂存室领取 PVC 和铝筒，从中间站领取待包装的中间体 (药片)，注意核对产品名称、批号、规格、数量、检验报告单等。

（4）检查模具以及核对产品批号、有效期与生产指令是否一致，并升温上好铝箱和 PVC。待温度达到要求时试机，观察设备是否正常，若有一般故障则自己排除，自己不能排除则通知修理工进行维修。

2. 包装操作

（1）戴好手套，上料开始包装，并严格按铝塑泡罩包装机操作规程进行。

（2）在铝塑包装过程中注意冲切位置要正确，产品批号、有效期要清晰，压合要严密，密封纹络清晰，QA 人员要随时抽查控制质量。

（3）将残次板剔除干净。

（4）在生产中有异常情况应由班长报告车间负责人并会商解决。

（5）包装完毕后将包好的药板装好。注意不要过分挤压，以免刺破铝筒。

3. 清场

按《岗位清洁 SOP》进行清场。清场完毕后，填写清场记录并上报 QA 人员，经 QA 人员检查发放清场合格证后本岗位挂“已清洁”状态标志。清场合格证正本归入本批批生产记录，副本留在操作间。

4. 结束并记录

及时填写批生产记录、设备运行记录、交接班记录等。关好水、电及门。

学习测试

一、选择题

（一）单项选择题

1. 以下软膏基质中，适用于大量渗出液的患处的基质是（　　）。

A.凡士林　　B.水溶性基质　　C.乳膏基质
D.羊毛脂　　E.液状石蜡

2. 下列关于乳膏基质的叙述错误的是（　　）。

A.乳膏基质特别是O/W型乳膏剂中药物释放较快
B.乳膏基质易于涂布
C.乳膏基质有O/W型和W/O型两种
D.乳膏基质的油相多为液体
E.不得有油水分离及胀气现象

3. 不污染衣服的基质是（　　）。

A.凡士林　　B.液状石蜡　　C.硅酮
D.蜂蜡　　E.羊毛脂

4. 以下关于眼膏剂的叙述错误的是（　　）。

A.眼膏剂的基质应在150℃干热灭菌1～2h
B.眼膏剂启用后最多可使用4周
C.眼膏剂的包装容器应灭菌
D.用于手术或创伤的眼膏剂可加抑菌剂
E.采用无菌操作法制备

5. 乳膏剂的制法是（　　）。

A.研磨法　　B.熔合法　　C.乳化法
D.分散法　　E.搓捏法

6. 下列关于软膏剂、乳膏剂的质量要求不正确的是（　　）。

A.软膏中药物必须能和基质互溶
B.无不良刺激性
C.软膏剂的稠度应适宜，易于涂布
D.色泽一致，质地均匀，无粗糙感
E.无酸败、异臭、变色、变硬

7. 下列可改善凡士林吸水性的是（　　）。

A.石蜡　　B.硅酮　　C.单软膏
D.羊毛脂　　E.植物油

8. 卡波普940作为凝胶基质时加入三乙醇胺可起的作用是（　　）。

A.乳化　　B.增加黏稠度　　C.保湿
D.促进药物吸收　　E.防腐

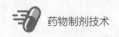

（二）多项选择题

1. O/W型乳膏剂中常需加入（　　）。
   A.润滑剂　　B.保湿剂　　C.防腐剂
   D.助悬剂　　E.抗氧剂
2. 以下需进行无菌检查的是（　　）。
   A.用于大面积烧伤及皮肤严重损伤的软膏
   B.一般乳膏剂
   C.眼膏剂
   D.用于创伤的眼膏
   E.一般凝胶剂
3. 可以作乳剂型基质的油相成分是（　　）。
   A.凡士林　　B.硬脂酸　　C.甘油
   D.三乙醇胺　　E.对羟基苯甲酸乙酯
4. 下列软膏基质处方，配制后属于乳膏基质的是（　　）。
   A.硅油、蜂蜡、花生油
   B.CMC-Na、甘油、水
   C.羊毛脂、凡士林、水
   D.硬脂酸、三乙醇胺、水
   E.卡波沫、甘油、氢氧化钠、纯化水
5. 配膏过程中操作正确的是（　　）。
   A.不溶于基质或基质的药物，必须粉碎至细粉
   B.油溶性药物一般溶于油相，水溶性药物溶于水或水相，再吸收混合或乳化混合
   C.半固体黏稠性药物，可直接与基质混合
   D.固体浸膏可加少量水或稀醇等研成糊状，再与基质混合
   E.基质熔化的顺序是先液体，再半固体，后固体

二、思考题

1. 软膏剂的制备方法有哪几种？各种方法的适用范围如何？
2. 地塞米松乳膏的处方如下。

处方：					
地塞米松	0.25g	硬脂酸	120g	白凡士林	50g
液状石蜡	150g	月桂醇硫酸钠	1g	甘油	100g
三乙醇胺	3g	羟苯乙酯	0.25g	纯化水	加至1000g

试分析上述处方中各成分的作用。

3. 分析下列清凉油的处方和制法。

处方：					
薄荷脑	160g	樟脑	160g	薄荷油	100g
石蜡	210g	桉叶油	100g	蜂蜡	90g
氨溶液 (10%)	6mL	凡士林	200g		

制法：先将樟脑、薄荷脑混合研磨使共熔，然后与薄荷油、桉叶油混合均匀，另将石蜡、蜂蜡和凡士林加热至110℃以除去水分，必要时滤过，放冷至70℃，加入芳香油等，搅拌，最后加入氨溶液，混匀即得。

本品用于止痛止痒，适用于伤风、头痛、蚊虫叮咬。此软膏比一般油脂性基质软膏稠度大些，近于固态，熔程为46～49℃。

4. 联苯苄唑在临床上用于皮肤癣菌、酵母菌等浅部真菌感染治疗。其乳胶剂的处方如下。

处方：联苯苄唑	0.1g	油酸	0.5g	丁羟基茴香醚	0.001g
吐温 -80	0.25g	卡波普 940	0.1g	丙二醇	0.26g
三乙醇胺	0.06g	羟苯乙酯	0.01g	纯化水	加至 10g

什么是乳胶剂？本品是什么类型的制剂？试拟出制备方法。查阅资料，了解中药巴布剂。

专题三　膜剂

学习目标

- 掌握膜剂的特点、分类和处方组成；掌握常用成膜材料的性质及选用。
- 学会膜剂的药浆配制、涂膜、干燥、脱膜和质量评价，知道膜剂生产过程中出现的问题，并能找出原因，提出解决方法。
- 学会典型膜剂的处方及工艺分析。

【典型制剂】

例 1　外用避孕药膜

处方：壬苯基聚乙二醇（10）醚	5g	PVA 05-88	14g
甘油	1g	纯化水	50mL

制法：取 PVA 加甘油和适量纯化水浸泡，等充分膨胀后，在水浴上加热溶解，加入壬苯基聚乙二醇（10）醚，搅拌均匀，静置，消去气泡，在涂膜机上制成面积为 40mm × 40mm 的薄膜，每张药膜含主药 50mg。

本品主药为杀精子药，外用避孕。此膜剂在 37℃的水中溶解时间不超过 50s，杀精子作用强，避孕效果良好，副作用少。

例 2　硝酸甘油膜

处方：硝酸甘油乙醇溶液（10%）	100mL	PVA 17-88	78g
聚山梨酯 -80	5g	甘油	5g
二氧化钛	3g	纯化水	400mL

制法：取 PVA、聚山梨酯 -80、甘油、纯化水在水浴上加热搅拌使溶解，再加入二氧化钛研磨，过 80 目筛，放冷。在搅拌下逐渐加入硝酸甘油乙醇溶液，放置过夜以消除气泡，用涂膜机在 80℃下制成厚 0.05mm、宽 10mm 的膜剂，用铝箔包装，即得。

本品以舌下给药，用于心绞痛等症。与普通硝酸甘油片剂相比，此膜剂的稳定性好，释药速度比片剂快 3 ～ 4 倍，用药后 20s 左右即显效。

【问题研讨】PVA是什么材料？膜剂的处方组成、质量有何要求？如何制备？

膜剂是近年来国内外研究和应用进展很快的剂型。膜剂（films）是指原料药物与适宜的成膜材料经加工制成的膜状制剂。膜剂的重量轻、体积小、使用方便，适用于多种给药途径，可供口服、口含、舌下、眼结膜囊内、阴道内给药，皮肤或黏膜创伤表面的贴敷，因而有内服膜剂、口腔用膜剂（包括口含、舌下给药及口腔内局部贴敷）、眼用膜剂、皮肤及黏膜用膜剂等；膜剂可采用不同的成膜材料制成不同的类型，按结构分为单层膜剂、多层膜剂（又称复合膜剂）和夹心膜剂（缓释或控释膜剂）。多层复合膜剂便于解决药物间的配伍禁忌以及对药物分析上的干扰等问题。膜剂的制备工艺较简单，成膜材料用量小，可以节约辅料和包装材料；制备过程中无粉尘飞扬，有利于劳动者的健康保护。膜剂的主要缺点是载药量少，只适用于小剂量的药物。

一、膜剂的处方

膜剂一般由主药、成膜材料和附加剂三部分组成，附加剂主要有增塑剂（甘油、山梨醇、苯二甲酸酯等）、避光剂（TiO_2）和着色剂（色素），必要时还可加入填充剂（$CaCO_3$、SiO_2、淀粉、糊精等）、矫味剂、脱膜剂及表面活性剂（聚山梨酯-80、十二烷基硫酸钠、豆磷脂）等。水溶性药物应溶于成膜材料中；水不溶性药物应粉碎成极细粉，并与成膜材料均匀混合。

成膜材料是膜剂的重要组成部分，其性能和质量对膜剂的成型工艺、成品质量及药效的发挥有重要影响。成膜材料应符合以下要求：①无毒、无刺激性、无生理活性，无不良嗅味，不干扰免疫功能，外用不妨碍组织愈合，不致敏，长期使用无致畸、致癌作用；②性质稳定，与药物不起作用，不干扰药物的含量测定；③成膜、脱膜性能好，成膜后有足够的强度和柔韧性；④用于口服、腔道、眼用膜剂的成膜材料应具有良好的水溶性，能逐渐降解、吸收或排泄；外用膜剂应能迅速、完全地释放药物；⑤来源广、价格低廉。

常用的成膜材料是一些高分子物质，按来源不同可分为两类：一类是天然高分子物质，如明胶、阿拉伯胶、淀粉等，其中多数可降解或溶解，但成膜、脱膜性能较差，故常与其他成膜材料合用；另一类是合成高分子物质，如聚乙烯醇类化合物、丙烯酸类共聚物、纤维素衍生物等。常用的有聚乙烯醇（PVA）、乙烯-醋酸乙烯共聚物（EVA）、羟丙基纤维素、羟丙基甲基纤维素等。在成膜性能及膜的抗拉强度、柔韧性、吸湿性和水溶性等方面，以PVA、EVA较好。水溶性的PVA常用于制备溶蚀型膜剂，水不溶性的EVA常用于制备非溶蚀型膜剂。

1. 聚乙烯醇（PVA）

聚乙烯醇系由醋酸乙烯在甲醇溶剂中进行聚合反应生成聚醋酸乙烯，再与甲醇发生醇解反应而得。为白色或淡黄色粉末或颗粒，对眼黏膜及皮肤无毒性、无刺激性；口服后在消化道吸收很少，80%的PVA在48h内由直肠排出体外。

PVA的性质主要取决于其分子量和醇解度，分子量越大，水溶性越小，水溶液的黏度大，成膜性能好。一般认为醇解度为88%时，水溶性最好，在冷水中能很快溶解；当醇解度为99%以上时，在温水中只能溶胀，在沸水中才能溶解。目前常用的规格有PVA 05-88和PVA 17-88，其平均聚合度分别为500～600和1700～1800（用前两位数字05和17表示），醇解度均为88%（用后两位数字88表示），分子量分别为22000～26200和74800～79200。这两种PVA均能溶于水，PVA 05-88聚合度小、水溶性大、柔韧性差；PVA 17-88聚合度大、水溶性小、柔韧性好。将二者以适当比例（如1：3）混合使用，能制成很好的膜剂。

2. 乙烯-醋酸乙烯共聚物（EVA）

本品为无色粉末或颗粒，是乙烯和醋酸乙烯在过氧化物或偶氮异丁腈引发下共聚而成的水不溶性高分子聚合物，可用于制备非溶蚀型或膜剂的外膜。其性能与分子量及醋酸乙烯含量关系很大，当分子量相同时，醋酸乙烯含量越高，溶解性、柔韧性、弹性和透明性也越大。按醋酸乙烯的含量可将EVA分成多种规格，其释药性能各不相同。

EVA无毒性、无刺激性，对人体组织有良好的适应性；不溶于水，溶于有机溶剂，熔点较低，成膜性能良好，成膜后较PVA有更好的柔韧性。

3. 聚乙烯吡咯烷酮（PVP）

本品为白色或淡黄色粉末，微臭；在水、乙醇、丙二醇、甘油中均易溶解；常温下稳定，加热至150℃时变色；无毒性和刺激性；水溶液黏度随分子量增加而增大，可与其他成膜材料配合使用；易长霉，应用时需加入防腐剂。

4. 羟丙基甲基纤维素（HPMC）

本品为白色粉末，在60℃以下的水中膨胀溶解，超过60℃时则不溶于水，在乙醇、氯仿中几乎不溶，能溶于乙醇 - 二氯甲烷（1 ： 1）或乙醇 - 氯仿（1 ： 1）的混合液中。成膜性能良好，坚韧而透明，不易吸湿，高温下不黏着，是抗热抗湿的优良材料。

二、膜剂的制备

1. 匀浆制膜法

匀浆制膜法又称涂膜法、流涎法，是将成膜材料溶解于适当溶剂中，再将药物及附加剂溶解或分散在上述成膜材料溶液中制成均匀的药浆，静置除去气泡，经涂膜、干燥、脱膜、主药含量测定、剪切包装等，最后制得膜剂。

大量生产时用涂膜机（如图5-6所示）涂膜，小量制备时可将药浆倾倒于平板玻璃上，经振动或用推杆涂成厚度均匀的薄层。涂膜后烘干，根据药物含量确定单剂量的面积，再按单剂量面积切割、包装。

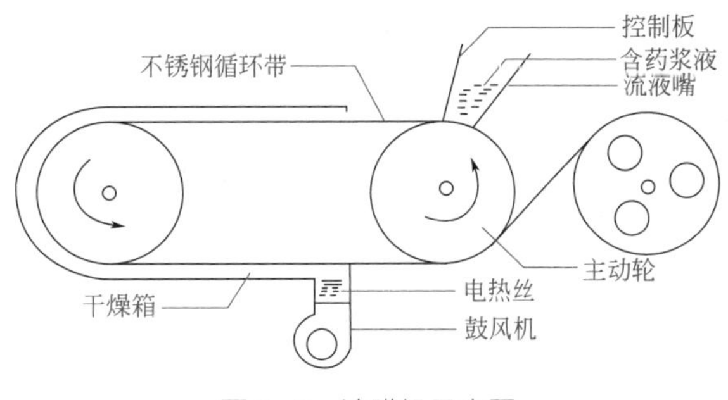

图5-6 涂膜机示意图

2. 热塑制膜法

此法是将药物细粉和成膜材料如EVA颗粒相混合，用橡皮滚筒混碾，热压成膜，随即冷却、脱膜即得。或将成膜材料如聚乳酸、聚乙醇酸等加热熔融，在热熔状态下加入药物细粉，使二者均匀混合，在冷却过程中成膜。

3. 复合制膜法

此法是以不溶性的热塑性成膜材料（如EVA）为外膜，分别制成具有凹穴的底外膜带和上外膜带，另用水溶性成膜材料（如PVA或海藻酸钠）用匀浆制膜法制成含药的内膜带，剪切后置于底外膜带凹穴中；也可用易挥发性溶剂制成含药匀浆，定量注入到底外膜带凹穴中，经吹风干燥后，盖上外膜带，热封即得。这种方法需一定的设备，一般用于经皮吸收膜剂的制备。

三、膜剂的质量检查

膜剂应完整光洁，厚度一致，色泽均匀，无明显气泡；多剂量膜剂的分格压痕应均匀清晰，并能按压痕撕开；重量差异应符合规定。

1. 重量差异检查

除另有规定外，取供试品20片，精密称定总重量，求得平均重量，再分别精密称定各片的重量。每片重量与平均重量相比较，超出重量差异限度（表 5-3）的膜片不得多于 2 片，并不得有 1 片超出差异限度 1 倍。

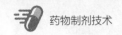

表5-3　膜剂的重量差异限度

标示装量	装量差异限度 /%	标示装量	装量差异限度 /%
0.02g 及 0.02g 以下	± 15	0.20g 以上	± 7.5
0.02g 以上至 0.20g	± 10		

凡进行含量均匀度检查的膜剂，一般不再检查重量差异。

2. 微生物限度检查

应符合药典有关药品微生物限度标准的规定。

除另有规定外，膜剂宜密封保存，防止受潮、发霉、变质，卫生学检查应符合规定。

知识拓展　涂膜剂

涂膜剂系指原料药物溶解或分散于含成膜材料剂中，涂搽患处后形成薄膜的外用液体制剂。涂膜剂形成的薄膜对患处有保护作用，同时能缓慢释放药物起治疗作用，一般用于无渗出液的损害性皮肤病、过敏性皮炎、神经性皮炎等，启用后一般最多可使用 4 周。除另有规定外，应遮光密闭贮存。

涂膜剂通常由药物、成膜材料和挥发性有机溶剂三部分组成。常用的成膜材料有聚乙烯醇、聚乙烯吡咯烷酮、乙基纤维素、聚乙烯醇缩甲乙醛、聚乙烯醇缩甲丁醛等，一般加入增塑剂，如邻苯二甲酸二丁酯、甘油、丙二醇、三乙酸甘油酯等。常用的挥发性有机溶剂有乙醇、丙酮、乙酸乙酯等及其混合溶剂。涂膜剂制备工艺简单，一般用溶解法制备。涂膜剂如以聚乙烯醇等水溶性高分子材料为成膜材料，也可用纯化水为溶剂。

举例　癣净涂膜剂

处方：						
水杨酸	400g	苯甲酸	400g	硼酸	40g
鞣酸	300g	苯酚	20g	薄荷脑	10g
氮酮	10mL	甘油	100mL	聚乙烯醇 -124	40g
纯化水	400mL	95%（体积分数）		乙醇	加至 1000mL

制法：取聚乙烯醇 -124 加入纯化水和甘油中充分膨胀后，在水浴上加热使完全溶解；另取水杨酸、苯甲酸、硼酸、鞣酸、苯酚及薄荷脑依次溶于适量 95% 的乙醇中，加入氮酮，再添加乙醇使成 500mL，搅匀后缓缓加至聚乙烯醇 -124 溶液中，随加随搅拌，搅匀后迅速分装，密闭，即得。

提示：本品用于治疗手、足、股癣。金属离子能使处方中所含鞣酸、水杨酸、苯酚等变色，故制备及使用时应避免与金属器具接触。

剂型使用　膜剂用药指导

膜剂供口服或黏膜外用，包括口服、外用和控释膜剂等，应注意正确使用。口服膜制剂不用吞咽，服药依从性高，薄膜剂量容易调节，防止呕吐造成治疗失败等，适于自我管理能力低，药物吞咽有困难的人群，比如幼儿、服药困难的人群。常用的膜剂如：①避孕药壬苯醇醚膜以女用为好，房事前取药膜以食指推入阴道深处。注意放置药膜时，抽出动作要快，以免薄膜遇到阴道液体后粘在手指上，导致剂量不足；②复方甲地孕酮膜作为短效避孕药，从月经周期第 5 天起，每日服 1 片，连服 22 天为 1 周期；③毛果芸香碱膜每日用 2～3 格，早起、睡前贴敷于眼角上。

实践　膜剂的制备

通过膜剂的制备，学会涂膜法制备膜剂的基本操作，熟悉膜剂的质量评定；认识本工作中使用到的设备，并能规范使用；了解膜剂的生产环境和操作规范。

【实践项目】

1.PVA 空白膜的制备

处方：PVA(1788、0588)　　2.8g　　甘油　　0.5g
　　　吐温 -80　　0.5g　　纯化水　　加至 20g

制法：称取 PVA、甘油、吐温 -80，加纯化水充分浸润，加热使全溶，补加纯化水，冷却后搅匀，除尽气泡，涂膜，干燥，脱膜，剪成适宜大小，即得。

2.CMC-Na 空白膜的制备

处方：CMC-Na　　3.0g　　甘油　　0.3g
　　　吐温 -80　　0.3g　　纯化水　　Q.S

制法：称取 CMC-Na、甘油、吐温 -80，加纯化水充分浸润，加热使全溶，补加纯化水，冷却后搅匀，除尽气泡，涂膜，干燥，脱膜，剪成适宜大小，即得。

3. 质量检查

①性状；②重量差异检查。

【岗位操作】

岗位　制膜

1. 生产前准备

（1）操作人员按 D 级洁净区要求进行更衣、消毒，进入膜剂制备操作间。

（2）检查操作间、器具及设备等是否有清场合格标志，并确定是否在有效期内。否则按《岗位清洁 SOP》进行清场，经 QA 人员检查发放清场合格证后，方可进行生产。

（3）设备要有“完好”“已清洁”状态标志。并对设备状况进行检查，确认设备运行正常后方可使用。

2. 生产操作［以壬苯基聚乙二醇（10）醚膜剂为例］

（1）换上“运行”设备标识，挂于指定位置。取下原标志牌，并放于指定位置。

（2）操作人员根据批生产指令单从配料间领取配制好的膜液，并对膜液的品名、批号及质量情况进行核实；按《车间中间站管理规程》从内包材暂存间领取药用包装材料。

（3）按《涂膜机标准操作规程》要求，设置好涂膜机预热温度。

（4）根据设备能力，将膜液分次移入栓剂灌封机的恒温罐内，然后按《涂膜机标准操作规程》进行制膜，在涂膜机上制成面积为 40mm × 40mm 的薄膜，每张药膜含主药 50mg。将药膜夹在装订成册的纸片中包装，即得。

3. 清场

按《岗位清洁 SOP》进行清场。清场完毕后，填写清场记录并上报 QA 人员，经 QA 人员检查发放清场合格证后本岗位挂“已清洁”状态标志。清场合格证正本归入本批批生产记录，副本留在操作间。在设备上挂“已清洁”标识。

4. 结束并记录

及时填写批生产记录、设备运行记录、交接班记录等。关好水、电及门。

5. 质量控制要点

性状；重量差异检查。

学习测试

一、选择题

（一）单项选择题

1. 下列较适宜的成膜材料是（　　）。

A. PVA　　B.卡波普　　C. CAP　　D.明胶　　E. PEG

2. 甘油在膜剂中的主要作用是（　　）。

A.黏合剂　　B.增加胶液的凝结力　　C.增塑剂

D.脱膜剂　　E.保湿剂

3. 下列既可作软膏基质，又可作膜剂成膜材料的是（　　）。

A. CMC-Na　　B. PVA　　C. PEG

D. PVP　　E. EVA

4. 二氧化钛在膜剂中起的作用为（　　）。

A.增塑剂　　B.着色剂　　C.遮光剂

D.填充剂　　E.脱膜剂

5. 下列有关成膜材料PVA的叙述中，错误的是（　　）。

A.具有良好的成膜性及脱膜性

B.其性质主要取决于分子量和醇解度

C.醇解度88%的水溶性较醇解度99%的好

D.PVA来源于天然高分子化合物

E.PVA 05-88的平均聚合度分别为500～600

6. 为克服药物之间的配伍禁忌和分析上的干扰，可制成（　　）。

A.夹心型膜剂　　B.口服膜剂　　C.单层膜剂

D.多层复方膜剂　　E.涂膜剂

（二）多项选择题

1. 制备膜剂能使用的方法是（　　）。

A.研和法　　B.匀浆法　　C.热塑法

D.吸附法　　E.冷压法

2. 涂膜剂的主要优点有（　　）。

A.制备工艺简单

B.不用裱褙材料，使用方便

C.体积小，重量轻，便于携带、运输和贮存

D.成膜性能较火棉胶好

E.一般不要加增塑剂

3. 下列有关膜剂的特点叙述，正确的为（　　）。

A.体积小、重量轻　　B.可节省大量辅料　　C.制备工艺简单

D.多层复方膜剂具有缓释性　　E.载药量大

4. 膜剂的附加剂主要有（　　）。

A.增塑剂　　B.着色剂　　C.填充剂

D.表面活性剂　　E.保湿剂

5. 作为成膜材料，应具备的良好特性是（　　）。

A.脱膜性能　　B.稳定性　　C.膨胀性

D.成膜性　　E.生理活性

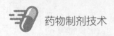

6. 涂膜剂的组成包括（　　）。

A.药物　　B.润湿剂　　C.挥发性有机溶剂

D.黏合剂　　E.成膜材料

二、思考题

1. 膜剂的主要成膜材料有哪些？PVA作为常用的成膜材料有哪些优点？

2. 分析下列膜剂的处方和制法。

（1）口腔溃疡膜

处方：硫酸庆大霉素　6万单位　醋酸地塞米松　10mg
盐酸丁卡因　250mg　甘油　750mg
糖精钠　25mg　乙醇　适量
PVA 05-88　15g　纯化水　加至50mL

制法：取PVA加适量纯化水浸泡，充分膨胀后水浴加热使溶解，备用。取硫酸庆大霉素、盐酸丁卡因、甘油、糖精钠溶于适量水中，加入PVA胶浆中，混匀。另取醋酸地塞米松加适量乙醇溶解后，再与以上药浆混合，加适量纯化水至规定量，混匀。静置，消去气泡，用涂膜机在80℃下制成厚0.8mm、宽10mm的膜剂，即得。

本品用于复发性口疮等各类口腔溃疡。

（2）毛果芸香碱眼用膜

处方：硝酸毛果芸香碱　15g　PVA 05-88　28g
甘油　2g　纯化水　30mL

制法：取PVA，加甘油、纯化水，膨胀后于90℃水浴上加热搅拌使溶解，趁热用80目筛网过滤，放冷后加入硝酸毛果芸香碱，搅拌使溶解，将药浆置涂膜机中制膜，包装，即得。

本品用于治疗青光眼。药膜在眼结膜囊内被泪液逐渐溶解，因其溶解后具有黏性，使药物在用药部位滞留时间较长。

专题四　气雾剂、粉雾剂、喷雾剂

学习目标

- 掌握气雾剂、粉雾剂、喷雾剂的特点、分类与组成；掌握抛射剂性质、种类和作用。知道粉雾剂、喷雾剂的质量检查项目。
- 掌握气雾剂的生产工艺，学会气雾剂的装配、配制、分装、填充、质量检查、包装与贮藏。
- 学会典型气雾剂的处方及工艺分析。

【典型制剂】

例1　溴化异丙托品气雾剂

处方：溴化异丙托品　0.374g　无水乙醇　150.000g
HFA-134a　844.586g　柠檬酸　0.040g
纯化水　5.000g　共制　1000g

制法：将溴化异丙托品、柠檬酸和水溶于乙醇，制成活性组分浓缩液后，分装入气雾剂容器中。容器上部空间用氮气或HFA-134a蒸气填充并用阀门密封。然后将HFA-134a加压充填入密封的容器内即得。

本品用于防治支气管哮喘和哮喘型慢性支气管炎，尤适用于因用β受体激动剂产生肌肉震颤、心动过速而不能耐受此类药物的患者。

例2 布地奈德粉雾剂

处方：布地奈德 200mg 乳糖 25g 制成1000粒

制法：将布地奈德用适宜方法微粉化，采用等量递加稀释法与处方量乳糖充分混合均匀，分装到硬明胶胶囊中，使每粒含布地奈德化2mg，即得。

本品为多剂量粉吸入剂，吸入装置中的内容物为白色或类白色颗粒，用于非糖皮质激素依赖性或依赖性的支气管哮喘和哮喘性慢性支气管炎患者。

【问题研讨】什么是气雾剂、粉雾剂和喷雾剂？有哪些类型？其生产工艺、质量有何要求？

气雾剂、粉雾剂和喷雾剂系指原料药物或原料药物和附加剂以特殊装置给药，经呼吸道深部、腔道、黏膜或皮肤等发挥全身或局部作用的制剂，应对皮肤、呼吸道与腔道黏膜和纤毛无刺激性、无毒性。按处方组成，分为二相气（粉、喷）雾剂（气相和液相，一般为溶液系统）和三相气（粉、喷）雾剂（气相、液相、固相或液相，一般为混悬系统和乳剂系统）。按给药定量与否，分为定量气（粉、喷）雾剂和非定量气（粉、喷）雾剂。按用药途径分为吸入、非吸入和外用气（粉、喷）雾剂。吸入型的气（粉、喷）雾剂可以单剂量或多剂量给药，应保证每揿含量的均匀，雾滴（粒）大小应控制在10μm以下，其中大多数应为5μm以下。吸入制剂除吸入气雾剂、吸入粉雾剂和吸入喷雾剂外，还包括吸入液体制剂和可转变蒸汽的制剂，药物以气溶胶或蒸汽形式递送至肺部发挥局部或全身作用。

气（粉、喷）雾剂的各组成部件均应采用无毒、无刺激性、性质稳定、与药物不起作用的材料。根据需要，可加入溶剂、助溶剂、抗氧剂、防腐剂、表面活性剂等附加剂。吸入气雾剂中所有附加剂均应对呼吸道黏膜和纤毛无刺激性、无毒性，非吸入及外用气雾剂中所有附加剂均应对皮肤或黏膜无刺激性。气（粉、喷）雾剂在生产环境、用具和整个生产操作过程中，应防止微生物污染，用具、容器等须用适宜的方法清洁、消毒，烧伤、创伤用气（粉、喷）雾剂应在无菌环境下配制。

一、气雾剂

气雾剂（aerosol）系指原料药物或原料药物和附加剂与适宜的抛射剂共同装封于具有特制阀门系统的耐压容器中，使用时借助抛射剂的压力将内容物呈雾状物喷出，用于肺部吸入或直接喷至腔道黏膜、皮肤的制剂。可以是含药溶液、乳状液或混悬液。吸入气雾剂可以单剂量或多剂量给药，药物从装置中呈雾状释放出进入人体肺部。

气雾剂的主要优点为：①气雾剂可直接到达作用部位或吸收部位，药物分布均匀，起效快；②药物密闭于容器内，不易被微生物污染，且由于容器不透明、避光且不易与空气中的氧或水分直接接触，提高了药物稳定性；③对皮肤、呼吸道与腔道黏膜和纤毛无局部用药的刺激性；④避免药物肝脏首过效应和胃肠道的破坏作用，生物利用度高；⑤可用定量阀门控制剂量，剂量准确。

但气雾剂需要耐压容器、阀门系统和特殊的生产设备，生产成本高；其次，抛射剂有高度挥发性因而具有制冷效应，多次使用于受伤皮肤上可引起不适；而且，氟氯烷烃类抛射剂在体内达一定浓度都可致敏心脏，造成心律失常，故对心脏病患者不适宜。

1. 气雾剂的处方

气雾剂是由抛射剂、药物与附加剂、耐压容器和阀门系统组成。抛射剂与必要的附加剂、药物一同装封在耐压容器中，由阀门系统控制。在阀门开启时，借抛射剂的压力将容器内的药液以雾状喷出达到用药部位。

（1）**抛射剂（propellants）** 抛射剂是喷射药物的动力，有时兼作药物溶剂或稀释剂，多为液化气体，常温常压下蒸气压高于大气压，沸点低于室温。雾滴的大小取决于抛射剂的类型、用量、阀门和揿钮的类型，以及药液的黏度等。因此要根据气雾剂用药目的和要求，合理选择抛射剂。抛射剂应无毒、无致敏性和刺激性，不与药物等发生反应，不易燃、不易爆炸，无色、无臭、无味，价廉易得，主要种类有氟氯烷烃、碳氢化合物及压缩气体。

氟氯烷烃类：又称氟利昂（freon），沸点低，常温下蒸气压略高于大气压，性质稳定，不易燃烧，液化后密度大，无味，基本无臭，毒性较小。不溶于水，可作脂溶性药物的溶剂。常用氟利昂有三氯一氟甲烷（F_{11}）、二氯二氟甲烷（F_{12}）和二氯四氟乙烷（F_{114}）。氟氯烷烃类在碱性或有金属存在时不稳定。F_{11} 与乙醇可起化学反应而变臭，F_{12}、F_{114} 可与乙醇混合使用。

氟氯烷烃是医用气雾剂的抛射剂，但可破坏大气臭氧层，联合国已要求停用。为此开展了药用气雾剂氟利昂的淘汰工作，替代辅料有氢氟烷烃、丙烷等其他碳氢化合物和二氧化碳等压缩气体。

氢氟烷烃类：目前的替代抛射剂主要为氢氟烷烃（hydrofliioroalkane，HFA），如四氟乙烷（HFA-134a）和七氟丙烷（HFA-227）。HFA 分子中不含氯原子，仅含碳氢氟 3 种原子，降低了对大气臭氧层的破坏。CFC 在室温下可作为混悬型气雾剂的分散介质，而 HFA 类抛射剂在低温下才能呈现液态，在常温下的饱和蒸气压较高，对容器的耐压要求更高。HFA 为饱和烷烃，一般条件下化学性质稳定，几乎不与任何物质产生化学反应，不具可燃性，室温及正常压力下与空气混合不形成爆炸性混合物。

其他碳氢化合物：主要有丙烷、正丁烷、异丁烷、卤代甲烷、卤代乙烷等。此类抛射剂密度低，易燃、易爆，不宜单独使用，可与氟氯烷烃类抛射剂合用。可作为非药用气雾剂的抛射剂使用。

压缩气体类：主要有二氧化碳、氮气和一氧化氮等，化学性质稳定，不与药物发生反应，不燃烧。但液化后的沸点很低，如二氧化碳为 –78.3℃、氮为 –195.6℃。常温时蒸气压高，如二氧化碳为 5767kPa（表压，21.1℃）、一氧化氮为 4961kPa（表压，21.1℃），对容器要求严。使用时压力容易迅速降低，达不到持久喷射的效果，因而在吸入气雾剂中不常用，主要用于喷雾剂。

气雾剂的喷射能力取决于抛射剂的用量及其蒸气压，一般用量大，蒸气压高，喷射能力强。吸入气雾剂要求喷出物干、雾滴细，喷射能力要强。皮肤用气雾剂、乳剂型气雾剂喷射能力要稍弱。一般多采用混合抛射剂，通过调整用量和蒸气压来达到所需的喷射能力。

（2）**药物与附加剂** 供制备气雾剂的药物有液体、半固体或固体粉末。根据药物的理化性质和临床治疗要求决定配制的气雾剂类型，进而决定潜溶剂或附加剂的使用，如易氧化药物可加入适量的抗氧剂等。

溶液型气雾剂中，抛射剂可作溶剂，必要时可加适量乙醇、丙二醇或聚乙二醇等作潜溶剂（用于增加药物溶解度的混合溶剂）。

混悬型气雾剂有时还加固体润湿剂，如滑石粉、胶体二氧化硅等，使药物微粉（一般粒径在 5μm 以下，不超过 10μm）易分散混悬于抛射剂中，或加入适量的 HLB 值低的表面活性剂及高级醇类作润湿剂、分散剂和助悬剂，如三油酸山梨坦、司盘 -85、月桂醇类等，使药物不聚集和重结晶，在喷雾时不会阻塞阀门。

乳剂型气雾剂中，如药物不溶于水或在水中不稳定时，可用甘油、丙二醇类代替水，除附加剂外，还应加适当的乳化剂，如聚山梨酯、三乙醇胺硬脂酸酯或司盘类。这类气雾剂在容器内呈乳剂，抛射剂是内相，药液为外相，中间相为乳化剂。经阀门喷出后，分散相中的抛射剂立即膨胀汽化，使乳剂呈泡沫状态喷出，又称泡沫型气雾剂。

（3）**耐压容器** 气雾剂的容器应能耐受气雾剂所需的压力，各组成部件均不得与药物或附加剂发生理化作用，尺寸精度与溶胀性必须符合要求。玻璃容器化学性质稳定，但耐压和耐撞击性差，因此外搪有塑料防护层。金属容器包括铝、不锈钢等容器，耐压性强，但对药液不稳定，需要内涂聚乙烯或环氧树脂等。

（4）阀门系统　气雾剂的阀门系统除一般阀门外，还有供吸入用的定量阀门、供腔道或皮肤等外用的泡沫阀门系统。阀门系统须坚固、耐用和结构稳定，因其直接影响到制剂的质量。阀门材料必须对内容物为惰性，加工应精密。目前使用最多的定量型的吸入气雾剂阀门系统的结构与组成如图 5-7 所示。

① 封帽　通常为铝制品，将阀门固封在容器上，必要时涂环氧树脂。

② 阀门杆（轴芯）　阀门杆常由尼龙或不锈钢制成。顶端与推动钮相接，上端有内孔（出药孔）和膨胀室，下端还有一段细槽或缺口以供药液进入定量室。

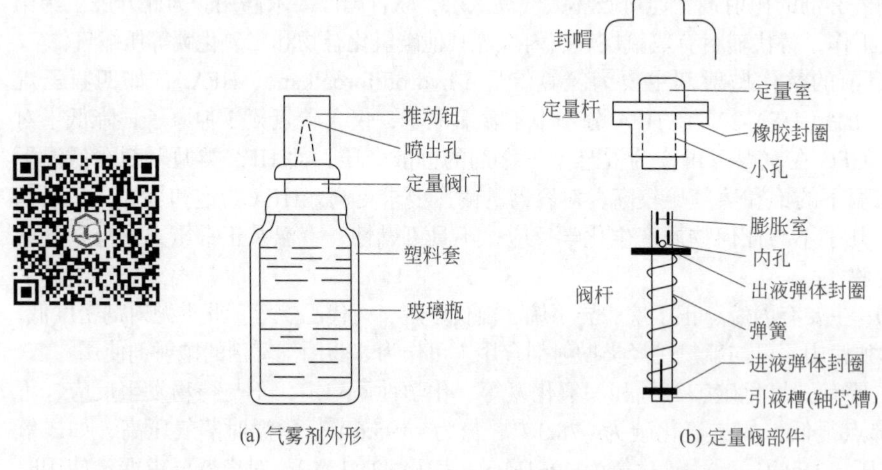

图 5-7　气雾剂的定量阀门系统装置外形及部件示意图

内孔是阀门沟通容器内外的小孔，大小关系到气雾剂喷射雾滴的粗细。内孔位于阀门杆之旁，平常被弹性封圈封在定量室之外，使容器内外不沟通。当揿下推动钮时，内孔进入定量室与药液相通，药液即进入膨胀室，然后从喷嘴喷出。

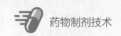

膨胀室在阀门杆内，位于内孔之上，药液进入此室时，部分抛射剂因汽化而骤然膨胀，使药液雾化、喷出，进一步形成细雾滴。

③ 橡胶封圈　橡胶封圈通常由丁腈橡胶制成，分进液和出液两种。进液封圈紧套于阀门杆下端，在弹簧之下，它的作用是托住弹簧，同时随着阀门杆的上下移动而使进液槽打开或关闭，且封闭定量室下端，使杯室药液不致倒流。出液弹性封圈紧套于阀门杆上端，位于内孔之下、弹簧之上，它的作用是随着阀杆的上下移动而使内孔打开或关闭，同时封闭定量室的上端，使杯内药液不致逸出。

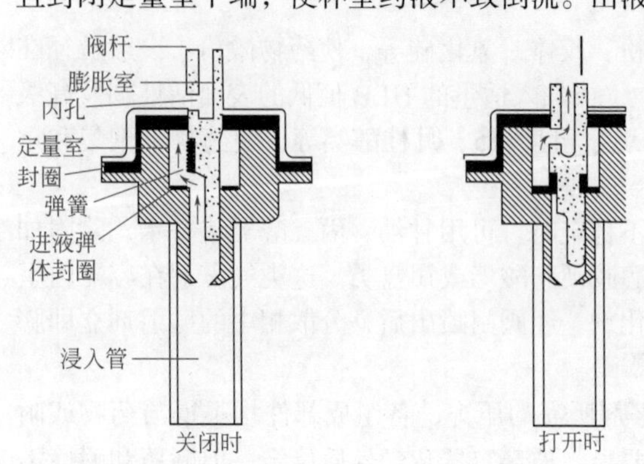

图 5-8　气雾剂有浸入管的定量阀门

④ 弹簧　弹簧套于阀杆，位于定量杯内，提供推动钮上升的弹力。

⑤ 定量杯（室）　定量杯（室）为塑料或金属制成，其容量一般为 0.05 ～ 0.2mL，它决定剂量的大小。由上下封圈控制药液不外逸，使喷出准确的剂量。

⑥ 浸入管　浸入管为塑料制成，是容器内药液向上输送到阀门系统的通道（图 5-8）。喷

射时，按下揿钮，阀门杆在揿钮的压力下顶入，弹簧受压，内孔进入出液橡胶封圈以内，定量室内的药液由内孔进入膨胀室，部分汽化后自喷嘴喷出。同时引流槽全部进入瓶内，封圈封闭药液进入定量室的通道。揿钮压力除去后，在弹簧的作用下，又使阀门杆恢复原位，药液再进入定量室。

⑦ 推动钮　推动钮常用塑料制成，装在阀门杆的顶端，推动阀门杆以开启和关闭气雾剂阀门，上有喷嘴，控制药液喷出的方向。不同类型的气雾剂，应选用不同类型喷嘴的推动钮。

2. 气雾剂的制备

气雾剂的制备过程可分为：容器、阀门系统的处理与装配，药物配制、分装和填充抛射剂等。在制备过程中应严格控制原料药、抛射剂、容器、用具的含水量，防止水分混入；易吸湿的药物应快速调配、分装。

（1）容器、阀门系统的处理与装配

① 玻璃搪塑　先将玻璃瓶洗净烘干，预热至 120 ～ 130℃，趁热浸入塑料黏浆中，使瓶颈以下黏附一层塑料浆液，倒置，在 150 ～ 170℃烘干 15min，备用。对塑料涂层的要求是：能均匀地紧密包裹玻璃瓶，避免爆瓶时玻璃片飞溅，外表平整、美观。

② 阀门系统的处理与装配　将阀门的各种零件分别处理。橡胶制品可在 75% 乙醇中浸泡 24h，以除去色泽并消毒，干燥备用；塑料、尼龙零件洗净再浸泡在 95% 乙醇中备用；不锈钢弹簧在 1% ～ 3% 氢氧化钠碱液中煮沸 10 ～ 30min，用水洗涤数次，然后用纯化水洗 2 ～ 3 次，直到无油腻为止，浸泡在 95% 乙醇中备用。最后将上述已处理好的零件，按照阀门结构装配，定量室与橡胶垫圈套合，阀门杆装上弹簧与橡胶垫圈及封帽等。

（2）**药物的配制与分装**　按处方组成及要求的气雾剂类型进行配制。溶液型气雾剂应制成澄清药液；混悬型气雾剂应将药物微粉化并保持干燥状态，严防药物微粉吸附水蒸气；乳剂型气雾剂应制成稳定的乳剂。然后定量分装在已准备好的容器内，安装阀门，轧紧封帽。

（3）**抛射剂的填充**　抛射剂的填充有压灌法和冷灌法两种。

① 压灌法　先将配好的药液（一般为药物的乙醇溶液或水溶液）在室温下灌入容器内，再将阀门装上并轧紧，然后通过压装机压入定量抛射剂（最好先将容器内空气抽去）。压入法的设备简单，不需要低温操作，抛射剂损耗较少。但生产速度较慢，且使用过程中压力的变化幅度较大。

② 冷灌法　药液借冷灌装置中热交换器冷却至 -20℃左右，抛射剂冷却至沸点以下至少 5℃。先将冷却的药液灌入容器中，随后加入已冷却的抛射剂（也可两者同时灌入）。立即将阀门装上并轧紧，操作必须迅速，以减少抛射剂损失。冷灌法速度快，对阀门无影响，成品压力较稳定。但需制冷设备和低温操作，抛射剂损失较多。含水品种不宜使用此法。

3. 气雾剂的质量检查

气雾剂应进行泄漏和压力检查，置凉暗处贮存，并避免曝晒、受热、敲打、撞击，确保使用安全。定量气雾剂应标明每瓶总揿次和每揿主药含量。吸入气雾剂的定量气雾剂释出的主药含量应准确，喷出的雾滴（粒）应均匀。定量气雾剂需检查递送剂量均一性。除另有规定外，气雾剂应进行以下相应检查。

（1）**每瓶总揿次**　定量气雾剂的每瓶总揿次的检查方法为：取供试品 1 罐，揿压阀门，释放内容物到废弃池中，每次揿压间隔不少于 5s，每罐总揿次均不得少于其标示总揿次。

（2）**雾滴（粒）分布**　微细粒子剂量是评价吸入制剂有效性的重要参数。吸入气雾剂、吸入粉雾剂、吸入喷雾剂的雾滴（粒）大小，在生产过程中可以采用合适的显微镜法或光阻、光散射及光衍射法进行测定；但产品的雾滴（粒）分布，则应采用雾滴（粒）的空气动力学直径分布来表示，测定的微细粒子剂量为其空气动力学雾滴（粒）直径，小于一定大小的药物质量。测定装置主要有双级撞击器、安德森级联撞击器和新一代撞击器（new generation impactor, NGI）。双级撞击器装置各部分如图 5-9 所示。

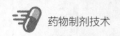

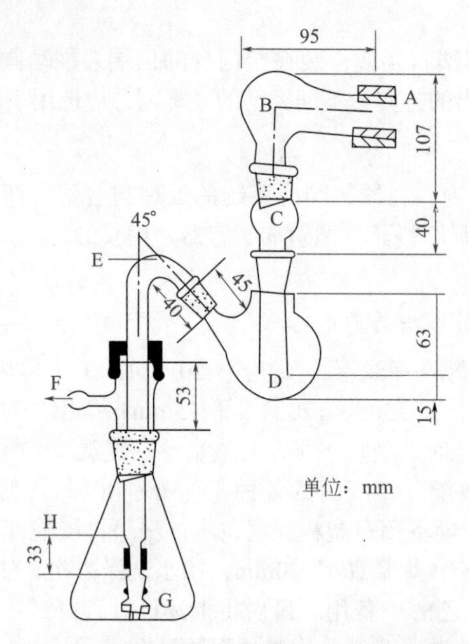

图 5-9　气雾剂雾滴（粒）分布率测定装置

A—适配器；B—模拟喉部；C—模拟颈部；D—一级分布瓶；E—连接管；
F—出口三通管；G—喷头；H—二级分布瓶

照各品种项下规定的装置与方法，依法测定，计算微细粒子剂量，应符合各品种项下规定。除另有规定外，微细药物粒子百分比应不少于每吸主药含量标示量的 15%。

（3）**每揿主药含量**　取供试品 1 罐，充分振摇，除去帽盖，按产品说明书规定，弃去若干揿次，除产品说明书另有规定外，通常试揿 5 次，用溶剂洗净套口，充分干燥后，倒置于已加入一定量吸收液的适宜烧杯中，将套口浸入吸收液液面下（至少 25mm），揿射 10 次或 20 次（注意每次揿射间隔 5s 并缓缓振摇），取出供试品，用吸收液洗净套口内外，合并吸收液，转移至适宜量瓶中并稀释至刻度后，按各品种含量测定项下的方法测定，所得结果除以取样揿射次数，即为平均每揿主药含量。每揿主药含量应为每揿主药含量标示量的 80% ～ 120%。

（4）**喷射速率**　非定量气雾剂的喷射速率检查方法为：取供试品 4 罐，除去帽盖，分别喷射数秒后，擦净，精密称定，将其浸入恒温水浴（25℃ ±1℃）中 30min，取出，擦干，除另有规定外，连续喷射 5s，擦净，分别精密称重，然后放入恒温水浴（25℃ ±1℃）中。按上法重复操作 3 次，计算每罐的平均揿射速率（g/s），均应符合各品种项下的规定。

（5）**喷出总量**　非定量气雾剂检查喷出总量，应符合规定。取供试品 4 罐，除去帽盖，精密称定，在通风橱内，分别连续喷射于已加入适量吸收液的容器中，直至喷尽为止，擦净，分别精密称定，每罐喷出量均不得少于标示装量的 85%。

（6）**每揿喷量**　定量气雾剂照下述方法检查，应符合规定。取供试品 1 罐，振摇 5s，按产品说明书规定，弃去若干揿次，擦净，精密称定，揿压阀门揿射 1 次，擦净，再精密称定。前后两次重量之差为 1 个喷量。按上法连续测定 3 个喷量；揿压阀门连续揿射，每次间隔 5s，弃去，至 $n/2$ 次；再按上法连续测定 4 个喷量；继续揿压阀门连续揿射，弃去，再按上法测定最后 3 个喷量。重复 3 次上述操作（共 4 罐）。计算每罐 10 个喷量的平均值。除另有规定外，每揿喷量应为标示喷量的 80% ～ 120%。

凡进行每揿递送剂量均一性检查的气雾剂，不再进行每揿喷量检查。

（7）**粒度** 除另有规定外，混悬型气雾剂应作粒度检查。取供试品 1 罐，充分振摇，除去帽盖，试喷数次，擦干，取清洁干燥的载玻片一块，置距喷嘴垂直方向 5cm 处揿射 1 次，用约 2mL 四氯化碳或其他适宜溶剂小心冲洗载玻片上的喷射物，吸干多余的四氯化碳或其他适宜溶剂，待干燥，盖上盖玻片，移至具有测微尺的 400 倍或以上倍数显微镜下检视，上下左右移动，检查 25 个视野，计数，平均原料药物粒径应在 5μm 以下，粒径大于 10μm 的粒子不得过 10 粒。

（8）**无菌** 用于烧伤（除程度较轻的烧伤Ⅰ°或浅Ⅱ°）、严重创伤或临床必须无菌的气雾剂照无菌检查法检查，应符合规定。

（9）**微生物限度** 除另有规定外，照微生物限度检查法检查，应符合规定。

【问题解决】 分析气雾剂【典型制剂】处方中各成分的作用。

1. 溴化异丙托品气雾剂

提示：本品为溶液型气雾剂，无水乙醇为抗氧剂，HFA-134a 为四氟乙烷，是氟氢烷（HFA）类气雾抛射剂。揿压阀门，药液即呈雾粒喷出。

2. 布地奈德粉雾剂

提示：本品为胶囊型粉雾剂，用时需装入相应的装置中，供患者吸入使用。吸入该药后，10% ～ 15% 在肺部吸收，约 10min 后血药浓度达峰值。处方中的乳糖为载体。

二、粉雾剂

粉雾剂按用途可分为吸入粉雾剂、非吸入粉雾剂和外用粉雾剂，应置凉暗处贮存，防止吸潮。吸入粉雾剂系指固体微粉化药物单独或与合适载体混合后，以胶囊、泡囊或多剂量贮库形式，采用特制的干粉吸入装置，由患者吸入雾化药物至肺部的制剂。非吸入粉雾剂系指药物或与载体以胶囊或泡囊形式，采用特制的干粉给药装置，将雾化药物喷至腔道黏膜的制剂。外用粉雾剂系指药物或与适宜的附加剂灌装于特制的干粉给药器具中，使用时借助外力将药物喷至皮肤或黏膜的制剂。除另有规定外，外用粉雾剂应符合散剂项下有关的各项规定。近十几年来，吸入粉雾剂发展迅速，品种发展到能有效治疗哮喘、慢性阻塞性肺病等多种疾病。本节重点介绍吸入粉雾剂。

吸入粉雾剂与气雾剂及喷雾剂相比具有以下优点：①患者主动吸入药粉，易于使用；②无抛射剂，可避免对大气环境的污染；③药物可以 W 胶窠或泡囊形式给药，剂量准确；④不含防腐剂及乙醇等溶剂，对病变黏膜无刺激性；⑤药物呈干粉状，稳定性好，干扰因素少，尤其适用于多肽和蛋白类药物的给药。

吸入粉雾剂由干粉吸入装置和供吸入用的干粉组成。干粉吸入器种类众多，按剂量可分为单剂量、多重单元剂量、贮库型多剂量；按药物的贮存方式可分为胶囊型、囊泡型、贮库型；按装置的动力来源可分为被动型和主动型。应根据主药特性选择适宜的给药装置。需长期给药的宜选用多剂量贮库型装置，主药性质不稳定的则宜选择单剂量给药装置。几种不同剂量的干粉吸入装置示意图见图 5-10。

为改善粉末的流动性，可加入适宜的载体和润滑剂。胶囊型、泡囊型吸入粉雾剂应标明每粒胶囊或泡囊中药物含量、有效期、贮藏条件，胶囊应置于吸入装置中吸入，而非吞服。多剂量贮库型吸入粉雾剂应标明每瓶装量、主药含量、每瓶总吸次和每吸主药含量等。

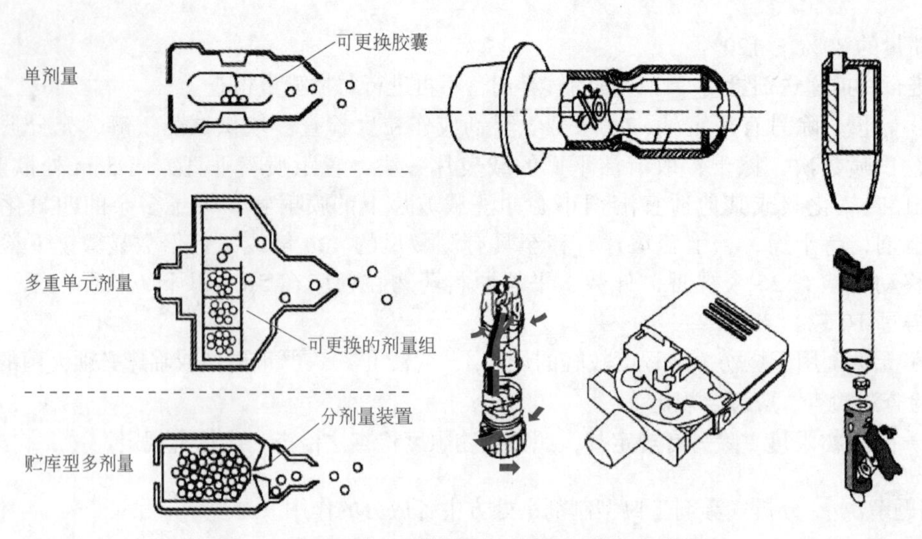

图 5-10　几种不同剂量的干粉吸入装置示意图

胶囊型、泡囊型吸入粉雾剂的说明书中应标明：①每粒胶囊或泡囊中的药物含量；②胶囊应置于吸入装置中吸入，而非吞服；③有效期；④贮藏条件。除另有规定外，粉雾剂应进行以下的质量检查。

1. 含量均匀度

除另有规定外，胶囊型或泡囊型粉雾剂应检查含量均匀度。

2. 装量差异

除另有规定外，胶囊型及泡囊型粉雾剂应检查装量差异。取供试品 20 粒，分别精密称定重量后，倾出内容物（不得损失囊壳），用小刷或其他适宜用具拭净残留内容物，分别精密称定囊壳重量，求出每粒内容物的装量与平均装量。每粒的装量与平均装量相比较，超出装量差异限度的不得多于 2 粒，并不得有 1 粒超出限度 1 倍。

平均装量 0.30g 以下的，装量差异限度为 ±10%；平均装量 0.30g 及 0.30g 以上的为 ±7.5%。

凡规定检查含量均匀度的粉雾剂，一般不再进行装量差异的检查。

3. 排空率

除另有规定外，胶囊型及泡囊型粉雾剂应检查排空率。取本品 10 粒，分别精密称定，逐粒置于吸入装置内，用每分钟 60L ± 5L 的气流抽吸 4 次，每次 1.5s，称定重量。用小刷或适宜用具拭净残留内容物，再分别称定囊壳重量，求出每粒的排空率，排空率应不低于 90%。

4. 每瓶总吸次

除另有规定外，多剂量贮库型吸入粉雾剂应检查每瓶总吸次。取供试品 4 瓶，分别旋转装置底部，释出一个剂量药物（相当于 1 吸），以每分钟 60L ± 5L 的气流速度抽吸。重复上述操作，直至吸尽为止，分别计算吸出的次数，每瓶的总吸次均不得少于其标示总吸次。

5. 每吸主药含量

除另有规定外，检查多剂量贮库型吸入粉雾剂的每吸主药含量。取供试品 6 瓶，分别除去帽盖，弃去最初 5 吸，采用吸入粉雾剂释药均匀度测定装置，装置内置 20mL 适宜的接收液。吸入器采用合适的橡胶接口与装置相接，以保证连接处的密封。吸入器每旋转一次（相当于 1 吸），用每分钟 60L ± 5L 的抽气速度抽吸 5s，重复操作 10 次或 20 次。用空白接收液将整个装置内壁的药物洗脱下来，合并，定量至一定体积后，测定，所得结果除以 10 或 20，即为每吸主药含量。每吸主药含量应为标示量的 65% ～ 135%。如有 1 瓶或 2 瓶超出此范围，但不超出标示量的

50% ～ 150%，可复试。另取 12 瓶测定，若 18 瓶中超出 65% ～ 135% 但不超出 50% ～ 150% 的，不超过 2 瓶，也符合规定。

6. 雾滴（粒）分布

吸入粉雾剂应检查雾滴（粒）的空气动力学直径分布，使用药典规定的接收液和测定方法测定。除另有规定外，雾滴（粒）药物量应不少于每吸主药含量标示量的 10%。

剂型使用　吸入粉雾剂用药指导

吸入粉雾剂是一种不含抛射剂的多剂量粉末吸入器，常用的有都保类（如富马酸福莫特罗粉吸入剂、布地奈德福莫特罗粉吸入剂）、准纳器（如沙美特罗氟替卡松吸入剂）和吸乐（如噻托溴铵粉吸入剂），需仔细按照其药品说明书或在药师指导下正确使用。都保类装置使用时应保持药瓶垂直竖立，严禁对着吸嘴呼气，吸取药品时一定要用力且深长地吸气，每次用完后应盖好盖子，严禁用水擦洗吸嘴外部，可定期用干纸巾擦拭吸嘴外部。准纳器使用时保持水平，不要随意拨动滑动杆，以避免造成药品浪费及剂量过大。吸乐装置应在刚用过之后进行清洁，保证下次使用。

三、喷雾剂

喷雾剂（sprays）系指原料药物或与适宜辅料填充于特制的装置中，使用时借助手动泵的压力、高压气体、超声振动或其他方法将内容物呈雾状物释出，用于肺部吸入或直接喷至腔道黏膜及皮肤等的制剂。喷雾剂按内容物组成分为溶液型、乳状液型或混悬型。按用药途径可分为吸入喷雾剂、鼻用喷雾剂及用于皮肤、黏膜的非吸入喷雾剂。按给药定量与否，喷雾剂还可分为定量喷雾剂和非定量喷雾剂。供雾化器用的吸入喷雾剂系指通过连续性雾化器产生供吸入用气溶胶的溶液、混悬液或乳液。定量吸入喷雾剂系指通过定量雾化器产生供吸入用气溶胶的溶液、混悬液或乳液。

喷雾剂抛射药液的动力是压缩在容器内的气体，但并未液化。当阀门打开时，压缩气体膨胀将药液压出，挤出的药液呈细滴或较大液滴。一旦使用，容器内的压力随之下降，不能保持恒定压力。吸入喷雾剂大多采用氮或二氧化碳等压缩气体为抛射药液的动力。喷雾剂制备施加压力较液化气体高，内压一般在表压 61.785 ～ 686.5kPa。容器牢固性的要求较高，必须能抵抗 1029.75kPa 表压的内压。喷雾剂的阀门系统与气雾剂相似，但阀杆的内孔一般有三个，并且比较大，便于物质的流动。

溶液型喷雾剂的药液应澄清；乳状液型喷雾剂的液滴在液体介质中应分散均匀；混悬型喷雾剂应将药物细粉和附加剂充分混匀、研细，制成稳定的混悬液。吸入喷雾剂的雾滴（粒）大小应控制在 10μm 以下，其中大多数应为 5μm 以下。

单剂量吸入喷雾剂应标明以下事项：每剂药物含量；液体使用前置于吸入装置中吸入，而非口服；有效期；贮藏条件。多剂量喷雾剂应标明每瓶的装量、主药含量、总喷次、每喷主药含量、贮藏条件。喷雾剂应置凉暗处贮藏，防止吸潮。

喷雾剂应进行以下相应检查：每瓶总喷次、每喷喷量、每喷主药含量、装量差异、装量、微生物限度等，吸入喷雾剂应检查递送剂量均一性，微细粒子剂量。

实践　二甲基硅油气雾剂的质量检查

二甲基硅油气雾剂（dimethicone aerosol）为消泡药，用于治疗急性肺水肿。本品含二甲基硅油应为标示量的 80.0% ～ 120.0%，二甲基硅油在药液中的浓度应为 0.65% ～ 1.00%（g/g）。密闭，在凉暗处保存。

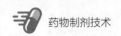

试按药典要求，进行二甲基硅油气雾剂性状、鉴别和含量测定的检验。学会规范使用气雾剂质量检查中所使用的设备，熟悉气雾剂的质量评定。

【性状】本品在耐压容器中的药液为无色或微黄色澄明液体。

【鉴别】取含量测定项下所得油状液体，照《中国药典》二甲基硅油项下的鉴别（2）项试验（取本品0.5g，置试管中，小火加热直至出现白烟。将试管倒置在另一含有0.1%变色酸钠硫酸溶液1mL的试管上，使白烟接触到溶液。振摇第二支试管10s，水浴加热5min，溶液显紫色），显相同的结果。

【检查】泄漏率：取本品12瓶，去除外包装，用乙醇将表面清洗干净，室温垂直（直立）放置24h，分别精密称定重量（W_1），再在室温放置72h（精确至30min），再分别精密称定重量（W_2），置2～8℃冷却后，迅速在阀上面钻一小孔，放置至室温，待抛射剂完全气化挥尽后，将瓶与阀分离，用乙醇洗净，在室温下干燥，分别精密称定重量（W_3），按下式计算每瓶年泄漏率。平均年泄漏率应小于3.5%，并不得有1瓶大于5%。

$$年泄漏率 = 365 \times 24 \times (W_1 - W_2)/[72 \times (W_1 - W_3)] \times 100\%$$

其他：除微细粒子剂量与喷射速率外，应符合气雾剂项下有关的各项规定。

【含量测定】取本品3瓶，精密称定，在铝盖上钻一小孔，插入连有橡皮管的注射针头（勿与药液面接触），橡皮管的另一端放入水中，待抛射剂缓缓排除后，除去铝盖，用三氯甲烷少许分别将内容物移入3个在110℃干燥至恒重的蒸发皿中，用三氯甲烷20mL分次洗涤容器，洗液并入蒸发皿中，置水浴上蒸干，并在110℃干燥至恒重，精密称定，即得每瓶中含有二甲硅油的重量；另将本品空瓶连同阀门与铝盖洗净烘干，精密称定，求出每瓶药液的重量，并分别计算二甲硅油在药液中的浓度（g/g），均应符合规定。

学习测试

一、选择题

（一）单项选择题

1. 下列关于气雾剂的叙述中错误的是（　　）。
   A.气雾剂喷射的药物为气态
   B.吸入气雾剂的吸收速度快，但肺部吸收干扰因素多
   C.气雾剂具有速效和定位作用
   D.药物溶于抛射剂中的气雾剂为二相气雾剂
   E.无局部用药的刺激性，生物利用度高

2. 下列哪项不是气雾剂的优点（　　）。
   A.使用方便　B.起效迅速　C.剂量准确
   D.成本较低　E.生物利用度高

3. 用于开放和关闭气雾剂阀门的是（　　）。
   A.阀杆　B.膨胀室　C.推动钮
   D.弹簧　E.浸入管

4. 吸入气雾剂药物粒径大小应控制在（　　）以下。
   A.1μm　B.5μm　C.10μm
   D.20μm　E.30μm

5. 为制得二相型气雾剂，常加入的潜溶剂为（　　）。
   A.滑石粉　B.油酸　C.丙二醇
   D.胶体二氧化硅　E.吐温-80

（二）多项选择题

1.气雾剂按医疗用途可分为（　　）。

A.口腔用　B.直肠用　C.空间消毒用
D.皮肤和黏膜用　E.呼吸道吸入用

2. 气雾剂中抛射剂所具备的条件是（　　）。

A.惰性，不与药物等发生反应　B.常温下蒸气压大于大气压
C.无毒、无致敏性和刺激性　D.对药物具有可溶性
E.不易燃、不易爆炸

3. 抛射剂的用量可直接影响（　　）。

A.喷射能力　B.硬度　C.雾粒的大小
D.疏松度　E.药物的溶解性

4. 抛射剂在气雾剂中起的作用是（　　）。

A.动力　B.压力来源　C.填充容量
D.药物溶剂　E.稀释剂

5. 气雾剂的组成是（　　）。

A.耐压容器　B.阀门系统　C.抛射剂
D.附加剂　E.药物

二、思考题

1. 气雾剂常用的抛射剂有哪些？
2. 简述气（粉）雾剂和喷雾剂的贮存方法及注意事项。

专题五　滴丸剂

学习目标

- 掌握滴丸剂的概念、特点、处方组成；掌握滴丸剂基质和冷凝液的种类及选用。
- 掌握滴丸剂的生产工艺；学会滴丸剂的制备和质量检查。
- 学会典型滴丸剂的处方及工艺分析。

【典型制剂】

例 1　灰黄霉素滴丸

处方：灰黄霉素　1 份　PEG 6000　9 份

制法：取 PEG 6000 在油浴上加热至约 135℃，加入灰黄霉素细粉，不断搅拌使全部熔融，趁热过滤，置贮液瓶中，于 135℃下保温。用管口内、外径分别为 9.0mm、9.8mm 的滴管滴制，滴速 80 滴 / 分，滴入含 43% 煤油的液体石蜡（外层为冰水浴）冷却液中，冷凝成丸。以液体石蜡洗丸，至无煤油味，用毛边纸吸去黏附的液体石蜡，即得。

本品系口服抗真菌药，对头癣等疗效明显。灰黄霉素不良反应较多。制成滴丸可提高其生物利用度，降低剂量，从而减弱不良反应、提高疗效。

例 2　芸香油滴丸

处方：芸香油　200mL　硬脂酸钠　21g
　　　虫蜡　8.4g　纯化水　8.4mL

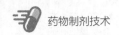

制备：将前三种物料放入烧瓶中，摇匀，加水后再摇匀，水浴回流，时时振摇，使熔化成均匀的液体，移入贮液槽内。药液保持65℃由滴管滴出（滴头内径4.9mm、外径8.04mm，滴速约120丸/分），滴入含1%硫酸的冷却水溶液中，滴丸形成后取出，浸于冷水中洗去附着的酸液，吸去水迹，即得，丸重0.21g。

本品是肠溶性滴丸剂，避免了芸香油对胃的刺激，减轻了恶心、呕吐等副作用。用于支气管哮喘、哮喘性支气管炎，并适用于慢性支气管炎。

【问题研讨】什么是滴丸剂？其处方、生产工艺、质量有何要求？如何制备？

滴丸剂（dripping pills）是指原料药物与适宜的基质加热熔融混匀，滴入不相混溶、互不作用的冷凝介质中制成的球形或类球形制剂，主要供口服，外用如眼、耳、鼻、直肠、阴道用滴丸，可制成缓释、控释等多种类型的滴丸剂。五官科制剂多为液态或半固态剂型，作用时间不持久，制成滴丸剂可起到延效作用。

滴丸剂的制备设备简单、操作方便，工艺周期短，工艺条件易于控制，可使液态药物固态化，如芸香油滴丸含油可达83.5%；药物受热时间短，易氧化及具挥发性的药物溶于基质后，可增加其稳定性；用固体分散技术制备的滴丸吸收迅速、生物利用度高，如联苯双酯滴丸剂，其剂量只需片剂的1/3。但目前可供使用的基质品种较少，且难以滴制成大丸（一般丸重都不超过100mg），故只能用于剂量较小的药物，这也使滴丸剂的发展受到一定限制。

一、滴丸剂的处方

滴丸剂中除主药和附加剂以外的辅料称为基质，它与滴丸的形成、溶散时限、溶出度、稳定性、药物含量等有密切关系。滴丸剂中的基质应具有良好的化学惰性，不与主药发生化学反应，不影响主药的作用及对主药的检测，对人体无害；在60～100℃温度下能熔化成液体，遇冷却液又能立即凝固，并且在室温下能保持固体状态。

基质分为水溶性和非水溶性两类，常用的**水溶性基质**有聚乙二醇类、聚氧乙烯单硬脂酸酯（S-40）、硬脂酸钠、甘油明胶、尿素、泊洛沙姆（poloxamer）等；**非水溶性基质**有硬脂酸、单硬脂酸甘油酯、虫蜡、氢化植物油、十八醇（硬脂醇）、十六醇（鲸蜡醇）等。生产中也常将水溶性和非水溶性基质混合使用，混合基质可容纳更多的药物，还可调节溶出速度或溶散时限，如常用PEG 6000与适量硬脂酸配合调整熔点，可得到较好的滴丸剂。

冷凝液与滴丸剂的成形有很大关系，冷凝液应安全无害；与主药和基质不相互溶；性质稳定，不与主药等起化学反应；具有适宜的表面张力及相对密度，以便滴丸能在其中缓慢上浮或下沉，有足够的时间冷凝、收缩，从而保证成形完好。

冷凝液也分为水溶性和非水溶性两类，常用的**水溶性冷凝液**有水及不同浓度的乙醇，适用于非水溶性基质的滴丸；**非水溶性冷凝液**有液状石蜡、二甲基硅油、植物油、汽油或它们的混合物等，适用于水溶性基质的滴丸。

二、滴丸剂的制备

滴丸剂的制备常用滴制法，它是将药物均匀分散在熔融的基质中，再滴入不相混溶的冷凝液里冷凝收缩成丸的方法。滴出方式有下沉式和上浮式，冷凝方式有静态冷凝与流动冷凝两种，一般滴丸剂制备的工艺流程如下：

药物、基质 ⟶ 混悬或熔融 ⟶ 滴制 ⟶ 冷却 ⟶ 干燥 ⟶ 选丸 ⟶ 质量检查 ⟶ 包装如图 5-11 所示为滴丸制备设备示意，图 5-12 为 DWJ-2000D 全自动滴丸机。

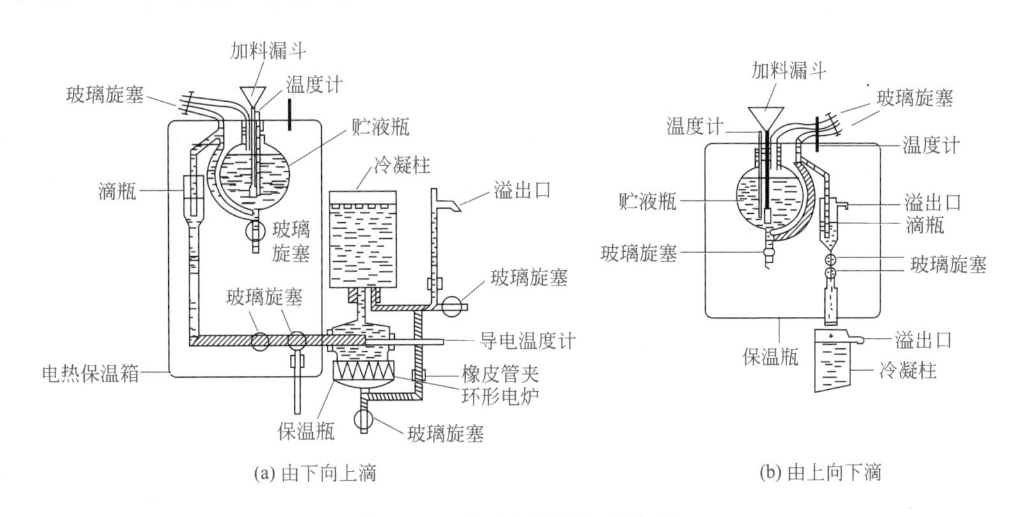

图 5-11　滴丸制备设备示意图

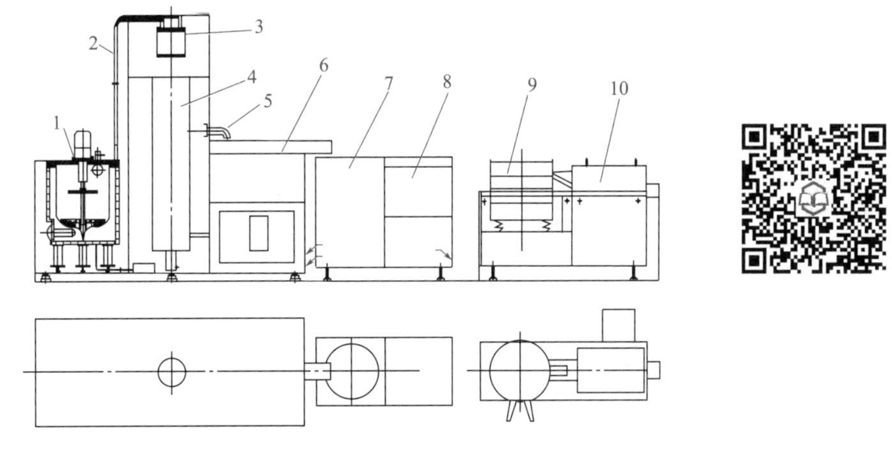

图 5-12　DWJ-2000D 全自动滴丸机示意图

1—贮液罐；2—保温药液输送管道；3—药液滴罐；
4—冷却柱；5—出粒管；6—传送带；
7—集丸机；8—离心机；9—振动筛；10—干燥机

三、滴丸的质量检查

1. 性状

滴丸应圆整均匀，色泽一致，无粘连现象，表面无冷凝介质黏附。

2. 重量差异

取供试品 20 丸，精密称定总重量，求得平均丸重后，再分别精密称定每丸的重量。每丸重量与标示丸重相比较或平均丸重相比较，超出重量差异限度（表 5-4）的不得多于 2 丸，并不得有 1 丸超出限度 1 倍。无标示丸重的，与平均丸重相比较。

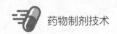

表5-4 滴丸剂重量差异限度

滴丸剂的平均重量	重量差异限度	滴丸剂的平均重量	重量差异限度
0.03g 及 0.03g 以下	± 15%	0.10g 以上至 0.30g	± 10%
0.03g 以上至 0.10g	± 12%	0.30g 以上	± 7.5%

包糖衣滴丸应检查丸芯的重量差异并符合规定，包糖衣后不再检查重量差异。包薄膜衣滴丸应在包衣后检查重量差异并符合规定。凡进行装量差异检查的单剂量包装滴丸剂，不再检查重量差异。

3. 装量差异

单剂量包装的滴丸剂，照下述方法检查应符合规定。

取供试品 10 袋（瓶），分别称定每袋（瓶）内容物的重量，每袋（瓶）装量与标示装量相比较，超出装量差异限度（表 5-5）的不得多于 2 袋（瓶），并不得有 1 袋（瓶）超出限度 1 倍。

表5-5 滴丸剂装量差异限度

标示装量	装量差异限度	标示装量	装量差异限度
0.03g 及 0.03g 以下	± 15%	0.3g 以上	± 7.5%
0.03g 以上至 0.1g	± 12%		
0.1g 以上至 0.3g	± 10%		

4. 溶散时限

按崩解时限检查法检查，但不锈钢丝网的筛孔内径应为 0.42mm；除另有规定外，取供试品 6 粒，应在 30min 内全部溶散，包衣滴丸应在 1h 内全部溶散。如有 1 粒不能完全溶散，应另取 6 粒复试，均应符合规定。以明胶为基质的滴丸，可改在人工胃液中进行检查。除另有规定外，应符合规定。

5. 微生物限度

照药典非无菌产品微生物限度检查：微生物计数法和控制菌检查及非无菌药品微生物限度标准检查，应符合规定。

【问题解决】 典型滴丸剂的处方分析。

1. 分析灰黄霉素滴丸的处方，为何本品有较高的生物利用度？

提示：灰黄霉素极微溶于水，对热稳定；与 PEG 6000 以 1 ∶ 9 比例混合，在 135℃时可以成为两者的固态溶液。因此，在 135℃下保温、滴制、骤冷，可形成简单的低共熔混合物，使 95% 灰黄霉素均为粒径 2μm 以下的微晶分散，因而有较高的生物利用度，其剂量仅为微粉的 1/2。

2. 分析芸香油滴丸的处方，为何本品可减轻芸香油恶心、呕吐等副作用？

提示：由于药液相对密度小，所以采用上浮式滴制法。冷凝液中含有硫酸，可与液滴和丸粒表面的硬脂酸钠反应生成硬脂酸，从而在滴丸的表面形成一层硬脂酸（掺有虫蜡）的薄壳。制成的是肠溶性滴丸剂，可避免芸香油对胃的刺激，减轻恶心、呕吐等副作用。

> **剂型使用 滴丸剂用药指导**
>
> 滴丸剂宜以少量温开水送服或直接含于舌下，服后应休息片刻，一般 10min 为宜。滴丸的生物利用度高于片剂等剂型，因此在临床使用中要掌握好剂量，防止剂量过大。滴丸剂多对温度和湿度敏感，贮存时要防止受热或受潮。

实践 滴丸剂的制备

通过典型滴丸的制备，学会滴制法制备滴丸的基本操作，熟悉滴丸质量评定；认识本工作中使用到的设备，并能规范使用；了解滴丸的生产环境和操作规范。

【实践项目】

1. 维静宁滴丸的制备

处方：枸橼酸维静宁 2.5g 甘油 0.6g 硬脂酸 5.2g

制法：称取枸橼酸维静宁、甘油、硬脂酸，加热熔融，趁热滴制，以冰盐冷却的液体石蜡作冷凝液，收集滴丸，沥净擦干液体石蜡，即得。

2. 氯霉素滴丸的制备

处方：氯霉素 5.0g PEG 6000 10.0g

制法：称取氯霉素、PEG 6000，加热熔融，趁热滴制，以冰盐冷却的液体石蜡作冷凝液，收集滴丸，沥净擦干液体石蜡，即得。

提示：滴丸剂制备应根据基质的类型合理选择冷凝液，以保证滴丸能很好地成形，控制好药液温度和冷凝液温度。所选滴管应符合要求，控制好滴速。

3. 质量检查

①性状；②重量差异；③溶散时限。

【岗位操作】

岗位 滴制

1. 生产前准备

（1）检查是否有清场合格证，并确定是否在有效期内；检查设备、容器、场地清洁是否符合要求（若有不符合要求的，需重新清场或清洁，并请 QA 人员填写清场合格证或检查后，才能进入下一步生产）。

（2）检查电、水、气是否正常。

（3）检查设备是否有“完好”“已清洁”标牌。

（4）检查滴头、仪器仪表是否正常以及各按钮是否灵活。

（5）按生产指令领取物料，并确保物料的品名、批号、规格、数量、质量符合要求。

（6）按设备与用具的消毒规程对设备、用具进行消毒。

（7）挂本次“运行”状态标志，进入生产操作。

2. 生产操作

（1）开总电源。

（2）开制冷机，设定制冷温度为 9℃左右。

（3）开油泵开关，调节冷凝剂高度，使滴头与冷凝剂距离 5cm。

（4）设定油浴温度至规定值（如制 PEG 6000 空白滴丸的油浴温度设为 75℃），启动油浴加热。

（5）设定药盘加热温度，要求比油浴温度低 2℃（制 PEG 6000 空白滴丸，药盘加热温度为 73℃），启动药盘加热。

（6）油浴温度达到设定值时，将准备好的药液加入贮料池，启动搅拌器。

（7）制冷温度达到设定值，开滴制阀。

（8）调整滴制速度至生产出合格滴丸速度（一般滴速约为 40 滴 / 分）。若药液黏稠或稀薄时，则需分别开“气压”或“真空”来调整滴速。

（9）滴制结束，冷凝液继续循环约 5min，使产品全部从冷凝液分离。

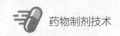

（10）先关制冷机，待清洗完毕再关油浴加热、药盘加热等阀门，最后关电源。

注：设定油浴温度与药盘温度时，要按梯度进行，如依次设定为30℃、40℃、50℃、60℃，直至所需温度。

3. 清场

按《岗位清洁SOP》进行清场。清场完毕后，填写清场记录并上报QA人员，经QA人员检查发放清场合格证后本岗位挂“已清洁”状态标志。清场合格证正本归入本批批生产记录，副本留在操作间。在设备上挂“已清洁”标识。

4. 结束并记录

及时填写批生产记录、设备运行记录、交接班记录等。关好水、电及门。

5. 质量控制要点

①性状；②重量差异；③溶散时限检查。

学习测试

一、选择题

（一）单项选择题

1. 下列对滴丸剂的特点叙述错误的是（　　）。
   A.设备简单、操作方便、工艺周期短　B.工艺条件不易控制
   C.可使液态药物固体化　D.可具有较高的生物利用度
   E.药物载量小，只能用于剂量较小的药物
2. 滴丸剂常用的制法是（　　）。
   A.研和法　B.搓丸法　C.泛丸法
   D.滴制法　E.塑制法
3. 制备水溶性基质滴丸时用的冷凝液是（　　）。
   A.PEG 6000　B.水　C.液体石蜡
   D.硬脂酸　E.乙醇
4. 滴丸的水溶性基质是（　　）。
   A.硬脂酸钠　B.硬脂酸　C.单硬脂酸甘油酯
   D.虫蜡　E.十六醇
5. 下列关于滴丸的优点叙述错误的是（　　）。
   A.为高效、速效剂型　B.可增加药物稳定性
   C.每丸的含药量较大　D.可掩盖药物的不良气味
   E.生物利用度高
6. 滴丸剂基质应在（　　）条件下能熔化成液体，遇骤冷后又能立即凝固成固体。
   A.40～60℃　B.60～100℃　C.60～80℃
   D.60～120℃　E.100～120℃
7. 滴制法的工艺流程一般为（　　）。
   A.药物+基质→混悬或熔融→滴制→冷却→干燥→选丸
   B.药物+基质→混悬→滴制→干燥→选丸→冷却
   C.药物+基质→熔融→滴制→冷却→选丸→干燥
   D.药物+基质→熔融→冷却→滴制→干燥→选丸
   E.药物+基质→混悬→滴制→冷却→选丸→干燥

（二）多项选择题

1. 滴丸剂常用的非水溶性基质有（　　）。

A.硬脂酸钠　B.硬脂酸　C.单硬脂酸甘油酯
D.甘油明胶　E.PEG

2. 滴丸基质应具备的条件是（　　）。

A.不与主药发生作用
B.不影响主药的疗效
C.对人体无害
D.在一定的温度(60～100℃)下能熔化成液体，遇骤冷又能凝固成固体
E.不与冷凝剂发生反应

3. 滴丸的质量要求可有（　　）。

A.疗效迅速，生物利用度高　B.外观大小均匀，色泽一致
C.重量差异合格　D.无粘连现象
E.溶散时限合格

4. 滴制法的滴出方式有（　　）。

A.下沉式　B.上浮式　C.静态冷凝式
D.流动冷凝式　E.循环式

二、思考题

1. 滴丸剂的基质与冷凝液应符合哪些要求？如何根据基质类型选择冷凝液？
2. 分析联苯双酯滴丸的处方和制法，本品的剂量为何较片剂的剂量少？

处方：	①	②
联苯双酯	1.5g	3.75g
聚乙二醇 6000	13.35g	33.375g
聚山梨酯 -80	0.15g	0.375g
共制	1000 粒	1000 粒

制法：以上物料在油浴中加热至约 150℃熔化成液体。滴制温度约为 85℃，滴速约 30 丸 / 分。用二甲基硅油作冷凝液。

本品有降低血清谷丙转氨酶的作用，用于慢性迁延性肝炎所致血清谷丙转氨酶持续升高者。将联苯双酯制成滴丸剂后，疗效提高，其剂量降为片剂的 1/3 时，仍有片剂全量的药效。

专题六　浸出制剂与中药制剂

学习目标

- 掌握浸出制剂的种类、特点及质量要求；知道中药材的前处理方法。
- 学会药材净制、煎煮、浸渍、渗漉等常用浸出方法；学会常见浸出制剂的制备。
- 了解常用中药制剂的种类和制备方法。
- 学会典型浸出制剂的处方及工艺分析。

浸出制剂（extraction preparations）系指用适当的浸出溶剂和方法，从药材中浸出有效成分所制成的供内服或外用的制剂。浸出制剂可直接用于临床，亦可用作其他制剂的原料。商代伊尹创制汤剂，其后又有酒剂、酊剂、内服煎膏剂等浸出制剂。在浸出制剂的基础上，运用现代科学技

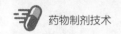

术和方法，研制和开发出许多中药现代制剂，如中药口服液、中药颗粒剂、中药片剂、中药注射剂等。

浸出制剂的特点主要如下。

① 浸出制剂具有原药材各浸出成分的综合作用，有利于发挥药材成分的多效性。与同一药材中提取的单体化合物相比，有着单体化合物所不具有的疗效。

② 浸出制剂的作用通常比较缓和持久，毒性作用较低。浸出制剂中的辅助成分，常能缓和有效成分的作用或抑制有效成分的分解。如鞣质可缓和生物碱的作用，并使药效延长。

③ 中药材经过浸提制成各种剂型的浸出制剂，除去了部分无效成分和组织物质，提高了有效成分的浓度，减少了服用量，增加了制剂的有效性、稳定性和安全性。

④ 浸出制剂中一般都含有一定量的无效物质，如高分子物质、黏液质、多糖等。特别是水性浸出制剂，在贮存过程中，易产生沉淀、变质，影响制剂的质量和药效。

浸出制剂中的溶剂通常采用纯化水、乙醇、蒸馏酒等，附加剂主要有防腐剂、矫味剂等。常用浸出制剂的类型有：①水浸出剂型　指在一定加热条件下用水浸出的制剂，如汤剂；②含醇浸出剂型　指在一定条件下用适当浓度的乙醇或酒浸出的制剂，如酊剂、酒剂、浸膏剂；③含糖浸出剂型　一般系在水浸出剂型的基础上，经浓缩等处理后，加入适量蔗糖、蜂蜜或其他赋形剂制成，如内服膏剂等；④精制浸出剂型　指采用适当溶剂浸出后，将浸出液经精制处理后制成的制剂。如由中药材提取的有效部位制得的注射剂、片剂等。

一、中药材的前处理

中药材的前处理系指将中药材通过净制、切制、炮炙或粉碎、筛析、混合、提取、分离、浓缩、干燥等操作，制成一定规格的中药饮片或制剂中间体（药粉、提取物等）的过程。中药材通过净制、切制和炮炙，制成一定规格的中药饮片，方可应用于调配制剂，这是中医临床用药和制剂生产的基本要求。将净制、切制或炮炙后的中药饮片经过粉碎、筛析、混合或提取、分离、浓缩、干燥等处理，制成药粉、提取物等制剂中间体，是不同中药剂型、制剂成型的基本需要。中药前处理制成品的质量直接影响调配和制剂的质量，对保证调配和制剂质量及用药的安全有效有重要的意义。

二、常用浸出的方法

浸出的基本方法有煎煮法、浸渍法、渗漉法等，为了达到有效成分的精制分离，常采用大孔树脂吸附分离技术、超临界萃取技术。

1. 煎煮法

煎煮法系将药材加水煎煮取汁。取规定的药材，切碎或粉碎成粗粉，置适宜煎器中，加水使浸没药材，浸泡适宜时间后，加热至沸，保持微沸浸出一定时间后，分离煎出液，药渣依法煎煮数次，至煎出液味淡薄为止。收集各次煎出液，离心分离异物或沉降过滤，浓缩至规定浓度，再制成规定的制剂。以乙醇为浸出溶剂时，应采用回流法以免乙醇损失，同时也有利于安全生产。

煎煮前药材的冷水浸泡一般以不少于 20 ～ 60min 为宜，以利于药材的润湿、有效成分的溶解和浸出。药材煎煮时间除有些中药汤剂有时间规定外，一般每次约煎 1 ～ 2h。通常以煎煮 2 ～ 3 次较为宜。但质地坚硬及有效成分难于浸出的药材，煎煮次数可以酌情增加。

煎煮法适用于有效成分能溶于水，对湿、热均较稳定的药材，除制备汤剂外，也是制备中药散剂、丸剂、片剂、颗粒剂及注射剂或提取某些有效成分的基本方法。用水煎煮时，浸出的成分比较复杂，杂质也较多，尚有少量脂溶性物质溶出，增加了以后精制的难度。但煎煮法符合中医用药习惯，对有效成分尚未清楚的中草药或方剂进行剂型改革时，通常采取煎煮法。

2. 浸渍法

浸渍法是将药材用适当的溶剂在常温或温热条件下浸泡而浸出有效成分的一种方法。一般取药材粗粉或碎块，置有盖容器中，加入定量的溶剂，密盖，时时振摇，在常温暗处浸渍 3 ～ 5 天或规定的时间，使有效成分充分浸出。倾出上清液，用布滤过，残渣压榨，使残液尽可能压出，滤液合并，静置 24h，滤过。

本法在定量浸出溶剂中进行，浸液的浓度代表着一定量的药材，对浸液不进行稀释或浓缩。根据药材的性质不同，所需浸渍温度和时间及次数也不同。药酒浸渍时间较长，常温浸渍多在 14 天以上；热浸渍时间（40 ～ 60℃）可缩短，一般为 3 ～ 7 天。药渣吸收的一部分浸液，应当压榨，回收利用。

浸渍法的特点是药材可用较多浸出溶剂浸取，适宜于黏性药物、无组织结构的药材，如安息香、没药等；新鲜及易于膨胀的药材，如大蒜、鲜橙皮等药材的浸取。浸渍法简单易行，尤其适用于有效成分遇热易挥发或易破坏的药材。由于浸出效率差，故对贵重及有效成分含量低的药材的浸取，或制备浓度较高的制剂时，应用重浸渍法或渗漉法为宜。

3. 渗漉法

渗漉法是将药材装入渗漉筒内，在药粉上添加浸出溶剂使其渗过药粉，在流动过程中浸出有效成分的方法，所得浸出液称渗漉液。

渗漉前，先将药材粉末放在有盖容器内，加入药材量 60% ～ 70% 的浸出溶剂均匀润湿后，密闭，放置 15min 至数小时，使药材充分膨胀；取适量脱脂棉，用浸出液润湿后，垫铺在渗漉筒底部，将已润湿膨胀的药粉分次装入渗漉筒中，每次投入后均匀压平，松紧程度视药材和浸出溶剂而定。装完后，用滤纸或纱布将上面覆盖，并放入一些玻璃珠之类的重物，以防加溶剂时药粉浮起。操作时，先打开渗漉筒进口的活塞，从上部缓缓加入溶剂以排除筒内剩余空气，待溶液自筒口流出时，关闭活塞，并继续加溶剂至高出药粉数厘米，加盖放置浸渍 24 ～ 48h，使溶剂充分渗透扩散。当浸出溶剂渗过药粉时，由于重力作用而向下流动，上层流下的浸出溶剂或稀浸液置换下层溶剂位置，造成了药材内外较大的浓度梯度，使扩散加快和充分进行。

渗漉法适用于高浓度浸出制剂的制备，亦可用于药材中有效成分含量较低时充分提取。但对新鲜及易膨胀的药材、无组织结构的药材不宜应用。

4. 大孔树脂吸附分离技术

大孔树脂吸附分离技术是采用特殊的吸附剂，从中药复方煎药中有选择地吸附其中的有效成分、去除无效成分的一种提取精制新工艺。与传统的提取方法相比，可缩小剂量；减小产品的吸潮性；可有效去除重金属，解决中药重金属超标的难题；此外还具有再生简单，使用寿命长等特点。广泛用于分离纯化苷类、黄酮类、生物碱类等成分。

5. 超临界萃取技术

超临界流体（supercritical fluid，SCF）是超过临界温度和临界压力的非凝缩性高密度流体，性质介于气体和液体之间，兼具二者的优点。SCF 对物质的溶解能力与其密度成正比，而密度可通过压力的变化来调节，故可以有选择地溶解目的成分，而不溶解其他成分，达到分离纯化所需成分的目的。

超临界萃取一般用 CO_2 作为萃取剂。首先将原料装入萃取槽，将加压后的超临界 CO_2 送入萃取槽进行萃取，然后在分离槽中通过调节适当的压力、温度、萃取时间、CO_2 流量四个操作条件，达到分离出高质量的目的产物。与传统压榨法、水蒸气蒸馏法相比，超临界CO_2萃取法具有显著优点，既避免高温破坏，又没有残留溶剂，因而在天然物质的分离提取方面备受重视。

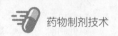

知识拓展　浸出（萃取）过程与提高浸出效果的措施

浸出（萃取）过程系指溶剂进入细胞组织溶解其有效成分后变成浸出液的全部过程，实质上是以扩散为基础。一般包括：①浸润、渗透过程　浸出溶剂首先附着于粉粒表面使之润湿，然后渗入细胞组织中。②解吸、溶解过程　溶剂进入细胞后，溶解相应的溶质。③扩散过程　浸出溶剂溶解有效成分后形成浓溶液与周围溶剂产生浓度差，从而产生药物的扩散。④置换过程　随时置换药材周围的浓浸出液，是提高浸出速率的关键。

提高浸出效果的措施主要有：①选用混合浸出溶剂，有利于不同成分的浸出。应用浸出辅助剂以提高浸出效果，如适当用碱可促进某些有机酸的浸出。②药材粉碎需有适当的限度，过细的粉末并不适于浸出。③升高浸出温度，有利于多数物质加速浸出，但必须控制在有效成分不被破坏的范围内。④浓度梯度。浓度梯度越大浸出速度越快，搅拌或浸出液的强制循环等有助于增加浓度梯度。⑤提高浸出压力使药材组织内更快地充满溶剂而形成浓溶液，有利于加快浸润过程。⑥浸出时药材与溶剂的相对运动速度加快，能使扩散边界层变薄或边界层更新加快，而有利于浸出。⑦利用新技术可改善浸出效率，如流化浸出、电磁振动浸出、脉冲浸出、超声波浸出等。

三、常见浸出制剂与中药制剂的制备

浸出制剂可直接用于临床，亦可用作其他制剂的原料。近几十年来，运用现代科学技术和方法，研制和开发了许多中药现代制剂。由于中药现代剂型与前面介绍的各种剂型相似度较高，所以在这里以介绍传统浸出制剂为主。

1. 汤剂与中药合剂

汤剂又称汤液，系指药材加水浸泡一定时间后煎煮、去渣、取汁而制成的液体制剂，主要供内服。汤剂制备简单、溶剂来源广、吸收快、能迅速发挥药效。汤剂多为复方，有利于发挥各药材成分的多效性和综合作用。汤剂适应中医辨证施治、随症加减的原则。但汤剂使用时须临时煎煮，存在口服体积大、味苦、儿童难以服用，以及久贮易发霉、发酵等缺点。

汤剂主要用煎煮法制备，一般取切制或粉碎成粗粉的药材，加水浸没药材，加热煎煮一定时间后，分离浸出液，依法浸出2～3次去渣，合并各次浸出液，即为汤剂。亦可继续浓缩至规定浓度，再制成其他制剂。

汤剂煎煮中的注意事项有：

（1）煎器的选择　常选用陶器、砂锅、不锈钢器具、搪瓷器具等化学性质稳定的煎煮器具，不选用铁器、铜器与铝器。铁器虽传热快，但其化学性质不稳定，易氧化，并能在煎制时与中药所含的多种化学成分发生化学反应，如与鞣质生成鞣酸铁，使汤液的色泽呈深褐、墨绿或紫黑色。

（2）药材的加工　为了使药材的有效成分易于煎出，制备汤剂所用之药材必须制成饮片或粗颗粒，粉碎程度以其煎煮时不成糊状为宜。

（3）煎煮加水量　药多水少，会使有效成分不能完全被浸出；药少水多，会使所得汤剂的量过多，不利于服用。一般将饮片置于煎煮容器内，第一次煎煮时加水至超过药材表面3～5cm为度，第二次煎煮加水可超过药材表面1～2cm。

（4）浸泡、煎煮时间与煎煮次数　中药饮片在煎煮前须用常温水浸泡，使中药润湿变软，使有效成分溶解在药材组织中、渗透扩散到组织细胞外部的水中。避免在加热煎煮时，药材组织中所含的蛋白质凝固、淀粉糊化，使有效成分不易煎出。饮片浸泡时间要根据药材性质而定，以药材浸泡润湿柔软为宜。

煎煮的时间应根据药材的性质、疾病性质而定。一般来讲，一般药材第一次煎煮沸约20～25min，第二次煎煮沸15～20min；解表药第一次煎煮沸约10～15min，第二次煎煮沸10min；滋补药第一次煎煮沸约30～40min，第二次煎煮沸25～30min。汤剂煎得后应立即滤取药汁，不宜久置煎器内，以防含胶体过多的药液遇冷产生胶凝，同时亦易酸败。

（5）**煎药的火候** 煎药温度的高低中医称之为火候，中医常用文火、中火、武火来表示。所谓文火就是弱火，温度上升缓慢；武火就是强火，温度上升快。一般在未沸之前用武火，至沸后改为文火，保持微沸状态，使其减慢水分的蒸发，有利于有效成分的溶出。

（6）**药材的加入顺序与特殊处理** 汤剂多由复方煎煮制得，为提高煎出量，减少有效成分的损失，应视药材的性质，在入煎时要分别对待，如包煎、先煎、后下、烊化入药、溶化、另煎兑入、生汁兑入、冲服等，均应按医生规定处理。

举例 小建中合剂

处方：桂枝 111g 白芍 222g 甘草（蜜炙）74g 生姜 111g 大枣 111g

制法：桂枝蒸馏的挥发油另器保存，药渣及馏液与甘草、大枣加水煎煮两次，合并煎液，过滤，滤液浓缩至约560mL；白芍、生姜按渗漉法用50%乙醇作浸出溶剂，浸渍24h后进行渗漉；渗漉液浓缩后，与上液合并，静置、过滤；另加饴糖370g，再浓缩至约1000mL；加入苯甲酸钠3g与桂枝挥发油，调整总量至1000mL，搅匀，即得。

本品温中补虚，缓急止痛。用于脾胃虚寒，脘腹疼痛，嘈杂吞酸，食少，心悸，胃及十二指肠溃疡。口服20～30mL/次，3次/日。临用时注意摇匀。

2. 酒剂

酒剂又称药酒，系指饮片用蒸馏酒提取调配而制成的澄清液体制剂。多数酒剂含有一定的糖或蜂蜜，主要供内服。酒剂的制备与应用，已有数千年的历史，主要以白酒为溶剂，含醇量一般为50%～60%。少数品种仍用黄酒，含醇量30%～50%。制法多为浸提法，很少用酿造法。酒剂本身有行血活络的功效，通常用于风寒湿痹，具有祛风活血、止痛散瘀的功效，但服后会出现皮肤潮红发热、小便增多、心率加快等现象，小儿、孕妇、心脏病及高血压患者不宜服用。

制备酒剂选用谷物类白酒，含醇量按处方要求来确定。一般来说，滋补类药酒所用原料酒含醇量低一些，浓度大约在30°～40°，类风湿酒剂所用原料酒含醇量高一些，浓度大约在50°～60°，用量一般为药材量的5～10倍。为使酒剂的口感好，通常用冰糖、蔗糖、蜂蜜、饴糖等作为矫味剂，掩盖药的苦味，同时使酒剂有一定的醇厚感。但若加糖过多，亦能使口感有腻滞感。一般加糖量控制在5%～10%，少数补益药酒含糖量可高达12%～15%。

酒剂的制备方法主要有：

（1）冷浸法 将处理好的药材，置于不锈钢的冷热两用浸渍器中，加入处方中规定的白酒量，密闭，浸渍。第一周每日搅拌一次，以后每周一次，浸泡时间除处方另有规定外一般应在30天左右。分离上清液，将药渣压榨，压榨液与上清液合并，加入所需的附加剂，静置澄清24～48h，过滤得药酒液。

（2）热浸法 热浸法有煮酒法及回流提取法两种工艺，工业生产多以回流提取法为主，即将炮制好的药材，与甜剂、白酒同置回流提取罐中，通过蒸汽回流提取，将白酒按5∶3∶2分三次回流提取，合并回流液，静置，取上清液即得。

（3）**渗漉法** 将药材粉碎成适宜的程度，按渗漉法装筒，渗漉提取，收集规定量渗漉液，加入矫味剂搅匀、溶解后，密闭，静置数日，过滤，添加白酒至规定量，即得。

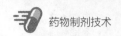

酒剂按传统制法应放置数月或半年后再分装，使酒剂在贮存期间保持澄清。蒸馏酒即白酒，应符合有关卫生质量标准的规定。蒸馏酒的浓度应按处方要求选用。酒剂用中药材，一般应切片或挤压捣碎，以利于浸出，必要时按规定炮制。

举例 舒筋活络酒

处方：										
处方：	木瓜	45g	桑寄生	75g	当归	45g	续断	30g	川芎	60g
	川牛膝	90g	红花	45g	独活	30g	羌活	30g	玉竹	40g
	防风	60g	白术	90g	蚕砂	60g	红曲	180g	甘草	30g

制法：以上十五味，除红曲外，其余十四味药粉碎成粗粉，另取红糖555g，溶解于蒸馏酒11.1kg中，按渗漉法项下操作，用红糖酒作溶剂，浸渍48h后，以每分钟1～3mL的速度缓缓渗漉，收集渗漉液，静置，滤过，即得。

本品具有祛风除湿，舒筋活络作用。用于风寒湿痹、筋骨疼痛、四肢麻木。口服，一次20～30mL，一日2次。

3. 酊剂

酊剂系指原料药物用规定浓度的乙醇提取或溶解而制成的澄清液体制剂，亦可用流浸膏稀释制成。供口服或外用。酊剂的含药浓度随药材而异，一般药材每100mL相当于原药材20g，含毒药的酊剂每100mL相当于原药材10g；其有效成分明确者，应根据半成品的含量加以调整，使符合各酊剂项下的规定。酊剂中的杂质较少，成分较纯净，有效成分含量高，服用方便，且不易霉变。但醇本身有一定药理作用，应用受到一定限制，如儿童、心脏病患者、高血压患者服用有一定影响或不便。酊剂一般常分装在棕色玻璃瓶或塑料瓶中密封，在阴凉处贮存。

酊剂是以不同的醇为浸出溶剂，制备方法主要以浸渍法、渗漉法为主，少数品种采用溶解法、稀释法。如采用一种方法提取不能达到制剂要求，往往采用几种方法综合进行。

（1）**浸渍法** 中药酊剂以浸渍法制备时，一般多用冷浸法，即按生产处方要求称取药材，经过适宜粉碎后置于浸渍容器中，用规定浓度的乙醇浸渍3～5日或规定的适当时间，收集浸渍液，压榨药渣，合并收集液与压榨液，静置24h以上，滤过，自滤器上添加原浓度的醇至规定量即得。

（2）**渗漉法** 将药材粉碎成适宜程度，装筒渗漉，收集处方全量的3/4时停止渗漉，药渣压榨，合并压榨液与渗漉液，添加溶剂至规定量，静置一定时间，过滤，分取上清液。

（3）**稀释法** 以药物流浸膏为原料时，可加入规定浓度的醇溶解至需要量，混合后静置至澄明，分取上清液。

举例 土槿皮酊

处方：土槿皮 20g 乙醇（75%） 适量 共制成 1000L

制法：取土槿皮粗粉，加75%乙醇900mL，浸渍3～5天，滤过，药渣压榨，滤液与榨出液合并，静置24h，滤过，自滤器上添加75%乙醇使成1000mL，搅匀，即得。

本品能软化角质，有抗表皮霉菌作用，可用于汗疱型、糜烂型的手足癣及体股癣等。对于湿疹起泡或糜烂的急性炎症期忌用。

4. 流浸膏剂

流浸膏剂系指饮片用适宜的溶剂浸出有效成分，蒸去部分溶剂，调整浓度至规定标准而制成的制剂。除另有规定外，流浸膏剂每1mL相当于1g饮片。流浸膏剂大多作为配制酊剂、合剂、糖浆剂、颗粒剂等剂型的原料。

流浸膏剂多以稀醇为溶剂，少数以水为溶剂，或加有防腐剂，便于贮存。流浸膏剂与酊剂同以醇为溶剂，但比酊剂的有效成分含量高，因此其服用量较酊剂大为减少。流浸膏剂需除去一部分溶剂时，要经过加热浓缩处理，对热不稳定的有效成分可能受到破坏，所以凡有效成分加热易破坏的药材，不宜制成流浸膏剂，可制成酊剂。流浸膏剂久置发生沉淀时，在醇和有效成分含量符合规定的情况下，可考虑采用过滤等方法除去沉淀。

醇性流浸膏剂制备多采用渗漉法提取药材有效成分，回收部分溶剂，调整规定浓度的含醇制剂。水性流浸膏剂制备：溶剂为水，采用煎煮法提取药材有效成分，经浓缩至一定程度制得，或制成浸膏经稀释而成。

流浸膏剂应装于棕色避光容器中，密封贮存于阴凉干燥处。

举例　大黄流浸膏

处方：大黄（最粗粉）1000g　　乙醇（60%）　　适量　　共制　1000mL

制法：取大黄按前述渗漉法，用60%乙醇作溶剂，浸渍24h后，以每分钟1～3mL的速度缓缓渗漉，收集初漉液850mL，另器保存。继续渗漉，待有效成分完全漉出，收集续漉液，浓缩至稠膏状，加入初漉液850mL，并用溶剂调整体积至1000mL，混匀，静置，待澄清，滤过，即得。

本品具泻实热，下积滞，通经逐瘀，治大便燥结功能。口服一次0.5～1.0mL，一日2～3次。

5. 浸膏剂

浸膏剂是指饮片用适宜溶剂浸出有效成分，除去大部分或全部溶剂，浓缩成膏状或固体粉状制剂。除另有规定外，浸膏剂1g相当于饮片或天然药物2～5g。含有生物碱或其他有效成分的浸膏剂，需经过含量测定，再用稀释剂调整至规定的标准。

浸膏剂是在流浸膏剂的基础上进一步浓缩制成的制剂，但浸膏剂不仅可以是单味药制剂，也可以是多味药的复方制剂；浸膏剂中不含或含极少量溶剂，故有效成分较稳定，但易吸湿软化或失水硬化；浸膏剂由于经过较长时间的浓缩和干燥，有效成分挥发损失或受热破坏的可能性要较流浸膏剂大；浸膏剂很少直接用于临床，一般用于配制其他制剂，如片剂、栓剂、颗粒剂、胶囊剂等。

浸膏剂按干燥程度分稠浸膏剂（为半固体稠厚膏状，具黏性，含溶剂量约15%～20%）和干浸膏剂（为干燥粉状制品，含水量约5%）。浸膏剂常用的稀释剂有淀粉、乳糖及蔗糖、药渣，此外尚有一些理化性质比较稳定的不溶性无机物如氧化镁、碳酸镁、磷酸钙等。

浸膏剂的制备一般分为原料的处理、提取、浓缩、稀释干燥等工艺程序。浸膏剂原药材提取同流浸膏。除用渗漉法外，也常用煎煮法、浸渍法。对含有挥发性有效成分的药材，可采用加热回流法，或采用多功能提取罐操作，回收挥发油后，待浸膏剂浓缩至规定标准后再加入。

提取液一般采用常压蒸发、减压蒸发、薄膜蒸发等操作除去部分溶剂，浓缩至稠厚状。稠膏经测定含量后，加入适量稀释剂吸收并混合均匀后，进行干燥。浸膏剂的吸湿性强，干燥后应立即贮存于密闭的容器内。

6. 煎膏剂

煎膏剂（electuary）系指饮片用水煎煮，取煎煮液浓缩，加炼蜜或糖（或转化糖）制成的半流体或半固体状制剂，也称膏滋。煎膏剂药效以滋补为主，兼有缓慢的治疗作用（如调经、止咳等）。煎膏剂应无焦臭、异味，无糖的结晶析出。

煎膏剂用煎煮法制备，将中药材加水煎煮2～3次，每次煎煮2～3h，滤过，静置，取上清液浓缩至规定比重，得清膏，按规定量加入糖或炼蜜，加炼蜜量应为25%，收膏即得。煎膏剂收膏时应防止焦化，糖可选用冰糖、白糖、红糖等。胶类药材应在收膏时加入。煎膏剂应密闭于阴凉干燥处保存，以防止发霉变质。

知识拓展　提高浸出制剂质量的措施

药材质量对保证浸出制剂的质量至关重要，必须重视品种的鉴定。其次，浸出工艺与制剂的质量密切相关，如解表药采用煎煮法，其中挥发性成分将受损失；如改用现代的提取方法，可减少挥发性成分的损失，提高药效。再进行含量、水分、挥发性残渣、相对密度、灰分、酸碱度、含醇量等理化指标检测，以控制制剂质量。凡有效成分已明确，且能通过化学方法加以定量测定的药材都应采用化学测定法。生物测定法系利用药材浸出成分对动物机体或离体组织所发生的反应，以确定其含量标准的方法，适用于尚无适当化学测定方法的毒性药材制剂的含量测定。药材比量法系指浸出制剂若干容量或重量相当于原药材多少重量的测定方法，用于不能用化学或生物测定方法控制含量的浸出制剂。

7. 中药丸剂

丸剂系指原料药物与适宜的辅料以适当方法制成的球形或类球形固体制剂。中药丸剂系古老的传统剂型。丸剂释药缓慢，作用缓和持久，毒副作用较轻；能较多地容纳半固体或液体药物；可通过包衣来掩盖药物的不良嗅味，提高药物的稳定性；制法简便。但是，丸剂的服用量大、小儿吞服困难、生物利用度低。丸剂可分为蜜丸、水蜜丸、水丸、糊丸、蜡丸、浓缩丸和微粒丸等。

蜜丸系指饮片细粉以炼蜜为黏合剂制成的丸剂。其中每丸重量在0.5g（含0.5g）以上的称大蜜丸，每丸重量在0.5g以下的称小蜜丸。

水蜜丸系指饮片细粉以炼蜜和水为黏合剂制成的丸剂。

水丸系指饮片细粉以水（或根据制法用黄酒、醋、稀药汁、糖液、含5%以下炼蜜的水溶液等）为黏合剂制成的丸剂。

糊丸系指饮片细粉以米糊或面糊等为黏合剂制成的丸剂。

蜡丸系指饮片细粉以蜂蜡为黏合剂制成的丸剂。

浓缩丸系指饮片或部分饮片提取浓缩后，与适宜的辅料或其余饮片细粉，以水、炼蜜或炼蜜和水为黏合剂制成的丸剂。根据所用黏合剂的不同，分为浓缩水丸、浓缩蜜丸和浓缩水蜜丸。

微粒丸系指饮片或部分饮片提取浓缩后，与适宜的辅料或其余饮片细粉，以水或其他黏合剂制成的丸重小于35mg的丸剂。

（1）中药丸剂常用的辅料　中药丸剂常用的辅料如下。

润湿剂：水、黄酒、米醋、水蜜、药汁等。

吸收剂：主要是药材粉末。

黏合剂：蜂蜜、米糊或面糊、药材清（浸）膏、糖浆等。

蜂蜜是蜜丸常用的辅料，是蜜丸的重要组成部分，不仅起着黏合剂的作用，还兼有滋补、润肺、润肠、解毒、调味等作用。使用蜂蜜时一般需炼制，称炼蜜，目的是除去杂质、破坏酵素、杀死微生物、蒸发水分和增强黏性。小量生产可用文火炼制，大量生产可用蒸汽夹层锅炼制，最后滤除杂质。按炼制的程度可将炼蜜分为：

嫩蜜系将蜂蜜加热至105～115℃所得制品，含水量18%～20%，相对密度约1.34，用于黏性较强的药物。

中蜜系将蜂蜜加热至116～118℃所得制品，含水量10%～13%，相对密度约1.37，用于黏性适中的药物。

老蜜系将蜂蜜加热至 119 ～ 122℃所得制品，含水量 10% 以下，相对密度约 1.4，用于黏性较差的药物。

（2）丸剂的制备 中药丸剂的制备方法主要包括塑制法和泛制法。

塑制法是将药材粉末与适宜的辅料（主要是润湿剂或黏合剂）混合制成可塑性的丸块，再经搓条、分割及搓圆制成丸剂的方法。塑制法主要用于蜜丸、糊丸等的制备。生产中使用捏合机、出条机和轧丸机、中药自动制丸机等机械设备。

塑制法的工艺流程为：药材粉末＋辅料→制丸块→制丸条→分割及搓圆→质量检查→包装。

泛制法是将药物粉末与润湿剂或黏合剂交替加入适宜的设备内，使药丸逐层增大的方法。泛制法主要用于水丸、水蜜丸、糊丸、浓缩丸等的制备，生产时使用包衣锅和小丸连续成丸机等设备。

泛制法的工艺流程为：药材粉末＋辅料→起模→成丸→盖面→干燥→选丸→包衣→质量检查→包装。

（3）丸剂的质量检查 丸剂的质量检查项目主要有性状、水分、重量差异、溶散时限等。以动植物、矿物质和生物制品为原料的丸剂，应检查微生物限度。生物制品规定检查杂菌的，可不进行微生物限度检查。

（4）中药丸剂举例

例 1 牛黄解毒丸

处方：							
牛黄	5g	雄黄	50g	石膏	200g	大黄	200g
冰片	25g	甘草	50g	黄芩	150g	桔梗	100g

制法：处方中八味。雄黄以水飞法粉碎成极细粉；石膏等五味粉碎成细粉；将牛黄、冰片研细，以等量递加法与上述粉末混合，过筛，混匀，每 100g 粉末加炼蜜 100 ～ 110g，以塑制法制成大蜜丸即得。

本品具清热解毒功能，用于火热内盛，咽喉及牙龈肿痛，口舌生疮，目赤肿痛。本品是由全药材粉末用塑制法制成的大蜜丸，每丸重 3g。制丸前，根据各药材性质和用量，分别采用水飞法等粉碎方法获得极细粉或细粉，并用等量递加法混合，保证混合的均匀性。

例 2 当归养血丸

处方：					
当归	150g	阿胶	150g	黄芪（蜜炙）	150g
茯苓	150g	香附（制）	150g	地黄	400g
白术（炒）	200g	牡丹皮	100g	白芍（炒）	150g
杜仲（炒）	200g				

制法：处方中十味，除阿胶外，粉碎成细粉，过筛，混匀。每 100g 粉末加炼蜜 35 ～ 45g，阿胶加水适量溶化与炼蜜和匀，泛丸，干燥，即得。

本品可养血调经，用于气血两虚，月经不调。

剂型使用 丸剂用药指导

丸剂有大蜜丸、小蜜丸、水蜜丸、水丸、浓缩丸等。小颗粒的丸剂只需温开水送服；大蜜丸不能整丸吞下，应嚼碎后或分成小粒后再用温开水送服；质硬的水丸可用开水溶化后服用。有些中药丸剂为增强疗效，可用药饮送服，如藿香正气丸治疗胃痛、呕吐等症时，可采用生姜煎汤送服，以增强药效。除另有规定外，丸剂应密封贮存，防止受潮、发霉、虫蛀、变质。

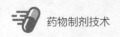

资料卡　中药现代剂型简介

中药现代剂型是指在浸出制剂的基础上经过精制而成的制剂，如中药合剂、中药口服液、中药注射剂、中药片剂、中药气雾剂等。中药制剂生产工艺的基本要点参见附录一（七）。

（1）中药合剂、中药口服液　中药合剂系指中药材用水或其他溶剂，采用适宜方法提取、纯化、浓缩制成的内服液体制剂，一般为溶液或混悬液。它是在传统汤剂基础之上浓缩或纯化制成的，克服了汤剂临用时煎煮服用的麻烦，体积缩小，携带、贮存和服用方便。中药口服液是指中药材经过适当方法的提取、纯化，加入适宜的添加剂制成的一种口服液体制剂，制备过程主要有：原料的预处理、提取与精制、溶液的浓缩与溶剂回收、配液、过滤、灌封、灭菌与检漏、检查、贴签、包装等。

（2）中药注射剂　系指从药材中提取有效物质制成的供注入人体内的灭菌溶液或乳浊液，以及供临用前配成溶液的无菌粉末或浓溶液。中药注射剂除中药材的处理、提取、纯化外，生产流程及生产区域的划分与注射剂相同。复方中药注射剂组成复杂，安全试验、毒性试验要求严格，制备工艺复杂，存在质量不稳定、引起疼痛等问题。

（3）中药片剂　系指药材提取物、药材提取物加药材细粉、或药材细粉与适宜辅料混匀压制而成的片状制剂。药材全粉末制粒压片是将处方中全部中药材（细料药、贵重药材除外），混合粉碎为细粉，加适当的黏合剂制粒、压片。半浸膏片是将处方中部分药材磨成细粉，部分提取制成浸膏，再将浸膏与药材细粉混合制粒、压片。干浸膏片是将处方中全部药材制成浸膏（细料除外），再制粒、压片，缩小片剂体积，减少服药剂量。

（4）中药颗粒剂　系指药材提取物与适宜的辅料或与药材细粉混合制成的颗粒状制剂。多将中药经提取浓缩成浸膏或稠浸膏，再加入适宜的辅料（稀释剂、润湿剂等），通过制软材、制湿颗粒、干燥、整粒得到 12 ～ 14 目的干燥颗粒。

（5）中药胶囊剂　有硬胶囊和软胶囊之分。制备中药胶囊剂时应充分考虑内容物的性质，如液体成分、挥发油先用吸收剂吸收后，再充填空胶囊，含浸膏较多的内容物要防止因其吸湿而导致胶囊变形。中药软胶囊的内容物多为挥发油、油性提取物或溶解混悬于油的其他成分。

（6）中药栓剂　系指药材提取物或药粉与适宜基质制成供腔道给药的固体制剂，主要有肛门栓与阴道栓。栓剂所容纳药物的量是一定的，而中药材的用量一般较大，所以中药材常需提取、精制，以便制成栓剂。

（7）中药气雾剂　系指药材提取物或药材细粉与适宜的抛射剂装在具有特制阀门系统的耐压严封容器中，使用时借助抛射剂的压力将内容物呈细雾状或其他形态喷出的制剂。中药气雾剂的主要给药途径是呼吸道吸收，经肺吸收而发挥全身速效作用，也有皮肤、黏膜和人体腔道用中药气雾剂。

（8）贴膏剂　系指原料药物与适宜的基质和材料制成供皮肤贴敷，可产生全身性或局部作用的一种薄片状制剂。主要用于治疗风湿痛、气管炎、心绞痛等疾病，包括凝胶膏剂（巴布膏剂）和橡胶膏剂。凝胶膏剂系指药物与适宜的亲水性基质混匀后，涂布于背衬材料上制成贴膏剂。常用基质有聚丙烯酸钠、羧甲基纤维素、明胶甘油和微粉硅胶等。橡胶膏剂系指药物与橡胶等基质混匀后，涂布于背衬材料上制成的贴膏剂。贴膏剂常用的背衬材料有棉布、无纺纸等；常用的盖衬材料有防粘塑料薄膜、铝箔 - 聚乙烯复合膜、硬质纱布等。根据药物和制剂的特性，贴膏剂的含量均匀度、耐热性、黏附性等应符合要求。

实践　浸出制剂的制备

通过典型浸出制剂的制备，学会浸出制剂的基本操作，认识本工作中使用到的设备，并能规范使用；了解浸出制剂的生产环境和操作规范。

【实践项目】

1. 甘草流浸膏的制备

处方：甘草　　12.5g　　氨溶液　　Q.S
　　　纯化水　　Q.S　　乙醇　　Q.S

制法：取甘草粗粉，用氨溶液与纯化水渗漉24h，收集渗漉液至无甜味。煮沸5min放冷，滤过，滤液蒸发至约17.5mL，即可。

2. 制备土槿皮酊剂10mL

处方、制法参见教材。

3. 橙皮酊的制备

处方：橙皮（粗粉）　　2g　　乙醇（70%）　　Q.S　　共制　　100mL

制法：称取干燥橙皮粗粉20g，置广口瓶中，加70%乙醇100mL，密盖，振摇，浸渍3日，倾取上层清液用纱布过滤，残渣中挤出的残液与滤液合并，加70%乙醇至全量，静置24h，过滤，即得。含醇量应为48%～54%。

提示：新鲜橙皮与干燥橙皮的挥发油含量相差较大，故规定用干燥橙皮。70%乙醇能使橙皮中的挥发油及黄酮类成分提取充分，且可防止苦味树脂等杂质的溶入。在浸渍期间，应注意适宜的温度并不时地加以振摇，利于有效成分浸出。酊剂制备需足量溶剂、足量的浸渍时间。

4. 桔梗流浸膏的制备

处方：桔梗（粗粉）　　6g　　乙醇（70%）　　Q.S　　共制　　60mL

制法：称取桔梗粗粉，按渗漉法制备，加70%乙醇适量使粗粉均匀湿润膨胀后，分次均匀填装于渗漉筒内，加70%乙醇浸没，浸渍48h。缓缓渗漉，流速1～3mL/min，先收集药材量85%的渗漉液，另器保存。继续渗漉，继漉液经低温减压浓缩后至60mL，与初漉液合并，静置数日，过滤，即得。含醇量应为50%～60%。

提示：药材粉碎程度与浸出效率有重要关系。组织较疏松的药材如橙皮，选用粗粉浸出即可；组织相对致密的桔梗，可选用中等粉或粗粉。粉末过细可能导致较多量的树胶、鞣质、植物蛋白等黏稠物质的浸出，对主药成分的浸出不利。桔梗的有效成分是皂苷，不宜使用低浓度的乙醇作溶剂或在酸性水溶液中煮沸，以免苷类水解。可加入氨水调整至微碱性，以延缓苷的水解。渗漉药材应润湿充分、均匀，干粉装筒要压平、松紧适宜；装料完毕用滤纸或纱布覆盖，加少许干净碎石以防药材松动或浮起。渗漉速度要适当，溶剂液面高于药材。

5. 复方板蓝根颗粒剂的制备

处方：大青叶　　2000g　　板蓝根　　2000g
　　　连翘　　1000g　　拳参　　1000g

制法：称取上述药材加水煎煮2次，分别为2h、1h，合并煎液，滤过，浓缩滤液；醇沉（含醇量为60%），取上清液浓缩成清膏，回收乙醇。取清膏1份、蔗糖3份、糊精1.25份及乙醇适量制成颗粒，干燥，即得。

提示：冲剂煎煮液适当浓缩后醇沉，避免耗醇过多、回收困难。煎煮液浓缩要控制清膏的相对密度，制软材要按“握之成团，按之即散”原则进行。在加热、干燥、浓缩等过程中，要注意安全。

【岗位操作】（以复方板蓝根颗粒剂的制备为例）

岗位一　中药材拣选、清洗

1. 车间领料员根据生产部的生产通知单，按品名、数量（加上一般损耗率的数量）及时到中药材仓库领料。

2. 领料员必须与仓库保管员如实核对中药材的合格证、数量，并检查是否有伪、劣、次、虫、霉烂等情况，并向质量副厂长汇报后作出使用或退库的决定。如需退库，应当日完成。

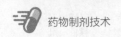

3. 中药材拣选前首先使用竹筛将药材中的泥块、沙石利用双手旋转竹筛将其筛出。

4. 拣选时要认真、仔细地把混入中药材中的杂质，如草枝、虫、霉粒、油粒及未完全筛除的泥块、沙石等除去并根据不同产品的实际情况，把非药用部分的果柄、枝梗、皮壳等除去。药材拣选时必须在拣选工作台上操作，严禁中药材直接接触地面。

5. 将拣选后的药材放入清洗池或清洗盆中，开启自来水阀，加入自来水，水量以能达到有效清洗为宜。

6. 清洗时用坚硬木棒或铁耙搅拌，使微存的杂质上浮、沙土下沉，迅速捞起上浮杂质。如一次未洗净，应换水 1 ～ 2 次，直至洗净为止。捞起清洗干净的药材，放入干净的竹篓中，放置在不露天的地方晾干药材上的洗涤用水。

提示：拣选干净后的中药材必须一人称取、一人复核后，才能进入清洗工序。清洗药材用的水应使用流动水；用过的水不能再用于洗涤其他药材；不同的药材不能在一起洗涤。洗涤后的药材不能露天干燥。

岗位二　切制

1. 生产车间管理人员按照生产计划，组织安排生产操作人员准备生产。工艺员根据产品计划投料量及工艺参数签发生产指令，计算物料量。切制岗位操作人员确认物料数量、外包完好由 QA 人员签字后接收物料。

2. 检查设备传动系统、齿轮箱、压刀夹具等关键部位是否正常，机身是否可靠接地。清理机器周围杂物，特别是输送带上的物品，确认已取下切刀，用手转动皮带轮数周，检查无异常后启动电机，正常运转数分钟后可关机。

3. 根据具体工艺要求，对药材切断长度等各项工艺数据进行调整。调节轮齿数，调节刀片切入传送带的深度，调速。一切正常后进行切制。

4. 中间产品请验。认真填写生产记录，上交生产管理人员，请 QA 人员检验。

5. 生产操作人员将由 QA 人员签字后的合格中间产品进行处理，将生产过程中的废弃物整理收集到垃圾站。将被污染的设备、墙面、台面等先清扫干净，再用抹布、拖布等清洁用具擦至无异物。将清洁用具在清洗间用水清理干净，放在清洗间自然干燥。关掉电源、闭锁或接续下个批次、品种的生产。

提示：①为提高产品成品率，应经常磨刀，确保刀刃直线度；②刀片切入输送带深度以正好切断物料为宜，若切入太深会影响输送带的使用寿命；③变频器调速时，转动控制箱面板上的小旋钮即可，严禁停机时调速。

岗位三　粉碎

1. 根据生产计划，提前两天开启领料单，检查是否有检验报告，并核对品名、批号等是否相符，检查外观质量，验收数量。

2. 除去药材中夹杂的异物、霉粒等后，记录于炮制记录本上，然后称料，要互相检查。

3. 称量工具在使用前应校，以求准确。称料时应做到取砝码时检查，称料时与记录核对，砝码还原时复查，使用后揩抹干净，妥善保管。

4. 粉碎机开机前要对各部件进行检查。把布袋扎紧在粉碎机出粉口处。开车空转 1 ～ 2min 后，再投放药材，进行粉碎。

5. 开车时严禁异物，如铁钉、螺丝、铁块等流入粉碎机内部，以防造成事故。

6. 每次粉碎药材后及时称重，真实记录，计算收率，交给下一工序。并把粉碎机及室内打扫干净，清场。

提示：①药材粉碎的目的是增加药材的表面积，加速药物中有效成分的浸出提取，药材粉碎后要根据工艺要求的细度过筛；②在更换品种前，要清场，原品种的药材全部进库，清洗粉碎机及集粉袋，打扫室内、清洁卫生，经组长检查合格后，才能更换；③粉碎操作时要戴口罩；④及时真实填写操作记录，要求填写字迹端正清晰，不得撕毁或任意涂改；⑤下班前按工艺卫生要求进行清场，门窗、电源开关、水阀等关妥后才能离开。

岗位四　煎煮

1. 投料前先将蒸汽、水、药液阀门关闭，检查完毕后，再将处方规定的药材投入多功能煎煮锅中。并挂上生产状态标准牌。

2. 开启水阀，根据各品种工艺规定加入煎煮用水，通过水表控制加入水量。

3. 开蒸汽阀门进行加热，从煎煮液沸腾时开始计时，按工艺规定时间煎煮，煎煮中途若遇停气要减掉停气时间，并往后推算加热时间。

4. 蒸汽压力应以维持药液沸腾为度，并随时观察蒸汽压力表控制气量和煎煮罐的工作状况，防止药液外溢。

5. 煎煮完毕应先关闭蒸汽阀门，再将煎煮液阀打开，使药液通过管道放入贮液罐中，挂上状态标志，标明品名、批号、日期。

6. 根据生产工艺规程的要求，重复以上操作。第二次的煎煮液并入第一次的煎煮液中，移交下一生产工序。

7. 及时清场，做好提取工序原始记录及清场记录。

岗位五　浓缩

1. 检查冷却水、药液等各路阀门，使之均处在正确位置。打开蒸发器凝结水出水阀门，放掉剩留的凝结水，关闭阀门。并挂好状态标志。

2. 再依次打开各阀门。首先打开真空阀，看真空是否正常，然后开启冷却水阀和药液阀门、蒸汽阀（压力控制在 0.1Pa 左右），进行真空薄膜蒸发。

3. 随时观察蒸汽压力、真空度和冷却水情况，及时调整蒸汽压力和进药量，使之在最佳状态下不断浓缩。并注意观察浓缩液贮罐及冷却水贮罐液位，到满位时，及时换位，以防冲液。一般要求：真空度为 0.5Pa；蒸汽压力为 0.1Pa，出水温度为 50℃。

4. 安装输液管，并放置好清洗干净的不锈钢桶，将经浓缩后的药液输入不锈钢桶中，根据生产工艺规程要求，倒入沉降缸中。

5. 浓缩完毕后，关闭蒸汽阀、冷却水、进料阀门，放尽浓缩药液后，随即从进料管通入自来水，依次清洗贮液罐、管道、真空薄膜蒸发器，并冲洗干净，待水流尽后重新关闭以上阀门。

提示：及时清场，并做好浓缩工序的原始记录及清场记录，对沉降缸中的浓缩药液挂好状态标志，注明品名、批号、比重等。

岗位六　沉降

1. 根据生产工艺规程的要求，浓缩液自然沉降或自然冷却至室温加乙醇，加入溶剂时必须由两人操作，一人加入、一人复核。

2. 沉降加入溶剂时应边加边搅拌，使之充分混匀，盖好缸盖，贴上状态标志，注明品名、批号、数量等，移交下一工序。及时清场，并做沉降及清场记录。

提示：严格按照生产工艺规程要求，保持足够的沉降时间，充分提取有效药用成分。

岗位七　制颗粒

参见颗粒剂的制备。

知识拓展

参观中药厂浸出制剂车间。按厂方的规定要求进入厂区、车间，了解浸出制剂的工艺布局及生产区域的划分、主要浸出设备的原理和基本操作。

学习测试

一、选择题

（一）单项选择题

1. 以乙醇为溶剂，采用加热浸提药材的方法是（　　）。

A.浸渍法　　B.煎煮法　　C.渗漉法
D.回流法　　E.超临界萃取

2. 制备浸出药剂时，一般来说下列哪一项是浸出的主要对象（　　）。

A.有效成分　　B.有效单体化合物
C.有效成分及辅助成分　　D.有效成分及无效成分
E.辅助成分

3. 下列不是酒剂制法的是（　　）。

A.冷浸法　　B.热浸法　　C.煎煮法
D.渗漉法　　E.回流法

4. 浸出药剂的主要特点体现在（　　）。

A.组成单纯
B.具有原药材各浸出成分的综合疗效
C.不易发生沉淀和变质
D.药理作用强烈
E.一般不含有无效物质

5. 除另有规定外，含有毒性药的酊剂，每100mL应相当于原药材（　　）。

A.5g　　B.10g　　C.15g
D.20g　　E.30g

6. 主要作用为滋补的剂型是（　　）。

A.汤剂　　B.酒剂　　C.浸膏剂
D.冲剂　　E.煎膏剂

（二）多项选择题

1. 中药材的前处理主要包括（　　）。

A.净制、切制　　B.炮炙　　C.粉碎、筛析
D.提取、分离　　E.浓缩

2. 适宜于浸渍法的药材是（　　）。

A.黏性药物、无组织结构的药材
B.新鲜及易于膨胀的药材
C.贵重药材
D.有效成分遇热易挥发或易破坏的药材
E.有效成分含量低的药材

3. 汤剂的特点可以概括为（　　）。

A.主要供外用
B.利于发挥各药材成分的多效性
C.久贮易发霉
D.须临时煎煮

E.适应中医辨证施治

4. 汤剂中药材需按医生要求进行特殊处理的情况有（　　）。

A.包煎、先煎　　B.后下、烊化　　C.另煎兑入

D.生汁兑入　　E.冲服

5. 炼蜜的目的为（　　）。

A.增加黏性　　B.除去杂质

C.杀死微生物和酶类　　D.增加甜味

E.减少水分

6. 中药丸剂按所使用的辅料不同，可分为（　　）。

A.蜜丸　　B.滴丸　　C.水丸

D.糊丸　　E.浓缩丸

7. 炼蜜按炼制的程度可分为（　　）。

A.嫩蜜　　B.中蜜　　C.老蜜

D.水蜜　　E.浓缩蜜

二、思考题

1. 中药材中的有效成分是如何提取出来的?

2. 简述丸剂的分类，简述蜜丸（塑制法）、水丸（泛制法）制备工艺。

整理归纳

模块五介绍了栓剂、软膏剂、乳膏剂、眼膏剂、凝胶剂、膜剂、气雾剂、粉雾剂、喷雾剂、浸出制剂与中药制剂、滴丸剂的定义、特点、组成、制备方法及质量检查。介绍了有关制剂的基质、成膜材料及附加剂。在浸出制剂与中药制剂技术中，介绍了中药丸剂、中药合剂、中药口服液、中药注射剂、中药片剂、中药颗粒剂、中药胶囊剂、中药栓剂、中药气雾剂等中药现代制剂。试用如下简表的形式，将本模块的主要制剂进行总结比较。

剂型	栓剂	软膏剂	乳膏剂	凝胶剂	膜剂	气（粉、喷）雾剂	滴丸剂
概念							
特点							
辅料							
工艺							
制法、操作要点							
质量检查							
典型制剂							

模块六

制剂新技术与新剂型

制剂的有效性、安全性、合理性和精密性等反映了医药的发展水平，决定了用药的效果。20世纪90年代以来，随着生命科学、材料科学与纳米科学及其相关技术的发展，生物技术药物与制剂新材料、新设备、新工艺不断涌现，新型给药系统的研究进一步深入和普遍，药物制剂的新技术和新剂型正发挥越来越重要的作用，主要有固体分散技术、包合技术、纳米乳与亚纳米乳、微囊与微球、纳米囊与纳米球、脂质体以及各类缓释制剂、控释制剂、经皮制剂、靶向制剂等新技术和新剂型，涉及范围广、内容多，本模块主要介绍目前应用较成熟的制剂新技术和新剂型。

专题一　固体分散技术

学习目标

- 知道固体分散技术的概念、主要类型、常用载体材料；知道固体分散技术的应用。
- 学会固体分散体的制备方法。
- 学会典型固体分散体的处方及工艺分析。

【典型制剂】

例1　槲皮素-聚乙二醇固体分散体

处方：槲皮素　1g　　　聚乙二醇　20g

制法：将PEG 6000置于瓷蒸发皿中，于70℃水浴锅上加热至完全熔化，然后将槲皮素加入其中，使其均匀分散后，立即于−20℃低温骤冷。冷冻维持30min后取出，于干燥器内过夜干燥，粉碎后过80目筛，即得。

本品的溶解度是槲皮素溶解度的8.6倍。

例2　槲皮素-聚维酮固体分散体

处方：槲皮素　1g　　PVP_{K30}　15g　　乙醇　Q.S

制法：将槲皮素和PVP_{K30}溶解于乙醇中，减压蒸干，回收乙醇，即得。

本品的溶解度是槲皮素溶解度的112.3倍。

【问题研讨】固体分散技术为何可以提高药物的生物利用度？可有哪些材料？如何制备？

固体分散技术（solid dispersion）是将难溶性药物高度分散在另一种固体载体中的新技术。药物通常是以分子、胶态、微晶或无定形状态分散在另一种水溶性、难溶性或肠溶性材料中形成固体分散体。根据Noyes-Whitney方程，药物的溶出速率随分散度的增加而提高。因此采用机械粉碎或微粉化等技术，使药物颗粒减小，比表面积增加，以加速其溶出。固体分散技术能够将药物高度分散，形成分子、胶体、微晶或无定形状态，若载体材料为水溶性的，可大大改善药物的溶出与吸收，从而提高生物利用度，降低毒副作用，成为一种制备高效、速效制剂的新技术。例

如双炔失碳酯 -PVP 共沉淀物片的有效剂量小于市售普通片的一半，生物利用度大大提高。固体分散体可看作是中间体，用以制备药物的速释或缓释制剂，也可制备肠溶制剂。如利用水不溶性聚合物或脂质材料作载体制备的硝苯吡啶固体分散体，体外试验有明显缓释作用。固体分散体的主要类型有：

1. 简单低共熔混合物

药物与载体材料两者共熔后，骤冷固化时，如两者的比例符合低共熔物的比例，可以完全融合而形成固体分散体，此时药物仅以微晶形式分散在载体材料中形成物理混合物，但不能或很少形成固体溶液。

2. 固态溶液

药物在载体材料中以分子状态分散时，称为固态溶液。按药物与载体材料的互溶情况，分为完全互溶与部分互溶两类。如水杨酸与 PEG 6000 的固态溶液，当 PEG 6000 含量较多时，可形成水杨酸完全互溶的固态溶液；当水杨酸的含量较多时，形成 PEG 6000 溶于水杨酸的固态溶液。

3. 共沉淀物

共沉淀物，也称共蒸发物，是由药物与载体材料以适当比例混合，形成共沉淀无定形物，因其有如玻璃的质脆、透明、无确定的熔点，有时称玻璃态固熔体。常用载体材料为多羟基化合物，如枸橼酸、蔗糖、PVP 等。

固体分散体的类型可因不同载体材料而不同，如联苯双酯与不同载体材料形成的固体分散体。联苯双酯与尿素形成的是简单的低共熔混合物，即联苯双酯以微晶形式分散于载体材料中；而联苯双酯与 PVP 的固体分散体中，联苯双酯形成无定形粉末状共沉淀物；联苯双酯与 PEG 6000 形成的固体分散体中，部分联苯双酯以分子状态分散，而另一部分是以微晶状态分散。固体分散体的类型还与药物同载体材料的比例以及制备工艺等有关。

一、固体分散体的载体材料

固体分散体的溶出速率在很大程度上取决于所用载体材料的特性。载体材料应具有下列条件：无毒、无致癌性，不与药物发生化学变化，不影响主药的化学稳定性，不影响药物的疗效与含量检测，能使药物得到最佳分散状态或缓释效果，价廉易得。常用载体材料分为水溶性、难溶性和肠溶性三大类。几种载体材料可联合应用，以达到要求的速释或缓释效果。

1. 水溶性载体材料

常用的有高分子聚合物、表面活性剂、有机酸、糖类以及纤维素衍生物等。

（1）聚乙二醇（PEG）类　具有良好的水溶性［1 ：（2 ～ 3）］，亦能溶于多种有机溶剂，可使某些药物以分子状态分散，可阻止药物聚集。最常用的是 PEG 4000 和 PEG 6000，它们的熔点低（50 ～ 63℃），毒性较小，化学性质稳定（但在 180℃以上分解）。当药物为油类时，宜用 PEG 12000 或 PEG 6000 与 PEG 20000 的混合物。采用滴制法成丸时，可加硬脂酸调节熔点。

（2）聚维酮（PVP）类　为无定形高分子聚合物，熔点较高、对热稳定（但 150℃变色），易溶于水和多种有机溶剂，对许多药物有较强的抑晶作用，但贮存过程中易吸湿而析出药物结晶。PVP 类的规格有：PVP_{K15}（平均分子量 M_{av} 约 1000）、PVP_{K30}（M_{av} 约 4000）及 PVP_{K90}（M_{av} 约 360000）等。

（3）表面活性剂类　作为载体材料的表面活性剂大多含聚氧乙烯基，溶于水或有机溶剂，载药量大，在蒸发过程中可阻滞药物产生结晶，是较好的速效载体材料。常用泊洛沙姆 188（poloxamer 188，即 pluronic F68）等。

（4）有机酸类　该类载体材料的分子量较小，如枸橼酸、酒石酸、琥珀酸、胆酸及脱氧胆酸等，易溶于水而不溶于有机溶剂，不适用于对酸敏感的药物。

（5）糖类与醇类　作为载体材料的糖类常用的有壳聚糖、右旋糖、半乳糖和蔗糖等，醇类有甘露醇、山梨醇、木糖醇等。特点是水溶性强，分子中有多个羟基，可与药物以氢键结合生成固体分散体，适用于剂量小、熔点高的药物。

（6）纤维素衍生物　如羟丙纤维素（HPC）、羟丙甲纤维素（HPMC）等，与药物制成的固体分散体难以研磨，需加入适量乳糖、微晶纤维素等加以改善。

2. 难溶性载体材料

（1）纤维素类　常用的如乙基纤维素（EC），其特点是溶于有机溶剂，含有羟基能与药物形成氢键，有较大的黏性，载药量大、稳定性好、不易老化。如盐酸氧烯洛尔 -EC 固体分散体，释药不受 pH 值的影响。

（2）聚丙烯酸树脂类　含季氨基的聚丙烯酸树脂 Eudragit（包括 E、RL 和 RS 等几种）在胃液中可溶胀，在肠液中不溶，不被吸收，用于制备具有缓释性的固体分散体。有时为了调节释放速率，可适当加入水溶性载体材料如 PEG 或 PVP 等。如萘普生 -Eudragit RL 和 RS 固体分散体，Eudragit RL 可调节释放速率。

（3）其他类　常用的有胆固醇、β- 谷甾醇、棕榈酸甘油酯、胆固醇硬脂酸酯、蜂蜡、巴西棕榈蜡及氢化蓖麻油、蓖麻油蜡等脂质材料，可制成缓释固体分散体，亦可加入表面活性剂、糖类、PVP 等水溶性材料，以适当提高释放速率。水微溶或缓慢溶解的表面活性剂如硬脂酸钠、硬脂酸铝、三乙醇胺和十二烷基硫代琥珀酸钠等，具有中等缓释效果。

3. 肠溶性载体材料

（1）纤维素类　常用的有邻苯二甲酸醋酸纤维素（CAP）、邻苯二甲酸羟丙甲纤维素（HPMCP，商品有 HP-50、HP-55 两种规格）以及羧甲乙纤维素（CMEC）等，均能溶于肠液，可用于胃中不稳定药物在肠道的释放和吸收。CAP 与 PEG 联用制成的固体分散体，可控制释放速率。

（2）聚丙烯酸树脂类　常用的国产Ⅱ号及Ⅲ号聚丙烯酸树脂，分别相当于国外的 Eudragit L100 和 Eudragit S100。前者在 pH6 以上的介质中溶解，后者在 pH7 以上的介质中溶解，有时两者联合使用，制成缓释固体分散体。

知识拓展　固体分散体的速释和缓释原理

（1）速释原理　药物以分子状态、胶体状态、亚稳定态、微晶态以及无定形态在载体材料中以高度分散状态存在，药物被可溶性载体材料包围，阻止已分散的药物聚集粗化，保证了药物的高度分散性，使疏水性或亲水性弱的难溶性药物具有良好的可润湿性。遇胃肠液后，载体材料很快溶解，因此加快药物的溶出与吸收。

（2）缓释原理　药物采用疏水或脂质类载体材料制成的固体分散体具有缓释作用，载体材料形成网状骨架结构，药物以分子或微晶状态分散于骨架内，药物的溶出必须首先通过载体材料的网状骨架扩散，故释放缓慢。

二、固体分散体的制备

药物固体分散体的制备方法很多。采用何种固体分散技术，主要取决于药物的性质和载体材料的结构、性质、熔点及溶解性能等。

1. 熔融法

熔融法即将药物与载体材料混匀，加热至熔融，在剧烈搅拌下迅速冷却成固体，或将熔融物倾倒在不锈钢板上成薄层，用冷空气或冰水骤冷成固体。再将此固体在一定温度下放置变脆成易碎物。如药物 -PEG 类固体分散体只需在干燥器内室温放置一到数日即可。为了缩短药物的加热时间，可将载体材料先加热熔融后，再加入已粉碎的药物（60 ～ 80 目筛）。

本法简便、经济，适用于对热稳定的药物，多用熔点低、不溶于有机溶剂的载体材料，如 PEG 类、枸橼酸、糖类等。如将熔融物滴入冷凝液中使之迅速收缩、凝固成丸，这样制成的固体分散体俗称滴丸。

2. 溶剂法

溶剂法亦称共沉淀法。将药物与载体材料共同溶解于有机溶剂中，蒸去有机溶剂后使药物与载体材料同时析出，得到药物与载体材料混合而成的共沉淀物，经干燥即得。常用的有机溶剂有氯仿、乙醇、丙酮等。

本法的优点为可避免高热，适用于对热不稳定或挥发性药物。可选用能溶于水或多种有机溶剂、熔点高、对热不稳定的载体材料，如 PVP 类、半乳糖、甘露糖、胆酸类等。但有机溶剂的用量较大，成本高，且有时有机溶剂难以完全除尽。残留的有机溶剂除对人体有危害外，还易引起药物重结晶而降低药物的分散度。

固体分散体的制备方法除熔融法、溶剂法外，还有溶剂 - 熔融法、溶剂 - 喷雾（冷冻）干燥法、研磨法和双螺旋挤压法等。

【问题解决】

1. 分析槲皮素 - 聚乙二醇固体分散体的制备。

提示：槲皮素为主药；聚乙二醇为载体材料。本固体分散体采用熔融法。

2. 分析槲皮素 - 聚维酮固体分散体的制备。

提示：槲皮素为主药；PVP_{K30} 为载体材料；乙醇为溶剂。本固体分散体采用溶剂法。

实践　对乙酰氨基酚固体分散物的制备

对乙酰氨基酚是常用的解热镇痛药，难溶于水，吸收受溶出速率所限。用固体分散技术将对乙酰氨基酚与水溶性载体尿素、PEG 6000 制成固体分散体，可增加溶出速率。通过对乙酰氨基酚固体分散物的制备，掌握固体分散体的制备原理、制备方法和制备注意事项，学会熔融法制备固体分散体的基本操作。

1. 对乙酰氨基酚固体分散物的处方

配比	1 ∶ 1	1 ∶ 5	1 ∶ 7	配比	1 ∶ 1	1 ∶ 5	1 ∶ 7
对乙酰氨基酚 PEG 6000	12g 12g	4g 20g	3g 21g	对乙酰氨基酚 尿素	12g 12g	4g 20g	3g 21g

2. 方法

（1）标准曲线的绘制　精密称取对乙酰氨基酚标准品 45mg 置于 250mL 容量瓶中，加 0.1mol/L NaOH 溶液 50mL，用纯化水稀释至刻度，得含对乙酰氨基酚的标准品溶液（180g/mL）。分别精密量取 0mL、0.5mL、1.0mL、2.0mL、3.0mL、4.0mL、5.0mL 置于 100mL 容量瓶中，用 0.01mol/L 的 NaOH 溶液定容、摇匀，在波长（257±1）nm 处测定吸收度。将吸收度与浓度回归，得回归方程：

$C=\qquad+\qquad A, r=$

（2）固体分散体的制备　用熔融法制备。将不同载体 PEG 6000、尿素与不同比例的对乙酰氨基酚（1 ∶ 1，1 ∶ 5，1 ∶ 7）分别研细过筛后，按处方量称取，充分摇匀，置蒸发皿中，在油浴上加热，并不断搅拌至全部熔融。于冰水浴上迅速搅拌使之冷却固化，于干燥器中放置 24h，研磨过 40 目筛，备用。

（3）对乙酰氨基酚微粉的制备　将 4g 对乙酰氨基酚溶于适量无水乙醇中制成饱和溶液，以细流倒入一定量氯仿中，在电动搅拌下，对乙酰氨基酚析出细小针状结晶，抽滤、干燥，得对乙酰氨基酚微粉（直径 13.7 ～ 27.4μm），备用。

（4）物理混合物的制备　将载体尿素与对乙酰氨基酚微粉按一定重量比精密称取，混合，过 40 目筛，置干燥器内，备用。

（5）体外溶出速率的测定　按药典规定溶出桨法测定，溶出介质为人工胃液，温度为（37.0±0.5）℃。将称好的药物倒入溶出介质中，开始计时，搅拌桨转速为（50±1）r/min，分别于 1min、2min、4min、6min、10min、15min 定时取样 5mL，同时补加溶出介质 5mL，精密量取 1mL 定容于 50mL 容量瓶中，在波长（257±1）nm 处测定吸收度。

3. 结果

绘制药物累积溶出百分率与时间图，计算各制品的体外溶出速率参数 T_{50}（药物溶出 50% 所需的时间），并填入表 6-1 中。计算方法参见模块七中“专题一　药物制剂的溶出度试验”。

表6-1　对乙酰氨基酚不同载体分散体 T_{50} 比较

制品	对乙酰氨基酚 -PEG 6000			对乙酰氨基酚 - 尿素			对乙酰氨基酚 - 尿素物理混合物	对乙酰氨基酚 - 微粉
	1 ∶ 1	1 ∶ 5	1 ∶ 7	1 ∶ 1	1 ∶ 5	1 ∶ 7	1 ∶ 1	
T_{50}								

提示：PEG 6000 水溶性好，熔点低，每个分子是由 2 列平行的螺旋链组成，对乙酰氨基酚分子在熔融时可以钻到螺旋链中形成插入型固态溶液。分散的药物以胶体晶态、亚稳态等形式沉积于载体中，难以聚集变大，所以易溶出。在制备共沉淀物时，所加乙醇以能溶解为限，过量乙醇不利于共沉淀物的快速结晶和分散。沸水浴并加以搅拌，可使乙醇快速挥发，有利于药物和载体的快速析出，保证药物的高度分散。为了比较制品的溶出速度，应注意研磨时的平行操作。

以尿素为载体制备的固体分散体，亲水性载体将药物包裹在其中增加了药物的亲水性，难溶性药物在载体中分散度大，扩大了与溶剂的接触面积，而且载体量越大，越易溶出。亲水性的载体能使与之混合的药物亲水性增加，因此对乙酰氨基酚微粉与尿素的物理混合物也比对乙酰氨基酚微粉溶出快。

学习测试

一、选择题

（一）单项选择题

1.关于固体分散体叙述错误的是（　　）。

A.固体分散体加速药物溶出的原理是Noyes-Whitney方程

B.肠溶性载体可增加难溶性药物的溶出速率

C.利用载体的包蔽作用，可延缓药物的水解和氧化

D.能使生物利用度提高

E.掩盖药物的不良嗅味和刺激性

2.下列不能作为固体分散体载体材料的是（　　）。

A.PEG类　B.微晶纤维素　C.聚维酮
D.甘露醇　E.泊洛沙姆

3.不属于固体分散技术的方法是（　　）。

A.熔融法　B.研磨法　C.喷雾（冷冻）干燥法
D.溶剂-熔融法　E.溶剂法

4.下列叙述中错误的是（　　）。

A.难溶性药物与PEG 6000形成固体分散体后，药物的溶出加快
B.某些载体材料有抑晶性，使药物以无定形状态分散于载体材料中
C.以乙基纤维素为载体的固体分散体，可使水溶性药物的溶出减慢
D.固体分散体的水溶性载体材料有PEG类、PVP类、胆固醇类等
E.药物采用疏水性载体材料时，制成的固体分散体有缓释作用

（二）多项选择题

1.对热不稳定的药物，以PVP为载体制成固体分散体可选择的方法有（　　）。

A.熔融法　B.溶剂法　C.溶剂-熔融法
D.溶剂-喷雾（冷冻）干燥法　E.共研磨法

2.下列为不溶性固体分散体载体材料的是（　　）。

A.乙基纤维素　B.PEG类　C.聚维酮
D.丙烯酸树脂RL型　E.HPMCP

3.属于固体分散技术的方法有（　　）。

A.熔融法　B.研磨法　C.溶剂法
D.溶剂熔融法　E.凝聚法

4.下列作为水溶性固体分散体载体材料的是（　　）。

A.PEG类　B.丙烯酸树脂RL型　C.聚维酮
D.甘露醇　E.泊洛沙姆

二、思考题

1.简述固体分散体的制备方法。

2.讨论姜黄素固体分散片的制备。

处方：			
姜黄素固体分散体	1.0g	淀粉	12.7g
羧甲基淀粉钠	0.5g	羧甲基纤维素钠	1.0g
滑石粉	0.3g	纯化水	适量

制法：（1）制备固体分散体。以泊洛沙姆为载体，原料药：载体为1：9。将载体置蒸发皿中于70℃水浴加热熔融，加入丙酮溶解的姜黄素，搅拌至呈均匀透明液体，待丙酮完全蒸发后，室温冷却，于30℃干燥24h，取出粉碎，过80目筛，干燥器中保存备用。

（2）压片。取羧甲基纤维素钠1.0g用适量纯化水制成胶浆。取姜黄素固体分散体、淀粉混合，加羧甲基纤维素钠胶浆混合制粒，于30℃烘干，干颗粒过筛，加羧甲基淀粉钠、滑石粉混匀，压片即得。

3.查阅固体分散体制剂的进展。

专题二　药物包合技术

学习目标

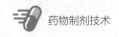

- 知道药物包合技术的概念、常用包合材料的性质和选用。
- 学会包合物的常用制备方法；知道包合技术的应用。
- 学会典型包合物的处方及工艺分析。

【典型制剂】

例 1　檀香挥发油 β- 环糊精包合物

处方：檀香挥发油　0.05mL

　　　β- 环糊精　　0.25g

制法：称取 β- 环糊精 0.25g 加入 60℃水中制成饱和溶液，置具塞三角烧瓶中，加入 15% 的乙醇。另将 0.05mL 的檀香挥发油溶于乙醇中，在恒温下缓缓加入具塞三角烧瓶中，包合 1h 后停止加热，搅拌下冷却至室温，冷藏过夜。过滤，以少量 15% 乙醇洗涤包合物，于 40℃真空干燥，得干燥粉末。

例 2　肉桂挥发油 β- 环糊精包合物

处方：肉桂挥发油　0.05mL

　　　β- 环糊精　　0.25g

制法：称取 β- 环糊精 0.25g 溶于 10mL 纯化水中，置于 50℃水浴中，在恒温搅拌下缓慢加入肉桂挥发油 0.05mL，并继续搅拌 2h；置冰箱中冷藏 24h，抽滤，用纯化水洗涤包合物 3 次，抽干，于 60℃下干燥 4h。再用乙酸乙酯洗涤 3 次后挥发干，得白色疏松状包合物粉末。

【问题研讨】什么是包合物？在药物制剂中有何用途？如何制备？

包合技术系指一种分子被包藏于另一种分子的空穴结构内形成包合物（inclusion compound）的技术。这种包合物是由主分子（host molecules）和客分子（guest molecules）两种组分组成，主分子即是包合材料，具有较大的空穴结构，足以将客分子（药物）容纳在内，形成分子囊（molecular capsules）。

药物作为客分子经包合后，溶解度增大，稳定性提高，液体药物可粉末化，可防止挥发性成分挥发，掩盖药物的不良气味或味道，调节释放速率，提高药物的生物利用度，降低药物的刺激性与毒副作用等。如难溶性药物前列腺素 E_2 经包合后溶解度大大提高，并可制成注射用粉末。盐酸雷尼替丁具有不良嗅味，制成包合物加以改善，提高患者用药的顺应性。陈皮挥发油制成包合物后，可粉末化且可防止挥发。诺氟沙星制成 β- 环糊精包合物胶囊后，起效快，相对生物利用度提高到 141.6%。维 A 酸制成 β- 环糊精包合物后，稳定性明显提高，副作用明显降低。目前利用包合技术生产上市的产品有碘口含片、吡罗昔康片、螺内酯片以及可减小舌部麻木副作用的磷酸苯丙哌林片等。

一、包合材料

常用的包合材料有环糊精、胆酸、淀粉、纤维素、蛋白质、核酸等，目前制剂中常用的是环糊精及其衍生物。

1. 环糊精

环糊精（cyclodextrin，CYD）系淀粉用嗜碱性芽孢杆菌经培养得到的产物，是由 6 ～ 12 个 D - 葡萄糖分子以 1,4- 糖苷键连接的环状低聚糖化合物，为水溶性的非还原性白色结晶性粉末。CYD 的立体结构是上窄、下宽、两端开口的环状中空圆筒形状（图 6-1），空洞外部和入口处为椅式构象的葡萄糖分子上的伯醇羟基，具有亲水性，空洞内部由碳氢键和醚键构成，呈疏水性，故能与一些小分子药物形成包合物。

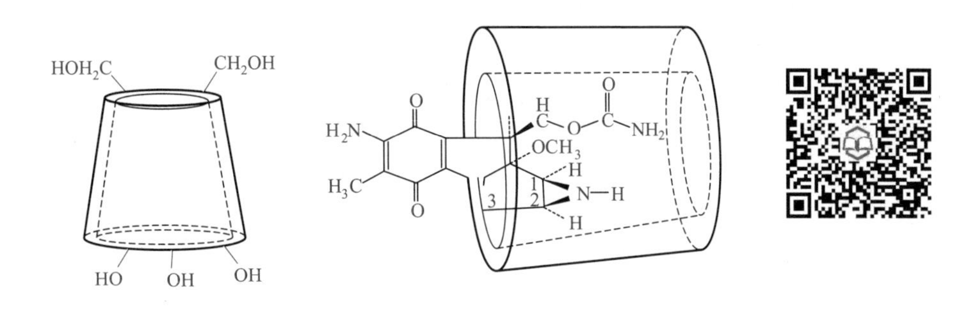

图 6-1　环糊精包封药物结构示意图

常见 CYD 有 α、β、γ 三种，分别由 6 个、7 个、8 个葡萄糖分子构成，它们的空穴内径与物理性质都有较大的差别，以 β-CYD 为常用。CYD 包合药物的状态与 CYD 的种类、药物分子的大小、药物的结构和基团性质等有关。

环糊精所形成的包合物通常是药物在单分子空穴内包入，而不是在环糊精晶格中嵌入，客分子必须和主分子的空穴形状和大小相适应，大多数环糊精与药物可以达到摩尔比 1 ∶ 1 包合。被包合的有机药物应符合下列条件之一：药物分子的原子数大于 5；如具有稠环，稠环数应小于 5；药物分子量在 100 ～ 400 之间；水中溶解度小于 10g/L，熔点低于 250℃。无机药物大多不宜用环糊精包合。

2. 环糊精衍生物

对 β-CYD 的分子结构进行修饰，将甲基、乙基、羟丙基、羟乙基、葡糖基等基团引入 β-CYD 分子中（取代羟基上的 H），破坏了 β-CYD 分子内的氢键，改变其理化性质，更有利于容纳客分子。

（1）水溶性环糊精衍生物　常用的是葡萄糖基衍生物、羟丙基衍生物及甲基衍生物等。在 CYD 分子中引入葡糖基（用 G 表示）后其水溶性显著提高，葡糖基 -β-CYD 为常用的包合材料，包合后可提高难溶性药物的溶解度，促进药物的吸收，降低溶血活性，可作为注射用的包合材料。二甲基 -β-CYD（DM-β-CYD）既溶于水，又溶于有机溶剂，但刺激性也较大，不能用于注射与黏膜给药。

（2）疏水性环糊精衍生物　常用作水溶性药物的包合材料，以降低水溶性药物的溶解度，使其具有缓释性。如乙基 -β-CYD 微溶于水，比 β-CYD 的吸湿性小，具有表面活性，在酸性条件下比 β-CYD 稳定。

二、包合物的制备

1. 饱和水溶液法

将环糊精配成饱和水溶液，加入药物（难溶性药物可用少量丙酮或异丙醇等有机溶剂溶解）

混合 30min 以上，药物与环糊精形成包合物后析出。水中溶解度大的药物，其包合物仍可部分溶解于溶液中，此时可加入有机溶剂，促使包合物析出。将析出的包合物过滤，用适当的溶剂洗净、干燥即得。此法亦称为重结晶法或共沉淀法。如檀香挥发油 β- 环糊精包合物的制备。

2. 研磨法

研磨法又称捏合法，是将 β-CYD 与 2 ～ 5 倍量的水混合，研匀，加入客分子药物（难溶性药物应先溶于有机溶剂中），充分研磨至糊状，低温干燥后，再用适宜的有机溶剂洗净，干燥即得包合物。如研磨法制备维 A 酸包合物。

3. 冷冻干燥法

此法适用于制成包合物后易溶于水，且在干燥过程中易分解、变色的药物。肉桂挥发油 β-环糊精包合物采用冷冻干燥法制备，成品疏松，溶解度好，可制成注射用粉末。

此外，难溶性的药物还可以用喷雾干燥法制成包合物。喷雾干燥法制得的地西泮与 β- 环糊精包合物，增加了地西泮的溶解度，提高了生物利用度。

知识拓展　包合作用的影响因素

（1）药物的极性或缔合作用的影响　由于 CYD 空穴内为疏水区，疏水性或非离解型药物易进入而被包合，形成的包合物溶解度较小；极性药物可嵌在空穴口的亲水区，形成的包合物溶解度大。自身可缔合的药物，往往先发生解缔合，然后再进入 CYD 空穴内。

（2）包合作用竞争性的影响　包合物在水溶液中与药物呈平衡状态，如加入其他药物或有机溶剂，可将原包合物中的药物取代出来。

实践　对乙酰氨基酚-β-CYD包合物的制备

通过对乙酰氨基酚包合物的制备，掌握包合物的制备原理、制备方法和制备注意事项，学会以研磨法制备包合物的基本操作。

1.β-CYD 包合物的制备

对乙酰氨基酚的粉碎：将药物置小型粉碎机中粉碎，过 200 目筛，备用。

包合物的制备：取对乙酰氨基酚（200 目粉）与 β-CYD 按 1 ∶ 1、1 ∶ 2 和 1 ∶ 4 的重量比称量。取 β-CYD 一份，水各一份、两份和四份，分别置研钵中充分研磨，各加入主药一份，研磨 40 ～ 60min，成均匀的糊状物。平铺于盘中，置 40 ～ 50℃烘箱中干燥 6h，制得对乙酰氨基酚 -β-CYD 包合物（Ⅰ）、（Ⅱ）和（Ⅲ）。将（Ⅰ）、（Ⅱ）和（Ⅲ）分别粉碎，过 40 目不锈钢筛，按每粒含主药 150mg 装入 1 号胶囊中。

普通胶囊剂的制备：将粉碎的对乙酰氨基酚 200 目细粉，分别与适量淀粉混匀，按每粒含主药 150mg 装入胶囊中。

2. 体外溶出度试验

标准曲线的绘制：精密称取对乙酰氨基酚对照品 250.0mg，加入 0.1mol/L 盐酸溶液适量，置于 37℃水浴溶解 2h 后，配成浓度为 25.0μg/mL 的对照溶液。分别吸取 1mL、2mL、2.5mL、3mL、4mL、4.5mL、5mL、6mL 至 10mL 容量瓶中，加 0.1mol/L 盐酸定容，于波长（257±1）nm 处测定吸收度 *A*。

溶出度测定：取本品，照《中国药典》（2020 年版）溶出度第一法，以 0.1mol/L HCl 溶液（9 → 1000mL）900mL 为溶剂，转速为 100r/min，依法操作，于 2min、4min、8min、10min、15min、30min 和 45min 时，取溶液 5mL，滤过（同时补液 5mL）。另取对乙酰氨基酚对照品适量，用上述溶剂制成每 1mL 中含 7.5μg 的溶液，取上述溶液照分光光度法，在 257nm 波长处分别测定吸收度 A_i，计算累计溶出百分率。

3. 溶解度试验

称取对乙酰氨基酚 200 目细粉、对乙酰氨基酚 -β-CYD 包合物（1 ∶ 1），分别置于锥形瓶中。加纯化水 100mL，置智能透皮仪上加搅拌子（转速 150 ～ 200r/min），水温 30℃，于 1h、4h、8h、12h、24h、30h、36h 分别取上清液过滤，稀释后，在 257nm 处测定吸收度 A，代入标准曲线方程求出药物在纯化水中的溶解度（C_s）。

4. 数据处理

（1）标准曲线　将浓度（C）对测得的吸收度（A）进行线性回归分析（表 6-2），得标准曲线方程为：

C=　　　r=　　　线性范围为：　　　μg/mL

表6-2　对乙酰氨基酚标准曲线数据

浓度 C/（μg/mL）	
吸收度 A_i	

（2）累计溶出百分率的计算（见表 6-3）

表6-3　对乙酰氨基酚胶囊剂及其包合物溶出量数据

取样时间 /min	2	4	8	10	15	30	45
A_i							
A'							
溶出量百分比							
残留待溶出量百分比							
lg（残留待溶出量百分比）							

表 6-3 中的 A_i 表示 t 时刻样液的吸收度；A' 是根据下式计算的吸收度校正值：

$$A'=W/W'\times A \tag{6-1}$$

式中，A 为按平均片重（W'）配置样液的吸收度；W 为样品片重。可得：

$$溶出量百分比=A_i/A'\times 100\% \tag{6-2}$$

$$残留待溶出量百分比=1-溶出量百分比 \tag{6-3}$$

（3）体外溶出曲线的绘制　绘制对乙酰氨基酚包合物和胶囊剂的累计溶出百分率（Q，%）- 时间（t）曲线。

（4）结果　比较对乙酰氨基酚包合物和胶囊剂的累计溶出百分率（Q，%）- 时间（t）曲线和溶出量（%）。

（5）溶解度的计算　将前述方法测得的吸收度（A）代入标准曲线方程，求出各条件下的溶解度（C_s）。

【问题解决】对乙酰氨基酚制备成 β-CYD 包合物有何作用？

提示：对乙酰氨基酚粒径大小影响其溶解度和溶出速率，通过球磨机微粉化后，减小粒径，制备成 β-CYD 包合物，可明显提高该药物的溶出速率。β-CYD 包合物的制备采用研磨法，尤其要控制研磨时间和加入的水的体积。

学习测试

一、选择题

（一）单项选择题

1.关于包合物的叙述错误的是（　　）。

A.包合物是一种分子被包藏在另一种分子的空穴结构内的复合物

B.包合物是一种药物被包裹在高分子材料中形成的囊状物

C.包合物能增加难溶性药物的溶解度

D.包合物能使液态药物粉末化

E.包合物能促进药物稳定化

2. β-环糊精与挥发油制成的固体粉末为（　　）。

A.微囊　B.化合物　C.微球　D.低共熔混合物　E.包合物

3.将挥发油制成包合物的主要目的是（　　）。

A.防止药物挥发　B.减少药物的副作用和刺激性　C.掩盖药物不良嗅味　D.能使液态药物粉末化　E.能使药物浓集于靶区

4. β-环糊精结构中的葡萄糖分子数是（　　）。

A.5个　B.6个　C.7个　D.9个　E.10个

5.可用作缓释作用的包合材料是（　　）。

A. γ-环糊精　B. α-环糊精　C. β-环糊精　D.羟丙基-β-环糊精　E.乙基化-β-环糊精

（二）多项选择题

1.关于包合物的叙述正确的是（　　）。

A.包合物能防止药物挥发

B.包合物是一种药物被包裹在高分子材料中形成的囊状物

C.包合物能掩盖药物的不良嗅味

D.包合物能使液态药物粉末化

E.包合物能使药物浓集于靶区

2.可用作包合材料的是（　　）。

A.聚维酮　B.α-环糊精　C.β-环糊精　D.羟丙基-β-环糊精　E.乙基化-β-环糊精

3.包合常用下列哪些方法（　　）。

A.饱和水溶液法　B.冷冻干燥法　C.研磨法　D.界面缩聚法　E.喷雾干燥法

4.环糊精包合物在药剂学上的应用有（　　）。

A.可增加药物的溶解度　B.液体药物固体化　C.可增加药物的稳定性　D.可遮盖药物的苦臭味　E.能使药物具靶向作用

二、思考题

1.环糊精包合物在药物制剂技术中有哪些应用？查阅资料，了解其新进展。

2.环糊精包合物可制成何种剂型？

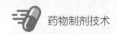

专题三　微囊技术

学习目标

- 知道微囊的概念、微囊化的目的；知道常用微囊材料。
- 学会微囊的常用制备方法；知道微囊技术在药物制剂中的应用。
- 学会典型微囊的处方及工艺分析。

【典型制剂】

例 1　酮康唑微囊

处方一：

酮康唑	1g	明胶	4g
硫酸钠	4g	0.1mol/L 盐酸溶液	Q.S
20% 氢氧化钠溶液	Q.S		

制法：取明胶用适量纯化水溶胀，制成溶胶；加入酮康唑粉末混合研匀，制成混悬液。在50℃水浴中，滴加 0.1mol/L 盐酸溶液调 pH 值至 3.5 ～ 3.8，加入 40% 硫酸钠溶液，显微镜下观察成囊；在 70℃水浴下加入 3 倍量的纯化水，冰水浴下搅拌至 15℃以下，加入适量 37% 甲醛溶液固化，匀速搅拌 1h，滴加 20% 氢氧化钠溶液，调 pH 值 8.0 ～ 9.0。静置分层，去上清液，抽滤，洗涤，真空冷冻干燥，即得。

本品平均粒径为 32.20μm，相对包封率为 56.11%。

处方二：

酮康唑	1g	明胶	2g
阿拉伯胶	2g	37% 甲醛溶液	Q.S
0.1mol/L 盐酸溶液	Q.S	20% 氢氧化钠溶液	Q.S

制法：取明胶、阿拉伯胶分别用适量纯化水溶胀，制成溶胶。加入酮康唑粉末混合研匀，制成阿拉伯胶酮康唑混悬液。在 55℃水浴下，将明胶溶胶与阿拉伯胶混悬液混匀，滴加 0.1mol/L 盐酸溶液，边加边搅拌，使 pH 值为 4.1 ～ 4.2，显微镜下观察成囊，加入 30℃纯化水，搅拌至室温。于冰水浴下加入适量 37% 甲醛溶液固化，匀速搅拌 1h，滴加 20% 氢氧化钠溶液，调 pH 值为 8.0 ～ 9.0。静置分层，去上清液，抽滤，洗涤，真空冷冻干燥，即得。

本品平均粒径为 7.99μm，相对包封率为 83.42%。

例 2　尼莫地平壳聚糖 - 海藻酸微囊

处方：

尼莫地平	1.0g	壳聚糖	0.4g
海藻酸钠	0.75g	氯化钙	1.5g
1.0% 乙酸	Q.S	无水乙醇	Q.S
纯化水	Q.S		

制法：精密称取氯化钙 1.5g，用 1.0% 乙酸溶解并加至 100mL，得 15mg/mL 的氯化钙溶液；精密称取壳聚糖 0.4g，用氯化钙溶液溶解并加至 100mL，得 4mg/mL 的壳聚糖溶液。取该溶液 25mL，加氯化钙溶液至 50mL，制得 2mg/mL 的壳聚糖包囊液 A。精密称取尼莫地平 1.0g，用无水乙醇溶解并加至 50mL，得 20mg/mL 的尼莫地平溶液；精密称取海藻酸钠 0.75g，加入纯化水 45mL 溶解后再加尼莫地平溶液 5mL，搅匀，得包囊液 B。室温下，用带有 8 号针头的 10mL 注射器吸取 B 液 4mL，取 20mL A 液于烧杯中，将注射器针尖置于 A 液面上 2cm 处。在轻微搅拌下，将 B 液以 20mL/h 的速度滴入 A 液。静置 10min 后过滤，用纯化水洗涤。室温干燥 48h 后得干微囊。

本品粒径约 0.2 ～ 0.3mm，具有缓释作用。

【问题研讨】什么是微囊？在药物制剂中有何用途？如何制备？

微型包囊是近四十年来应用于药物制剂的新工艺、新技术，其制备过程通称微型包囊术（microencapsulation），简称微囊化，系利用高分子材料（囊材）作为囊膜壁壳，将固态药物或液态药物（囊心物）包裹而成药库型的微囊（microcapsules）；使药物溶解和（或）分散在高分子材料中，形成骨架型微小球状实体，称微球（microspheres）。微囊和微球的粒径属微米级。

药物微囊化的目的有：①掩盖药物的不良气味及口味；②提高药物的稳定性；③防止药物在胃内失活或减少对胃的刺激；④使液态药物固态化，便于应用与贮存；⑤减少复方药物的配伍变化；⑥可制备缓释或控释制剂；⑦使药物浓集于靶区，提高疗效，降低毒副作用；⑧可将活细胞或生物活性物质包囊。

目前，采用微囊化技术的药物已有 30 多种，主要为解热镇痛药、抗生素、多肽、避孕药、维生素、抗癌药以及诊断用药等。尽管微囊化的药物制剂商品还不多，但药物微囊化技术的研究却是突飞猛进。特别是蛋白质、酶、激素、肽类等生物技术药物的口服活性低或注射的生物半衰期短，将药物微囊化后通过口服或非胃肠道缓释给药，可减少活性损失或变性，这对新药的开发具有特殊意义。

一、微囊材料

1. 囊心物和附加剂

微囊的囊心物（core material）可以是固体或液体，其中除主药外，还包括为提高微囊化质量而加入的附加剂，如稳定剂、稀释剂、控制释放速率的阻滞剂、促进剂以及改善囊膜可塑性的增塑剂等。通常将主药与附加剂混匀后微囊化；亦可先将主药单独微囊化，再加入附加剂。若有多种主药，可将其混匀再微囊化，亦可分别微囊化后再混合，这取决于设计要求以及药物、囊材和附加剂的性质及工艺条件等。如用相分离凝聚法时，囊心物一般不应是水溶性的，而界面缩聚法则要求囊心物必须是水溶性的。

2. 囊材

用于包囊所需的材料称为囊材（coating material）。对囊材的一般要求是：①性质稳定；②有适宜的释放速率；③无毒、无刺激性；④能与药物配伍，不影响药物的药理作用及含量测定；⑤有一定的强度及可塑性，能完全包封囊心物；⑥具有符合要求的黏度、穿透性、亲水性、溶解性、降解性等特性。

常用的囊材可分为下述三大类。

（1）天然高分子囊材　天然高分子材料是常用的囊材，无毒、成膜性好。

明胶：明胶平均分子量 M_{av} 在 15 000 ～ 25 000 之间。因制备时水解方法的不同，明胶分酸法明胶（A 型）和碱法明胶（B 型）。A 型明胶等电点为 7.0 ～ 9.0，B 型明胶等电点为 4.7 ～ 5.0，两者成囊性无明显差别。通常根据药物的酸碱性要求选用 A 型或 B 型，用量为 20 ～ 100g/L。

阿拉伯胶：一般常与明胶等量配合使用，作囊材的用量为 20 ～ 100g/L，亦可与白蛋白配合作复合材料。

海藻酸盐：系多糖类化合物，从褐藻中提取而得。海藻酸钠可溶于不同温度的水中，不溶于乙醇、乙醚及其他有机溶剂。海藻酸钙不溶于水，故海藻酸钠可用 $CaCl_2$ 固化成囊。

壳聚糖：壳聚糖是由甲壳素脱乙酰化后制得的一种天然聚阳离子多糖，可溶于酸或酸性水溶液，无毒、无抗原性，在体内能被溶菌酶等酶解，具有优良的生物降解性和成膜性，在体内可溶胀成水凝胶。

（2）半合成高分子囊材　作囊材的半合成高分子材料多系纤维素衍生物。

羧甲基纤维素盐：羧甲基纤维素钠（CMC-Na）常与明胶配合作复合囊材，一般分别配 1 ～ 5g/L CMC-Na 及 30g/L 明胶，再按体积比 2 ∶ 1 混合。CMC-Na 遇水溶胀，体积可增大 10 倍，在酸性溶液中不溶。其水溶液黏度大，有抗盐能力和一定的热稳定性，不会发酵，也可以制成铝盐 CMC-Al 单独作囊材。

醋酸纤维素酞酸酯（CAP）：CAP 在强酸中不溶解，可溶于 pH 值大于 6 的水溶液。用作囊材时可单独使用，用量一般为 30g/L，也可与明胶配合使用。

乙基纤维素（EC）：乙基纤维素化学稳定性高，不溶于水、甘油和丙二醇，可溶于乙醇，遇强酸易水解，故对强酸性药物不适宜。

甲基纤维素（MC）：甲基纤维素用作囊材的用量为 10 ～ 30g/L，亦可与明胶、CMC-Na、聚维酮（PVP）等配合作复合囊材。

羟丙甲纤维素（HPMC）：羟丙甲纤维素能溶于冷水成为黏性溶液，不溶于热水，长期贮存稳定，有表面活性。

（3）合成高分子囊材　作囊材用的合成高分子材料有生物不降解和生物可降解两类。生物不降解且不受 pH 影响的囊材有聚酰胺、硅橡胶等，在一定 pH 条件下可溶解的囊材有聚丙烯酸树脂、聚乙烯醇等。近年来，生物可降解的材料得到了广泛应用，如聚碳酯、聚氨基酸、聚乳酸（PLA）、丙交酯乙交酯共聚物（PLGA）、聚乳酸 - 聚乙二醇嵌断共聚物（PLA-PEG）等，它们的成膜性好、化学稳定性高，可用于注射。

二、微囊的制备

微囊的制备方法很多，可归纳为物理化学法、物理机械法和化学法三大类，可根据药物、囊材的性质和微囊的粒径、释放要求以及靶向性要求进行选择。物理机械法是将固态或液态药物在气相中进行微囊化的方法，需要一定设备条件，有喷雾干燥法、喷雾凝结法、空气悬浮法、多孔离心法、锅包衣法等。化学法系指利用溶液中的单体或高分子通过聚合反应或缩合反应生成囊膜而制成微囊的方法。物理化学法在液相中进行，囊心物与囊材在一定条件下形成新相析出，故又称相分离法（phase separation），其微囊化步骤大体可分为囊心物的分散、囊材的加入、囊材的沉积和囊材的固化四步（图 6-2）。相分离法分为单凝聚法、复凝聚法、溶剂 - 非溶剂法、改变温度法和液中干燥法，其所用设备简单，高分子材料来源广泛，可将多种类别的药物微囊化，所以成为药物微囊化的主要工艺。

酮康唑微囊处方一的制备采用的是单凝聚法（simple coacervation）。单凝聚法是在高分子囊材溶液中加入凝聚剂以降低高分子材料的溶解度而凝聚成囊的方法，是相分离法中较常用的一种方法。

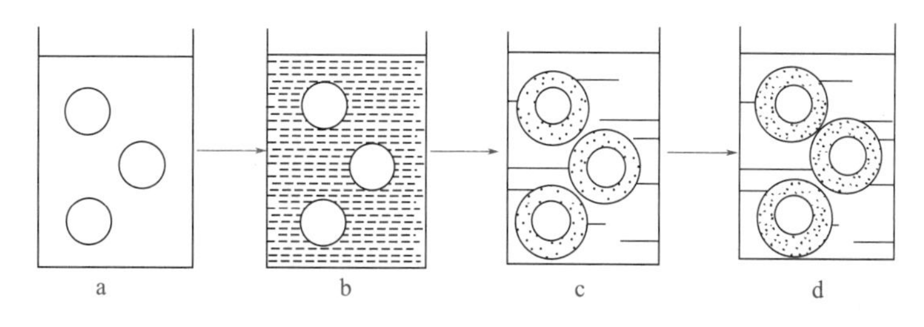

图 6-2　液相中微囊化示意图

a—囊心物的分散；b—囊材的加入；c—囊材的沉积；d—囊材的固化

知识拓展　单凝聚法的基本原理

将药物分散在明胶溶液中，然后加入凝聚剂（强亲水性电解质如硫酸钠水溶液，或强亲水性的非电解质如乙醇），明胶分子水合膜上的水分子与凝聚剂结合，从溶液中析出而形成凝聚囊。这种凝聚是可逆的，一旦有解除凝聚的条件（如加水稀释），可发生解凝聚，凝聚囊消失。经过几次凝聚与解凝聚，直到凝聚囊形成满意的形状（可用显微镜观察）。再加以交联，使之成为不凝结、不粘连、不可逆的球形微囊。

酮康唑微囊处方二和尼莫地平壳聚糖 - 海藻酸微囊的制备采用的是复凝聚法（complex coacervation）。复凝聚法系使用带相反电荷的两种高分子材料作为复合囊材，在一定条件下交联且与囊心物凝聚成囊的方法。复凝聚法是经典的微囊化方法，操作简便，适合于难溶性药物的微囊化。

可作复合材料的有明胶与阿拉伯胶（或 CMC 或 CAP 等多糖）、海藻酸盐与聚赖氨酸、海藻酸盐与壳聚糖、海藻酸与白蛋白、白蛋白与阿拉伯胶等。

知识拓展　复凝聚法的基本原理（以明胶与阿拉伯胶为例）

将溶液 pH 调至明胶的等电点以下使之带正电（pH4.0 ～ 4.5 时明胶带正电荷多），而阿拉伯胶仍带负电，由于电荷互相吸引交联形成正、负离子的络合物，溶解度降低而凝聚成囊，加入甲醛交联固化，洗去甲醛，即得。除物理化学法中的单凝聚法、复凝聚法外，微囊的制备方法还有很多，如物理化学法中的溶剂 - 非溶剂法、改变温度法、液中干燥法；物理机械法中的喷雾干燥法、喷雾凝结法、空气悬浮法、多孔离心法、锅包衣法；化学法中的界面缩聚法、辐射交联法等。

【问题解决】酮康唑、尼莫地平制成微囊有何作用?

实践　液状石蜡微囊的制备

通过液状石蜡微囊的制备，掌握微囊的制备原理、制备方法和注意事项，学会复凝聚法制备微囊的基本操作。

1. 液状石蜡微囊的制备

处方：	液状石蜡	3mL	阿拉伯胶	3g
	明胶	3g	甲醛	4mL
	10% 乙酸	Q.S	10% 氢氧化钠	Q.S
	纯化水	Q.S		

制法：

（1）胶液配制　称取明胶，加适量的水在 60℃水浴中溶解，过滤，加水至 100mL，加 10% 氢氧化钠调节 pH 值为 8，备用。

（2）乳剂制备　取阿拉伯胶，加液状石蜡研匀，加水，制成乳液。镜检，绘图，并测定 pH 值。

（3）混合　取乳剂加等量胶液，搅匀，置水浴 45 ～ 50℃保温。镜检，绘图，并测定 pH 值。

（4）成囊　上述混合液不断搅拌，用 10% 乙酸调 pH 值为 4，镜检是否成囊，并绘图。

（5）固化　不断搅拌下，加二倍冷水稀释并冷却，加甲醛并搅拌，用 10% 氢氧化钠调节 pH 值为 8，镜检并绘图。

（6）过滤、干燥　静置待微囊下沉，过滤，水洗至无甲醛味，加淀粉制粒，于 50℃以下干燥，称重即得。

2. 质量检查

性状；形态与结构；粒径。

提示：用10%乙酸溶液调pH，应逐渐滴入，特别是接近pH4时，并随时取样在显微镜下观察微囊的形成。当降温接近凝固点时，微囊容易粘连，应不断搅拌并用适量水稀释。用稀释液反复洗涤，除去未凝聚完全的明胶，以免加入固化剂时明胶交联形成胶状物。固化后的微囊可过滤抽干，然后加入辅料制成颗粒，或可混悬于纯化水中放置，备用。甲醛可使囊膜的明胶变性固化，其用量影响明胶的变性程度和药物的释放速度。用5%氢氧化钠液调pH值至7～8时，可增强甲醛与明胶的交联作用。复凝聚法制备微囊成囊的关键是：乳液质量、pH调节、温度控制、搅拌速度、固化等。通过镜下观察混合液变化，判断微囊的生成。

学习测试

一、选择题

（一）单项选择题

1.关于微型胶囊的概念叙述正确的是（　　）。

A.将固态药物或液态药物包裹在高分子材料中而形成微小囊状物的技术

B.将固态药物或液态药物包裹在高分子材料中而形成的微小囊状物的过程

C.将固态药物或液态药物包裹在高分子材料中而形成的微小囊状物

D.将固态药物或液态药物包裹在环糊精材料中而形成的微小囊状物

E.将固态药物或液态药物包裹在环糊精材料中而形成微小囊状物的过程

2.关于微型胶囊特点叙述错误的是（　　）。

A.微囊能掩盖药物的不良嗅味

B.制成微囊能提高药物的稳定性

C.微囊能防止药物在胃内失活或减少对胃的刺激性

D.微囊能使液态药物固态化，便于应用与贮存

E.微囊提高药物溶出速率

3.将大蒜素制成微囊是为了（　　）。

A.提高药物的稳定性　　B.掩盖药物的不良嗅味

C.防止药物在胃内失活或减少对胃的刺激性

D.控制药物释放速率　　E.使药物浓集于靶区

4.下列属于合成高分子材料的囊材是（　　）。

A.甲基纤维素　　B.明胶　　C. CAP　　D.乙基纤维素　　E.聚乳酸

5.微囊的制备方法不包括（　　）。

A.单凝聚法　　B.液中干燥法　　C.复凝聚法　　D.溶剂-非溶剂法　　E.薄膜分散法

（二）多项选择题

1.关于微型胶囊特点叙述正确的是（　　）。

A.能掩盖药物的不良嗅味　　B.能提高药物的稳定性

C.能防止药物在胃内失活或减少对胃的刺激性

D.能使药物浓集于靶区　　E.使药物高度分散，提高药物溶出速率

2.下列属于天然高分子材料的囊材是（　　）。

A.明胶　　B.羧甲基纤维素　　C.阿拉伯胶　　D.聚维酮　　E.聚乳酸

3.关于物理化学法制备微型胶囊，下列哪种叙述是错误的（　　）。

A.物理化学法均选择明胶-阿拉伯胶为囊材
B.适合于难溶性药物的微囊化
C.凝聚法、溶剂-非溶剂法均属于此方法的范畴
D.微囊化在液相中进行，囊心物与囊材在一定条件下形成新相析出
E.复凝聚法是在高分子囊材溶液中加入凝聚剂以降低高分子溶解度从而凝聚成囊的方法

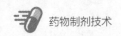

二、思考题

1.复凝聚法微囊制备的原理是什么？
2.在液状石蜡微囊的制备中，比较镜下观察的混合液变化情况，分析变化的原因。

专题四　新剂型简介

学习目标

- 知道缓释制剂、控释制剂、经皮吸收制剂、靶向制剂的概念、特点、目的及意义。
- 知道缓释制剂、控释制剂、经皮吸收制剂、靶向制剂的制备方法。
- 了解缓释制剂、控释制剂、经皮吸收制剂、靶向制剂的质量评价。

一、缓释制剂和控释制剂

【典型制剂】

例 1　阿米替林缓释片（50mg ／片）

处方：			
阿米替林	50mg	柠檬酸	10mg
HPMC（K4M）	160mg	乳糖	180mg
硬脂酸镁	2mg		

制法：将阿米替林与 HPMC 混匀，柠檬酸溶于乙醇中作润湿剂制成软材，制粒，干燥，整粒，加硬脂酸镁混匀，压片即得。

本片属亲水性凝胶骨架片，这类骨架片主要骨架材料为羟丙甲纤维素（HPMC）。

例 2　呋喃唑酮胃漂浮片

处方：			
呋喃唑酮	100g	十六烷醇	70g
HPMC	43g	丙烯酸树脂	40g
十二烷基硫酸钠	适量	硬脂酸镁	适量

制法：将药物和辅料充分混合后用 2% HPMC 水溶液制软材，过 18 目筛制粒，于 40℃干燥，整粒，加硬脂酸镁混匀后压片。每片含主药 100mg。

本品以零级速度及 Higuchi 方程规律体外释药。在胃内滞留时间为 4 ～ 6h，明显长于普通片（1 ～ 2h）。

【问题研讨】什么是缓释制剂和控释制剂？有何特点？

1. 缓释制剂、控释制剂概述

缓释制剂、控释制剂与普通制剂比较，药物治疗作用更持久、毒副作用可能降低、用药次数减少，可提高患者用药依从性。迟释制剂可延迟释放药物，从而发挥肠溶、结肠定位或脉冲释放等功

能。缓释、控释和迟释制剂等也统称为调释制剂，系指与普通制剂相比，通过技术手段调节药的释放速率、释放部位或释放时间的一大类制剂。本部分主要介绍口服的缓释制剂和控释制剂。

缓释制剂（sustained-release preparations）系指在规定释放介质中，按要求缓慢地非恒速释放药物，其与相应的普通制剂相比，给药频率比普通制剂减少一半或有所减少，且能显著增加患者的顺应性。

控释制剂（controlled-release preparations）系指在规定释放介质中，按要求缓慢地恒速释放药物，其与相应的普通制剂比较，给药频率比普通制剂减少一半或有所减少，血药浓度比缓释制剂更加平稳，且能显著增加患者的顺应性。

三类制剂血药浓度的比较如图 6-3 所示。

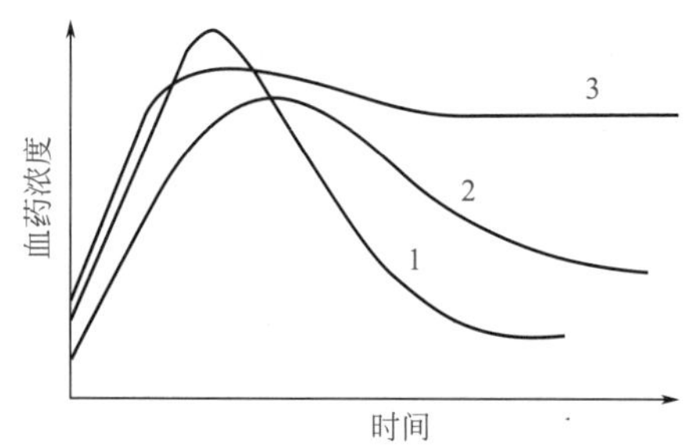

图 6-3　三类制剂血药浓度的比较

1—普通制剂；2—缓释制剂；3—控释制剂

缓释、控释制剂近年来有很大的发展，主要是对生物半衰期短的或需要频繁给药的药物，可以减少服药次数。如普通制剂每天 3 次，制成缓释或控释制剂可改为每天 1 次或 2 次。这样可以大大提高患者用药的顺应性，使用方便。特别适用于需要长期用药的慢性疾病患者，如心血管疾病、心绞痛、高血压、哮喘等。其次，可使血药浓度平稳，避免峰谷现象，有利于降低药物的毒副作用，特别适用于治疗指数较窄的药物。

根据关系式：$\tau \leqslant t_{1/2}(\ln T_I/\ln 2)$，式中，$\tau$ 为给药间隔时间；$t_{1/2}$ 为药物的生物半衰期；T_I 为治疗指数（therapeutic index）。

若药物 $t_{1/2}=3h$，$T_I=2$，用普通制剂要求每 3h 给药 1 次，一天要服 8 次才能避免血药浓度过高或过低，这显然是不现实的。若制成缓释或控释制剂，每 12h 服一次，也能保证药物的安全性和有效性。

虽然缓释、控释制剂有其优越性，但并不是所有药物都适合，如剂量很大（＞ 1g）、生物半衰期很短（＜ 1h）或很长（＞ 24h）、不能在小肠下端有效吸收的药物，一般不适于制成口服缓释制剂。对口服缓释制剂，一般要求在整个消化道都有药物的吸收，因此具有特定吸收部位的药物如维生素 B_2，制成口服缓释制剂的效果不佳。对于溶解度极差的药物制成缓释制剂也不一定有利。

缓释制剂、控释制剂也有不利之处：一是在临床应用中对剂量调节的灵活性降低。增加缓释制剂品种的规格，可缓解剂量调节灵活性的缺点，如硝苯地平缓释片有 20mg、30mg、40mg、60mg 等规格。二是缓释制剂往往是基于健康人群的平均动力学参数设计，当药物在疾病状态的体内动力学特性有改变时，不能灵活调节给药方案；如果遇到某种特殊情况（如出现较大副反应），往往不能立刻停止药物的作用。而且，制备缓释、控释制剂所涉及的设备和工艺费用较普通制剂昂贵。

知识拓展　缓释、控释制剂的释药原理

1. 溶出原理

根据 Noyes-Whitney 方程，通过减小药物的溶解度，增大粒径，以降低药物的溶出速度，达到长效作用。

（1）制成溶解度小的盐或酯，如睾丸素丙酸酯以油注射液供肌内注射，药效约延长 2 ～ 3 倍。

（2）与高分子化合物生成难溶性盐，如胰岛素制成鱼精蛋白锌胰岛素，药效可维持 18 ～ 24h。

（3）增加难溶性药物的粒径。如超慢性胰岛素中所含胰岛素锌晶粒，大部分超过 10μm，作用可长达 30h；晶粒不超过 2μm 的半慢性胰岛素锌，作用时间则为 12 ～ 14h。

2. 扩散原理

药物溶解后从制剂中扩散出来进入体液，释药受扩散速率的控制。

（1）包衣 将药物小丸或片剂用阻滞材料包衣。阻滞材料有肠溶材料和水不溶性高分子材料。如乙基纤维素为水不溶性包衣膜。

（2）制成微囊 微囊膜为半透膜，囊膜厚度、微孔孔径等决定药物的释放速度。

（3）制成不溶性骨架 如聚乙烯、聚乙烯乙酸酯、聚甲基丙烯酸酯、硅橡胶等水不溶性材料制备的骨架型缓释、控释制剂，药物的释放符合 Higuchi 方程。适于水溶性药物，药物释放完后，骨架随粪便排出体外。

（4）增加黏度以减少扩散速度 主要用于注射液或其他液体制剂。如 CMC（1%）用于盐酸普鲁卡因注射液（3%），可使作用延长至约 24h。

（5）制成植入剂 系由原料药物或与辅料制成的供植入人体内的无菌固体制剂。药效可长达数月甚至数年，如孕激素植入剂。一般采用特制的注射器植入、手术切开植入。

（6）制成乳剂 水溶性药物以精制羊毛醇和植物油为油相，制成 W/O 乳剂型注射剂。在体内（肌内），水相中的药物向油相扩散，再由油相分配到体液，因此有长效作用。

3. 溶蚀与扩散、溶出结合

实际上，释药系统不只取决于溶出或扩散。如生物溶蚀型骨架系统、亲水凝胶骨架系统，不仅药物可从骨架中扩散出来，骨架本身也处于溶蚀的过程。

4. 渗透压原理

利用渗透压原理制成的控释制剂，能均匀恒速地释放药物，释药速率与 pH 值无关，在胃中与在肠中的释药速率相等。

5. 离子交换作用

药物结合于水不溶性交联聚合物组成的树脂上，与带有适当电荷的离子接触时，通过离子交换将药物游离释放出来。如阿霉素羧甲基葡聚糖微球在体内与体液中的阳离子进行交换，阿霉素逐渐释放发挥作用。

药物被包裹在高分子聚合物膜内，形成贮库型缓释、控释制剂，释药速度可通过不同性质的聚合物膜加以控制，以获得零级释药。贮库型制剂中所含药量比普通制剂大得多，药物贮库损伤破裂会导致毒副作用。

2. 缓释制剂、控释制剂的制备

缓释、控释制剂类型很多，有骨架型缓释、控释制剂，包括骨架片（不溶性骨架片、生物溶蚀性骨架片、亲水凝胶骨架片）、缓释（控释）颗粒压制片、胃内滞留片、生物黏附片和骨架型小丸等；膜控型缓释、控释制剂，包括微孔膜包衣片、肠溶膜控释片、膜控释小片、膜控释小丸等；渗透泵型控释制剂；植入型给药剂型；经皮给药系统；脉冲式释药系统或自调式释药系统等。不同类型缓释、控释制剂的制备方法不同。

骨架型缓释、控释制剂是指药物和一种或多种惰性固体骨架材料通过压制或融合技术制成片状、小粒或其他形式的制剂。其中的胃内滞留片系指一类能滞留于胃液中，延长药物在消化道内的释放时间，改善药物吸收，有利于提高药物生物利用度的片剂。一般可在胃内滞留达 5 ～ 6h。此类片剂由药物和一种或多种亲水胶体及其他辅料制成，又称胃内漂浮片，实际上是一种不崩解的亲水性凝胶骨架片。为提高滞留能力，加入疏水性且相对密度小的酯类、脂肪醇类、脂肪酸类或蜡类，如单硬脂酸甘油酯、鲸蜡酯、硬脂醇、硬脂酸等。乳糖、甘露糖等的加入可加快释药速率，聚丙烯酸酯等的加入可减缓释药，有时还加入十二烷基硫酸钠等表面活性剂增加制剂的亲水性。

膜控型缓释、控释制剂主要适用于水溶性药物，用适宜的包衣液，采用一定的工艺制成均一的包衣膜，达到缓释、控释目的。包衣液由包衣材料、增塑剂和溶剂（或分散介质）组成，根据膜的性质和需要可加入致孔剂、着色剂、抗黏剂和遮光剂等。由于有机溶剂不安全，有毒，易产生污染，目前大多将水不溶性的包衣材料用水制成混悬液、乳状液或胶液，统称为水分散体，进行包衣。水分散体具有固体含量高、黏度低、成膜快、包衣时间短、易操作等特点。目前市场上有两种类型的缓释包衣水分散体：一类是乙基纤维素水分散体，商品名为 Aquacoat 和 Surelease；另一类是聚丙烯酸树脂水分散体，商品名为 Eudragit L 30D-55 与 Eudragit RL30D。

渗透泵片是由药物、半透膜材料、渗透压活性物质和推动剂等组成。常用的半透膜材料有醋酸纤维素、乙基纤维素等。渗透压活性物质（即渗透压促进剂）起调节药室内渗透压的作用，其用量多少关系到零级释药时间的长短，常用乳糖、果糖、葡萄糖、甘露糖。推动剂亦称为促渗透聚合物或助渗剂，能吸水膨胀，产生推动力，将药物层的药物推出释药小孔，常用分子量为 3 万～ 500 万的聚羟甲基丙烯酸烷基酯以及分子量为 1 万～ 36 万的 PVP 等。此外，渗透泵片中还可加入助悬剂、黏合剂、润滑剂、润湿剂等。如图 6-4 所示。

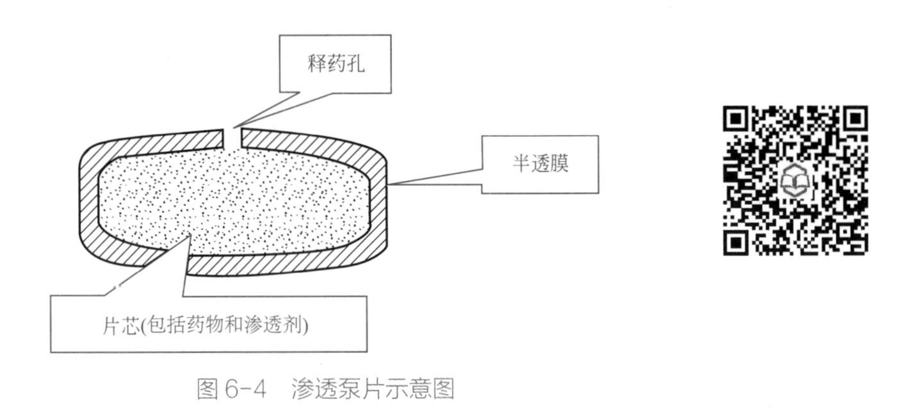

图 6-4　渗透泵片示意图

举例　盐酸维拉帕米渗透泵片

处方：

（1）片芯处方

盐酸维拉帕米（40 目）	120mg	甘露醇（40 目）	280g
聚环氧乙烷（WSR 303）	60g	聚维酮（K29/32）	120g
乙醇	190mL	硬脂酸镁（40 目）	115g

（2）包衣液处方（用于每片含 120mg 的片芯）

醋酸纤维素（乙酰基值 39.8%）	47.25g	羟丙基纤维素	22.5g
醋酸纤维素（乙酰基值 32%）	15.75g	聚乙二醇 3350	4.5g
二氯甲烷	1755mL	甲醇	735mL

片芯制备：将片芯处方中前三种组分置于混合器中，混合 5min；将 PVP 溶于乙醇，缓缓加至上述混合组分中，搅拌 20min，过 10 目筛制粒，于 50℃干燥 18h，经 10 目筛整粒后，加入硬脂酸镁混匀，压片。制成每片含主药 120mg、硬度为 9.7kg 的片芯。

包衣：用空气悬浮包衣技术包衣，进液速率为 20mL/min，包至每个片芯上的衣层增重为 15.6mg。将包衣片置于相对湿度 50%、50℃的环境中 45 ～ 50h，再在 50℃干燥箱中干燥 20 ～ 25h。

打孔：在包衣片上下两面对称处各打一释药小孔，孔径为 254μm。

渗透泵片示意图如图 6-4 所示。此渗透泵片在人工胃液和人工肠液中的释药速率为 7.1 ～ 7.7mg/h，可持续释药 17.8 ～ 20.2h。

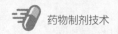

3. 缓释制剂、控释制剂的质量评价

缓释、控释制剂的质量评价方法有体外释放度试验、体内生物利用度和生物等效性试验以及体内外相关性等，有关内容参见“模块七　制剂有效性评价”。

【问题解决】

1. 阿米替林缓释片是何种类型的骨架片？羟丙甲纤维素（HPMC）在其中起什么作用？

提示：本片属亲水性凝胶骨架片，主要骨架材料为羟丙甲纤维素（HPMC）。HPMC 遇水后形成凝胶，可通过调节 HPMC 在处方中的比例及 HPMC 的规格来调节释放速度。处方中药物含量高时，药物释放速度主要由凝胶层溶蚀所决定。除 HPMC 外，还有甲基纤维素、羟乙基纤维素、羧甲基纤维素钠、海藻酸钠等。

2. 分析硝酸甘油缓释片的处方和制法。

处方：

硝酸甘油	0.26g（10% 乙醇溶液 2.95mL）		
硬脂酸	6.0g	十六醇	6.6g
聚维酮（PVP）	3.1g	微晶纤维素	5.88g
微粉硅胶	0.54g	乳糖	4.98g
滑石粉	2.49g	硬脂酸镁	0.15g

共制 100 片

制法：①将 PVP 溶于硝酸甘油乙醇溶液，加微粉硅胶混匀，加硬脂酸与十六醇，水浴加热到 60℃，使熔。将微晶纤维素、乳糖、滑石粉的均匀混合物加入上述熔化的系统中，搅拌 1h。②将上述黏稠混合物摊于盘中，室温放置 20min，待成团块时，用 16 目筛制粒。于 30℃干燥，整粒，加入硬脂酸镁，压片。

提示：本片属于蜡质类骨架片，由水不溶但可溶蚀的蜡质材料制成，如巴西棕榈蜡、硬脂醇、硬脂酸、聚乙二醇单硬脂酸酯等。这类骨架片是通过孔道扩散与蚀解控制释放，部分药物被不穿透水的蜡质包裹，可加入表面活性剂以促进其释放，通常将巴西棕榈蜡与硬脂醇或硬脂酸结合使用。本品开始 1h 释放 23%，以后释放接近零级。

知识拓展

查阅《中国药典》，了解缓释、控释和迟释制剂指导原则。

剂型使用　缓控释制剂用药指导

缓控释制剂用药前一定要仔细阅读说明书或请示药师，因为各厂家的缓控释制剂特性可能不同。有些药品未表明“缓释”或“控释”字样，而在其外文药名中带有“SR”或“ER”，则属于缓释剂型。口服缓控释制剂一般一日一次或者一日两次，每次服药时间尽量保持固定一致。不要漏服，避免不能达到药效；也不要随意增加剂量，增加毒性反应。除另有规定外，一般应整片或整丸吞服，严禁嚼碎和击碎分次服用。可分剂量服用的缓控释制剂通常外观有一分割痕，服用时也要保持半片的完整性。有些缓释、控释制剂服用后，药物释放后的制剂骨架不能被吸收，而随粪便排出体外，即“整吃整排”。

二、靶向制剂

【典型制剂】

例1　紫杉醇脂质体

处方：				
	紫杉醇	25mg	卵磷脂	660mg
	胆固醇	10mg	二硬脂酰磷酸甘油	77mg
	氯仿-甲醇（3：1）	5mL	磷酸盐缓冲液	20mL

制法：分别称取卵磷脂、二硬脂酰磷酸甘油、紫杉醇，全溶于氯仿-甲醇混合溶剂，置磨口梨形烧瓶中，于50℃水浴、100r/min条件下，减压蒸去有机溶剂，使磷脂成半透明或白色蜂巢状膜，用磷酸盐缓冲液充分水化薄膜，15000psi（1psi=6894.76Pa）高压均质循环2～3次，分别过200nm、100nm的聚碳酸酯膜各2次，即得。

本法制得的脂质体粒径在70～150nm，平均粒径111nm，包封率为96.5%。

例2　溶菌酶脂质体

处方：				
	溶菌酶	8mg	卵磷脂	0.6g
	胆固醇	0.3g	氯仿	4.51mL
	乙醚	7.49mL	磷酸盐缓冲液	30mL

制法：分别称取卵磷脂和胆固醇，溶于氯仿-乙醚的混合溶剂中，加入4mL浓度为2mg/mL的溶菌酶磷酸盐缓冲溶液，水浴超声处理3min，形成稳定的乳白色W/O型乳剂，静置30min不分层。将装有W/O型乳液的茄形瓶置于旋转蒸发仪上，减压至0.04MPa后，将乳液在37℃下蒸发除去有机溶剂，溶剂蒸干后继续蒸发30min，瓶壁形成一层均匀的脂质薄膜。加入30mL磷酸盐缓冲液高速旋转3h，将膜洗下，用0.8μm微孔滤膜过滤，除去大颗粒杂质后即可得到淡乳黄色脂质体混悬液。

本品稳定性较好，包封率可达86.1%。

【问题研讨】什么是靶向制剂？有何特点？

许多药物口服后常受到胃肠道上皮细胞中酶系的降解、代谢及肝中各酶系的生物代谢，如多肽、蛋白质类药物、*β*-受体阻滞剂等，通常不得不采用注射等给药途径。通过注射途径的非靶向药物可分布在全身循环，经过蛋白质结合、代谢、分解、排泄等过程后，只有少量药物才能达到靶组织、靶器官、靶细胞。特别是细胞毒的抗癌药物，在杀灭癌细胞的同时也杀灭正常细胞，因而毒副作用大，患者的顺从性差。

靶向制剂亦称靶向给药系统（targeting drug delivery system，TDDS），是指载体将药物通过局部给药或全身血液循环而选择性地浓集定位于靶组织、靶器官、靶细胞或细胞内结构的给药系统。从药物靶向的到达部位可分为三级，第一级指到达特定的靶组织或靶器官，第二级指到达特定的细胞，第三级指到达细胞内的特定部位。

靶向制剂可提高药效，降低毒副作用，提高药品的安全性、有效性、可靠性和患者的顺从性。常见的靶向制剂有脂质体、微球、微乳、磁性靶向制剂等。靶向制剂可以解决以下问题：①药剂学方面的药物稳定性低或溶解度小；②生物药剂学方面的低吸收或生物不稳定（酶、pH值等）；③药物生物半衰期短和分布面广而缺乏特异性；④药物的治疗指数（中毒剂量和治疗剂量之比）低。

知识拓展　微粒制剂

随着现代制剂技术的发展，新型药物制剂——微粒制剂已逐渐用于临床。微粒制剂也称微粒给药系统（MDDS），在药剂学中，将直径在 10^{-9} ～ 10^{-4}m 分散相构成的分散体系统称为微粒分散体系，其中，分散相粒径在 1 ～ 500μm 的为粗（微米）分散体系，主要包括微囊、微球、亚微乳等；粒径小于 1000nm 的为纳米分散体系，主要包括脂质体、纳米乳、纳米粒、聚合物胶束等。这些载体具有掩盖药物的不良气味与口味、液态药物固态化、减少复方药物的配伍变化，提高难溶性药物的溶解度，或提高药物的生物利用度，或改善药物的稳定性，或降低药物不良反应，或延缓药物释放、提高药物靶向性等作用。其中，具有靶向性药物载体的制剂通常称为靶向制剂。

1. 靶向制剂的分类

靶向制剂从方法上分类，大体可分为以下三类：

（1）被动靶向制剂（passive targeting preparation）　利用液晶、液膜、脂质、类脂质、蛋白质等作为载体，将药物包裹或嵌入其中制成的各类胶体或混悬微粒系统。被动靶向的微粒经静脉注射后，这些微粒通过正常生理过程选择性地聚集于肝、脾、肺或淋巴等部位。其在体内的分布首先取决于粒径的大小，通常粒径在 2.5 ～ 10μm 时，大部分积集于巨噬细胞。小于 7μm 时一般被肝、脾中的巨噬细胞摄取；大于 7μm 的微粒通常被肺的最小毛细血管床以机械滤过方式截留，被单核白细胞摄取进入肺组织或肺气泡；小于 10nm 的纳米粒则缓慢积聚于骨髓。

（2）主动靶向制剂（active targeting preparation）　是用修饰的药物载体作为“导弹”，将药物定向地运送到靶区浓集发挥药效。包括经过修饰的药物载体及前体的药物两大类制剂。如脂质体表面经适当修饰后，可避免网状内皮系统吞噬，延长在体内循环系统的时间；在脂质体表面接上某种抗体，使具有对靶细胞分子水平上的识别能力，提高脂质体的专一靶向性；用聚合物将抗原或抗体吸附或交联形成的微球；利用结肠特殊菌落产生的酶的作用，在结肠释放出活性药物从而达到结肠靶向作用。

（3）物理化学靶向制剂（physical and chemical targeting preparation）　用某些物理化学方法可使靶向制剂在特定部位发挥药效，包括磁性靶向制剂、栓塞靶向制剂、热敏靶向制剂、pH 敏感靶向制剂等。磁性微球的磁性物质通常是超细磁流体，如 $FeO \cdot Fe_2O_3$ 或 Fe_2O_3；在热敏脂质体膜上将抗体交联，可得热敏免疫脂质体，这种脂质体同时具有物理化学靶向与主动靶向的双重作用。pH 敏感脂质体是利用肿瘤间质液的 pH 值比周围正常组织显著低而设计。栓塞微球是通过插入动脉的导管将栓塞物输到靶组织或靶器官的医疗技术，阻断对靶区的供血和营养，使靶区的肿瘤细胞缺血坏死，具有栓塞和靶向性化疗双重作用。

2. 脂质体

脂质体（liposome）系指将药物包封于类脂质双分子层内而形成的微型泡囊。类脂质双分子层厚度约 4nm。根据脂质体所包含类脂质双分子层的层数，分为单室脂质体和多室脂质体。含有单层双分子层的泡囊称为单室脂质体（单层小囊），它又分为小单室脂质体和大单室脂质体。小单室脂质体（single unilamellar vesicles, SUV），粒径约 0.02 ～ 0.08μm；大单室脂质体（large unilamellar vesicles, LUV）为单层大泡囊，粒径在 0.1 ～ 1μm 之间。含有多层双分子层的泡囊称为多室脂质体（multilamellar vesicles, MLV），粒径在 1 ～ 5μm 之间，每层均可包封药物，水溶性药物包封于泡囊的亲水基团夹层中，而脂溶性药物则分散于泡囊的疏水基团的夹层中，有包封脂溶性药物或水溶性药物的特性（图 6 - 5）。

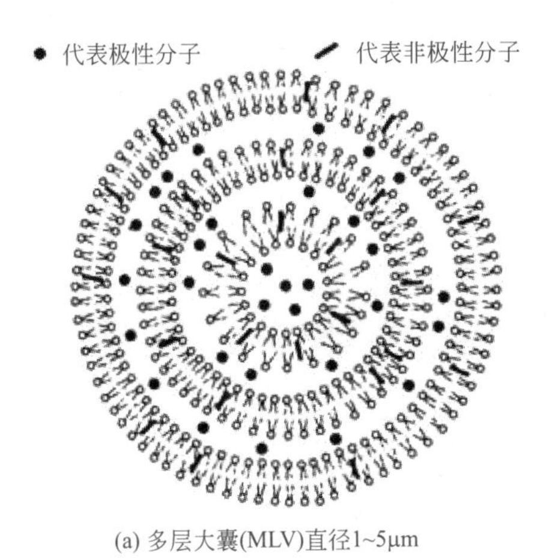

(a) 多层大囊(MLV)直径1~5μm

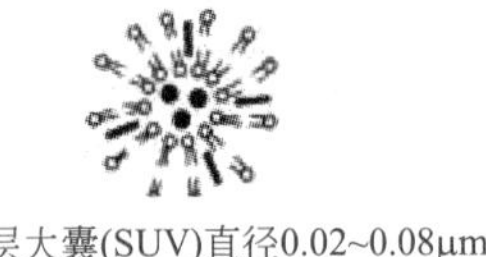
(b) 单层大囊(SUV)直径0.02~0.08μm

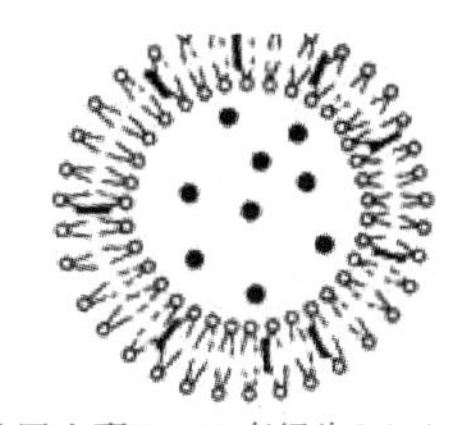
(c) 单层大囊(LUV)直径为0.1~1μm

图 6-5 脂质体结构示意图

（1）**脂质体的特点** 药物被脂质体包封后的主要特点如下：

① 靶向性和淋巴定向性 脂质体可被巨噬细胞作为外界异物而吞噬，可治疗肿瘤和防止肿瘤扩散转移，以及治疗肝寄生虫病、利什曼病等单核 - 巨噬细胞系统疾病。

② 缓释性 将药物包封成脂质体，可减少代谢和肾排泄而延长药物在血液中的滞留时间，使药物在体内缓慢释放，从而延长了药物的作用时间。

③ 细胞亲和性与组织相容性 因脂质体是类似生物膜结构的泡囊，对正常细胞和组织无损害和抑制作用，并可长时间吸附于靶细胞周围，使药物能充分向靶细胞靶组织渗透。脂质体也可通过融合进入细胞内，经溶酶体消化释放药物。如将抗结核药物包封于脂质体中，可将药物载入细胞内杀死结核菌，提高疗效。

④ 降低药物毒性 脂质体主要被单核 - 巨噬细胞系统的巨噬细胞所吞噬而摄取，且在肝、脾和骨髓等单核 - 巨噬细胞较丰富的器官中浓集，而使药物在心、肾中累积量明显降低，因此降低药物的心、肾毒性。如两性霉素 B 脂质体，可使两性霉素 B 的毒性大大降低而不影响抗真菌活性。

⑤ 保护药物提高稳定性 不稳定的药物被脂质体包封后，可受到脂质体双层膜的保护。如青霉素口服易被胃酸破坏，制成脂质体则可受保护而提高稳定性与口服的吸收效果。

（2）**制备脂质体的材料** 形成脂质体双分子层的膜材主要由磷脂与胆固醇构成，由它们所形成的“人工生物膜”易被机体消化分解。

① 磷脂类 包括天然的卵磷脂、脑磷脂、大豆磷脂以及其他合成磷脂，如合成二棕榈酰 -D，L-α- 磷脂酰胆碱、合成磷脂酰丝氨酸等。一般天然磷脂为中性磷脂，如豆磷脂为卵磷脂与少量脑磷脂的混合物。磷脂可在体内合成，还可相互转化，如脑磷脂可转化为卵磷脂和丝氨酸磷脂，丝氨酸磷脂也可转化为脑磷脂。

② 胆固醇类 胆固醇与磷脂是共同构成细胞膜和脂质体的基础物质。胆固醇具有调节膜流动性的作用，故可称为脂质体的“流动性缓冲剂”。当低于相变温度时，胆固醇可使膜减少有序排列，增加流动性；高于相变温度时，可增加膜的有序排列而减少膜的流动性。

（3）**脂质体的制备方法**

① 薄膜分散法 本法系将磷脂、胆固醇等类脂质及脂溶性药物溶于氯仿（或其他有机溶剂）中，然后将氯仿溶液在烧瓶中旋转蒸发，使其在内壁上形成一薄膜；将水溶性药物溶于磷酸盐缓冲液中，加入烧瓶中不断搅拌，即得脂质体。

② 逆相蒸发法 本法系先将磷脂等膜材溶于有机溶剂，如氯仿、乙醚等，加入待包封的药物水溶液（水溶液：有机溶剂 =1 ∶ 3 ～ 1 ∶ 6）进行短时超声，直到形成稳定的 W/O 型乳状液。

然后减压蒸发除去有机溶剂，达到胶态后，滴加缓冲液，旋转至器壁上的凝胶脱落，在减压下继续蒸发，制得水性混悬液，通过凝胶色谱法或超速离心法，除去未包入的药物，即得大单层脂质体。本法适合于包裹水溶性药物及大分子生物活性物质。

此外，还可以通过冷冻干燥法、注入法、超声波分散法等方法来制备。

知识拓展　其他被动靶向制剂载体

被动靶向制剂除了脂质体外，还包括乳剂、微球和微囊、纳米粒等。

（1）乳剂　乳剂的靶向性特点在于它对淋巴的亲和性。油状药物或亲脂性药物制成O/W型乳剂及O/W/O型复乳静脉注射后，油滴经巨噬细胞吞噬后在肝、脾、肾中高度浓集，油滴中溶解的药物在这些脏器中积蓄量也高。水溶性药物制成W/O型乳剂及W/O/W型复乳经肌内或皮下注射后易浓集于淋巴系统。

（2）微球　药物制成微球后主要特点是缓释长效和靶向作用。靶向微球的材料多数是可生物降解材料，如蛋白类（明胶、白蛋白等）、糖类（琼脂糖、淀粉、葡聚糖、壳聚糖等）、合成聚酯类（如聚乳酸、丙交酯乙交酯共聚物等）。小于7μm时一般被肝、脾中的巨噬细胞摄取，大于7μm的微球通常被肺的最小毛细血管床以机械滤过方式截留，被巨噬细胞摄取进入肺组织或肺气泡。微球中药物的释放机制与微囊基本相同，即扩散、材料的溶解和材料的降解三种。

（3）纳米粒　纳米粒包括纳米囊和纳米球，注射纳米粒不易阻塞血管，可靶向于肝、脾和骨髓，亦可由细胞内或细胞间穿过内皮壁到达靶部位。通常药物制成纳米粒后，具有缓释、靶向、保护药物、提高疗效和降低毒副作用的特点。纳米粒静脉注射后，一般被单核-巨噬细胞系统摄取，主要分布于肝、脾、肺，少量进入骨髓。有些纳米粒具有在某些肿瘤中聚集的倾向，有利于抗肿瘤药物的应用。

例1　5-氟尿嘧啶果胶结肠定位胶囊

处方：5-氟尿嘧啶　30g　　淀粉　60g　　PVP溶液　Q.S
　　制成　1000粒

制法：取5-氟尿嘧啶与淀粉过100目筛混匀，加入适量PVP溶液制软材，40目筛整粒，在60℃条件下干燥4h，干颗粒用40目筛整粒后，填充于果胶钙胶囊体中，套合囊帽，以乙基纤维素溶液封口，吹干即得。

注：果胶具有水溶性，直接用于结肠定位给药效果差，将其钙化成果胶钙后，降解性质不变，但结肠定位效果较好。

例2　环孢素微乳

处方：环孢素　100mg　　丙二醇　100mg　　无水乙醇　100mg
　　精制植物油 320mg　　聚氧乙烯-40-氢化蓖麻油　380mg

制法：环孢素用无水乙醇溶解后，加入乳化剂聚氧乙烯-40-氢化蓖麻油及辅助乳化剂丙二醇，精制植物油为油相，与乙醇混合液混匀，即得澄明黏性液体，最后制成软胶囊。口服后在胃肠道内遇体液形成O/W型微乳。

注：环孢素是一种免疫抑制剂，被广泛用于器官和骨髓移植的抗排斥反应，不溶于水，几乎不溶于油，但易溶于乙醇。制成自乳化释药系统后生物利用度是O/W型乳剂软胶囊的170%～233%，平均剂量减少16%，排斥反应发生率也由54%降至40%。

3. 靶向制剂的质量评价

靶向制剂种类较多，质量评价各不相同，这里以脂质体为例介绍靶向制剂的质量评价。

（1）形态、粒径及其分布　脂质体的形态为封闭的多层囊状或多层圆球，粒径大小可用显微镜法测定，小于2μm时须用扫描电镜或透射电镜。也可用电感应法（如Coulter计数器）、光感应法、激光散射法或激光粒度测定法测定脂质体粒径及其分布。

（2）**包封率** 对处于液态介质中的脂质体制剂，可通过适当的方法分离脂质体，分别测定介质和脂质体中的药量，按下式计算包封率：

$$包封率=[脂质体中的药量/(介质中的药量+脂质体中的药量)]\times 100\% \quad (6\text{-}4)$$

载药量指脂质体内含药的重量百分率，如用包封药物溶液体积的相对量表示，可称为**体积包封率**（entrapped volume）。

（3）**渗漏率** 脂质体不稳定的主要表现为渗漏。渗漏率表示脂质体在液态介质中贮存期间包封率的变化，可由下式计算：

$$渗漏率=(贮藏一定时间后渗漏到介质中的药量/包封的药量)\times 100\% \quad (6\text{-}5)$$

（4）**药物体内分布** 通常可以小鼠为受试对象，将脂质体静注给药，比较各组织的滞留量，以评价脂质体在动物体内的分布。

（5）**靶向性**

① 相对摄取率 r_e

$$r_e=(AUC_i)_p/(AUC_i)_s \quad (6\text{-}6)$$

式中，AUC_i 是由浓度 - 时间曲线求得的第 i 个器官或组织的药时曲线下面积；下标 p 和 s 分别表示药物制剂及药物溶液。r_e 大于 1 表示药物制剂在该器官或组织有靶向性，r_e 愈大靶向效果愈好；等于或小于 1 表示无靶向性。

② 靶向效率 t_e

$$t_e=(AUC)_{靶}/(AUC)_{非靶} \quad (6\text{-}7)$$

式中，t_e 表示药物制剂或药物溶液对靶器官的选择性。t_e 值大于 1 表示药物制剂对靶器官比某非靶器官有选择性；t_e 值愈大，选择性愈强；药物制剂的 t_e 值与药物溶液的 t_e 值相比，说明药物制剂靶向性增强的倍数。

③ 峰浓度比 C_e

$$C_e=(C_{max})_p/(C_{max})_s \quad (6\text{-}8)$$

式中，C_{max} 为峰浓度，每个组织或器官中的 C_e 值表明药物制剂改变药物分布的效果，C_e 值愈大，表明改变药物分布的效果愈明显。

三、经皮吸收制剂

【典型制剂】

例 可乐定透皮贴剂（结构见图 6-6）

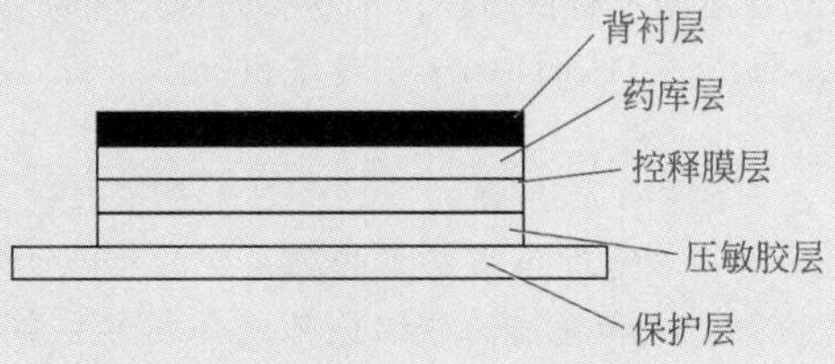

背衬层
药库层
控释膜层
压敏胶层
保护层

图 6-6 可乐定透皮贴剂结构示意图

处方（贮库层）:	贮库层 /%	压敏胶胶黏层 /%
聚异丁烯 MML-100	5.2	5.7
聚异丁烯 LM-MS	6.5	7
液状石蜡	10.4	11.4

	贮库层 /%	压敏胶胶黏层 /%
可乐定	2.9	0.9
庚烷	75	75
胶态二氧化硅	Q.S	Q.S

本品是复合膜型经皮给药系统，应用于皮肤后能持续 7 天以恒定的速率给药。本品厚 0.2mm，面积大小分 $3.5cm^2$、$7.0cm^2$ 和 $10.5cm^2$ 三种规格，药物的释放量与面积成正比，给药速率分别为每天 0.1mg、0.2mg 和 0.3mg。

【问题研讨】什么是经皮治疗制剂？有何特点？

经皮传递系统或称经皮治疗制剂（transdermal drug delivery systems，transdermal therapeutic systems，简称 TDDS，TTS）是经皮给药的新制剂，经皮吸收制剂为一些慢性疾病和局部镇痛的治疗及预防提供了一种简单、方便和有效的给药方式。常用的剂型为贴剂（patch），系指原料药物与适宜的材料制成的、供粘贴在皮肤上的，可产生全身性或局部作用的一种薄片状制剂。贴剂可用于完整皮肤表面，也可用于有疾患或不完整的皮肤表面。其中用于完整皮肤表面，能将药物输送透过皮肤进入血液循环系统起全身作用的贴剂称为透皮贴剂。药物透过皮肤由毛细血管吸收进入全身血液循环达到有效血药浓度，起治疗或预防疾病的作用。贴剂在重复使用后对皮肤应无刺激或不引起过敏。经皮给药系统除贴剂外还可以包括软膏剂、硬膏剂、涂剂和气雾剂等。

经皮给药制剂与常用普通剂型，如口服片剂、胶囊剂或注射剂等比较具有以下特点：①可避免口服给药可能发生的肝首过效应及胃肠灭活；②可维持恒定的血药浓度或生理效应，减少胃肠给药的副作用；③延长有效作用时间，减少用药次数；④通过改变给药面积调节给药剂量，减少个体间差异，且患者可以自主用药，也可以随时停止用药。但 TDDS 一般给药后几小时才能起效。皮肤是限制体外物质吸收进入体内的生理屏障，大多数药物透过该屏障的速度都很小，不能达到有效治疗浓度，且对皮肤有刺激性和过敏性的药物不宜设计成 TDDS。

资料卡　影响药物经皮吸收的因素

1. 生理因素

（1）水合作用对水溶性药物吸收的促进作用较对脂溶性药物显著。

（2）人体不同部位角质层厚度有差异，如手掌＞腹部＞前臂＞耳后，也与年龄、性别等有关。

（3）角质层受损时其屏障功能也相应受到破坏，创面、皮肤温度升高，可使药物的透过性升高。硬皮病、牛皮癣、老年角化病等皮肤疾病使角质层致密，减少药物的透过性。

（4）药物与皮肤蛋白质或脂质等可逆性结合，可延长药物透过的时间，也可能在皮肤内形成药物贮库。皮肤内酶含量很低，而且 TDDS 面积小（不超过 $50cm^2$），所以对多数药物吸收的影响不大。

2. 剂型因素与药物的性质

（1）TDDS 所选药物一般是剂量小作用强的药物，日剂量不超过 10 ～ 15mg。

（2）分子量大于 600 的物质较难通过角质层。分配系数的大小也影响药物从 TDDS 进入角质层的能力。脂溶性很强的药物，表皮和真皮的分配也可能会成为主要屏障。用于经皮吸收的药物在水及油中的溶解度最好比较接近，而且有较大的溶解度。

（3）离子型药物一般不易透过角质层，分子型有较大的透皮能力。

（4）熔点高的水溶性或亲水性的药物，在角质层的透过速率较低，熔点低的药物易通过皮肤。

1. 经皮吸收制剂的常用材料

（1）经皮吸收促进剂　经皮吸收促进剂（penetration enhancers）是指能够降低药物通过皮肤

的阻力，加速药物穿透皮肤的物质。理想的药物吸收促进剂应对皮肤无损害或刺激、无药理活性、无过敏性、理化性质稳定、与药物及材料有良好的相容性、无反应性、起效快以及作用时间长。常用的经皮吸收促进剂可分为如下几类：

① 表面活性剂　自身可以渗入皮肤并可能与皮肤成分相互作用，改变皮肤透过性质。

② 二甲基亚砜（DMSO）　DMSO 是应用较早的一种促进剂，有较强的吸收促进作用。缺点是具有皮肤刺激性和恶臭，长时间及大量使用 DMSO 可导致皮肤严重刺激性，甚至能引起肝损害和神经毒性等。癸基甲基亚砜（DCMS）是一种新的促进剂，用量较少，对极性药物的促进能力大于非极性药物。

③ 氮酮类化合物　月桂氮䓬酮（laurocapram），也称 Azone。本品为无色澄明液体，不溶于水。对亲水性药物的吸收促进作用强于对亲脂性药物，有效浓度为 1% ～ 6%，与丙二醇、油酸等可配伍使用。该类促进剂还有 *α*- 吡咯酮、*N*- 甲基吡咯酮、5- 甲基吡咯酮等，用量较大时对皮肤有红肿、疼痛等刺激作用。

④ 醇类化合物　醇类化合物包括各种短链醇、脂肪酸及多元醇等，如乙醇、丁醇等，能溶胀和提取角质层中的类脂，增加药物的溶解度，从而提高极性和非极性药物的经皮吸收。但短链醇对极性类脂有较强的作用，对大量中性类脂作用较弱。丙二醇、甘油及聚乙二醇等多元醇与其他促进剂合用，则可增加药物及促进剂溶解度，发挥协同作用。

⑤ 其他吸收促进剂　挥发油在一些传统外用制剂中作为皮肤刺激药早有应用，如薄荷油、桉叶油、松节油等。这些物质具有较强的透过促进能力，且能够刺激皮下毛细血管的血液循环。

氨基酸以及一些水溶性蛋白质能增加药物的经皮吸收，但受介质 pH 值的影响，在等电点时有最佳的促进效果。氨基酸衍生物，如二甲基氨基酸酯比 Azone 具有更强的吸收促进效果和较低的毒性和刺激性。

与角质层类脂成分类似的磷脂以及油酸等，易渗入角质层而发挥吸收促进作用。以磷脂为主要成分制备成载药脂质体也可以增加药物的皮肤吸收。

（2）经皮给药系统的高分子材料

① 乙烯 - 醋酸乙烯共聚物（ethylene-vinyl acetate copolymer，EVA）　本品可用热熔法或溶剂法制备膜材，柔性好，与人体组织有良好的相容性，但耐油性较差。

② 聚氯乙烯（polyvinyl chloride，PVC）　本品是热塑性塑料，在一般有机溶剂中不溶，稳定性高，机械性能强。聚氯乙烯透过性较低，加入增塑剂可提高透过性。加入 30% ～ 70% 增塑剂的，称为软聚氯乙烯，软化点为 80℃。PVC 对油性液体相容性较强，一般在膜中液体成分含量可达 50%（质量比），但若药物亲水性较强且含量较高时，长期贮存后可能析出。

③ 聚丙烯（polypropylene，PP）　本品是一种有较高结晶度和较高熔点的热塑性高聚物，吸水性很低，透气性和透湿性较聚乙烯小，抗拉强度则较聚乙烯高。PP 有很高的耐化学药品性能。PP 薄膜具有优良的透明性、强度和耐热性等，可耐受 100℃以上煮沸灭菌。

④ 聚乙烯（polyethylene，PE）　本品是一种具有优良耐低温性能和耐化学腐蚀性能的热塑性高聚物，较厚的薄膜可耐受 90℃以下的热水，在烃类溶剂中也需较高温度下才能溶解。根据生产中使用的压力，PE 可分为高压聚乙烯和低压聚乙烯两种，前者又称为低密度 PE 或支化 PE，后者又称为高密度 PE 或线性 PE。线性 PE 具有更高的结晶性、熔点、密度和硬度，渗透性也较低。高分子量 PE 制备的薄膜强度高，但透明度低，低分子量 PE 制备的薄膜则更为柔软和透明。

⑤ 聚对苯二甲酸乙二醇酯（polydiethylene terephthalate，PET）　本品在室温下具有优良的机械性能，耐酸碱和多种有机溶剂，吸水性低，具有较高熔点和玻璃化温度，在加工中很少需要加入其他辅助剂，故安全性高。

（3）压敏胶　压敏胶（pressure sensitive adhesive，PSA）是指在轻微压力下即可实现粘贴同时又容易剥离的一类胶黏材料，起着保证释药面与皮肤紧密接触以及药库、控释等作用。药用

TDDS 压敏胶应对皮肤无刺激、不致敏、与药物相容及具有防水性能等。

① 聚异丁烯（PIB）类压敏胶　本品能在烃类溶剂中溶解，可用作溶剂型压敏胶，有很好的耐候性、耐臭氧性、耐化学药品性及耐水性，外观色浅而透明。一般可以不加入增黏树脂和防老化剂等。因分子结构中无极性基团也无凝胶成分，故对极性膜材的黏性较弱，内聚强度及抗蠕变性能较差。通常不同分子量的 PIB 混合使用。低分子量的 PIB 是一种黏性半流体，起到增黏以及改善柔软性、润湿性和韧性的作用，高分子量的 PIB 则具有较高的剥离强度和内聚强度。

② 丙烯酸类压敏胶　主要有溶液型和乳剂型两类。溶液型压敏胶一般由 30% ～ 50% 的丙烯酸酯共聚物及有机溶剂组成，稳定性好，胶层无色透明，对各种膜材有较好的涂布性能和密着性能，剥离强度和初黏性也很好，但其黏合力及耐溶剂性较差。

③ 乳剂型压敏胶　本品是各种丙烯酸酯单体以水为分散介质进行乳液聚合后加入增稠剂和中和剂等得到的产品。无有机溶剂污染是其优点，但耐水耐湿性差。另外，这类压敏胶对极性的高能表面基材亲和性较好，而对聚乙烯和聚酯等低能表面基材不能很好地润湿，可加入丙二醇、丙二醇单丁醚等润湿剂加以改善。

④ 硅橡胶压敏胶　本品的玻璃化温度低，柔性、透气性和透湿性良好，耐水、耐高温和耐低温，化学性质稳定，一般使用其烃类溶液，是比较好的一种压敏胶材料，但价格相对较高。另外，本品的黏着力小，基材表面处理以及防黏纸的选择常成为生产 TDDS 的关键技术。

（4）背衬材料、防黏材料与药库材料

① 背衬材料　背衬材料是用于支持药库或压敏胶等的薄膜，应对药物、胶液、溶剂、湿气和光线等有较好的阻隔性能，柔软舒适并有一定强度。常用多层复合铝箔，即由铝箔、聚乙烯或聚丙烯等膜材复合而成的双层或三层复合膜。其他还有 PET、高密度 PE、聚苯乙烯等。

② 防黏材料　这类材料主要用于 TDDS 黏胶层的保护。常用的防黏材料有聚乙烯、聚苯乙烯、聚丙烯、聚碳酸酯、聚四氟乙烯等高聚物的膜材，有时也使用表面经石蜡或甲基硅油处理过的光滑厚纸。

③ 药库材料　可以使用的药库材料很多，可以用单一材料，也可用多种材料配制的软膏、水凝胶、溶液等，如卡波沫、HPMC、PVA 等，各种压敏胶和骨架膜材也同时可以是药库材料。

2. 经皮吸收制剂的制备

（1）膜材的加工方法　根据所用高分子材料的性质，膜材可分别用作 TDDS 中的控释膜、药库、防黏层和背衬层等。膜材的常用加工方法有涂膜法和热熔法两类。涂膜法是一种简便的制备膜材的方法。热熔法是将高分子材料加热成为黏流态或高弹态，使其变形为给定尺寸膜材的方法，包括挤出法和压延法两种，适于工业生产。

① 挤出法　根据使用的模具不同分为管膜法和平膜法。管膜法是将高聚物熔体经环形模头以膜管的形式连续地挤出，随后将其吹胀到所需尺寸并同时用空气或液体冷却的方法。平膜法是利用平缝机头直接根据所需尺寸挤出薄膜同时冷却的方法。

② 压延法　压延法系将高聚物熔体在旋转辊筒间的缝隙中连续挤压形成薄膜的方法，因为高聚物通过辊筒间缝隙时，沿薄膜方向在高聚物中产生高的纵向应力，得到的薄膜较挤出法有更明显的各向特异性。

（2）膜材的改性　为了获得适宜膜孔大小或一定透过性的膜材，在膜材的生产过程中，对已制得的膜材需要作特殊处理。

① 溶蚀法　取膜材用适宜溶剂浸泡，溶解其中可溶性成分如小分子增塑剂，得到具有一定大小膜孔的膜材，也可以在加工薄膜时就加进一定量的可溶性物质作为致孔剂，如聚乙二醇、聚乙烯酸等。这种方法简便，膜孔大小及均匀性取决于这些物质的用量以及高聚物与这些物质的相容性。

② 拉伸法　此法利用拉伸工艺制备单轴取向和双轴取向的薄膜。首先把高聚物熔体挤出成膜材，冷却后重新加热至可拉伸的温度，趁热迅速向单侧或双侧拉伸，薄膜冷却后其长度或宽度

或两者均有大幅度增加，由此高聚物结构出现裂纹样孔洞。

（3）制备工艺　经皮给药系统根据其类型与组成有不同的制备方法，主要分三种类型：涂膜复合工艺、充填热合工艺及骨架黏合工艺。涂膜复合工艺是将药物分散在高分子材料（压敏胶）溶液中，涂布于背衬膜上，加热烘干使溶解高分子材料的有机溶剂蒸发，可以进行第二层或多层膜的涂布，最后覆盖上保护膜，亦可以制成含药物的高分子材料膜，再与各层膜叠合或黏合。充填热合工艺是在定型机械中，在背衬膜与控释膜之间定量充填药物贮库材料，热合封闭，覆盖上涂有胶黏层的保护膜。骨架黏合工艺是在骨架材料溶液中加入药物，浇铸冷却，切割成型，粘贴于背衬膜上，加保护膜而成。

3. 经皮吸收制剂的质量评价

经皮吸收的贴剂外观应完整光洁，有均一的应用面积，冲切口应光滑，无锋利的边缘。原料药物可以溶解在溶剂中，填充入贮库，贮库中不应有气泡，无泄漏。原料药物如混悬在制剂中则必须保证混悬和涂布均匀。压敏胶涂布应均匀。采用乙醇等溶剂应在包装中注明，过敏者慎用。贴剂的含量均匀度、释放度、黏附力等应符合要求。

黏性是 TDDS 制剂的重要性质之一。TDDS 制剂必须具有足够的黏性，才能牢固地粘贴于皮肤表面上并释放药物。黏附力（adhesive strength）指的是贴剂与皮肤或与基材充分接触后产生的抵抗力。《中国药典》（2020 年版）的黏附力测定法采用初黏力、持黏力、剥离强度及黏着力四个指标，用于测定贴剂敷贴于皮肤后与皮肤表面黏附力的大小。

（1）初黏力的测定　初黏力系指贴剂黏性表面与皮肤在轻微压力接触时对皮肤的黏附力，即轻微压力接触情况下产生的剥离抵抗力。除另有规定外，采用滚球斜坡停止法测定贴剂的初黏力。将适宜的系列钢球分别滚过置于倾斜板上的供试品黏性面，根据供试品黏性而能够粘住的最大球号钢球，评价其初黏性的大小。

试验装置主要由倾斜板、底座、不锈钢球和接球盒等部分组成。倾斜板（倾斜角为 15°、30° 或 45°）为厚约 2mm 的不锈钢板；底座能调节并保持装置的水平状态；接球盒用于接板上滚落的钢球，其内壁应衬有软质材料；不锈钢球球号及规格应符合药典规定。

（2）持黏力的测定　持黏力是反映贴剂的膏体抵抗持久性外力所引起变形或断裂的能力。药典测定方法系将供试品黏性面粘贴于试验板表面，垂直放置。沿供试品的长度方向悬挂一规定质量的砝码，记录供试品滑移直至脱落的时间或在一定时间内位移的距离。试验装置主要由试验架、试验板、压辊和加载板组成。

（3）剥离强度的测定　剥离强度表示贴剂与皮肤的剥离抵抗力。药典采用 180° 剥离强度试验法测定。除另有规定外，试验装置一般由拉力试验机、试验板、聚酯薄膜组成。180° 剥离试验可以得到压敏胶变形和破坏的状态，同时容易得到重现性良好的结果。

（4）黏着力的测定　黏着力表示贴剂的黏性表面与皮肤附着后对皮肤产生的黏附力。药典试验装置主要由压相、拉杆、支架、夹具、传感器、传动装置和电机等部分组成，适用于尺寸不小于 35mm × 60mm 的贴剂。制订黏着力限值的两个原则：一是贴剂在用药期间，应能独立附着于皮肤；二是黏着力大小应在人体体感可接受范围内。

此外，《中国药典》（2020 年版）对透皮贴剂还有重量差异、面积差异、含量均匀度测定及释放度等质量控制。

【问题解决】可乐定透皮贴剂的结构和产品特点。

提示：本品背衬层是聚酯膜，药物贮库含可乐定、液状石蜡、聚异丁烯和胶态二氧化硅，控释膜是微孔聚丙烯膜，胶黏层含有与贮库层相同的成分，但两者比例不同，保护膜为聚酯膜。应用后，贮库层中的药物通过控释膜被毛细血管吸收进入体循环，应用 2 ～ 3 天后达到治疗血药浓度，7 天后揭去，不贴上新的给药系统仍可维持约 8h 的治疗血药浓度水平。

剂型使用　贴剂用药指导

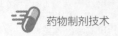

贴剂通常由含有活性物质的支撑层和背衬层以及覆盖在药物释放表面上的保护层组成。保护层起防粘和保护制剂的作用，水、活性成分不能透过，通常为防粘纸，塑料或金属材料。当用于干燥、洁净、完整的皮肤表面，用手或手指轻压，贴剂应能牢牢地贴于皮肤表面，从皮肤表面除去时应不对皮肤造成损伤，或不引起制剂从背衬层剥离。

贴剂应粘贴在无毛发或刮净毛发的皮肤处，选择不受剧烈运动影响的部位，如胸部或上臂，轻轻按压使之边缘与皮肤贴紧。用前需将贴敷部位清洗干净，并稍晾干；从包装内取出贴片揭去附着的薄膜时，不要触及含药部位；不应贴在皮肤的皱褶处、四肢下端或紧身衣服底下，避开有破损、溃烂、渗出、红肿的皮肤部位；应定期更换不同部位或遵医嘱；不宜热敷，请勿使贴的部位受热（如接触暖气、电热毯等），以避免药物突然释放造成不良反应；若给药部位出现红肿或刺激，可向医生或药师咨询。因多数贴剂背衬中有金属条（如铝），在做核磁共振成像（MRI）扫描前需摘除贴剂。

知识拓展　生物技术药物制剂

生物技术药物是指利用基因工程、发酵工程、细胞工程、酶工程等生产的蛋白质、抗体、核酸、多糖等药物。蛋白质和多肽类药物的性质很不稳定，极易变质，常需加入适宜的稳定剂，如缓冲液、表面活性剂、糖和多元醇、大分子化合物（环糊精、聚乙二醇）、组氨酸、金属离子（钙、镁、锌）等。另一方面这类药物对消化酶敏感又不易穿透胃肠黏膜，故只能注射给药，且很多蛋白质类药物注射给药血浆半衰期短，清除率高。制成微球、脉冲式释药系统（如疫苗）等制剂，可延长其体内的作用时间。因此，运用制剂手段将这类药物制成口服、鼻腔、直肠、口腔、透皮和肺部等非注射给药制剂，以提高其稳定性和患者使用的顺应性，具有广阔的应用前景。如胰岛素的口服微乳、纳米囊、微球、脂质体等，近年来胰岛素采用吸入粉雾剂（或粉末吸入剂）肺部给药已取得重大进展。

学习测试

一、选择题

（一）单项选择题

1.以下不属于缓释、控释制剂释药原理的为（　　）。

A.渗透压原理　　B.离子交换作用　　C.溶出原理
D.毛细管作用　　E.扩散原理

2.下列可作为溶蚀性骨架片骨架材料的是（　　）。

A.聚丙烯　　B.硬脂酸　　C.聚硅氧烷
D.乙基纤维素　　E.PEG

3.渗透泵片控释的基本原理是（　　）。

A.膜内渗透压大于膜外，将药物从小孔压出
B.药物由控释膜的微孔恒速释放
C.减少药物溶出速率
D.片外渗透压大于片内，将片内药物压出
E.扩散原理

4.下列物质中，不能作为透皮吸收促进剂的是（　　）。

A.乙醇　　B.表面活性剂　　C.山梨酸

D.二甲基亚砜　　E.氮酮

5.适于制备成透皮吸收制剂的药物是（　　）。

A.在水中及油中的溶解度接近的药物

B.离子型药物

C.熔点高的药物

D.相对分子质量大于600的药物

E.生物半衰期长的药物

6.以下属于主动靶向给药系统的是（　　）。

A.乳剂　　B.磁性微球　　C.药物-单克隆抗体结合物

D.pH敏感脂质体　　E.热敏靶向制剂

（二）多项选择题

1. 不适于制备缓释、控释制剂的药物有（　　）。

A.口服吸收不完全或吸收无规律的药物

B.生物半衰期过短且剂量大的药物

C.生物半衰期很长的药物（大于24h）

D.药效剧烈的药物

E.生物半衰期很短的药物

2. 影响口服缓（控）释制剂设计的药物理化因素是（　　）。

A. pK_a、解离度　　B.分配系数　　C.晶型

D.稳定性　　E.水溶性

3. 经皮吸收给药的特点有（　　）。

A.避免肝的首过作用

B.血药浓度平稳持久

C.改善患者的顺应性，不必频繁给药

D.提高安全性，如有副作用，易将其移去

E.药物吸收快，作用迅速

4.下列关于渗透泵型控释制剂的叙述，正确的为（　　）。

A.渗透泵片中药物以零级速率释放

B.渗透泵片与普通包衣片相似，可分成半片使用

C.助渗剂能吸水膨胀，产生推动力

D.渗透泵片在胃内与肠内的释药速率相当

E.半渗透膜的厚度、孔径、空隙率、片芯的处方是制备渗透泵片的关键

5.以下属于物理化学靶向的制剂为（　　）。

A.栓塞靶向制剂　　B.热敏靶向制剂　　C.pH敏感靶向制剂

D.磁性靶向制剂　　E.脂质体

二、思考题

1.试述缓释制剂和控释制剂的特点。

2.哪些因素可能影响药物的透皮吸收？

3.简述靶向制剂的类型和特点。

整理归纳

模块六的药物制剂新技术部分，分别介绍了固体分散技术、包合技术和微囊化技术在药剂中的应用，固体分散体载体材料的种类、性质和固体分散体的分类，常用包合材料和包合技术，微囊化材料、性质、制备方法和微囊的质量评价。新剂型部分介绍了缓释、控释制剂以及经皮吸收制剂、靶向制剂的基本概念、分类及作用特点、基本结构、常用辅料、制备工艺、质量评价方法；渗透促进剂的分类及其应用。

试用如下简表的形式，小结本模块的主要内容。

剂型	固体分散物	包合物	微囊	缓释制剂	控释制剂	经皮吸收制剂	靶向制剂
概念							
特点							
辅料							
类型							
工艺、制法							
质量评价							
典型制剂							

模块七

制剂有效性评价

随着医药科技的发展，出现了许多新药、新剂型以及新的用药方法，在方便药物治疗的同时，也出现了药品疗效的新问题。临床上发现，不同厂家生产的同一制剂，甚至同一厂家不同批号的药品都有可能产生不同的疗效。药品的疗效、副作用和毒性不仅仅只是由药物化学结构决定的，剂型因素、生物因素均对药效有着不可忽视的影响。所以，药物制剂不仅仅纯粹是一门将药物制成一定剂型，使其具有美观的外形、便于使用或掩盖不良嗅味、增加药物稳定性等的药品加工工艺，还需要探讨药物的理化性质（盐类、酯类、溶解度、溶解速度、粒径、多晶型等）、制剂处方（原料、辅料、附加剂等）、制备工艺、贮存条件等剂型因素与药效的关系；以及机体的生物因素（如年龄、种族、性别、生理、病理条件等）与药效的关系，以保证用药的有效性与安全性。

思政教育　苯妥英钠胶囊中毒事件

1969 年，澳大利亚发生癫痫病人使用苯妥英钠胶囊中毒的事件。原因是厂家在生产中，用乳糖代替原处方中的硫酸钙作稀释剂，使苯妥英钠在胃肠的吸收速度增加、血药浓度升高，造成服用相同的药物剂量而引起中毒的后果。

生物药剂学（biopharmaceutics，biopharmacy）主要研究药理上已证明有效的药物，当制成某种剂型以某种途径给药后能否很好地吸收、分布、代谢和排泄（参见图 7-1），以及血药浓度的变化过程与药效的关系，阐明药物的剂型因素、生物因素与药效间的关系，为正确评价剂型，设计合理的制备处方、工艺以及临床合理用药提供科学依据。它对指导制剂有效性评价、给药方案的设计、探讨生理及病理状态对药物体内过程的影响等有着重要的作用。

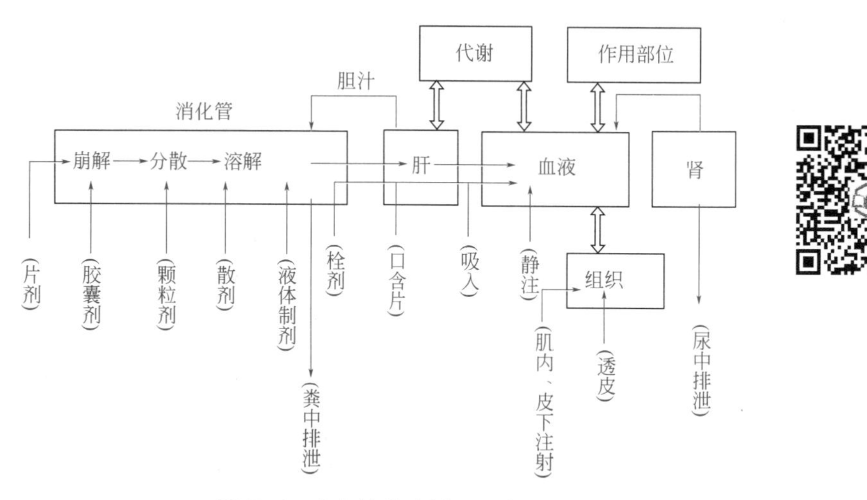

图 7-1　药物的体内过程示意图

1. 吸收

吸收（absorption）是指药物从给药部位进入体液循环的过程。血管内给药直接进入体循环，不存在吸收。吸收受吸收部位解剖学性质的影响，不同剂型与给药方法可能有不同的体内过程。许多普通口服制剂与肌内注射等给药后，药物的吸收基本符合一级过程。静脉输液时，除特殊情况下采用程序控制式变速输入外，一般多采用零级（恒速）输入。另外，药物的控释制剂口服、经皮给药系统给药等也属于零级输入。

2. 分布

药物进入体循环后，随血液向体内可分布的脏器和组织转运的过程称为分布（distribution）。有些药物进入血液后，能与血浆成分发生不同程度的结合，成为结合型药物，而只有游离的药物才能向各组织器官转运分布。影响药物分布的因素还有：组织血流量、细胞膜的通透性与药物的油 / 水分配系数、血脑屏障、胎盘屏障等。在血流量丰富的组织器官中，药物分布迅速而且数量较多。如果药物分布的器官和组织正是药物的作用部位，则药物分布与药效之间有密切联系；如果药物分布于非作用部位，则往往与药物体内的蓄积和毒性有关。药物的分布除血液系统途径外，还有淋巴系统转运。有些疾病情况下（如免疫疾病、炎症和癌转移），需要将药物输送至淋巴系统。为了增加药物对淋巴的趋向性，可将药物制成高分子复合物、乳剂、脂质体、微球等，从而具有靶向作用。

3. 代谢

从胃、小肠和大肠吸收的药物都经门静脉进入肝脏。肝脏丰富的酶系统可使某些经过的药物进入大循环前就受到较大的损失，这种作用叫肝脏的首过作用。药物的代谢（metabolism）通常是由酶参与下的药物在体内发生化学结构转变的过程，也称为药物的生物转化（biotransformation）。代谢主要在肝脏进行，亦可发生在其他组织。不少药物的代谢产物具有更强烈的药理活性，利用此代谢功能，使化学修饰后的药物在体内转化为活性成分发挥药效，这种药物就是前体药物（prodrug），如红霉素的丙酸酯和硬脂酸酯等。影响药物代谢的生物因素主要有：种族、性别、个体差异、年龄及生理、病理条件等，另外，患者的心理、精神状态对药物治疗效果也有显著影响。

剂型因素也会影响药物的代谢，如同一药物不同的给药途径和方法往往因有无首过作用而产生代谢过程的差异，当体内药量超过酶的代谢反应能力时，代谢反应会出现饱和现象。例如在水杨酰胺溶液剂和颗粒剂口服试验中，发现颗粒剂尿硫酸酯回收量（73.0%）比溶液剂（29.7%）要多。这是因为溶液剂吸收较快，硫酸酯结合反应会出现饱和，导致硫酸酯生成减少。

4. 排泄

体内药物以原形或代谢物的形式通过排泄器官排出体外的过程，称为药物的排泄（excretion），药物排泄的过程直接关系到药物在体内的浓度和持续时间，从而影响到药物的药理效应。主要的排泄途径有肾排泄、胆汁排泄以及唾液、汗腺、眼泪、乳汁和呼吸道排泄等。与血浆蛋白结合较强的药物，有可能以与血中游离药物相同的浓度向唾液中排泄。影响药物肾排泄的主要因素有：药物的血浆蛋白结合、尿液 pH 和尿量、合并用药、药物代谢和肾脏疾病等。

某些药物或代谢物经胆汁进入十二指肠后，可在小肠重吸收返回肝脏，形成肝肠循环。这些药物多数以葡萄糖醛酸结合物的形式从胆汁中排泄，在肠道内被细菌丛的 β- 葡萄糖醛酸水解酶水解，成为原形药物，脂溶性增大，故在小肠中被重新吸收。由于肠肝循环的存在，药物在血中持续时间延长，有时药物的血药浓度经时曲线出现双峰现象。

药物吸收、分布、代谢与排泄的体内过程决定其血液浓度和靶部位的浓度，进而影响疗效。除血管内给药外，药物应用后都要经过吸收过程，吸收过程影响药物起效的快慢；分布过程影响药物是否及时到达靶组织和靶器官；代谢与排泄关系到药物在体内的存在时间。药物的吸收、分布和排泄过程统称为转运（transport）；药物的代谢和排泄过程合称为消除（elimination）。实际上，药物边吸收边进行分布、代谢与排泄，并不存在时间上的分界，几乎都是同时发生的。

专题一　药物制剂的溶出度试验

学习目标

- 掌握制剂因素对药效的影响；掌握溶出度和释放度的概念；知道溶出试验的目的、原理。
- 学会药物制剂的溶出试验的方法。
- 学会药物制剂的溶出试验的数据处理。

【典型制剂】

例　两种片剂溶出快慢的比较。

有 A、B 两种片剂累积溶出百分率（M_t）试验数据如表 7-1，试比较 A、B 两种片剂溶出的快慢。

表7-1　两种片剂累积溶出百分率　　单位：%

时间 /h		1	2	3	4	6	7	8	10	12	13	14	18	19	20
A 片	M_t	12	30		48	67		78		88		92	93	100	100
	$M_\infty—M_t$	88	70		52	33		22		12		8	2	0	0
B 片	M_t	30	46	58	73	83	88	92	96	99	100	100			
	$M_\infty—M_t$	70	54	42	27	17	12	8	4	1	0	0			

【问题研讨】如何评价片剂溶出的快慢？有何意义？

一、试验目的

药物以片剂、胶囊剂、颗粒剂、丸剂等固体剂型口服，首先需崩解，药物溶解于胃肠液中，再透过生物膜吸收。固体剂型中的药物如不易释放出来，或药物的溶出速度极为缓慢，则吸收就可能存在问题。通常，片剂崩解过程比药物从颗粒中溶出的过程快得多，对大多数片剂而言，药物吸收的限速过程是药物从制剂中溶出。但对于主药易溶且溶出速率很大的片剂，其崩解过程的快慢可能成为影响吸收的限速步骤。粒径、晶型、溶剂化物、介质黏度等影响难溶性药物的溶出。亚稳定型药物的溶解度大，溶出速率快，而稳定型药物的生物利用度较低，甚至无效。非晶型（无定型）药物往往有较高的溶出速率。一般有机溶剂化物的溶出速率大于无水物，而无水物大于水合物。另外，某些药理作用剧烈、吸收迅速的药物，如溶出太快，就可能产生毒性反应，此时药物的溶出、释放应予控制。

在药品开发中，采用溶出度检查作为一种工具，确定可能影响生物利用度甚至对其有决定性作用的制剂因素。在某些情况下，溶出度检查可被用于豁免一项生物等效性试验。

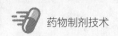

资料卡　淀粉的用量对水杨酸钠片溶出速度的影响

淀粉为亲水性物质，是片剂的多效常用赋形剂，既是崩解剂又可作稀释剂，但其用量可影响药物的溶出速度。崩解剂淀粉的用量对水杨酸钠片溶出速度的影响，如图 7-2 所示。因为片剂在制粒过程中，黏合剂、崩解剂的品种、用量、颗粒的大小和松紧等对药物的吸收均有较大影响。

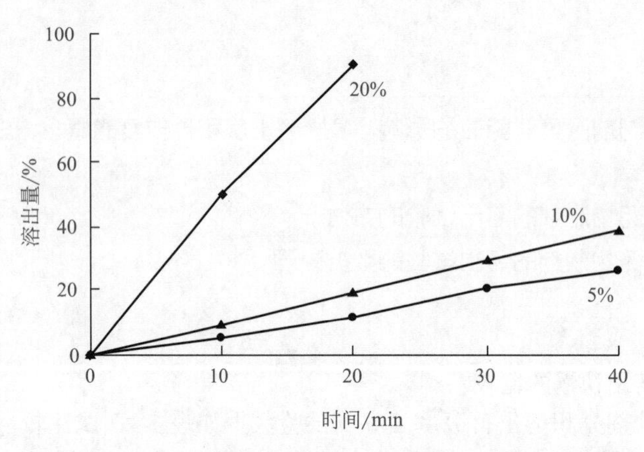

图 7-2　淀粉作崩解剂的用量对水杨酸钠片溶出速度的影响

制剂溶出度试验是在模拟体内消化道条件下，规定温度、介质的 pH 值、搅拌速度等，对制剂进行药物溶出程度和溶出速率测定，以监测产品的生产过程和对产品进行质量控制。溶出度系指活性药物成分从片剂、胶囊剂或颗粒剂等制剂中在规定条件下溶出的速率和程度。在缓释制剂、控释制剂、肠溶制剂及透皮贴剂等制剂中也称释放度。

药物体外溶出试验的目的是：通过试验研究不同晶型、不同颗粒大小的药物与溶出、释放的关系；比较药物的各种酯类、盐类以及同一药物的不同剂型的溶出性质；研究制剂中辅料、工艺等对药物溶出的影响，用于筛选处方；建立和确证体外溶出试验和体内生物利用度试验之间相关关系，使体外溶出试验可以作为人体生物利用度和生物等效性试验代替性的指示性试验，即用体外溶出试验结果作为制剂产品体内生物利用度特性的指示，保证制剂产品体内外性能的一致性。实验证明，很多药物的体外溶出与吸收有相关性，因此溶出度、释放度测定可作为反映或模拟体内吸收情况的试验方法，在评定制剂质量上有着重要意义。

通常对以下情况要进行溶出度测定：①含有在消化液中难溶的药物；②与其他成分容易发生相互作用的药物；③久贮后溶解度降低的药物；④剂量小、药效强、副作用大的药物片剂。

过去认为只有难溶性药物的制剂才有溶出度的问题，但近年来的研究证明，易溶性药物也会因制剂的配方和工艺不同，而致药物溶出度有很大差异，从而影响药物生物利用度和疗效。溶出度检查包括了崩解及溶解过程，因此测定溶出度有重要的意义。

二、试验原理

药物的体外溶出结果常采用累积溶出百分率来表示，其经时曲线一般为“弓”曲线（图 7-3）。对药物溶出的各种曲线，可以用有关数学方程进行拟合，求出若干参数，来描述药物在体外溶出的规律，以这些参数作为制剂质量的控制指标。

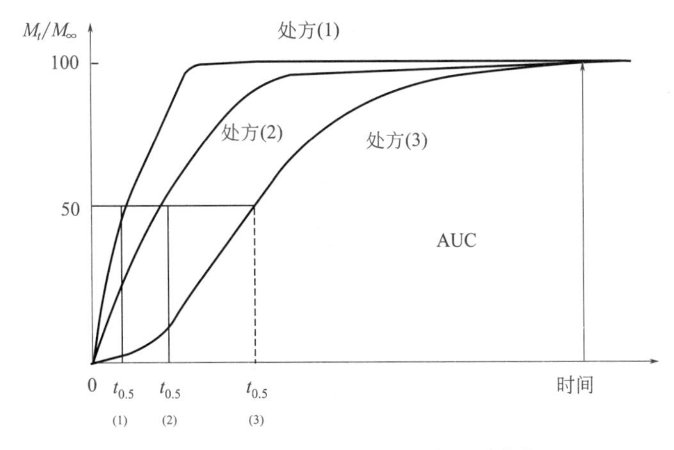

图 7-3　药物累积溶出百分率经时曲线

1. 零级释药模型

认为累积溶出药量与时间的关系符合零级速率方程：

$$M_t/M_\infty=Kt \tag{7-1}$$

式中，M_t 为 t 时间累积溶出药量；M_∞为药物最大溶出量；K 为溶出速率常数，K 值的大小反映药物溶出的快慢；M_t/M_∞为某一时刻的累积溶出百分率。以 M_t/M_∞对 t 作图为一直线，直线斜率的大小为 K 值。

2. 一级释药模型（又称单指数模型）

认为累积溶出药量与时间的关系符合一级速率方程：

$$M_t=M_\infty(1-e^{-Kt}) \tag{7-2}$$

整理后取自然对数得：

$$\ln(1-M_t/M_\infty)=-Kt \tag{7-3}$$

或

$$\ln(M_\infty-M_t)=\ln M_\infty-Kt \tag{7-4}$$

故以 $\ln(1-M_t/M_\infty)$ 或 $\ln(M_\infty-M_t)$ 对 t 作图，为一直线，直线斜率的绝对值即为 K 值。

3. Higuchi 模型

Higuchi 从固体骨架剂型中药物释放速度理论分析而得到的方程：

$$M_t/M_\infty=Kt^{1/2} \tag{7-5}$$

式中，K 称为 Higuchi 系数。

Higuchi 方程常应用于膜剂、微囊、缓释等剂型的释药计算。

4. Weibull 分布模型

三参数威布尔（Weibull）累积分布函数的方程为：

$$F(t)=\begin{cases}1-e^{-\left(\frac{t-t_0}{\beta}\right)^\alpha} & \text{当 } t>t_0 \text{ 时}\\ 0 & \text{当 } t\leqslant t_0 \text{ 时}\end{cases} \tag{7-6}$$

式中，$F(t)$ 为溶出试验中的累积溶出百分率，$F(t)=M_t/M_\infty$；t 为时间；α 为形状参数，表示曲线形状特征；β 为尺度参数，表示时间的尺度；t_0 为位置参数，溶出试验中常为正值或等于零，正值表示时间延滞，简称时滞。

药物的溶出速度常用下列参数：

（1）M_∞即累积溶出最大量，是 M_t-t 曲线的最高点；

（2）t_n 为累积溶出某百分比时的时间，例如 $t_{0.90}$ 为药物溶出 90% 的时间，$t_{0.50}$ 或 $T_{0.50}$ 即药物溶出 50% 的时间（见图 7-3），T_d 即药物溶出 63.2% 的时间。由以上模型可计算出 $t_{0.50}$、T_d 等参数值。

三、试验方法

溶出度或释放度试验可按照《中国药典》(2020 年版）溶出度测定法进行，主要有第一法（转篮法）、第二法（桨法）、第三法（小杯法）、第四法（桨碟法）、第五法（转筒法）、第六法（流池法）和第七法（往复筒法）。

1. 仪器装置

（1）第一法（转篮法）

① 转篮：分篮体与篮轴两部分，均为不锈钢或其他惰性材料（所用材料不应有吸附作用或干扰试验中供试品活性药物成分的测定）制成。篮体 A 由方孔筛网制成，呈圆柱形。如图 7-4 所示。

② 溶出杯：由硬质玻璃或其他惰性材料制成的透明或棕色的、底部为半球形的 1000mL 杯状容器；溶出杯可配有适宜的盖子，防止在试验过程中溶出介质的蒸发；盖上有适当的孔，中心孔为篮轴的位置，其他孔供取样或测量温度用，溶出杯置恒温水浴或其他适当的加热装置中。

③ 篮轴与电动机相连，由速度调节装置控制电动机的转速，使篮轴的转速在各品种规定转速的 ±4% 范围之内。运转时整套装置应保持平稳，均不能产生明显的晃动或振动（包括装置所处的环境）。

④ 仪器一般配有六套以上测定装置。

（2）第二法（桨法） 除将转篮换成搅拌桨外，其他装置和要求与第一法相同。搅拌桨的下端及桨叶部分可涂有适当惰性材料（如聚四氟乙烯）。如图 7-5 所示。

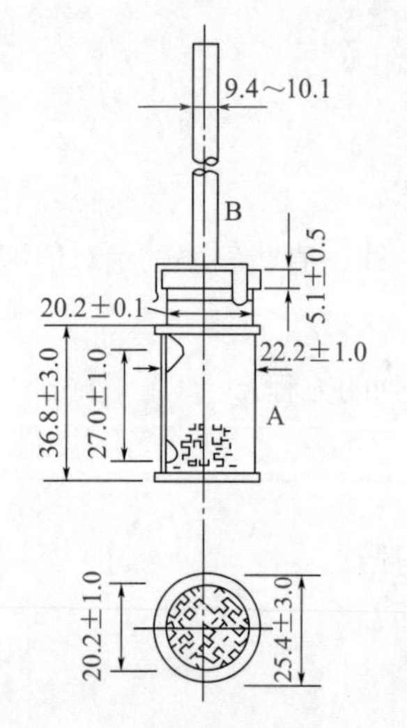

图 7-4 转篮（单位：mm）

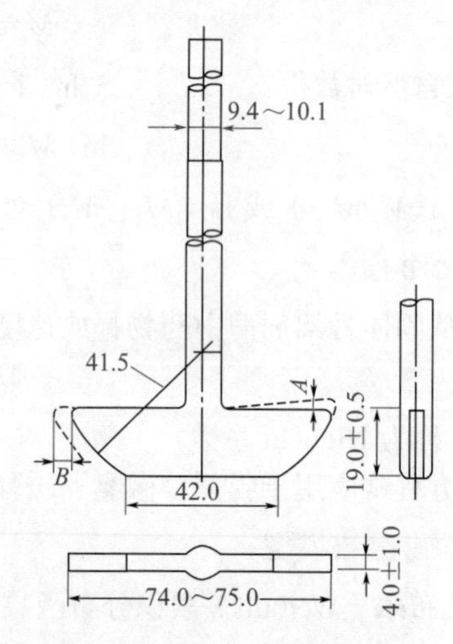

图 7-5 桨法（单位：mm）

（3）第三法（小杯法）

① 搅拌桨：形状尺寸如图 7-6 所示。

② 溶出杯：由硬质玻璃或其他惰性材料制成的透明或棕色的、底部为半球形的 250mL 杯状容器，如图 7-7 所示。其他要求同第一法。

③ 桨杆与电动机相连，转速应在规定转速的 ±4% 范围内。其他要求同第二法。

（4）第四法（桨碟法） 搅拌桨、溶出杯按桨法，但另用将透皮贴剂固定于溶出杯底部的不锈钢网碟组成其桨碟装置（图 7-8）。亦可使用其他装置，但应不影响被测物质的测定。

（5）第五法（转筒法） 溶出杯按桨法，但搅拌桨另用不锈钢转筒装置替代。

（6）第六法（流池法） 装置由溶出介质的贮液池、用于输送溶出介质的泵、流通池和保持溶出介质温度的恒温水浴组成，接触介质与样品的部分均为不锈钢或其他惰性材料制成。应使用品种正文项下规定尺寸的流通池。

（7）第七法（往复筒法） 装置由溶出杯、往复筒、电动机、恒温水浴或其他适当的加热装置等组成。

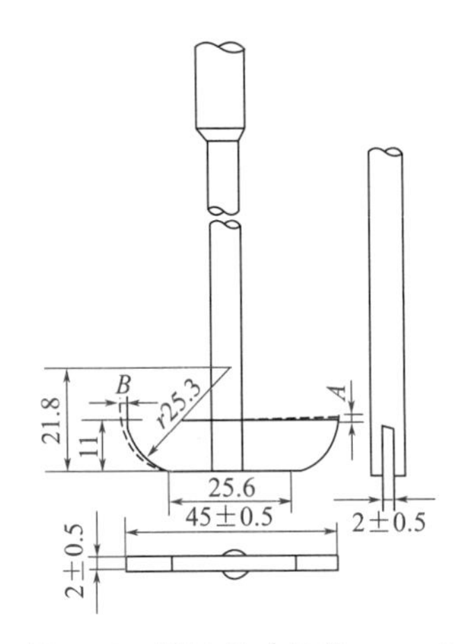

图 7-6 搅拌桨（单位：mm）

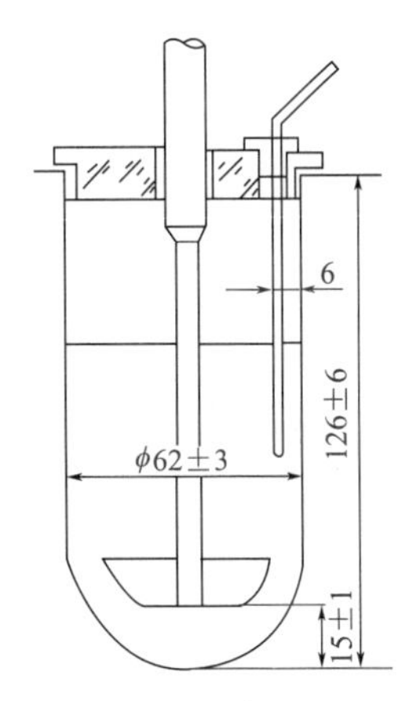

图 7-7 溶出杯（单位：mm）

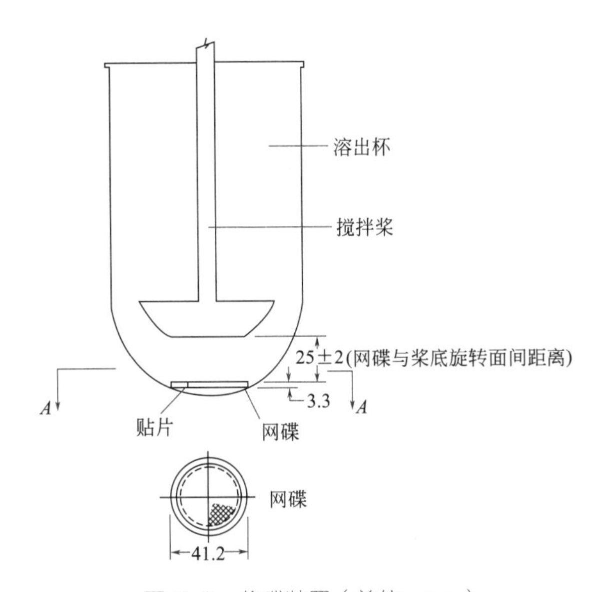

图 7-8 桨碟装置（单位：mm）

2. 测定法

（1）转篮法和桨法

① 普通制剂 测定前，应对仪器装置进行必要的调试。待溶出介质温度恒定在 37℃ ±0.5℃后，取供试品 6 片（粒、袋），如为转篮法，分别投入 6 个干燥的转篮内，将转篮降入溶出杯中；如为桨法，分别投入 6 个溶出杯内［当品种项下规定需要使用沉降篮（图 7-9）或其他沉降装置时，可将片剂或胶囊剂先装入规定的沉降篮内］，注意供试品表面不要有气泡，立即按规定的转速启动仪器，计时；至规定的取样时间，吸取溶出液适量（取样位置应在转篮或桨叶顶端至液面的中

点，距溶出杯内壁10mm处；需多次取样时，所量取溶出介质的体积之和应在溶出介质的1%之内，如超过总体积的1%时，应及时补充相同体积的温度为37℃ ±0.5℃的溶出介质，或在计算时加以校正），立即用适当的微孔滤膜滤过，自取样至滤过应在30s内完成。取澄清滤液，依法测定，计算每片（粒、袋）的溶出量。

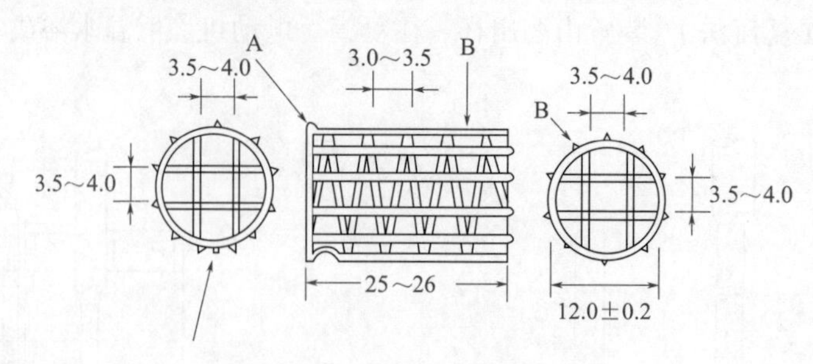

图7-9　沉降篮（单位：mm）

② 缓释制剂或控释制剂　照普通制剂方法操作，但至少采用三个取样时间点，在规定取样时间点，吸取溶液适量，及时补充相同体积的温度为37℃ ±0.5℃的溶出介质，滤过，自取样至滤过应在30s内完成。依法测定，计算每片（粒）的溶出量。

③ 肠溶制剂　按方法A或方法B操作。

a. 方法A

酸中溶出量：除另有规定外，分别量取0.1mol/L盐酸溶液750mL置各溶出杯内，待溶出介质温度恒定在37℃ ±0.5℃，取供试品6片（粒）分别投入转篮或溶出杯中（当需要使用沉降装置时，可将片剂或胶囊剂先装入规定的沉降装置内），注意供试品表面不要有气泡，立即按规定的转速启动仪器，2h后在规定取样点吸取溶液适量，滤过，自取样至滤过应在30s内完成。依法测定，计算每片（粒）的酸中溶出量。

缓冲液中溶出量：上述酸液中加入温度为37℃ ±0.5℃的0.2mol/L磷酸钠溶液250mL（必要时调节pH值至6.8），继续运转45min，或按规定的时间，在规定取样点吸取溶液适量，滤过，自取样至滤过应在30s内完成。依法测定，计算每片（粒）的缓冲液中溶出量。

b. 方法B

酸中溶出量：除另有规定外，量取0.1mol/L盐酸溶液900mL，注入每个溶出杯中，照方法A酸中溶出量项下进行测定。

缓冲液中溶出量：弃去上述各溶出杯中酸液，立即加入温度为37℃ ±0.5℃的磷酸盐缓冲液（pH6.8）900mL，或将每片（粒）转移入另一盛有温度为37℃ ±0.5℃的磷酸盐缓冲液（pH6.8）900mL的溶出杯中，照方法A缓冲液中溶出量项下进行测定。

（2）小杯法

① 普通制剂　测定前，应对仪器装置进行必要的调试，使桨叶底部距溶出杯的内底部15mm±2mm。分别量取溶出介质置各溶出杯内，介质的体积150 ～ 250mL（当需要使用沉降装置时，可将片剂或胶囊剂先装入规定的沉降装置内）。以下操作同桨法。取样位置应在桨叶顶端至液面的中点，距溶出杯内壁6mm处。

② 缓释制剂或控释制剂　照小杯法普通制剂方法操作，其余要求同转篮法和桨法项下缓释制剂或控释制剂。

（3）桨碟法　本法用于透皮贴剂。

分别量取溶出介质置各溶出杯内，待溶出介质预温至32℃ ±0.5℃，将透皮贴剂固定于网碟上，尽可能使其保持平整。按规定的转速启动装置。在规定取样时间点，吸取溶液适量，及时补充相同体积的温度为32℃ ±0.5℃的空白释放介质。取样方法同转篮法和桨法项下缓释制剂或控释制剂。

（4）转筒法　本法用于透皮贴剂。

分别量取溶出介质置各溶出杯内，待溶出介质预温至32℃ ±0.5℃；除另有规定外，按下述进行准备，除去贴剂的保护套，将有黏性的一面置于一片铜纺上，铜纺的边比贴剂的边至少大1cm。将贴剂的铜纺覆盖面朝下放置于干净的表面，涂布适宜的黏合剂于多余的铜纺边。如需要将黏附剂涂布于贴剂背面。干燥1min，仔细将贴剂涂有黏合剂的面安装于转筒外部，使贴剂的长轴通过转筒的圆心。

挤压铜纺面除去引入的气泡。将转筒安装在仪器中，试验过程中保持转筒底部距溶出杯内底部25mm±2mm，立即按品种正文规定的转速启动仪器。在规定取样时间点，吸取溶液适量，及时补充相同体积的温度为32℃ ±0.5℃的空白释放介质。取样位置在介质液面与转筒顶部的中间位置，距溶出杯内壁10mm处。同法测定其他透皮贴剂。

取样方法同转篮法和桨法项下缓释制剂或控释制剂。

（5）流池法　用于特殊的普通制剂、缓控释制剂和肠溶制剂。装置由溶出介质的贮液池、用于输送溶出介质的泵、流通池和保持溶出介质温度的恒温水浴组成，接触介质与样品的部分均为不锈钢或其他惰性材料制成。应使用品种正文项下规定尺寸的流通池，仪器一般配有6套以上测定装置。

（6）往复筒法　往复架装置极为适用于需要改变介质、介质体积较小，或需要更强力搅动的制剂自动化溶出测试。通常测试的产品包括缓释片剂、胶囊、透皮贴剂、渗透泵制剂和动脉支架等。

3. 结果判定

（1）普通制剂　符合下述条件之一者，可判为符合规定：

① 6片（粒、袋）中，每片（粒、袋）的溶出量按标示量计算，均不低于规定限度（Q）；

② 6片（粒、袋）中，如有1～2片（粒、袋）低于Q，但不低于Q−10%，且其平均溶出量不低于Q；

③ 6片（粒、袋）中，有1～2片（粒、袋）低于Q，其中仅有1片（粒、袋）低于Q−10%，但不低于Q−20%，且其平均溶出量不低于Q时，应另取6片（粒、袋）复试；初、复试的12片（粒、袋）中有1～3片（粒、袋）低于Q，其中仅有1片（粒、袋）低于Q−10%，但不低于Q−20%，且其平均溶出量不低于Q。

以上结果判断中所示的10%、20%是指相对于标示量的百分率（%）。

（2）缓释制剂或控释制剂　除另有规定外，符合下述条件之一者，可判为符合规定：

① 6片（粒）中，每片（粒）在每个时间点测得的溶出量按标示量计算，均未超出规定范围；

② 6片（粒）中，在每个时间点测得的溶出量，如有1～2片（粒）超出规定范围，但未超出规定范围的10%，且在每个时间点测得的平均溶出量未超出规定范围；

③ 6片（粒）中，在每个时间点测得的溶出量，如有1～2片（粒）超出规定范围，其中仅有1片（粒）超出规定范围的10%，但未超出规定范围的20%，且其平均溶出量未超出规定范围，应另取6片（粒）复试；初、复试的12片（粒）中，在每个时间点测得的溶出量，如有1～3片（粒）超出规定范围，其中仅有1片（粒）超出规定范围的10%，但未超出规定范围的20%，且其平均溶出量未超出规定范围。

以上结果判断中所示的超出规定范围的10%、20%是指相对于标示量的百分率（%），其中超出规定范围10%是指：每个时间点测得的溶出量不低于低限的−10%，或不超过高限的+10%；每个时间点测得的溶出量应包括最终时间测得的溶出量。

（3）肠溶制剂　除另有规定外，符合下述条件之一者，可判为符合规定：

酸中溶出量：① 6片（粒）中，每片（粒）的溶出量均不大于标示量的10%；② 6片（粒）中，有1～2片（粒）大于10%，但其平均溶出量不大于10%。

缓冲液中溶出量：①6片（粒）中，每片（粒）的溶出量按标示量计算均不低于规定限度（Q）；除另有规定外，Q应为标示量的70%；②6片（粒）中仅有1～2片（粒）低于Q，但不低于Q-10%，且其平均溶出量不低于Q；③6片（粒）中如有1～2片（粒）低于Q，其中仅有1片（粒）低于Q-10%，但不低于Q-20%，且其平均溶出量不低于Q时，应另取6片（粒）复试；初、复试的12片（粒）中有1～3片（粒）低于Q，其中仅有1片（粒）低于Q-10%，但不低于Q-20%，且其平均溶出量不低于Q。

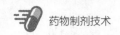

以上结果判断中所示的10%、20%是指相对于标示量的百分率（%）。

（4）透皮贴剂　除另有规定外，同缓释制剂或控释制剂。

4. 溶出条件和注意事项

（1）**溶出度仪的适用性及性能确认试验**　除仪器的各项机械性能应符合上述规定外，还应用溶出度标准片对仪器进行性能确认试验，按照标准片的说明书操作，试验结果应符合标准片的规定。

（2）**溶出介质**　应使用品种项下规定的溶出介质，除另有规定外，体积为900mL，并应新鲜配制和经脱气处理；如果溶出介质为缓冲液，当需要调节pH值时，一般调节pH值至规定pH±0.05之内。

（3）**取样时间点**　应按照品种规定的取样时间取样，普通片剂一般需在45min内溶出的药量达到70%以上，具体品种依据药典方法实施。除迟释制剂外，体外释放试验应能反映受试制剂释药速率的变化特征，且能满足统计学处理的需要，释药全过程的时间不应低于给药的间隔时间，且累积溶出率要达到90%以上。除另有规定外，通常将释药全过程的数据作累积溶出百分率-时间曲线图，制订出合理的释放度检查方法和限度。

缓释制剂从溶出曲线图中至少选出3个取样时间点。第一个取样点通常是0.5～2h的取样时间点，主要考察制剂有无突释效应；第二个为中间的取样点，用于确定释药特性；第三个取样点，用于考察释药量是否基本完全。此三点可用于表征体外缓释制剂药物释放度。

控释制剂除以上3点外，还应增加2个取样时间点。此5点可用于表征体外控释制剂药物释放度。释放百分率的范围应小于缓释制剂。如果需要，可以再增加取样时间点。迟释制剂根据临床要求，设计释放度取样时间点。多于一个活性成分的复方制剂产品，要求对每一个活性成分均按以上要求进行释放度测定。

（4）**工艺的重现性与均一性试验**　应考察3批以上、每批6片（粒）产品批与批之间体外药物释放度的重现性，并考察同批产品6片（粒）体外药物释放度的均一性。

（5）**其他**　除另有规定外，颗粒剂或干混悬剂的投样应在溶出介质表面分散投样，避免集中投样。如胶囊壳对分析有干扰，应取不少于6粒胶囊，除尽内容物后，置同一个溶出杯内，依法测定每个空胶囊的空白值，做必要的校正。如校正值大于标示量的25%，试验无效。如校正值不大于标示量的2%，可忽略不计。

知识拓展

查阅《中国药典》，详细了解溶出度测定法。

【问题解决】【典型制剂】中结果的判断是如何作出的？

提示：将$\ln(M_\infty - M_t)$对t进行一元线性回归，得A线的斜率为-0.183、B线的斜率为-0.362，则K_A=0.183、K_B=0.362，故A片比B片溶出慢。

实践 溶出度试验的数据分析

通过溶出度试验的数据分析，掌握溶出度试验的原理，学会溶出度试验的数据处理方法，理解溶出度试验的目的和意义。

将【典型制剂】中两种片剂溶出快慢的比较数据输入到电子表格 Excel 中，用表 7-2 的方法进行有关计算，比较两种片剂的溶出快慢。

表7-2 溶出度试验的数据处理

一级速率模型 $\ln[1-F(t)]$ $\ln[1-F(t)]$ $-t$ 回归 溶出速率常数 K	斜率 b_1　截距 a_1　r
Weibull 分布模型 时滞 t_0 $\ln(t-t_0)$ $\ln[\ln(1/[1-F(t)])]$ $\ln[\ln(1/[1-F(t)])]-\ln(t-t_0)$ 回归 模型参数	斜率 b_2　截距 a_2　r α　β　$T_{0.50}$　T_d

$F(t)$ 为累积溶出百分率。分别绘制 $F(t)$-t 曲线图、$\ln[1-F(t)]$ -t 曲线图、$\ln[\ln(1/[1-F(t)])]$-$\ln(t-t_0)$ 曲线图。

提示： 溶出度的试验数据可用 Excel 处理，计算 X(mg)、M_t(mg)、$F(t)$、$1-F(t)$、$\ln[1-F(t)]$ 和 $\ln[\ln(1/[1-F(t)])]-\ln(t-t_0)$ 等的值，ln 为自然对数函数，时滞 t_0 的单元格值预置为零。如 $F(t)$ 超过 100%，则将 $1-F(t)$ 取绝对值，绝对值函数为 ABS。如 $F(t)$ 为 1 则不参与计算。绘制 $F(t)$-t 曲线图、$\ln[1-F(t)]$ -t 曲线图（线性 1）和 $\ln[\ln(1/[1-F(t)])]-\ln(t-t_0)$ 曲线图（线性 2），图表类型为“X-Y 散点图”。分别用斜率函数 SLOPE、截距函数 INTERCEPT 和相关系数函数 CORREL 计算直线的斜率、截距和相关系数。

（1）单指数模型　线性 1 直线方程 $y_1=a_1+b_1x_1$ 斜率 b_1 的绝对值，即为单指数模型的溶出速率常数 K。

（2）Weibull 模型　从线性 2 直线方程 $y_2=a_2+b_2x_2$ 的斜率 b_2、截距 a_2，计算形状参数 α、尺度参数 β，

$$\alpha=b_2 \qquad \beta=\exp(-a_2/b_2)$$

式中，exp 为自然指数函数。

时滞 t_0 的计算：打开“视图”菜单“工具栏”中的“窗体”工具，创建 t_0 微调调节按钮，步长可为 1，链接到时滞值单元格（=××/100），调节该按钮，观察相关系数的变化，取最接近 1 的值，得 t_0 值。相应的计算和图表 Excel 予以自动更新。

参数 $t_{0.50}$、T_d 的计算：根据 Weibull 函数，计算 $t_{0.50}$、T_d 等参数。

$$t_{0.50}=\exp[(\ln[\ln(2)]-a_2)/b_2]+t_0$$

$$T_d=\exp[(\ln[\ln(1/0.368)]-a_2)/b_2]+t_0$$

学习测试

一、选择题

（一）单项选择题

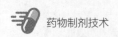

1.从溶出速率方程式来看，与溶出速率无关的是（　　）。

A.溶解固体的表面积　　B.扩散系数　　C.溶质的熔点

D.扩散层的厚度　　E.某时间药物在溶液中的浓度

2.转篮法溶出度检查时，取样位置应在转篮顶端至液面的中点，距溶出杯内壁（　　）。

A.6mm　　B.10mm　　C.20mm

D.30mm　　E.50mm

3.《中国药典》（2020年版）溶出度测定方法中，转篮法、小杯法和桨碟法可分别用于（　　）。

A.缓释制剂或控释制剂、肠溶制剂、透皮贴剂

B.肠溶制剂、缓释制剂或控释制剂、透皮贴剂

C.肠溶制剂、透皮贴剂、缓释制剂或控释制剂

D.透皮贴剂、缓释制剂或控释制剂、肠溶制剂

E.缓释制剂或控释制剂、透皮贴剂、肠溶制剂

4.溶出度测定的结果判断：6片片剂中每片的溶出量按标示量计算，均应不低于规定限度Q，除另有规定外，Q值应为标示量的（　　）。

A.60%　　B.70%　　C.80%

D.90%　　E.95%

5.片剂溶出度检查操作中，加入每个溶出槽内溶出液的温度应为（　　）。

A.室温　　B.25℃±0.1℃　　C.30℃±0.5℃

D.37℃±0.1℃　　E.37℃±0.5℃

（二）多项选择题

1.下列为《中国药典》（2020年版）收载的溶出度测定方法是（　　）。

A.流室法　　B.转瓶法　　C.转篮法

D.桨法　　E.小杯法

2.下列有关片剂或胶囊等固体制剂的溶出度表述不正确的是（　　）。

A.药物在规定溶剂中溶出的速度或程度

B.药物在规定溶液中溶散出的速度或程度

C.药物在胃液中溶出的速度

D.药物在肠液中溶解的程度

E.药物在溶液中微溶药物溶出的速度

3.片剂溶出度检查时，以下不是复试要求的是（　　）。

A.6片中有1～2片低于规定限度（Q），但不低于Q-10%

B.6片中有1～2片不低于Q-10%

C.6片均高于规定限度（Q）

D.6片中有1片低于Q-10%，但不低于Q-20%

E.6片均不低于规定限度（Q）

4.除另有规定外，测定缓释制剂释放度的时间点的要求是（　　）。

A.第一个取样点，通常是0.5～2h，主要考察制剂有无突释效应

B.第二个为中间的取样点，用于确定释药特性

C.第三个取样点，用于考察释药量是否基本完全

D.第四个取样点，累积释放量在70%以上

E.第五个取样点，累积释放量在90%以上

5.描述药物溶出速度的常用参数有（　　）。

A.M_{∞}　　B.$t_{0.5}$　　C.T_d

D.释药百分率　　E.$t_{1/2}$

二、思考题

1.测定固体制剂的溶出度有何意义？举例说明。

2.某片剂进行溶出试验，药物在1h、2h、3h、4h、6h、7h、8h、10h、12h、13h和14h的累积溶出百分率$F(t)$分别为30%、46%、58%、73%、83%、88%、92%、96%、99%、100%和100%，试用零级释药模型、一级释药模型、Higuchi方程和Weibull模型进行数据处理，将结果进行比较，判断符合哪种模型，并计算有关参数（速度常数、$t_{0.50}$和T_d）。

专题二　药物制剂的吸收试验

学习目标

- 掌握药物胃肠道吸收、胃肠道外吸收的特点。
- 知道影响药物胃肠道吸收、胃肠道外吸收的主要因素；学会 pH 分配学说的应用。
- 知道药物吸收试验的方法；学会药物透皮吸收试验的数据分析。

【典型制剂】

例　硝酸甘油贴剂的透皮吸收试验

硝酸甘油是常用的防治心绞痛药物。某硝酸甘油膜贮库控释型透皮贴剂的透皮测定结果如表 7-3 所示。

表7-3　硝酸甘油贴剂的透皮累积渗透量（n=5）

时间 t/h	0.5	1	2	5	8	12
透皮累积渗透量 Q /（$mg \cdot mL^{-1} \times 10^2$）	1.71 ±0.31	2.02 ±0.28	2.15 ±0.21	3.14 ±0.29	3.85 ±0.64	4.57 ±0.79

Q-t 关系式为：$Q=1.72 \times 10^{-2}+2.50 \times 10^{-3}t$，稳态流量（$J$）为 28.9μg・cm²・h⁻¹。

【问题研讨】吸收对发挥体内药效有什么作用？药物吸收的转运方式是什么？硝酸甘油制成透皮制剂的目的是什么？从累积渗透量与时间的关系说明该制剂的透皮过程符合什么规律？

一、试验目的

除了血管内给药无吸收过程外，非血管内给药（如胃肠道给药、肌内注射、腹腔注射、透皮给药和其他黏膜给药等）都存在吸收过程。药物只有吸收入体循环，在血中达到一定的血药浓度，才会出现生理效应，且作用强弱和持续时间都与血药浓度直接相关。所以，吸收是发挥体内

药效的重要前提。剂型与药物吸收的关系可以分为药物从剂型中释放（溶出）及药物通过生物膜吸收两个过程。由于剂型因素的差异，可使制剂具有不同的释放特性，从而可能影响药物在体内的吸收和药效，包括药物的起效时间、作用强度和持续时间等方面。常用口服剂型的吸收顺序是：溶液剂＞混悬剂＞散剂＞胶囊剂＞片剂＞包衣片剂，这种顺序虽然不能作为固定不变的规律，但也有一定的指导意义。

1. 液体制剂的药物吸收

溶液剂、混悬剂和乳剂等液体制剂一般属于速效制剂，水溶液或乳剂口服在胃肠道中吸收要比混悬剂快，因为水溶液中药物以分子或离子状态分散。采用复合溶剂的溶液剂，尽管被胃肠液稀释后可能析出沉淀，但析出的粒子一般极细，能被迅速溶解，吸收仍很快。增加水溶液的黏度可延缓药物在胃肠道中的扩散速度，减慢药物的吸收；但对主动转运吸收的药物，黏度增加可导致药物在肠吸收部位滞留时间延长，而有利于吸收。

口服药物油溶液的吸收速度，受药物从油相中转移到胃肠液中分布速率的影响，因亲油性强的药物难以转移到胃肠液中，吸收速度慢。油溶性药物的 O/W 型乳剂，减小油相粒子的大小，增加药物与胃肠液接触面积，可增加药物的吸收。例如，维生素 A 液体剂型中的吸收速率为：水溶液（含增溶剂）＞乳剂＞油溶液。

混悬剂中药物颗粒小，与胃肠液接触面积大，所以好的混悬剂吸收速率要比胶囊剂和片剂快。例如将 SMZ+TMP 制成混悬剂、胶囊剂、片剂三种剂型口服后，发现混悬剂中药物吸收速度明显高于片剂和胶囊剂。影响混悬剂药物吸收的因素主要有药物颗粒大小、晶型、黏度等。为了增加混悬液动力学稳定性，常加入亲水性高分子化合物作为助悬剂以增加黏度，从而影响药物的吸收，如含甲基纤维素的呋喃妥因水混悬液吸收程度和速度比不含甲基纤维素的混悬液低。

2. 固体制剂的药物吸收

固体制剂包括片剂、胶囊剂、散剂、颗粒剂、丸剂、栓剂等。片剂处方中加入的附加剂多、工艺复杂，影响吸收的因素较多。

胶囊剂囊壳对药物溶出起屏障作用，所以胶囊剂与散剂相比，药物吸收推迟约 10 ～ 20min。但只要囊壳破裂，药物可迅速地分散，以较大的面积暴露于胃液中。影响胶囊剂吸收的因素有：药物粒子大小、稀释剂性质、空胶囊质量及贮藏条件等。如磷酸氢钙用作四环素胶囊剂的稀释剂时，可生成难溶性的四环素钙盐，降低药物的吸收。亲水性稀释剂对疏水性药物粉粒起着增大体液透入胶囊内速度的作用，减少药物粉粒与体液接触后结块的现象。

片剂是使用最广泛、生物利用度问题研究最多的制剂。片剂经制粒、压片或包衣等制成片状，其表面积大大减小，减慢了药物释放的速度，从而会影响药物的吸收。包衣片剂比一般片剂更复杂，因药物溶解之前首先是衣层溶解，片剂才能崩解使药物溶出。衣层的溶出速率与包衣材料的性质和厚度有关，尤其是肠溶衣片涉及因素更多，胃肠内 pH 及其在胃肠内滞留时间等均可能影响其吸收。

3. 工艺、赋形剂等对药物吸收的影响

制备工艺、赋形剂可以影响药物剂型的理化性状，赋形剂也可能与药物之间产生物理、化学或生物学方面的作用，从而影响到药物在体内的释放、溶解、扩散、渗透以及吸收等过程。如以硬脂酸镁作阿司匹林片的润滑剂可使其分解。适当的吸收促进剂可增加药物在胃肠道的吸收，如表面活性剂。高分子化合物可使液体的黏度增加，对溶出速率、胃空速率和肠道通过率都会有影响；一些高分子化合物可与药物形成难溶性复合物，使吸收减少。

二、试验原理

知识拓展　生物膜的结构与药物的转运

生物膜是由含蛋白质的类脂双分子层构成的，类脂是由甘油基团连接具有磷酸结构的亲水部分与脂肪酸结构的疏水部分所组成的磷脂。两个类脂部分的疏水性尾部相接，中间形成膜的疏水区，两个亲水性头部形成膜的内外两面。N. Singer提出了生物膜的流动镶嵌模式，以流动的液体类脂双分子层为膜的基本骨架，镶嵌着具有各种生理功能（如酶、泵或受体等）的漂浮着的蛋白质，蛋白质分子可以沿着膜内外的方向运动或转动。药物可以通过溶于液态磷脂膜中穿过生物膜的溶解扩散方式，或含水微孔扩散的方式转运，或通过载体的方式转运。

1. 药物的转运方式

（1）被动扩散（passive diffusion）　亦称被动转运，是指药物由高浓度一侧通过生物膜扩散到低浓度一侧的转运过程，不需要载体的帮助，不受共存的类似物的影响，即无饱和现象和竞争抑制现象，一般无部位特异性，故不消耗能量，不受细胞代谢抑制剂的影响。大多数药物分子能以被动扩散为主要方式透过生物膜，转运到血中完成吸收过程。被动扩散的速率可用Fick’s定律说明：

$$\frac{\mathrm{d}c}{\mathrm{d}t}=-\frac{DAR}{h}(C_g-C_b) \tag{7-7}$$

式中，$\frac{\mathrm{d}c}{\mathrm{d}t}$为扩散速度；$D$为药物通过膜的扩散系数；$R$为油水分配系数；$A$为膜的扩散面积；$h$为膜的厚度；$C_g$为胃肠液中的药物浓度；$C_b$为吸收部位血液中的药物浓度。

由于血液循环速度较快，从胃肠道吸收的药物迅速被带走，所以C_g比C_b大得多，即药物吸收的漏槽条件（sink condition）。在一定条件下，方程可简化为：

$$\frac{\mathrm{d}c}{\mathrm{d}t}=-KC_g \tag{7-8}$$

上式表明，药物吸收速率随胃肠液中药物浓度即给药剂量的增加而增加，为一级速度过程。药物穿透系数K与药物在膜和胃肠液间的分配系数R成正比。

（2）主动转运（active transport）　亦称载体媒介转运，是指借助于载体的帮助，药物分子由低浓度区域向高浓度区域逆向转运的过程。对转运物质有结构特异性需求，结构类似物可产生竞争抑制，有饱和现象；需消耗能量；也有部位专属性，即某些药物只在肠道某一部位吸收，如维生素B_2。一些生命必需的物质如氨基酸、单糖、Na^+、K^+、I^-、水溶性维生素及有机酸、碱的离子型等可以此方式通过生物膜。主动转运的速度可用米-曼（Michaelis-Menten）动力学方程来描述：

$$-\frac{\mathrm{d}c}{\mathrm{d}t}=\frac{V_{max}C}{K_m+C} \tag{7-9}$$

式中，C为吸收部位药物浓度；V_{max}、K_m为常数。

所以，对于主动转运吸收，当药物浓度低时，转运速度随药物浓度增加而增大，故符合一级速度过程，当药物浓度很高时则为零级过程。产生这种现象的主要原因是主动转运过程中载体的量是相对固定的，当吸收部位药物浓度增加到某一临界值时，载体的转运系统变为饱和，故药物浓度增加，吸收速度并不增加而保持恒速，即达到了主动转运吸收的最大速度。

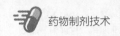

如图 7-10 所示。

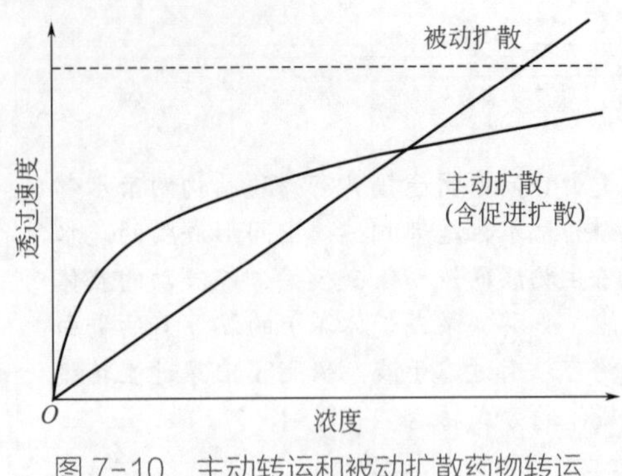

图 7-10 主动转运和被动扩散药物转运速率与浓度的关系

（3）**促进扩散**（facilitated diffusion） 有些药物的转运需要载体，但是由高浓度向低浓度区扩散，称为促进扩散。因其转运需要载体参与，所以具有载体转运的特性，对于转运的药物有专属性要求，可被结构类似物竞争性抑制，也有饱和现象，转运速度亦可用米 - 曼动力学方程来描述，但促进扩散不依赖于细胞代谢产生的能量。现已知单糖类、某些季铵类和氨基酸的转运为促进扩散。

（4）**胞饮作用**（pinocytosis） 细胞可以主动变形而将某些物质摄入细胞内或从细胞内释放到细胞外，这个过程称**膜动转运**，其中向内摄取为**入胞作用**，向外释放为**出胞作用**，二者统称**胞饮作用**。摄取固体颗粒时称为**吞噬**，某些高分子物质如蛋白质、多肽类、脂溶性维生素和重金属等可按胞饮方式吸收。胞饮作用对蛋白质和多肽的吸收非常重要，并且有一定的部位特异性（如蛋白质在小肠下段的吸收最为明显）。

口服药物通过胃肠道上皮细胞膜进入体循环。药物和上皮细胞膜的结构与性质决定药物吸收的难易。脂溶性药物和分子小的亲水性物质由被动扩散吸收，一些分子量为几百的极性分子要在膜中某些成分的参与下进行转运。

2. 药物的理化性质与吸收

【问题研讨】巴比妥类药物油水分配系数与吸收的关系如表 7-4 所示，说明巴比妥类药物油水分配系数与吸收呈现什么关系？

表7-4 巴比妥类药物油水分配系数与吸收的关系

药物	pK_a	分子量	油水分配系数	吸收率 /%
巴比妥	7.9	184.19	0.72	6.2
苯巴比妥	7.41	232.23	4.44	12.6
戊巴比妥	8.11	226.27	24.1	17.6
异戊巴比妥	7.49	226.27	33.8	17.7
环己巴比妥	8.34	236.26	129	24.1
硫喷妥	7.45	240.34	321	37.8

（1）**药物脂溶性和解离常数与吸收** 胃肠道上皮细胞膜的结构主体为类脂双分子层，这种生物膜只允许脂溶性非离子型药物透过而被吸收。

药物脂溶性大小可用油水分配系数（$K_{o/w}$，R）表示，即药物在有机溶剂（如氯仿、正庚烷、辛醇和苯等）和水中达溶解平衡时的浓度之比。通常油水分配系数大的药物，其吸收较好，如巴比妥类药物。但药物的油水分配系数过大，有时吸收反而不好，这是因为药物渗入磷脂层后可与磷脂层强烈结合，不易向体循环转运。药物的油水分配系数大小与其化学结构密切有关，故某些脂溶性小而吸收不好的药物可进行结构改造。例如林可霉素制成克林可霉素，增加其脂溶性而增加药物的吸收；红霉素制成红霉素丙酸酯，增加了药物的油水分配系数（扩大 180 倍），血药浓度提高数倍。

（2）**pH 分配学说** 多数治疗药物为有机的弱酸或弱碱。非离子型药物分子极性小，在磷脂膜中溶解度大，油水分配系数大，易于转运。相反，离子型药物分子极性大，在水中溶解度大，油水分配系数小，不易透过磷脂膜。故药物的胃肠道吸收好坏不仅取决于药物在胃肠液中的总浓度，而且与非解离部分浓度大小、非离子型部分的多少及药物的 pK_a 和吸收部位的 pH 有关，同时吸收速率又与油水分配系数有关，这之间的关系可用pH分配学说（pH-partition theory）来解释。

pH 分配学说系指已溶解的有机弱酸、弱碱类药物的吸收速度，取决于药物吸收部位 pH 条件下，分子型数目的多少以及脂溶性程度。用 Handerson Hasselbalch 方程式表示如下：

弱酸性药物：

$$pK_a - pH = \lg \frac{[HA]}{[A^-]} = \lg \frac{C_u}{C_i} \tag{7-10}$$

弱碱性药物：

$$pK_a - pH = \lg \frac{[HB^+]}{[B]} = \lg \frac{C_i}{C_u} \tag{7-11}$$

式中，C_u 和 C_i 分别表示非离子型（分子型）和解离型药物浓度。

由此可见，对于弱酸性药物 pK_a 愈大，则 pK_a–pH 愈大，愈有利于吸收。当非离子型和解离型药物浓度相等时，pK_a=pH，即药物解离 50% 时的 pH 值为药物的解离常数。

【问题研讨】阿司匹林的 pK_a 为 3.5，在胃（胃液 pH 值 1.5）中吸收良好。而可待因的 pK_a 为 8.0，在胃中吸收甚差，但在 pH 较高的肠道中可较好吸收。试讨论胃中 pH 对阿司匹林和可待因吸收影响的原因。

提示：阿司匹林的 pK_a 为 3.5，在胃液 pH 值为 1.5 时，则 $3.5-1.5=\lg\frac{[HA]}{[A^-]}$，$\frac{[HA]}{[A^-]}=100$，即非解离型为解离型的 100 倍，故可推测其在胃中吸收良好。而可待因 pK_a 为 8.0，胃液 pH=1.5 时，则 $8.0-1.5=\lg\frac{[HB^+]}{[B]}$，$\frac{[HB^+]}{[B]}=3.16\times10^6$ 即解离型是非解离型的 316 万倍，所以其在胃中吸收甚差。

资料卡　离子对转运

不是所有弱电解质药物的转运都受 pH 的影响，如能从肾小管主动转运的青霉素的排泄量不随尿液 pH 改变。某些高度离子化的药物，如季铵类药物虽然油水分配系数很小，但也可从胃肠道吸收，其原因可能是离子化药物与胃肠道黏蛋白可逆性结合，形成中性离子化合物，然后通过脂质膜转运吸收，这种转运方式称为离子对转运（iron-pair transport）。一般情况下，弱酸或弱碱类药物在小肠均能较好地吸收，因为与胃相比，肠黏膜有巨大的表面积。

知识拓展

查阅资料，讨论 pH 对弱碱性药物、酸碱两性药物吸收的影响。

3. 药物吸收的途径

（1）**药物的胃肠道吸收**　药物的胃肠道吸收可以在胃、小肠、大肠、直肠等部位进行，但以小肠吸收最为重要。胃内壁是由黏膜组成，虽然胃的表面积较小，但一些弱酸性药物可在胃中吸收，药物在胃中的吸收机制主要是被动扩散。一般情况下，弱碱性药物在胃中几乎不被吸收。小肠的特殊生理结构更适于药物的吸收，小肠黏膜表面有环状皱襞，黏膜上有大量的绒毛和微绒毛，故有效吸收面积极大。小

肠中（特别是十二指肠）存在着许多特异性载体，是某些药物主动转运的特异吸收部位。大肠黏膜有皱襞但无绒毛和微绒毛，有效吸收面积比小肠小得多，因此不是药物吸收的主要部位，大部分运至结肠的药物可能是缓释制剂、肠溶制剂或溶解度很小在小肠中吸收不完全的残留药物。但直肠下端接近肛门，血管相当丰富，是直肠给药（如栓剂、保留灌肠剂等）的良好吸收部位。

知识拓展　生理因素对药物吸收的影响

胃肠道pH：胃液pH值通常为1～3，空腹为1.2～1.8，食后可增高。肠道的pH变化较大，十二指肠pH值为4～5，空肠pH值为6～7，大肠pH值为7～8。pH的变化能影响被动扩散药物的吸收，但主动转运过程很少受pH的影响。

胃排空速率：胃内容物经幽门向小肠排出称胃排空，胃排空是按一级速率过程进行的。胃排空速率对药物的起效快慢、药效强弱和持续时间均有明显影响。当胃排空速率增加时，多数药物吸收加快，对在胃中不稳定的药物和希望速效的药物有利，但有部位特异主动转运的药物（如维生素B_2）吸收量可能降低。一般认为，身体向右侧卧位胃排空速度快，向左侧卧位胃排空速度慢，走动时胃排空速度更快，阿托品、丙胺太林、氯丙嗪等能减慢胃排空速率。这些因素在测定药物生物利用度时应注意。

食物：食物中水分的缺乏影响固体制剂的崩解和药物溶出，从而影响药物吸收速度。但食物中含有较多的脂肪时，能促进胆汁的分泌而增加血液循环和淋巴液的流速，有利于药物的吸收，如灰黄霉素在进食高脂肪食物时吸收率明显增加。食物存在可减少对胃有刺激性药物的刺激作用，而有利于药物的吸收。

血液循环：一般血流速率下降使吸收部位运走药物的能力下降，降低膜两侧浓度梯度，故药物吸收减慢。如饮酒能促进胃的血流增加，而增加巴比妥酸等药物的吸收。小肠血流丰富，故血流量的少量增减对吸收速度影响不大。

胃肠分泌物：胃肠道表面存在着大量黏蛋白，可增加药物吸附和保护胃黏膜表面不受胃酸或蛋白水解酶的损伤。但某些药物可与之结合，使吸收不完全（如链霉素）或不能吸收（如庆大霉素）。胆汁中的胆酸盐对难溶性药物有增溶作用，可促进吸收，但可与新霉素等生成不溶性物质而影响吸收，还可使制霉菌素、多黏霉素和万古霉素失效。实验还证明，胃肠道内水分的吸收有时对药物的吸收有促进作用，称为溶剂拖带效应。

（2）药物胃肠道外的吸收

① 注射部位吸收　除了血管内给药没有吸收过程外，其他途径如皮下注射、肌内注射等都有吸收过程。注射部位周围一般有丰富的血液和淋巴循环，影响吸收的因素比口服要少，故一般注射给药吸收快，生物利用度较高。

从药物方面来看，脂溶性的药物向附近组织的扩散和分配可能很慢，亲水性药物可能对血管上皮组织的透过较慢。但很多口服难吸收的亲脂性或亲水性药物，皮下和肌内注射也能有较好的吸收。脂溶性药物也可向淋巴系统转运，大分子药物（如5000～20000）通过血管壁困难，这时淋巴系统成为主要的吸收途径。从注射剂方面看，当使用有机溶剂或植物油时，可使亲脂性强且在真皮中扩散慢的药物吸收加快；增加黏度，可使吸收减慢；注射剂如果呈低张或酸性时会降低吸收。从生理角度看，影响吸收的最主要因素为血流速率。血流速率越小，对吸收影响就越大。所以按摩注射部位，可促进吸收。合并肾上腺素则可使局部毛细血管收缩，血流速率下降，从而缓慢吸收。

② 口腔吸收　药物在口腔的吸收一般为被动扩散，并遵循pH分配假说。口腔吸收的另一个重要特点：吸收的药物经颈内静脉到达血液循环，无首过作用，也不受胃肠道pH和酶系统的破

坏。如硝酸甘油、甲睾酮、异丙肾上腺素的口腔吸收效果优于口服给药。口腔黏膜与皮肤相比，通透性更大，但与胃肠黏膜相比则较低。因为口腔黏膜能够感受味觉，所以要注意改善制剂的口感和异物感。

③ 肺部吸收　肺泡总面积达 100 ～ 200m²，毛细血管十分丰富，所以药物能够在肺部迅速地吸收。肺部吸收的药物可直接进入全身循环，不受肝脏首过效应的影响，油 / 水分配系数大的药物通常吸收极快。肺泡中存在肺泡孔，对水溶性药物屏障比其他部位低得多，在小肠中几乎不吸收的物质如酚磺酞、菊粉在肺部能吸收。吸收的另一个影响因素是药物的分子大小，小分子物质吸收快，大分子物质相对难吸收，但相对于其他部位而言，肺部可能是一些大分子药物较好的给药部位。肺部给药的剂型为气雾剂或吸入粉雾剂。吸入给药时，药物能否达到并保持在肺泡中，主要取决于其粒子的大小。10μm 以上的颗粒几乎 100% 沉积于气管中，2 ～ 10μm 的颗粒可进入支气管及细支气管等，在吸收部位（肺泡中）沉积率最大的颗粒为 2.5 ～ 3.0μm。过小的颗粒又可随呼气排出，故控制颗粒大小对提高肺部的吸收率至关重要。

④ 直肠吸收　直肠给药多以栓剂为主。直肠给药后的吸收途径主要有两条：一条是通过直肠上静脉进入肝脏，进行首过代谢后再由肝脏进入大循环；另一条是通过直肠中、下静脉和肛门静脉，绕过肝脏，经下腔大静脉直接进入大循环，避免肝脏的首过作用。为此直肠给药，特别是全身作用的栓剂应塞入距肛门 2cm 处为宜，这样可有 50% ～ 75% 的药物不经过肝脏。直肠淋巴系统对药物的吸收亦有一定的作用。直肠中药物吸收一般是被动吸收，并遵循 pH 分配学说。另外，与小肠相比，直肠内蛋白分解酶的活性较低，因此可以考虑将直肠作为那些易受酶影响而失活的药物（如酶类药物、肽类药物）的给药部位。

⑤ 鼻黏膜吸收　人体鼻腔上皮细胞下毛细血管和淋巴管十分发达，药物吸收后直接进入大循环，也无肝脏的首过作用。鼻黏膜上覆盖着一层鼻黏液，pH 值为 5.5 ～ 6.5。当受到外来刺激时，鼻腔表面的纤毛以 5 ～ 6mm/min 的速度带动分泌液等向咽部运动，故滴入的溶液、粉末或颗粒在鼻腔只能滞留 20 ～ 30min。鼻腔黏膜为类脂质，药物在鼻黏膜的吸收主要为被动扩散。因此脂溶性药物易于吸收，水溶性药物吸收差些。分子量大于 1 000 时吸收较少，亲水性大分子药物可经细胞间隙旁路慢速转运。未解离型吸收较好，完全解离的则吸收差。鼻黏膜给药近年来比较引人注目，特别是对蛋白质和多肽类药物如胰岛素。

⑥ 阴道黏膜吸收　阴道黏膜的表面有许多微小隆起，有利于药物的吸收，吸收机制分为被动扩散的脂质通道和含水的微孔通道两种。从阴道黏膜吸收的药物直接进入大循环，不受肝脏首过效应的影响。亲水性的多肽物质在阴道也有良好的吸收，所以阴道黏膜有可能成为某些难吸收的大分子药物的有效吸收部位。

另外，皮肤、眼部等部位的吸收参见有关剂型。

三、试验方法

药物吸收的评价方法是通过药物动力学进行生物利用度的测定，经皮制剂则进行经皮吸收试验。经皮渗透法是软膏、凝胶剂、贴剂等的体外测定方法，是将制剂涂在离体皮肤表面，置于扩散池中，在维持动态条件下，通过比较药物透皮速率及时滞，分析基质对药物渗透的影响。在维持皮肤两侧浓度梯度条件下，当皮肤扩散达到伪稳态时，单位面积透皮量 Q 与扩散时间 t 有如下关系：

$$Q=kt \tag{7-12}$$

式中，k 是渗透系数，以伪稳态时 Q 对 t 作图所得直线斜率计算。求出该直线与横坐标轴 t 上的截距即可计算时滞 T_g。

1. 渗透扩散池

在 TDDS 处方和工艺设计中，主要利用各种透皮扩散池模拟药物在体渗透过程，以测定药物的释药性质、选择透皮促进剂及筛选处方等。常用扩散池有 Franz 扩散池、Valia-Chien 扩散池等（图 7-11、图 7-12）。

扩散池由供给室和接受室组成，在两室之间可夹持皮肤样品、TDDS 或其他膜料，供给室一般装药物及其载体，接受室装接受介质。扩散池一般采用电磁搅拌，搅拌条件是保证漏槽条件的重要因素，搅拌速度过小、接受室体积过大和过高都可能造成皮肤局部浓度过高或整体溶液浓度不均匀。

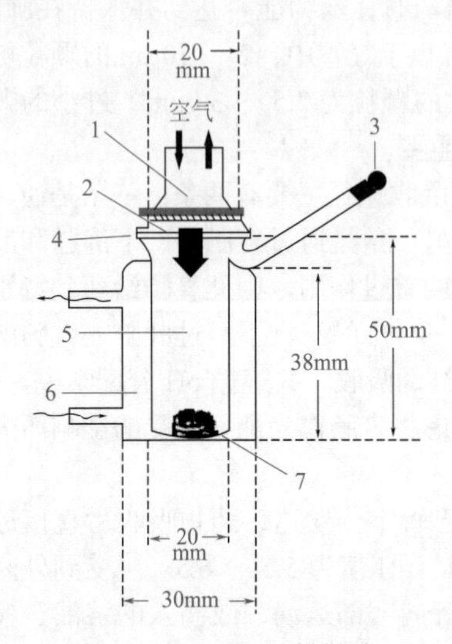

图 7-11　Franz 扩散池

1—顶盖；2—透皮系统；3—取样口；4—皮肤；5—接受器；6—水浴；7—磁力星头搅拌器

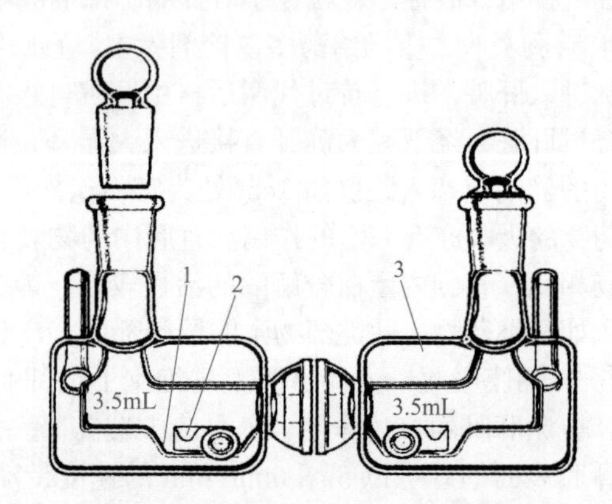

图 7-12　Valia-Chien 扩散池

1—搅拌平台；2—星头搅拌子；3—水浴夹层

2. 扩散液和接受液

（1）扩散液　对难溶性药物，一般选饱和水溶液作为扩散液；对水溶性较大药物，应选择一定浓度溶液，保证扩散液浓度大于接受液浓度（至少 10 倍以上）。

（2）接受液　一般是生理盐水或磷酸盐缓冲液。

3. 皮肤样品

人体皮肤是经皮给药试验的最理想皮肤样品，根据试验目的制取全皮、表皮或去角质层皮肤。大多数动物皮肤的角质层厚度小于人体皮肤，毛孔密度高，药物易于渗透。皮肤样品如不用于试验，可真空密闭包装后置 -20℃冰箱保存。

【问题解决】讨论【典型制剂】中硝酸甘油制成透皮贴剂的目的和透皮规律。

提示：硝酸甘油制成透皮制剂可以避免肝脏首过效应，且使用方便，可用于冠心病的长期治疗，预防心绞痛发作。硝酸甘油的累积渗透量与渗透时间呈线性关系，说明该制剂透皮过程符合零级动力学规律。

实践　药物透皮吸收试验的数据分析

查阅有关药物吸收试验研究的文献，如药物的经皮吸收试验，研读其试验的原理和方法，从而理解药物吸收试验的原理、方法和数据处理方法。

利多卡因穿透力强，可通过皮肤或黏膜吸收，某制剂中利多卡因透皮吸收测定结果如表 7-5 所示。

表7-5 利多卡因透皮吸收累积渗透量(Q)(mg，n=5)

序号	1h	2h	4h	6h	8h	12h
1	2.568	3.367	5.025	6.658	8.566	12.022
2	2.329	2.689	4.422	6.078	8.326	11.118
3	2.454	3.448	4.822	6.056	8.467	11.985
4	2.275	3.997	4.915	6.236	8.712	12.514
5	2.154	3.511	4.612	6.177	8.093	12.217
$\bar{x}\pm$ SD	2.356±0.143	3.402±0.419	4.759±0.216	6.241±0.219	8.433±0.212	11.971±0.466

试将累积透皮渗透量（Q）对渗透时间（t）作 Q-t 曲线图，并进行线性回归，求利多卡因体外透皮吸收曲线方程，分析其吸收动力学规律。

（参考答案：Q=0.8667t +1.4271，r = 0.9962，该药透皮过程符合零级动力学）

学习测试

一、选择题

（一）单项选择题

1.药物解离常数与脂溶性对吸收的影响的叙述，正确的是（　　）。

A.脂溶性愈好吸收愈慢

B.解离常数相同的药物分配系数大、脂溶性好，吸收愈差

C.解离型药物比非解离型药物易吸收

D.油/水分配系数过大的烃类不易被胃肠道吸收

E.药物的分配系数与吸收无关

2.某药的pK_a为4.2，在胃液pH为1.5时，其［解离型］/［非解离型］为（　　）。

A.501　　B.2.7　　C.2 × 10^{-3}

D.7.2　　E.2 × 10^3

3.下列物质不是主要通过主动转运而吸收的是（　　）。

A.单糖类　　B.氨基酸　　C.维生素B_2

D.解离度小、脂溶性大的药物　　E.Na^+、K^+

4.下列有关药物在胃肠道的吸收描述中错误的是（　　）。

A.小肠是胃肠道中药物吸收的最主要部位

B.胃肠道pH通常是从胃到大肠逐渐上升

C.pH不影响被动扩散的吸收

D.主动转运很少受pH值的影响

E.制成前体制剂能改变药物的吸收性能

5.大多数药物吸收的机制是（　　）。

A.逆浓度差的消耗能量过程

B.消耗能量，不需要载体的顺浓度梯度移动

C.需要载体，顺浓度梯度移动

D.不消耗能量，顺浓度梯度移动

E.有竞争装运现象的被动扩散过程

（二）多项选择题

1.能使药物充分吸收的主要因素有（　　）。

A.油/水分配系数大

B.离子化程度高

C.溶出速率高

D.稳定晶型

E.粒径小

2.下列关于消化道药物的吸收叙述中，哪些是正确的（　　）。

A.栓剂可提高肝脏易代谢药物的生物利用度

B.胃内滞留时间影响药物的吸收

C.胃黏膜不表现出脂质膜的性质

D.缓释制剂的药物吸收不受食物的影响

E.舌下含片的吸收不受食物的影响

3.与药物的油水分配系数大小无关的是（　　）。

A.药物稳定性

B.药物剂型

C.药物化学结构

D.药物规格

E.药物包衣

4.维生素B_2属于主动转运吸收，服用时应（　　）。

A.舌下含服

B.饭后服用

C.饭前服用

D.大剂量一次服用

E.小剂量分次服用

5.经皮吸收试验的测定需要（　　）。

A.渗透扩散池　　B.扩散液　　C.接受液

D.皮肤样品　　E.转篮

二、思考题

1.简述影响药物吸收的剂型因素。

2.pH对水杨酸（pK_a3.0）、苯甲酸（pK_a4.2）、氨基比林（pK_a5.0）和奎宁（pK_a8.4）在大鼠小肠中吸收（吸收率，%）影响的试验，结果如下：

pH	水杨酸	苯甲酸	氨基比林	奎宁
4	64	62	21	9
5	35	36	35	11
6	30	35	48	41
7	10	5	52	54

试讨论pH对水杨酸、苯甲酸、氨基比林和奎宁在大鼠小肠中吸收的影响。

专题三　生物利用度和生物等效性试验

学习目标

- 掌握生物利用度、生物等效性的概念、试验目的和原则。
- 掌握常用药动学参数的意义及其对制剂有效性评价的应用。
- 知道隔室模型的判断；学会 AUC 的计算；学会生物利用度和生物等效性试验的方法。
- 学会生物利用度的计算和生物等效性试验的数据分析。

【典型制剂】

例　片剂的生物利用度试验

10 名健康受试者空腹单剂量口服 2g 某药（分别交叉服用溶液剂和片剂，每一受试者在接受溶液剂和片剂交叉试验时至少间隔一周），服药前采用空白血作对照，服药后 2h 进餐，每隔一段时间采血，分别测定血药浓度，结果如表 7-6 所示。

表7-6　某药溶液剂和片剂的血药浓度测定值

时间 /h	0.5	1.5	2	2.5	3	4	5	6
溶液剂 /（μg/mL）	1.0	3.86	4.6	3.6	2.0	1.0	0.7	0.3
片剂 /（μg/mL）	0.90	3.46	4.08	3.32	1.65	0.83	0.39	0.21

【问题研讨】试计算该片剂的生物利用度。

一、试验目的

口服或局部用药的制剂中药物的吸收受多种因素的影响，如药物粒径、晶型、处方中赋形剂、制剂工艺等。生物利用度能相对地反映出同种药物不同制剂机体吸收的优劣（包括不同厂家生产的同一药物相同剂型的产品），是衡量制剂内在质量的一个重要指标。许多研究表明，同一药物的不同制剂在作用上的某些差异，可能是由于从给药部位吸收的药量或吸收的速度上的差异，即制剂的生物利用度不同。G. Magner 曾证明两种地高辛片的最高血药浓度相差 59%，血药浓度曲线下面积相差 55%，而这两种制剂却都符合美国药典的各项规定。将生物利用度作为参考数值用于选择剂型和处方已被公认为是一种较好的方法，生物利用度不仅表示了药物已被吸收的量，而且还表明了量的变化，可供临床确定药物用法、用量时参考。

生物利用度（bioavailability）是指制剂中的药物被吸收进入血液的速率和程度，是客观评价制剂内在质量的一项重要指标。

生物利用的程度（EBA）即吸收程度，是指与标准参比制剂相比，试验制剂中被吸收药物总量的相对比值。可用下式表示：

$$EBA=\frac{\text{试验制剂被机体吸收的药物总量}}{\text{标准制剂被机体吸收的药物总量}}\times 100\% \tag{7-13}$$

吸收程度的测定可通过给予试验制剂和参比制剂后血药浓度 - 时间曲线下总面积（AUC），

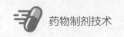

或尿中排泄药物总量来确定。

根据选择的标准参比制剂的不同，得到的生物利用度的结果也不同。如果用静脉注射剂为参比制剂，药物 100% 进入体循环，所求得的是绝对生物利用度（absolute bioavailability）；如因毒性或药物性质等原因，当药物无静脉注射剂型或不宜制成静脉注射剂时，可用吸收较好的剂型或制剂为参比制剂，通常用药物的水溶液或溶液剂或同类型产品公认为优质厂家的制剂。所求得的是相对生物利用度（relative bioavailability）。

生物利用的速度（RBA）是指与标准参比制剂相比，试验制剂中药物被吸收速度的相对比值。可用下式表示：

$$\mathrm{RBA}=\frac{\text{试验制剂的吸收速度}}{\text{标准制剂的吸收速度}}\times 100\% \tag{7-14}$$

多数药物的吸收为一级过程，常用吸收速度常数 k_a 或吸收半衰期来衡量，也可用达峰时间 t_{max} 来表示，峰浓度 C_{max} 不仅与吸收速度有关，还与吸收的量有关。所以，评价生物利用度的速度与程度要有三个基本参数：吸收总量即血药浓度 - 时间曲线下面积 AUC、血药浓度峰值 C_{max} 和血药浓度峰时 t_{max}，对一次给药显效的药物，吸收速率更为重要。

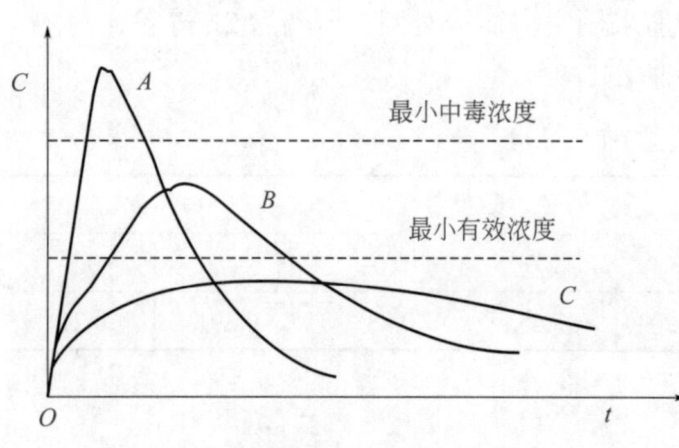

图 7-13　吸收量相同的三种制剂的药 - 时曲线图

因为有些药物的不同制剂即使其曲线下面积 AUC 值的大小相等，但曲线形状不同（图 7-13），主要反映在 C_{max} 和 t_{max} 两个参数上，这两个参数的差异足以影响疗效，甚至毒性。如曲线 C 的峰值浓度低于最小有效血药浓度值，不产生治疗效果，曲线 A 的药峰浓度值高于最小中毒浓度值，则出现毒性反应，而曲线 B 能保持有效浓度时间较长，且不致引起毒性。可见，同一药物的不同制剂，在体内的吸收总量虽相同，若吸收速率有明显差异时，疗效也将有明显差异。所以生物利用度不仅包括被吸收的总药量，还包括药物在体内的吸收速率。

通常以下药物应进行生物利用度研究：用于预防、治疗严重疾病的药物，特别是治疗剂量与中毒剂量很接近的药物；剂量 - 反应曲线陡峭或具严重不良反应的药物；溶解度低（小于 5mg/mL）、溶解速度缓慢的药物；在胃肠道中成为不溶解或有特定吸收部位的药物；溶解速度受粒子大小、多晶型等影响较大的药物；以及辅料能改变主药特性的药物制剂等。在新药研究中，往往要进行生物利用度研究。生物利用度还作为药物相互作用、生理因素对药物吸收的影响等研究的工具。

二、试验原理

为了定量研究药物在体内吸收、分布、代谢和排泄过程的经时变化，常用方法是观测机体给药后的样本药物浓度经时数据（实验值），绘成样本药物浓度 - 时间曲线，选择合适的药物动力学模型，并求出有关具体参数。样本浓度通常是血液药物浓度，有时也测定尿液或唾液等的药物浓度，甚至是药理效应指标。

药物动力学（pharmacokinetics）亦称药动学，系应用动力学原理描述药物在体内的吸收、分布、代谢和排泄量时变化规律的一门科学，在生物药剂学、临床药学、生物化学、药理学及毒理学等领域中应用广泛，是药物有效性评价的重要工具。药物动力学模型包括隔室模型、非线性药动学模型、生理药动学模型、统计矩模型等。经典的是隔室（房）模型，如一（单）室模型（图 7-14）、二室模型（图 7-15）。

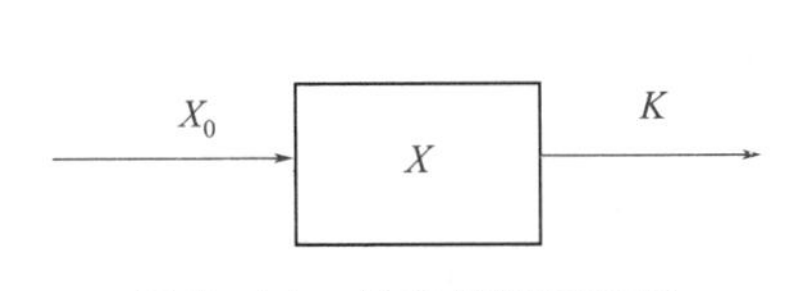

图 7-14　单室模型示意图

X_0—给药剂量；X—体内药量

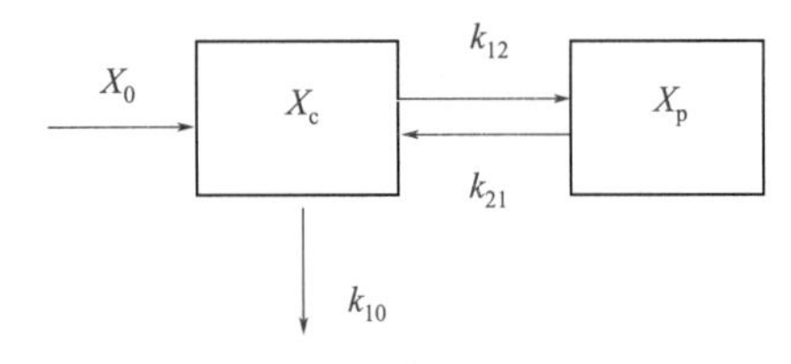

图 7-15　二室模型示意图

X_C，X_P—中央室、周边室的药量；k_{10}—消除速率常数；k_{12}，k_{21}—室间转运速率常数

1. 常用药动学参数

（1）**速度参数**　如吸收速度常数 k_a、消除速度常数 k_u 或 K 等。大多数药物的速度常数为一级，单位为［时间］$^{-1}$，速度常数越大，过程进行得越快。

（2）**生物半衰期**（half-life time，$t_{1/2}$）　**生物半衰期**为体内药物消除一半所需要的时间，可以衡量药物消除速度的快慢。药物的 $t_{1/2}$ 除与本身结构性质有关外，还与机体消除器官的功能有关。肾功能、肝功能低下的患者，药物生物半衰期延长，表示药物在体内消除减慢，滞留时间延长。

对于一级速率过程的生物半衰期，$t_{1/2}=0.693/K$，与药物浓度或剂量无关，单位为［时间］；对于零级速率过程的生物半衰期，$t_{1/2}=C_0/(2K_0)$。K_0 为零级消除速度常数，单位为［浓度］/［时间］，C_0 为药物初浓度。

（3）**表观分布容积**（V_d）　是指药物在体内达到动态平衡后，将体内药量与全血或血浆中的药物浓度相联系的比例常数。静脉注射给药时：

$$V_d=\frac{X_0}{C_0} \tag{7-15}$$

式中，X_0 是指静脉注射给药剂量；C_0 是指血药初始浓度。

表观分布容积的单位为体积（L），有时用单位体重的体积（L/kg）表示。V_d 是用来反映药物的分布能力，不是指机体真实容积，没有直接的生理意义。如地高辛的表观分布容积可为 600L，表示该药物在体内分布广泛。

（4）**药物的清除率**（clearance）　是指整个机体或机体内某些消除器官、组织在单位时间内消除掉相当于多少体积的流经血液中的药物。常用符号 Cl 表示，单位是［体积］/［时间］。机体清除率 Cl 和肾清除率 Cl_r 的计算公式分别为：

$$Cl=KV_d \tag{7-16}$$

$$Cl_r=k_eV_d \tag{7-17}$$

清除率综合包括了速度与容积两个参数，又具有明确的生理意义。

常用药物动力学方程见表 7-7。

表7-7　常用药物动力学方程

	模型	药动学方程	备注
单室模型	单剂量静脉推注 C O t	$C=C_0e^{-Kt}$ $\ln C=-Kt+\ln C_0$	半对数药 - 时曲线为一直线，斜率为 $-K$，截距为 $\ln C_0$

续表

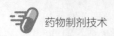

	模型	药动学方程	备注
单室模型	单剂量恒速静脉滴注 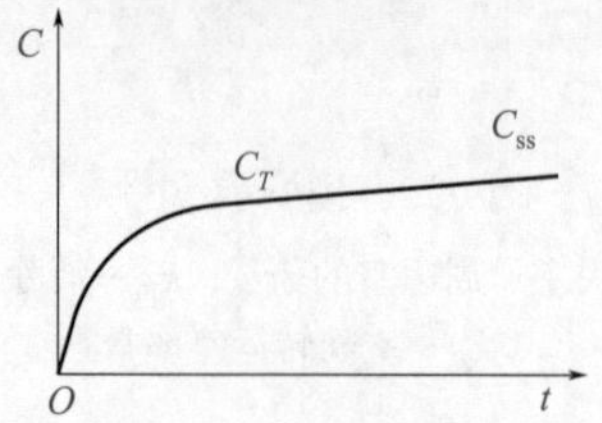	$C=\frac{k_0}{KV_d}(1-e^{-kt})$ $C_{ss}=k_0/KV_d$ k_0 为滴注速度（单位时间输入量）； C_{ss} 为稳态血药浓度或坪浓度	在滴注时间 T 之内，即 $0\leqslant t\leqslant T$
	单剂量血管外给药 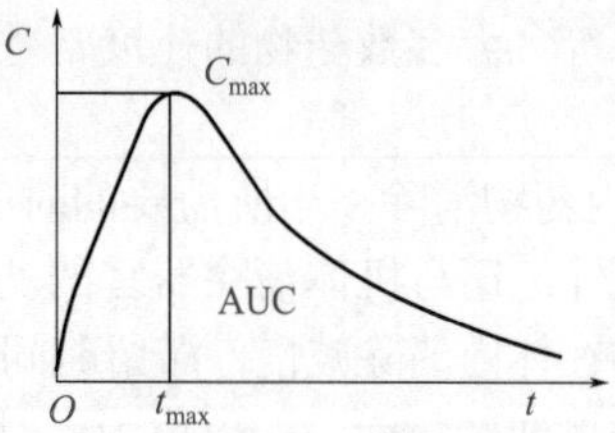 t_{max} 为达峰时间、C_{max} 为峰浓度	$C=\frac{k_aFX_0}{V_d(k_a-K)}(e^{-Kt}-e^{-kat})$ $t_{max}=\frac{\ln k_a-\ln K}{k_a-K}$ $C_{max}=\frac{FX_0}{V_d}e^{-Kt_{max}}$ $AUC_{0\to\infty}=\frac{FX_0}{KV_d}$	二项指数分别代表血药浓度 - 时间曲线的消除相和吸收相； 静脉注射给药时，F=1
	多剂量给药 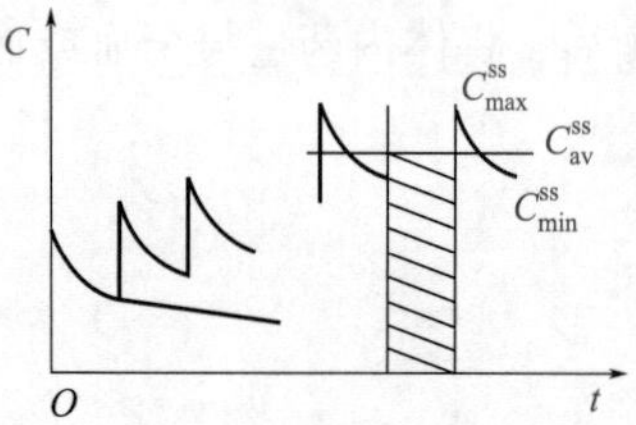 血药浓度不断累积并趋向稳定，称为稳态。此时的血药浓度仅随每次给药间隔 τ 作周期性变化。C_{ss} 为稳态血药浓度，C_{max}^{ss} 为最大稳态血药浓度，又称峰浓度，C_{min}^{ss} 为最小稳态血药浓度，又称谷浓度	一室多剂量静推： $C_{ss}=\frac{X_0}{V_d}\left(\frac{1}{1-e^{-K\tau}}\right)e^{-Kt}$ $C_{max}^{ss}=\frac{X_0}{V_d}\left(\frac{1}{1-e^{-K\tau}}\right)$ 当 $t=0$ 时 $C_{min}^{ss}=\frac{X_0}{V_d}\left(\frac{1}{1-e^{-K\tau}}\right)e^{-K\tau}$ 当 $t=\tau$ 时 一室血管外给药时： $C_{av}^{ss}=\frac{AUC}{\tau}=\frac{FX_0}{KV_d\tau}$ 静推给药时，F=1 C_{av}^{ss} 或 $\overline{C}_{ss}$ 为平均稳态血药浓度	C_{ss} 反映出疗效是否理想 C_{av}^{ss} 系指在血药浓度达到稳态后，将在一个剂量间隔时间内 AUC 与 τ 的商值，大小介于 C_{max}^{ss} 与 C_{min}^{ss} 之间，不是 C_{max}^{ss} 与 C_{min}^{ss} 的算术或几何平均值，反映长期用药后的血药浓度状况，是否可获得最佳治疗
二室模型	静脉推注	$C=Ae^{-\alpha t}+Be^{-\beta t}$ A、B、α、β 为由几个药动学参数构成的混杂参数，$\alpha>\beta$，α 为快配置速度常数，β 称为慢配置速度常数	二项指数分别代表药 - 时曲线的分布相和消除相
	血管外给药	$C=Le^{-kat}+Me^{-\alpha t}+Ne^{-\beta t}$ 其中，$L=-(M+N)$	三项指数分别代表药 - 时曲线的吸收相、分布相及消除相

【问题解决】参数 t_{max}、C_{max} 和 AUC 有何意义？（以单室模型为例，单剂量血管外给药包括口服、肌注、直肠等给药时）

提示：由公式可知，t_{max} 由 k_a、K 决定，与剂量 X_0 无关，且 k_a 值越大，达到最大血药浓度时间越短；C_{max} 取决于 t_{max}、K、V_d 与吸收总量 FX_0。吸收快（即 k_a 大）的药物制剂，t_{max} 值小而 C_{max} 值大，药物作用强而迅速；吸收慢（即 k_a 小）的同一药物的另一制剂，则 t_{max} 值大而 C_{max} 值小，药物作用缓慢而微弱。因此达峰时间和血药峰值这两个参数，分别表示药物在体内的吸收速度和吸收程度及作用强度。AUC 可用来表示时间由 0 到∞或由 0 到 t 时吸收的总药量或一段时间内的吸收药量，即代表药物在体内的吸收程度。

知识拓展　药动学的统计矩方法

经典的房室模型的选定要依赖于实验所得的数据。判断药物的最恰当室模型，有时是困难的。以数理统计学中统计矩（statistical moment）方法为基础的非隔室药动学分析方法，不必考虑药物的体内隔室模型特征。零阶矩为 AUC，和给药剂量成正比，是反映量的函数；一阶矩为 MRT，反映药物分子在体内的平均驻留时间，是反映速度的函数，MRT 表示药物消除 63.2% 所需的时间；二阶矩为 VRT，反映药物分子在体内的平均停留时间的差异大小。

2. 隔室模型的判断

隔室模型反映了药物在体内运行的实质，是以科学实验的数据为基础，采用可靠的数据分析方法得出的。隔室数的判断可采用半对数作图、最小残差平方和、拟合度 r^2、AIC 最小值、F 检验等方法。常用药动学软件，如 3P97（中国药理学会）、PKBP-N1（原南京军区总医院）、药理学计算 DAS 软件（Drug and Statistics）、Kinetica（Thermo Fisher Scientific Inc.）等。

静推一室模型药动学参数的计算步骤为：

① 静推后按时取系列血样，分别测定血药浓度；

② 将血药浓度对数与时间进行线性回归，如呈线性，则符合一室模型；

③ 从直线斜率、截距，求 K、V_d 等动力学参数。

例 1　某男性患者体重 65kg，静脉注射氨苄青霉素 600mg，测得血药浓度值（mg/L）如下：

时间 /h	1	2	3	5	8
血药浓度 /（mg/L）	37	21.5	12.5	4.5	0.9

求参数 K、$t_{1/2}$、V_d 及动力学方程。

解：将血药浓度取对数与时间回归得：$\ln C=4.1306-0.5289t$（$r=-0.9998$）

说明该药符合一室模型。

动力学参数：$K=|斜率|=0.5289(h^{-1})$

$t_{1/2}=0.693/K=0.693/0.5289=1.3(h)$　$C_0=\exp(4.1306)=62.22(mg/L)$

$V_d=X_0/C_0=600/62.22=9.64(L)$　或 $V_d=9.64/65=0.15(L/kg)$

动力学方程：$C=62.22e^{-0.5289t}$

例 2　某药 1g 静脉注射后测得血药浓度数据如下：

t/h	0.165	0.5	1	1.5	3	5	7.5	10
C/（μg/mL）	65.03	28.69	10.04	4.93	2.29	1.36	0.71	0.38

分析：经 Kinetica 4.4 拟合得，符合二室模型：

$A=94.5269\mu g/mL$，$\alpha=2.7113h^{-1}$，$B=4.8591(\mu g/mL)$，$\beta=0.255296h^{-1}$，$k_{el}=1.84399h^{-1}$，$k_{12}=0.747231h^{-1}$，$k_{21}=0.375373h^{-1}$，AIC=−64.967。

所以，药动学方程为 $C=95.53e^{-2.7113t}+4.86e^{-0.2553t}$。

知识拓展　非线性药物动力学

呈线性动力学的药物在体内的吸收、分布、代谢与排泄都是按一级过程进行的，可用线性微分方程组来描述这些药物体内过程的规律性，这些药物的生物半衰期与剂量无关，血药浓度 - 时间曲线下总面积与剂量成正比。而四环素、肝素、茶碱、水杨酸盐等的生物半衰期随剂量的增加而延长，表现为非线性特征。非线性动力学是由于参与药物代谢的酶，在药物浓度超过某一界限时，作用发生饱和的缘故，可用米-曼（Michaelis-Menten）方程描述。

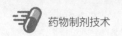

Michaelis-Menten 动力学方程为：$-\frac{dC}{dt}=\frac{V_{max}C}{K_m+C}$　（7-18）

式中，V_{max} 为该过程中最大速率，单位为药量 / 时间；K_m 为米氏常数，单位为浓度，定义为消除速率为最大消除速率的一半时的血药浓度。

当血药浓度很低时，$K_m \gg C$，$-\frac{dC}{dt}=\frac{V_{max}}{K_m}C$　（7-19）

当血药浓度很高时，$C \gg K_m$，$-\frac{dC}{dt}=V_{max}$　（7-20）

在开始（浓度很小）时，药物消除速率与浓度呈线性上升，表现为一级动力学；当浓度进一步增大时，呈现曲线型；达到一定浓度后，消除速率接近于 V_{max} 而呈一水平线，与浓度无关，为零级过程，此时药物的生物半衰期 $t_{1/2}=\frac{C_0}{2V_{max}}$。

所以，具有非线性消除的药物，除非在浓度极低时，否则其生物半衰期随着浓度增高而延长，这类药物的生物半衰期受酶促进剂或酶抑制剂的影响而变化；血药浓度 - 时间曲线下面积与剂量也不成正比关系。因此，估算其生物利用度时不能用 AUC 的方法。

三、试验方法

口服或其他非脉管内给药的制剂，其活性成分的吸收受多种因素影响，包括药物粒径、晶型、辅料、生产工艺等。生物利用度试验的比较，可估计剂型因素对药物吸收进入系统循环的影响，也可提供关于分布和消除、食物对药物吸收的影响等情况下活性物质的药动学信息。

生物等效性（bioequivalence）是指一种药物的不同制剂在相同的试验条件下，给以相同的剂量，其吸收速率和程度的主要药动学参数没有明显的统计学差异。在生物等效性试验中，一般通过比较受试药品和参比药品的相对生物利用度，根据选定的药动学参数和预设的接受限，对两者的生物等效性做出判定。生物等效性是仿制药品申请的基础。建立生物等效性的目的是证明仿制药品和一个参比药品生物等效，以桥接与参比药品相关的临床前试验和临床试验。

生物利用度是保证药品内在质量的重要指标，而生物等效性则是保证含同一药物的不同制剂质量一致性的主要依据。生物利用度与生物等效性概念虽不完全相同，但试验方法基本一致。为了控制药品质量，保证药品的有效性和安全性，《中国药典》（2020 年版）“药物制剂人体生物利用度和生物等效性试验指导原则”中，提出了生物等效性试验的设计、实施和评价的相关要求。

1. 生物利用度的测定

测定生物利用度的方法主要有尿药累积排泄量法、血药浓度法和药理效应法，方法的选择取决于试验的目的、药物分析技术和药物动力学性质。

（1）尿药累积排泄量法　多数情况下，是分别从服用相同剂量的试验制剂和标准制剂给药后各自的尿药累积排泄量的两次实验中算出。

$$\text{生物利用度}=\frac{\text{供试制剂尿中的药物或代谢物总量}}{\text{标准制剂尿中的药物或代谢物总量}}\times 100\% \quad (7\text{-}21)$$

标准制剂和供试制剂在同一机体、实验条件、定量方法必须完全一致。

例如，给一组健康人分别空腹口服某药水溶液剂和片剂各 300mg（分别交叉服用，每一受试者在接受溶液剂和片剂交叉试验时至少间隔一周），服药前先收集空白尿适量作空白对照，2h 后进餐，测出服药后 36h 尿中药物总量分别为 246.39mg 和 184.48mg。则生物利用度 F=（184.48/246.39）× 100%=74.87%。

尿药累积排泄量法有一定局限性。有些药物及其代谢物不一定从尿中排出，可能从胆汁排出，出现于粪便或肠肝循环。另外，药物的代谢物也可能变成和机体内源性物质一样，作为机体成分被摄取，从而最终代谢为水、二氧化碳和尿素。这些情况下，尿药法就不能直接测定生物利用度。

（2）血药浓度法　这是生物利用度测定的主要方法，系分别测定试验制剂和标准制剂血药浓度经时变化，用血药浓度 - 时间曲线下面积 AUC（μg · h/mL）来计算。如受试者有不良反应时应有应急措施，必要时应停止试验。

$$生物利用度=\frac{AUC_{试验制剂}}{AUC_{标准制剂}}\times 100\% \tag{7-22}$$

AUC 的计算方法有：梯形面积法、面积积分仪测定法等。梯形面积法计算公式如下：

$$AUC^{0\to\infty}=AUC^{0\to t_n}+AUC^{t_n\to\infty}=\sum_{i=1}^{n}\frac{C_i+C_{i+1}}{2}(t_{i+1}-t_i)+\frac{C_{t_n}}{\lambda_z} \tag{7-23}$$

式中，t_n 是最后一次可测血药浓度的取样时间，应位于消除相内；C_{t_n} 是最后一点取样的血药浓度；λ_z 是末端消除速度常数，可用对数药时曲线末端直线部分的斜率求得。因末端血药浓度的变化主要是消除，即：

$$C=C_{t_n}e^{-\lambda_z t}(t\geqslant t_n) \tag{7-24}$$

故该段药时曲线下的面积：

$$AUC^{t_n\to\infty}=\int_{t_n}^{\infty}C\mathrm{d}t=\frac{C_{t_n}}{\lambda_z} \tag{7-25}$$

（3）药理效应法　因在某些情况下，无法进行血药浓度测定，而用急性药理作用（如瞳孔放大、心率、血压等）作为药物动力学研究的指标，进行药物动力学研究，估算试验制剂的生物利用度。

【问题解决】计算【典型制剂】中药物的生物利用度。

提示：（1）计算末端消除速度常数 λ_z 值　绘制血药浓度 - 时间曲线（图 7-16），将血药浓度对数经时曲线尾段化直（2 ～ 6h），分别求回归直线方程。

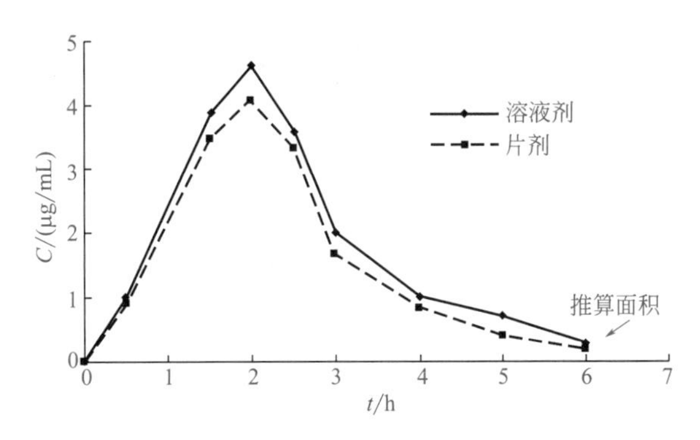

图 7-16　某药生物利用度试验血药浓度 - 时间曲线

溶液剂回归方程：lg$C$=1.2302+0.2906t（r=0.9923）　λ_{zR}=2.303 × 0.2906=0.670（h^{-1}）

片剂回归方程：lg$C$=1.2744−0.3318t（r=0.9953）　λ_{zT}=2.303 × 0.3318=0.764（h^{-1}）

（2）计算生物利用度　根据表中数值，按梯形法计算 $AUC^{0\to6}$。

溶液剂 $AUC^{0\to6}$=11.10（μg • h/mL）

末端消除速度常数 λ_z 为 $0.670h^{-1}$，口服 6h 血药浓度为 0.30μg/mL，则：

溶液剂$AUC_R^{6\to\infty}=C_6/\lambda_{zR}$=0.30/0.670=0.45（μg/mL）

溶液剂$AUC_R^{0\to\infty}$=11.10+0.45=11.55（μg・h/mL）

同理，片剂 $AUC^{0\to6}$=9.53（μg・h/mL）

片剂$AUC_T^{6\to\infty}=C_6/\lambda_{zT}$=0.21/0.764=0.27（μg・h/mL）

片剂$AUC_T^{0\to\infty}$=9.53+0.27=9.80（μg・h/mL）

所以，该片剂的生物利用度为：$F=\dfrac{AUC_T^{0\to\infty}}{AUC_R^{0\to\infty}}$=（9.80/11.55）×100=84.85%

该药溶液剂、片剂的达峰时间均为 1.5h，峰浓度分别为 4.60μg/mL、4.08μg/mL，无显著差异。

2. 生物等效性的评价

生物利用度是指活性物质从药物制剂中释放并被吸收后，在作用部位可利用的速度和程度，通常用血浆浓度 - 时间曲线来评估。如果含有相同活性物质的两种药品药剂学等效或药剂学可替代，并且它们在相同摩尔剂量下给药后，生物利用度（速度和程度）落在预定的可接受限度内，则被认为生物等效，即两种制剂具有相似的安全性和有效性。

在生物等效性试验中，一般通过比较受试药品和参比药品的相对生物利用度，根据选定的药动学参数和预设的接受限，对两者的生物等效性做出判定。血浆浓度 - 时间曲线下面积 AUC 反映暴露的程度，最大血浆浓度 C_{max}，以及达到最大血浆浓度的时间 t_{max}，是受到吸收速度影响的参数。

所有个体的浓度数据和药动学参数，都应该按制剂列出同时附有汇总统计，如几何均值、中位数、算术均值、标准差、变异系数、最小值和最大值，提供个体血浆浓度 - 时间曲线。对于进行统计分析的药动学参数，应该提交对受试和参比药品比值的点估计和 90% 置信区间。

（1）普通制剂

① 药动学参数：应该使用采样的实际时间来估计药动学参数。在测定单剂量给药后的生物等效性试验中，应当测定 $AUC_{(0\to t)}$、$AUC_{(0\to\infty)}$、剩余面积、C_{max} 和 t_{max}。在采样周期 72 小时的试验中，并且在 72 小时浓度仍可被定量时，不必报告 $AUC_{(0\to\infty)}$ 和剩余面积。可以额外报告的参数包括终端消除速率常数 λ_z 和 $t_{1/2}$。

在稳态下测定普通制剂生物等效性的试验中，应该测定 $AUC_{(0\to t)}$、$C_{max,\ ss}$ 和 $t_{max,\ ss}$。

② 生物等效性判定：在单剂量给药测定生物等效性的试验中，需要分析的参数是 $AUC_{(0\to t)}$ 和 C_{max}。对于这些参数，参比和受试药品几何均值比的 90% 置信区间应该落在接受范围 80% ～ 125% 之内。普通制剂在稳态下的生物等效性试验，采用上述相同的接受范围分析 $AUC_{(0\to t)}$ 和 $C_{max,ss}$。

在药品治疗范围窄的特殊情况，接受范围可能需要缩小。此外，高度变异性药品 C_{max} 的接受范围可能在某些情况下放宽。

（2）调释制剂　为了表征调释制剂的体内行为，可通过生物利用度试验观察吸收的速度和程度、药物浓度的波动、药物制剂引起的药动学、剂量比例关系、影响调释制剂的因素以及释放特征的意外风险（例如剂量突释）。

① 药动学参数：需要进行单次和多次给药的药动学试验，通过与普通制剂比较，来评价调释制剂药物吸收的速度与程度，证实调释制剂具有符合要求的释放特性。主要观察的药动学参数为 AUC、C_{max}、C_{min} 以及其他反映血药浓度波动的参数 C_{max}/C_{min}。

② 生物等效性判定：根据单次和多次给药试验，以下情形可以认为缓释制剂生物等效。

如设计的试验证明：a. 受试制剂与参比制剂的缓释特性相同。b. 受试制剂中的活性物质没有意外突释。c.受试制剂和参比制剂在单剂量和稳态下行为都相同。d.预定的高脂餐后进行单次给药，受试制剂与参比制剂受食物影响的体内行为相似。

知识拓展　药物制剂体内外的相关性

当体外药物溶出、释放为体内吸收的限速因素时，将同批试样体外溶出、释放曲线和体内吸收率经时曲线上对应各时间点的溶出、释放率和吸收率回归，得直线回归方程。如直线的相关系数、临界相关系数（$P < 0.001$），可确定体内外相关，这种相关简称点对点相关。另外，应用统计矩原理建立体外释放的平均时间与体内平均滞留时间的相关，或将一个释药点与一个药动学参数之间单点相关，只能说明部分相关。缓释、控释制剂要求进行体内外点对点相关性试验。体内外具有相关性时，可通过体外释放曲线预测体内吸收情况。体内吸收率经时曲线可根据单剂量交叉试验所得的血药浓度 - 时间曲线的数据换算得到。一室模型药物体内吸收率可用 Wagner-Nelson 方程计算，双室模型则用简化的 Loo-Rigelman 方程计算。

查阅《中国药典》，了解“药物制剂人体生物利用度和生物等效性试验指导原则”。

资料卡　药物一致性评价

全世界的用药需求包括创新药、仿制药和特殊药品，其中仿制药是需求的主体。不同厂家的药品，由于杂质含量、生物利用度等不同，临床上的安全性和有效性可能不同。仿制药要同时满足药学等效和生物等效，才能在临床使用上与原研药相互替代。美国于 1966 年开展了药品再评价，淘汰了约 6000 种药品。1975 年，英国重新审查评价了 3 万多种上市的药品；1998 年日本启动了“药品品质再评价工程”。2016 年，我国发布了《关于开展仿制药质量和疗效一致性评价的意见》，以提高药品质量，保障公众用药的安全性和有效性。

实践　药物制剂生物利用度试验的数据分析

研读有关药物制剂生物利用度、生物等效性试验的文献，从而理解其试验的原理、方法和数据处理方法。通过下列数据的处理，学会用计算机进行生物利用度计算，并明确药动学参数在生物利用度中的意义。

某药的口服溶液剂、片剂生物利用度试验的血药浓度（μg/mL）测定结果如下：

时间 /h	0.5	1	1.5	2	3	4	6	8	10	12
静注（2mg/kg）	5.94	5.3	4.72	4.21	3.34	2.66	1.69	1.06	0.67	0.42
溶液剂（10mg/kg）	23.4	26.6	25.2	22.8	18.2	14.5	9.14	5.77	3.64	2.3
片剂（10mg/kg）	13.2	18	19	18.3	15.4	12.5	7.92	5	3.16	1.99

试计算该口服溶液剂的绝对生物利用度、片剂与溶液剂相比较的相对生物利用度。有兴趣的同学可进一步进行生物等效性的评判。

提示：药物动力学的数据处理可用 MS Excel、Matlab 等通用软件，或药动学专用软件如 3P97、PKBP-N1 等。MS Excel 的处理方法为在 Excel 中输入时间 t、血药浓度 C 等数据，用自然对数函数 ln 计算血药浓度的对数，分别绘制 C-t 曲线图和 ln$C$-t 曲线“X-Y 散点图”，根据 ln$C$-t 曲线图判断模型大致类型。用斜率函数 SLOPE、截距函数 INTERCEPT、相关系数函数 CORREL 等回归函数计算直线方程，从而计算有关药动学参数，依梯形法计算药时曲线下的面积，求出生物利用度。

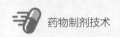

生物等效性评价的配对 t 检验、双单侧 t 检验、方差分析可使用Excel的统计功能或SPSS等统计软件。

学习测试

一、选择题

（一）单项选择题

1.关于生物利用度的描述，哪一条是正确的（　　）。

A.所有制剂必须进行生物利用度检查

B.生物利用度越高越好

C.生物利用度越低越好

D.生物利用度应相对稳定，以利于医疗应用

E.生物利用度与疗效无关

2.血药浓度-时间曲线下面积AUC表示（　　）。

A.保持原结构的总量　　B.药物吸收的总量　　C.药物尿排泄的总量

D.药物消除的总量　　E.药物代谢的总量

3.关于平均稳态血药浓度，下列哪一项叙述是正确的（　　）。

A.是C_{max}^{∞} 与 C_{min}^{∞}的算术平均值

B.是C_{max}^{∞} 与 C_{min}^{∞}的几何平均值

C.在一个剂量间隔内血药浓度曲线下面积除以间隔时间所得的商

D.是C_{max}^{∞}除以2所得的商

E.是C_{min}^{∞}除以2所得的商

4.用于比较同一药物两种剂型生物等效性的药动学参数是（　　）。

A. AUC、V_d和C_{max}　　B. AUC、V_d和t_{max}　　C. AUC、V_d和$t_{1/2}$

D. AUC、C_{max}和t_{max}　　E. C_{max}、t_{max}和$t_{1/2}$

5.药物从剂型中到达体循环的相对数量和相对速度是（　　）。

A.吸收率　　B.溶出度　　C.释放度

D.生物利用度　　E.生物有效性

6.设人体血容量为2.5L，静脉推注某药物500mg，即时血药浓度为0.1mg/mL，其表观分布容积为（　　）。

A. 5L　　B. 7.5L　　C. 10L

D. 25L　　E. 50L

7.下列有关药物表观分布容积的叙述中，正确的是（　　）。

A.表观分布容积大，表明药物在血浆中浓度小

B.表观分布容积表明药物体内分布的实际容积

C.表观分布容积不可能超过体液量

D.表观分布容积的单位是L/h

E.表观分布容积具有生理学意义

8.利多卡因消除速度常数为0.3465h^{-1}，则生物半衰期为（　　）。

A. 4h　　B. 1.5h　　C. 2.0h

D. 0.693h　　E. 1h

9.生物等效性的哪一种说法是正确的（　　）。

A.两种产品在吸收的速度上没有差别

B.两种产品在吸收程度上没有差别
C.两种产品在吸收程度与速度上没有差别
D.两种产品在消除速度上没有差别
E.在相同实验条件下，相同剂量的药剂等效产品的吸收速度与程度没有显著差别

10. Wagner-Nelson法（简称W-N法）主要用来计算哪一个模型参数（　　）。
A.吸收速度常数　　B.达峰时间　　C.达峰浓度
D.分布容积　　E.总清除率

（二）多项选择题

1.可以提高片剂生物利用度的是（　　）。
A.使用亚稳定晶型的药物
B.使用疏水性附加剂
C.提高片剂崩解性能
D.将药物颗粒进行包衣
E.药物微粉化

2.药物动力学模型的识别方法包括（　　）。
A. AIC值法　　B. F检验法　　C. W-N法
D.拟合度法　　E.残差平方和法

3.血药浓度经时过程方程式$C=C_0e^{-kt}$，应同时满足的条件是（　　）。
A.双室模型　　B.单剂量给药　　C.单室模型
D.静脉推注　　E.口服给药

4.影响生物利用度的因素有（　　）。
A.药物的化学稳定性　　B.药物在胃肠中的稳定性　　C.肝脏的首过效应
D.制剂处方组成　　E.非线性体内特征

二、思考题

1.生物利用度的测定方法有哪些？生物利用度的测定有何意义？

2.查阅《中国药典》，了解“生物利用度与生物等效性试验的指导原则”。

3.已知受试者体重为50kg，静注某药6mg/kg，将测得的血药浓度（μg/mL）与时间（h）回归，得回归方程$\lg C=-0.0739t+0.9337$。试计算该药的$t_{1/2}$、V_d和$AUC_{0\to\infty}$。（$t_{1/2}$为4.1h，V_d为34.9L，$AUC_{0\to\infty}$为50.4mg・mL^{-1}・h^{-1}）

4.苯巴比妥钠片口服后测得$AUC_{0\to\infty}^{op}$为21.4mg·h/mL，同剂量静脉注射的$AUC_{0\to\infty}^{iv}$为38.8mg·h/mL。求苯巴比妥钠片的生物利用度。（55%）

整理归纳

模块七介绍了药物制剂的溶出度试验、吸收试验、生物利用度和生物等效性试验的目的、原理、方法和试验基本原则；制剂有效性评价的基础是生物药剂学和药物动力学，故介绍了生物药剂学、药物动力学有关的基本概念和基本规律，药动学主要参数的含义和意义、稳态血药浓度、平均稳态血药浓度、生物利用度和生物等效性的概念；介绍吸收、分布、代谢与排泄等体内过程对药效的影响，特别是影响药效的剂型因素，如pH、药物的溶解性、溶出速率、晶型、粒径、剂型、生产工艺、赋形剂、附加剂等对药效的影响。

试用示意图的形式标示各类剂型给药后的体内过程，反映其对药效的影响。

附　录

附录一　主要制剂的生产工艺及基本要点

（一）口服液体制剂工艺及基本要点（附图1）

口服液体制剂是指药物分散在液体分散介质中的供内服的液态制剂。包括糖浆剂、口服液、酒剂、合剂、煎膏剂、汤剂等。其生产工艺的基本要点说明如下。

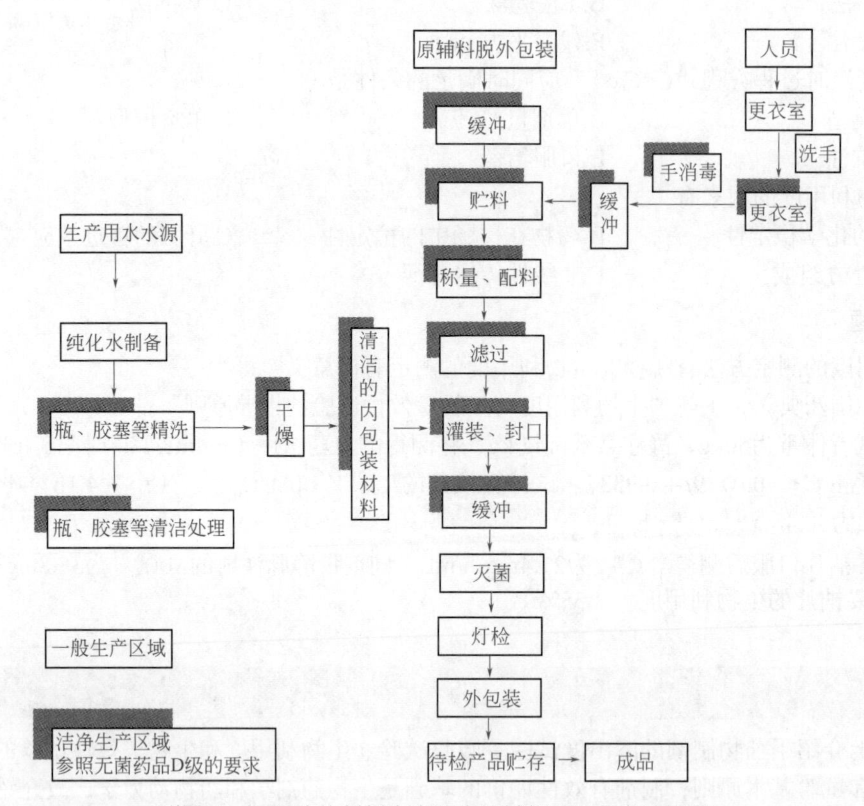

附图 1　口服液体制剂生产洁净区域划分及工艺流程图

1. 厂房洁净，室内的墙、地面、天花板平整光洁、无裂隙、无脱落尘粒物质及起壳、不易积尘、不长霉。

2. 洁净室内水电工艺管线应暗装。

3. 口服液体药品生产的暴露工序区域及其直接接触药品的包装材料最终处理的暴露工序区域，应参照无菌药品 D 级洁净区的要求设置，企业可根据产品的标准要求和特性需要采取适宜的微生物监控措施。

4. 中成药口服液体制剂中药材炮制中的蒸、炒、炙、煅等操作，分别在与其生产规模相适应的生产厂房（或车间）内进行，并有良好的通风、除烟、除尘、降温等设施。

5. 生产设备与生产要求相适应，便于生产操作和维修、保养。

6. 与药品直接接触的设备表面光洁、平整、易清洗、耐腐蚀、不与所加工的药品发生化学变化或吸附所加工的药品。

7. 灭菌设备内部工作情况用仪器监测，监测仪表定期校正并有完整的记录。

8. 贮水罐、输水管道、管件阀门等应为无毒、耐腐蚀的材质制造。

9. 纯化水生产设备能保证水的质量。

10. 原料、辅料及包装材料的贮存条件不得使受潮、变质、污染或易于发生差错。

（二）安瓿注射剂生产工艺及基本要点（附图2）

安瓿剂指将配制好的药液灌入小于 50mL 安瓿内的注射剂。其工艺基本要点说明如下。

1. 不同生产操作能有效隔离，不得互相妨碍。

2. 厂房内的墙、地面、天花板平整光洁、无裂隙、无脱落尘粒物质及起壳，不易积尘，不长霉。

3. 洁净厂房级别要求：最终灭菌的小容量注射剂灌封；高污染风险的产品灌封在 C 级背景下的局部 A 级环境下进行；高污染风险产品配制、过滤；安瓿的干燥、冷却应在 C 级环境下进行；浓配或采用密闭系统的稀配可以在 D 级环境下进行。非最终灭菌的小容量注射剂，灌封；无法除菌过滤的药液或配制；安瓿干燥灭菌后的冷却应为 B 级背景下的局部 A 级。灌封前的药液应在 B 级环境，灌装前可除菌过滤的药液配制、过滤应为 C 级。安瓿的最终清洗、灭菌应为 D 级。

4. 洁净厂房的水电、工艺管线应暗装。

5. 洁净室应气密。

6. A 级洁净车间和无菌制剂灌封室不得设水池和地漏。

7. 激素类、抗肿瘤类化学药品的生产使用专用设备，空调系统的排气经过净化。

8. 中药制剂的生产操作区应与中药材的前处理、提取、浓缩以及动物脏器、组织的洗涤或处理等生产操作区严格分开。

9. 不合格、回收或退回产品应单独存放。

10. 生产设备与生产要求相适应，便于生产操作和维修、保养。

11. 与药品直接接触的设备表面光洁、平整、易清洗、耐腐蚀，不与所加工的药品发生化学变化或吸附所加工的药品，不得有颗粒性物质脱落。

12. 高级别洁净室（区）使用的传输设备不得穿越较低洁净级别区域。

13. 灭菌柜应具有自动监测、记录装置，监测仪表定期校正并有完整的记录。

14. 纯化水、注射用水的生产设备能保证水质量标准。

15. 贮存罐、输水管道、管件阀门等应为无毒、耐腐蚀的材质制造。管路的安装应尽量减少连（焊）接处。过滤器材不得吸附药液组分和释放异物，禁止使用含有石棉的过滤器材。

16. 贮水罐密闭，通气口应安装不脱落纤维的疏水性除菌滤器。输水管线能防止滞留，并易于拆洗、消毒。

17. 更衣室、盥洗间、消毒设施不得对洁净区产生不良影响。

18.C 级以上区域的洁净工作服应在洁净室（区）内洗涤、干燥、整理，必要时应按要求灭菌。

19. 洁净室（区）应使用无脱落物、易清洗、易消毒的卫生工具，卫生工具要存放于对产品不造成污染的指定地点，并应限定使用区域。

20. 原料、辅料及包装材料的贮存条件不得使其受潮、变质、污染或易于发生差错。

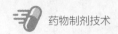

21. 精洗瓶用水质量必须符合中国药典规定的注射用水质量标准。

22. 不得使用直颈安瓿生产。

23. 安瓿封口不得采用顶端熔封，安瓿封口后要有适当方法检漏。

24. 洁净室（区）在静态条件下检测的尘埃粒子数、浮游菌数或沉降菌数必须符合规定，应定期监控动态条件下的洁净状况。

25. 洁净室（区）的净化空气如可循环使用，应采用有效避免污染和交叉污染的措施。

26. 质量管理部门根据需要设置的检验、中药标本、留样观察及其他各类实验室应与药品生产区分开。生物检定、微生物限度检定和放射性同位素检定要分开进行。

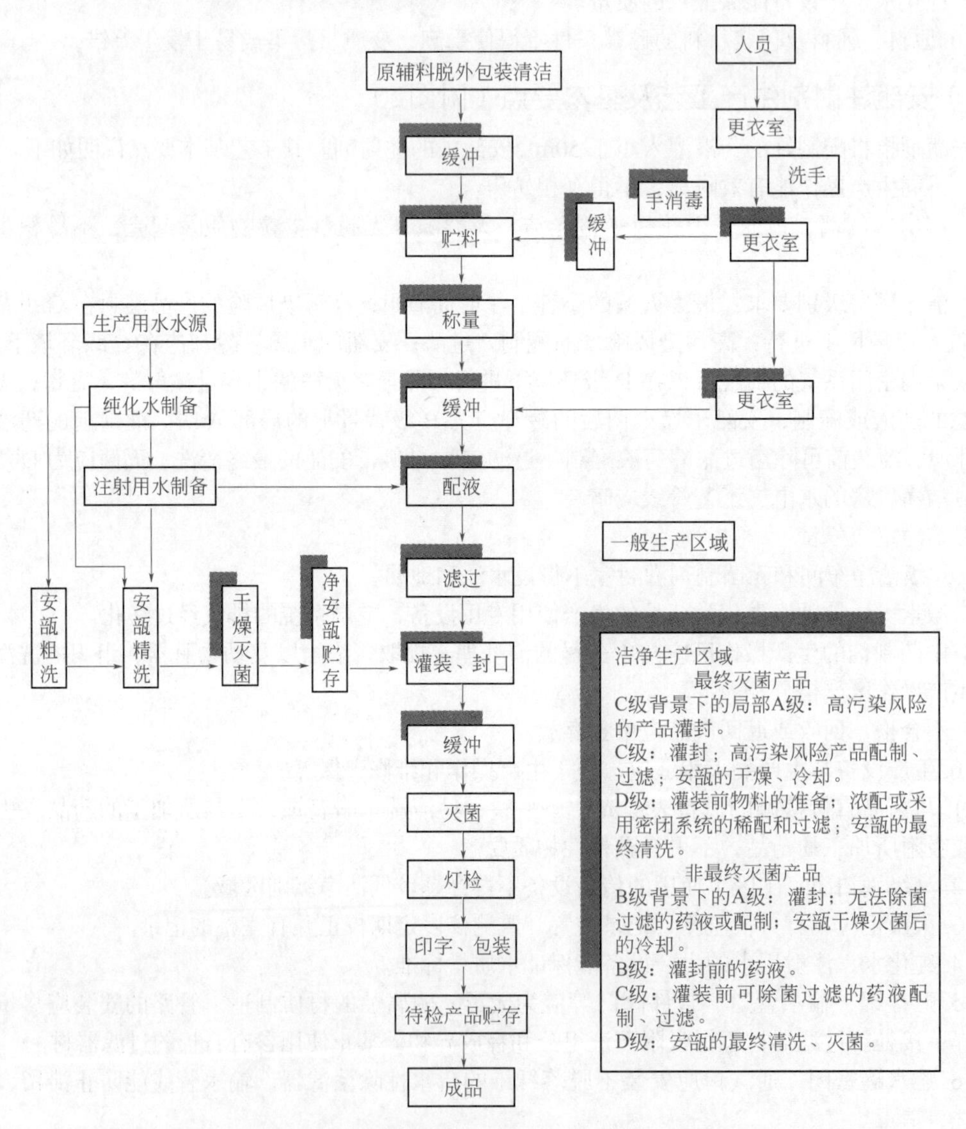

附图 2　安瓿注射剂生产洁净区域及工艺流程图

（三）大输液生产工艺及基本要点（附图3）

大输液又名可灭菌大容量注射剂，是指将配制好的药液灌入大于 50mL 的输液瓶或袋内，加塞、加盖、密封后用蒸汽热压灭菌而制备的灭菌注射剂。其工艺基本要点说明如下。

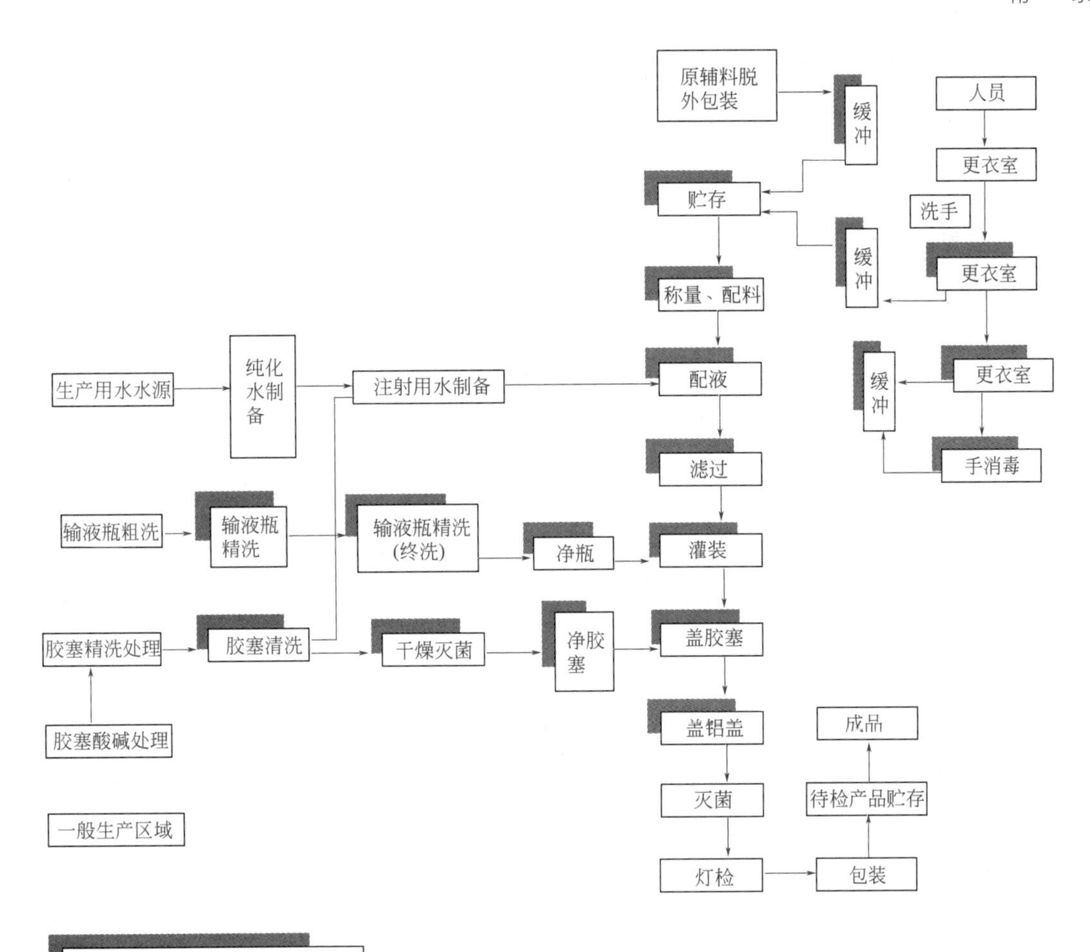

附图 3　大输液生产洁净区域划分及工艺流程图

1. 大输液的稀配、过滤、内包装材料（如胶塞、容器）的最终处理环境为 B 级。

2. 灌装操作环境为 C 级背景下的局部 A 级。

3. 浓配或采用密闭系统的稀配、轧盖的环境为 C 级。

4. 洁净室要气密，水电、工艺管线应暗装，灌封间不得设水池和地漏。

5. 传输设备穿越不同区域要有净化措施。

6. 与药液直接接触的设备表面光洁、平整、易清洗、耐腐蚀，不与所加工的药品发生化学变化或吸附所加工的药品。

7. 灭菌设备具有自动监测、记录装置，其能力应与生产批量相适应。

8. 与药液直接接触的设备、容器具、管路、阀门、输送泵等应采用优质耐腐蚀材质，管路的安装尽量减少连（焊）接处。过滤器材不得吸附药液组分和释放异物。禁止使用含有石棉的过滤器材。

9. 原料、辅料及包装材料的贮存条件不得使其受潮、变质、污染或易于发生差错。

10. 清洗瓶用水必须使用注射用水，不得用旧回收瓶进行生产。

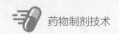

（四）粉针剂生产工艺及基本要点（附图4）

注射用无菌粉末简称粉针。凡是在水溶液中不稳定的药物，如青霉素 G、医用酶制剂（胰蛋白酶、辅酶 A 等）及血浆等生物制剂均需制成注射用无菌粉末。根据生产工艺条件和药物性质不同，将冷冻干燥法制得的粉末，称为冻干粉针；而用其他方法如灭菌溶剂结晶法、喷雾干燥法制得的称为注射无菌分装产品。粉针剂的生产必须在无菌室内进行，其工艺基本要点说明如下。

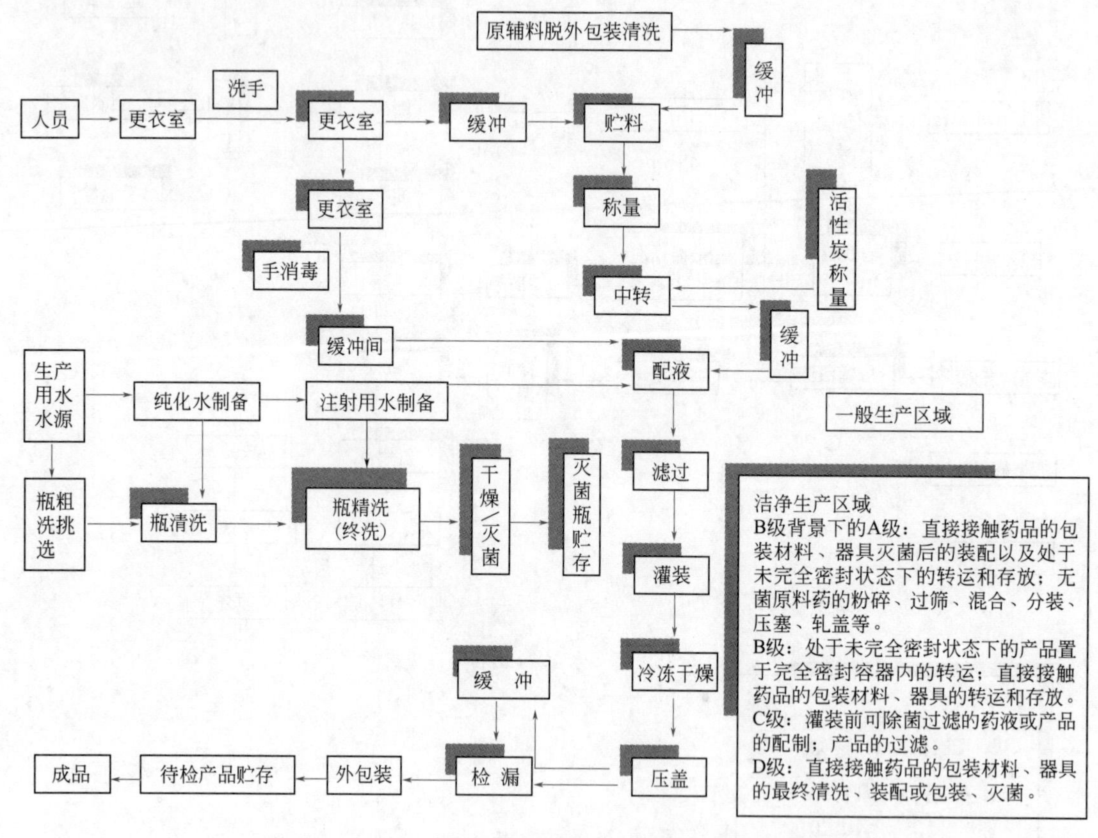

附图 4　粉针剂（冻干）生产洁净区域划分及工艺流程图

1. 洁净室应气密，分装（灌封）车间不得设水池和地漏，水电、工艺管线应暗装。

2. 粉针剂的分装、压塞、无菌内包装材料最终处置的暴露环境为 B 级背景下的 A 级。

3. 生产青霉素类、头孢菌素类原料药的精制、干燥、包装厂房和其制剂生产车间与其他厂房严格分开，有独立的空调系统，室内保持相对负压。

4. 青霉素类、头孢菌素类原料的分装线为专用，不做其他抗生素或其他药品分装用。

5. 称量、精洗瓶工序、无菌衣准备工序的环境洁净度要求为 B 级。

6. 配液、无菌更衣室、无菌缓冲走廊的空气洁净度级别为 C 级。灌装压塞和灭菌瓶贮存的洁净度级别 B 级背景下局部 A 级。

7. 洁净室（区）与非洁净室（区）之间必须设置缓冲设施。

8. 直接接触药品的包装材料最后一次精洗用水应符合注射用水质量标准。

9. 高级别洁净（区）使用的传输设备不得穿越较低级别区域。

10. 与药品直接接触的设备表面光洁、平整、易清洗、耐腐蚀，不与所加工的药品发生化学变化或吸附所加工的药品。

11. 灭菌设备内部工作情况用仪表监测，监测仪表定期校正并有完整的记录。

12. 纯化水、注射用水的生产设备要定期验证确保水的质量。
13. 贮水罐、输水管道、管件、阀门等应为无毒、耐腐蚀的材质制造。
14. 分装不得采用手工刮板分装工艺。

（五）口服固体制剂生产工艺及基本要点（附图5-1～附图5-4）

口服固体制剂包括片剂、胶囊剂、颗粒剂等。其生产工艺基本要点说明如下。

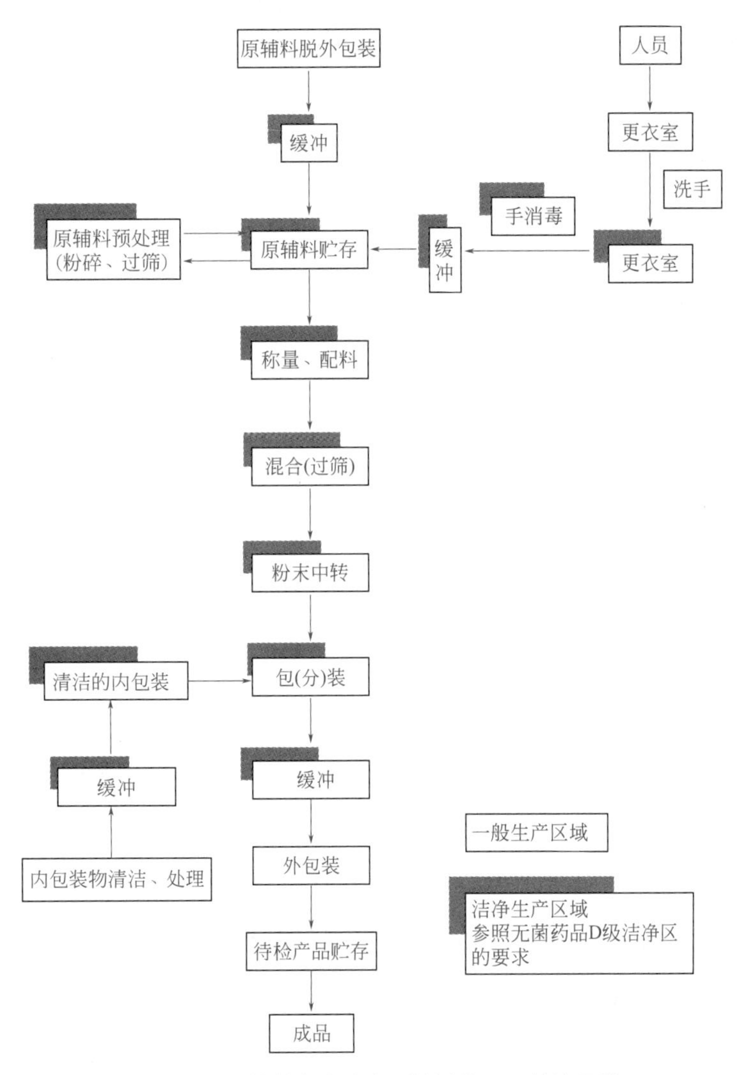

附图 5-1　散剂生产洁净区域划分及工艺流程图

1. 不同生产操作能有效隔离，不得互相妨碍。
2. 厂房内的墙、地面、天花板平整光洁、无裂隙、无脱落尘粒物质及起壳，不易积尘，不长霉。
3. 口服固体药品生产的暴露工序区域以及直接接触药品的包装材料最终处理的暴露工序区域，应参照无菌药品 D 级洁净区的要求设置。
4. 产尘量大的洁净室（区）经捕尘处理仍不能避免交叉污染时，其空气净化系统不得利用回风。
5. 空气洁净度级别相同的区域，产尘量大的操作室应保持相对负压。
6. 洁净室应气密。
7. 洁净厂房的水电、工艺管线应暗装。

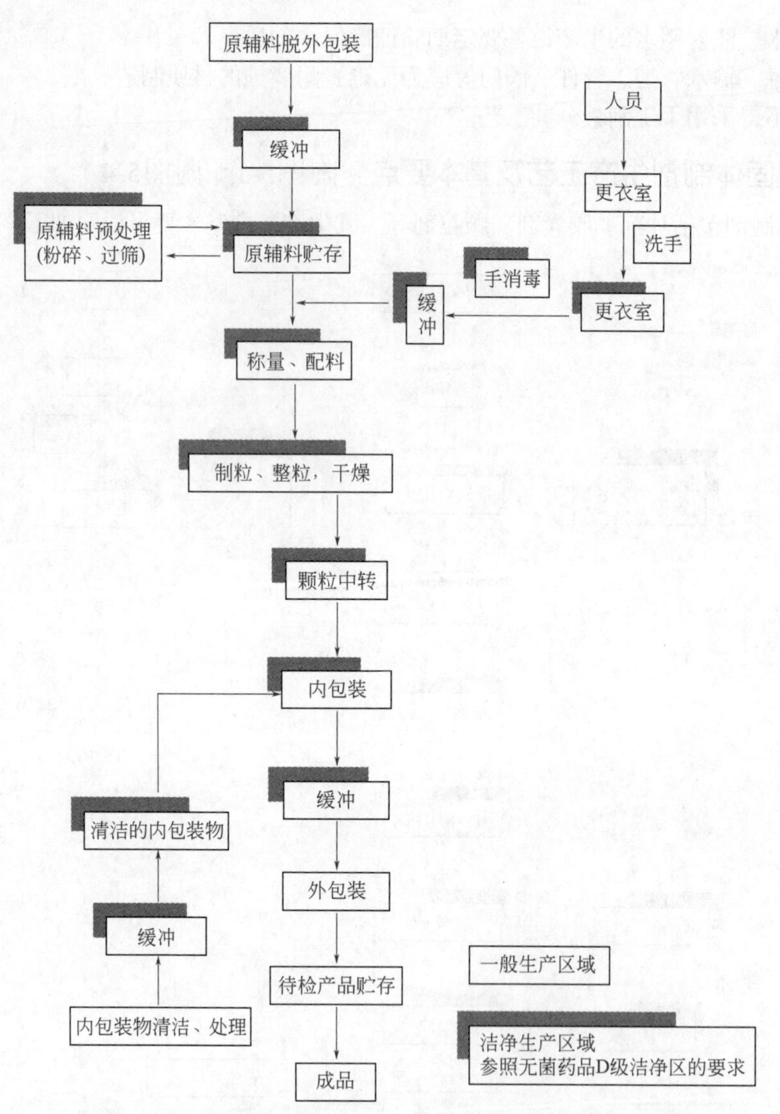

附图 5-2　细粒剂、颗粒剂生产洁净区域划分及工艺流程图

8. 生产 β - 内酰胺结构类药品必须使用专用设备和独立的空气净化系统，并与其他药品生产区域严格分开。室内保持相对负压。

9. 避孕药品的生产厂房应与其他药品生产厂房分开，并装有独立的专用空气净化系统。生产性激素避孕药品的空气净化系统的气体排放应经净化处理。

10. 激素类、抗肿瘤类化学药品的生产有专用设备及捕尘设施和空气净化系统，排放的废气应经净化处理。当不可避免与其他药品交替使用同一设备和空气净化系统时，应采用有效的防护、清洁措施和必要的验证。

11. 干燥设备进风口应有过滤装置，出风口应有防止空气倒流装置。

12. 中药制剂的生产操作区应与中药材的前处理、提取、浓缩以及动物脏器、组织的洗涤或处理等生产操作区严格分开。

13. 中药材炮制中的蒸、炒、炙、煅等炮制操作分别在与其生产规模相适应的生产厂房（或车间）内进行，并有良好的通风、除烟、除尘、降温等设施。

14. 不合格、回收或退回产品应单独存放。

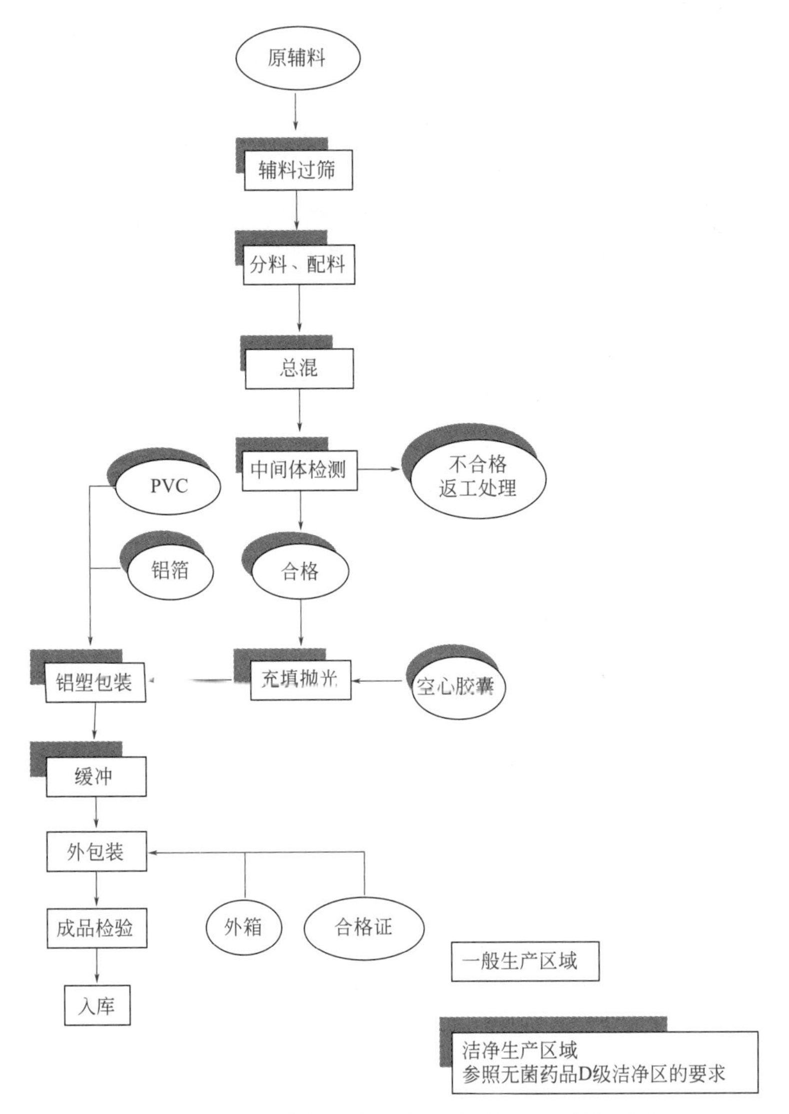

附图 5-3　胶囊剂洁净生产区域划分及工艺流程图

15. 生产设备与生产要求相适应，便于生产操作和维修、保养。

16. 与药品直接接触的设备表面光洁、平整、易清洗、耐腐蚀，不与所加工的药品发生化学变化或吸附所加工的药品。

17. 药品生产采用的传送设备越过不同洁净级别的生产车间，应有防止污染的措施。

18. 配料工艺用水及直接接触药品的设备、器具最后一次洗涤用水应符合纯化水质量标准。纯化水的生产设备能保证水质量。

19. 贮水罐密闭、通气应安装不脱落纤维的疏水性除菌滤器。输水管线能防止滞留，并易于拆洗、消毒。

20. 更衣室、盥洗室、消毒设施不得对洁净区产生不良影响。

21. 原料、辅料及包装材料的贮存条件不得使其受潮、变质、污染或易于发生差错。

22. 称量、配料、粉碎、过筛、混合、压片、包衣生产设施或生产设备应有捕尘装备或防止交叉污染的隔离措施。

23. 硬胶囊剂充填和片剂、硬胶囊剂、颗粒剂分装应采用机械设备。

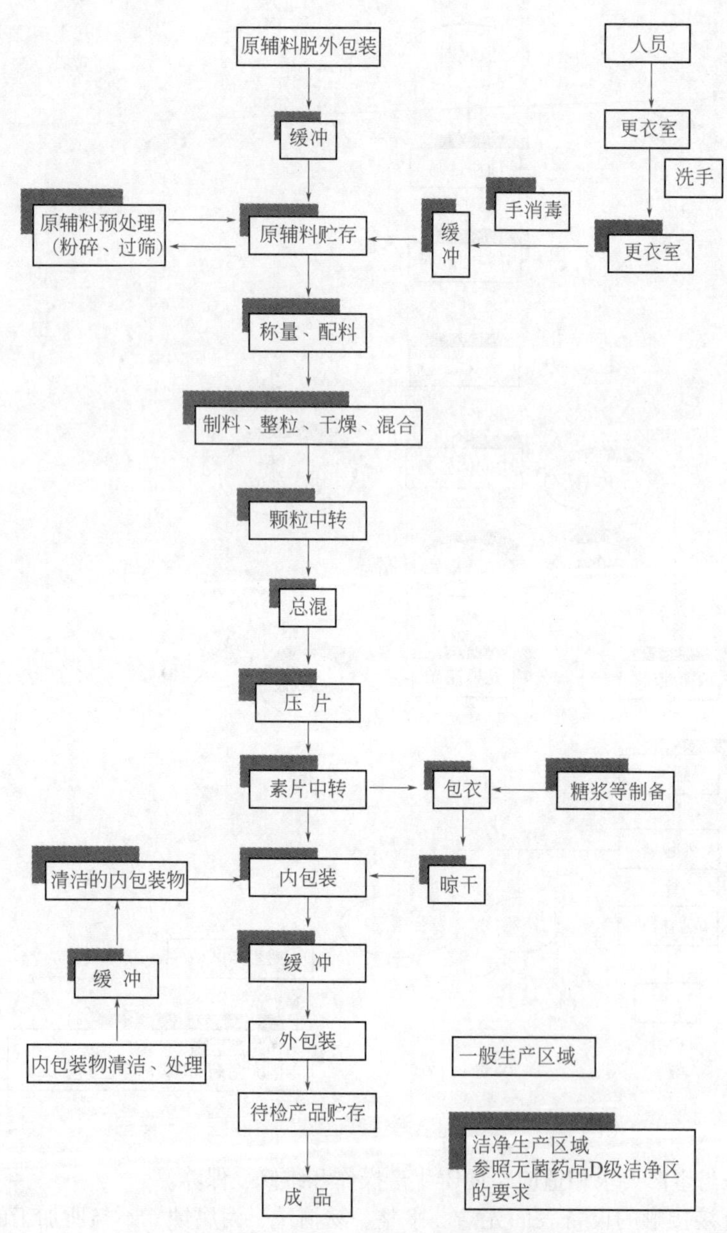

附图 5-4 片剂生产洁净区域划分及工艺流程图

（六）外用药剂生产工艺及基本要点（附图6）

外用药剂型通常包括：洗剂（溶液型、混悬型及乳浊液型）、软膏剂（油脂性、乳剂性）、搽剂、糊剂、酊剂、醑剂、膜剂、栓剂、硬膏剂、气雾剂、凝胶剂、滴耳剂、滴鼻剂、眼膏剂等，其工艺基本要点说明如下。

1. 不同生产操作能有效隔离，不得互相妨碍。

2. 厂房内的天花板平整光洁、无裂隙、无脱落尘粒物质及起壳，不易积尘，不长霉。

3. 洁净区内的水电、工艺管线应暗装。

4. 腔道用药（含直肠用药）、表皮外用药品生产的暴露工序区域及其直接接触药品的包装材料最终处理的暴露工序区域，应参照无菌药品 D 级洁净区的要求设置。

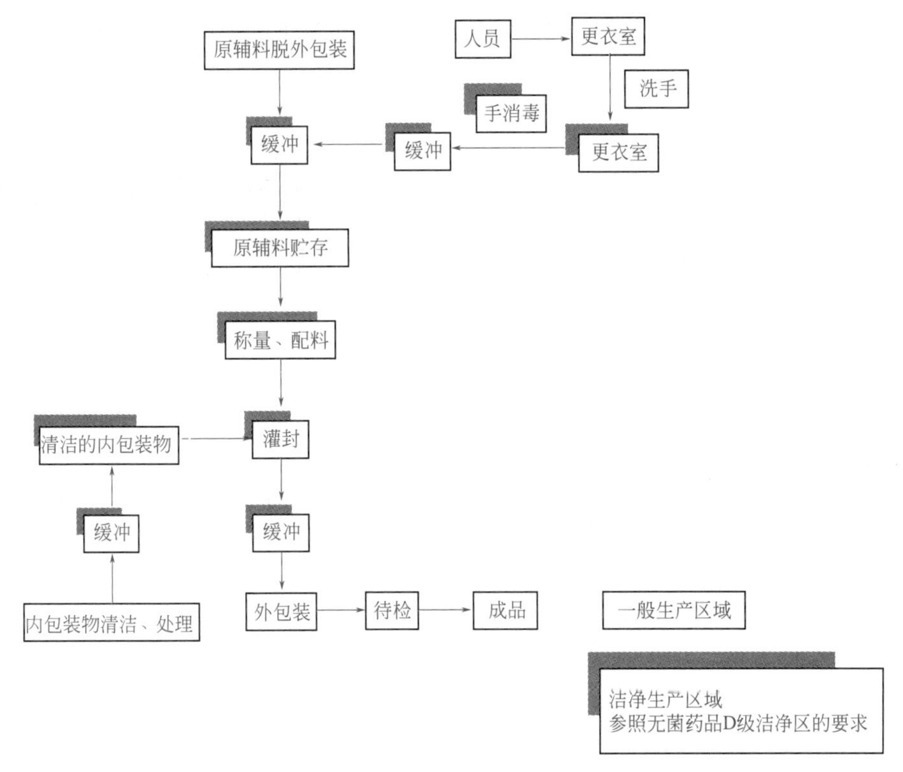

附图 6　外用药剂生产洁净区域划分及工艺流程图（以软膏剂为例）

5. 中药制剂中的膏药、橡皮膏、外用酊剂、外用散剂等非创伤面外用药制剂，要求生产厂房门窗应能密闭，必要时有良好的除湿、排风、除尘、降温等设施，人员、物料进出及生产操作应参照洁净区（室）管理。

6. 洁净室应气密。

7. 不合格、回收或退回的产品应单独存放。

8. 生产设备与生产要求相适应，便于生产操作和维修、保养。

9. 与药品直接接触的设备表面光滑、平整，易清洗、耐腐蚀，不与所加工的药品发生化学变化或吸附所加工的药品。

10. 软膏剂、眼膏剂、栓剂等配制和灌装的生产设备、管道应方便清洗和消毒。

11. 不同洁净级别区域之间的传送设备要有防止污染的措施。

12. 纯化水的生产设备能保证水质量。

13. 贮存罐、输水管道、管件阀门等应为无毒、耐腐蚀的材质制造。

14. 贮水罐密闭，排气口有无菌过滤装置，输水管道能防止滞留，并易于拆洗、消毒。

15. 更衣室、盥洗间、消毒设施不得对洁净区产生不良影响。

16. 原料、辅料及包装材料的贮存条件不得使其受潮、变质、污染或易于发生差错。

（七）中药制剂生产工艺的基本要点

中药制剂系指以中药材、中药饮片或中药提取物为原料，以加工制成的具有一定剂型和规格的制剂。其工艺基本要点如下。

1. 厂房内地面、墙壁、天棚等内表面应平整，易于清洁，不易脱落，无霉迹，应对加工生产不造成污染。

2. 洁净室（区）水电、工艺管线应暗装。

3. 中药提取、浓缩、收膏工艺宜采用密闭系统以防止污染。采用密闭系统生产的，其操作环境可在非洁净区；采用敞口方式生产的，其操作环境应与其制剂的配制岗位的洁净度级别相适应。

4. 中药无菌制剂、中药非无菌制剂生产环境的空气洁净度级别要求，参照化学药品制剂进行。

5. 非创伤面外用制剂及其他特殊的中药制剂生产厂房门窗应能密闭，必要时有良好的除湿、排风、除尘、降温等设施。

用于直接入药的净药材和干膏的配料、粉碎、混合、过筛等厂房应能密闭，有良好的通风、除尘等设施。

6. 洁净室应气密。

7. 洁净室（区）和无菌制剂灌装区不得设水池和地漏。

8. 中药制剂的生产操作区应与中药材的前处理、提取、浓缩以及动物脏器、组织的洗涤或处理等生产操作区严格分开。

9. 中药材炮制中的蒸、炒、炙、煅等厂房与其生产规模相适应，并有良好的通风、除尘、除烟、降温等设施。

10. 不合格、回收或退回的产品应单独存放并有效隔离。

11. 生产设备与生产要求相适应，便于生产操作和维修、保养。

12. 与药品直接接触的设备、工具、容器应表面光洁、平整、易清洗消毒、耐腐蚀，不与所加工的药品发生化学变化或吸附加工的药品，不易产生脱落物，避免污染药品。

13. B 级洁净室（区）使用的传输设备不得穿越其他较低级别区域。

14. 灭菌柜应具有自动监测、记录装置，其能力应与生产批量相适应。

15. 纯化水、注射用水的生产设备能保证水质量。

16. 贮水罐、输水管道、管件阀门等应为无毒、耐腐蚀的材质制造。

17. 贮水罐密闭，排气口有无菌过滤装置，输水管线能防止滞留，并易于拆洗、消毒。

18. 物料应分区，并按规定条件贮存，不得使其受潮、变质、污染或易于发生差错。

19. 麻醉药品、毒性药材的验收、贮存、保管、使用、销毁等应严格执行国家有关规定。

20. 毒性药材应使用专门的设备、容器及辅助设施进行生产。

附录二　制剂生产工艺规程（以空白片为例）

<table>
<tr><td colspan="7">××××制药厂
技术标准——生产工艺规程</td></tr>
<tr><td rowspan="2">文件名称</td><td colspan="3" rowspan="2">空白片生产工艺规程</td><td>编码</td><td colspan="2">TS-SJ-006-00</td></tr>
<tr><td>页数</td><td></td><td>实施日期</td></tr>
<tr><td>制订人</td><td></td><td>审核人</td><td></td><td>批准人</td><td></td><td rowspan="2"></td></tr>
<tr><td>制订日期</td><td></td><td>审核日期</td><td></td><td>批准日期</td><td></td></tr>
<tr><td>制订部门</td><td>生产部</td><td>分发部门</td><td colspan="4">质管部、生产车间</td></tr>
</table>

目的：制订空白片剂的生产工艺规程，以提供生产车间组织生产和进行生产操作的依据。

适用范围：空白片剂的生产。

责任：生产车间按该工艺规程组织生产和按该规程编制标准操作程序，生产部、质管部负责监督该规程的实施。

内容：

目录（略）

1　品名：空白片

2　剂型：素片

3　产品概述：本品是不含药物的空白片剂。

4　处方（略）

5　生产工艺流程（略）

6　生产工艺操作要求及工艺技术参数

6.1　原辅料过筛

6.1.1　按生产指令要求领取已检验合格的原辅料，复核品名、批号、数量等是否正确。

6.1.2　糖粉、糊精和玉米淀粉分别粉碎过 80 目筛。

6.1.3　硬脂酸镁粉碎过 60 目筛。

6.2　制粒（略）

6.3　压片（略）

6.4　包装（略）

7　物料、中间产品、成品的质量标准

7.1　物料的质量标准

7.1.1　玉米淀粉：按照《中华人民共和国药典》×××× 年版 × 部第 ×× 页。

7.1.2　糊精：按照《中华人民共和国药典》×××× 年版 × 部第 ×× 页。

7.1.3　糖粉：按照《中华人民共和国药典》×××× 年版 × 部第 ×× 页。

7.1.4　乙醇：按照《中华人民共和国药典》×××× 年版 × 部第 ×× 页。

7.1.5　纯化水：按照《中华人民共和国药典》×××× 年版 × 部第 ×× 页。

7.2　中间产品的质量标准

7.2.1　颗粒：要求细小均匀，无异物，色泽均匀，干粒水分为 2% ～ 6%。

7.2.2　素片：外观完整光洁，厚薄一致，色泽均匀，无黑点、麻面、碎片、松片、裂片等现象，片重差异不超过 ±7.5%，崩解时限不超过 15min，脆碎度不大于 1%。

7.2.3　铝塑板：批号及网纹清晰，无空泡、无烂片，铝箔上所印字清晰无误，冲切整齐，无穿孔现象。

7.3　成品的质量标准

7.3.1　外观质量标准

7.3.1.1　标签端正、洁净、字迹清晰。

7.3.1.2　标签、包装盒（箱）、装箱合格证内容一致，批号打印清晰、完整。

7.3.1.3　封口胶带应贴得平、正、牢固，打包带位置适中，封箱牢固。

7.3.2　内在质量标准：外观完整光洁，厚薄一致，色泽均匀，无黑点、碎片、松片、裂片等现象，片重差异不超过 ±7.5%，崩解时限不超过 15min，脆碎度不大于 1%。

8　成品容器、包装材料要求

8.1　铝塑包装材料：铝箔应包括下列印字（略）

8.2　标签：应包括下列内容（略）

8.3　小盒：应包括下列内容（略）

8.4　中盒：应包括下列内容（略）

8.5　纸箱：应包括下列内容（略）

9　设备一览表

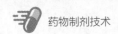

序号	设备名称	型号、规格	台数	生产能力	有无仪表
	（略）				

10　技术安全、劳动保护与工艺卫生

10.1　技术安全，劳动保护

10.1.1　操作人员应严格遵守岗位操作规程并认真做好各品种中间产品质量的检查；

10.1.2　机器设备及车间电、气、计量仪表由专职人员负责安装和修理，其他人员严禁自己动手修理或拆卸安装；

10.1.3　设备运转部分应有防护罩，禁止在转动设备上放置杂物及工具，防止发生人身事故；

10.1.4　清洗机器必须在切断机器电源，设备完全停止运转后进行；

10.1.5　上班必须穿好工作服、留长发的女同志必须将头发裹入工帽内。

10.2　工艺卫生（略）

11　物料消耗定额

制造1000片成品，需用下列数量的原辅料：

糖粉33.00g；糊精23.00g；玉米淀粉60.00g；硬脂酸镁0.58g

12　技术经济指标及计算方法

12.1　指标计算

12.1.1　粉碎收率= $\frac{\text{粉碎后的物料重量}}{\text{粉碎前的物料重量}}\times 100\%$

12.1.2　制粒收率= $\frac{\text{干颗粒重量}\times\text{干颗粒含量}}{\text{投入原料重量}\times\text{原粒含量}}\times 100\%$

12.1.3　压片收率= $\frac{\text{实际片数}}{\text{理论片数}}\times 100\%$

12.1.4　成品率= $\frac{\text{实际产量}}{\text{理论产量}}\times 100\%$

12.1.5　理论产量= $\frac{\text{投入产量}}{\text{每片含主药量}}$

12.1.6　片重= $\frac{\text{每片应含主药量}}{\text{干颗粒主药百分含量}}$

12.2　成本计算

12.2.1　班组成本= $\frac{\text{车间物耗}+\text{班组工资}}{\text{班组产品产量}}$

12.2.2　车间成本= $\frac{\text{车间物耗}+\text{车间工资}+\text{车间管理}}{\text{车间产品产量}}$

13　操作工时与生产周期（按一批计算）

13.1　操作工时

工段	工时（工）	工段	工时（工）
配料（粉碎、过筛）	×××	装盒	×××
制粒（制粒、干燥、整粒、混合）	×××	机修、电工	×××
压片	×××	管理、仓管	×××
铝塑包装	×××	总工时	×××

13.2　生产周期

生产一批共需 ××× 天。

14　劳动组织与岗位定员

岗位设置	岗位定员	备注
配料、制粒（粉碎、过筛、制粒、干燥、整粒、混合）	4	
压片	5	
铝塑包装（瓶包装）	3	
装盒	20	
中间产品仓管员	2	
技术员	1	
质管员	1	
机修、电工	2	
车间主任	2	
总人数	40	

附录三　制剂生产主要记录

工艺指令（以胶囊剂为例）

日期：

<table>
<tr><td colspan="2">品名</td><td colspan="2">规格</td><td colspan="2">批号</td><td colspan="2">计划产量</td></tr>
<tr><td colspan="2"></td><td colspan="2"></td><td colspan="2"></td><td colspan="2"></td></tr>
<tr><td rowspan="7">配料</td><td colspan="3">原辅料名称</td><td colspan="2">预处理方式</td><td colspan="2">应投数量</td></tr>
<tr><td colspan="3"></td><td colspan="2"></td><td colspan="2"></td></tr>
<tr><td colspan="3"></td><td colspan="2"></td><td colspan="2"></td></tr>
<tr><td colspan="3"></td><td colspan="2"></td><td colspan="2"></td></tr>
<tr><td colspan="3"></td><td colspan="2"></td><td colspan="2"></td></tr>
<tr><td colspan="3"></td><td colspan="2"></td><td colspan="2"></td></tr>
<tr><td colspan="3"></td><td colspan="2"></td><td colspan="2"></td></tr>
<tr><td rowspan="3">配浆</td><td colspan="2">名称</td><td colspan="2"></td><td colspan="2"></td><td></td></tr>
<tr><td colspan="2">用量</td><td colspan="2"></td><td colspan="2"></td><td></td></tr>
<tr><td colspan="2">浓度</td><td colspan="2"></td><td colspan="2">数量</td><td></td></tr>
</table>

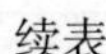
续表

品名		规格	批号	计划产量
制粒、烘干	预混时间	制粒时间	烘干温度	烘干时间
整粒、总混	整粒筛网目数	外加辅料名称	用量	总混时间
胶囊填充	应填装量			
内包	内包规格			
工艺指令编制人（工艺员）			日期	
审批人（车间主任）			日期	
备注				

粉碎、过筛生产记录

室内温度		相对湿度		日　期		
品　名			批　号		规　格	
清场标志	□ 符合 □ 不符合		执行粉碎过筛标准操作程序			
原辅料名称						
原辅料批号						
领入数量 /kg						
领　料　人						

粉碎、过筛记录					
原辅料名称	处理方式	筛网目数	处理后数量 /kg	收得率	操作者
称量人			复核人		
设备运行情况					

收得率计算公式为：收得率 = $\frac{处理后数量}{领料数量}$ ×100%=

收得率范围：97%～100%	结论：	检查人	
备　注			

工艺员：

配料制粒生产记录

<table>
<tr><td>品 名</td><td>规 格</td><td>批 号</td><td>温 度</td><td>相对湿度</td><td>日 期</td><td>班 次</td></tr>
<tr><td></td><td></td><td></td><td></td><td></td><td></td><td></td></tr>
<tr><td>清场标志</td><td colspan="2">□符合 □不符合</td><td colspan="4">执行称量配料及一步制粒标准操作程序</td></tr>
</table>

<table>
<tr><td rowspan="12">配料</td><td>计划产量</td><td colspan="2"></td><td>领 料 人</td><td colspan="2"></td></tr>
<tr><td>原辅料名称</td><td>批 号</td><td>领料数量 /kg</td><td>实投数量 /kg</td><td colspan="2">补退数量 /kg</td></tr>
<tr><td></td><td></td><td></td><td></td><td colspan="2"></td></tr>
<tr><td></td><td></td><td></td><td></td><td colspan="2"></td></tr>
<tr><td></td><td></td><td></td><td></td><td colspan="2"></td></tr>
<tr><td></td><td></td><td></td><td></td><td colspan="2"></td></tr>
<tr><td></td><td></td><td></td><td></td><td colspan="2"></td></tr>
<tr><td></td><td></td><td></td><td></td><td colspan="2"></td></tr>
<tr><td></td><td></td><td></td><td></td><td colspan="2"></td></tr>
<tr><td></td><td></td><td></td><td></td><td colspan="2"></td></tr>
<tr><td>称 量 人</td><td>复 核 人</td><td>补 退 人</td><td>开处方人</td><td colspan="2">复 核 人</td></tr>
<tr><td></td><td></td><td></td><td></td><td colspan="2"></td></tr>
<tr><td rowspan="3">配浆</td><td>品 名</td><td></td><td></td><td></td><td>浓度 %</td><td></td></tr>
<tr><td>批 号</td><td></td><td></td><td></td><td>重量</td><td></td></tr>
<tr><td>用 量</td><td></td><td></td><td></td><td>操作人</td><td></td></tr>
<tr><td rowspan="10">沸腾制粒干燥</td><td>锅 数</td><td>1</td><td>2</td><td colspan="3">制粒收得率</td></tr>
<tr><td>重 量 /kg</td><td></td><td></td><td colspan="3" rowspan="2">$= \frac{干粒总重}{投料总重} \times 100\%$</td></tr>
<tr><td>预混时间</td><td></td><td></td></tr>
<tr><td>制粒时间</td><td></td><td></td><td colspan="3" rowspan="2">= ―――――― × 100%</td></tr>
<tr><td>黏合剂用量</td><td></td><td></td></tr>
<tr><td>烘干温度</td><td></td><td></td><td colspan="3">=</td></tr>
<tr><td>烘干时间</td><td></td><td></td><td colspan="3">收得率范围：95% ～ 99.0%</td></tr>
<tr><td>水分检测 /%</td><td></td><td></td><td colspan="3" rowspan="2">结论：</td></tr>
<tr><td>干粒总重</td><td></td><td></td></tr>
<tr><td>操 作 人</td><td></td><td></td><td>检查人</td><td colspan="2"></td></tr>
<tr><td>备注</td><td colspan="6"></td></tr>
</table>

工艺员：

整粒总混生产记录

<table>
<tr><td>品名</td><td></td><td>规格</td><td></td><td>批号</td><td></td></tr>
<tr><td>温度</td><td></td><td>日期</td><td></td><td>班次</td><td></td></tr>
<tr><td>清场标志</td><td colspan="2">□符合 □不符合</td><td colspan="3">执行整粒总混标准操作程序</td></tr>
<tr><td>领料数量</td><td colspan="2"></td><td>领料人</td><td colspan="2"></td></tr>
<tr><td>整 粒</td><td>筛网目数</td><td></td><td>操作人</td><td colspan="2"></td></tr>
<tr><td rowspan="5">总
混</td><td>外加辅料名称</td><td>批 号</td><td>数 量</td><td colspan="2">总混时间</td></tr>
<tr><td></td><td></td><td></td><td colspan="2" rowspan="2"></td></tr>
<tr><td></td><td></td><td></td></tr>
<tr><td></td><td></td><td></td><td colspan="2">操作人</td></tr>
<tr><td>干颗粒总重 /kg</td><td colspan="2"></td><td colspan="2"></td></tr>
<tr><td colspan="2">设备运转情况</td><td colspan="4"></td></tr>
<tr><td colspan="6">干粒收得率 = $\frac{\text{干粒总重}}{\text{投料总重}}$ × 100%= $\frac{\qquad}{\qquad}$ × 100%=</td></tr>
<tr><td colspan="6">注：投料总重 = 领料数量 + 外加辅料数量</td></tr>
<tr><td colspan="2">收得率范围：98% ～ 100%</td><td colspan="2">结 论：</td><td>检查人</td><td></td></tr>
<tr><td>备 注</td><td colspan="5"></td></tr>
</table>

工艺员：

压片生产记录

品　名			规　格		批　号		日　期		
清场标志	□ 符合　　□ 不符合				执行压片标准操作程序				
冲模规格	mm	应压片重		实压片重		压片者		复核人	
领用颗粒 /kg		领料人		班　次					
第一台	时间 / 片重							每格时间	min
								每格重量	mg
								压片情况	
第二台	时间 / 片重							设备运转情况	
								备　注	
总重量 /kg				总数量 / 万片					
压片收率 = $\frac{总数量}{应压数量}$ ×100%= ———— ×100%=									
收得率范围：97% ～ 100%		结论：				检 查 人			

工艺员：

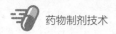

压片工序清场记录

年　月　日

清场前产品名称		规　格		批　号	

	清场内容及要求	工艺员检查情况	质监员检查情况	备注
1	设备及部件内外清洁，无异物	□ 符合 □ 不符合	□ 符合 □ 不符合	
2	无废弃物，无前批遗留物	□ 符合 □ 不符合	□ 符合 □ 不符合	
3	门窗玻璃、墙面、地面清洁，无尘	□ 符合 □ 不符合	□ 符合 □ 不符合	
4	地面清洁，无积水	□ 符合 □ 不符合	□ 符合 □ 不符合	
5	容器具清洁无异物，摆放整齐	□ 符合 □ 不符合	□ 符合 □ 不符合	
6	灯具、开关、管道清洁，无灰尘	□ 符合 □ 不符合	□ 符合 □ 不符合	
7	回风口、进风口清洁，无尘	□ 符合 □ 不符合	□ 符合 □ 不符合	
8	吸尘器清洁、无粉尘	□ 符合 □ 不符合	□ 符合 □ 不符合	
9	卫生洁具清洁，按规定放置	□ 符合 □ 不符合	□ 符合 □ 不符合	
10	其　他	□ 符合 □ 不符合	□ 符合 □ 不符合	
结　论				

清场人		工艺员		质监员	

高效包衣生产记录

品名	规格	批号	温度	相对湿度	日期	班次
清场标志	□ 符合 □ 不符合		执行包衣液配制及高效包衣标准操作程序			

片芯片重	片芯质量情况	包衣材料质量情况	领料人

包衣液处方配制	包衣材料名称	批号	用量	包衣材料名称	批号	用量
	配制数量	配制人		复核人	配制日期	

包衣操作	锅次	片芯重量	包衣时间	干燥温度	干燥时间	包衣片总重	操作人
	包衣后平均片重				总合格片数		

包衣片外观质量检查情况		检查人	

$$合格品收率 = \frac{总合格片数}{领用片芯数量} \times 100\% = \frac{\qquad}{\qquad} \times 100\% =$$

收得率范围：98% ～ 100%	结论：	检查人	

备注	

工艺员：

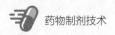

内包装生产记录

<table>
<tr><td>品 名</td><td></td><td>规 格</td><td></td><td>批 号</td><td></td><td>内包规格</td><td></td></tr>
<tr><td>室内温度</td><td></td><td>相对湿度</td><td></td><td>日 期</td><td></td><td>班 次</td><td></td></tr>
<tr><td>清场标志</td><td colspan="2">□符合 □不符合</td><td colspan="3">执行</td><td colspan="2">□ 铝塑包装标准操作程序
□ 双铝包装标准操作程序</td></tr>
<tr><td colspan="8">内包材料/kg</td></tr>
<tr><td>内包材名称</td><td>批 号</td><td colspan="2">上班结余数</td><td>领用数</td><td>实用数</td><td>本班结余数</td><td>损耗数</td></tr>
<tr><td></td><td></td><td colspan="2"></td><td></td><td></td><td></td><td></td></tr>
<tr><td></td><td></td><td colspan="2"></td><td></td><td></td><td></td><td></td></tr>
<tr><td colspan="8">片剂（或胶囊）包装/（万片或万粒）</td></tr>
<tr><td>领料数量</td><td colspan="2">实包装数量</td><td colspan="2">结余数量</td><td colspan="2">废损数量</td><td>热封温度</td></tr>
<tr><td></td><td colspan="2"></td><td colspan="2"></td><td colspan="2"></td><td></td></tr>
<tr><td>操作人</td><td></td><td colspan="2">包装质量检查</td><td colspan="2"></td><td>检查人</td><td></td></tr>
<tr><td colspan="8">物料平衡计算</td></tr>
<tr><td colspan="8">内包收得率 = $\frac{\text{实包装数量}}{\text{领料数量}} \times 100\% = \frac{\quad}{\quad} \times 100\% =$</td></tr>
<tr><td colspan="3">收得率范围：98%～100%</td><td colspan="2">结论：</td><td colspan="2">检查人</td><td></td></tr>
<tr><td>备注</td><td colspan="7"></td></tr>
</table>

工艺员：

外包装生产记录

<table>
<tr><td>品 名</td><td>批 号</td><td>包装规格</td><td>领料数量</td><td>领 料 人</td><td>日 期</td><td>班 次</td></tr>
<tr><td></td><td></td><td></td><td></td><td></td><td></td><td></td></tr>
<tr><td>清场标志</td><td colspan="2">□符合 □不符合</td><td colspan="4">执行外包装标准操作程序</td></tr>
</table>

<table>
<tr><td rowspan="5">批号打印</td><td>材料</td><td>领入数量</td><td>领料人</td><td>打印合格数</td><td>打印损耗</td><td>使用数量</td><td>原损</td><td>报废总数</td><td>退还数量</td><td>操作人</td><td>打印质量</td><td>检查人</td></tr>
<tr><td>小盒</td><td></td><td></td><td></td><td></td><td></td><td></td><td></td><td></td><td></td><td></td><td rowspan="4"></td></tr>
<tr><td>中盒</td><td></td><td></td><td></td><td></td><td></td><td></td><td></td><td></td><td></td><td></td></tr>
<tr><td>外箱</td><td></td><td></td><td></td><td></td><td></td><td></td><td></td><td></td><td></td><td></td></tr>
<tr><td>标签</td><td></td><td></td><td></td><td></td><td></td><td></td><td></td><td></td><td></td><td></td></tr>
</table>

<table>
<tr><td rowspan="11">包装操作</td><td rowspan="2">操作内容</td><td colspan="6">包装材料</td><td rowspan="2">操作者</td><td rowspan="2">质量检查</td><td rowspan="2">检查人</td></tr>
<tr><td>名称</td><td>领入数</td><td>实用数</td><td>损耗数</td><td>退还数</td><td>偏差</td></tr>
<tr><td>装小盒</td><td></td><td></td><td></td><td></td><td></td><td></td><td></td><td></td><td></td></tr>
<tr><td>装瓶</td><td></td><td></td><td></td><td></td><td></td><td></td><td></td><td></td><td></td></tr>
<tr><td>贴标签</td><td></td><td></td><td></td><td></td><td></td><td></td><td></td><td></td><td></td></tr>
<tr><td>装说明书</td><td></td><td></td><td></td><td></td><td></td><td></td><td></td><td></td><td></td></tr>
<tr><td>装中盒</td><td></td><td></td><td></td><td></td><td></td><td></td><td></td><td></td><td></td></tr>
<tr><td>贴封口签</td><td></td><td></td><td></td><td></td><td></td><td></td><td></td><td></td><td></td></tr>
<tr><td>装合格证</td><td></td><td></td><td></td><td></td><td></td><td></td><td></td><td></td><td></td></tr>
<tr><td>装外箱</td><td></td><td></td><td></td><td></td><td></td><td></td><td></td><td></td><td></td></tr>
<tr><td>本批包装总数</td><td colspan="2"></td><td colspan="4">本批并箱批号及数量</td><td colspan="3"></td></tr>
</table>

<table>
<tr><td rowspan="2">物料衡算</td><td colspan="4">外包收率 = $\frac{\text{实际包装总数}}{\text{领用数量}}$ × 100%= ———————— × 100%=</td></tr>
<tr><td>收得率范围：
98.5% ～ 100%</td><td>结 论：</td><td>检查人</td><td></td></tr>
</table>

<table>
<tr><td>留样数</td><td></td><td>取样数</td><td></td></tr>
<tr><td>备 注</td><td colspan="3"></td></tr>
</table>

班长：　　　　　　　　　　　　工艺员：

小容量注射液生产记录

岗位：洗瓶、灌封　　日 期：

操作指导

1 洗瓶

1.1 待灭菌隧道的温度升至250℃，将安瓿置于超声波清洗槽中清洗

1.2 灌封前，检查洗涤后的安瓿清洁度，待检查合格后，方可传送给灌封岗位

操作记录

	洗瓶机
新鲜纯化水压力 /MPa	
空气压力 /MPa	
循环压力 /MPa	
喷淋水压力 /MPa	
烘道温度 /℃	

操作人：________ 复核人：________

安瓿澄明度检查：

检查结果：合格 □　不合格 □

检查人：________

操作指导

2 灌封

2.1 检查所用的灌封模具、容器是否清洁

2.2 装量和管道澄明度检查合格后，方可正式生产

2.3 灌封时每隔0.5h检查一次装量，确保装量合格

2.4 每个格斗放一盘卡，每个小批号生产完毕后，清点格数后由传递窗递交灭菌岗位

操作记录

时间	0.5h	1h	1.5h
装量 /mL			

装量检查：

检查结果：合格 □　不合格 □

检查人：________

管道澄明度检查：

检查结果：合格 □　不合格 □

检查人：________

岗位：灭菌、灯检、包装

操作指导

1 灭菌

1.1 灌封后的产品应立即灭菌

1.2 正常开启机器，产品灭菌30min，并防止压力过高

1.3 灭菌后产品真空检漏10min

1.4 出锅后，立即振摇格斗，以使药液分散均匀，再用离交水冲淋使温度迅速下降

1.5 冷却、移交灯检岗位

2 灯检

2.1 按标准逐支检测，检查是否有玻屑、白点、白块、异物、纤维、焦头、烟雾等

2.2 不得漏检

2.3 将检查后的合格品与不合格品分区放置，并有明显的状态标志

3. 包装

3.1 核对待包装药瓶的批号、品名、规格

3.2 在安瓿敲上批号和印上品名、规格，字迹应清晰、完整、不得歪斜，不得有错误

3.3 装盒，每10支为一盒

操作记录

灭菌日期：________

产品	数量 / 支	进锅时间	保温时间	真空度 / MPa	检漏时间	破损

操作人：________

复核人：________

检查人：________

灯检日期：________

批 号	产量 / 支	合格品 / 支

操作人：________

复核人：________

检查人：________

批号打印人：________

包 装 人：________

检 查 人：________

包装日期：________

批 号	成品 / 盒	得率 /%

学习测试
参考答案（选择题）

模块一　药物制剂工作的认知

专题一　药物剂型、制剂与生产

（一）1.E　2.A　3.A　4.D　5.B　6.E　7.E　8.A　9.C

（二）1.ABCDE　2.ABD　3.ABCDE　4.ABCDE　5.ABCD　6.ABCDE

专题二　药物制剂的处方工作

（一）1.C　2.E　3.E　4.A　5.E　6.A　7.C　8.D

（二）1.ABCDE　2.ABCDE　3.ABCDE　4.ABCDE　5.ABDE　6.ABCDE　7.ABCDE　8.BCDE

模块二　液体制剂

专题一　液体制剂概述

（一）1.D　2.E　3.C　4.A　5.C

（二）1.ABCE　2.ACD　3.BE

专题二　溶液型液体制剂

（一）1.B　2.C　3.B　4.C　5.D　6.D　7.C

（二）1.ABCE　2.ACD　3.ABCDE　4.BCD　5.ABCE

专题三　混悬剂

（一）1.E　2.D　3.A　4.D　5.C　6.E　7.B

（二）1.ABCE　2.AD　3.ABCDE

专题四　乳剂

（一）1.E　2.E　3.C　4.A　5.E

（二）1.CDE　2.ABDE　3.BCDE　4.ACE

模块三　无菌制剂

专题一　注射剂

（一）1. A　2. D　3. B　4. C　5. C　6. D　7. A　8 . B　9.C　10.E　11. D
12. D　13. B　14. B　15.B　16.C

（二）1.ABCDE　2.ABCDE　3.AB　4.ABCE　5.ABCD　6.ABCDE　7.ACE　8 .ABC
9.BD　10.ACDE

专题二　输液

（一）1.A　2.A　3.D　4.B　5.E　6.A　7.D　8.A

（二）1.ABCD　2.ABCDE　3.AC　4.ABDE　5.ACDE　6.ABCE　7.AE

专题三　注射用无菌粉末

（一）1.B　2.D　3.A　4.B　5.D

（二）1.CD　2.ABCDE　3.ACDE

专题四 眼用液体制剂

（一）1.C 2.E 3.C 4.C

（二）1.ABD 2.BCE 3.ABCD

模块四 固体制剂

专题一 散剂

（一）1.B 2.C 3.C 4.B 5.D 6.A 7.A 8.C 9.D 10.D

（二）1.ABCE 2.ABCDE 3.ABCDE 4.ACD 5.ABCE

专题二 颗粒剂

（一）1.D 2.C 3.D 4.D 5.B 6.B 7.B 8.D 9.D 10.A

（二）1.ABCD 2.ACD 3.ABCDE 4.ABCDE 5.ADE 6.ABCDE 7.ABCE 8.ABDE

专题三 胶囊剂

（一）1.D 2.B 3.D 4.D 5.A 6.A 7.D 8.C 9.C

（二）1.ABD 2.BCDE 3.ABD 4.ABD 5.ABCDE 6.ABCD 7.ABCD 8.ABCDE

专题四 片剂

（一）1.D 2.C 3.C 4.C 5.D 6.C 7.D 8.C 9.B 10.A

（二）1.ACDE 2.ACE 3.ACDE 4.BCD 5.ACDE 6.AB 7.AC 8.BD 9.ADE

专题五 片剂的包衣

（一）1.C 2.C 3.A 4.B 5.C 6.A

（二）1.BCDE 2.ABCD 3.ABCD 4.BD 5.ABCD

模块五 其他制剂

专题一 栓剂

（一）1.A 2.B 3.B 4.B 5.C 6.A 7.D 8.B

（二）1.ABC 2.ADE 3.BCDE 4.ABCDE 5.CDE 6.ABCD

专题二 软膏剂、乳膏剂、凝胶剂、眼膏剂

（一）1.B 2.D 3.C 4.D 5.C 6.A 7.D 8.B

（二）1.BCE 2.ACD 3.AB 4.CD 5.ABCDE

专题三 膜剂

（一）1.A 2.C 3.A 4.C 5.D 6.D

（二）1.BC 2.AB 3.ABC 4.ABCD 5.ABD 6.ACE

专题四 气雾剂、粉雾剂、喷雾剂

（一）1.A 2.D 3.C 4.C 5.C

（二）1.ACDE 2.ABCE 3.AC 4.ADE 5.ABCDE

专题五 滴丸剂

（一）1.B 2.D 3.C 4.A 5.C 6.B 7.A

（二）1.BC 2.ABCDE 3.BCDE 4.AB

专题六 浸出制剂与中药制剂

（一）1.D 2.C 3.C 4.B 5.B 6.E

（二）1.ABCDE 2.ABD 3.BCDE 4.ABCDE 5.ABCE 6.ACDE 7.ABC

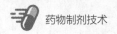

模块六　制剂新技术与新剂型

专题一　固体分散技术

（一）1.B　2.B　3.C　4.D

（二）1.BDE　2.AD　3.ABCD　4.ACDE

专题二　药物包合技术

（一）1.B　2.E　3.A　4.C　5.E

（二）1.ACD　2.BCDE　3.ABCE　4.ABCD

专题三　微囊技术

（一）1.C　2.E　3.B　4.E　5.E

（二）1.ABCD　2.AC　3.ABE

专题四　新剂型简介

（一）1.D　2.B　3.A　4.C　5.A　6.C

（二）1.ABCDE　2.ABCDE　3.ABCDE　4.ACDE　5.ABCD

模块七　制剂有效性评价

专题一　药物制剂的溶出度试验

（一）1.C　2.B　3.B　4.B　5.E

（二）1.CDE　2.BCDE　3.ABCE　4.ABC　5.ABC

专题二　药物制剂的吸收试验

（一）1.D　2.A　3.D　4.C　5.D

（二）1.ACE　2.ABE　3.ABDE　4.BE　5.ABCD

专题三　生物利用度和生物等效性试验

（一）1.D　2.B　3.C　4.D　5.D　6.A　7.A　8.C　9.E　10.A

（二）1.ACE　2.ABDE　3.BCD　4.ABCD

参考文献

[1] 国家药典委员会 . 中华人民共和国药典 . 北京：中国医药科技出版社，2020.

[2] 国家食品药品监督管理总局 .2010 年版药品生产质量管理规范（http://www.sda.gov.cn），2011.

[3] 药品 GMP 指南编委会 .2010 年药品 GMP 指南——药品生产质量管理规范实施指南 . 北京：中国医药科技出版社，2011.

[4] 平其能 . 药剂学 .4 版 . 北京：人民卫生出版社，2013.

[5] 张健泓 . 药物制剂技术 . 北京：人民卫生出版社，2013.

[6] 崔福德 . 药剂学 .7 版 . 北京：人民卫生出版社，2011.

[7] 国家食品药品监督管理总局执业药师资格认证中心 . 国家执业药师资格考试指南 .7 版 . 北京：中国医药科技出版社，2019.

[8] 张洪斌 . 药物制剂工程技术与设备 .3 版 . 北京：化学工业出版社，2020.

[9] 唐燕辉 . 药物制剂生产设备及车间工艺设计 .2 版 . 北京：化学工业出版社，2020.

[10] 刘建平 . 生物药剂学与药物动力学 .4 版 . 北京：人民卫生出版社，2011.

[11] L. 夏盖尔 . 应用生物药剂学与药物动力学 .5 版 . 李安良，等译 . 北京：化学工业出版社，2006.